FLORE FORESTIÈRE

PAR

A. MATHIEU

CONSERVATEUR DES FORÊTS
PROFESSEUR D'HISTOIRE NATURELLE A L'ÉCOLE FORESTIÈRE
SOUS-DIRECTEUR ET ANCIEN ÉLÈVE DE CETTE ÉCOLE

DESCRIPTION ET HISTOIRE DES VÉGÉTAUX LIGNEUX

QUI CROISSENT SPONTANÉMENT EN FRANCE

ET DES ESSENCES IMPORTANTES DE L'ALGÉRIE

3e ÉDITION

ENTIÈREMENT REVUE ET CONSIDÉRABLEMENT AUGMENTÉE

PARIS

BERGER-LEVRAULT ET Cie
Libraires-Éditeurs
RUE DES BEAUX-ARTS, 5

Vve BOUCHARD-HUZARD
Libraire
RUE DE L'ÉPERON, 5

NANCY, NICOLAS GROSJEAN, LIBRAIRE
Place Stanislas, 7

1877

1148

FLORE FORESTIÈRE

FLORE FORESTIÈRE

PAR

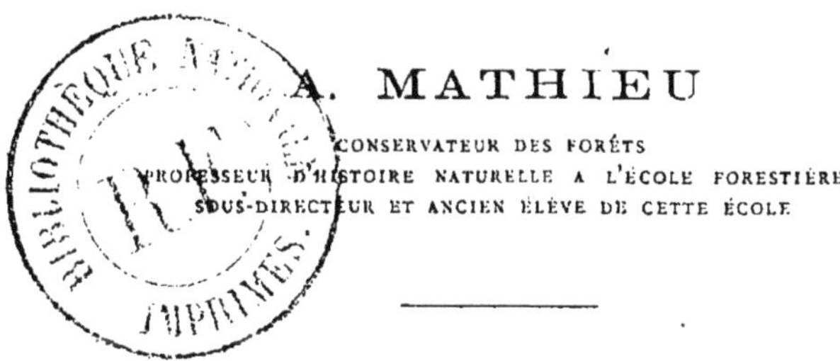

A. MATHIEU

CONSERVATEUR DES FORÊTS
PROFESSEUR D'HISTOIRE NATURELLE A L'ÉCOLE FORESTIÈRE
SOUS-DIRECTEUR ET ANCIEN ÉLÈVE DE CETTE ÉCOLE

DESCRIPTION ET HISTOIRE DES VÉGÉTAUX LIGNEUX

QUI CROISSENT SPONTANÉMENT EN FRANCE

ET DES ESSENCES IMPORTANTES DE L'ALGÉRIE

3e ÉDITION

ENTIÈREMENT REVUE ET CONSIDÉRABLEMENT AUGMENTÉE

PARIS

BERGER-LEVRAULT ET Cie
Libraires-Éditeurs
RUE DES BEAUX-ARTS, 5

Vve BOUCHARD-HUZARD
Libraire
RUE DE L'ÉPERON, 5

NANCY, NICOLAS GROSJEAN, LIBRAIRE
Place Stanislas, 7

1877

PRÉFACE

DE LA TROISIÈME ÉDITION

J'ai conservé à cette troisième édition le cadre des deux précédentes, dont un long usage m'a fait reconnaître la convenance. La *Flore forestière* reste ainsi le *tableau de la végétation ligneuse indigène*, tableau que je me suis efforcé de rendre aussi complet que possible, non-seulement par la description botanique de toutes les espèces qui le composent, mais aussi par l'exposé des faits qui peuvent intéresser le *forestier* sur leur mode de végétation, leurs exigences, la structure et les modifications de leur écorce, les caractères anatomiques, les qualités et les usages de leur bois, la nature et la valeur de leurs produits accessoires. Les *essences les plus remarquables de l'Algérie* s'y trouvent également mentionnées et décrites.

L'on a bien voulu parfois me témoigner le regret de ne pas trouver dans la *Flore forestière* la description des essences naturalisées et celle des plantes herbacées les plus communes de nos forêts. Je crois devoir exposer en quelques mots les raisons qui m'ont empêché de me rendre à ce bienveillant désir.

J'ai la conviction de plus en plus profonde que les végétaux indigènes peuvent seuls constituer de véritables forêts, capables de se perpétuer et de se régénérer naturellement; que seuls aussi ils conviennent pour en créer de nouvelles qui soient douées d'avenir. Leur étude s'impose donc, selon moi, avant toute autre au forestier qui, pour les mettre en œuvre et en tirer tout le parti possible, doit se les approprier complétement, en connaître parfaitement les caractères, les exigences et les propriétés. Que peut d'ailleurs envier et emprunter aux contrées étrangères un pays aussi richement doté que la France, le pays des bois de travail et de construction par excellence, le pays des chênes, du sapin, de l'épicéa, des pins, du mélèze et de tant d'autres essences remarquables? A l'heureuse diversité de sa constitution géologique correspond un ensemble d'espèces aussi variées par leurs aptitudes que par leurs qualités. Il en est parmi elles pour tous les sols, qu'ils soient siliceux, calcaires ou argileux, arides, humides ou mêmes marécageux; pour toutes les latitudes, de la Corse aux Ardennes ; pour toutes les altitudes, du littoral de l'Océan et de la Méditerranée aux régions alpestres et alpines. Mieux appropriées sans contredit aux contrées où elles sont nées qu'aucune autre d'origine étrangère qu'on tenterait d'y introduire ou de leur substituer, elles donnent, par les qualités variées des bois qu'elles produisent, satisfaction complète aux besoins les plus divers de la consommation, si ce n'est à ceux de l'ébénisterie de luxe, qui, quoiqu'on fasse, ne trouvera les bois vivement colorés qu'elle emploie que dans les régions les plus chaudes et les plus éclairées du globe. Avec de telles richesses naturelles, dont la quantité seule est insuffisante et dont le développement doit être le but constant des efforts du forestier, les végétaux exotiques perdent pour lui beaucoup de leur importance, et, sans nier l'intérêt que peut offrir leur étude, n'eût-elle pour résultat que de le mieux convaincre de leur infériorité dans nos climats, j'en ai maintenu, à quelques rares exceptions près, l'exclusion du cadre de cette flore (1).

La connaissance des plantes herbacées les plus répandues dans les forêts, de celles surtout qui en-

(1) Je signalerai spécialement à ceux qui connaissent l'allemand et désirent étudier les végétaux ligneux naturalisés dans l'Europe centrale et septentrionale, l'ouvrage suivant : *Dendrologie. Bäume, Sträucher und Halbsträucher, welche in Mittel- und Nord-Europa im Freien kultivirt werden.* Karl Koch, Erlangen. 3 vol. gr. in-8°, 1869-1873.

vahissent et gazonnent le sol au préjudice des régénérations, ou qui par leur présence en caractérisent les propriétés chimiques et physiques, est certainement intéressante et utile à acquérir. J'admets sans difficulté qu'elle est plus importante que celle de maint arbrisseau rare et de taille exiguë décrit dans la *Flore,* par la seule raison que les tissus en sont de consistance ligneuse. J'ai dû néanmoins les passer sous silence, par cette considération qu'une flore, semblable en cela à un dictionnaire, est moins un ouvrage destiné à une lecture suivie qu'un livre à consulter, dont le plan doit être assez nettement défini, pour que, sans risque de s'égarer en de longues et fastidieuses recherches, on sache immédiatement ce que l'on peut y trouver, ce que l'on n'y doit pas rencontrer. D'ailleurs les flores générales ou locales ne manquent pas en France, dans lesquelles le forestier désireux d'acquérir des notions plus étendues sur la végétation indigène pourra les trouver sans difficulté ([1]).

Tout en conservant le cadre ancien, je crois avoir fait de la troisième édition de la *Flore forestière* un livre nouveau, par les corrections qu'elles a subies, surtout par les nombreux et importants développe-

(2) *Flore de France,* par Grenier et Godron. Paris. 3 vol. in-8°. 1848-1855. *Nouvelle Flore française, description succincte des plantes qui croissent spontanément en France,* par Gillet et Magne. 1 vol. in-12. Paris. 1862.

ments qu'elle a reçus. J'y ai ajouté bon nombre d'espèces que j'avais cru devoir négliger dans les éditions précédentes; les essences principales ont été de ma part l'objet d'un soin tout particulier, surtout en ce qui concerne la description, les propriétés, la densité des bois, leur distribution géographique et les conditions climatériques de leur existence; j'en ai complété l'histoire par la mention des principaux insectes qui les ravagent et l'indication des caractères auxquels ces derniers se reconnaissent. Enfin, au vocabulaire des mots techniques et à la clef analytique pour déterminer les végétaux forestiers pendant l'hiver, j'ai joint un tableau explicatif et récapitulatif des densités minima et maxima des bois indigènes, déterminées à l'aide des nombreux échantillons de la collection de l'École forestière, et une notice assez étendue sur les caractères et la classification méthodique de ces bois.

L'espoir que mon livre peut, en servant d'introduction à l'étude des forêts, les faire mieux comprendre et aimer davantage encore, m'a soutenu dans mon travail; ma récompense sera dans sa réalisation.

Nancy, le 21 avril 1876.

A. MATHIEU.

DICTIONNAIRE DES MOTS TECHNIQUES

EMPLOYÉS DANS LA FLORE FORESTIÈRE

Accrescent. Involucre, calice ou style qui, après la fécondation, ne se dessèche pas, mais s'accroît et accompagne le fruit.

Aciculaire. Semblable à une aiguille.

Acuminé. Extrémité d'une feuille, etc., dont les bords, en changeant de direction et devenant concaves, se rencontrent moins vite et donnent naissance à une pointe plus ou mois allongée.

Adhérent. Se dit du calice et de l'ovaire soudés l'un avec l'autre.

Adventif. Un bourgeon adventif est celui qui naît en des placés indéterminées des rameaux, des branches, de la tige ou des racines et qui se développe immédiatement.

Aigu. Extrémité d'un organe qui se termine insensiblement en pointe, sans que les bords changent de direction avant de se rencontrer.

Aiguilles. Nom sous lequel on désigne souvent les feuilles des conifères.

Aiguillon. Production de l'enveloppe subéreuse, naissant en des places quelconques de l'écorce et n'ayant aucune adhérence avec le système fibro-vasculaire.

Aile. Expansion foliacée ou membraneuse qui accompagne certains fruits et certaines graines, borde quelquefois les pétioles ou se prolonge le long des rameaux. Les deux pétales latéraux de la corolle papilionacée portent aussi le nom d'ailes.

Ailé. Bordé d'une ou de plusieurs ailes.

Aisselle. Sommet de l'angle rentrant formé par deux branches, par une feuille et le rameau qui la supporte, par une veine et la nervure médiane.

Akène. (On écrit aussi **achaine.**) Fruit indéhiscent, à péricarpe sec et mince, mais distinct, à graine unique.

Albumen. Corps qui accompagne l'embryon sans y adhérer, et renferme la réserve alimentaire destinée à le nourrir pendant la germination, lorsque le corps cotylédonaire est insuffisant.

Alterne. Insertion des feuilles lorsqu'elles sont disposées une à une le long des rameaux, quelle que soit la valeur de la spirale que l'on peut tracer par la base de chacune d'elles.

Lorsqu'il s'agit de fleurs, le mot alterne s'applique aux parties d'un verticille qui correspondent aux intervalles des parties du verticille immédiatement voisin.

Amande. Portion de la graine renfermée sous l'épisperme et composée, suivant les espèces, de l'embryon seul ou de l'embryon et de l'albumen.

Amentacé. Qui a l'inflorescence en chaton. Voir ce mot.

Amplexicaule. Qui embrasse la tige, le rameau.

Anastomosé. S'applique aux nervures et aux veines dont les ramifications se réunissent les unes aux autres en réseau.

Androcée. Région de la fleur formée par les étamines, disposées en un ou en plusieurs verticilles.

Angiosperme. Végétal dont les graines sont entourées d'un péricarpe.

Anisostémone. Exprime que le nombre des étamines est autre que celui des pétales et des sépales.

Anthère. Corps vésiculaire à deux loges, plus rarement à une ou à quatre loges, qui contient une matière pulvérulente, le pollen, servant à la fécondation.

Apétale. Dépourvu de pétales, de corolle.

Apiculé. Terminé par une pointe courte et grêle.

Apocarpé. Fruit à une seule loge, formé par un carpelle unique.

Appliqué. Se dit d'un organe placé suivant toute sa longueur sur un autre, sans adhérence.

Apprimé. Voir *Appliqué.*

Aranéeux. Couvert de poils longs, mous, couchés et entrelacés, simulant une toile d'araignée.

Arbre. Végétal ligneux, à tige simple et nue s'élevant à 7 mètres au moins.

Arbrisseau. Végétal ligneux, rameux dès la base, dont la hauteur totale va de 1 à 7 mètres.

Arbuste. Petit arbre ne dépassant pas la taille d'un arbrisseau, mais ayant la tige simple et nue à la base.

Arille. Enveloppe accessoire plus ou moins complète de la graine, extérieure à son épisperme. L'arille vraie provient d'une expansion du funicule, qui s'est accrue de la base au sommet, à partir du hile; l'arille fausse est due à un bourrelet du micropyle qui s'est développé de haut en bas.

Ascendant. S'applique à un organe étalé horizontalement, courbé et redressé à l'extrémité.

Aubier. Ensemble des couches de bois les plus externes et les plus jeunes, de couleur blanche ou blanchâtre, qui, dans les arbres produisant du bois parfait, n'ont point encore acquis leur lignification définitive.

Axile (*Placentation*). Lorsque les bords de la feuille carpellaire ou des feuilles carpellaires qui forment les parois de l'ovaire se sont complétement réunis, les graines, habituellement attachées dans l'angle sutural, sont disposées sur un cordon, dit placentaire, qui correspond à l'axe de la fleur. Cette placentation est appellée axile.

Axillaire. Situé à l'aisselle.

Bacciforme. Qui ressemble à une baie.

Baie. Fruit pulpeux, formé de plusieurs carpelles réunis et contenant plusieurs graines.

Basilaire. Situé à la base.

Bi-. Radical signifiant deux ou deux fois.

Bilabié. Divisé en deux lèvres.

Bois. Portion de la tige qui va de la moelle à l'écorce et se compose, pour presque tous les arbres dicotylédonés de nos contrées, d'autant de couches que l'arbre a d'années. Les éléments anatomiques du bois sont essentiellement le tissu fibreux et les rayons médullaires; on peut y rencontrer en outre du parenchyme ligneux, des vaisseaux, des canaux résinifères; les principes chimiques en sont principalement la cellulose et la lignine.

Bois d'automne. Portion externe de chaque couche annuelle, plus dure et plus colorée que la portion interne dans la majorité des bois, jamais moins en tout cas.

Bois de printemps. Portion interne de chaque couche annuelle; c'est la première formée, la plus molle, la moins colorée.

Bois parfait. Région centrale plus ou moins étendue du corps ligneux, dont le bois est aussi complétement pénétré de lignine, de résine et souvent de matière colorante que l'espèce le comporte.

Bractée. Feuille plus ou moins modifiée dans sa taille, sa forme, sa consistance et sa coloration, à l'aisselle de laquelle naît la fleur.

Bractéole. Diminutif de bractée.

Buisson. Arbrisseau bas, rameux, touffu.

Calice. La plus externe des deux enveloppes florales. Le calice est généralement vert; il est formé de sépales libres ou soudés entre eux. Toute enveloppe florale simple est considérée comme un calice.

Campanulé. En forme de cloche.

Canaux résinifères. Cavités ou glandes creuses en forme de vaisseaux, revêtues d'une paroi finement cellulaire, et spéciales à l'écorce et aux bois de certains conifères.

Capillaire. Grêle et allongé comme un cheveu.

Capitule. Inflorescence dont tous les axes sont réduits, de sorte que les fleurs qui la composent sont toutes rapprochées les unes contre les autres.

Capsule. Fruit sec, déhiscent, à plusieurs loges.

Carène. Partie inférieure d'une corolle papilionacée, formée de deux pétales, le plus souvent soudés entre eux par le bord inférieur.

Caroncule. Excroissance ou expansion du funicule autour du hile ou autour du micropyle; conséquemment ébauche d'arille, vraie ou fausse.

Carpelle. Organe femelle élémentaire, formé d'un ovaire simple, d'un style unique et d'un stigmate. Une fleur peut renfermer un ou plusieurs carpelles et, dans ce dernier cas les carpelles peuvent rester libres et distincts ou se souder entre eux pour former le pistil.

Cellulose. Principe immédiat neutre ($C^{12}H^{10}O^{10}$) qui constitue, à l'origine, les membranes des tissus végétaux.

Centrale (*Placentation*). Disposition des ovules ou des graines autour d'un placentaire central, dans un ovaire uniloculaire.

Chaton. Sorte d'inflorescence voisine de l'épi, dont l'axe est articulé à la base et dont les fleurs, toujours dépourvues de corolle et même nues, sont unisexuées.

Chevelu. Filaments grêles et déliés qui terminent les racines et en sont les dernières ramifications.

Chlorophylle. Matière colorante verte des végétaux; agent de l'assimilation du carbone.

Cilié. Bordé de poils fins et droits comme des cils.

Claviforme. En forme de massue.

Cloisons. Lames séparatives des loges des fruits, des anthères.

Coloré. Exprime toute autre coloration que la verte, considérée comme normale.

Composée (*Feuille*). Dont le pétiole se ramifie en pétioles secondaires, qui supportent des folioles indépendantes les unes des autres.

Composé (*Fruit*). Formé de carpelles, libres ou soudés entre eux, rapprochés sur un même axe et provenant de fleurs distinctes.

Concolore. De même couleur et nuance.

Condupliqué. État des feuilles dans le bourgeon, lorsqu'elles sont pliées en deux dans toute leur longueur suivant la nervure médiane.

Cône. Fruit composé, formé d'un axe et d'écailles nombreuses, à la base desquelles sont deux ou plusieurs fruits ou graines.

Conné. Disposition de feuilles opposées, soudées et confondues par leur base, de manière à représenter une feuille unique, au centre de laquelle passe le rameau.

Connectif. Tissu jaune-verdâtre qui réunit les 2 loges d'une anthère.

Connivent. Dont les extrémités tendent à se rapprocher.

Convoluté. État des feuilles dans le bourgeon, lorsqu'elles sont enroulées sur elles-mêmes en cornet suivant leur longueur.

Cordiforme. Se dit d'une feuille dont la base est élargie et échancrée en son milieu.

Corolle. La plus interne des deux enveloppes florales. La corolle est généralement colorée et se compose de pétales libres ou soudés entre eux. La suppression de l'une des deux enveloppes florales porte sur la corolle.

Corymbe. Inflorescence formée d'axes secondaires, simples ou rameux, partant de différents points de l'axe primaire pour aboutir à une même surface, plane ou convexe.

Cotonneux. Couvert de poils allongés, mous, entremêlés et crépus comme le coton.

Cotylédon. Corps ordinairement féculent ou oléagineux, souvent volumineux, faisant partie de l'embryon dont il est une feuille plus ou moins modifiée; il sert à le nourrir pendant la germination. Le nombre des cotylédons est de 1 ou 2, rarement plus (certains conifères).

Couchée. Tige appliquée sur le sol, mais ne s'y enracinant pas.

Coussinet. Petite saillie du rameau, sur laquelle la feuille est ou était insérée.

Crénelé. Bordé de dents arrondies, qui ne sont dirigées ni vers le sommet, ni vers la base.

Crustacé. Consistance d'une enveloppe qui est dure, mince et fragile.

Cunéiforme. Se dit de la base d'un organe, feuille, écaille, etc., dont les bords sont droits et se réunissent sous un angle aigu, de manière à rappeler la forme d'un coin.

Cupule. Involucre en forme de coupe, embrassant le fruit à la base et formé de petites écailles soudées entre elles.

Cupuliforme. En forme de coupe.

Cuspidé. Terminé en pointe rigide et acérée.

Cylindracé. Se rapprochant de la forme cylindrique.

Cyme. Inflorescence définie dans laquelle les fleurs s'épanouissent du centre à la circonférence.

Décombante. Tige dressée à la base, recourbée vers la terre par l'extrémité.

Décomposé. S'applique à une feuille composée dont les folioles sont supportées par des pétioles de 3e ordre.

Décurrent. Se dit du limbe d'une feuille dont la base se prolonge, avec adhérence, sur le rameau.

Déhiscence. Ouverture régulière d'une cavité, afin que le contenu s'en échappe.

Déhiscent. Qui s'ouvre.

Denté. Bordé de dents aiguës non dirigées vers le sommet.

Denté en scie. Voir *Serré.*

Denticulé. Diminutif de denté.

Diadelphe. Signifie l'union d'un nombre quelconque d'étamines par les filets en 2 faisceaux distincts.

Dialypétale. Mot substitué à celui de polypétale comme étant plus correct; s'applique à une corolle formée de plusieurs pétales non soudés entre eux.

Dichotome. Qui se divise plusieurs fois de suite en 2 rameaux opposés.

Dicotylédonée. Plante dont l'embryon est pourvu de 2 cotylédons.

Didynames. Étamines, au nombre de 4, dont 2 sont plus grandes.

Digité. Folioles, lobes ou nervures qui rayonnent à partir d'un point.

Dioïque. Plante dont les fleurs sont unisexuées et dont les sexes sont séparés sur des pieds différents.

Diplostémones. Étamines en nombre double de celui des sépales et des pétales.

Discolore. De deux couleurs ou nuances différentes.

Disque. Bourrelet circulaire plus ou moins saillant, généralement glanduleux, que l'on observe parfois dans la fleur entre la corolle et les étamines, ou sur lequel celles-ci sont insérées.

Distique. Placé alternativement à droite et à gauche, dans un même plan.

Divariqué. Exprime l'écartement sous un angle très-ouvert.

Drageon. Rejet naissant sur la racine traçante.

Drupacé. Qui se rapproche d'une drupe.

Drupe. Fruit charnu, à un seul noyau uniloculaire.

Ellipsoïde. Solide engendré par une ellipse.

Elliptique. Surface qui a la forme d'une ellipse géométrique.

Embryon. Portion essentielle de la graine, formée d'un végétal en miniature, qui, par la germination, se développe et perpétue l'espèce. On y remarque une radicule, une tigelle, 1 ou 2 cotylédons et, au sommet, une plumule ou gemmule qui en est le premier bourgeon terminal.

Endocarpe. Partie interne du péricarpe, circonscrivant la loge ou les loges qui contiennent les graines.

Entier. Sans aucune division.

Entre-nœud. Portion de rameau comprise entre 2 feuilles consécutives.

Enveloppe herbacée. Région fondamentale de l'écorce, qui ne manque jamais à l'origine, mais disparaît souvent plus tard. Elle se trouve immédiatement sous l'épiderme ou sous l'enveloppe subéreuse, si celle-ci est développée; se compose de tissu cellulaire lâchement uni et rempli de chlorophylle; les rayons médullaires y aboutissent.

Enveloppe subéreuse. Portion de l'écorce qui s'organise ordinairement entre l'épiderme et l'enveloppe herbacée et peut persister et s'accroître plus ou moins rapidement pendant toute la vie du végétal, ou disparaître de bonne heure. Elle est formée de cellules étroitement unies entre elles, dépourvues de chlorophylle, qui constituent un tissu imperméable, le liége.

Eparses. On désigne ainsi des feuilles qui ne sont ni opposées, ni verticillées, ni distiques. Dans le fait, elles sont insérées suivant une spirale, d'indice quelconque.

Epi. Inflorescence indéfinie composée d'un axe le long duquel sont disposées des fleurs sessiles, généralement hermaphrodites.

Epicarpe. Épiderme ou membrane externe du fruit.

Epigé. S'applique aux cotylédons qui sont poussés hors de terre par la germination et qui se transforment en feuilles.

Epigyne. Insertion des étamines placées sur l'ovaire.

Epiderme. Membrane mince et transparente qui recouvre tous les organes des plantes. L'épiderme de l'écorce tombe de bonne heure, souvent au bout d'un an, et n'est point remplacé.

Epine. Pointe rigide et dure, appartenant au système fibro-vasculaire du végétal et occupant une position déterminée par la nature des organes transformés, rameaux, stipules, coussinets, feuilles, etc., dont elle tire son origine.

Epipétale. Inséré sur la corolle.

Episperme. Enveloppe immédiate de la graine.

Espèce. Collection de tous les individus qui se ressemblent entre eux plus qu'ils ne ressemblent à d'autres et qui, par la génération, en reproduisent de semblables; de telle sorte qu'on peut, par analogie, les supposer tous issus originairement d'un même individu. (A. de Jussieu.)

Essence. En langage forestier, ce mot s'applique aux grands végétaux ligneux et devient synonyme d'espèce.

Etamine. Organe sexuel mâle, appartenant au 3me verticille de la fleur complète, à partir de l'extérieur; elle est formée d'un support appelé filet et d'une anthère, corps vésiculeux, généralement à 2 loges, qui surmonte le filet et contient la substance fécondante sous forme d'une matière pulvérulente nommée pollen. Le filet peut manquer.

Etendard. Pétale supérieur, à limbe ordinairement dressé, de la corolle des papilionacées.

Extrorse. Anthère dont la déhiscence se fait par la face extérieure.

Fasciculé. Groupé en faisceau.

Feuille. Appendice, généralement étalé et plan, de nature herbacée, naissant avec le rameau qui le supporte; on y distingue, à l'état le plus complet, un limbe, un pétiole et des stipules.

Feuillus (*Bois*). Sous ce nom, on désigne, en langage forestier, les arbres dont les feuilles ont un limbe bien développé et sont généralement caduques. Les bois feuillus corespondent aux végétaux angiospermes de la nomenclature.

Fibres. Organes élémentaires des végétaux, dont la réunion forme le tissu fibreux, c'est-à-dire, la masse principale et la plus compacte du bois, celle que l'on dirait pleine à l'œil nu.

Fide (*bi-, tri-, multi-*). Divisé jusqu'au milieu en deux, trois ou en un grand nombre de parties.

Filet. Portion de l'étamine, généralement grêle et allongée, qui supporte l'anthère.

Fistuleux. Creusé d'un canal longitudinal en son centre.

Fleur. Appareil de fécondation et de reproduction, composé, sous la forme la plus complète, d'organes accessoires ou enveloppes florales, calice et corolle, et d'organes essentiels ou reproducteurs, étamines et carpelles.

Foliole. L'une des feuilles dont l'ensemble constitue la feuille composée; on donne aussi ce nom aux pétales et aux sépales.

Follicule. Fruit sec, uniloculaire, à graines nombreuses, ne s'ouvrant que par une seule suture, la ventrale.

Fovilla. Matière fécondante du grain de pollen.

Fructifère. Qui porte les fruits.

Fruit. Ovaire fécondé et parvenu à maturité; se compose essentiellement d'une enveloppe, nommée péricarpe, renfermant une ou plusieurs graines.

Frutescent. Qui ressemble à un arbrisseau et s'élève sans appui.

Funicule. Support de la graine.

Fusiforme. En forme de fuseau.

Gaîne. Réunion des écailles qui entourent la base des aiguilles des pins; se dit encore de la base d'une feuille, lorsqu'elle se prolonge sur le rameau qu'elle entoure.

Galbule. Cône globuleux, formé d'un petit nombre d'écailles. (Voir *Cône.*)

Gamo-pétale ou **-sépale.** Formé de pétales ou de sépales soudés entre eux.

Géminé. Inséré par 2 sur le même point.

Gemmule. Partie supérieure de l'embryon; c'est le premier bourgeon terminal de la plante, celui qui en formera la première pousse.

Genre. Collection des espèces voisines.

Glabre. Dépourvu de poils.

Glabrescent. Presque glabre.

Gland. Fruit sec, indéhiscent, presque toujours uniloculaire et monosperme par avortement, disposé, 1 à 3, dans un involucre cupuliforme, péricarpoïde ou foliacé.

Glaucescent. Presque glauque.

Glauque. D'un vert-grisâtre, presque toujours dû à une fine efflorescence.

Gousse. Fruit sec, uniloculaire, déhiscent en 2 valves, dont chacune supporte des graines unisériées.

Graine. Partie essentielle du fruit, renfermée dans le péricarpe en nombre variable suivant les espèces, quelquefois nue; composée de l'épisperme et de l'amande, elle-même formée de l'embryon avec ou sans albumen.

Grappe. Inflorescence indéfinie composée d'un axe primaire allongé et d'axes secondaires, simples ou rameux, égaux.

Grimpant. Qui ne s'élève qu'à l'aide d'un appui et s'y soutient de diverses manières, par torsion, par des vrilles, des radicelles, etc.

Gymnosperme. A graines nues, c'est-à-dire non contenues dans un péricarpe.

Hermaphrodite. Fleur qui réunit les organes des deux sexes.

Hile. Cicatrice laissée sur la graine par son support.

Hispide. Couvert de poils raides et dressés.

Hybride. Produit du croisement de deux espèces différentes, mais voisines; l'hybride est fréquemment stérile, et rentre, dans le cas de fécondité, plus ou moins rapidement dans l'un des types dont il descend.

Hypogé. S'applique aux cotylédons qui ne sortent pas de terre par la germination et qui pourrissent sans produire de feuilles cotylédonaires.

Hypogyne. Insertion des étamines sur le réceptacle, en dessous de l'ovaire.

Imparipenné. S'applique à une feuille composée pennée, terminée par une foliole unique.

Indéfinies. Étamines en nombre illimité, au delà de 18.

Indéhiscent. Qui ne s'ouvre pas.

Indice d'insertion. Fraction par laquelle on indique la nature de la spirale suivant laquelle les feuilles, dites éparses ou alternes, sont insérées. Le numérateur exprime le nombre de tours que l'on décrit pour réunir 2 feuilles superposées; le dénominateur, le nombre des feuilles que l'on a rencontrées en chemin.

Inéquilatéral. Se dit d'une feuille qui n'est point symétrique de chaque côté de sa nervure médiane.

Inerme. Dépourvu d'épines ou d'aiguillons.

Infère. S'applique à un ovaire couronné par les divisions du calice et par conséquent adhérent à son tube. — En bien des cas ce que l'on décrit comme ovaire infère n'est autre qu'un réceptacle en forme d'urne sur les bords duquel sont insérés les sépales, les pétales et les étamines et dans l'intérieur duquel se trouvent les carpelles, distincts ou réunis, libres ou soudés avec lui.

Inflorescence. Disposition des fleurs; s'entend principalement des groupes que forment les fleurs, lorsqu'au lieu de naître chacune à l'aisselle d'une feuille véritable, elles ne se produisent qu'à l'aisselle d'une bractée, qui peut être très-réduite ou même avortée.

Infundibuliforme. En forme d'entonnoir.

Insertion. Mode suivant lequel les feuilles sont distribuées sur les rameaux; hauteur à laquelle semblent naître les étamines relativement à l'ovaire.

Introrse. Anthère s'ouvrant par la face qui regarde l'axe de la fleur.

Involucre. Réunion de bractées, libres ou soudées entre elles, disposées en un ou plusieurs verticilles.

Involucre fructifère. Enveloppe de bractées qui persistent et s'accroissent; contient un ou plusieurs fruits.

Involuté. A bords enroulés en dedans.

Imbriqué. Se recouvrant comme les ardoises d'une toiture.

Isostémones. Étamines dont le nombre est égal à celui des pétales ou des sépales.

Labié. Prolongé en lèvre.

Lacinié. Découpé en lanières.

Lancéolé. Elliptique-allongé et terminé en pointe aux deux extrémités.

Lenticelles. Petites excroissances subéreuses de l'écorce, qui traversent l'épiderme et forment saillie à sa surface; d'abord arrondies, les lenticelles prennent avec l'âge la forme de lignes transversales plus ou moins allongées.

Liber. Portion la plus interne de l'écorce des arbres, dont la structure et l'accroissement présentent de grandes différences suivant les espèces. Blanc et nacré tant qu'il est en activité, il est tantôt essentiellement formé de fibres, tantôt complétement cellulaire. Il peut se développer avec activité et former plusieurs couches par année ou, au contraire, posséder peu de vigueur et rester toujours représenté par une seule et même couche.

Libre. Sans adhérence.

Lignine. Matière surhydrogénée, de composition mal définie, qui incruste la cellulose des jeunes tissus ligneux; elle varie en quantité et en nature suivant les essences.

Limbe. Portion de la feuille qui est plane et supportée par le pétiole; partie élargie et étalée des pétales et des sépales, qu'ils soient libres ou soudés.

Lobe. Portion du contour de la feuille plus profondément séparée que ne le sont les dents, sans que, néanmoins, la profondeur des incisions soit déterminée. S'applique aussi aux portions saillantes de certains fruits.

Lobé. Garni de lobes.

Lobule. Petit lobe.

Loculaire (*uni-, bi-, pluri-, multi-*). Contenant une, deux, plusieurs ou beaucoup de loges.

Loculicide. Mode de déhiscence d'une capsule qui s'ouvre suivant des fentes, dont chacune correspond à une loge, de sorte que chaque valve emporte avec elle une cloison en son milieu.

Loges. Cavités du fruit, de l'anthère.

Mailles ou **maillures.** Taches nacrées et miroitantes que les rayons médullaires produisent quand ils sont de dimensions convenables et que le bois est débité en long, suivant leur direction.

Mâle (*Fleur*). Qui n'a d'autres organes sexuels qu'une ou plusieurs étamines.

Marcescent. Organe qui persiste, quoique desséché.

Méiostémones. Étamines dont le nombre est inférieur à celui des pétales ou des sépales.

Micropyle. Petite ouverture du sommet de l'ovule, par laquelle pénètre le tube pollinique et se fait la fécondation.

Monadelphes. Étamines en nombre quelconque, réunies par les filets en un seul faisceau.

Monoïque. Plante dont les fleurs sont unisexuées et dont les deux sexes sont réunis sur le même pied.

Monosperme. A une seule graine.

Mucrone. Terminé par une pointe grêle, raide et droite.

Mucronulé. Diminutif de mucroné.

Multi-. Radical qui exprime l'idée d'un grand nombre.

Mutique. Qui n'est ni cuspidé, ni apiculé, ni mucroné.

Mycélium. Production filamenteuse et rameuse qui constitue l'organe végétatif des champignons.

Nectaire. Organe glanduleux de la fleur, sécrétant le nectar.

Nervure. Prolongement et ramifications principales du pétiole dans le limbe des feuilles.

Nu (*Bourgeon*). Dépourvu d'écailles.

Nuculaine. Fruit charnu à plusieurs noyaux ou à un seul noyau pluriloculaire.

Nue (*Fleur*). Dépourvue d'enveloppes florales.

Ob-. Radical qui exprime une idée d'inversion.

Oblong. En ellipse très-allongée.

Obovale. En ovale renversé.

Oligosperme. Qui contient un petit nombre de graines.

Ombelle. Inflorescence, généralement accompagnée d'un involucre, dont tous les axes partent d'un même point et sont également longs. Ces axes peuvent être simples ou divisés à leur tour en ombelles plus petites, dites *Ombellules*.

Ombilic. Dépression qui se trouve à la base ou au sommet de certains fruits.

Ombiliqué. Pourvu d'un ombilic.

Onglet. Base allongée et rétrécie d'un pétale ou d'un sépale.

Onguiculé. Effilé en onglet.

Opposé. Se dit de deux feuilles insérées en face l'une de l'autre à la même hauteur; s'applique aussi aux parties des verticilles floraux consécutifs qui n'alternent pas entre elles.

Oppositipenné. Disposition de folioles opposées deux à deux et insérées à droite et à gauche du pétiole commun d'une feuille composée.

Ovaire. Portion inférieure plus ou moins renflée du carpelle ou du pistil, qui contient les ovules.

Ovale. Ellipse renflée à sa partie inférieure.

Ovoïde. Solide engendré par un ovale.

Ovule. État de la graine avant la fécondation.

Ovulé (*uni-*, *bi-*, *multi-*). Qui contient un, deux ou beaucoup d'ovules.

Palmé, palmati-. Voir *Digité.*

Panicule. Inflorescence dans laquelle les axes secondaires, simples ou composés, partent de différents points de l'axe primaire et sont de longueur décroissante de bas en haut, de manière à donner à l'ensemble une forme conique.

Papilionacée. Forme de corolle irrégulière, de 5 pétales, dont le supérieur est appelé *étendard,* dont les deux latéraux sont symétriques et nommés *ailes*, et dont les deux inférieurs, également symétriques, tantôt libres, tantôt soudés, constituent la *carène.*

Parasite. Qui vit sur un autre, de sa propre nourriture. On emploie abusivement ce mot pour désigner une foule de plantes qui envahissent le sol forestier au détriment des essences principales ou qui se développent sur les vieilles écorces des arbres.

Parenchyme. Amas de tissu cellulaire.

Parenchyme ligneux. Tissu composé de cellules allongées, mais non effilées en pointe comme les fibres, qui se trouve associé au tissu fibreux et aux vaisseaux de certains bois. Il est rare qu'on puisse le distinguer à l'œil nu ou même à la loupe; lorsque cela est possible, on le reconnaît à sa couleur plus claire et plus mate.

Pariétale. Mode de placentation dans lequel les ovules sont attachés à la face interne des parois de l'ovaire, qui, dans ce cas, n'est point cloisonné.

Paripenné. S'applique à une feuille composée dont les folioles sont opposées par paires jusqu'à l'extrémité.

Partite. Désigne les divisions du contour de la feuille qui dépassent la moitié du limbe sans atteindre la nervure médiane.

Pauciflore. Pourvu de peu de fleurs.

Poilu. Parsemé de poils longs et mous.

Pectiné. Disposé comme les dents d'un peigne; s'applique soit aux divisions étroites et allongées d'un organe, soit aux feuilles, dites aiguilles, de quelques conifères.

Pédicelle. Diminutif de pédoncule.

Pédoncule. Portion de l'axe qui supporte immédiatement la fleur.

Pelté. Disposition d'une expansion quelconque, feuille, écaille, etc., qui est attachée par son centre à un support et lui est perpendiculaire, comme l'est la tête d'un clou à sa pointe.

Pennati-. Radical qui indique une disposition pennée.

Penné. Disposé comme le sont les barbes d'une plume de chaque côté de leur tige.

Pentamère. Fleur dont les verticilles, au moins les extérieurs, sont de 5 parties.

Perfoliée (*Feuille*). Dont le limbe est traversé par la tige.

Péricarpe. Enveloppe du fruit, provenant des parois développées de l'ovaire et composée de trois régions : l'épicarpe ou membrane externe; mésocarpe, zone moyenne qui, en devenant charnue, prend le nom de sarcocarpe; l'endocarpe, membrane interne qui circonscrit la cavité simple ou multiple contenant les graines.

Périderme externe. Lorsque l'écorce s'est dépouillée de son épiderme, il peut se faire que l'enveloppe subéreuse, mise à nu, persiste, s'accroisse avec plus ou moins d'activité et en constitue la portion superficielle. Cette enveloppe prend le nom de périderme externe.

Périderme interne. On appelle ainsi des lames ou des couches de tissu subéreux, qui, suivant les essences, s'organisent, à un certain âge, dans des zones déterminées de l'écorce, et qui, en s'opposant à la diffusion de la sève vers le dehors, en raison de leur imperméabilité, font dessécher et mourir tout ce qui les recouvre.

Périgone. (*Double*, *simple*, *nul.*) S'applique à l'ensemble des enveloppes florales.

Périgyne. Inséré sur le calice, autour du pistil.

Pétale. Nom des folioles qui composent la corolle.

Pétaloïde. De la consistance et de la coloration des pétales.

Pétiolaire. Qui tire son origine du pétiole; se dit des écailles des bourgeons.

Pétiole. Support de la feuille.

Pétiolé. Pourvu d'un pétiole.

Pétiolulé. Diminutif de pétiolé.

Pistil. Organe central et femelle de la fleur, résultant de la soudure des carpelles entre eux. Ce nom s'applique aussi au carpelle unique ou à chacun des carpelles libres d'une fleur.

Pivotant. Qui s'enfonce verticalement dans le sol.

Placenta. Cordon le long duquel les ovules sont attachés.

Placentation. Mode d'insertion des ovules dans l'ovaire ou des graines dans le péricarpe.

Plumule. Voir *Gemmule.*

Pluri-. Radical exprimant l'idée de pluralité.

Pollen. Matière pulvérulente, ordinairement jaune, contenue dans l'anthère. Chaque graine est une petite vésicule qui renferme la substance fécondante, la fovilla.

Polycarpé. Fruit formé de plusieurs carpelles libres entre eux, groupés sur un même réceptacle et provenant d'une fleur unique.

Poly-. Voir *Pluri.*

Polygame. Végétal dont les fleurs sont tantôt hermaphrodites, tantôt unisexuées, sur le même pied ou plutôt sur des pieds différents; on l'appelle polygame-monoïque s'il se compose de pieds à fleurs hermaphrodites et d'autres pieds réunissant des fleurs mâles et des fleurs femelles; polygame-dioïque s'il présente des pieds hermaphrodites, des pieds mâles et des pieds femelles distincts.

Polystémones. Étamines en nombre plus que double de celui des pétales ou des sépales.

Pomme. Fruit charnu pluriloculaire à pépins ou à noyaux, considéré autrefois comme provenant d'un ovaire adhérent au calice et, par conséquent, surmonté par les divisions marcescentes ou accrescentes de ce dernier; résultant d'un réceptacle en urne dans l'intérieur duquel sont des carpelles, libres ou plus souvent adhérents avec lui.

Pousse. Ce nom s'applique au rameau encore herbacé de l'année; on désigne aussi par là la hauteur de l'allongement annuel.

Préfloraison. Position absolue ou relative des parties de la fleur dans le bourgeon.

Primine. Membrane propre la plus extérieure de l'ovule.

Prompt bourgeon. Bourgeon qui se développe immédiatement après sa formation.

Procombant. Voir *Couché.*

Proventif. Bourgeon axillaire qui ne produit pas de rameau extérieur et reste à l'état d'œil dormant pendant un temps plus ou moins considérable, ne s'allongeant que par sa base, afin de ne pas être séparé du corps ligneux par les accroissements qui l'enveloppent annuellement. Sous l'action de certaines circonstances, ces bourgeons peuvent se ranimer; ce sont eux qui produisent le plus souvent les rejets et les branches gourmandes.

Pruineux. Couvert d'une efflorescence semblable à de la poussière.

Pubérulent. Diminutif de pubescent.

Pubescent. Garni de poils mous, assez courts, peu serrés, semblables à du duvet.

Pulvérulent. Paraissant couvert de poussière ou semblable à de la poussière.

Race. Variété héréditaire tant que persistent les circonstances qui l'ont provoquée; sujette à dégénérer si ces circonstances disparaissent.

Racine. Portion inférieure d'un végétal qui se dirige de haut en bas et s'enfonce dans le sol pour fixer et nourrir la plante.

Radicant. Tige ou branche rampante qui s'enracine de distance en distance.

Radicelle. Portion jeune et grêle de la racine, qui se termine par le chevelu.

Radicule. Extrémité inférieure de l'embryon, destinée à produire la racine.

Rameau. Division de la branche.

Ramule. Rameau de la dernière année.

Rampant. Voir *Radicant.*

Rayons médullaires. Lames rayonnantes de tissu cellulaire qui se trouvent dans tous les bois, mais varient beaucoup, suivant les essences, en épaisseur et en hauteur. Ce sont les rayons qui produisent, par un débit convenable, les maillures.

Réceptacle. Extrémité, plus ou moins modifiée, de l'axe floral, sur laquelle s'insèrent les parties de la fleur.

Réfléchi. Recourbé vers la terre.

Régulier. Appliqué à la fleur, indique que chacun de ses verticilles est formé de parties semblables et symétriquement disposées.

Réniforme. Feuille, foliole, graine, etc., plus large que longue, en forme de rein ou de croissant dont les sommets sont largement arrondis et dont le point d'insertion est au milieu du bord concave.

Réticulé. État d'une surface couverte d'un réseau saillant de nervures.

Rhytidome. Portion extérieure de l'écorce, morte et desséchée, parce qu'elle ne reçoit plus de sève, séparée qu'elle est de la région intérieure active par l'interposition de lames ou de couches plus ou moins épaisses et plus ou moins nombreuses de tissu subéreux imperméable (périderme interne). Le mot de rhytidome, proposé par M. Hugo Mohl m'a paru devoir être adopté, parce qu'il désigne une région bien définie de l'écorce.

Rosacée. Corolle régulière, composée de 5 pétales libres, étalés dès la base.

Rotacé. Corolle à tube presque nul et à limbe étalé, régulier, ressemblant à une corolle rosacée dont les pétales seraient légèrement soudés par la base. Se dit aussi du calice.

Rugueux. État d'une surface ridée et raboteuse.

Samare. Fruit sec, indéhiscent, uniloculaire, au moins par avortement, monosperme et pourvu d'une expansion foliacée ou membraneuse.

Sarcocarpe. Nom de la portion intermédiaire du péricarpe, lorsqu'elle devient charnue.

Sarmenteux. Tige ligneuse longue et grêle, sans direction déterminée, couchée ou grimpante.

Scabre. Rude au toucher.

Scarieux. Mince, sec et translucide.

Sépale. Nom des folioles qui composent le calice.

Sépaloïde. De la consistance foliacée et de la coloration verte des sépales.

Septicide. Mode de déhiscence d'une capsule dans laquelle les cloisons se dédoublent, de sorte que chaque valve, en tombant, en emporte une moitié sur chacun de ses bords.

Séqué. Limbe divisé jusqu'à la nervure médiane.

Serré ou **denté en scie.** Bordé de dents aiguës, dirigées vers le sommet.

Sessile. Inséré sans l'intermédiaire d'un support.

Sétacé. Semblable à un poil, à une soie.

Simple. Se dit d'une feuille dont le limbe est tout d'une pièce et dont les divisions, quelque profondément séparées qu'elles soient, si elles existent, ne sont jamais entièrement indépendantes, comme le sont les folioles d'une feuille composée.

Sinué. Contour modifié par des échancrures peu profondes et des lobes peu saillants, les unes et les autres étant arrondis.

Sinus. Échancrure qui sépare deux lobes.

Sous-arbrisseau. Arbrisseau de petite taille, ne dépassant pas 1 mètre de hauteur.

Soyeux. État d'une surface couverte de poils couchés, plus ou moins brillants.

Spathe. Bractée très-développée et enroulée sur elle-même en cornet, souvrant au sommet pour mettre en liberté l'inflorescence qu'elle renferme.

Spatulé. Limbe élargi en spatule à l'extrémité.

Sperme (*mono-, bi-, poly-, multi-*). Qui contient une, deux, plusieurs ou beaucoup de graines.

Spinescent. Terminé en épine.

Spiralé. Les feuilles qui ne sont ni opposées, ni verticillées, sont spiralées, c'est-à-dire que par leur base on peut tracer autour du rameau une spirale régulière qui les réunit toutes. (Voir *Indice d'insertion.*)

Squamiforme. En forme d'écailles.

Stigmate. Extrémité papilleuse du style, destinée à fixer le pollen sur l'organe femelle.

Stipité. Inséré par l'intermédiaire d'un support.

Stipulacé ou **stipulaire**. Qui provient d'une stipule.

Stipules. Petits appendices, tantôt foliacés et persistants, tantôt écailleux et caducs, qui se trouvent souvent de chaque côté de la base du pétiole.

Strobile. Voir *Cône*.

Style. Portion du carpelle qui unit le stigmate à l'ovaire.

Sub. Placé devant un mot signifie presque.

Subéreux. De la nature du liége.

Subulé. Linéaire et terminé en pointe rigide comme une alène.

Supère. Se dit d'un calice soudé à l'ovaire par son tube et le couronnant par la portion libre de son limbe. On a souvent décrit sous ce nom le calice inséré sur le bord supérieur d'un réceptacle relevé en forme d'urne. — L'ovaire supère est celui qui est libre et en dessous duquel sont insérées les étamines.

Suture. Ligne suivant laquelle deux parties se sont soudées. Dans un ovaire simple on nomme *suture ventrale* la ligne suivant laquelle les bords de la feuille carpellaire, destinée à en former les parois, se sont réunis. Cette suture ventrale est naturellement opposée à la nervure médiane, que l'on nomme souvent par extension *suture dorsale;* c'est elle qui supporte les graines. Dans un ovaire pluriloculaire, les sutures ventrales, ramenées vers le centre, ne peuvent être visibles, mais on en aperçoit d'autres qui résultent de la réunion des carpelles adjacents et que l'on appelle *sutures latérales;* elles alternent nécessairement avec les nervures ou sutures dorsales.

Syncarpé. Fruit formé de plusieurs carpelles provenant d'une même fleur et soudés entre eux.

Tétra-. Quatre ou quatre fois.

Tétramère. Se dit d'une fleur dont les verticilles, au moins les extérieurs, sont formés de quatre parties.

Thyrse. Inflorescence ovoïde dans l'ensemble, formée d'un axe primaire allongé, le long duquel sont insérés des axes secondaires, simples ou rameux, dont les moyens sont les plus longs.

Tige. Ce mot ne convient à la rigueur qu'à l'axe primaire des plantes, produit de la tigelle, allongée annuellement par les bourgeons terminaux; on l'applique usuellement à l'axe principal de tous les végétaux, qu'ils proviennent de graines, de rejets, de drageons, etc.

Tissu fibreux. Voir *Fibre*.

Tomenteux. Couvert de poils crépus, serrés et entremêlés en une sorte de feutre.

Toruleux. Garni de nœuds suivant sa longueur. Les coussinets rendent souvent les rameaux toruleux.

Traçant. Direction d'une racine latérale qui se prolonge au loin sous la terre sans s'y enfoncer beaucoup.

Trachéides. Fibres allongées, marquées de ponctuations aréolées et disposées en une ou plusieurs séries longitudinales; formant à elles seules, non compris les rayons, le bois des conifères; se retrouvent chez les bois feuillus.

Tri-. Trois ou trois fois.

Tronc. Tige des végétaux dicotylédonés ligneux; sa forme est celle d'un cône plus ou moins renflé vers le milieu.

Tube pollinique. Le grain de pollen germe sur le stigmate et émet en son point de contact un tube pollinique qui pénètre dans cet organe et de là suit le style, pour parvenir aux ovules qu'il féconde par sa fovilla.

Turbiné. En forme de toupie ou de poire.

Uni-. Exprime l'unité.

Urcéolé. En forme de bourse renflée en son milieu.

Vacuole. Petite cavité sphérique ou ellipsoïde qui se forme dans l'écorce de certains conifères et contient de la térébenthine.

Vaisseaux ligneux. Tubes, de la nature des fausses trachées, qui se trouvent disséminés, solitaires ou groupés entre eux, au milieu du tissu fibreux de tous les bois feuillus. Leur diamètre, beaucoup plus grand que celui des fibres, les fait reconnaître très-aisément sur une section transversale, soit à l'œil nu, soit à l'aide de la loupe.

Valve. Portion séparée, par la déhiscence, du péricarpe d'un fruit, de la paroi d'une anthère.

Variation. Modification de l'espèce, plus légère encore que celle qui constitue la variété.

Variété. Modification individuelle de l'espèce qui généralement ne se perpétue pas sûrement par la génération. Il en est cependant qui semblent devenir héréditaires. (Voir *Race.*)

Veines et **veinules.** Ramifications extrêmes des nervures.

Velouté. Couvert de poils dressés, courts et serrés comme ceux du velours.

Velu. Garni de poils longs, doux, un peu obliques.

Verruqueux. Garni de verrues.

Verticille. Ensemble de parties disposées circulairement autour d'un axe.

Verticillé. Disposé en verticille.

Volubile. Tige grimpante qui s'enroule autour d'un support suivant une spirale de direction constante pour chaque espèce; on détermine cette direction, de gauche à droite ou de droite à gauche, en se plaçant en face de la tige volubile.

FLORE FORESTIÈRE

DIVISION DES VÉGÉTAUX FORESTIERS LIGNEUX

EN CLASSES ET EN ORDRES.

Tous les végétaux forestiers ligneux indigènes appartiennent à l'embranchement des Phanérogames dicotylédonées. Ils ont par conséquent des fleurs véritables, pourvues d'étamines et de carpelles ou au moins d'ovules; des embryons formés d'organes distincts, dont le corps cotylédonaire est divisé en deux ou plusieurs parties opposées ou verticillées; une tige enfin plus ou moins ramifiée, composée d'un système cortical et d'un système ligneux, ce dernier s'accroissant à la périphérie par couches annuelles concentriques, dont le nombre correspond à l'âge du végétal.

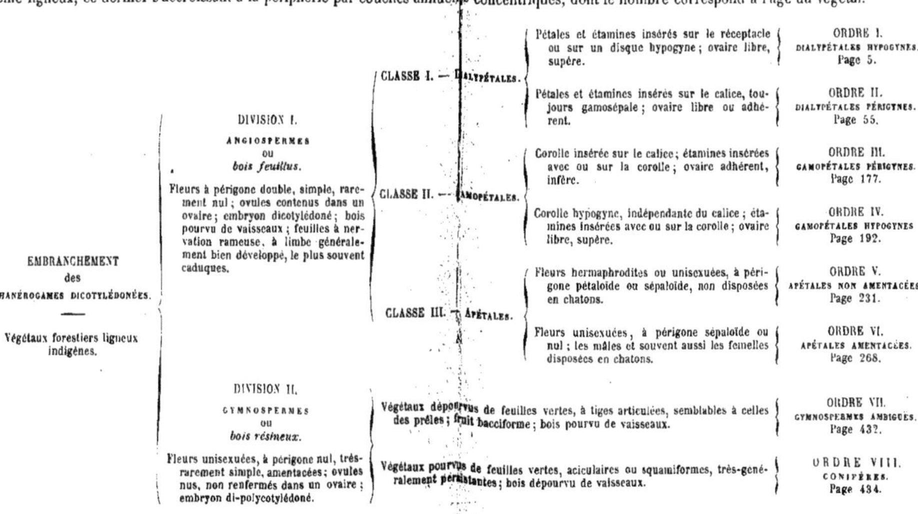

Embranchement	Division	Classe	Caractères	Ordre
EMBRANCHEMENT des PHANÉROGAMES DICOTYLÉDONÉES. — Végétaux forestiers ligneux indigènes.	DIVISION I. ANGIOSPERMES ou *bois feuillus.* Fleurs à périgone double, simple, rarement nul; ovules contenus dans un ovaire; embryon dicotylédoné; bois pourvu de vaisseaux; feuilles à nervation rameuse, à limbe généralement bien développé, le plus souvent caduques.	CLASSE I. — DIALYPÉTALES.	Pétales et étamines insérés sur le réceptacle ou sur un disque hypogyne; ovaire libre, supère.	ORDRE I. DIALYPÉTALES HYPOGYNES. Page 5.
			Pétales et étamines insérés sur le calice, toujours gamosépale; ovaire libre ou adhérent.	ORDRE II. DIALYPÉTALES PÉRIGYNES. Page 55.
		CLASSE II. — GAMOPÉTALES.	Corolle insérée sur le calice; étamines insérées avec ou sur la corolle; ovaire adhérent, infère.	ORDRE III. GAMOPÉTALES PÉRIGYNES. Page 177.
			Corolle hypogyne, indépendante du calice; étamines insérées avec ou sur la corolle; ovaire libre, supère.	ORDRE IV. GAMOPÉTALES HYPOGYNES Page 192.
		CLASSE III. — APÉTALES.	Fleurs hermaphrodites ou unisexuées, à périgone pétaloïde ou sépaloïde, non disposées en chatons.	ORDRE V. APÉTALES NON AMENTACÉES. Page 231.
			Fleurs unisexuées, à périgone sépaloïde ou nul; les mâles et souvent aussi les femelles disposées en chatons.	ORDRE VI. APÉTALES AMENTACÉES. Page 268.
	DIVISION II. GYMNOSPERMES ou *bois résineux.* Fleurs unisexuées, à périgone nul, très-rarement simple, amentacées; ovules nus, non renfermés dans un ovaire; embryon di-polycotylédoné.		Végétaux dépourvus de feuilles vertes, à tiges articulées, semblables à celles des prêles; fruit bacciforme; bois pourvu de vaisseaux.	ORDRE VII. GYMNOSPERMES AMBIGUËS. Page 432.
			Végétaux pourvus de feuilles vertes, aciculaires ou squamiformes, très-généralement persistantes; bois dépourvu de vaisseaux.	ORDRE VIII. CONIFÈRES. Page 434.

DIVISION I.

DICOTYLÉDONÉES ANGIOSPERMES.

Bois feuillus.

Végétaux à fleurs hermaphrodites ou uni sexuées, dont le périgone, le plus souvent double ou simple, peut aussi faire défaut. Pollen unicellulaire, émettant directement les tubes polliniques ; ovules renfermés dans un ovaire et fécondés par l'intermédiaire d'un stigmate ; graines conséquemment enveloppées d'un péricarpe, albuminées ou exalbuminées, contenant un embryon muni de deux cotylédons opposés. Feuilles à nervures ordinairement rameuses et anastomosées, à limbe généralement élargi, simples ou composées, entières, dentées, lobées, etc., habituellement caduques, quelquefois persistantes ; toujours accompagnées de bourgeons axillaires qui déterminent une ramification plus ou moins touffue. Ces bourgeons ne se développent pas tous d'ailleurs ; beaucoup restent proventifs, et ces derniers, joints aux bourgeons adventifs, de facile production, rendent tous les angiospermes plus ou moins aptes à repousser de souche.

Bois de structure riche et variée, dont les nombreux éléments anatomiques ne se distinguent sûrement qu'au miscroscope. A l'œil nu ou armé de la loupe on y reconnaît toutefois du *tissu ligneux*, des *rayons médullaires* et des *vaisseaux*.

Tissu ligneux ou fondamental formé de fibres d'espèces diverses : les unes allongées, fortement épaissies (libriformes simples ou cloisonnées et trachéides) ; les autres moins longues, généralement à parois plus minces (parenchyme ligneux), quelquefois reconnaissables parmi les précédentes au tissu plus clair et plus mou auquel elles donnent naissance.

Rayons médullaires plus ou moins nombreux, d'épaisseur très-variable, courts ou longs dans le sens longitudinal, déterminant par le débit radial des taches irrégulières, miroitantes, plus claires ou plus foncées, appelées *maillures*.

Vaisseaux reconnaissables sur la section transversale par leur ouverture beaucoup plus grande que celle des fibres ; variant par le nombre, par la grosseur, la distribution, mais ne manquant jamais.

CLASSE I.

DIALYPÉTALES.

Fleurs à périgone double, très-rarement simple par avortement de la corolle, à pétales libres entre eux.

ORDRE I.

DIALYPÉTALES HYPOGYNES.

Pétales et étamines insérés sur le réceptacle ou sur un disque hypogyne sans adhérence avec le calice ; ovaire libre, supère.

ORDRE I. — DIALYPÉTALES HYPOGYNES.

						Familles.	Genres.
Un ou plusieurs carpelles libres, formant autant d'ovaires simples, uniloculaires.		Étamines indéfinies.			Plantes herbacées à feuilles alternes, ou ligneuses sarmenteuses à feuilles opposées ; fleurs généralement régulières, à verticilles de 5 parties, contenant plusieurs carpelles libres.	I. Renonculacées. Page 8.	*Clématite.*
		Étamines isostémones.			Arbrisseaux, rarement herbes, à feuilles alternes, simples ou composées, bordées de fines dents sétacées ; fleurs régulières, à étamines paraissant opposées aux pétales et aux sépales, ne contenant que 1 seul carpelle.	II. Berbéridées. Page 10.	*Épine-vinette.*
Carpelles soudés entre eux et formant un ovaire composé, pluriloculaire ou au moins à plusieurs placentaires.	Placentation pariétale. — Capsule polysperme, uniloculaire ou incomplétement pluriloculaire.	Étamines indéfinies.			Sous-arbrisseaux ou herbes à feuilles simples, presque toujours opposées ; à fleurs régulières, grandes, élégantes.	III. Cistinées. Page 13.	*Ciste.* *Hélianthème.*
		Étamines iso-diplostémones.			Arbrisseaux dont l'aspect rappelle celui des bruyères ou des cyprès, en raison de leur feuillage très-léger, composé de très-petites feuilles squamiformes ; fleurs régulières, rosées ; semences aigrettées.	IV. Tamariscinées. Page 20.	*Tamarix.* *Myricaire.*
	Placentation axile. — Fruit syncarpé quelconque, mais jamais capsule à loges polyspermes.	Étamines indéfinies.			Arbres à feuilles simples, cordiformes, alternes ; à fleurs régulières, blanchâtres, dont l'axe d'inflorescence est soudé à une longue bractée membraneuse ; capsule 1-sperme indéhiscente (carcérule).	V. Tiliacées. Page 23.	*Tilleul.*
		Étamines presque diplostémones.	Fleurs régulières.		Arbres à feuilles opposées, palminerviées, à fleurs régulières, d'un jaune verdâtre, produisant une double samare à ailes latérales opposées.	VI. Acérinées. Page 31.	*Érable.*
			Fleurs irrégulières.		Arbres à feuilles opposées, composées-palmées ; fleurs irrégulières ; en thyrses dressés, élégants ; capsule épineuse, à grosses graines. Exotiques naturalisés.	VII. Hippocastanées. Page 39.	*Marronnier.*
		Étamines diplostémones.	Filets des étamines soudés en long tube.		Arbrisseaux ou arbres à feuilles alternes, composées ou décomposées ; à fleurs régulières, élégantes. Exotiques naturalisés.	VIII. Méliacées. Page 44.	*Mélia.*
			Filets non soudés.		Arbrisseaux à feuilles opposées ou verticillées, simples, entières ; à fleurs régulières, petites et vertes.	IX. Coriariées. Page 45.	*Corroyère.*
		Étamines isostémones.	Étamines opposées.		Végétaux sarmenteux à feuilles alternes, simples, palminerviées ou composées-palmées ; à fleurs régulières, petites, vertes, en inflorescences oppositifoliées.	X. Ampélidées. Page 46.	*Vigne.*
			Étamines alternes. — Capsule.	Capsule enflée vésiculeuse.	Arbrisseaux à feuilles opposées, composées-pennées ; à fleurs régulières, blanches, produisant des capsules dont les graines sont à parois osseuses.	XI. Staphyléacées. Page 48.	*Staphylier.*
				Capsule non vésiculeuse, 4-5-lobée.	Arbrisseaux à feuilles opposées, simples ; à fleurs régulières, petites, verdâtres ou brunâtres, produisant une capsule dont les graines sont revêtues d'une arille.	XII. Célastrinées. Page 50.	*Fusain.*
			Étamines alternes. — Nuculaine.	Verticilles floraux de 4-6 parties.	Arbrisseaux à feuilles alternes, coriaces, persistantes, simples, ordinairement épineuses ; à fleurs régulières, petites et blanches.	XIII. Ilicinées. Page 52.	*Houx.*
				Verticilles floraux de 3 parties.	Sous-arbrisseaux à petites feuilles alternes, simples, persistantes, rappelant celles des bruyères ; à fleurs régulières, petites.	XIV. Empétrées. Page 54.	*Camarine.*

FAMILLE I.

RENONCULACÉES. JUSS.

Fleurs hermaphrodites, généralement régulières et grandes; calice de 3-6, le plus souvent de 5 sépales ordinairement caducs, devenant pétaloïdes quand manque la corolle; celle-ci d'autant de pétales, quelquefois nulle; étamines indéfinies, libres, hypogynes, à anthères introrses ou extrorses, s'ouvrant par 2 fentes longitudinales. Carpelles 1 à 10, ou plus fréquemment en nombre indéfini, libres ou soudés entre eux par la base, produisant autant de fruits distincts, indéhiscents monospermes (akènes), déhiscents oligospermes (follicules) ou charnus polyspermes. Graines pourvues d'un albumen corné. — Plantes herbacées, rarement ligneuses, parfois sarmenteuses, à feuilles presque toujours alternes (opposées dans les espèces ligneuses indigènes), non stipulées, dont le pétiole est presque engaînant à la base. Sucs âcres et vésicants, souvent toxiques, généralement volatils et disparaissant par la dessiccation.

A. Enveloppes florales réduites à un calice pétaloïde. . . CLÉMATITE. 1
A'. Enveloppes florales formées d'un calice pétaloïde et d'une corolle. . . . . ATRAGÈNE . 2

GENRE I. — CLÉMATITE. *CLEMATIS. Lin.*

Calice pétaloïde, régulier, 4-5 sépalé; corolle nulle; anthères extrorses; carpelles nombreux, libres, uniovulés, produisant autant d'akènes monospermes, terminés par un style développé en longue arête plumeuse, contournée; feuilles opposées, composées, parfois simples. — Végétaux rarement herbacés, habituellement ligneux et sarmenteux, dont les bourgeons sont petits, uniécailleux.

Bois.—Vaisseaux très-dominants, inégaux, les uns très-gros, longs et continus, formant presque à eux seuls la zone interne de chaque couche annuelle, les autres fins, au bord externe; tissu fibreux peu abondant, dont ne se distingue pas, si ce n'est au microscope, le parenchyme ligneux; rayons peu nombreux, inégaux, épais, les grands disposés en 6 paires, très-prolongés dans le sens longitudinal; couches annuelles bien distinctes, festonnées-saillantes au passage des rayons. Bois blanc jaunâtre, ou grisâtre, très-poreux et léger. Densité, 0,382-0,581 (*Coll. Ec. For.*).

Les clématites sont le plus souvent des lianes à longues tiges grêles et sarmenteuses, qui enlacent en tous sens les végétaux sur lesquels elles s'élèvent et s'y fixent par leurs feuilles, dont les pétioles s'enroulent comme des vrilles autour des jeunes rameaux qu'ils rencontrent. Elles couvrent quelquefois des espaces assez grands et entravent la végétation des plantes qu'elles dominent. Vertes, les feuilles en sont vésicantes et vénéneuses pour le bétail ; desséchées, elles peuvent être employées sans inconvénient comme fourrage.

A. Fleurs dépourvues d'involucre, en panicules.
  B. Sépales tomenteux sur les deux faces; feuilles à nervures barbues . . . . C. DES HAIES. 1
  B'. Sépales glabres en dedans; feuilles entièrement glabres . . . . C. FLAMMULE. 2
A'. Fleurs munies d'un involucre de 2 bractées, solitaires. C. CIRRHEUSE. 3

§ I. *Fleurs dépourvues d'involucre, en panicules axillaires.*

1. Clématite des haies. CLEMATIS VITALBA. LIN. Herbe aux gueux; bois à fumer. Liane.

Feuilles oppositi-imparipennées, de 3-9 folioles longuement pétiolées, cordiformes à la base, ovales-aiguës, entières ou incisées par quelques fortes dents (*C. crenata. Jord.*), barbues sur les nervures. Fleurs inodores, à 4 sépales blancs, oblongs, tomenteux sur les deux faces; styles accrescents, contournés, plumeux, terminant les akènes. — Plante longuement sarmenteuse (le nom de *vitalba* est la contraction des mots *vitis alba,* vigne blanche), à écorce grise, sillonnée, longuement fibreuse et à bois très-léger, gris jaunâtre. Commune dans les bois, les haies et les broussailles des pays de plaines et de collines, particulièrement sur les terrains calcaires. Flor., juin-juillet. Fructif., octobre.

2. Clématite Flammule. CLEMATIS FLAMMULA. LIN. Clématite odorante.

Feuilles simplement ou doublement pennées, à folioles ovales ou lancéolées-linéaires (*C. maritima. Lam.*), entières, bi-trifides, glabres. Fleurs odorantes, à 4 sépales blancs, oblongs, pubescents en dehors, tomenteux sur les bords, glabres en dedans; akènes surmontés d'une arête plumeuse. — Plante sarmenteuse et grimpante comme la précédente, mais plus grêle dans toutes ses parties, dont le nom (*flammula*) rappelle les propriétés inflammatoires; commune dans la région des oliviers. Se retrouve en Corse et en Algérie. Flor., juillet-août. Fructif., octobre.

§ II. *Fleurs munies d'un involucre de deux bractées, axillaires et solitaires.*

3. Clématite cirrheuse. Clematis cirrhosa. Lin.
Feuilles fasciculées, très-variables, ovales-aiguës, entières, dentées, lobées ou tri-séquées, à segments pétiolulés et à 3 lobes incisés-dentés. Fleurs grandes, blanches, odorantes, axillaires, solitaires et pendantes, plus ou moins longuement pédicellées au-dessus d'un involucre en coupe, formé de 2 bractées soudées entre elles; 4 ou 5 sépales glabres en dedans, velus en dehors; akènes surmontés d'une arête plumeuse. — Plante à tiges sarmenteuses très-grêles. Haies et buissons du littoral en Corse; Algérie. Flor., juin-juillet.

GENRE II. — ATRAGÈNE. *ATRAGENE. Lin.*

Calice pétaloïde comme dans le genre précédent; corolle formée de pétales nombreux, plus courts que les sépales.

1. Atragène des Alpes. Atragene alpina. Lin.
Feuilles biternées, à folioles ou segments longuement lancéolés, dentés; fleurs grandes, ordinairement bleues, penchées à l'extrémité de pédoncules dépassant les feuilles fasciculées qui les accompagnent; sépales pubescents sur le dos, aigus, 2 à 3 fois aussi longs que les pétales, qui sont spatulés et obtus. — Petite plante à sarments grêles, à peine ligneux, plutôt rampants que grimpants. Alpes et Pyrénées. Flor., juin-juillet.

FAMILLE II.

BERBÉRIDÉES. *Vent.*

Fleurs hermaphrodites, régulières; calice, corolle et androcée formés chacun d'un double verticille de 3 parties alternantes, en tout de 6 verticilles simulant 3 verticilles de 6 parties opposées; anthères biloculaires, déhiscentes par un opercule qui se soulève de bas en haut; 1 seul carpelle, produisant un fruit, sec ou charnu, 1-3-sperme. Embryon petit, logé dans un albumen corné. — Végétaux herbacés ou ligneux, à feuilles simples ou composées, bordées de dents sétacées, non stipulées.

GENRE UNIQUE. — ÉPINE-VINETTE. *BERBERIS. Lin.*

Un involucre de 3 petites bractées sous le calice, qui est pétaloïde; 2 glandes à la base de chaque pétale; fruit bacciforme, 2-3-sperme. — Arbrisseaux épineux, à feuilles simples, caduques, alternes ou fasciculées (par avortement des rameaux), dont la nervure médiane est seule dominante et produit des veines finement réticulées; à bourgeons petits, coniques, pluriécailleux, dont les écailles sont lâches, sèches, terminées par une courte épine.

Bois. — Tissu fibreux serré, homogène, dominant; pas de parenchyme ligneux. Vaisseaux inégaux, assez gros au bord interne de chaque couche annuelle, décroissants et devenant très-fins au bord externe; réunis par petits groupes qui ébauchent une disposition réticulée. Rayons peu nombreux, médiocrement ou assez épais, assez prolongés suivant le fil du bois. Couleur jaune citrin.

A. Feuilles fasciculées à l'aisselle d'une épine plus courte qu'elles; fruit rouge . . . . E. COMMUNE. 1
A'. Feuilles fasciculées à l'aisselle d'une forte épine plus longue qu'elles; fruit noir bleuâtre. . . . . E. DE L'ETNA. 2

1. Épine-Vinette commune. BERBERIS VULGARIS. LIN. Vinettier. Feuilles obovales, obtuses, atténuées à la base en un court pétiole, dentées-sétacées, glabres, alternes sur les pousses qui s'allongent ou fasciculées à l'aisselle d'une épine étalée plus courte qu'elles; cette épine simple, tri-multipartite, s'élargit souvent dans les parties inférieures des rameaux en un limbe sec et membraneux. Fleurs jaunes, en grappes latérales multiflores, pendantes, sortant du centre des rosettes de feuilles, à odeur fade. Fruit bacciforme, oblong et rouge. — Arbrisseau de 1-2 mètres, dont les tiges nombreuses dès la base, dressées, fasciculées, grises et légèrement cannelées, sont armées d'épines grêles dues à des feuilles transformées. Haies et bois de toute la France, particulièrement sur les sols calcaires; abonde dans les Alpes, où il parvient à des altitudes considérables et dont il contribue à fixer le sol par son aptitude assez prononcée à drageonner et la faculté qu'il possède de croître sur les versants les plus secs et les plus escarpés; se retrouve sur quelques points de l'Algérie. Flor., mai-juin. Fructif., septembre-octobre.

L'épine-vinette commune, sans avoir une véritable importance forestière, n'est pas dépourvue de tout intérêt. Elle contient abondamment dans le bois, surtout dans celui de la souche et des racines, une matière tinctoriale d'un beau jaune, employée dans l'industrie sous le nom de *berbérine.* L'importation de l'épine-vinette en France a représenté, en 1863, une valeur officielle de 157,808 fr. La racine de l'épine-vinette peut fournir jusqu'à 1.3 p. 100 de berbérine cristallisée.

Le bois est d'un joli jaune qui, vers l'âge de 20 à

25 ans, passe au jaune verdâtre ou brunâtre ; l'aubier en est blanc, peu abondant, formé de 2 à 6 couches environ. Les accroissements annuels y sont bien apparents, régulièrement circulaires. Complétement desséché à l'air libre, il présente une densité qui varie de 0.73 à 0.92 (*Coll. Éc. For.*). Ce bois a de trop faibles dimensions pour servir au travail ; néanmoins, en raison de sa couleur citrine, il pourrait être avantageusement employé dans la marqueterie.

Les feuilles de l'épine-vinette renferment du bioxalate de potasse qui leur donne la saveur acide de l'oseille et les fait rechercher par le bétail. Les fruits mûrs ont un goût aigrelet agréable, en partie dû à de l'acide citrique ; on en fait des conserves estimées ; les confiseurs en tirent aussi parti.

Les étamines sont très-irritables ; lorsqu'elles sont étalées, il suffit d'en exciter très-légèrement la base avec la pointe d'une épingle pour qu'elles se redressent brusquement contre le stigmate.

Depuis longtemps les cultivateurs prétendent que la rouille des céréales se manifeste avec une intensité particulière dans le voisinage de l'épine-vinette ; les belles observations de MM. de Bary et Œrsted ont pleinement confirmé cette opinion. Au printemps, l'on voit apparaître sur les feuilles du vinettier des taches jaunâtres et renflées d'où naissent des tubercules de couleur rouge qui, perçant l'épiderme et s'ouvrant au dehors, laissent échapper des spores en grand nombre. Pendant longtemps ce cryptogame parasite de la classe des champignons a été considéré comme une espèce autonome, décrite sous le nom de *Æcidium berberidis*, Gmélin. Or, ces spores ne peuvent germer que sur les feuilles et les chaumes des graminées, particulièrement sur ceux des céréales ; elles y donnent naissance à de nouvelles formes végétales, qui déterminent la maladie désignée sous le nom de rouille, savoir : 1° l'*Uredo linearis*, Pers., dont les nombreuses générations se succèdent avec rapidité pendant tout le cours de l'été ; 2° le *Puccinia graminis*, Pers., qui le remplace et dont l'unique génération fournit à son tour des spores qui, disséminées au printemps, vont germer sur les jeunes feuilles de l'épine-vinette et y reproduisent la forme propre à ce végétal, celle de l'*Æcidium berberidis*. Exemple remarquable de trois générations alternantes d'une même espèce qui, pour accomplir le cercle de ses transformations, ne peut se passer du concours de deux végétaux nourriciers différents, l'épine-vinette et une graminée !

2. Épine-Vinette de l'Etna. BERBERIS ÆTNENSIS. RŒM. ET SCHULT. *B. Cretica*. Duby.

Feuilles ovales-oblongues, coriaces, fortement dentées-sétacées, en faisceaux à l'aisselle d'une épine robuste plus longue qu'elle. Fleurs jaunes, en grappes pauciflores, dépassant à peine les feuilles. Fruits oblongs, d'un noir bleuâtre à la maturité. — Arbrisseau de 3 à 6 décimètres, très-rameux, à rameaux flexueux décombants. Régions montagneuses de la Corse et de l'Algérie (Djurdjura). Flor., mai-juin.

FAMILLE III.

CISTINÉES. *Juss.*

Fleurs grandes, régulières, hermaphrodites; calice persistant, de 5 sépales, dont 2 extérieurs plus petits, quelquefois plus grands que les 3 intérieurs, ou nuls; corolle rosacée, très-fugace, de 5 pétales; étamines indéfinies; ovaire formé de 3-10 carpelles, à cloisons nulles ou incomplètes et à placentation pariétale; capsule polysperme; graines pourvues d'un albumen. — Plantes herbacées ou ligneuses (sous-arbrisseaux), à feuilles simples, dentées ou entières, presque toujours opposées, se maintenant, pour la plupart, vertes en hiver; croissant en général dans les lieux secs, découverts, rocailleux, et appartenant presque toutes à la flore méridionale, surtout méditerranéenne.

A. Capsule de 5-10 valves . . . . CISTE. . . . 1
A'. Capsule de 3 valves. . . . . HÉLIANTHÈME. 2

GENRE I. — CISTE. *CISTUS*. *Lin.*

Calice 3-5-sépalé. Capsule loculicide, à cloisons nulles ou incomplètes, dont les valves portent en leur milieu les placentas ou les cloisons placentifères; plus rarement septicide. — Sous-arbrisseaux très-rameux, s'élevant au plus à 1 mètre ou 1^{m},50, à feuilles opposées, non stipulées, sessiles ou pétiolées, entières ou ondulées-crispées sur les bords; à fleurs élégantes, dressées, blanches, jaunes, roses ou pourprées, mesurant 3 à 8 centimètres de diamètre.

Bois. — Tissu fibreux dominant, compacte, sans parenchyme ligneux apparent; rayons égaux, fins, serrés; vaisseaux égaux, très-fins, très-nombreux, isolés, uniformément répartis, mais faisant défaut à la limite extrême des accroissements annuels, ce qui en rend la distinction possible; quelques taches médullaires. Bois très-dur, très-compacte et très-homogène, devenant rougeâtre ou rouge-brun au cœur; de trop faibles dimensions pour servir à d'autres usages qu'au chauffage, à celui des fours particulièrement. Celui d'un ciste ladanifère, de 28 ans, pèse 1,21 (*Coll. Éc. For.*).

Les cistes, à peu d'exceptions près, habitent les bois et les garrigues du littoral de la Méditerranée. Les espèces, qui en sont assez nombreuses, croissent aux mêmes lieux, fleurissent à peu près simultanément, et paraissent produire entre elles une certaine quantité d'hydrides; quelques-unes sont aromatiques et excrètent par les jeunes pousses et les feuilles une gomme-résine odorante, le *ladanum*, autrefois utilisée en pharmacie, encore employée en parfumerie, mais dont la récolte est négligée en France.

A. Calice de 3 sépales. — Pétales blancs; capsule loculicide.
- B. Feuilles pétiolées; pédoncules velus; capsule 5-loculaire . . . . C. A FEUILLES DE LAURIER 1
- B'. Feuilles subsessiles; pédoncules glabres et glutineux; capsule 10-loculaire . . . . C. LADANIFÈRE 2

A'. Calice de 5 sépales.
- B. Sépales extérieurs un peu plus petits que les intérieurs; style allongé; capsule 5-loculaire, loculicide.
  - C. Feuilles pétiolées; pétales roses. . C. BLANCHATRE 3
  - C'. Feuilles sessiles.
    - D. Feuilles planes, grises-tomenteuses sur les deux faces; pétales roses. C. COTONNEUX 4
    - D'. Feuilles crispées sur les bords, au moins les inférieures.
      - E. Toutes les feuilles crispées; pétales pourprés. . . . . . C. CRÉPU 5

E'. Feuilles inférieures seulement crispées ; pétales blancs . . C. DE POUZOLZ 6
B'. Sépales extérieurs plus grands que les intérieurs ; style très-court.
C. Capsule 5-loculaire, loculicide.
D. Feuilles sessiles ; pétales jaunes. C. HÉRISSÉ 7
D'. Feuilles pétiolées.
E. Rameaux floraux munis à la base de bractées écailleuses.
F. Pétioles non ailés ; pétales blancs, jaunes à la base. C. A FEUILLES DE PEUPLIER. 8
F'. Pétioles courts et ailés ; pétales blancs, jaunâtres à la base . . . . C. A LONGUES FEUILLES . 9
E'. Rameaux floraux dépourvus à la base de bractées écailleuses.
F. Feuilles rugueuses et grisâtres en-dessus ; pétales blancs ou jaunes. . . . C. A FEUILLES DE SAUGE . 10
F'. Feuilles vertes, glabres et luisantes en dessus ; pétales blancs . . . . . C. LÉDON 11
C'. Capsule septicide, ne s'ouvrant que par le sommet ; feuilles sessiles ; pétales blancs . . . . C. DE MONTPELLIER . . 12

§ I. *Calice de 3 sépales, par avortement des deux extérieurs ; style très-court ; capsule loculicide, 5-10-loculaire.*

1. Ciste à feuilles de laurier. CISTUS LAURIFOLIUS. LIN.

Feuilles pétiolées, épaisses, coriaces, ovales-lancéolées, trinerviées dans toute leur longueur, entières, lisses et glabres en dessus, grises-tomenteuses en dessous ou même blanches-soyeuses dans la jeunesse ; pétioles dilatés, connés et engaînants à la base. Fleurs disposées 2 à 8 en ombelle simple ou en corymbe au sommet d'un rameau allongé, feuillé à la base seulement, nu dans le reste de son étendue ; corolle de 6 à 8 centimètres de diamètre, à pétales blancs, jaunes vers l'onglet, 3 à 4 fois aussi longs que les sépales ; pédoncules allongés, velus ainsi que les rameaux ; sépales hérissés. Capsule très-velue, à 5 valves. — Sous-arbrisseau de 1 mètre à 1^{m},50, rameux, glutineux, balsamique, à écorce brune ou rouge-brun. Collines sèches du bassin méditerranéen ; remonte vers le Nord, jusqu'à Rhodez (Aveyron) et Nyons (Drôme). Flor., juin.

2. Ciste ladanifère. CISTUS LADANIFERUS. LIN.

Feuilles sessiles, semi-embrassantes, oblongues-lancéolées, entières, coriaces, trinerviées à la base, puis penninerviées, lisses, glabres et visqueuses en dessus, couvertes en dessous de poils courts, serrés, fasciculés, les rendant blanchâtres-tomenteuses. Fleurs solitaires au sommet de rameaux feuillés, dont les feuilles deviennent peu à peu de larges bractées chagrinées-tuberculeuses et visqueuses ; corolle de 6 à 8 centimètres de diamètre, à pétales blancs (var. *albiflorus. DC.*), ou blancs marqués d'une tache purpurine (var. *maculatus. DC.*), trois fois aussi longs que les sépales. Pédoncules courts, glabres et visqueux ainsi que les rameaux. Capsule très-tomenteuse, 10-loculaire. — Élégant sous-arbrisseau aromatique et glutineux, à tige noirâtre, s'élevant à 1 mètre ou 1^{m},50. Rare ; Saint-Chinian, près de Montpellier ; Bagnols, Fréjus ; Algérie. Flor., juin.

§ II. *Calice de 5 sépales, dont les deux extérieurs sont à peine aussi larges que les intérieurs ; style allongé ; capsule loculicide.*

3. Ciste blanchâtre. CISTUS INCANUS. LIN.

Feuilles pétiolées, connées et engaînantes, très-variables, spatulées-obtuses ou ovales-aiguës, entières ou faiblement crénelées, planes ou ondulées-crispées, penninerviées-réticulées, blanchâtres-tomenteuses, surtout en dessous. Fleurs en corymbes pauciflores, à l'extrémité de rameaux feuillés, velus ainsi que les pédoncules ; ceux-ci plus courts que les sépales. Corolle rose, de 3-4 centimètres de diamètre, 2 à 3 fois aussi longue que le calice ; capsule velue. — Sous-arbrisseau aromatique plus ou moins couvert de longs poils simples et de poils courts fasciculés, atteignant au plus 1 mètre. Assez commun en Corse. Flor., mai-juin. La légitimité de cette espèce n'est pas sûrement établie ; peut-être est-ce un hybride.

4. Ciste cotonneux. CISTUS ALBIDUS. LIN.

Feuilles sessiles, planes, entières, ovales-lancéolées, couvertes, ainsi que toute la plante, sur les deux faces, d'un tomentum court, serré, fasciculé, blanchâtre, doux au toucher ; 3-5-nerviées, réticulées en dessous. Fleurs en corymbes pauciflores feuillés jusqu'au sommet, courtement pédonculées ; corolle de 4 à 6 centimètres de diamètre, rose, 3 à 4 fois aussi longues que le calice ; capsule velue. — Sous-arbrisseau de 1 mètre au plus, aromatique, dont l'écorce est d'un brun-cannelle et s'exfolie à la base. Commun sur les collines sèches et pierreuses du littoral de la Méditerranée, de Fréjus à Carcassonne ; remonte jusque dans la Drôme ; Corse et Algérie. Flor., mai-juin.

5. Ciste crépu. CISTUS CRISPUS. LIN.

Feuilles sessiles, ovales-lancéolées, aiguës ou sub-obstuses, trinerviées, fortement réticulées en dessous, ondulées-crispées sur les bords, couvertes, surtout en dessous, d'un tomentum court, grisâtre, étoilé. Fleurs disposées 3 ou 4 en ombelles ou en corymbes compactes, feuillés jusqu'au sommet ; corolle de 3-4 centimètres de diamètre, pourprée, deux fois aussi longue que le calice ; pédoncules beaucoup plus courts que les sépales, garnis, ainsi que les jeunes rameaux, de longs poils blancs, soyeux, étalés ; capsule velue. — Sous-arbrisseau très-odorant, de $0^m,50$ au plus de hauteur, à tige dressée, rameuse, tortueuse, couverte d'une écorce gris-brun, fibro-lamelleuse. Collines sèches des bords de la Méditerranée. Flor., mai-juin.

6. Ciste de Pouzolz. CISTUS POUZOLZII. DELILLE.

Feuilles sessiles, étroitement ovales-lancéolées, trinerviées, réticulées en dessous, celles du printemps ondulées-crépues sur les bords, les autres planes, entières ; grises-tomenteuses, surtout en dessous. Fleurs courtement pédonculées, disposées 2 à 5 en grappe unilatérale, hérissée de poils blancs, étalés ; corolle blanche avec les onglets jaunes, très-caduque, de 3-4 centimètres de diamètre, à peine plus longue que le calice ; capsule tomenteuse supérieurement. — Sous-arbrisseau de $0^m,50$ au plus, à écorce brune. Alais, Montpellier, Narbonne, etc., Algérie. Flor., juin.

§ III. *Calice de 5 sépales, les extérieurs plus grands ; style très-court ; capsule 5-loculaire, loculicide.*

7. Ciste hérissé. CISTUS HIRSUTUS. LAM.

Feuilles toutes sessiles, semi-embrassantes, lancéolées-aiguës, planes, entières ou légèrement crénelées, ciliées, vertes, lisses et presque glabres sur les deux faces, trinerviées. Fleurs disposées 3 à 6 en corymbes à l'extrémité de rameaux très-allongés et garnis de feuilles bien développées sur toute leur longueur, portées par des pédoncules aussi longs qu'elles, toujours dressées, même avant la floraison ; corolle jaune, de 2 à 3 centimètres de diamètre, un peu plus longue que le calice, celui-ci hérissé de longs poils blancs, simples ; capsule velue. — Arbrisseau de $0^m,50$ au plus, odorant, à tige dressée très-rameuse, noirâtre, dont les jeunes pousses et les pédoncules sont pourvus de quelques poils simples, allongés et étalés, couverts en outre de poils très-courts et fasciculés, presque pulvérulents. Originaire d'Espagne et de Portugal, le ciste hérissé ne se trouve en France qu'en un seul point, à Poularvelin-de-la-Forêt, près de Brest. On le dit échappé d'un parc du voisinage où il est cultivé.

8. Ciste à feuilles de peuplier. CISTUS POPULIFOLIUS. LIN.

Feuilles toutes pétiolées, à peine connées, grandes, larges, cordiformes-aiguës, entières ou très-finement crénelées, lisses et glabres en dessus, penninerviées et parsemées en dessous, surtout sur les nervures, de poils rares, courts, étoilés. Fleurs assez longuement pédonculées, penchées avant la floraison, disposées par 2 à 5 en ombelle ou en corymbe à l'extrémité de rameaux allongés, grêles, nus dès la base, où se remarquent quelques bractées caduques ; corolle blanche, jaunâtre à l'onglet, de 4 à 6 centimètres de diamètre, 2 à 3 fois aussi longue que le calice ; capsule glabre. — Sous-arbrisseau de 1 mètre à $1^m,50$, très-visqueux et très-balsamique, à tige et rameaux bruns, cassants, glabres, à jeunes pousses garnies de quelques poils simples, allongés, étalés et de poils plus courts, fasciculés-glanduleux. Languedoc, Corbières, Montagne-Noire (Aude). Flor., juin.

9. Ciste à longues feuilles. CISTUS LONGIFOLIUS. LAM.
Feuilles courtement pétiolées, à pétiole ailé, elliptiques-lancéolées, penninerviées, réticulées en dessous, entières ou ondulées-crispées sur les bords, glabres en dessus, très-courtement tomenteuses-étoilées en dessous. Fleurs toujours dressées, disposées 2 à 4 en corymbes, terminant des rameaux grêles, allongés, garnis à la base seulement de bractées et de quelques feuilles étroites; corolle blanche, deux fois aussi longue que le calice; pédoncules courts, égaux aux sépales, hérissés de poils simples, étalés; capsule glabre. — Sous-arbrisseau de 1 mètre au plus, rameux, tortueux, remarquable par sa teinte noirâtre. La validité de cette espèce n'est pas certaine; on la soupçonne hybride du ciste à feuilles de peuplier et du ciste de Montpellier. (*C. Monspeliensi-populifolius. Timb. Lag.*). Forêt de Fontfroide, près de Narbonne.

10. Ciste à feuilles de sauge. CISTUS SALVIÆFOLIUS. LIN.
Feuilles en partie pétiolées, peu ou point connées, ovales ou obovales, aiguës ou obtuses, penninerviées, réticulées, rugueuses, légèrement crénelées, couvertes, surtout en dessous et sur les bords, ainsi que les rameaux, les pédoncules et les sépales, de poils rudes tous courts et fasciculés. Fleurs penchées avant la floraison, solitaires ou par deux à l'extrémité de rameaux allongés, grêles, feuillés à la base seulement; corolle blanche ou jaune, au moins aux onglets, de 4 à 5 centimètres de diamètre, deux fois aussi longue que le calice; pédoncules égaux aux sépales ou plus longs; capsule velue. — Sous-arbrisseau très-balsamique de 0m,50 au plus, rameux, étalé, dont l'écorce est d'un brun-cannelle; l'un des plus abondants du genre. Littoral de la Méditerranée et de l'Océan; remonte dans l'Est jusqu'à Lyon, dans l'Ouest jusqu'à La Rochelle et Noirmoutiers; semble spécial aux terrains siliceux, sur lesquels on ne trouve aucune autre espèce du genre (Timbal). Corse et Algérie. Flor., mai-juin.

11. Ciste Lédon. CISTUS LEDON. LAM.
Feuilles de deux sortes : celles du printemps atténuées en pétiole élargi et embrassant, étroitement elliptiques-lancéolées, entières ou très-légèrement crénelées, trinerviées; celles des rameaux florifères, sessiles, s'élargissant à la base et se transformant près des fleurs en larges bractées longuement acuminées; les unes et les autres rudes et glabres en dessus, courtement tomenteuses-étoilées en dessous, blanches-soyeuses dans la jeunesse. Fleurs toujours dressées, 2 à 5 en corymbes terminaux et latéraux sur des rameaux allongés, feuillés, mollement velus, ainsi que les pédoncules et les sépales; ces derniers égaux entre eux; corolle blanche, égale au calice ou plus longue, de 2 à 3 centimètres de diamètre; capsule à poils courts, étoilés. — Sous-arbrisseau de 4-8 décimètres, à odeur forte et balsamique, souvent visqueux, très-rameux; tige et rameaux noirs, ces derniers velus supérieurement. Ce ciste est toujours stérile, dit-on, et, malgré une grande constance de caractères, on le soupçonne hybride. (*Cistus laurifolio-monspeliensis. Timb. Lag.*).

§ IV. *Calice de 5 sépales, les extérieurs plus grands; style très-court; capsule 5-loculaire, déhiscente au sommet seulement, suivant le type septicide.*

12. Ciste de Montpellier. Cistus monspeliensis. Lin.

Feuilles sessiles, étroitement lancéolées, trinerviées, rugueuses, visqueuses et luisantes en dessus, fortement enroulées sur les bords, légèrement poilues dans la jeunesse, courtement tomenteuses, étoilées en dessous. Fleurs brièvement pédonculées, disposées 4-10 en grappes unilatérales compactes, au sommet de rameaux grêles et feuillés; corolle blanche, de 2 à 3 centimètres de diamètre, deux fois aussi longue que le calice; rameaux, pédoncules et sépales hérissés de poils simples et blancs; capsule presque glabre. — Sous-arbrisseau aromatique, visqueux, très-rameux et touffu, s'élevant à peine à 1 mètre, à écorce brune. Espèce la plus commune du genre, couvrant de grandes étendues de terrains arides dans la France méridionale; Corse et Algérie. Flor., juin.

Observation. — Parmi les cistes qui viennent d'être décrits, on en rencontre quelques autres, surtout dans la région classique de Narbonne, que tout indique être des hybrides; on signale particulièrement les suivants :

Cistus albido-crispus. Timb. Lag.

Considéré comme produit du ciste crépu fécondé par le ciste cotonneux, au milieu desquels il se rencontre toujours, cet hybride a les grandes fleurs roses à pétales chiffonnés de l'*albidus,* avec le port et les feuilles du *crispus.* Çà et là parmi les parents, environs de Narbonne. Flor., juin.

Cistus crispo-albidus. Timb. Lag.

Cet hybride, inverse du précédent, en est très-voisin, mais il a les fleurs plus petites, d'un rouge-pourpre comme celles du *crispus*, tandis que par le port il rappelle l'*albidus;* les feuilles produites au printemps ressemblent à celles de cette dernière espèce, celles développées en été, réticulées, rugueuses, ondulées et crispées sur les bords, rappellent les feuilles du ciste crépu. Très-rare, parmi les parents. Narbonne. Flor., juin.

Cistus salviæfolio-populifolius. Timb. Lag. C. corbariensis. Pourr.

Arbrisseau visqueux, à odeur balsamique, semblable au C. à feuilles de peuplier pour le port, quoique plus petit, au C. à feuilles de sauge pour les fleurs et les fruits. Narbonne, forêt de Fontfroide, parmi les parents. Flor., juin.

Cistus populifolio-salviæfolius. Timb. Lag.

Cet hybride est supposé produit par le C. à feuilles de sauge fécondé par le C. à feuilles de peuplier; il a le port du premier, dont il diffère par les feuilles de l'été, qui sont plus larges, cordiformes, longuement pétiolées; par les fleurs plus grandes, réunies 2 à 4 en inflorescences et jamais solitaires. Fontfroide, près de Narbonne, parmi les parents. Flor., juin.

Cistus salviæfolio-monspeliensis. Timb. Lag.

Cet hybride semble résulter du croisement du C. de Montpellier fécondé par le C. à feuilles de sauge ; il a le port et les organes de végétation du premier, les fleurs du second. Environs de Narbonne. Flor., juin.

Cistus Monspeliensi-salviæfolius. Timb. Lag.

Arbrisseau ayant la taille et le port du C. à feuille sauge, lui ressemblant en outre par sa pubescence étoilée, par la grandeur des fleurs, la longueur des pédoncules et la forme des feuilles, mais se rapprochant du C. de Montpellier par ses inflorescences unilatérales dont les axes sont couverts de longs poils blancs, et par les feuilles des pousses du printemps.

GENRE II. — HÉLIANTHÈME. *HELIANTHEMUM. Tournef.*

Calice 3-5-sépalé; capsule 3-loculaire, loculicide, à cloisons incomplètes. — Petits sous-arbrisseaux étalés, de 1 à 2 décimètres de hauteur, ou herbes, à feuilles généralement stipulées; fleurs ordinairement penchées après l'épanouissement, blanches ou jaunes, plus petites que celles des cistes.

Particulièrement abondants dans les lieux secs et découverts du midi de la France, les hélianthèmes, par l'exiguïté de leur taille, méritent à peine de prendre rang parmi les végétaux ligneux; il ne sera pas, en conséquence, donné de descriptions des nombreuses espèces qu'ils présentent.

FAMILLE IV.

TAMARISCINÉES. *A. Saint-Hil.*

Fleurs hermaphrodites, régulières; calice gamosépale, à 5 divisions; corolle de 5 pétales marcescents; étamines 5 ou 10, plus ou moins monadelphes à la base, insérées sur le réceptacle ou sur un disque hypogyne; anthères introrses, biloculaires, longitudinalement déhiscentes. Ovaire 1-loculaire, multiovulé, à placentation pariétale, produisant une capsule polysperme à 3 valves, dont chacune porte au milieu de sa base un placentaire court ou allongé. Graines aigrettées, non albuminées. — Arbrisseaux et quelquefois arbres entièrement glabres, à rameaux effilés, allongés, ramules très-grêles, feuilles très-petites, éparses, caduques, embrassantes, squamiformes et imbriquées, non stipulées, leur donnant l'aspect des cyprès. Bourgeons nus. Fleurs petites, rosées, en grappes simples, cylindriques, nombreuses.

Bois. — Tissu fibreux peu abondant; rayons peu nombreux, égaux, assez épais et médiocrement hauts ($1^{mm},5$), concourant pour près de moitié à la formation du bois ; vaisseaux inégaux, assez gros et nombreux dans le bois de printemps, décroissant en dimension et en nombre vers le bois d'automne, où ils sont petits et rares; isolés ou réunis par 2-8 en groupes irréguliers, ayant une tendance à constituer des zones concentriques, surtout apparentes vers le bord externe; du parenchyme ligneux peu distinct accompagne et entoure les groupes. Bois demi-lourd, demi-dur, blanc, blanc jaunâtre dans l'aubier, passant au cœur au rouge clair assez vif; dont les couches annuelles sont bien distinctes, les maillures prononcées et nombreuses.

Les tamariscinées offrent beaucoup d'analogies avec les saules par leur mode de végétation, par leurs fruits capsulaires, leurs graines nombreuses, petites, aigrettées, par leur station au bord des eaux, par leur facile reproduction de boutures. Ils se trouvent particulièrement sur les sols sablonneux du littoral de la Méditerranée, de l'Océan et le long de certains cours d'eau ; en Algérie, ils boisent parfois à eux seuls des surfaces considérables. Leur rapide croissance, leur abondante reproduction par semences et rejets, la réussite certaine des boutures les rendent très-propres à consolider les sables mobiles, à fixer les atterrissements des fleuves et des deltas. Cependant la fragilité du bois ne leur permet pas de résister, sans abri, aux vents violents qui viennent de la mer. On les cultive souvent comme arbrisseaux d'ornement.

L'écorce est astringente et produit un rhytidome libérien assez densément, longuement et profondément gerçuré.

A. 5 étamines sur un disque hypogyne ; bractées grêles, ne dépassant pas les fleurs ; graines à aigrette sessile. . . . . TAMARIX. . 1

A'. 10 étamines sur le réceptacle ; bractées robustes, débordant les fleurs ; graines à aigrette stipitée. . . . MYRICAIRE. 2

GENRE I. — TAMARIX. *TAMARIX. Lin.*

Calice 4-5-fide; pétales 4-5; étamines 5, très-courtement monadelphes à la base, insérées sur un disque hypogyne; 3 styles; graines à aigrette sessile, fixées au fond de la capsule.

A. Feuilles étroitement blanches-scarieuses sur les bords ; étamines saillantes, à anthères apiculées. . . . . T. DE FRANCE... 1
A'. Feuilles largement blanches-scarieuses sur les bords; étamines non saillantes, à anthères mutiques. . . . . T. D'AFRIQUE.... 2

1. Tamarix de France. TAMARIX GALLICA. LIN.

Feuilles très-petites, imbriquées, élargies ou un peu rétrécies à la base, acuminées, à bords étroitement blancs-scarieux, un peu glauques. Fleurs petites, rosées, globuleuses ou ovoïdes (*T. Anglica. Webb.*) dans le bouton, formant le long des ramules de nombreuses grappes simples, grêles, cylindriques, peu denses, qui constituent dans l'ensemble une sorte de vaste panicule ; étamines débordant la corolle, assez longuement apiculées. Capsule insensiblement ou brusquement atténuée de la base au sommet, pyramidale ou ovoïde trigone. Littoral de l'Océan et de la Méditerranée ; France, Corse, Algérie, etc. Flor., mai-juillet.

Ce tamarix est habituellement un arbrisseau d'une végétation rapide ; en Algérie, où il est abondant, il devient en vingt ans un arbre de 10 mètres de hauteur sur 1 mètre et même 2 mètres de circonférence. A cet âge, il entre en retour et se pourrit rapidement.

Le bois est cassant, prend beaucoup de retrait et se gerce profondément ; il n'a pas de durée. Sa densité à l'état sec varie de 0,646 à 0,766 (*Coll. Éc. For.*).

Il fournit un médiocre combustible et un mauvais charbon.

L'écorce est astringente et pourrait servir de tan.

2. Tamarix d'Afrique. TAMARIX AFRICANA. POIRET.

Feuilles vertes, largement blanches-scarieuses sur les bords, élargies à la base, acuminées. Fleurs plus grandes que dans l'espèce précédente, ovoïdes dans le bouton, disposées en grappes simples nombreuses, oblongues-cylindriques, épaisses et serrées le long des rameaux ; étamines ne débordant pas la corolle, à anthères obtuses à l'extrémité. Capsule ovoïde trigone, insensiblement atténuée au sommet. — Arbrisseau de 2-3 mètres de hauteur, sur 5-8 décimètres de tour, à feuillage plus fourni et moins grêle que celui de l'espèce précédente. Côtes de la Provence, du Languedoc et de la Corse; commun en Algérie, où il atteint de plus grandes dimensions qu'en France. Flor., juin-août.

Le bois, complétement desséché à l'air, a pour densité 0,627-0,693 (*Coll. Éc. For.*).

GENRE II. — MYRICAIRE. *MYRICARIA. Desv.*

Calice 5-partite; étamines 5, monadelphes sur les $\frac{2}{3}$ de leur longueur, insérées directement sur le réceptacle. Style nul. Graines à aigrette stipitée, insérées sur la partie inférieure d'un placentaire pariétal.

Myricaire d'Allemagne. MYRICARIA GERMANICA. DESV. Tamarix d'Allemagne. *T. germanica. Lin.*

Feuilles glauques, linéaires-obtuses, ponctuées. Fleurs roses, pédicellées, en grappes simples, allongées, lâches à la base, denses et atténuées au sommet, terminant les ramules et rameaux et formant par leur réunion une panicule resserrée, pyramidale; étamines en 2 verticilles, alternativement plus courtes et plus longues, non saillantes. Capsule allongée, pyramidale. — Sous-arbrisseau de 1-2 mètres, très-glauque, à tiges dressées, rameuses, rameaux raides et droits, un peu anguleux. Rives des torrents et des rivières du Dauphiné, de la Savoie, des Pyrénées centrales, de l'Algérie. Flor., juin-juillet.

Le myricaire d'Allemagne est, dans la région qu'il habite, l'une des premières plantes qui apparaissent sur les atterrissements sablonneux que les fleuves déposent le long de leur cours.

FAMILLE V.

TILIACÉES. *Juss.*

Fleurs hermaphrodites, régulières, à 5 sépales caducs, alternant avec autant de pétales; étamines indéfinies, à anthères biloculaires, longitudinalement déhiscentes; ovaire à 5 loges biovulées, à placentation axile; 1 style; fruit sec, indéhiscent, uniloculaire, 1-2-sperme (carcérule) par avortement de la plupart des ovules et refoulement des loges moins une; embryon à albumen charnu, huileux.

GENRE UNIQUE. — TILLEUL. *TILIA. Lin.*

Mêmes caractères que ceux de la famille. — Arbres de grande taille, à feuilles alternes, cordiformes, inéquilatérales, pourvues de stipules écailleuses caduques. Fleurs blanchâtres, odorantes, en cymes corymbiformes pauciflores, dont le pédoncule commun est longuement soudé à la nervure médiane d'une bractée allongée, membraneuse. Bourgeons ovoïdes, obtus, revêtus d'écailles herbacées, vertes ou rouges, stipulaires, alternes, dont la deuxième ou la troisième, très-développée, est complétement embrassante et cache les suivantes.

Bois. — Tissu fondamental à fibres grosses, peu épaisses, mélangées de cellules ligneuses que l'on ne reconnaît ni à l'œil nu, ni à la loupe, formant plus de la moitié du volume du bois; rayons assez nombreux, légèrement inégaux, minces et assez longs; vaisseaux très-nombreux, égaux, assez fins, isolés ou réunis en groupes rayonnants de 2-6, uniformément répartis. Bois mou, léger, poreux, homogène, peu ou point maillé, dont les accroissements ne se distinguent que par une étroite zone de tissu fibreux serré qui termine chacun d'eux; uniformément blanc rougeâtre.

Les tilleuls ont une nervation caractéristique, composée de nervures primaires palmées, parmi lesquelles la médiane, qui est dominante, produit des nervures secondaires pennées, droites et fourchues à l'extrémité, et dont les latérales, moins développées, se ramifient du côté inférieur seulement en nervures secondaires simples. Tout ce réseau est relié par des veines disposées en zones concentriques dont la base de la feuille serait à peu près le centre.

L'inflorescence des tilleuls mérite une mention spéciale. Elle naît sous forme de cyme corymbiforme sur la pousse de l'année même, à la base d'une feuille et *à côté* du bourgeon préparé pour l'année suivante. L'irrégularité de cette double production à une même aisselle n'est qu'apparente : l'on peut constater que l'inflorescence résulte de la prompte évolution d'un bourgeon floral qui appartient à la première écaille du bourgeon axillaire normal et hibernant.

De tous les végétaux indigènes, les tilleuls sont ceux dont le liber est le plus fortement organisé. Ce liber se compose de faisceaux fibreux, anastomosés entre eux en une sorte de réseau dans les mailles duquel se prolongent les rayons, et que séparent des zones régulières et minces de tissu cellulaire; le nombre de ses couches est double de celui des années. A la chute de l'épiderme, vers deux ans, l'enveloppe subéreuse, qui ne fait que s'étendre sans s'épaissir, constitue un périderme lisse jusqu'à 20-40 ans. A cet âge, l'enveloppe subéreuse et l'enveloppe cellulaire verte se détachent, par suite du développement de lames de périderme dans l'épaisseur des feuillets les plus anciens du liber, qui forment alors un rhytidome (écorce extérieure morte) brun, longitudinalement gerçuré, non écailleux.

Les tilleuls n'ont point d'ennemis spéciaux à redouter; toutefois, ceux des promenades sont assez fréquemment atteints par des insectes, dont les principaux sont : Ennemis.

Parmi les COLÉOPTÈRES : les Hannetons (*Melolontha vulgaris. Fab.* et *hippocastani. Fab.*) qui rongent les racines à l'état de vers blancs, les feuilles à l'état parfait;

Les Altises (*Altica sinuata. Redt.* et *oleracea. Lin.*) qui, à l'état de larves et à l'état parfait, trouent ces dernières;

Parmi les HYMÉNOPTÈRES : la fausse chenille, verte et glabre, à 20 pattes, de la Némate septentrionale (*Nematus septentrionalis. Lin.*); la fausse chenille, aussi à 20 pattes, glabre et visqueuse, de l'Allante à pieds annelés (*Allantus annulipes. Panz.*), qui, en rongeant l'épiderme, amène le dessèchement et la mort des feuilles;

Parmi les LÉPIDOPTÈRES : la chenille glabre et charnue, à 16 pattes, du Cossus gâte-bois (*Cossus ligniperda. Fab.*), qui vit dans la tige et la perfore d'outre en outre;

La chenille tuberculeuse, à 16 pattes, du Liparis disparate (*Liparis dispar. Lin.*), l'une des plus redoutables; celle du Liparis cul-doré (*Liparis auriflua. Fab.*), qui n'a pas les deux gros mamelons en forme d'oreillons de la précédente;

Celle, également à 16 pattes, du Bombyce laineux (*Bombyx lanestris. Lin.*), à peine tuberculeuse, uniformément poilue avec deux rangs de taches formées de poils en velours, et celle de l'Orgye pudibonde (*Orgya pudibonda. Lin.*), reconnaissable aux poils en brosses et en pinceaux qui garnissent son corps;

Enfin la chenille arpenteuse, à 10 pattes, lisse, verte et glabre, de la Phalène hiémale (*Larentia brumaria. Lin.*).

A. Feuilles glabres sur les deux faces; aisselles des nervures barbues en dessous de poils roussâtres.
- B. Feuilles glauques en dessous; fruit à parois minces et fragiles, à côtes non saillantes . . . . T. A PETITES FEUILLES . 1
- B'. Feuilles vertes sur les deux faces; fruit à parois épaisses et résistantes, à côtes saillantes . . . . T. INTERMÉDIAIRE. . . 2

A'. Feuilles mollement velues en dessous, à poils blanchâtres aux aisselles des nervures; fruit à parois épaisses et résistantes, à côtes plus ou moins saillantes . . . . T. A GRANDES FEUILLES. 3

1. Tilleul à petites feuilles. TILIA PARVIFOLIA. EHRH. *T. sylvestris. Desf. T. microphylla. Vent. T. Europæa, var. γ. Lin. T. ulmifolia. Scop.*

Feuilles généralement petites, longuement pétiolées, cordiformes-inéquilatérales, brusquement acuminées, aigûment dentées en scie, glabres sur les deux faces, vertes en dessus, glauques-bleuâtres en dessous, où elles sont garnies aux aisselles de poils roux. Bourgeons de deux écailles apparentes seulement, la deuxième complétement embrassante. Fleurs petites, peu odorantes, 4-10, en cymes corymbiformes dressées et accompagnées d'une bractée membraneuse, oblongue, longuement pétiolée; stigmates étalés. Fruits globuleux, gris-tomenteux, à parois minces et fragiles, à côtes peu ou point apparentes. — Grand arbre à cime ovoïde-conique, fortement rameuse, dont les branches inférieures sont étalées horizontalement; à tige élevée et nue en massif, se ramifiant à peu de distance au-dessus du sol à l'état d'isolement. Disséminé dans les bois, particulièrement sur les sols calcaires : quelquefois planté sur les promenades. Flor., milieu de juillet (quinze jours plus tard que le tilleul à larges feuilles). Fructif., octobre. Dissémination, fin de l'automne et hiver.

Port. Taille. Le tilleul à petites feuilles est un arbre de première grandeur, dont le port rappelle assez bien celui du chêne rouvre, quoique la ramification en soit plus régulière, plus fournie, le feuillage plus abondant et plus uniformément réparti; la longévité en est très-prolongée, le couvert complet. Les rameaux et les bourgeons sont glabres et varient du rouge au brun, du jaune au vert. Un tilleul de cette espèce, planté sur la place principale de Gérardmer (Vosges), mesure 28m,55 de hauteur sur 5m,80 de circonférence, à 1 mètre du sol, et cube 35 stères; son âge est d'au moins 250 ans.

Écorce.

L'écorce est grise et reste lisse jusqu'à 20-30 ans; puis elle se marque de longues et fines gerçures longitudinales, séparées par de larges intervalles unis, non écailleux. A un âge avancé elle ressemble, vers le pied de l'arbre, à celle des vieux chênes.

Fructification.

La fécondité est précoce et commence vers 20-25 ans; à partir de ce moment, elle se soutient abondante et régulière chaque année. Il faut 46-50,000 fruits secs et débarrassés des bractées et pédoncules pour un kilogramme; les graines seules forment un peu plus de moitié de ce poids. Conservés dans du sable, ces fruits maintiennent leur faculté germinative jusqu'au printemps suivant; semés à cette époque, ils ne germent habituellement qu'au bout d'un an.

Germination.

Au moment de la germination, le péricarpe devient irrégulièrement déhiscent et le jeune plant se développe à la manière de ceux des conifères, poussant hors de terre son périsperme aminci, qui enveloppe les cotylédons comme d'une coiffe. Ces derniers produisent deux feuilles opposées, grandes, profondément palmati-5-lobées.

Croissance.

Le plant croît lentement; vers 50-60 ans, les accroissements en hauteur diminuent, mais ceux en diamètre se soutiennent encore pendant très-longtemps. Néanmoins la production du tilleul en futaie reste inférieure à celle du hêtre, et, comme cette essence exige des sols de bonne qualité pour prospérer, on doit en conclure que la culture n'en est point avantageuse.

Enracinement.

L'enracinement est profond, étendu; d'une souche considérable partent 2 ou 3 racines principales qui s'enfoncent en terre et produisent de longues et assez fortes racines latérales traçantes. En raison de la difficulté d'extraction, on n'en obtient que 12-15 p. 100 du volume superficiel.

Rejets. Exploité en taillis, le tilleul est doué d'une force de reproduction remarquable. Les rejets, nombreux et robustes dans les premières années, prennent naissance en dessous de la section, souvent sur les parties souterraines de la souche, circonstance qui explique comment l'essence résiste à la mutilation et à la coupe de celle-ci entre deux terres. Les feuilles, alors grandes et vertes sur les deux faces, ne présentent qu'au bout de 2 à 3 ans les caractères distinctifs de l'espèce. Malgré le rapide développement des premières années, la production du tilleul en taillis ne dépasse pas celle d'essences à bois beaucoup plus précieux.

Plantation. D'une transplantation facile, même à un âge avancé, supportant bien la taille, cet arbre est assez souvent planté dans les promenades, quoiqu'on lui préfère pour cet usage le tilleul à grandes feuilles. Ils ont cependant l'un et l'autre l'inconvénient de perdre leurs feuilles de bonne heure. La reproduction par boutures est difficile.

Station et sol. On rencontre ce tilleul dans les plaines et surtout dans les pays de collines à sol calcaire; il s'élève peu dans les montagnes, où il ne dépasse pas l'altitude du chêne. Il aime les sols frais, réussit encore dans les sols humides; il redoute ceux qui sont meubles et secs.

Bois. Le bois est léger, mou, homogène, peu durable; mais il travaille et se gerce peu, se coupe dans tous les sens sans éclater sous l'outil et n'est que peu sujet à la vermoulure. Impropre aux constructions, il est utilisé par les menuisiers et les ébénistes pour les charpentes des meubles, par les sculpteurs et les tourneurs; on en fabrique des sabots. Complétement desséché à l'air, il a une densité qui varie de 0,504, à 0,581. (*Coll. Éc. For.*)

D'après les expériences de T. Hartig, du bois de tilleul de 130 ans, desséché et d'une densité de 0,472, comparé à du bois de hêtre de 120 ans, d'une densité de 0,704 et à l'état sec, a donné les chiffres suivants qui en expriment la valeur calorifique.

		Poids égaux.	Vol. égaux.
Plus haut degré de chaleur . .	ascendante	95 : 100	63,6 : 100
	rayonnante	103 : 100	68 : 100

		Poids égaux.	Vol. égaux.
Durée de la chaleur croissante.	ascendante	77 : 100	51,6 : 100
	rayonnante	100 : 100	67 : 100
Durée de la chaleur décroissante.	ascendante	84 : 100	56,3 : 100
	rayonnante	100 : 100	67 : 100
Total de la chaleur développée.	ascendante	81 : 100	61 : 100
	rayonnante	107 : 100	71,7 : 100
Eau vaporisée		77 : 100	51,6 : 100

C'est, en conséquence, un combustible médiocre qui prend rang parmi les bois blancs, peupliers et saules, et qui, bien plus avantageux pour le chauffage des appartements à foyers ouverts, où l'on utilise surtout la chaleur rayonnante, est très-inférieur dans l'industrie, où la chaleur ascendante est principalement employée. Le charbon de tilleul est léger; sa puissance calorifique est à celle du charbon de hêtre, pour des volumes égaux, comme 68 : 100 (Werneck); il vaut presque le charbon de bourdaine pour la fabrication de la poudre et il sert à dessiner comme celui du fusain.

Produits accessoires.

L'écorce du tilleul, la tille, pourvue d'un liber abondant, fibreux, tenace et très-durable, occupe le premier rang, parmi les produits accessoires des forêts. Après l'avoir débarrassée de son rhytidome, si celui-ci est déjà développé, on l'enlève, au moment de la séve du printemps, sous forme de longues lanières longitudinales de 3-4 centimètres de large, puis on en fait des bottes qu'on laisse macérer (rouir) dans l'eau pendant quelques mois, afin de détruire tout le tissu cellulaire interposé. Les couches fibreuses devenues libres sont employées à fabriquer des nattes, tapis, paniers, chapeaux, chaussons, cordes, etc. Autrefois elles servaient de papyrus. La Russie exporte annuellement des objets de ce genre pour une valeur considérable; en France, cette industrie existe à peine; cependant, dans la forêt de Chantilly principalement, on fait des harts, des liens et des cordes avec la tille. Le meilleur liber est celui des jeunes tilleuls de 12-15 ans, et, pour les arbres âgés, celui des couches les plus internes. Ce liber est encore remarquable par une matière mucilagineuse, plus abondante chez lui que dans tout autre végétal ligneux de nos pays.

Les fleurs du tilleul sont employées en pharmacie pour infusion; on y trouve du sucre, du tannin, de l'acide malique, de l'acide tartrique et une huile essentielle. La graine nue contient environ 48 p. 100 de son poids d'une huile grasse non siccative analogue à celle d'amandes. Les feuilles forment un médiocre fourrage.

2. Tilleul intermédiaire. TILIA INTERMEDIA. DC. *T. europæa, var. α. Lin. Tilia vulgaris. Hayne.*

Très-voisine du tilleul à petites feuilles, cette espèce se distingue à ses feuilles plus courtement pétiolées, non glauques en dessous, quoique plus claires qu'en dessus, à ses fruits plus gros, dont les parois épaisses, résistantes, et les côtes saillantes rappellent ceux de l'espèce qui suit. — Disséminé et rare dans les bois ; fréquemment planté ; probablement hybride du tilleul à petites feuilles et du tilleul à grandes feuilles. Flor., fin de juin, commencement de juillet.

3. Tilleul à grandes feuilles. TILIA GRANDIFOLIA. EHRH. *T. europæa, var. β. Lin. T. platyphylla, Scop.* Tilleul de Hollande.

Feuilles plus grandes que celles du tilleul à petites feuilles, vertes-concolores sur les deux faces, glabres en dessus, mollement velues en dessous, avec les aisselles garnies de poils blanchâtres. Bourgeons revêtus de 3 écailles apparentes, imbriquées, la troisième complétement embrassante. Fleurs fortement odorantes, assez grandes, disposées 2-7 en cymes corymbiformes. Fruits assez gros, de forme variée, globuleux, ovoïdes, pyriformes, à parois épaisses et ligneuses, à côtes plus ou moins saillantes à la maturité. — Arbre de même port que le tilleul à petites feuilles, mais à pousses plus robustes, variant du vert au rouge (*tilia corallina. Reichb.*), lisses ou verruqueuses ; pubescentes ainsi que les bourgeons en été, glabres ou à peu près en hiver.

Var. A. *Rouge. Rubra. T. rubra. DC.* Corymbes pauciflores de 2 ou 3 fleurs, accompagnés de bractées courtement pétiolées ou subsessiles. Fruits à côtes peu sensibles. Jeunes pousses lisses et rouges.

Disséminé dans les bois de plaine, de collines et de montagne, où il ne dépasse pas l'altitude de 1,100 mètres ; très-fréquemment planté sur les promenades, avenues, etc. Flor., fin de juin et commencement de juillet. Fructif., octobre.

Le tilleul à grandes feuilles a une longévité plus grande encore, des dimensions plus considérables que le tilleul à petites feuilles. T. Hartig en cite un en Prusse qui était déjà désigné sous le nom de : Vieux tilleul, dans un document du XIIe siècle; Baudrillard en mentionne un autre, auprès de Melle (Poitou), de 20 mètres d'élévation et 15 mètres de circonférence. Ces deux espèces ont, à cela près, beaucoup d'analogie, et l'histoire de l'une peut être considérée comme étant celle de l'autre. Cependant le tilleul à larges feuilles produirait, dit-on, du bois encore inférieur à celui du tilleul à petites feuilles; les densités des échantillons de la collection de l'École forestière, qui varient de 0,486 à 0,529, justifient cette opinion. L'écorce en serait aussi moins estimée.

FAMILLE VI.

ACÉRINÉES. DC.

Fleurs régulières, hermaphrodites, quelquefois polygames par avortement des ovaires; calice caduc, gamosépale, à 4-9, ordinairement 5 divisions, alternant avec autant de pétales; 4-12, le plus souvent 8 étamines insérées sur un renflement circulaire du réceptacle (disque); anthères biloculaires, longitudinalement déhiscentes; ovaire bilobé, biloculaire, à loges 1-2-spermes; placentation axile. Samare double, pourvue de longues ailes latérales; graine exalbuminée. — Arbres à feuilles non stipulées, opposées.

GENRE UNIQUE. — ÉRABLE. *ACER. Lin.*

Calice à 5 divisions; corolle de 5 pétales; 8 étamines; feuilles opposées, simples, palminerviées (érables indigènes). — Arbres de grande ou de moyenne taille, à rameaux opposés, dont les feuilles, longuement pétiolées, sont 3-7-lobées et constituées par 3-7 nervures palmées, d'égale force à peu près, donnant naissance à des nervures secondaires pennées et ramifiées en réseau veineux. Les fleurs, petites et d'un jaune verdâtre, paraissent avec les feuilles; le plus souvent hermaphrodites, quelquefois mâles, sur le même pied ou sur des pieds distincts, elles sont disposées en grappes ou en corymbes terminaux. Les bourgeons sont enveloppés de 4-8 paires d'écailles pétiolaires, opposées-croisées et imbriquées.

Bois. — Tissu fibreux dominant, serré, à parois épaisses; rayons nombreux, sensiblement égaux, médiocres, fins ou très-fins, peu hauts; vaisseaux nombreux, égaux, isolés ou accolés 2 à 4 dans le sens rayonnant, uniformément répartis, environnés de parenchyme ligneux (non reconnaissable à la loupe). Bois lourd, dur, blanc, souvent très-faiblement teinté de rougeâtre ou de jaunâtre, satiné, à maillures fines et nombreuses, sans distinction d'aubier et de bois parfait, très-homogène, dont les accroissements annuels se reconnaissent néanmoins assez aisément à l'aide d'une zone mince, opaque, d'un tissu fibreux très-serré qui se trouve à la limite extrême de chacun d'eux. Le nom d'*Acer* (fort) fait, dit-on, allusion à la qualité du bois des érables. Bon combustible, très-recherché pour le travail, peu sujet à se tourmenter et à se gercer, peu exposé à la vermoulure, ce bois se pourrit rapidement quand il reste exposé aux variations de l'atmosphère et ne peut servir aux constructions.

Écorce. L'écorce est variable avec les espèces; le liber, développé régulièrement par couches annuelles dans la jeunesse, reste plus tard en arrière des accroissements ligneux, de sorte que l'on n'en trouve que 20-25 couches sur un arbre de 100 ans.

Feuilles. Les feuilles contiennent beaucoup de matières inorganiques : desséchées à l'air, elles peuvent en effet produire en poids par leur combustion jusqu'à 28 p. 100 de cendres (Schleiden et Schmidt). C'est 3 fois plus que les feuilles du chêne, près de 5 fois plus que celles du hêtre, 12 fois plus que celles du sapin.

Séve. La séve des érables est chargée de sucre identique à celui de cannes. On l'obtient en pratiquant au premier printemps et vers le pied de l'arbre, préférablement du côté du sud, 2 trous de tarière qui ne pénètrent pas jusqu'au cœur. Il s'en écoule pendant 6 semaines une séve limpide, dont la quantité et la richesse en principes solubles vont toujours en décroissant. D'un érable sycomore de 30-40 ans on peut obtenir de la sorte 34-46 kilogr. de séve, contenant 5,1 à 4,7 p. 100 de sucre, que l'on isole en concentrant et faisant cristalliser. Ces chiffres n'ont d'ailleurs rien d'absolu et varient comme les circonstances qui influent sur la végétation. Cette extraction ne se fait qu'en sacrifiant l'accroissement et parfois la vie des arbres; elle est néanmoins opérée en grand dans l'Amérique du Nord sur l'érable à sucre (*Acer saccharinum. Lin.*).

Outre cette séve limpide et sucrée, les érables contiennent, dans les faisceaux des nervures et des pétioles et dans ceux du liber, des sucs propres particuliers, aqueux chez les uns (E. sycomore), blancs laiteux chez les autres (E. plane et champêtre).

Ennemis.

Les ennemis des érables, parmi les insectes, sont peu nombreux et peu redoutables. Les principaux sont,

Parmi les COLÉOPTÈRES : les Cantharides (*Lytta vesicatoria. Lin.*), les Hannetons (*Melolontha vulgaris. Fab.*, *hippocastani. Fab.*, et *horticola. Lin.*), qui à l'état parfait en dévorent quelquefois les feuilles; les Altises (*Altica flexuosa. Ill.*, et *oleracea. Lin.*), qui les perforent;

Parmi les LÉPIDOPTÈRES : les chenilles à 16 pattes du Cossus gâte-bois, qui vivent dans le bois; du Liparis dispa-rate et de l'Orgye pudibonde, déjà citées (voir Tilleul), qui rongent les feuilles; celles du Bombyce livrée (*Bombyx neustria. Lin.*), reconnaissables à leur corps non tubercu-leux, légèrement poilu, orné de bandes longitudinales dont l'une est blanche, dont les autres sont rouge-brun et gris-bleu.

A. Feuilles mates, blanchâtres en dessous; inflorescence penchée.
  B. Feuilles à 5-7 lobes dentés.
    C. Lobes séparés profondément par des sinus très-aigus; inflorescence en grappe pendante . . . . E. SYCOMORE . . . 1
    C'. Lobes séparés peu profondément par des sinus anguleux ouverts, presque droits; inflorescence en corymbe penché . . . . E. A FEUILLES D'OBIER 2
  B'. Feuilles à 3 lobes, séparés par des sinus anguleux, à angle droit; inflorescence en corymbe penché . . . . E. DE MONTPELLIER . 5
A'. Feuilles vertes plus ou moins luisantes en dessous; inflorescence en corymbe dressé.
  B. Feuilles à 3-5 lobes, séparés par des sinus en angles aigus légèrement arrondis au sommet. . . . . E. CHAMPÊTRE . . . 4
  B'. Feuilles à 5 lobes, séparés par des sinus arrondis très-ouverts . . . . E. PLANE. 3

1. Érable Sycomore. ACER PSEUDOPLATANUS. LIN. Grand érable; Érable de montagne; Faux-platane.

Feuilles grandes, cordiformes à la base, 5-lobées, à lobes ovales à peine acuminés, fortement et inégalement dentés, séparés profondément par des sinus très-aigus ; fermes, glabres, luisantes et d'un vert sombre en dessus; mates, glauques et poilues le long des nervures principales en dessous. Fleurs verdâtres, à limbe dressé, paraissant après les premières feuilles, disposées en grand nombre par grappes pédonculées, allongées, pendantes. Samares bossues-anguleuses à la base, à ailes rétrécies inférieurement et dressées-étalées. — Arbre de grande taille, à écorce d'un gris jaunâtre mat, lisse jusqu'à 30-40 ans, s'écaillant ensuite dans le genre de celle du platane, mais moins régulièrement, moins complétement et par plaques plus petites; bourgeons gros ovoïdes, obtusément 4-angulaires, glabres, à écailles herbacées, vertes, étroitement bordées de noir-brun; les latéraux redressés-étalés sur le rameau; sucs propres aqueux. Bois montagneux. Flor., mai. Fructif., septembre.

Port. L'érable sycomore est un arbre de première grandeur, qui, en massif, développe une longue tige nue, cylindrique, rarement droite, et une cime assez semblable à celle du hêtre, quoique moins fournie en rameaux, qui sont opposés et assez robustes. Il a une grande longévité; ses larges feuilles lui forment un couvert épais.

Fructification. Isolé, cet érable fleurit et fructifie vers 20-30 ans, abondamment et annuellement; ses fruits, mûrs en septembre, se disséminent en octobre ou restent sur l'arbre une partie de l'hiver. Il en faut 21-23,000 pour un kilogramme.

Germination. Le plant lève en avril, si le semis a été fait en automne, 5 ou 6 semaines après le semis du printemps; il produit d'abord deux feuilles cotylédonaires allongées, entières, bientôt suivies d'autres feuilles ovales-lancéolées, fortement dentées, mais point encore palmatilobées. Rarement il dépasse 2 décimètres au bout de la première année. La racine, peu pivotante, pousse beaucoup de ramifications latérales et de chevelu.

Croissance. La croissance est active dans la jeunesse et devient parfois gênante, comme celle des bois blancs, pour les autres essences avec lesquelles le sycomore s'élève en mélange. A 30 ans, sa hauteur est double de celle d'un hêtre de même âge; plus tard, cette croissance se ralentit et, à l'exploitabilité, les produits sont sensiblement égaux.

Enracinement. L'enracinement de l'arbre consiste en une forte souche, d'où partent beaucoup de longues racines, qui s'amincissent rapidement, de sorte que la masse principale du bois est concentrée et d'une extraction facile. On en retire 20-25 p. 100 du volume superficiel.

Les souches produisent des rejets abondants et vigoureux.

Station et sol.

Le sycomore est disséminé dans les forêts et rarement il entre pour une portion notable dans la composition des peuplements; il y est le plus souvent mélangé au hêtre, dont il a toutes les exigences. Son abondance et sa bonne venue sont l'indice d'un sol fertile, riche en principes nutritifs minéraux.

Il préfère les pays accidentés aux plaines, et dépasse, dans les montagnes, la région des sapins. Dans les Alpes il parvient jusqu'à 1,500 mètres d'altitude. Un arbre de cette espèce atteint, dans le Haut-Jura, près de Gex, 6 mètres de circonférence à 1^{m},50 du sol et recouvre de sa cime une surface de plus de 60 mètres carrés.

Écorce.

L'écorce conserve sa surface lisse et vive, d'un gris jaunâtre, pendant longtemps; puis des lames de périderme se développent dans son enveloppe herbacée et forment un rhytidome brun rougeâtre assez clair, qui tombe par écailles peu étendues. On y trouve à peine des traces de tannin.

Bois.

Le bois de l'érable sycomore est blanc, peu lustré; il est, de ceux du genre, le moins compacte et le moins dense, celui dont les vaisseaux sont les plus gros, dont les rayons, légèrement inégaux, ont le plus d'épaisseur et déterminent les maillures les plus apparentes. Il est très-recherché des menuisiers, mécaniciens, tourneurs, luthiers, et sabotiers. La densité en est variable et se trouve comprise, pour les échantillons de la collection de l'École forestière, entre 0,572 et 0,740.

La valeur calorifique d'un bois de cette espèce, pesant 0,74, comparée à celle d'un hêtre de 0,72, l'un et l'autre de 100 ans et complétement desséchés à l'air, est exprimée par les chiffres suivants (T. Hartig) :

		Poids égaux.	Vol. égaux
Plus haut degré de chaleur . .	ascendante	106 : 100	109 : 100
	rayonnante	96 : 100	99 : 100

		Poids égaux.	Vol. égaux.
Durée de la chaleur croissante.	ascendante	109 : 100	112 : 100
	rayonnante	112 : 100	115 : 100
Durée de la chaleur décroissante	ascendante	81 : 100	83 : 100
	rayonnante	50 : 100	51 : 100
Total de la chaleur developpée.	ascendante	96 : 100	99 : 100
	rayonnante	84 : 100	86 : 100
Eau vaporisée.		107 : 100	110 : 100

L'examen de ces chiffres fait voir que l'érable sycomore est un bon bois de chauffage, qui produit un haut degré de chaleur, longtemps soutenu, mais dont la combustion décroît rapidement, par suite de la prompte extinction des charbons. Il fournit un charbon équivalent à celui du hêtre.

2. Érable à feuilles d'obier. Acer opulifolium. Villars. Duret; Ayard (Dauphiné). *A. rotundifolium. Lam. A. Italum. Lauth. A. Opulus. Ait.*

Feuilles assez grandes, cordiformes à la base, à 5-7 lobes courts et larges, à peine acuminés ou même arrondis-obtus, irrégulièrement crénelés, séparés par des sinus peu profonds, anguleux, ouverts; coriaces, vertes et glabres en dessus, mates et glauques en dessous, où elles sont tantôt glabres avec les nervures principales velues, tantôt grisestomenteuses sur toute la surface (Érable napolitain, *A. Neopolitanum, Tenore; A. obtusatum, Willd*). Fleurs d'un jaune verdâtre, en corymbe sessile, penché. Samares très-renflées-bossues à la base, à ailes dressées-étalées ou presque parallèles, non étranglées inférieurement. — Arbre de 6-7 mètres d'élévation, souvent buissonnant, d'un port irrégulier et à cime étalée, dont l'écorce, lisse et grise jusqu'à l'âge moyen, devient plus tard gerçurée-écailleuse, assez épaisse et brun-jaunâtre; bourgeons fusiformes-aigus, arrondis, enveloppés d'écailles sèches et brunes, grisestomenteuses, à bords glabres; fleurs paraissant avec les feuilles; sucs propres aqueux. Disséminé dans les forêts montagneuses du Sud et du Sud-Est jusqu'à une altitude considérable; Jura, Alpes du Dauphiné et de la Provence, Cévennes, Pyrénées. La variété Érable napolitain représente à peu près seule en Algérie la famille des acérinées. Flor., mars-avril.

Bois. Le bois de l'érable à feuilles d'obier est très-voisin de celui de l'érable sycomore, mais il est plus serré, plus lourd, plus satiné, d'un joli rose clair ou blanc rougeâtre; il est très-recherché par les menuisiers, charrons et tourneurs: il fournit un combustible estimé. Les densités fournies par la collection de l'École forestière varient de 0,618 à 0,795.

3. Érable plane. ACER PLATANOÏDES. LIN. Plaine.

Feuilles grandes, rarement entièrement planes, minces et de consistance herbacée, vertes, concolores, glabres et luisantes sur les deux faces, cordiformes à la base, à 5-7 lobes bordés de quelques longues dents ; lobes et dents acuminés-très-aigus, séparés par des sinus ouverts très-arrondis. Fleurs d'un jaune verdâtre, à périgone étalé, disposées en corymbes dressés, presque sessiles. Samares planes à la base, à ailes étalées, non rétrécies inférieurement. — Arbre de grande taille, ayant beaucoup d'analogie avec l'érable sycomore pour le port, mais dont l'écorce, lisse et mate dans la jeunesse et d'un gris rougeâtre plus prononcé que celle de ce dernier, ne s'écaille pas plus tard et forme un rhytidome finement et longitudinalement gerçuré ; bourgeons gros, les latéraux exactement appliqués, à écailles glabres, herbacées, rouges ou vertes, terminées de brun ; sucs propres blanc-laiteux. Disséminé dans les bois accidentés ou montagneux de toute la France, mais plus rarement que l'érable sycomore. Flor., avril-mai. Fructif., septembre.

L'érable plane n'a pas la croissance aussi active et aussi soutenue que celle du sycomore ; toutes circonstances égales, à 100 ans il reste en retard sur ce dernier de $\frac{1}{3}$ pour la hauteur, $\frac{1}{6}$ pour le diamètre, presque $\frac{1}{2}$ pour le volume. Croissance.

Il se trouve dans les mêmes localités, souvent en mélange avec lui, et atteste également, par sa bonne venue, une grande richesse du sol en principes inorganiques solubles; néanmoins il n'atteint pas des régions aussi élevées, et il supporte un plus haut degré d'humidité. Ses fleurs, plus précoces d'au moins 15 jours, paraissent avec les premières feuilles. Station et sol.

Le bois de l'érable plane ressemble beaucoup à celui du sycomore, mais il est d'un blanc moins pur, souvent rougeâtre ; les rayons et les vaisseaux en sont plus fins ; il est plus exposé à la vermoulure. Moins estimé comme bois de travail, il paraît l'emporter comme combustible, car la densité en est un peu supérieure : relevée sur les échantillons de la collection de l'École forestière, elle se trouve comprise entre 0,563 (Bas-Rhin) et 0,842 (Var). Bois.

4. Érable champêtre. ACER CAMPESTRE. LIN. Aceraille (Lorraine).

Feuilles plus petites que celles des espèces précédentes, cordiformes à la base, à 3-5 lobes sinués-lobés, obtus, séparés par des sinus profonds en angles aigus faiblement émoussés au sommet ; assez fermes, légèrement pubescentes, surtout en dessous sur les nervures, vertes, à peine luisantes sur les deux faces, un peu plus claires en dessous. Fleurs d'un vert jaunâtre, petites, en corymbes pauciflores dressés, courtement pédonculés. Samares légèrement convexes à la base, à ailes opposées en ligne droite et non rétrécies inférieurement, généralement veloutées dans la région de la graine, quelquefois glabres (Érable des collines. *A. collinum. Wallr.*). — Arbre de moyenne taille, dont les jeunes rameaux sont plus ou moins recouverts d'un liége jaune-brun qui les rend ailés-anguleux et dont la tige est revêtue d'une écorce d'un brun-jaunâtre, assez finement gerçurée-écailleuse. Bourgeons petits, à écailles herbacées et vertes à la base, sèches et brunes au sommet, légèrement velues; sucs propres blanc-laiteux. Communément disséminé dans les taillis de plaines et de collines. Flor., mai. Fructif., septembre-octobre.

Croissance. L'érable champêtre dépasse rarement 10-15 mètres d'élévation; sa croissance est peu active, et, toutes circonstances égales, elle est à celle de l'érable sycomore, à 100 ans, dans les relations suivantes : hauteur, 50 : 100; diamètre, 66 : 100; volume, 33 : 100 (T. Hartig). Il repousse bien de souches et de racines.

Écorce. L'enveloppe subéreuse se développe parfois activement dans les premières années en un liége irrégulier, fragile, d'un jaune ocreux qui recouvre les jeunes rameaux jusque vers 5 ou 6 ans et rend la distinction de l'espèce facile en toutes saisons. Plus tard cette production s'arrête, l'enveloppe subéreuse et l'enveloppe verte tombent, des lames de périderme jaunâtre se forment dans l'épaisseur du liber qui devient brun, et il en résulte un rhytidome assez épais, densément fendillé-écailleux.

Bois. Le bois est blanc lustré, légèrement jaunâtre ou rougeâtre, quelquefois flambé de brun au cœur dans les vieux arbres; il est compacte, très-homogène et formé de fibres fines, de vaisseaux petits et nombreux, de rayons très-minces. Lourd et dur, il est particulièrement remarquable par une grande ténacité et recherché pour une foule d'objets qui exigent cette qualité : manches de fouets, outils, etc.; il est utilisé pour le même motif par les armuriers, par les charrons qui en fabriquent des instruments aratoires, etc. Peu sujet à la vermoulure, à travailler et à se gercer, susceptible d'un beau poli, il est employé par les menuisiers, luthiers, tourneurs. C'est un très-bon combustible, dont la densité surpasse celle des érables planes et sycomores. La densité du bois d'érable champêtre varie de 0,590 (Isère) à 810 (Var) (*Coll. Éc. For.*)

5. Érable de Montpellier. ACER MONSPESSULANUM. LIN.

Feuilles petites, à pétioles grêles, à peine cordiformes à la base, à 3 lobes égaux, triangulaires-obtus, entiers ou parfois sinués-crénelés, séparés par des sinus anguleux, ouverts presque à angle droit ; coriaces, glabres, vertes et luisantes en dessus, mates et glauques en dessous avec les aisselles barbues. Fleurs d'un jaune verdâtre, petites, en corymbes sessiles, finalement penchés. Samares très-convexes à la base, à ailes dressées-convergentes, rétrécies inférieurement. — Arbre de 15 mètres d'élévation au plus, restant souvent à l'état de buisson, à port étalé et diffus, à rameaux grêles et à feuilles vertes persistantes jusqu'au commencement de l'hiver ; écorce lisse, gris-jaunâtre, longitudinalement gerçurée à un âge avancé ; bourgeons petits, presque glabres, à écailles sèches et brunes ; fleurs paraissant avant ou avec les premières feuilles. Lieux secs, pierreux et rocheux de la France méridionale ; remonte à l'est jusqu'à Gap, Lyon, Grenoble et Chambéry, à l'ouest jusqu'à Poitiers et Angoulême ; rare en Algérie (Djurdjura). Flor., avril. Fructif., septembre.

Cet érable, malgré ses petites dimensions et la lenteur de son accroissement, est précieux par la propriété qu'il possède de croître dans les sols les plus secs, jusque dans les moindres fissures des rochers. Le bois, plus dur, plus lourd encore que celui de l'érable champêtre, auquel il ressemble du reste, quoique avec une coloration rougeâtre plus prononcée, sert à des ouvrages de tour et de menuiserie. Il fournit un excellent combustible.

La densité la plus faible constatée dans la collection de l'École forestière est de 0,854 (bois de Montpellier) ; elle s'élève jusqu'à 1,005 (bois de Constantine).

FAMILLE VII.

HIPPOCASTANÉES. DC.

Fleurs hermaphrodites ou polygames par avortement des ovaires, irrégulières ; calice 5-denté ; corolle de 5 pétales inégaux ou de 4 par avortement du cinquième ; 6-8 étamines, généralement 7, insérées sur un disque hypogyne ; anthères biloculaires, longitudinalement déhiscentes. Ovaire à 3 loges biovulées, à placentation axile, produisant une capsule loculicide, à valves épaisses-coriaces, ne renfermant, par suite d'avortement, que 1 ou 2 graines très-grosses, à large hile, dépourvues d'albumen, et dont les cotylédons sont très-épais et soudés entre eux. — Arbres exotiques naturalisés, à feuilles opposées non stipulées, composées-palmées.

GENRE UNIQUE. — MARRONNIER. *ÆSCULUS. Lin.*

Calice campanulé; 4 ou 5 pétales; 7 étamines et 1 style simple, courbés-ascendants; capsule épineuse.

Bois. — Tissu fibreux homogène, fin, à parois minces, sans parenchyme ligneux distinct; rayons très-minces et nombreux, égaux; vaisseaux très-fins et très-abondants, un peu plus gros et plus serrés dans la zone de printemps qu'ils rendent plus poreuse encore, isolés ou juxtaposés 2 à 8 en séries simples, rayonnantes; affectant dans leur ensemble une disposition réticulée. Bois léger, mou, homogène, blanc ou blanc jaunâtre, sans distinction d'aubier et de bois parfait, dont tous les éléments anatomiques sont tellement fins qu'ils se reconnaissent à peine à l'œil nu ou même à la loupe. Une zone étroite d'un tissu plus serré se remarque à la limite des accroissements successifs et permet de les reconnaître assez aisément.

Arbre d'assez grande taille, à pousses robustes, opposées, terminées par de très-gros bourgeons ovoïdes-aigus, d'un rouge brun, dont les écailles sont pétiolaires, opposées-imbriquées, coriaces, enduites d'une abondante excrétion résineuse. Les feuilles sont composées de folioles digitées, dont chacune offre une nervure médiane dominante, de chaque côté de laquelle partent de nombreuses nervures secondaires droites et parallèles entre elles. L'inflorescence, élégante et mixte, est en thyrse redressé, formé de petites cymes scorpioïdes. Les fruits sont remarquables par leur analogie apparente avec ceux du châtaignier, quoique, dans le fait, ils soient bien différents. Dans le fruit du marronnier, l'enveloppe verte épineuse est un péricarpe, les marrons revêtus d'un épisperme brun luisant en sont les graines. Dans le châtaignier, au contraire, l'enveloppe verte épineuse est un involucre, la châtaigne (marron, pour les variétés greffées et cultivées) est un fruit dont l'enveloppe, sèche et d'un brun luisant, représente le péricarpe.

La graine des marronniers germe comme les glands et les châtaignes, c'est-à-dire que le corps cotylédonaire reste en terre (hypogé) et s'y pourrit sans produire de feuilles.

L'écorce se conserve longtemps lisse et vive à la surface ; l'enveloppe subéreuse et l'enveloppe verte s'y maintiennent sans prendre beaucoup d'accroissement, tandis que le liber s'augmente annuellement par couches continues comme celui du tilleul. Mais, à un âge avancé, un périderme s'organise en lames dans l'épaisseur des feuillets les plus extérieurs du liber, le liége et le parenchyme vert se dessèchent, tombent, et il se forme un rhytidome libérien, écailleux, longuement et longitudinalement gerçuré.

Marronnier d'Inde. Æsculus Hippocastanum. Lin.

Feuilles opposées, longuement pétiolées, composées de 7 grandes folioles digitées, sessiles, obovales, cunéiformes-allongées à la base, brusquement acuminées au sommet, inégalement dentées, vertes en dessus, plus claires en dessous, où les aisselles sont barbues ; finalement glabres. Fleurs hermaphrodites et mâles, en longs thyrses pyramidaux dressés, à 4 pétales chiffonnés, blancs, tachés de rouge et de jaune. Capsules sphériques, épineuses, en petit nombre pour chaque inflorescence. — Arbre pouvant atteindre 20 mètres de hauteur sur 1 mètre de diamètre, à cime ovoïde-pyramidale produisant un couvert très-épais, et à pousses robustes, pourvues de gros bourgeons ovoïdes-aigus, visqueux, dont les écailles sont nombreuses, sèches et brunes, imbriquées. Planté comme arbre d'ornement. Flor., avril-mai. Fructif. et dissém., octobre.

Le marronnier d'Inde est un magnifique arbre d'ornement, dont la floraison et la foliaison sont très-précoces. Probablement originaire de l'Asie centrale, où jusqu'à présent on ne l'a pas retrouvé spontané, il a été introduit à Vienne vers 1575, à Paris en 1615. Bien que complétement naturalisé dès l'origine et d'une croissance assez rapide, il n'est pas un arbre forestier et ne mérite point de le devenir. Il prospère en plaine ou en régions accidentées peu élevées, particulièrement dans les terres Origine.

légères et fraîches; il redoute un haut degré d'humidité ou de compacité et la sécheresse.

Floraison. Il fleurit vers 15 ans; fructifie régulièrement et assez abondamment chaque année. Les graines, semées en automne, germent en février; mais les plants succombent souvent sous l'effet des dernières gelées, de sorte que le semis de printemps est préférable. Le jeune plant pousse immédiatement les feuilles caractéristiques et peut, dès la première année, s'élever à 0m,75. L'arbre est d'une transplantation facile, certaine; il supporte mal la taille.

Germination.

Enracinement. L'enracinement est peu profond et consiste en une courte souche d'où partent de longues et nombreuses racines traçantes.

Bois. Le bois du marronnier est l'un des plus mauvais que l'on puisse produire, soit pour l'industrie, soit pour le chauffage. Il est blanc jaunâtre, très-mou, ne se coupe pas net sous l'outil, se pourrit très-rapidement et ne convient guère qu'à faire de la volige pour les layetiers; néanmoins il travaille et se gerce peu.

D'après Varennes de Fenille, sa densité moyenne est : vert, 0,83; sec, 0,47. Un échantillon de la collection de l'École forestière pèse, desséché complétement à l'air libre, 0,536.

Du marronnier de 50 ans, d'une densité de 0,54, comparé à du hêtre de 80 ans, d'une densité de 0,67, l'un et l'autre complétement desséchés, a donné les résultats suivants sur sa valeur calorifique (T. Hartig) :

		Poids égaux.	Vol. égaux.
Plus haut degré de chaleur. . .	ascendante	110 : 100	88 : 100
	rayonnante	100 : 100	80 : 100
Durée de la chaleur croissante. .	ascendante	63 : 100	50 : 100
	rayonnante	64 : 100	51 : 100
Durée de la chaleur décroissante.	ascendante	110 : 100	88 : 100
	rayonnante	115 : 100	92 . 100
Total de la chaleur développée. .	ascendante	117 : 100	93 : 100
	rayonnante	108 : 100	86 : 100
Eau vaporisée		95 : 100	76 : 100

C'est donc un combustible qui donne rapidement un coup de feu assez vif, mais peu durable, et qui se consume ensuite lentement. Encore les chiffres précédents le rendent-ils meilleur que sa réputation, et, s'il n'est complétement sec, il brûle difficilement, avec peu de flamme et sans produire de charbon.

Ennemis.

En sa qualité d'arbre exotique, dont la famille et le genre n'ont en France aucun représentant indigène, le marronnier est très-peu exposé aux ravages des insectes; il conserve son feuillage intact alors que celui des autres arbres est ravagé par les chenilles.

Produits accessoires.

L'écorce contient 1,8 p. 100 de tannin (Davy); ce tannin et l'acide gallique sont abondants dans les péricarpes. L'écorce et les feuilles produisent en outre des matières tinctoriales jaunes, brunes et noires.

L'amande des marrons d'Inde contient (d'après M. P. H. Lepage) :

Eau	45,00
Tissu végétal, parenchyme	8,50
Fécule	17,50
Huile douce saponifiable	6,50
Glucose	6,75
Gomme	2,70
Substance particulière d'une saveur à peine douceâtre.	3,70
Principe amer (saponine)	1,55
Matières protéiques (albumine et caséine)	3,35
Matières inorganiques (potasse, chaux, magnésie, unies à un acide organique; chlore, silice, acides sulfurique et phosphorique)	1,55
Perte	2,90
	100,00

Le marron fournit une fécule à peu près aussi abondante que celle de la pomme de terre, d'une extraction facile et de qualité supérieure; on en retire une poudre qui remplace les savons de toilette, et, malgré son âpreté, le gibier s'en nourrit volontiers; les chèvres et les moutons s'accoutument à le manger. Mais la production de ce fruit est trop restreinte, la culture de l'arbre qui le produit trop peu avantageuse pour que l'industrie l'utilise avec suite et que l'on puisse jamais trouver en lui une ressource alimentaire de quelque importance.

FAMILLE VIII.

MÉLIACÉES. JUSS.

Fleurs régulières, hermaphrodites ou polygames; calice à 4 ou 5 divisions qui alternent avec autant de pétales de la corolle ; étamines en nombre double, à filets soudés en un long tube qui supporte les anthères; celles-ci biloculaires, longitudinalement déhiscentes. Ovaire pluriloculaire, à placentation axile, à styles soudés en un seul, produisant une baie ou une drupe syncarpée dont le noyau est pluriloculaire, ou une capsule loculicide ; graines pourvues ou dépourvues d'albumen. — Arbres à feuilles non stipulées, alternes, le plus souvent composées ou décomposées.

GENRE UNIQUE. — MÉLIA. *MELIA. Lin.*

Calice 5-partite ; 5 pétales ; 10 étamines; drupe à noyau 5-sillonné, divisé en 5 loges monospermes. Graines albuminées.

Bois. — Tissu fibreux assez gros, à parois minces, homogène, dominant dans le bois de végétation rapide, moins abondant que les vaisseaux dans celui qui est formé de minces accroissements ; rayons peu nombreux, égaux, assez minces; vaisseaux inégaux, les internes, gros et serrés, formant une zone très-poreuse au commencement de chaque couche ; ceux de la région médiane et de l'externe de plus en plus espacés ; parenchyme ligneux entourant les vaisseaux et réunissant ceux du bois d'automne en arcs ou en zones blanchâtres bien prononcés. Bois à aubier blanc jaunâtre, peu abondant, à bois parfait rappelant celui de l'acajou qui appartient à la même famille, à couches annuelles bien distinctes, de densité d'autant plus grande que la végétation en est plus rapide. Celle-ci varie de 0,572 à 0,589 pour les échantillons de la collection de l'École forestière.

Mélia Azédarac. MELIA AZEDARACH. LIN. Margousier ; Lilas des Indes.

Feuilles caduques, bi-pennées, à folioles opposées avec impaire, courtement pétiolées, lancéolées-acuminées, irrégulièrement bordées de dents en scie espacées ; glabres, vertes et un peu luisantes en dessus, plus claires en dessous. Fleurs en panicules axillaires dressées, longuement pédonculées ; pétales oblongs-linéaires, étalés, d'un lilas bleuâtre, au centre desquels s'élève le tube staminal aussi long qu'eux et d'un violet foncé. Fruit peu charnu, presque globuleux, de la grosseur d'un grain moyen de raisin, vert, puis jaune. — Arbre de 10-15 mètres, à tige droite, cylindrique, à rameaux terminés par des bouquets de feuilles, dont l'écorce devient largement et superficiellement gerçurée-écailleuse ; restant, dans de mauvaises conditions, à l'état d'arbrisseau. Originaire de l'Asie, naturalisé comme arbre de décoration et subspontané dans la France méridionale et en Algérie. Flor., mai-juin.

Arbre élégant par le feuillage et par les fleurs, qui sont odorantes; de croissance rapide, mais exposé à perdre ses branches sous l'action des vents.

Les fruits ont une saveur douceâtre, puis amère; ils sont purgatifs et même vénéneux à haute dose. Les graines en sont oléagineuses et, dans les contrées où l'azédarac est commun, elles fournissent de l'huile à brûler.

FAMILLE IX.

CORIARIÉES. DC.

Fleurs régulières, hermaphrodites et, par avortement, polygames-monoïques ou dioïques; calice et corolle accrescents, le premier 5-partite, la seconde de 5 pétales alternes, petits, glanduleux ; 10 étamines à anthères biloculaires, longitudinalement déhiscentes, ayant les loges séparées par le bas ; ovaire 5-loculaire, surmonté de 5 stigmates papilleux, dont les carpelles se séparent à la maturité en autant de fruits secs, indéhiscents, 1-spermes, mais restent enveloppés par la corolle devenue charnue et par le calice membraneux, de manière à simuler une baie. Graines sans albumen.

GENRE UNIQUE. — CORROYÈRE. *CORIARIA. Niss.*

Mêmes caractères que ceux de la famille. — Arbrisseaux à feuilles opposées ou verticillées par 3, simples, entières, à 3 nervures, dont une médiane principale et 2 latérales basilaires ; rameaux tétragones ; bourgeons écailleux, petits, nombreux (3 et plus) à l'aisselle de chaque feuille. Fleurs petites, vertes.

Bois. — Tissu fibreux, homogène, fin, à parois épaisses; rayons peu nombreux, égaux, assez épais, très-prolongés dans le sens longitudinal, de tissu assez lâche; parenchyme ligneux disséminé en amas au milieu du tissu fibreux et associé aux vaisseaux; ceux-ci peu nombreux, assez gros et formant une zone poreuse au commencement de chaque couche, décroissant en nombre et en diamètre jusqu'au bord externe où ils sont rares et petits. Bois sans dimensions utiles, entourant une moelle centrale volumineuse.

Corroyère à feuilles de myrte. CORIARIA MYRTIFOLIA. LIN. Redoux; Redoul; Coriaire, herbe aux tanneurs.

Feuilles très-courtement pétiolées, opposées ou ternées, ovales-lancéolées, entières, fermes et glabres; fleurs petites, vertes, disposées en grappes dressées, terminales, sortant des bourgeons latéraux; pétales glanduleux, plus courts que le calice; 5 longs stigmates filiformes. Fruit bacciforme, vert, puis noir luisant. — Arbrisseau de 1 à 2 mètres, glabre, émettant constamment de terre de nombreux rejets droits, allongés, verts, 4-angulaires, qui se ramifient par faisceaux, en raison de la multiplicité des bourgeons axillaires, s'épuisent rapidement, et, au bout de 3 ou 4 ans, ne donnent plus naissance qu'à de grêles ramilles, puis meurent. Coteaux de la France méridionale, particulièrement dans les haies et au bord des routes, dans les lieux frais et fertiles; Algérie. Flor., juin-juillet.

Petit abrisseau insignifiant pour le bois qu'il produit, mais dont les feuilles renferment une forte proportion de tannin et sont employées, desséchées et pulvérisées, en mélange avec le sumac ou le tan, pour la préparation des cuirs; on en fait aussi une teinture noire. Les fruits, et même les feuilles, contiennent en outre un principe cristallisable, âcre et narcotique, la *coriarine,* qui les rend très-vénéneux. Le redoul fournit d'abondants rejets et des drageons, qui forment des fourrés bas, complets et permanents; il peut être très-utilement employé à la fixation et à la mise en valeur des terrains en pente, principalement aux expositions méridionales.

FAMILLE X.

AMPÉLIDÉES. KUNTH.

Fleurs régulières, ordinairement hermaphrodites; calice petit, gamosépale, entier ou 4-5-denté; corolle de 4-5 pétales alternes avec les dents du calice ; 4-5 étamines opposées aux pétales, insérées sur un disque hypogyne, à anthères biloculaires, longitudinalement déhiscentes. Ovaire 2-5-loculaire, à loges 2-ovulées, placentation axile, produisant une baie à 2-6 graines (pépins) dont l'épisperme est osseux, l'albumen oléagineux. — Arbrisseaux toujours sarmenteux et grimpants, à feuilles alternes, pétiolées, simples, palmatilobées ou composées-palmées, à stipules écailleuses, caduques.

GENRE UNIQUE. — VIGNE. *VITIS. Lin.*

Calice 5-denté ; 5 pétales réunis par les extrémités, à onglets libres ; 5 étamines ; ovaire 5-loculaire, produisant une baie uniloculaire à 5 graines. — Arbrisseaux à petites fleurs verdâtres, odorantes, en thyrses opposés aux feuilles et souvent réduits à leur axe, qui deviennent des vrilles.

Bois. — Tissu fibreux peu abondant, fin, à parois très-épaisses ; rayons peu nombreux, larges et d'épaisseur croissante, très-hauts ; vaisseaux de deux dimensions tranchées, les uns gros, isolés en une large zone poreuse interne, les autres fins, groupés, 2 à 12, en séries simples, rayonnantes, surtout dans la zone externe ; parenchyme ligneux non discernable. Bois très-poreux, comme l'est presque toujours celui des végétaux sarmenteux, brunâtre clair, sans distinction d'aubier, assez dur et assez lourd malgré sa porosité, d'une densité égale à 0,689 (*Coll. Éc. For.*) ; les couches annuelles y sont peu distinctes.

Vigne commune. VITIS VINIFERA. LIN.

Feuilles longuement pétiolées, profondément cordiformes à la base, palmati-5-lobées, à lobes aigus, sinués-dentés ; glabres, velues ou même tomenteuses, surtout en dessous ; inflorescence en thyrses d'abord dressés, puis pendants, souvent réduits à leur axe et formant une vrille. Fleurs petites, hermaphrodites, verdâtres, odorantes. Baies de couleur variable, couvertes d'une efflorescence glauque. — Originaire de l'Orient (Mingrélie, Géorgie ?), cultivée depuis la plus haute antiquité et souvent subspontanée dans les haies et aux bords des bois, surtout dans la France méridionale. Flor., juin.

Ramification.

La tige sarmenteuse de la vigne ne résulte pas d'un axe primaire allongé par une évolution successive de bourgeons terminaux. Chaque entre-nœud produit une feuille et se termine par un bourgeon florifère d'où sort un thyrse complet ou une vrille seulement, suivant la vigueur de la végétation. L'allongement ultérieur est dû au développement immédiat du bourgeon axillaire, duquel naît un nouvel axe d'un accroissement vigoureux, qui rejette de côté l'inflorescence ou la vrille terminale, et semble prolonger l'axe précédent, tout en faisant néanmoins avec lui un certain angle qui trahit son origine. Ce mode de développement produit, en se répétant, les sarments flexueux de la vigne et détermine l'apparence oppositifoliée de ses inflorescences.

Écorce. L'écorce est grise, fibreuse, formée par le liber qui, chaque année, organise 3 ou 4 couches de longs faisceaux séparés par du tissu cellulaire, et repousse au dehors, à l'état de rhytidome, le liber éraillé de l'année précédente.

Variétés. Comme toutes les espèces soumises à une longue culture, la vigne a fourni une multitude de variétés (cépages); mais, à l'état sauvage, elle présente beaucoup plus de constance dans ses caractères et ne produit que de petits fruits peu sucrés (lambrusco, dans le midi de la France).

Structure. La vigne, pour mûrir ses fruits, demande une température moyenne estivale d'au moins 18-20° et succombe sous un froid de —20°. Elle caractérise une vaste région qui, vers le Sud, se confond avec celle des oliviers, mais s'étend beaucoup plus loin que cette dernière vers le Nord, ne laissant en dehors d'elle que quelques départements du Nord et du Nord-Ouest. Dans ses parties moyennes et septentrionales, la région de la vigne est aussi celle des chênes rouvres et pédonculés, mais ceux-ci, à leur tour, atteignent une altitude plus considérable et une aire plus septentrionale. Les coteaux lui sont particulièrement favorables.

FAMILLE XI.

STAPHYLÉACÉES. BARTL.

Fleurs régulières, hermaphrodites ; calice gamosépale, à 5 divisions ; corolle de 5 pétales alternes avec les sépales et

avec les étamines, insérée, ainsi que ces dernières, sur un disque hypogyne; anthères introrses, biloculaires, longitudinalement déhiscentes. Ovaire 2-3-loculaire, à placentation axile, surmonté d'autant de styles à stigmates entiers, produisant le plus souvent une capsule vésiculeuse foliacée, 2-3-loculaire et 2-3-lobée au sommet; déhiscence partielle, par les sutures ventrales des lobes terminaux. Graines à placentation centrale, peu nombreuses ou, par avortement, solitaires dans chaque loge, subglobuleuses, tronquées au hile, à épisperme épais, osseux, luisant ; faiblement albuminées. — Arbrisseaux à feuilles opposées, stipulées, oppositi-imparipennées, à folioles dentées, subsessiles, pourvues d'une nervure médiane et de 5-7 paires de nervures secondaires arquées, parallèles.

GENRE UNIQUE. — STAPHYLIER. *STAPHYLEA. Lin.*

Mêmes caractères que ceux de la famille.

Bois. — Tissu fibreux compacte très-homogène ; rayons très-serrés, légèrement inégaux, minces et très-minces; vaisseaux égaux, isolés, fins, très-nombreux, uniformément répartis ; parenchyme ligneux ne se reconnaissant ni à l'œil nu, ni à la loupe. Accroissements à peine distincts, seulement séparés par une ligne très-fine de tissu fibreux dépourvue de vaisseaux. Bois sans valeur en raison des faibles dimensions qu'il présente.

Staphylier penné. STAPHYLEA PINNATA. LIN. Faux-pistachier; Pistachier sauvage ; Nez coupé.

Feuilles opposées, longuement pétiolées, pourvues de 2 stipules membraneuses, linéaires et caduques, composées de 5-7 folioles elliptiques-lancéolées, acuminées, finement et aigûment serrées, glabres, d'un vert clair en dessus, un peu plus pâles en dessous. Fleurs en petites cymes formant des grappes axillaires longuement pédonculées et pendantes ; blanches ou légèrement rougeâtres à l'extérieur, à sépales, pétales et étamines dressés, égaux. Capsule vésiculeuse, herbacée, à graines ligneuses, brunes et luisantes, à large hile tronqué, de la taille d'un gros pois. — Arbrisseau peu rameux, de 2-5 mètres, glabre, produisant de la souche des rejets droits, nombreux, robustes, fréquemment terminés par 2 bourgeons axillaires entre lesquels le bourgeon extrême est avorté; écorce d'un gris brun, finement fendillée sur la tige, lisse, d'un brun verdâtre strié de blanc sur les branches, verte sur les rameaux, qui sont assez trapus. Bourgeons déprimés, bicarénés, coniques, enveloppés de 2 écailles opposées, vertes, soudées entre elles et confondues en une seule. Rare; dans quelques forêts du Jura et du Dauphiné, où son indigénat, quoique probable, n'est point nettement établi. Fréquemment planté dans les jardins. Flor., mai. Fructif., août.

Ce joli arbrisseau, parvenu dans la France orientale aux limites extrêmes de son aire d'habitation, est trop rare et de trop petite taille pour avoir la moindre importance. Les graines en sont oléagineuses ; d'abord douces au goût, elles laissent ensuite une saveur âcre.

Le bois a le grain fin, d'un blanc verdâtre et peut servir à des ouvrages de tour. Il pèse, à l'état sec, 0,8. (*Coll. Éc. For.*)

FAMILLE XII.

CÉLASTRINÉES. R. BROWN.

Fleurs régulières, hermaphrodites. Calice gamosépale, à 4 ou 5 divisions, persistant. Corolle de 4 ou 5 pétales alternes, insérés avec les étamines contre un disque charnu hypogyne ; étamines 4 ou 5, alternes avec les pétales, à anthères introrses, biloculaires, longitudinalement déhiscentes. Ovaire à 2-5 loges 2-10-ovulées, à placentation axile, surmonté d'un style court, épais, dont le stigmate est 2-5-lobé ; fruit d'autant de loges 1-2-spermes, formant généralement une capsule loculicide. Graines pourvues d'une enveloppe supplémentaire, charnue (fausse arille) et d'un albumen oléagineux.

GENRE UNIQUE. — FUSAIN. *EVONYMUS. Tournef.*

Ovaire à demi enfoncé dans le disque, produisant une capsule 3-5-lobée-loculaire, à déhiscence loculicide, dont les graines sont blanches et entourées d'une fausse arille charnue, vivement colorée en rouge orangé. — Arbrisseaux à feuilles simples, peu visiblement stipulées, très-finement dentées, formées d'une nervure médiane dominante et de nervures secondaires pennées (5-8 paires), arquées, irrégulières, rameuses. Bourgeons ovoïdes, à écailles opposées-imbriquées. Sucs âcres et amers.

Bois. — Tissu ligneux compacte, uniforme, dominant ; rayons très-minces, égaux, rapprochés ; vaisseaux très-fins et très-nombreux, égaux, isolés, uniformément répartis ; toutefois, au commencement de chaque couche, un rang simple de vaisseaux plus gros. Bois homogène, d'un jaune très-clair, uniforme, dont les accroissements successifs sont peu distincts, sans démarcation d'aubier et de bois parfait.

A. Feuilles moyennes, de 4-6 centimètres de long ; capsules à lobes arrondis sur le dos ; ramules verts, 4-angulaires. . . . . . . F. d'Europe 1

A'. Feuilles grandes, de 7-18 centimètres de long ; capsules à lobes tranchants sur le dos ; ramules bruns, arrondis . . . . F. a larges feuilles. 2

1. Fusain d'Europe. Evonymus europæus. Lin. Bonnet de Prêtre. Feuilles opposées, légèrement pétiolées, elliptiques-lancéolées, très-finement dentées, glabres, mates, vertes en dessus, plus pâles en dessous. Fleurs petites, à verticilles généralement tétramères, verdâtres, disposées 2-4 en petites cymes corymbiformes, latérales, opposées, pédonculées et redressées, même à la maturité; pétales oblongs, blanchâtres. Capsule à 4 lobes arrondis sur le dos, d'un beau rose mat à la maturité ; graines d'un rouge orangé vif et luisant. — Arbrisseau de 2-4 mètres, et même petit arbre de 4-7 mètres d'élévation sur $0^m,50$ de circonférence, à jeunes rameaux lisses et d'un vert mat, souvent pourvus de 4 nervures longitudinales de tissu subéreux qui les rendent tétragones ; bourgeons petits, ovoïdes, 4-angulaires, à écailles herbacées, verdâtres. Commun dans les bois et les haies de la plaine, des régions de collines et des contreforts des montagnes. Flor., avril-mai. Fructif., septembre-octobre.

Le bois du fusain est parfaitement homogène, d'un joli jaune clair, très-doux à travailler; il convient à de menus ouvrages de marqueterie, de tour, et peut en beaucoup de cas remplacer le buis, auquel il ressemble par la couleur, l'homogénéité et la finesse du grain, la netteté avec laquelle il se coupe sous l'outil, quoiqu'il soit beaucoup moins dur et moins lourd. Il pèse 0,574 à 0,797. (*Coll. Éc. For.*) Bois.

Carbonisé en vase clos, on en fabrique le fusain avec lequel on dessine; il produit l'un des meilleurs charbons pour la fabrication de la poudre. La matière rouge des arilles sert à teindre les maroquins. Usages accessoires.

Un petit lépidoptère, la teigne du fusain (*Hyponomeuta evonymella. Lat.*), attaque très-fréquemment cet arbrisseau, le dépouille de toutes ses feuilles et l'enveloppe complétement d'un tissu lâche de fils soyeux. Ennemis.

2. Fusain à larges feuilles. Evonymus latifolius. Scop. Feuilles plus grandes, à pétioles plus robustes que chez le fusain d'Europe. Fleurs à verticilles généralement pentamères, disposées 10-20 en cymes ombellées, 2 ou 3 fois dichotomes, latérales, opposées, supportées par de longs et grêles pédoncules, dressées, puis pendantes ; pétales orbiculaires, brunâtres. Capsules du double plus grosses que celles de l'espèce précédente, généralement à 5 lobes minces et tranchants sur le dos. — Arbrisseau de 4-5 mètres et plus, à rameaux étalés-divariqués d'un rouge brun foncé, recouverts d'une légère efflorescence glauque, assez robustes, arrondis. Bourgeons grands, allongés-très-aigus, à écailles sèches, d'un brun rougeâtre. Forêts montagneuses de l'Isère, de l'Ain et du Var, entre 600 et 1,000 mètres d'altitude. Flor., mai-juin. Fructif., septembre.

Le bois du fusain à larges feuilles ressemble beaucoup à celui du fusain d'Europe ; mais il est moins homogène et les accroissements y sont mieux accusés, parce que dans chacun d'eux les vaisseaux diminuent un peu en dimensions et en nombre du bois de printemps à celui d'automne ; du reste, il n'atteint pas de dimensions utiles.

FAMILLE XIII.

ILICINÉES. BRONG.

Fleurs régulières, hermaphrodites ; calice gamosépale, persistant, à 4-6 divisions ; corolle de 4-6 pétales alternes, libres ou un peu soudés entre eux à la base ; 4-6 étamines alternes, à anthères introrses, biloculaires, longitudinalement déhiscentes. Ovaire bi-pluri-loculaire, chaque loge uniovulée, à placentation axile ; style nul ou très-court ; stigmate en autant de lobes qu'il y a de loges. Nuculaine à 2 ou plusieurs noyaux monospermes ; graines à albumen charnu, abondant. — Arbrisseaux à feuilles simples, non stipulées, persistantes (1).

GENRE UNIQUE. — HOUX. *ILEX. Lin.*

Fleurs généralement tétramères ; calice petit, urcéolé ; corolle rotacée. — Arbrisseaux ou petits arbres à feuilles al-

(1) Les pétales des ilicinées sont souvent légèrement soudés entre eux par la base et forment une corolle gamopétale ; la place de cette famille devrait donc être parmi les gamopétales périgynes ; mais outre que cette soudure n'est pas constante, elle est toujours très-peu étendue et toutes les autres affinités maintiennent les ilicinées dans les dialypétales périgynes.

ternes, très-coriaces, luisantes, persistantes, à nervation pennée, composée d'une nervure médiane dominante et de 6-10 paires de nervures secondaires peu apparentes, irrégulières et rameuses.

Bois. — Tissu fibreux très-dominant, homogène, à parois épaisses, mélangé de nombreux petits groupes de parenchyme ligneux, que l'on ne reconnaît ni à l'œil nu, ni à la loupe ; rayons rares, médiocrement épais, hauts de 1^{mm} à $1^{mm},5$, entre lesquels se trouvent d'autres rayons très-minces, que l'on ne discerne qu'au microscope ; vaisseaux très-fins, égaux, peu nombreux, formant un cercle d'un seul rang au commencement de chaque couche, groupés 5-12 en séries simples, le plus souvent rayonnantes et uniformément distribuées dans tout le reste, où elles simulent une ébauche de réseau à mailles étirées dans le sens des rayons. Bois compacte, dur, lourd, très-homogène, dont les accroissements se distinguent difficilement, d'un blanc uniforme, sans différences entre l'aubier et le bois parfait, à maillures apparentes, assez nombreuses.

Houx commun. ILEX AQUIFOLIUM. LIN.

Feuilles de 13-14 mois de persistance ; courtement pétiolées, ovales ou elliptiques, aiguës, coriaces et épaisses, glabres, très-luisantes et d'un vert foncé en dessus, peu luisantes et d'un vert pâle en dessous ; le plus souvent dentées-épineuses sur les bords, parfois complétement entières, surtout sur les pieds âgés. Fleurs blanches, petites, axillaires, solitaires ou fasciculées, courtement pédonculées. Fruit charnu, globuleux et ombiliqué au sommet, de la taille d'un gros pois, à 4 noyaux triangulaires ; d'un rouge-corail à la maturité. — Arbuste ou petit arbre à tige droite et élevée, ou diffuse et étalée, suivant les circonstances sous lesquelles il végète, à écorce lisse, verte sur les jeunes rameaux, grise sur les branches et sur la tige. Abondant dans certaines forêts, surtout des régions montagneuses peu élevées. Flor., mai-juin. Fructif., août-septembre.

Le houx appartient à l'Europe méridionale et moyenne et vient sur tous les sols, siliceux ou calcaires, pourvu qu'ils ne soient point marécageux. Il atteint dans quelques contrées (France centrale, Corse, Algérie surtout) les dimensions d'un arbre à tige droite et à cime pyramidale, de 8 à 10 mètres de hauteur sur $0^{m},50$ de diamètre. En beaucoup d'autres lieux, sur les limites septentrionales de son aire d'extension, il ne constitue qu'un arbrisseau ou même un buisson bas et traînant. Taille.

Il croît ou au moins résiste longtemps sous le couvert, a une longévité considérable, une végétation lente ; il repousse bien de souche, supporte la taille très-aisément en se maintenant très-touffu et sert à faire d'impénétrables haies de clôture. La transplantation en est difficile.

Bois. Le bois de houx est lourd, dur, très-homogène, finement maillé, blanc, brunissant au cœur par altération. Il convient pour une foule d'emplois : dents d'engrenage, outils, ouvrages de marqueterie et de tour ; est très-recherché par l'ébénisterie pour faire des incrustations ; fournit des cannes d'une grande résistance ; il prend très-bien la couleur noire, reçoit un beau poli et ressemble alors à l'ébène. Sa densité varie de 0,764 à 0,952. (*Coll. Éc. For.*)

Usages accessoires. L'enveloppe herbacée du houx se maintient longtemps vivante, et renferme plusieurs principes immédiats : un principe amer cristallisable (ilicine), commun aussi dans les feuilles, du tannin, de la résine et une matière très-visqueuse appelée glutine ou glu. Pour séparer cette dernière, on broie l'écorce dans un mortier, on l'abandonne ensuite à elle-même pendant une quinzaine de jours dans un lieu humide, puis on la lave à grande eau. On mêle alors au résidu de l'huile de noix et l'on obtient la glu, avec laquelle on prend les petits oiseaux. Les fruits contiennent des acides, du sucre, de la pectine ; ils sont violemment purgatifs.

Les habitants de la Forêt-Noire font, avec les feuilles desséchées du houx, une infusion qu'ils boivent en place de thé. Le maté, boisson si généralement employée dans le Paraguay et dans une grande partie de l'Amérique du Sud, se fait d'ailleurs le plus souvent avec la feuille d'un végétal du même genre (*Ilex paraguariensis. Saint-Hil.*).

FAMILLE XIV.

EMPÉTRÉES. NUTTAL.

Fleurs régulières, très-petites, dioïques ou polygames ; calice persistant de 3 sépales libres ; corolle marcescente de

3 pétales alternes avec les sépales ; 3 étamines alternes avec les pétales, à anthères extrorses, biloculaires, longitudinalement déhiscentes. Ovaire sur un disque, à 3-6-9 loges uniovulées, à placentation axile, produisant une nuculaine à 3-9 noyaux libres ou soudés, 1-spermes. Graines pourvues d'un albumen abondant, charnu. — Petits sous-arbrisseaux des régions boréales, à feuilles alternes, non stipulées, uninerviées, petites, épaisses, persistantes et rapprochées ; rappelant les bruyères par le port et les exigences.

GENRE UNIQUE. — CAMARINE. *EMPETRUM. Lin.*

Caractères de la famille.

Bois. — Vaisseaux fins, presque égaux, épars, uniformément répartis ; rayons fins.

Camarine à fruits noirs. EMPETRUM NIGRUM. LIN.

Feuilles persistantes (2 à 4 ans), nombreuses, petites, presque sessiles, linéaires-oblongues, semi-cylindriques, obtuses, coriaces, glabres ; d'un vert foncé, luisantes et sans nervures en dessus, plus claires et marquées d'une nervure blanche en dessous ; éparses ou rapprochées presque en verticilles. Fleurs petites, blanches ou roses, sessiles, axillaires vers l'extrémité des rameaux, accompagnées de 6 bractées ; étamines saillantes ; styles courts, terminés par un stigmate à lobes rayonnants. Fruit charnu globuleux, ombiliqué au sommet, noir, à saveur douceâtre-acidulée. — Très-petit sous-arbrisseau glabre, d'un vert foncé, à tiges brunes, rameuses, couchées, nues à la base, très-feuillées vers les extrémités, qui sont ascendantes. Tourbières des hautes Vosges, du haut Jura, de la haute Auvergne, des hautes Alpes et des hautes Pyrénées. Flor., avril-mai.

ORDRE II.

DIALYPÉTALES PÉRIGYNES.

Pétales et étamines insérés sur le calice, soit directement, soit par l'intermédiaire d'un disque périgyne ; calice toujours gamosépale ; ovaire libre et supère ou adhérent et infère.

ORDRE II. — DIALYPÉTALES PÉRIGYNES.

Sous-ordre	Étamines		Caractères	Familles.	Genres.
Sous-ordre I. — Dialypétales périgynes à ovaire libre, supère. — Placentation axile.	Étamines isostémones.	Étamines opposées aux divisions du calice.	Arbres ou arbrisseaux à fleurs régulières, petites, verdâtres ; à feuilles simples, alternes ou opposées, à stipules, linéaires, parfois spinescentes.	XV. Rhamnées. Page 58.	*Paliure. Jujubier. Nerprun. Bourdaine.*
		Étamines alternes avec les divisions du calice.	Arbres ou arbrisseaux à fleurs régulières, petites, verdâtres, parfois unisexuées ou apétales ; à feuilles simples ou composées, alternes, non stipulées.	XVI. Térébinthacées. Page 69.	*Pistachier. Sumac. Camélée.*
	Étamines diplostémones.	Embryon droit, 10 étamines mono-di-adelphes, très-rarement libres.	Arbres, arbrisseaux et sous-arbrisseaux à corolle papilionacée, dont le fruit est une gousse et dont les feuilles, le plus souvent composées, sont alternes, stipulées.	XVII. Papilionacées. Page 79.	*Anagyre. Ajonc. Spartier. Sarothamne. Genêt. Argyrolobe. Cytise. Adénocarpe. Bugrane. Érinacée. Calycotome. Anthyllide. Robinier. Baguenaudier. Coronille.*
		Embryon courbé, 5-10 étamines libres.	Arbres à fleurs papilionacées ou presque régulières, parfois apétales, dont le fruit est une gousse, dont les feuilles, simples ou composées, sont alternes, stipulées.	XVIII. Césalpiniées. Page 114.	*Gaînier. Caroubier.*
	Étamines indéfinies.	Un seul carpelle, produisant une drupe.	Arbres ou arbrisseaux, quelquefois épineux, à fleurs régulières, rosacées ; à feuilles simples, alternes, dentées, stipulées.	XIX. Amygdalées. Page 117.	*Amandier. Pêcher. Cerisier. Prûnier. Abricotier.*
		Plusieurs carpelles distincts ; fruit polycarpé.	Arbrisseaux et sous-arbrisseaux, souvent aiguillonnés, à fleurs régulières, rosacées ; à feuilles alternes, simples ou composées, stipulées.	XX. Rosacées. Page 131.	*Spirée. Potentille. Ronce. Rosier.*
Sous-ordre II. — Dialypétales périgynes à ovaire adhérent, infère.	Étamines indéfinies. — Placentation axile.	Plusieurs styles.	Arbres et arbrisseaux, souvent épineux, à fleurs régulières, rosacées, produisant une pomme, dont les feuilles sont alternes, simples ou composées, à stipules caduques.	XXI. Pomacées. Page 141.	*Cotonéaster. Aubépine. Buisson-ardent. Néflier. Coignassier. Poirier. Pommier. Alisier. Sorbier. Amélanchier.*
		Un seul style.	Arbrisseaux à fleurs régulières ; feuilles opposées, simples, entières, non stipulées. — Feuilles persistantes ; baie.	XXII. Myrtacées. Page 166.	*Myrte.*
			Arbrisseaux à fleurs régulières ; feuilles opposées, simples, entières, non stipulées. — Feuilles caduques ; fruit sec, à loges superposées ; graines à épisperme charnu.	XXIII. Granatées. Page 168.	*Grenadier.*
	Étamines isostémones.	Placentation pariétale.	Sous-arbrisseaux à fleurs régulières, produisant une baie succulente, polysperme, dont les feuilles sont alternes, simples, palmatilobées-nerviées.	XXIV. Grossulariées. Page 170.	*Groseillier.*
		Placentation axile. — Baie, à graines cartilagineuses.	Sous-arbrisseaux sarmenteux, rampants ou grimpants, à fleurs régulières, en ombelle simple, à feuilles alternes, toujours vertes.	XXV. Araliacées. Page 172.	*Lierre.*
		Placentation axile. — Nuculaine, à noyau osseux, 2-loculaire.	Arbrisseaux à fleurs régulières, en ombelle simple ou en corymbe, à feuilles opposées, simples, entières, caduques.	XXVI. Cornées. Page 174.	*Cornouiller.*

SOUS-ORDRE I.

DIALYPÉTALES PÉRIGYNES A OVAIRE LIBRE, SUPÈRE.

FAMILLE XV.

RHAMNÉES. R. BROWN.

Fleurs régulières, hermaphrodites, quelquefois unisexuées par avortement, petites, verdâtres, solitaires ou en cymes plus ou moins contractées, axillaires; calice à 4 ou 5 divisions; corolle de 4 ou 5 pétales alternes, parfois très-petits ou même nuls, insérés avec les étamines sur un disque adhérent au tube calicinal; étamines 4 ou 5, opposées aux pétales, à anthères introrses, biloculaires, longitudinalement déhiscentes. Ovaire libre ou enfoncé dans le disque et soudé avec lui par la base, 2-4-loculaire, chaque loge uniovulée. Styles 2-4, plus ou moins soudés entre eux. Nuculaine à 1 seul noyau 2-4 loculaire, rarement à 2-4 noyaux libres, ou samare syncarpée. Graines albuminées. — Arbrisseaux à feuilles simples, entières ou dentées, alternes ou opposées; à stipules linéaires, parfois spinescentes.

A. Calice rotacé; pétales enroulés; ovaire à demi enfoncé dans le disque. Feuilles trinerviées, alternes, à stipules épineuses.
- B. Samare syncarpée, à aile circulaire . . . . . PALIURE . . 1
- B'. Nuculaine, à noyau 2-3 loculaire. . . . . . JUJUBIER . . 2

A'. Calice à tube urcéolé; pétales plans; ovaire libre; nuculaine à 2-4 noyaux distincts. Feuilles alternes ou opposées, à nervation pennée; stipules linéaires, non épineuses.
- B. Fleurs dioïques ou polygames, généralement tétramères; style 2-3-fide. Graines à parois crustacées, fragiles, bourgeons écailleux . . NERPRUN . . 3
- B'. Fleurs hermaphrodites, généralement pentamères; 1 style simple. Graines à parois ligneuses; bourgeons nus. . . . . BOURDAINE . 4

GENRE I. — PALIURE. *PALIURUS. Tournef.*

Fleurs pentamères; calice à tube rotacé; pétales enroulés en dedans; ovaire à demi enfoncé dans le disque et lui adhérant; 3 styles; samare syncarpée, 3-loculaire, à aile circulaire-périphérique, dont les nervures sont rayonnantes.

Bois. — Tissu fibreux très-serré et homogène; rayons égaux, très-minces, très-rapprochés; vaisseaux très-fins, égaux, isolés ou plus rarement réunis par 2 à 3, moyennement nombreux, uniformément répartis ; parenchyme ligneux associé aux vaisseaux et les entourant, constituant en outre à la limite des accroissements une ligne très-fine d'un rang de cellules. Bois très-dur et lourd, homogène, dont les couches annuelles sont peu apparentes.

Paliure épineux. PALIURUS ACULEATUS. LAM. *Rhamnus Paliurus. Lin.* Argalou; Porte-chapeaux.

Feuilles caduques, alternes et distiques, courtement pétiolées, obliquement ovales, aiguës ou obtuses, très-légèrement dentées, glabres ; formées de trois nervures dominantes, dont une médiane et deux latérales basilaires, arquées-convergentes ; stipules épineuses, inégales, l'une allongée, droite et dressée, l'autre courte, arquée, réfléchie. Fleurs en petites grappes définies, globuleuses, axillaires ; calice à divisions lancéolées, étalées ; corolle à pétales spatulés. Samare d'un rouge brun, hémisphérique, couronnée par une expansion orbiculaire, plissée-rayonnée et ondulée sur les bords. — Arbrisseau de 2-5 mètres, à petites fleurs jaunâtres, à tige dressée, rameuse, à rameaux et ramules grêles, divariqués, flexueux. Bourgeons très-petits, à deux écailles spinescentes. Écorce d'un gris brun, lisse d'abord, faiblement gerçurée plus tard. Abondant dans les terrains incultes et arides, particulièrement calcaires, de la région méditerranéenne ; remonte vers le Nord jusqu'à Valence ; assez rare en Algérie. Flor., juillet-août. Fructif., automne.

Le paliure épineux se reproduit par drageons ; les nombreuses épines dont il est pourvu le rendent très-propre à faire de bonnes haies. Le bois en est dur, blanc, passant insensiblement au rougeâtre dans le cœur. Il a pour densité 0,83 (*Coll. Éc. For.*). Il est de faibles dimensions et ne présente aucune importance.

GENRE II. — JUJUBIER. *ZIZYPHUS. Tournef.*

Fleurs pentamères; calice à tube rotacé; pétales enroulés en dedans. Ovaire enfoncé dans le disque et lui adhérant ; 2 styles ; fruit charnu, à noyau unique, 2-3-loculaire ou 1-loculaire par avortement.

Bois. — Structure générale identique à celle du bois de paliure, mais vaisseaux plus nombreux et plus serrés encore, très-généralement isolés, à peine accompagnés de parenchyme ligneux. Une zone interne d'un rang de vaisseaux un peu plus gros que les autres, une zone externe très-étroite dépourvue de vaisseaux, rendent parfois assez facile la distinction des accroissements.

Jujubier commun. Zizyphus vulgaris. Lam. *Rhamnus Zizyphus. Lin.*

Feuilles caduques, alternes-distiques, courtement pétiolées, obliquement ovales, obtuses, dentées, formées de 3 nervures dominantes, dont une médiane et 2 latérales basilaires, arquées-convergentes ; 2 stipules spinescentes, inégales, souvent avortées, caduques. Fleurs petites et jaunâtres, en grappes définies, pauciflores, axillaires ; calice à divisions subtriangulaires ; pétales spatulés. Fruit ovoïde, presque sessile, de la taille d'une grosse olive, rouge à la maturité, de saveur douce et sucrée. — Arbre de moyenne taille, à rameaux tortueux, ramules grêles, effilés et flexueux, se ramifiant plusieurs fois dans le cours d'une année ; à écorce brune, profondément gerçurée-écailleuse, qui rappelle beaucoup celle des pins. Originaire de Syrie ; fréquemment cultivé comme fruitier et subspontané dans la région méditerranéenne ; France, Corse et Algérie. Flor., avril-mai. Fructif., fin de septembre.

Taille. Le jujubier peut s'élever à 6-8 mètres et atteindre 1-1m,80 de circonférence. Il drageonne très-facilement, mais se reproduit peu par rejets de souche. Cet arbre fournit l'un de ces exemples, bien plus fréquents qu'on ne l'avait supposé, de bourgeons multiples à chaque aisselle ; il en offre jusqu'à 3, disposés en triangle, dont le supérieur est le principal. (Bourgeons.)

Bois. Le bois est dur, compacte, homogène, susceptible d'un très-beau poli. Blanc jaunâtre à l'état d'aubier, il est d'un rouge uniforme, au moins aussi vif que celui de l'acajou à l'état parfait ; il est employé, comme ce dernier, en ébénisterie et désigné sous le nom d'acajou d'Afrique. Il fournit un excellent chauffage, un charbon de première qualité.

Complétement desséché à l'air libre, il a une densité qui varie de 0,948 à 1,122. (*Coll. Éc. For.*)

Produits accessoires. Toutes les parties du jujubier contiennent des principes astringents et amers ; néanmoins les fruits, connus sous le nom de jujubes, sont mucilagineux, sucrés et comestibles. On en fabrique une boisson alcoolique qui a le goût du cidre ; les pharmaciens en font ou en devraient faire la pâte pectorale de même nom (1).

---

(1) L'Algérie possède deux autres espèces de jujubier ; je citerai la suivante en raison de son abondance.

Jujubier des lotophages. Zizyphus Lotus. Desf. Bois souterrain. Feuilles plus petites que celles du jujubier commun, ovales ou ellip-

GENRE III. — NERPRUN. *RHAMNUS. Lin.*

Fleurs dioïques ou polygames, le plus souvent tétramères, rarement pentamères, en petites cymes plus ou moins contractées, axillaires ; calice à tube urcéolé, persistant ; pétales plans, quelquefois nuls. Ovaire libre. Styles 2 ou 3. Nuculaine munie d'un sillon dorsal. — Arbrisseaux à feuilles alternes ou opposées, caduques ou persistantes, très-généralement dentées, à nervation pennée ; à stipules linéaires, plus ou moins caduques; souvent épineux par transformation des rameaux et pourvus de bourgeons écailleux, à écailles imbriquées, spiralées.

Bois. — Tissu fibreux serré, homogène, à parois épaisses ; rayons sensiblement égaux, assez rapprochés, minces et courts ; vaisseaux fins, égaux, groupés entre eux en grand nombre et formant au bord interne de chaque couche une zone poreuse plus ou moins large ou étroite, de laquelle se détachent des lignes ondulées-rameuses et rayonnantes qui, sur la section transversale, produisent un élégant et remarquable dessin réticulé, de couleur mate et plus claire que la masse fondamentale du bois. Bois dur et dense, à aubier distinct, de structure très-caractéristique.

Les fruits des nerpruns sont tous plus ou moins purgatifs ; ils contiennent, avant la complète maturité, des matières colorantes, vertes ou jaunes, utilisées dans les arts et dans l'industrie.

---

tiques-oblongues, obtuses, finement crénelées, glabres ; pétioles, ramules et calices veloutés. Fruit subglobuleux, jaune-rouge, de la taille d'une cerise. Buisson de 3-4 mètres, à branches tortueuses, inclinées, garnies d'aiguillons géminés. Flor., fin de mai. Fructif., fin d'octobre. Commun en Algérie, dans les plaines ou sur les coteaux, principalement dans les provinces d'Oran et d'Alger ; peuple seul ou mélangé avec les oliviers, les lentisques, etc., des étendues assez considérables.

Le jujubier de lotophages, malgré ses dimensions peu élevées, ne manque pas d'intérêt ; les racines très-longues et traçantes, généralement plus grosses que le sujet qui les a produites, sont d'une extraction facile et donnent un volume de très-bon bois de chauffage, qui dépasse souvent toute prévision. La disposition à drageonner n'est pas moins remarquable et parfois l'abord de cet arbrisseau est rendu presque impossible par l'entourage serré des drageons épineux qu'il a produits. Les fruits, véritable *lotus* des anciens, sont comestibles et recherchés comme ceux du jujubier commun.

A. Feuilles alternes.
  B. Feuilles persistantes.
    C. Feuilles à bords cartilagineux, dentés : nervation vaguement pennée. Arbrisseau non épineux. . . . . . . N. Alaterne. 1
    C'. Feuilles à bords entiers, uninerviées. Arbrisseau spinescent . . . . N. a feuilles d'olivier. . 2
  B'. Feuilles caduques.
    C. Feuilles pourvues de chaque côté de 10-15 nervures pennées, droites et parallèles. Arbrisseau non épineux, dressé . . . . . . N. des Alpes 3
    C'. Feuilles pourvues de chaque côté de 5-8 nervures pennées, arquées, parallèles. Très-petit arbrisseau non épineux, rampant . . . . N. nain 4
A'. Feuilles opposées, caduques, pourvues de chaque côté de 2-4 nervures pennées, arquées-convergentes. Arbrisseau épineux.
  B. Feuilles assez grandes (limbe de 2-3 cent. de large, à nervures saillantes en dessous et à pétioles beaucoup plus longs que les stipules. . . . . N. purgatif 5
  B'. Feuilles moyennes (limbe de 1 1/2 centimètre de large), à nervures médiocrement saillantes, à pétioles un peu plus longs que les stipules. . N. des teinturiers . . . 6
  B''. Feuilles petites (limbe de 1 centimètre au plus de large), à nervures peu saillantes, à pétioles ne dépassant pas les stipules . . N. des rochers. 7

§ I. *Feuilles alternes, persistantes.*

1. Nerprun Alaterne. Rhamnus Alaternus. Lin.

Feuilles courtement pétiolées, de forme variable, ovales, elliptiques ou obovales, à sommet apiculé et bords cartilagineux lâchement dentés ou denticulés ; fermes et coriaces, glabres, vertes et luisantes en dessus, plus claires et presque mates en dessous, à nervation pennée, diffuse ; fleurs tétra-pentamères, en petites grappes définies, bractéolées, multiflores, axillaires ; divisions du calice lancéolées-aiguës, plus courtes que le tube, réfléchies dans les fleurs mâles, dressées dans les fleurs femelles;

pétales nuls. Fruit rouge, puis noir, 2-3-sillonné. — Arbrisseau ou petit arbre dioïque, à tige dressée, rameuse, à rameaux alternes, non épineux. Commun sur les coteaux secs, surtout calcaires, du midi de la France et de la Corse ; remonte vers le nord jusqu'à Grenoble et Vienne du côté de l'est, jusqu'à Angers et Poitiers du côté de l'ouest ; abondant en Algérie. Flor., mars-avril. Fructif., octobre-novembre.

Le nerprun alaterne est un arbrisseau forestier dont les feuilles persistent 18 mois à 2 ans, dont la croissance est lente, la longévité considérable. Il peut atteindre 6-8 mètres d'élévation, 1 mètre et même plus de circonférence. Il repousse abondamment de souche. Taille.

L'écorce, verte sur les ramules, puis grise et lisse, se marque plus tard de fines stries longitudinales, et ressemble beaucoup, lorsqu'elle est âgée, à celle du chêne yeuse, avec lequel cet arbrisseau a aussi beaucoup d'analogie par le feuillage. Cette écorce est alors d'un brun noir, rugueuse et densément gerçurée en long et en travers. Écorce.

Le bois de l'alaterne est très-lourd et pèse 0,807-1,152 suivant qualité, à l'état de complète dessiccation à l'air libre (*Coll. Éc. For.*) ; il présente au commencement de chaque couche une étroite zone poreuse de laquelle partent des bandes rayonnantes, anguleuses et rameuses, dessinant un réseau dont les mailles sont étirées dans le sens des rayons. Ce bois est très-homogène, quoique les accroissements annuels y soient bien distincts ; il est d'un grain extrêmement fin, blanc jaunâtre à l'état d'aubier, variant du brun clair comme le chêne au brun marron foncé plus ou moins veiné à l'état parfait. Il prend beaucoup de retrait et exhale, quand on le travaille, une odeur désagréable. La fibre en est courte et cassante. Il est très-propre à des ouvrages de tour, de marqueterie et de menue ébénisterie. Bois.

2. Nerprun à feuilles d'olivier. RHAMNUS OLEOÏDES. LIN.

Feuilles petites, oblongues ou obovales, souvent apiculées, entières, uninerviées et réticulées-veinées. Fleurs tétramères, en faisceaux axillaires ; divisions du calice plus longues que le tube ; corolle nulle ou très-petite. Fruits d'un vert jaunâtre à la maturité. — Petit arbrisseau dioïque de 1 mètre au plus, à tige dressée ou diffuse, très-rameuse, à rameaux alternes, spinescents. Environs de Narbonne ; Atlas, en Algérie. Flor., mai.

§ II. *Feuilles alternes, caduques.*

3. Nerprun des Alpes. RHAMNUS ALPINA. LIN.

Feuilles pétiolées, elliptiques ou elliptiques-orbiculaires, arrondies ou légèrement acuminées au sommet, souvent un peu cordiformes à la base, finement et densément dentées ; d'un vert jaunâtre, légèrement luisantes en dessus, plus claires et mates en dessous ; à nervure médiane produisant de chaque côté de nombreuses nervures secondaires, 10-15, droites, parallèles, saillantes. Fleurs dioïques-polygames, tétramères, en faisceaux axillaires pauciflores ; divisions du calice triangulaires-aiguës, aussi longues que le tube ; pétales oblongs. Fruit obové, 2-3-sillonné, noir à la maturité. — Arbrisseau tortueux, haut de 1-3 mètres, à rameaux inermes et à bourgeons assez gros, ovoïdes-aigus. Écorce d'un gris-brun, lisse ou finement fendillée sur la tige, d'un brun violacé luisant sur les rameaux. Bois des régions montagneuses, surtout calcaires : Jura, Côte-d'Or, Lozère, Alpes, où il monte jusqu'à 1,200 mètres, Pyrénées, Corse. Flor., mai-juin.

Le bois du nerprun des Alpes a l'aubier blanc, le cœur rougeâtre nettement tranché. La zone poreuse du bois de printemps est très-étroite, ainsi que les lignes rayonnantes obliques, résultant du groupement des vaisseaux, qui s'en détachent.

4. Nerprun nain. RHAMNUS PUMILA. LIN.

Feuilles courtement pétiolées, ovales, obovales ou lancéolées-obovales, finement crénelées (*R. rupestris. Will.*) ou entières (*R. pumila. Mutel*) ; nervures secondaires arquées, parallèles, au nombre de 5-8 de chaque côté de la nervure médiane. Fleurs tétramères, en petits faisceaux axillaires pauciflores à la base des jeunes rameaux ; calice à divisions lancéolées, plus longues que le tube ; pétales étroits ou nuls. Fruit obové, noir. — Sous-arbrisseau dioïque, diffus, à tige couchée très-rameuse, tortueuse, longue de 5-15 centimètres seulement, croissant dans les fentes ou se cramponnant comme un lierre aux flancs des rochers des Alpes, des Pyrénées, du Mont-Dore (Auvergne), du Mont-d'Or (Doubs). Flor., juin.

§ III. *Feuilles opposées ou subopposées, caduques.*

5. Nerprun purgatif. RHAMNUS CATHARTICA. LIN. Noirprun ; Épine de Cerf.

Feuilles à pétioles 2-3 fois plus longs que les stipules, ovales, elliptiques ou obovales, courtement acuminées, dentées, d'un vert assez foncé et glabres en dessus, d'un vert plus pâle et pubescentes sur les nervures en dessous ; à nervation pennée, composée d'une nervure médiane et de 2 ou 3 nervures latérales, arquées-convergentes. Fleurs dioïques, rarement polygames, tétramères, en faisceaux axillaires bien fournis à la base des jeunes rameaux ; divisions du calice lancéolées, égalant le tube ; pétales petits. Fruit sphérique, non sillonné, noir à la maturité. — Arbrisseau de 2 à 3 mètres, ou petit arbre de 6-8 mètres de hauteur sur $0^m,50$ de circonférence, à tige très-rameuse ; rameaux opposés, étalés, souvent épineux par avortement du bourgeon terminal, parfois inermes. (*R. sylvatica. Serres.*) Bourgeons d'un brun-noir, à écailles presque spiralées, glabres, finement ciliées sur les bords. Répandu dans les taillis de presque toute la France, s'élève jusqu'à 1,200 mètres dans les Alpes. Flor., mai-juin. Fructif., automne.

Port. Le nerprun purgatif a presque le port de l'épine noire, mais les rameaux opposés le font distinguer aisément.

Écorce. L'écorce, d'abord lisse et luisante, d'un brun noirâtre, est formée par l'enveloppe subéreuse et s'enlève circulairement par membranes comme celle du cerisier ; plus tard, les plus anciennes couches du liber forment un rhytidome gerçuré, remarquable par l'abondance et la grosseur des faisceaux fibreux qui le constituent. Cette écorce contient, fraîche, une matière colorante jaune ; desséchée, une matière brune.

Bois. Le bois est blanc dans l'aubier, jaune passant au rougeâtre clair dans le cœur, qui est nettement limité ; il présente un éclat lustré analogue à celui de la paille, des accroissements successifs bien tranchés, dont chacun commence par une large zone poreuse, qui émet jusqu'à la limite externe du bois d'automne des rameaux dendritiques plus ou moins interrompus, simulant un élégant dessin réticulé. Il est lourd (0,667-0,756, *Coll. Éc. For.*), dur, susceptible de poli et convenable pour de menus ouvrages de tour et de marqueterie.

Fruits. Les fruits, de saveur douceâtre d'abord, puis amère et nauséabonde, sont fortement purgatifs ; ils servent, surtout en pharmacie vétérinaire, à la préparation du sirop de nerprun. On en retire aussi, lorsqu'ils sont mûrs, la couleur connue sous le nom de vert de vessie ; il suffit d'y ajouter de l'alun. Avant leur maturité, ils donnent une couleur jaune ; après, une couleur brune.

6. Nerprun des teinturiers. RHAMNUS INFECTORIA. LIN. Nerprun ; Graine d'Avignon.

Voisin du précédent : feuilles plus petites, dont le pétiole dépasse à peine les stipules ; ovales ou elliptiques, à nervures secondaires moins saillantes. Fleurs en faisceaux axillaires moins fournis, tétramères ; calice à divisions lancéolées beaucoup plus longues que le tube, qui devient tout à fait plan à la base du fruit. Fruit brun. — Arbrisseau moins élevé que le nerprun purgatif, dépassant rarement 1 mètre, à ramification très-diffuse et serrée, à rameaux opposés, épineux ; à écorce noirâtre. Croît dans les lieux arides et escarpés de la France méridionale, jusque dans la Drôme. Flor., mai. Fructif., automne.

Bois. Structure et couleur analogues à celles du nerprun des Alpes ; mais densité supérieure, égale à 0,869 (*Coll. Éc. For.*).

Produits accessoires. Le fruit de ce nerprun, connu sous le nom de Graine d'Avignon, est l'objet d'un commerce assez important. Il contient, avant la maturité, une matière tinctoriale jaune, fréquemment employée à la mise en couleur des parquets, utilisée en teinture, et qui, mélangée à de l'argile blanche très-douce et à de l'alun, forme une pâte d'un jaune doré que les peintres connaissent sous le nom de stil de grains. A la maturité, ces fruits peuvent donner du vert de vessie.

7. Nerprun des rochers. RHAMNUS SAXATILIS. LIN.

Voisin des précédents, mais beaucoup plus petit. Feuilles petites, dont le pétiole ne dépasse point les stipules, souvent fasciculées par défaut d'allongement des rameaux ; étroitement ovales ou elliptiques, à nervures latérales peu ou point saillantes. Fleurs en faisceaux axillaires, pauciflores ; divisions du calice lancéolées, à peine plus longues que le tube, qui reste concave à la base du fruit. Fruit globuleux, noir, luisant. Sous-arbrisseau dioïque de 3-8 décimètres de hauteur, à tige diffuse ; rameaux noirâtres, très-nombreux, disposés en un buisson hérissé d'épines de tous côtés. Croît dans les rochers ; environs de Gap et de Lyon. Flor., mai-juin.

Bois. Zone poreuse du bois de printemps nulle ou très-peu développée ; des bandes larges et triangulaires, rayonnantes-obliques et flexueuses, produites par les vaisseaux groupés, forment pour l'ensemble des couches, qui sont peu tranchées, un dessin réticulé caractéristique.

Fruits. Les fruits ont les mêmes usages que ceux du nerprun des teinturiers.

GENRE IV. — BOURDAINE. *FRANGULA. Tournef.*

Fleurs hermaphrodites, pentamères ; calice à tube urcéolé, persistant ; pétales plans ; ovaire libre ; style entier, à stigmate indivis; nuculaine à 2 noyaux, dont les parois sont ligneuses. Graines munies d'une échancrure latérale. — Arbrisseaux à feuilles alternes, caduques, entières, à nervation pennée; à rameaux non épineux et bourgeons très-petits, nus ou accompagnés de quelques écailles stipulaires linéaires, non enveloppantes.

Bois. — Complétement différent de celui des nerpruns par la structure et les qualités; assez léger et assez mou, à accroissements très-distincts; aubier et cœur nettement tranchés, sans dessin réticulé sur la tranche. Fibres ligneuses assez grosses, à parois peu épaisses; rayons minces, sensiblement inégaux, médiocrement serrés; vaisseaux inégaux, isolés ou disséminés par groupes de 2 à 8 dans le tissu fibreux, assez fins et nombreux dans la zone de printemps, qu'ils rendent poreuse, devenant insensiblement fins et espacés dans la zone d'automne.

Bourdaine commune. FRANGULA VULGARIS. REICHB. Rhamnus frangula. Lin. Bourgène; Aune noir; Bois noir.

Feuilles alternes, caduques, pétiolées, largement elliptiques, acuminées ou arrondies à l'extrémité, entières, glabres ou légèrement pubescentes inférieurement sur les nervures; vertes presque mates en dessus, plus claires et luisantes en dessous; nervures secondaires saillantes, nombreuses (8-10 de chaque côté), presque droites, parallèles. Fleurs blanchâtres en faisceaux axillaires peu fournis; calice à divisions lancéolées-dressées, égalant le tube; pétales ovales, onguiculés. Fruit globuleux, de la grosseur d'un pois, lisse et brillant, vert, rouge, puis noir. — Arbrisseau de 2-4 mètres, rarement petit arbre de 3-7 mètres d'élévation sur $0^{m},30$ de circonférence, à tige ou rejets droits, effilés, à peine rameux; à rameaux alternes, non épineux, cassants; à écorce d'un brun violacé, tachetée de lenticelles grises, finalement grise, d'abord lisse, puis se crevant par pustules en losanges qui se réunissent plus tard en gerçures longitudinales. Commun dans les bois et les haies de presque toute la France, particulièrement sur les sols frais, humides et aux bords des eaux. Floraison successive, prolongée, avril-juillet, de sorte que l'on trouve en même temps pendant l'été des fleurs et des fruits à tous les degrés de maturité sur le même rameau.

La bourdaine habite les lieux boisés, se maintient assez bien sous un léger couvert, recherche les sols frais ou humides, quelles qu'en soient les autres propriétés, et réussit même sur ceux qui sont de nature tourbeuse. Station et sol.

Elle se reproduit aisément par semences, rejets ou drageons, pousse avec une certaine activité pendant quelques années, puis se ralentit bientôt dans sa croissance et ne fournit qu'un faible rendement en matière. Végétation.

La culture en peut être néanmoins avantageuse ou nécessaire en quelques circonstances, en raison de l'excellent charbon poreux et léger, d'une densité égale à 0,184, qu'elle produit et de la supériorité qu'on lui reconnaît pour la fabrication des poudres de guerre et de chasse.

L'aire de la bourdaine est très-étendue vers le Nord ; elle se prolonge jusqu'en Sibérie.

Semis. La récolte des fruits de bourdaine peut se faire de l'été à la fin de l'automne ; semés en cette dernière saison, la germination s'opère au printemps suivant ; semés au printemps, les jeunes plants n'apparaissent qu'à la seconde année ; au bout de 7 à 8 mois ils sont assez robustes pour être repiqués ou placés à demeure.

Bois. Le bois est très-homogène, assez léger, à aubier peu épais, très-tranché, blanc-jaunâtre ; il devient d'un joli rouge clair uniforme et légèrement satiné à l'état parfait ; il pèse, complétement desséché à l'air libre, 0,550 à 0,704 (*Coll. Éc. For.*). Ce bois se divise facilement en minces lanières avec lesquelles on fait des articles de vannerie fine.

Le bois de bourdaine le plus convenable à la fabrication du charbon destiné aux poudreries est le bois jeune de 3 à 6 ans, qui mesure $0^m,01$ à $0^m,35$ de diamètre ; il doit être débarrassé de l'écorce, qui contient trop de matières amylacées et albuminoïdes pour être employée à cet usage.

Produits accessoires. Cette écorce fournit une matière colorante rougeâtre qui rappelle celle de la garance ; elle est violemment purgative.

Les fruits donnent un couleur verte que l'on a utilisée quelquefois en teinture. Il ne paraît pas qu'ils aient les propriétés purgatives prononcées de ceux des nerpruns.

FAMILLE XVI.

TÉRÉBINTHACÉES. JUSS.

Fleurs régulières, parfois hermaphrodites, le plus souvent dioïques ou polygames par avortement; calice à 3-5 divisions; corolle quelquefois nulle, ordinairement de 3-5 pétales, alternes avec les divisions du calice, insérés sur les bords d'un grand disque hypogyne; étamines en nombre égal aux pétales (*espèces indigènes*), alternes et insérées avec eux, à anthères introrses, biloculaires, longitudinalement déhiscentes. Ovaire uniloculaire, uniovulé, surmonté de trois styles et de trois stigmates distincts, ou ovaire 3-4-lobé-loculaire, à loges biovulées, terminé par un style simple à stigmate 3-4-lobé. Fruit indéhiscent, peu charnu, drupe ou nuculaine, à un seul noyau monosperme ou à 3 ou 4 noyaux dont chacun est disperme. Graines à placentation axile, non albuminées ou l'étant très-peu. — Arbres ou arbrisseaux des régions chaudes, à feuilles composées ou simples, alternes, non stipulées, à fleurs petites et jaunâtres, ordinairement paniculées.

Les térébinthacées contiennent, principalement dans les vaisseaux laticifères de l'écorce, des sucs composés de gommes-résines tenues en dissolution dans une essence; ces sucs sont souvent balsamiques, mais parfois aussi d'une âcreté extrême, et déterminent des accidents fort graves lorsqu'ils sont appliqués sur la peau et, à plus forte raison, pris à l'intérieur. Ils offrent néanmoins à l'industrie des matières utiles : les laques et vernis copals, la myrrhe, l'encens, des baumes, des mastics, la térébenthine de Chio, etc. Le nom de la famille est même tiré de ce dernier produit, quoique ce soient les conifères et non les térébinthacées qui fournissent les térébenthines véritables.

A. Fleurs dioïques, apétalées. Arbres à feuilles composées-pennées avec ou sans impaire; fruit 1-loculaire, 1-sperme . . . . PISTACHIER. . 1

A'. Fleurs pétalées.

B. Fleurs pentamères. Arbrisseaux ou arbres à feuilles simples, composées-pennées ou palmées; hermaphrodites ou dioïques; fruit 1-loculaire, 1-sperme . . . . SUMAC . . . 2

B'. Fleurs 3-4-mères. Sous-arbrisseaux à feuilles simples, entières ; hermaphrodites ; fruit à 3-4 noyaux 2-spermes . . . . CAMÉLÉE. . 3

GENRE I. — PISTACHIER. *PISTACIA. Lin.*

Fleurs dioïques, apétales. Fleur mâle : calice 5-fide ; 5 étamines insérées au fond du calice, opposées à ses divisions ; un rudiment d'ovaire. Fleur femelle : calice 3-4-fide ; ovaire uniloculaire par avortement, 1-ovulé ; 3 stigmates. Drupe peu charnue, à un seul noyau monosperme. — Arbres à feuilles alternes, composées, dont les folioles sont entières et ont la nervation formée d'une nervure médiane et de nombreuses nervures secondaires pennées, droites, parallèles, fourchues ou rameuses à l'extrémité ; à sucs chargés de térébenthine et appartenant à la région méditerranéenne.

Bois. — Tissu fibreux serré, compacte, à parois épaisses ; rayons nombreux, sensiblement égaux, minces, courts. Vaisseaux de deux dimensions tranchées : les uns assez gros, disposés en un ou plusieurs rangs dans le bois de printemps et quelquefois aussi disséminés dans le reste de la couche annuelle ; les autres très-fins, groupés en plus ou moins grand nombre entre eux et avec les précédents en files rayonnantes, isolées ou juxtaposées, qui produisent un très-fin dessin vaguement réticulé, se reconnaissant à sa coloration plus claire et mate. Parenchyme ligneux associé aux groupes de vaisseaux, mais peu apparent. Aubier et bois parfait distincts ; le premier abondant et facilement altérable ; couches annuelles reconnaissables. Bois lourd et dur, susceptible d'un beau poli.

A. Feuilles imparipennées, à pétiole non ailé, caduques,
B. Feuilles de 7-11 folioles ; fruits de la grosseur d'un pois. . . . . P. TÉRÉBINTHE 1
B'. Feuilles de 3-5 folioles ; fruits de la grosseur d'une olive . . . . P. COMMUN. . 2
A'. Feuilles paripennées, à pétiole ailé, persistantes. P. LENTISQUE. 3

§ I. *Feuilles imparipennées, caduques.*

1. Pistachier Térébinthe. PISTACIA TEREBINTHUS. LIN.

Feuilles caduques, pétiolées, oppositi-imparipennées, de 7-11 folioles sessiles, obliquement ovales-obtuses, ovales ou elliptiques-lancéolées, mucronées, entières, glabres, assez coriaces, vertes et luisantes en dessus, mates et plus pâles en dessous. Fleurs en thyrses composés, latéraux, naissant sur les jeunes rameaux de l'année précédente, en dessous des feuilles et presque aussi longs que celles-ci ; anthères et stigmates pourprés ; calice brun. Drupe presque sèche, apiculée, globuleuse, rouge, puis brune, de la grosseur d'un pois. — Arbre de moyenne taille, dont l'écorce, d'un gris rougeâtre et lisse d'abord, forme un rhytidome libérien rugueux-écailleux, d'un brun rougeâtre. Bourgeons assez gros, ovoïdes, obtus, glabres, à écailles d'un rouge-brun, obtuses, alternes, imbriquées. Terrains secs et rocheux de la France méridionale : Dauphiné méridional ; remonte la vallée du Rhône et de l'Isère, jusqu'à Chambéry ; Provence, Languedoc, région calcaire de la montagne Noire, Roussillon, Corse, Algérie. Flor., avril. Fructif., septembre.

Ce pistachier n'a point d'importance forestière en France, mais il en acquiert en Algérie, où il constitue des peuplements, soit seul, soit mélangé aux chênes, aux lentisques, etc. Il peut devenir un arbre de 8-15 mètres de hauteur sur 1-2 mètres et plus de circonférence, dont le tronc, droit, cylindrique, se dénude jusqu'à 4-5 mètres du sol et produit une cime arrondie, bien fournie, d'une grande envergure. La longévité en est très-prolongée. Taille. Port.

Le bois du térébinthe a l'aubier abondant, blanc, blanc jaunâtre, diversement teinté de verdâtre, de rougeâtre, suivant les échantillons ; il devient, à l'état parfait, d'un beau brun marron, parfois très-foncé ; il est agréablement veiné, comme le sont la plupart des bois indigènes de cette famille, en raison de la coloration inégale et variée de l'ensemble des accroissements annuels et de chacun d'eux en particulier. Bois.

Les vaisseaux du bois de térébinthe sont de deux dimensions bien tranchées et ne se mélangent point entre eux ; les uns, assez gros, forment au commencement de chaque couche une ligne poreuse de couleur claire dans laquelle ils sont disposés en un rang simple, sans se toucher ; les autres, très-fins et très-nombreux, sont groupés au milieu du tissu fondamental en petites bandes rayonnantes ou en petites taches indépendantes, assez uniformément réparties.

Ce bois est compacte, susceptible de recevoir un très-beau poli et sert en ébénisterie, marqueterie, sculpture ; il est aussi propre au tour. Il pèse 0,757-0,876 (*Coll. Éc. For.*).

C'est un bon bois de chauffage.

Produits accessoires. Il exsude de l'écorce du pistachier térébinthe des gouttelettes d'une térébenthine blanche très-odorante ; elles sont tellement abondantes que, par les fortes chaleurs, on ne peut pas toujours profiter de l'ombrage de cet arbre. Ces gouttelettes se solidifient bientôt et forment la résine connue sous le nom de lek (laque) ou d'alk en Algérie, laquelle n'est autre que le mastic de Chio. Un gros arbre peut en produire annuellement 200 à 400 grammes.

Le fruit du térébinthe est comestible ; la saveur en est aigrelette, rafraîchissante ; l'amande renferme de l'huile ; l'écorce est astringente.

2. Pistachier commun. PISTACIA VERA. LIN.

Feuilles 1-3-5-foliolées, alternes, caduques; folioles plus grandes que celles du P. térébinthe, plus coriaces, plus fortement veinées-réticulées en dessous, rétrécies à la base. Fruit plus gros, de la forme et presque de la taille d'une amande. — Arbre de 7-10 mètres de hauteur, cultivé et subspontané en Provence, en Languedoc, en Roussillon, en Corse. Flor., mai.

Bois. Le pistachier commun produit un bois qui diffère sensiblement de celui de ses congénères par un tissu fibreux moins compacte, par des rayons évidemment inégaux, mais surtout par la rareté des vaisseaux dont les plus gros font à peu près défaut et ne forment point de ligne poreuse blanchâtre au commencement de chacun des accroissements annuels, en quelque sorte confondus entre eux et fort difficiles à reconnaître. Densité : 0,752 (*Coll. Éc. For.*).

Fruit. Cet arbre, originaire de la Syrie, est répandu sur tout le littoral de la Méditerranée, où on le cultive comme fruitier. La drupe, de couleur roussâtre, contient une grosse amande d'un vert clair, oléagineuse, la pistache, que l'on mange crue ou confite de différentes manières. (1)

---

(1) **Pistachier de l'Atlas.** PISTACIA ATLANTICA. DESF.

Feuilles caduques, composées de 7-9 folioles oblongues-lancéolées, atténuées à la base, mucronées au sommet, légèrement ondulées sur les bords, très-glabres; pétiole grêle, rebordé. Anthères et styles pourpres. Drupe ovale-globuleuse, de la grosseur d'un pois, d'abord d'un flave-

§ II. *Feuilles paripennées, persistantes.*

3. Pistachier Lentisque. PISTACIA LENTISCUS. LIN.

Feuilles alternes, persistantes, oppositi- ou alterni-paripennées, de 6-12 folioles elliptiques ou oblongues-lancéolées, mucronées, entières, coriaces, glabres, d'un vert sombre et luisant en dessus, d'un vert pâle et mat en dessous: pétiole étroitement ailé. Fleurs en épis cylindriques, dressés, qui naissent 1 ou 2 à l'aisselle d'une feuille et égalent au plus la longueur d'une foliole; verdâtres, à anthères purpurines. Drupe sèche, globuleuse-comprimée, apiculée, de la grosseur d'un pois, rouge, puis noire. — Arbrisseau ou arbre peu élevé, à odeur résineuse prononcée, dont l'écorce est d'un brun rougeâtre et devient avec l'âge rugueuse-écailleuse. Lieux secs et arides de la région méditerranéenne. Flor., avril-mai. Fructif., novembre.

Le lentisque est un arbre de plaine ou de coteaux, qui croît seul ou en mélange avec les oliviers, myrtes, etc., et forme, en Corse, une partie du peuplement de ces broussailles appelées maquis. Il est très-abondant en Algérie. Station.

Cet arbre peut atteindre, au maximum, 4-6 mètres d'élévation sur 1 mètre à $1^{m},80$ de circonférence; sa souche est très-volumineuse, émet de nombreuses et fortes racines, longuement traçantes et drageonnantes, et repousse vigoureusement. Le tempérament est robuste. Taille. Enracinement.

Le bois du lentisque est blanc, blanc jaunâtre dans l'aubier, qui est nettement limité et assez abondant; il Bois.

---

pourpre, devenant bleuâtre à la maturité, légèrement acide, comestible. Grand et bel arbre de 20 mètres d'élévation sur 4 mètres de circonférence, développant une cime très-ample et très-touffue. Commun en Algérie, mais généralement à l'état d'isolement; s'avance jusque dans le désert, où il est très-précieux par l'ombrage et par le fourrage qu'il procure; s'élève dans la montagne jusqu'à une altitude de 1,400 mètres. Il produit en abondance la même térébinthe que le pistachier térébinthe.

Le bois du pistachier de l'Atlas ressemble à celui du térébinthe, mais il est de plus grandes dimensions, de végétation plus rapide; il présente des rayons plus épais, des vaisseaux plus tranchés et plus nettement séparés encore; les uns, gros, produisant une zone poreuse plus apparente de un à plusieurs rangs, les autres très-fins et groupés en nombre tellement considérable qu'ils égalent ou dépassent même en importance le tissu fibreux fondamental. L'aubier de ce bois est blanchâtre, facilement altérable; le bois parfait est d'un beau brun veiné, qui rappelle la couleur du bois de noyer.

prend à l'état parfait une jolie couleur rosée, parfois nuancée de jaune, avec un éclat légèrement satiné. Les vaisseaux de deux dimensions qui s'observent dans le bois des pistachiers, sont dans cette espèce moins tranchés et moins nettement séparés : les plus gros, ceux du bois de printemps, s'avancent jusque dans la région moyenne, mélangés avec les vaisseaux de la seconde sorte, lesquels sont très-fins, groupés en séries simples ou multiples, produisant d'innombrables petites lignes de couleur claire, assez allongées, rayonnantes, hiéroglyphiques. Ce bois est lourd, d'une densité allant de 0,757-0,876 (*Coll. Éc. For.*) ; il est dur, se polit bien, sert en menuiserie et en ébénisterie, mais l'aubier en est très-sujet à la vermoulure.

Le lentisque occupe le premier rang parmi les combustibles; il brûle vivement, dure longtemps au feu et produit un charbon abondant qui se maintient incandescent jusqu'à combustion complète.

Produits accessoires. Les fruits contiennent une huile limpide, principalement propre à l'éclairage.

Enfin le lentisque fournit la résine connue sous le nom de mastic de Chio, très-employée en Orient, où l'habitude de la mâcher est universellement répandue, où on l'utilise en outre comme parfum et pour la préparation de vernis très-brillants. On en provoque l'écoulement par de légères entailles pratiquées dans l'écorce. Le lentisque n'est point assez abondant en France pour qu'on s'occupe de l'extraction de ce produit ; la récolte paraît en être négligée en Algérie.

GENRE II. — SUMAC. *RHUS. Lin.*

Fleurs polygames ; calice à 5 divisions; corolle de 5 pétales étalés, insérés sur le bord d'un disque annulaire hypogyne; 5 étamines insérées avec les pétales et alternes. Ovaire uniloculaire par avortement, uni-ovulé ; 3 styles. Drupe presque sèche, irrégulière, à noyau osseux. — Arbres ou arbrisseaux des régions chaudes, à bourgeons à peine écailleux, à racines longuement traçantes et drageonnantes, dont les feuilles caduques, alternes, composées, rarement simples, ont une nervation qui rappelle celle des pistachiers, et dont les fleurs, petites, jaunâtres ou verdâtres, sont ordinairement groupées en grand nombre sous forme de thyrses ou de panicules.

Les sumacs sont représentés par des espèces nombreuses dont les produits offrent entre eux de profondes différences; ils contiennent presque tous une térébenthine vivement odorante, du tannin, parfois des sucs laiteux très-corrosifs, volatils, qui déterminent de violentes inflammations par le contact ou simplement par émanations; quelques-uns de ces sucs, cependant, fournissent les vernis appelés laques. D'autres sumacs renferment dans le bois et dans l'écorce des matières tinctoriales utilisées par l'industrie; enfin les fruits de quelques espèces sont inoffensifs, de saveur acidulée, agréable et deviennent comestibles.

Le bois des sumacs n'est pas moins variable, et l'on peut prévoir que ce genre peu naturel, mieux étudié, sera fractionné en plusieurs autres. Les caractères qui suivent s'appliquent aux bois des sumacs indigènes.

Bois. — Tissu fibreux moins compacte dans le bois de printemps que dans le bois d'automne; rayons moyennement serrés, égaux, très-minces, courts; vaisseaux inégaux, assez gros, formant au bord interne une zone poreuse bien prononcée dans laquelle ils sont dominants, diminuant en nombre et en dimensions jusqu'au bord externe, où ils sont fins, espacés, isolés ou réunis, 1-8, par groupes le plus souvent rayonnants. Aubier peu abondant, réduit à une ou à quelques couches; bois parfait distinct, coloré, veiné; accroissements annuels très-visibles.

A. Feuilles simples, entières. . . . . S. FUSTET 1
A'. Feuilles composées, imparipennées . . . . S. DES CORROYEURS. 2

1. Sumac Fustet. RHUS COTINUS. LIN. Arbre à perruque.

Feuilles alternes, caduques, pétiolées, simples, obovales ou orbiculaires, atténuées à la base, obtuses au sommet, entières, glauques et mates sur les deux faces. Fleurs hermaphrodites, en panicule très-lâche; pédicelles d'abord très-courts, puis s'allongeant considérablement et devenant très-grêles, presque tous stériles, et, dans ce cas, couverts de longs poils étalés rougeâtres qui rendent la panicule plumeuse; calice à segments ovales, obtus; pétales spatulés, jaunâtres. Drupe obovée, glabre, ridée, luisante et brune à la maturité, de la grosseur d'un petit pois. — Arbrisseau très-glabre, touffu et rameux, à ramules assez robustes, rapprochés, presque fasciculés à l'extrémité des branches; bourgeons petits, triangulaires-comprimés, enveloppés de 2 écailles latérales opposées, à dos caréné. Collines sèches du Dauphiné et de la

Provence ; remonte le Rhône et l'Isère jusqu'à Grenoble et Chambéry, et s'élève dans les Alpes jusqu'à l'altitude de 800 mètres. Flor., juin-juillet.

Le sumac fustet est souvent cultivé comme arbrisseau d'ornement à cause de ses vastes et nombreuses panicules plumeuses. Il est riche en térébenthine très-limpide, et exhale par ses parties vertes, lorsqu'on les froisse, une forte odeur aromatique.

Bois. Le bois est moyennement dur et pèse 0,76 (*Coll. Éc. For.*) ; il a l'aubier blanc, mince, nettement limité ; il est jaune-roux vif veiné de brun ou de brun verdâtre, avec un léger éclat satiné, à l'état parfait. Il prend un beau poli et sert à la fabrication de divers menus objets ; on l'emploie, surtout celui des racines, en teinturerie, en raison de la matière colorante jaune-orangé qu'il contient.

Produits accessoires. L'écorce, d'abord d'un gris rougeâtre et lisse, devient brun rougeâtre et rugueuse-écailleuse vers 10 ans ; elle sert au tannage dans les pays où le végétal est commun, concurremment avec les pousses et les feuilles, desséchées et pulvérisées.

2. Sumac des corroyeurs. RHUS CORIARIA. LIN. Vinaigrier ; Roux ou Roure des corroyeurs.

Feuilles alternes, caduques, pétiolées, oppositi-imparipennées, de 7-15 folioles sessiles, ovales-lancéolées, à base souvent entière, mais largement et fortement dentées sur le reste de leur contour ; velues ainsi que le pétiole commun, les axes d'inflorescence et les rameaux ; mates et plus pâles en dessous qu'en dessus, passant au rouge vif en automne ; pétiole souvent ailé entre les folioles supérieures. Fleurs dioïques ou polygames, en thyrses terminaux étroits, allongés, dressés ; pédicelles courts, munis sous chaque fleur de 3 bractéoles ; calice à segments ovales-obtus ; pétales oblongs et blancs, plus longs que les divisions du calice. Drupe subglobuleuse, comprimée, densément hérissée-laineuse, d'un brun-pourpre à la maturité. — Arbrisseau à tige dressée, de 3 à 4 mètres de hauteur sur 20-30 centimètres de circonférence, à ramification peu fournie et consistant en quelques grosses pousses velues, qui offrent un canal médullaire très-développé, circulaire. Sucs laiteux. Bourgeons globuleux, densément laineux. France méridionale méditerranéenne, sur les terrains calcaires les plus secs. Foliaison tardive, en mai. Flor., juin-juillet. Fructif., décembre.

Bois. Le bois est de même structure que celui du sumac fustet ; il a comme lui l'aubier blanc, peu épais (1 à 3 couches), mais il est de moindre densité, 0,68 (*Coll Éc.*

For.), et à l'état parfait il est d'un rouge brunâtre clair et veiné. Il est assez mou, cassant et n'a pas d'emplois spéciaux.

Le sumac des corroyeurs fournit par l'écorce une matière colorante jaune ou rouge qui sert à la teinture des cuirs et des étoffes ; il donne aussi par toutes ses parties, mais surtout par les jeunes pousses et par les feuilles, un tan très-estimé, particulièrement employé à la préparation des cuirs fins dits maroquins. Pour l'obtenir, on coupe les rejets du sumac en juillet, on les fait sécher à l'air, fouler aux pieds des chevaux, puis on les réduit au moulin en une poudre verdâtre assez fine qu'on livre au commerce sous le nom de sumac. Produits accessoires.

Pareil produit peut être obtenu avec le sumac fustet et avec le redoul à feuilles de myrte ; il vaut 20 à 30 fr. les 100 kilogr.

Le sumac est calcicole et paraît redouter les sols siliceux et surtout ceux qui sont humides; il se reproduit de souches avec vigueur et peut être employé avec avantage pour garnir les versants les plus arides de la région méridionale. Dans certaines forêts du bassin méditerranéen sa récolte devient la source d'un revenu assez important.

Les fruits sont acidules et, conservés dans du vinaigre, se mangent en Orient comme les câpres. (1)

---

(1) **Sumac Thézéra.** RHUS PENTAPHYLLA. DESF.

Feuilles persistantes, pétiolées, 3-5-foliolées-palmées; folioles sessiles, linéaires-cunéiformes, entières ou souvent tridentées-trifides vers le sommet, glabres, d'un vert grisâtre mat sur les deux faces; pétioles rebordés sur les côtés; fleurs dioïques, en petites panicules axillaires et terminales qui forment par leur ensemble une panicule composée et feuillée. Drupe globuleuse, lisse et luisante, de la taille d'un gros pois, trituberculée au sommet, rouge à la maturité. — Arbrisseau rameux dès la base, garni d'épines effilées, atteignant 4-7 mètres de hauteur sur 0m,68 à 1 mètre et plus de circonférence; port de l'aubépine. Algérie. Flor., avril. Fructif., novembre.

Le sumac thézéra se rencontre sur plusieurs points de l'Algérie, soit à l'état isolé, soit en massif et mélangé avec les lentisques, les oliviers, etc. Il paraît préférer les régions accidentées, mais non montagneuses, les sols graveleux, secs et profonds.

Bois complétement différent de celui des sumacs indigènes ; tissu

GENRE III. — CAMÉLÉE. *CNEORUM. Lin.*

Fleurs hermaphrodites; calice à 3-4 divisions; corolle d'autant de pétales, alternes avec les divisions du calice et beaucoup plus longs qu'elles; 3 ou 4 étamines alternes; ovaire 3-4-loculaire, dont chaque loge est 2-ovulée. Style simple. Nuculaine presque sèche, généralement à 3 loges, dont chacune contient 2 graines séparées par une fausse cloison. — Sous-arbrisseaux à feuilles persistantes, simples, alternes, entières, uninerviées; à sucs âcres et violemment purgatifs.

Camélée tricoque. CNEORUM TRICOCCON. LIN.

Feuilles oblongues, atténuées à la base, obtuses ou mucronulées au sommet, sessiles, entières, à bords enroulés en dessous; coriaces, glabres, luisantes sur les deux faces; plus pâles en dessous qu'en dessus, uninerviées. Fleurs courtement pédonculées, jaunes, réunies 2 ou 3 à l'aisselle des feuilles supérieures; calice à segments ovales-obtus; pétales oblongs. Nuculaine d'un vert noir à la maturité, surmontée d'un style simple, persistant; à 3 lobes, alternant avec autant de sillons et se séparant aisément en 3 drupes. — Sous-arbrisseau de 1 mètre au plus, à rameaux grêles et verts. Lieux secs de la région méditerranéenne, France et Algérie. Flor., juin.

---

fibreux dominant, serré, très-homogène, à parois épaisses; rayons très-minces, égaux; vaisseaux égaux, fins, isolés ou réunis en lignes simples rayonnantes, 2-8, uniformément distribués. Bois très-compacte et très-dense, 1,054-1,184 (*Coll. Éc. for.*), sans zone poreuse de printemps, de sorte que les couches annuelles restent confondues en une masse homogène ou sont difficilement reconnaissables; blanc rougeâtre à l'état d'aubier; d'un rouge-acajou foncé et uniforme à l'état parfait; reçoit et conserve un beau poli, convient à l'ébénisterie, au tour, à la menuiserie; est excellent combustible et produit un charbon estimé.

C'est l'écorce, néanmoins, qui donne à ce sumac toute sa valeur. Cette écorce, assez mince, grisâtre, s'exfoliant par plaques, est très-recherchée dans l'industrie et forme, sur les marchés d'Afrique, une branche importante de commerce. Elle renferme une matière tinctoriale d'un rouge vif et du tannin, et sert principalement à la préparation des cuirs-maroquins.

Les fruits sont acides et comestibles.

FAMILLE XVII.

PAPILIONACÉES. LIN.

Fleurs hermaphrodites; calice bilabié ou à 5 divisions; corolle papilionacée; étamines en nombre double des pétales, 10, insérées sur le calice, monadelphes ou diadelphes (9 soudées, la 10e libre), très-rarement libres; anthères introrses, longitudinalement déhiscentes. Un seul carpelle libre, produisant une gousse. Graines généralement exalbuminées ou pourvues d'une albumen très-faible. Embryon courbé. Feuilles alternes, très-rarement opposées. — Plantes herbacées ou ligneuses (sous-arbrisseaux, arbrisseaux et arbres, même de la plus grande taille) répandues sur toute la surface de la terre, particulièrement dans les régions tropicales où abondent les espèces aux bois précieux, vivement colorés; à feuilles trifoliolées ou imparipennées, réduites quelquefois à une foliole unique que, par analogie, on considère comme feuille composée unifoliolée; folioles presque toujours entières.

Les papilionacées ligneuses sont faiblement représentées dans la flore forestière de la France et ne consistent qu'en arbrisseaux et sous-arbrisseaux, auxquels on peut joindre néanmoins quelques arbres exotiques à peu près complétement naturalisés.

Bois (espèces indigènes). — Tissu fibreux dominant, formé de fibres très-serrées, à parois fortement épaissies, de consistance presque cornée; rayons assez ou médiocrement épais, sensiblement égaux, peu hauts; vaisseaux la plupart du temps inégaux, de deux espèces, associés à du parenchyme ligneux et produisant, sur la section transversale, des lignes plus claires, arquées, flexueuses, obliques ou périphériques, qui représentent souvent un élégant dessin réticulé.

Dans les premiers genres de la famille, la composition des groupes est très-complexe, le parenchyme est abondant, le réseau qu'ils forment est très-prononcé; mais cette composition se simplifie peu à peu et, dans les derniers, les groupes formés d'un petit nombre de vaisseaux et de fort peu de parenchyme ligneux, n'offrent plus qu'une ébauche très-imparfaite de dessin réticulé.

Les bois des papilionacées sont remarquablement nerveux, lourds et durs, généralement jaunes ou jaunâtres, parfois colorés au cœur de teintes plus foncées; l'aubier en est très-peu abondant, les couches annuelles sont facilement reconnaissables, les maillures peu apparentes.

La plupart des feuilles des papilionacées sont fourragères et très-nutritives, et beaucoup de graines de cette famille sont comestibles; ce sont celles dont les cotylédons sont épais et féculents. Néanmoins, les feuilles de certaines espèces et les graines à cotylédons minces et foliacés sont violemment purgatives et toxiques. Telles sont, au moins pour l'homme, les feuilles de l'anagyre fétide, du cytise faux-ébénier, de la coronille arbrisseau, connue, par ce motif, sous le nom de séné-bâtard, les feuilles et les graines du baguenaudier.

Les graines conservent longtemps et facilement leur vitalité; la germination en est prompte, assurée; les jeunes plants sont robustes, fortement enracinés. Les cotylédons, suivant qu'ils sont épais et féculents ou minces et herbacés, sont hypogés ou épigés lors de la germination; tous ceux des papilionacées ligneuses indigènes sont dans ce dernier cas.

Les arbres, arbrisseaux et sous-arbrisseaux de cette famille sont des végétaux de plein soleil, qui ne supportent pas le couvert et se rencontrent bien plus fréquemment sur les terrains vagues et nus que dans les forêts. Cependant quelques espèces sont très-répandues dans les bois, mais dans les vides et clairières, sur les lisières ou dans les coupes dont le repeuplement n'est pas immédiat; elles y deviennent, dans ce cas, sociales, envahissantes et nuisibles (genêts). Les papilionacées affectionnent particulièrement les sols secs, calcaires; néanmoins certaines espèces sont à cet égard parfaitement indifférentes (quelques genêts); le genêt à balais est même l'une des plantes silicicoles les plus caractéristiques.

A. Étamines libres. — Arbrisseau à feuilles 3-foliolées; gousses non articulées; fleurs jaunes tachées de noir . . . . ANAGYRE. . . . 1

A'. Étamines soudées entre elles par les filets.

B. Étamines monadelphes; gousses non articulées.

C. Calice coloré, divisé jusqu'à la base en 2 segments. Arbrisseaux très-touffus, très-épineux, à feuilles aciculaires ; fleurs jaunes . . . . Ajonc 2

C'. Calice vert, non divisé jusqu'à la base en 2 segments.

D. Calice en forme de spathe. Arbrisseaux à rameaux jonciformes, non épineux, à feuilles 1-foliolées ; fleurs jaunes . . Spartier . . . 3

D'. Calice non en forme de spathe.

E. Calice bilabié ; lèvre supérieure plus ou moins profondément bidentée ; l'inférieure 3-dentée. Feuilles 1-3-foliolées.

F. Style enroulé ou fortement arqué ; calice à 2 lèvres courtes, divariquées, faiblement dentées. Sous-arbrisseaux non épineux, à feuilles 3-foliolées ; fleurs jaunes . . Sarothamne . . 4

F'. Style non enroulé, simplement arqué au sommet.

G. Gousse non tuberculeuse-glanduleuse.

H. Calice à lèvres dressées du même côté, la supérieure profondément 2-séquée.

I. Étendard non dressé, carène droite. Sous-arbrisseaux inermes ou épineux, à feuilles trifoliolées, plus rarement 1-foliolées ; fleurs jaunes . Genêt 5

I'. Étendard étalé ; carène courbée. Sous-arbrisseaux inermes, trifoliolés ; fleurs jaunes . . Argyrolobe . . 6

H'. Calice à lèvres courtes, divariquées, la supérieure tronquée ou simplement bidentée. Arbrisseaux et sous-arbrisseaux inermes, à feuilles 3-, exceptionnellement 1-foliolées ; fleurs jaunes . . . . Cytise 7

G'. Gousse tuberculeuse-glanduleuse. Sous-arbrisseaux inermes, à feuilles 3-foliolées ; fleurs jaunes . . . . . . Adénocarpe . . 8

E'. Calice tubuleux ou campanulé, à 5 dents presque égales.
F. Calice campanulé, à 5 divisions profondes. Sous-arbrisseaux ou plantes vivaces, à feuilles 3-foliolées, folioles dentées ; fleurs rouges, roses ou jaunes . . . . BUGRANE . . . 9
F'. Calice tubuleux, à 5 dents courtes.
G. Gousses saillantes. Sous-arbrisseaux très-épineux.
H. Calice persistant, enflé à la maturité ; feuilles 1-foliolées ; fleurs bleues . . . . ÉRINACÉE. . . 10
H'. Calice se rompant circulairement à la floraison ; feuilles 1-foliolées ; fleurs jaunes . . CALYCOTOME. . 11
G'. Gousses incluses ; feuilles 1-3-foliolées ou imparipennées. Végétaux inermes, à fleurs jaunes (espèces ligneuses) . . ANTHYLLIDE. . 12
B'. Étamines diadelphes. Arbres ou arbrisseaux à feuilles oppositi-imparipennées.
C. Gousses non articulées.
D. Gousses comprimées. Arbres à stipules fortement épineuses ; fleurs blanches ou roses. . . . . ROBINIER. . . 13
D'. Gousses enflées-vésiculeuses. Arbrisseaux inermes, à fleurs jaunes. . . . BAGUENAUDIER . 14
C'. Gousse articulée, grêle, cylindrique, se rompant transversalement en tronçons. Sous-arbrisseau à fleurs jaunes. . . . . CORONILLE . . 15

SECTION I. — *Étamines libres; gousse non articulée.*

GENRE 1. — ANAGYRE. *ANAGYRIS. Tournef.*

Calice campanulé, à 5 dents presque égales, persistant; étendard plus court que les ailes; celles-ci plus courtes que la carène, dont les 2 pétales sont libres. Style arqué en angle droit. Gousse allongée, comprimée, polysperme. — Arbrisseaux non épineux, à feuilles 3-foliolées, fleurs jaunes.

Bois. — Bois jaunâtre, à accroissements peu distincts. Vaisseaux ne formant pas de zone au bord interne de chaque couche, groupés avec du parenchyme ligneux en lignes ondulées, obliques, qui simulent un réseau à mailles ébauchées. Rayons médiocrement épais.

Anagyre fétide. Anagyris fœtida. Lin. Bois puant.

Feuilles 3-foliolées, pétiolées; folioles sessiles, elliptiques, mucronulées, entières, d'un vert glauque sur les deux faces, glabres en dessus, très-finement couvertes de poils appliqués en dessous. Fleurs grandes, jaunes, avec l'étendard taché de noir, en grappes courtes pauciflores, feuillées à la base. Gousses grandes, irrégulières, de 12-20 cent. sur 15-20 mill., brunes, glabres, pendantes, contenant 3-8 grosses graines allongées, réniformes, violettes. — Arbrisseau de 3-4 mètres de hauteur sur 30-40 cent. de circonférence au plus, à écorce grisâtre, fétide ainsi que les feuilles, à rameaux arrondis, non striés. Coteaux arides et rochers de la Provence et de la Corse. Très-commun en Algérie. Flor., février-mars.

Les feuilles de cet arbrisseau sont émétiques et purgatives.

Section II. — *Étamines monadelphes; gousse non articulée; feuilles 1-3-foliolées.*

(Végétaux souvent épineux par transformation des rameaux.)

Genre II. — AJONC. *ULEX. Lin.*

Calice bilabié, persistant; pétales également allongés; étendard redressé, ailes étalées; style courbé au sommet. Gousse ovale, enflée, égalant ou débordant à peine le calice, oligosperme, à graines caronculées près du hile. — Sous-arbrisseaux à rameaux et ramules verts, très-épineux, à feuilles aciculaires, persistantes et à fleurs jaunes, axillaires.

Les 3 ou 4 premières feuilles sont trifoliolées et pourvues d'un limbe plan; mais, dans les suivantes, ce limbe avorte et les pétioles plus ou moins dilatés se transforment en pointes simples, effilées et rigides (Phyllodes), qui désormais constituent tout le feuillage. Insertion $\frac{3}{8}$.

Bois. — Tissu fibreux très-serré, comme corné; rayons sensiblement inégaux, minces — moyennement épais, peu hauts; vaisseaux de deux sortes, assez fins et fins, réunis en grand nombre avec du parenchyme ligneux et formant sur la tranche transversale un réseau très-apparent, en dentelle à grandes mailles et de couleur claire. Bois se colorant inégalement au cœur de brunâtre très-clair, sans aubier ni bois parfait distincts, dont les accroissements peuvent se reconnaître par la zone plus poreuse des vaisseaux les moins fins qui commencent chacun d'eux.

A. Sous-arbrisseau d'un vert cendré, à épines robustes.

B. Ailes plus longues que la carène.

C. Calice mollement velu ; fleurs grandes (15 mill. de long.) . . . . A. D'EUROPE. . . . 1
C'. Calice à poils appliqués ; fleurs moyennes (10-11 mill. de long.). . . . . A. DE LE GALL . . 3
B'. Ailes plus courtes que la carène ; fleurs petites (7-8 mill. de long) . . . . A. A PETITES FLEURS. 4
A'. Sous-arbrisseau d'un vert brillant ; à épines grêles, très-nombreuses et touffues ; fleurs petites (7-8 mill. de long.), à ailes un peu plus courtes que la carène. A. NAIN 2

1. Ajonc d'Europe. ULEX EUROPÆUS. LIN. Landier ; Jonc marin.

Feuilles aciculaires, persistantes, d'un vert cendré, portant à leur aisselle un rameau toujours terminé en épine. Fleurs solitaires ou géminées, d'un jaune clair, grandes accompagnées de bractéoles largement ovales-aiguës ; calice jaunâtre, couvert de poils mous, semi-étalés ; corolle à carène droite, évidemment plus courte que les ailes. Gousse de 15-20 mill. sur 6-7, très-velue-soyeuse, brune ; aux trois quarts cachée dans le calice, contenant 3-6 graines olivâtres, échancrées à l'ombilic qui est ovale. — Sous-arbrisseau de 1 mètre à 1^m,50, à tige irrégulière, revêtue d'une écorce grise, longitudinalement gerçurée ; à rameaux et ramules dressés, verts, sillonnés, velus ; tout hérissé d'épines raides et divergentes, formant un buisson robuste, très-touffu, toujours vert. Terrains siliceux vagues et landes de la France centrale et occidentale, de Bayonne à Boulogne ; çà et là dans le reste de la France. Flor., avril-juin. Fructif., été de la floraison.

L'ajonc d'Europe est extrêmement commun dans toutes les landes sablonneuses de l'Ouest et dans les sols siliceux du centre de la France, où il couvre souvent à lui seul de vastes étendues de terrains vagues ; on le retrouve çà et là disséminé sur d'autres parties de la France, mais il s'y maintient difficilement et n'y est probablement pas indigène. Les jeunes pousses forment un excellent fourrage, lorsqu'elles sont hachées.

Le bois, d'un blanc jaunâtre veiné de brunâtre très-clair au cœur, sans aucun lustre, est dur, lourd, 0,905-0,972 (*Coll. Éc. For.*). Il donne un très-bon combustible pour le chauffage des fours et mérite quelquefois d'être cultivé pour cet usage. On en forme des haies excellentes, impénétrables, d'une taille facile.

2. Ajonc nain. ULEX NANUS. LIN. Bruyère jaune. Vignot (Manche).

Plus petit que le précédent dans toutes ses parties ; feuilles et rameaux épineux qui naissent à leur aisselle beaucoup plus grêles et plus serrés ; d'un vert luisant. Fleurs de moitié moindres, d'un jaune foncé avec l'étendard veiné de rouge, pourvues de bractéoles proportionnellement plus petites, ovales-oblongues. Calice à pubescence peu serrée, courte, exactement appliquée ; carène courbée, plus large et un peu plus longue que les ailes. Gousse de 8-9 mill. sur 5, égalant le calice ; graines non échancrées, à ombilic orbiculaire. — Arbrisseau de $0^m,50$, à rameaux velus, diffus, couchés ou ascendants, à épines très-nombreuses et grêles et à racine rampante. Landes de l'Ouest, de Bayonne jusqu'en Bretagne ; forêt de Tronçais dans le Centre ; çà et là dans le reste de la France ; s'avance vers l'Est jusqu'à Lyon et la Haute-Saône. Flor., juillet-octobre, Fructif., année qui suit la floraison.

3. Ajonc de Le Gall. Ulex Gallii. Planchon.

Feuilles et rameaux épineux d'un vert cendré, presque aussi robustes que dans l'ajonc d'Europe. Fleurs intermédiaires entre celles de ce dernier et de l'ajonc nain, d'un jaune-orangé, pourvues de bractéoles petites, ovales-oblongues ; calice légèrement pubescent, à poils appliqués ; ailes à peine plus longues que la carène. — Sous-arbrisseau à rameaux ascendants, moins robuste que l'ajonc d'Europe, plus fort que l'ajonc nain, et probablement hybride de ces deux espèces. Se trouve disséminé parmi ces dernières ; Morbihan, Belle-Ile-en-Mer. Flor., août-novembre.

4. Ajonc à petites fleurs. Ulex parviflorus. Pourr. Ajonc de Provence.

Voisin de l'ajonc d'Europe pour le port et la coloration d'un vert cendré, de l'ajonc nain pour la petitesse des fleurs, ressemble plus encore à l'ajonc de Le Gall, mais bien distinct ; calice légèrement pubescent, à poils courts et couchés : corolle non veinée, dont la carène est droite, plus large et plus longue que les ailes. Gousse dépassant le calice, à graines non échancrées, à ombilic orbiculaire. — Sous-arbrisseau intermédiaire entre les deux premiers du genre pour la taille, mais ne pouvant être considéré comme leur hybride, puisqu'il ne se rencontre point parmi eux ; à épines robustes, feuilles courtes, tiges presque glabres, racine non rampante. Lieux stériles du littoral de la Méditerranée, d'où il s'élève jusqu'au sommet des Albères (Pyrénées Orientales). Flor., avril. Fructif., mai. Refleurit en automne.

Genre III. — SPARTIER. *SPARTIUM. Lin.*

Calice persistant, fendu dans toute sa longueur, en forme de spathe. Étendard grand, dressé ; ailes étalées, carène de 2 pétales libres. Style courbé au sommet. Gousse linéaire oblongue, comprimée, polysperme, à graines non caronculées. — Sous-arbrisseaux non épineux, à rameaux allongés, fistuleux, jonciformes, à feuilles unifoliolées, à fleurs jaunes.

Bois. — Comme celui des sarothamnes, mais à canal médullaire assez développé.

Spartier d'Espagne. Spartium junceum. Lin. Genêt d'Espagne.

Feuilles rares, très-espacées, subsessiles, à une seule foliole oblongue-lancéolée, glabres en dessus, parsemées en dessous de petits poils appliqués. Fleurs grandes, jaunes, suaves, solitaires, formant une sorte de grappe lâche à l'extrémité des rameaux. Gousse de 60-80 mill. sur 7, finement rebordée sur les 2 sutures ; presque glabre, noire et luisante à la maturité, contenant 12-18 graines ovoïdes, jaunâtres, luisantes. — Arbrisseau de 2-4 mètres de hauteur et même plus, à tige dressée, rameuse ; à rameaux dressés, allongés, cylindriques, compressibles, finement striés, d'un vert glauque, à peine feuillés. Lieux secs de la France méridionale ; Algérie. Flor., mai-juillet.

Usages. Le spartier d'Espagne est fréquemment cultivé comme arbrisseau d'ornement, en raison de l'abondance et de l'odeur suave de ses fleurs. Le liber en est très-fibreux et l'on retire de celui des ramules une matière textile de bonne qualité, dont on fait de la toile ou des cordes, suivant sa finesse. C'est une ressource d'autant plus précieuse que cet arbrisseau croît dans les terrains les plus secs, où la culture du chanvre et du lin est impossible. Les pousses servent de liens dans le jardinage et donnent un assez bon fourrage. Les graines, comme celles de la plupart des gênets, sont purgatives.

Bois. Le bois a les rayons égaux, très-minces ; les vaisseaux égaux, fins, groupés avec le parenchyme ligneux en courtes lignes hiéroglyphiques qui ébauchent un dessin réticulé ; les accroissements annuels assez visibles. Aubier et bois parfait distincts, le premier blanc, le second jaune brunâtre ; bois satiné, pesant 0,912 à 0,923 (*Coll. Éc. For.*).

GENRE IV. — SAROTHAMNE. *SAROTHAMNUS. Wimmer.*

Calice persistant, campanulé, bordé de 2 lèvres courtes, divariquées, la supérieure faiblement 2-dentée. Étendard redressé, style très-long, enroulé sur lui-même ou fortement courbé; stigmate terminal; gousse oblongue, comprimée, polysperme, à graines caronculées. — Sous-arbrisseaux non épineux, à feuilles 3-foliolées, dont l'indice d'insertion est $\frac{2}{5}$; à fleurs jaunes.

Bois. — Structure semblable à celle de l'ajonc, mais vaisseaux plus petits, moins inégaux, quoique la zone de printemps soit néanmoins plus poreuse que celle d'automne, offrant sur la tranche, par leur réunion avec le parenchyme ligneux, un dessin réticulé à traits plus fins, circonscrivant des mailles plus petites et souvent incomplètes. Accroissements annuels assez apparents, sans distinction d'aubier et de bois parfait.

A. Feuilles inférieures pétiolées, 3-foliolées; les supérieures sessiles, unifoliolées. . . . . . . S. COMMUN . . 1
A'. Toutes les feuilles pétiolées et 3-foliolées . . . S. ARBORESCENT 2
A''. Toutes les feuilles sessiles, 3-foliolées . . . . S. PURGATIF. . 3

1. Sarothamne commun. SAROTHAMNUS VULGARIS. WIMMER. *Spartium scoparium. Lin. Genista scoparia. DC.* Genêt à balais.

Feuilles inférieures pétiolées, 3-foliolées, à folioles elliptiques ou obovales, pubescentes surtout en dessous; feuilles supérieures unifoliolées, sessiles. Fleurs grandes, de 20 mill. de long, glabres, jaunes, axillaires, solitaires ou géminées, à carène courbée, obtuse ; style velu inférieurement, enroulé en ressort de montre, élargi supérieurement. Gousse comprimée, de 40-45 mill. sur 8, noire, fortement ciliée sur les deux sutures, à 8-12 graines olivâtres, luisantes. — Sous-arbrisseau de 2-3 mètres, à tige irrégulière, recouverte d'une écorce lisse, d'un gris verdâtre et à ramules nombreux, dressés, allongés, souples, verts, cannelés-anguleux ; bourgeons très-petits, d'un brun verdâtre, bi-écailleux et bilobés. Éminemment silicicole et social ; répandu dans toute la France depuis les plaines jusqu'aux régions montagneuses moyennes. Flor., mai-juin.

Le sarothamne commun est, dans le langage ordinaire, le genêt par excellence et, bien que les exigences de la nomenclature lui aient depuis longtemps déjà imposé le premier de ces noms, l'usage persiste à lui maintenir son ancienne dénomination. Extrêmement commun sur les terrains vagues siliceux, feldspathiques et schisteux, il envahit les sols forestiers découverts, accuse leur appauvrissement, mais non leur stérilité comme la bruyère, et devient souvent funeste aux jeunes peuplements sur lesquels il forme d'épais fourrés. Dans plusieurs parties de la France (Bretagne, Ardennes, etc.), on le laisse se développer librement sur les terrains improductifs et au bout de quelques années on y pratique l'écobuage ; les cendres qu'il abandonne permettent d'obtenir une récolte de graminées, de seigle particulièrement. Station.

Le bois du genêt à balais, blanc verdâtre ou jaunâtre, se colore au centre d'un beau brun-marron, veiné. Il pèse 0,793-0,798 (*Coll. Éc. For.*), donne une Bois flamme vive et claire et convient très-bien au chauffage des fours. Les ramules servent à faire des balais. L'écorce fournit des cordes grossières; toute la plante enfin renferme du tannin et peut être utilisée sous ce rapport.

2. Sarothamne arborescent. SAROTHAMNUS ARBOREUS. WEBB. Genêt arborescent.

Feuilles toutes pétiolées et 3-foliolées, même les florales; fleurs plus petites que dans l'espèce précédente, longues de 15-17 mill., à carène droite; style glabre, enroulé sans former le cercle complet, non élargi au sommet. Gousse glabre ou presque glabre, noire, luisante, à graines noires, mates. — Arbrisseau de 2-4 mètres, et même petit arbre à tige dressée très-rameuse, à rameaux sillonnés, verts et glabres sur les côtes, grisâtres-tomenteux dans les sillons. Coteaux des Pyrénées-Orientales, Algérie. Flor., juin.

3. Sarothamne purgatif. SAROTHAMNUS PURGANS. GR. et GOD. *Spartium purgans. Lin. Genista purgans. DC.* Genêt purgatif; Genêt griot.

Feuilles très-petites, rares, toutes sessiles, 3-foliolées, les florales exceptées qui sont simples. Fleurs beaucoup plus petites que dans les espèces précédentes, de 12-14 mill. de long, axillaires, solitaires et formant une grappe nue au sommet des rameaux; carène un peu courbée; style glabre, arqué, non enroulé ni élargi à l'extrémité. Gousse de 20-25 mill. sur 5-7, noire, un peu velue, à graines olivâtres, luisantes. — Sous-arbrisseau de 4-6 décimètres, à tige dressée, très-rameuse, dont les nombreux rameaux sont dressés-rapprochés, cylindriques, striés, à raies alternativement vertes et glabres ou grises et tomenteuses, à peine feuillés, nus inférieurement. Lieux secs, découverts et montueux de la France centrale et méridionale. Flor., mai-juin.

GENRE V. — GENÊT. *GENISTA. Lin.*

Calice persistant, tubuleux, à 2 lèvres non divariquées, dont la supérieure est divisée en deux lobes jusqu'à la base, l'inférieure 3-dentée; étendard étroit, le plus souvent non redressé. Carène droite; style courbé au sommet, stigmates obliques. Gousse allongée, comprimée, graines pourvues ou non de caroncules. — Sous-arbrisseaux épineux ou inermes, 1-3-foliolés, à fleurs jaunes.

Bois identique à celui des sarothamnes.

A. Feuilles inférieures unifoliolées.
  B. Rameaux non épineux.
    C. Rameaux ailés, herbacés. . . . . G. SAGITTÉ 1
    C'. Rameaux non ailés.

D. Tiges couchées, radicantes, à rameaux et ramules n'étant pas droits, ni allongés, ni dressés.
E. Pédicelles plus longs que le calice. G. POILU 2
E'. Pédicelles plus courts que le calice . . . . G. JOLI 3
D'. Tiges dressées, rameaux et ramules droits, allongés, dressés.
E. Tiges bien feuillées, terminées par des fleurs nombreuses, en panicule composée, pyramidale.
F. Gousse de 20-25 mill. de long, à sommet lancéolé.
G. Feuilles plus de 2 fois aussi longues que larges . . G. DES TEINTURIERS . . 4
G'. Feuilles moins de 2 fois aussi longues que larges. G. A FEUILLES OVALES . 5
F'. Gousse de 30 mill. de long, à sommet arrondi . . . . G. DE DELARBRE . . . 6
E'. Tiges peu feuillées, garnies de fleurs latérales formant de longues grappes composées, cylindriques, grêles . . . . G. CENDRÉ 7
B'. Rameaux épineux.
C. Rameaux tuberculeux, épineux au sommet seulement . . . . . . G. ASPALATHOÏDE. . . 8
C'. Rameaux pourvus d'épines latérales, divariquées ou étalées.
D. Fleurs non disposées en capitules ombelliformes terminaux.
E. Fleurs insérées sur des rameaux épineux peu ou point feuillés.
F. Fleurs insérées sur des épines latérales peu feuillées, simples ou peu rameuses; formant dans l'ensemble une longue grappe composée, épineuse, multiflore . . . G. ÉPINE-FLEURIE. . . 9
F'. Fleurs insérées sur des épines latérales non feuillées, presque toujours simples; formant une courte grappe composée, épineuse, pauciflore. . . . . G. DE CORSE 10
E'. Fleurs insérées sur des rameaux non épineux, feuillés.

F. Épines toutes simples ; fleurs peu nombreuses, en grappes courtes terminales ; feuilles glabres . . . . G. D'ANGLETERRE . . 11
F'. Épines simples ou rameuses ; fleurs nombreuses, en grappes allongées, terminales ; feuilles velues . . . . . G. D'ALLEMAGNE . . 12
D'. Fleurs en capitules ombelliformes terminaux ; rameaux pourvus, jusqu'au-dessous des fleurs, d'épines grêles, rameuses. . G. D'ESPAGNE 13
A'. Feuilles inférieures 3-foliolées.
B. Rameaux épineux.
C. 1 ou 2 fleurs terminales ; sous-arbrisseaux très-touffus, hérissés d'épines de toutes parts . . . . G. TRÈS-ÉPINEUX. . . 14
C'. Fleurs latérales, formant une grappe ; sous-arbrisseaux à peine épineux. G. ÉPHÉDROÏDE . . . 15
B'. Rameaux non épineux.
C. Tiges dressées, bien feuillées.
D. Feuilles coriaces, linéaires, à bords enroulés. . . . . G. A FEUILLES DE LIN. 16
D'. Feuilles molles, obovales-obtuses, planes . . . . G. BLANCHATRE . . . 17
C'. Tiges étalées ; feuilles très-rares, très-caduques. . . . . G. RADIÉ 18

§ I. *Genêts unifoliolés, non épineux, à graines non caronculées.*

1. Genêt sagitté. GENISTA SAGITTALIS. LIN. Genêt herbacé.

Feuilles sessiles, écartées, non stipulées, ovales ou lancéolées, poilues. Fleurs longues de 10-15 mill., courtement pédicellées, formant au sommet de chaque rameau un épi dense, ovoïde, non feuillé ; calice velu ; étendard et ailes glabres, carène légèrement pubescente en dessous, tous d'égale longueur. Gousse velue, de 15-20 mill. sur 5, brune, bosselée, contenant 3-6 graines ovoïdes, olivâtres, luisantes. — Sous-arbrisseau de 1-3 décimètres, social et gazonnant, à tiges rampantes, radicantes, émettant chaque année des rameaux nombreux, dressés, herbacés et annuels, garnis de 3 ailes foliacées très-développées, interrompues à l'articulation des feuilles. Très-commun sur les pelouses, les pâturages et les clairières ; forêts des régions de collines ou de montagnes de presque toute la France, quelle que soit la nature minérale du sol. Flor., mai-juin.

2. Genêt poilu. GENISTA PILOSA. LIN.

Feuilles un peu coriaces, subsessiles, à stipules dentiformes à peine visibles ; obovales, atténuées à la base, obtuses à l'extrémité, pliées en gouttière, longues de 10-16 mill.; glabres en dessus, couvertes en dessous de poils blancs-soyeux appliqués. Fleurs solitaires ou géminées, latérales, à pédicelles plus longs que le calice, longues de 10 mill., formant à l'extrémité des rameaux des grappes allongées, lâches, feuillées, unilatérales; calice et étendard couverts de poils blancs appliqués; celui-ci débordant la carène, qui n'est soyeuse qu'au bord inférieur. Gousse de 20-25 mill. sur 4, soyeuse, bosselée, noircissant à la maturité, contenant 3-7 graines globuleuses-comprimées, olivâtres, — Arbrisseau de 3-5 décimètres, rarement de 1 mètre de haut, à tiges couchées à la base, à rameaux redressés, turberculeux, diffus, flexueux, bruns, arrondis, à ramules verts et sillonnés. Très-commun dans les bois des régions montueuses ou montagneuses de toute la France et sur tous les terrains, pourvu qu'ils soient secs. Flor., mai-juin.

3. Genêt joli. GENISTA PULCHELLA. VISIANI. *G. humifusa, Vill. non L. G. Villarsiana. Jordan.*

Très-voisin du précédent, dont il se distingue par des feuilles plus étroites, presque linéaires, couvertes sur les deux faces, même à l'état adulte, de poils qui les rendent blanchâtres ou grisâtres, par des fleurs plus petites, à pédicelle moins long que le calice, formant des grappes très-courtes au sommet des rameaux; par les gousses enfin qui ne dépassent pas 15 mill. de long et ne contiennent que 1-4 graines, plus grosses et noires. — Sous-arbrisseau très-rameux, diffus, à jeunes pousses très-velues, blanchâtres; fleurs jaunes. Montagnes arides des Hautes-Alpes. Flor., juillet-août.

4. Genêt des teinturiers. GENISTA TINCTORIA. LIN. Génestrole.

Feuilles sessiles, nombreuses, accompagnées de 2 très-petites stipules subulées; étroitement lancéolées-aiguës ou ovales-obtuses, glabres et luisantes sur les deux faces, plus rarement pubescentes, à bords velus; celles des ramules longues de 10-12 mill., celles des rameaux de 25-30. Fleurs solitaires, axillaires, de 10-15 mill. de long, presque sessiles, formant à l'extrémité des ramules des grappes dressées qui, par leur réunion, constituent une panicule composée, pyramidale; calice et corolle glabres; étendard et carène égaux. Gousse de 25-30 mill. sur 4, glabre, très-rarement velue-tomenteuse (*G. Perreymondi. Lois.*), luisante, brune, un peu arquée, à sommet lancéolé, contenant 6-12 graines orbiculaires-comprimées, olivâtres, mates. — Sous-arbrisseau d'aspect variable, dont la souche seule ou les parties inférieures de la tige sont ligneuses et émettent des rejets droits, annuels, peu ligneux, qui se ramifient en ramules verts, arrondis, striés, dressés-étalés, de plus en plus grêles et bien garnis de feuilles de taille décroissante. Pelouses sèches, clairières et bords des bois des régions de collines ou de montagnes de toute la France, en tous sols. Flor., mai-juillet.

Les sommités fleuries de ce genêt étaient autrefois employées en teinturerie.

5. Genêt à feuilles ovales. GENISTA OVATA. WALDST. KIT.

A peine distinct du genêt des teinturiers, dont il n'est probablement qu'une variété ; se reconnaît aux poils qui garnissent toujours les gousses, les rameaux et les feuilles, et à celles-ci qui sont plus grandes, ovales-lancéolées, 2 fois à peine aussi longues que larges. — Sous-arbrisseau ne se ramifiant qu'à une certaine hauteur au-dessus du sol, abondamment feuillé ; très-répandu dans le sud-est de l'Europe : se rencontre en Savoie, à Cruet, à Chatel. Flor., juin-juillet.

6. Genêt de Delarbre. GENISTA DELARBREI. LECOQ. et LAM.

Très-voisin du genêt des teinturiers, se distingue par sa taille moins élevée, ses feuilles, ses fleurs, ses fruits plus grands. Gousses arrondies au sommet ; graines plus grosses, ovoïdes, d'un brun-marron foncé et luisant. — Montagnes volcaniques de l'Auvergne ; Pyrénées. Flor., juillet-août.

7. Genêt cendré. GENISTA. CINEREA. DC.

Feuilles rares, non stipulées, petites, de 4-10 mill. de long, sessiles, étroitement lancéolées, oblongues ou obovales, velues-soyeuses en dessous. Fleurs solitaires ou géminées, faiblement pédicellées, naissant de très-courts ramules latéraux à peine feuillés à la base et formant, par leur réunion, de longues grappes dressées, lâches et grêles ; calice velu-soyeux ; étendard égalant la carène, à nervure médiane pubescente, glabre sur tout le reste, ainsi que les ailes ; carène velue-soyeuse. Gousse de 15-20 mill. sur 4 à 5, velue-soyeuse, contenant 2-5 graines ovoïdes, luisantes, olivâtres. — Sous-arbrisseau de 4-8 décimètres, d'un vert blanchâtre, à feuillage rare et grêle, à tige dressée très-rameuse, produisant des ramules rapprochés, grêles, allongés, dressés, striés et verts. — Très-abondant dans certaines parties des Alpes calcaires du Dauphiné et de la Provence ; Pyrénées-Orientales. Flor., mai-juin.

Ce genêt, qui rappelle beaucoup par le port le sarothamne à balais, en atteint presque les dimensions et en a toutes les allures, à cette différence près qu'il est calcicole et non silicicole ; il sert comme lui au chauffage et à la confection des balais.

§ II. *Genêts unifoliolés, épineux, à graines non caronculées.*

8. Genêt aspalathoïde. GENISTA ASPALATHOÏDES. LAM. *G. Salzmanni et Lobelii. DC.*

Feuilles rares, petites, subsessiles, non stipulées, obovales ou linéaires-oblongues, pubescentes. Fleurs solitaires ou fasciculées par 2-4, pédicellées, disposées latéralement vers l'extrémité de rameaux épineux au sommet. Calice velu ; étendard pubescent, égalant la carène qui est velue. Gousse de 10-15 mill. sur 4, couverte de petits poils appliqués, contenant 2-4 graines globuleuses-comprimées, brunes. Sous-arbrisseau de 1-5 décimètres, à tige dressée, tortueuse, très-rameuse, dont les rameaux, profondément striés, sont tuberculeux, terminés en ramules verts, nombreux, dressés, spinescents à l'extrémité, et forment dans l'ensemble un buisson touffu, à peine feuillé, hérissé de toutes parts. Toulon, Marseille, Corse, Algérie. Flor., juin.

9. Genêt Épine-fleurie. GENISTA SCORPIUS. DC. *Spartium Scorpius. Lin.* Genêt Scorpion.

Feuilles rares, petites, de 4 à 5 mill. de long, subsessiles, accompagnées de 2 stipules épineuses; terminées en pointe spinescente, pourvues en dessous de quelques poils appliqués; celles des rameaux stériles linéaires-lancéolées, celles des rameaux florifères ovales ou obovales. Fleurs pédicellées, de 12 mill. de long, en faisceaux axillaires, légèrement feuillés à la base, rapprochés et nombreux, disposés à l'extrémité des rameaux et sur des épines latérales, formant, dans leur ensemble, une longue grappe composée, épineuse; calice et corolle glabres; étendard un peu plus grand que la carène. Gousse de 20-35 mill. sur 5, glabre, contenant 3-7 graines ovoïdes-comprimées, olivâtres. — Sous-arbrisseau de 1 à 2 mètres, glabre, très-peu feuillé, à tige dressée, très-rameuse, rameaux étalés, entrelacés, striés, épineux au sommet et garnis de nombreuses épines latérales, robustes, simples ou rameuses, divariquées. Collines sèches et stériles; France méridionale; région calcaire de la montagne Noire (Aude), Corse, Algérie. Flor., mai-juillet.

Le bois du genêt épine-fleurie rappelle beaucoup celui du sarothamne à balais; cependant les lignes produites par le groupement des vaisseaux et du parenchyme ligneux tendent à devenir ondulées-concentriques et n'ébauchent qu'un réseau très-imparfait. Il pèse 0,854 (*Coll. Éc. For.*).

10. Genêt de Corse. GENISTA CORSICA. DC.

Feuilles rares, petites, subsessiles, pourvues de 2 stipules spinescentes; obovales ou oblongues, glabres ou pubescentes dans la jeunesse. Fleurs pédicellées, solitaires ou 2-6 en petits faisceaux non feuillés à la base, insérées sur des ramules courts, épineux, latéraux, placés au-dessous de l'épine qui termine chaque rameau; calice et corolle glabres; étendard égalant la carène. Gousse de 15-30 mill. sur 4-5, glabre, contenant 4-8 graines ovoïdes, noires. — Sous-arbrisseau de 2-6 décimètres, glabre ou pubescent, à peine feuillé, à tige dressée, très-rameuse, à rameaux étalés-dressés, entrelacés, striés, spinescents au sommet et garnis d'épines latérales étalées, assez robustes, courtes et généralement simples. Coteaux du littoral de la Corse. Flor., juin.

11. Genêt d'Angleterre. GENISTA ANGLICA. LIN.

Feuilles petites, de 5-8 mill. de long, subsessiles; celles des rameaux stériles étroitement lancéolées-aiguës; celles des rameaux fertiles légèrement obovales, aiguës ou obtuses; stipules nulles. Fleurs petites, longues de 9 à 10 mill., pédicellées, solitaires et latérales, formant de petites grappes feuillées; calice et corolle glabres; étendard plus court que la carène. Gousse de 12-15 mill. sur 5, courbée en S, presque cylindrique, glabre, brune et mate, contenant 6-10 graines ovoïdes, noires, luisantes. — Sous-arbrisseau de 4-10 décimètres, glabre, à tige dressée, très-rameuse; rameaux grêles, nus à la base, arrondis, armés d'épines grêles, simples, étalées-dressées, et revêtus d'une écorce brune et membraneuse; ramules verts et striés, les floraux inermes. Coteaux sablonneux d'une grande partie de la France, en sol aride ou tourbeux; rare dans le Nord-Est, où cependant il se rencontre dans les Ardennes, à Rocroi. Flor., avril-juin.

12. Genêt d'Allemagne. GENISTA GERMANICA. LIN.

Feuilles assez grandes, de 12-15 mill. de long, subsessiles, lancéolées, molles, un peu luisantes, ciliées. Fleurs petites, de 10 mill. au plus, pédicellées, disposées 6-15 en petites grappes dressées, oblongues, non feuillées, terminant des ramules serrés, grêles, dressés et feuillés dans la plus grande partie de leur longueur; calice longuement velu; corolle pubescente, à étendard beaucoup plus court que la carène. Gousse de 8-10 mill. sur 5, velue, brune, contenant 2 ou 3 graines ovoïdes-comprimées, brunes, luisantes. — Sous-arbrisseau de 3-8 décimètres, velu, à tige et rameaux grisâtres, dressés, non feuillés, armés d'épines étalées, grêles, simples ou rameuses, et produisant à leur extrémité des ramules verts, striés, dressés, densément feuillés et inermes. Forêts à sols sablonneux ou pierreux de différentes parties de la France. Flor., mai-juin.

13. Genêt d'Espagne. GENISTA HISPANICA. LIN.

Feuilles peu nombreuses, subsessiles, oblongues-linéaires, aiguës ou obtuses, de 10-12 mill., longuement velues, non stipulées. Fleurs petites, de 7 à 8 mill., pédicellées, disposées 6-12 en capitules ombelliformes terminaux; calice longuement et mollement velu; étendard glabre, égalant presque la carène, qui est pubescente. Gousse de 9 à 10 mill, sur 5, longuement poilue, noire, contenant 1 ou 2 graines ovoïdes, brunes. — Sous-arbrisseau de 1 à 2 décimètres, à tige dressée très-rameuse, nue inférieurement; rameaux très-grêles, grisâtres, diffus, non feuillés, terminés par des ramules verts, striés, longuement velus, médiocrement feuillés; épines grêles, très-rameuses, contractées à l'extrémité en une pointe fine, garnissant les rameaux et ramules, même ceux qui portent fleurs. Coteaux calcaires secs du Dauphiné méridional, des Cévennes, de la Provence et des Pyrénées; Algérie. Flor., mai-juin.

§ III. *Genêts trifoliolés, épineux, à graines caronculées ou non.*

14. Genêt éphédroïde. GENISTA EPHEDROÏDES. DC.

Feuilles peu nombreuses, les inférieures 3-foliolées, les supérieures unifoliolées, courtement pétiolées, non stipulées; folioles linéaires ou linéaires-oblongues, légèrement velues-soyeuses. Fleurs petites, latérales, courtement pédicellées, formant dans leur ensemble une sorte de grappe; calice revêtu de poils appliqués; étendard plus court que la carène, l'un et l'autre velus-soyeux. Gousse de 10 mill. sur 5, velue-soyeuse, contenant 1-3 graines globuleuses, sans caroncule. — Sous-arbrisseau de 3-10 décimètres, à tige dressée, rameuse ; rameaux rapprochés, dressés, striés, les florifères, grêles raides, à peine spinescents au sommet. Littoral de la Corse. Flor., avril-mai.

15. Genêt très-épineux. GENISTA HORRIDA. DC. *G. lugdunensis Jord.*

Feuilles peu nombreuses, 3-foliolées, opposées, pétiolulées, accompagnées de 2 stipules spinescentes, à folioles linéaires-oblongues, presque aciculaires, pliées en gouttières, velues-soyeuses. Fleurs courtement pédicellées, solitaires ou géminées au sommet des ramules, longues de 13-16 mill.; calice velu; étendard pubescent, égalant la carène, qui est ciliée au bord inférieur. Gousse de 15-20 mill., sur 5, jaunâtre, soyeuse, contenant 1-3 graines ovoïdes, brunes, dont le funicule est dilaté sur le hile (ce caractère, qui ne se rencontre dans aucune des espèces précédentes, se retrouve dans toutes celles qui suivent). — Très-petit sous-arbrisseau de 1 à 2 décimètres, d'un vert blanchâtre, à tige dressée, grisâtre, extrêmement rameuse, trichotome, dont les rameaux verts, striés, épineux, très-serrés, forment une touffe hérissée de toutes parts. Montagnes calcaires des environs de Lyon. Flor., juin.

§ IV. *Genêts trifoliolés, non épineux, à graines caronculées.*

16. Genêt à feuilles de lin. GENISTA LINIFOLIA. LIN.

Feuilles abondantes, sessiles, non stipulées, coriaces, à folioles linéaires-oblongues, de 20-30 mill. de long, à bords fortement enroulés en dessous, soyeuses, surtout inférieurement. Fleurs pédicellées, longues de 10 mill., disposées 6-8 en grappes courtes, ovoïdes, denses, terminales, feuillées à la base seulement; calice velu-soyeux ; étendard plus long que la carène, l'un et l'autre velus. Gousse de 15-20 mill. sur 6 à 7, brune, tomenteuse, renfermant 2 ou 3 graines ovoïdes-comprimées, brunes. — Sous-arbrisseau de 2-5 décimètres, à tige dressée, cannelée, dont les rameaux sont dressés, raides, épars, très-feuillés supérieurement. Toulon, îles d'Hyères, Algérie. Flor., mars-avril.

17. Genêt blanchâtre. GENISTA CANDICANS. LIN. *Cystisus candicans. DC. G. Monspessulana. Lin.*

Feuilles abondantes, pétiolées, peu visiblement stipulées, à folioles planes, herbacées, longues de 8-20 mill., pétiolulées, obovales, obtuses et mucronulées au sommet, atténuées à la base, légèrement pubescentes, plus pâles en dessous qu'en dessus. Fleurs de 13 à 14 mill. de long, disposées 4-8 en capitules ombelliformes accompagnés de 2 feuilles subopposées et terminant de grêles rameaux latéraux ; calice velu; étendard et carène glabres, celle-ci un peu plus courte. Gousse de 20-25 mill. sur 5, très-velue, brun-verdâtre, contenant 4-6 graines orbiculaires comprimées, noires, luisantes. — Sous-arbrisseau ou arbrisseau de 1-3 mètres de hauteur, d'un port élégant, à tige dressée, rameuse, grise, divisée en rameaux et ramules striés, verts, bien feuillés. Région méditerranéenne, en France, en Corse et en Algérie. Flor., avril-mai.

18. Genêt radié. GENISTA RADIATA. Scop.

Feuilles rares, opposées, courtement pétiolées, trifoliolées, à folioles linéaires-aiguës, blanches-soyeuses, très-caduques et se détachant après la floraison des pétioles, qui persistent et se lignifient. Fleurs 5-10, jaune-clair, en capitules terminaux, courtement pédicellés et enveloppés à la base par les dernières feuilles; calice profondément bilabié, velu-soyeux, à lèvres presque égales; étendard presque glabre, égal à la carène, celle-ci velue, droite et obtuse. Gousse tomenteuse-soyeuse, longue de 5 mill. — Très-petit sous-arbrisseau ne dépassant pas 0m,50 de hauteur, extrêmement rameux et touffu, étalé, à rameaux tronqués, non épineux, verts, soyeux, sillonnés, opposés, le plus souvent défeuillés. Montagnes calcaires assez élevées des Basses-Alpes: Mont-Sense, Combe-Noire, etc. Flor., mai-juin.

GENRE VI. — ARGYROLOBE. *ARGYROLOBIUM. Eckl. et Zeyh.*

Calice des genêts, à lèvres plus longues que le tube; corolle des cytises avec l'étendard orbiculaire étalé, la carène courbée; graines non caronculées. Petits sous-arbrisseaux non épineux, à feuilles trifoliolées.

Argyrolobe de Linné. ARGYROLOBIUM LINNÆANUM. WALP. *Cytisus argenteus. Lin.*

Feuilles petites, trifoliolées, à folioles elliptiques ou lancéolées, couvertes en dessous de longs poils argentés; fleurs jaunes, terminales, solitaires ou 2 à 3 en petits capitules; étendard dépassant la carène, velu-soyeux ainsi que le calice. Gousse poilue-soyeuse. — Petit sous-arbrisseau à peine ligneux, blanc-soyeux. Terrains secs, calcaires et pierreux de la France méridionale jusqu'à Grenoble; Corse et Algérie. Flor., mai.

GENRE VII. — CYTISE. *CYTISUS. Lin.*

Calice persistant, à 2 lèvres divariquées; la supérieure non divisée en 2 lobes jusqu'à la base, mais simplement bidentée ou tronquée; étendard ovale, dressé; carène arquée; style courbé au sommet, à stigmate oblique. Gousse allongée, comprimée. — Petits arbres, arbrisseaux ou sous-arbrisseaux extrêmement voisins des genêts, trifoliolés, rarement unifoliolés, non épineux et à fleurs jaunes (pour les espèces indigènes).

Bois. — Bois à peu près de même structure que celui des genres précédents, mais à accroissements plus distincts, parce que chaque couche commence par une zone bien prononcée de vaisseaux plus gros et plus serrés. Aubier blanc, peu abondant, très-nettement limité d'avec le bois parfait, qui est brun foncé.

A. Calice court, campanulé.
  B. Feuilles 3-foliolées.
    C. Fleurs en grappes non feuillées.
      D. Grappes allongées.
        E. Grappes pendantes.
          F. Feuilles d'un vert glauque en-dessous . . . . . . C. FAUX-ÉBÉNIER . . . 1
          F'. Feuilles d'un égal vert sur les deux faces. . . . . C. DES ALPES 2
        E'. Grappes dressées, terminales . C. NOIRCISSANT. . . . 3
      D'. Grappes courtes, corymbiformes, terminales . . . . C. A FEUILLES SESSILES. 4
    C'. Fleurs disposées 1-3 sur les rameaux de 1 an et constituant par leur ensemble une sorte de grappe allongée, feuillée.
      D. Arbrisseau de 1-2 mètres, couvert de poils roussâtres. . . . . C. A TROIS FLEURS . . 5
      D'. Arbrisseau de $0^m,40$, couvert de poils blancs. . . . . C. D'ARDOINO 6
  B'. Feuilles unifoliolées . . . . C. RAMPANT 7
A'. Calice allongé, tubuleux. Feuilles 3-foliolées.
  B. Fleurs disposées 2-4 sur les rameaux de 1 an en grappe allongée, feuillée.
    C. Pédicelle égalant le calice ; poils couchés . . . . C. ALLONGÉ 8
    C'. Pédicelle plus court que le calice ; poils hérissés . . . . C. VELU 9
  B'. Fleurs en capitules ombelliformes terterminaux.
    C. Tiges dressées . . . . C. EN TÊTE 10
    C'. Tiges couchées . . . . C. COUCHÉ 11

§ I. *Calice court, campanulé ; graines non caronculées.*

1. Cytise faux-ébénier. CYTISUS LABURNUM. LIN. Cytise aubours ; Albois ; Cystise à grappes.

Feuilles très-longuement pétiolées, 3-foliolées, à folioles pétiolulées, elliptiques, apiculées, vertes et glabres en dessus, plus pâles et couvertes de petits poils appliqués en dessous, surtout dans la jeunesse. Fleurs grandes, odorantes, d'un jaune clair, en longues grappes latérales, lâches et pendantes, feuillées à la base, à pédicelles allongés, soyeux ainsi que

l'axe de la grappe et les calices. Gousse de 50-60 mill. sur 8, velue-soyeuse, puis presque glabre, d'un gris brunâtre clair, bosselée-étranglée, à suture ventrale épaisse, obtusément 3-carénée, contenant 3-7 graines réniformes-orbiculaires, déprimées, brunâtres. — Arbrisseau ou arbre de 5-10 mètres de hauteur, à ramification rare et composée de quelques branches seulement, par suite de l'arrêt de développement de presque tous les bourgeons latéraux, qui ne produisent que des pousses contractées-turberculeuses à feuilles fasciculées ; à rameaux arrondis, écorce lisse et verte. Forêts des collines et montagnes calcaires de l'Est de la France : Lorraine, Côte-d'Or, Jura, Bresse, Lyonnais, Dauphiné. Souvent subspontané. Flor., avril-mai.

Le cytise faux-ébénier est fréquemment cultivé comme arbre d'agrément, à cause de la beauté de ses fleurs et de l'odeur suave qu'elles répandent. Malgré les bonnes qualités de son bois, il est trop disséminé dans les forêts pour y être de quelque importance.

Bois. Ce bois présente des vaisseaux assez gros et serrés au bord interne de chaque couche ; dans la région moyenne et externe, des vaisseaux petits et groupés avec du parenchyme ligneux en courtes lignes obliques ou concentriques qui n'offrent qu'une ébauche de dessin réticulé. Il a l'aubier blanchâtre ou jaunâtre, peu abondant, nettement limité ; le cœur fortement coloré, variant du jaune brunâtre au brun verdâtre et au brun noirâtre, ce qui l'a fait comparer à l'ébène ; il est brillant, dur, lourd, très-souple et très-élastique, prend un beau poli et serait recherché par les tourneurs, ébénistes, etc., s'il était plus commun. Pèse 0,699-0,816 (*Coll. Éc. For.*).

L'écorce reste lisse et verte jusqu'à un âge avancé ; elle passe alors au brun verdâtre et se recouvre d'un périderme subéreux, mince, coriace et membraneux comme du parchemin, qui s'enlève quelquefois par lames circulaires et sous lequel l'enveloppe cellulaire verte reste toujours active.

Les feuilles, les gousses et les graines ont des propriétés purgatives prononcées ; cependant les ruminants les broutent sans inconvénients.

2. Cytise des Alpes. CYTISUS ALPINUS. MILL.

Très-voisin du précédent et souvent confondu avec lui ; se reconnaît à ses feuilles également vertes sur les deux faces, tout à fait glabres ou simplement garnies sur les bords et sur le pétiole de petits poils mous, étalés ; à ses fleurs plus petites, d'une jaune plus clair, en grappes plus longues et plus grêles, dont les axes et les calices sont glabres ou couverts de poils étalés ; à ses gousses toujours et complétement glabres, luisantes, à suture ventrale aigûment 3-carénée. Atteint 7 à 10 mètres. Assez commun dans les forêts du haut Jura et des Alpes du Dauphiné. Flor., juin-juillet.

Le bois est identique à celui du cytise faux-ébénier, mais le dessin réticulé formé par les vaisseaux groupés est plus régulier et plus complet ; les vaisseaux de la zone interne sont plus gros. Il pèse 0,732-0,940 (*Coll. Éc. For.*).

§ II. *Calice court, campanulé; graines caronculées.*

3. Cytise noircissant. CYTISUS NIGRICANS. LIN.

Feuilles trifoliolées, longuement pétiolées, à folioles elliptiques-lancéolées, ou obovales-aiguës ou subobtuses, d'un vert sombre et glabres en dessus, d'un vert glauque et pourvues en dessous de poils courts, appliqués. Fleurs pédonculées, disposées en longues grappes terminales, simples, grêles, fournies, dressées et aiguës, d'un jaune d'or ; calice court, fortement bilabié ; étendard brusquement rétréci à la base, égal à la carène, glabre. Gousses couvertes de poils couchés, longues de 20 à 30 mill. — Arbrisseau de 1-2 mètres à rameaux arrondis, droits, dressés, grêles, dont toutes les parties noircissent par la dessiccation. Versants secs, pierreux ou rocheux des montagnes du Dauphiné et de la Savoie ; souvent cultivé comme arbrisseau d'ornement. Flor., juin-juillet.

4. Cytise à feuilles sessiles. CYTISUS SESSILIFOLIUS. LIN.

Feuilles petites, trifoliolées, glabres, d'un vert glauque, les supérieures sessiles, les inférieures et celles des rameaux stériles pétiolées ; foliole médiane orbiculaire-rhomboïdale, folioles latérales transversalement elliptiques, les unes et les autres sessiles et apiculées. 4-6 fleurs pédicellées et complétement glabres, en grappes terminales courtes, dressées, non feuillées. Gousse de 30-40 mill. sur 10, glabre, d'un brun verdâtre, contenant 5-10 graines ovales, comprimées, noires. — Arbrisseau de 1-2 mètres, à tige dressée, rameuse, brune, à ramules turberculeux, verts, striés, grêles, glabres, très-feuillés. Commun dans les haies et aux bords des bois des collines sèches et calcaires de la région des oliviers ; Dauphiné. Souvent cultivé dans les jardins d'agrément. Flor., mai-juin.

5. Cytise à trois fleurs. CYTISUS TRIFLORUS. L'HÉRIT.

Feuilles courtement pétiolées, trifoliolées, à folioles obovales-mucronulées, pétiolulées, couvertes de longs poils roussâtres, caducs ; finalement presque glabres. Fleurs pédonculées, habituellement ternées à l'aisselle des feuilles supérieures, formant sur le rameau une sorte de grappe feuillée ; calice velu ; étendard glabre, strié et taché de brun, plus court que la carène, qui est légèrement velue inférieurement. Gousse de 30-35 mill. sur 5, velue, brune, contenant 6-8 graines jaunâtres. — Petit arbrisseau de 1-2 mètres, à tige dressée, rameuse ; rameaux étalés, nombreux, allongés, effilés, sillonnés. Région méditerranéenne en France, en Corse et en Algérie. Flor., mai.

6. Cytise d'Ardoino. CYTISUS ARDOINI. EUG. FOURN.

Feuilles trifoliolées, longuement pétiolées, à folioles petites, linéaires-oblongues, aiguës ou subobtuses, couvertes, ainsi que les pédoncules et les rameaux, de poils dressés ; fleurs jaunes, à pédicelles de 5-6 mill., 2-3 fois aussi longs que le calice, disposées 1-3 sur de très-courts rameaux latéraux et feuillés à la base, formant dans leur ensemble une grappe terminale, dressée, interrompue ; calice court, largement campanulé et fortement bilabié ; étendard glabre, si ce n'est sur la nervure médiane, brusquement rétréci en un grêle onglet, dépassant à peine la carène. Gousse très-velue, comprimée, longue de 20 mill. — Petit sous-arbrisseau haut de $0^m,40$ au plus, velu-hérissé, à tiges décombantes, jeunes rameaux cannelés. Montagne de l'Aiguille, au-dessus de Menton (Alpes-Maritimes). Flor., avril-mai.

7. Cytise rampant. CYTISUS DECUMBENS. WALPERS. *Genista prostrata. Lam.*

Feuilles petites, subsessiles, 1-foliolées ; foliole obovale, obtuse ou apiculée, velue ou glabre. Fleurs solitaires ou géminées, à pédoncules aussi longs ou plus longs qu'elles, placées au sommet de ramules latéraux raccourcis, tuberculeux et feuillés, et formant sur les rameaux des sortes de grappes feuillées unilatérales; calice velu, corolle glabre. Gousse velue ou glabre, de 20-30 mill. sur 6, noircissant à la maturité ; graines ovoïdes, comprimées, noires. — Sous-arbrisseau plus voisin des genêts que des cytisés par le port et dont la hauteur n'excède pas 1-2 décimètres ; tiges couchées et étalées sur le sol, radicantes, formant une touffe aplatie dont les rameaux sont ascendants, tuberculeux, les ramules verts et sillonnés. Collines sèches et calcaires : Lorraine, Champagne, Côte-d'Or, Jura, où il est encore abondant dans la région du sapin ; Cantal, Haute-Loire. Flor., mai-juillet.

§ III. *Calice allongé, tubuleux; graines caronculées.*

8. Cytise allongé. CYTISUS ELONGATUS. WALDST. ET KIT.

Feuilles pétiolées, 3-foliolées, à folioles obovales, mucronulées, couvertes sur les deux faces de poils appliqués. Fleurs jaune pâle avec une tache rouge-brun à l'étendard, disposées 2-4 en faisceaux feuillés à la base sur les rameaux de l'année précédente et les garnissant sur une partie de leur longueur ; pédicelle à peu près aussi long que le calice ; celui-ci couvert de poils étalés-dressés. Gousse de 25-30 mill. sur 5, noire et velue-soyeuse, à valves convexes ; graines orbiculaires-comprimées, fauves et luisantes. — Sous-arbrisseau de 1 mètre à $1^m,50$, ne noircissant pas par la dessiccation, à tige dressée et rameuse, dont les rameaux sont grêles et couverts de poils appliqués. Collines calcaires de l'Ardèche, près de Tournon ; Drôme. Flor., avril-mai.

9. Cytise velu. CYTISUS HIRSUTUS. LIN.

Voisin du précédent, dont il se distingue par les folioles plus larges, par le pédicelle des fleurs, qui n'égale en longueur que la moitié du calice, par la gousse plus grande et plus large, à valves planes, mais surtout par les poils dressés qui hérissent les feuilles et leurs pétioles, les calices, les gousses et les jeunes pousses de l'année. — Sous-arbrisseau à tiges couchées ou ascendantes. Alpes-Maritimes : Menton. Flor., mai-juin.

10. Cytise en tête. CYTISUS CAPITATUS. JACQ.

Feuilles pétiolées, 3-foliolées, velues, à folioles obovales, mucronulées, d'un vert sombre en dessus, plus pâles en dessous. Fleurs courtement pédicellées, longues de 20 mill., réunies en assez grand nombre à l'extrémité des rameaux, où elles forment une sorte de capitule ombelliforme entouré de feuilles; calice velu, corolle glabre, jaune, orangée sur l'étendard, qui est beaucoup plus long que les ailes. Gousse de 30-35 mill. sur 5-6, velue, noire, dont les graines sont ovoïdes, fauves, luisantes. — Sous-arbrisseau de 4-6 décimètres, à tiges dressées, à rameaux étalés-dressés, effilés, striés, très-feuillés, couverts de poils étalés. Bois montagneux du Jura et de la Côte-d'Or; montagne de la Serre; Saône-et-Loire ; basses montagnes près de Lyon. Flor., juin-juillet.

11. Cytise couché. CYTISUS SUPINUS. LIN.

Voisin du précédent : se distingue à ses inflorescences moins fournies, à ses fleurs, dont l'étendard est orangé ; à ses tiges moins élevées, de 1-4 décimètres, couchées, souvent radicantes, dont les rameaux sont eux-mêmes grêles et étalés, à l'exception des floraux, qui sont redressés. Collines sèches et bords des bois ; Champagne, France centrale, Dauphiné et Pyrénées ; Toulouse. Flor., mai.

GENRE VIII. — ADÉNOCARPE. *ADENOCARPUS. DC.*

Calice persistant, à 2 lèvres non divariquées, dont la supérieure est divisée jusqu'à la base en deux lobes; étendard orbiculaire, étalé ; carène courbée; style arqué; stigmates en tête; gousses couvertes de tubercules glanduleux. — Sous-arbrisseaux du midi de la France, à feuilles 3-foliolées, non épineux et à fleurs jaunes.

Bois. — Bois identique à celui des genêts; dessin réticulé vague.

A. 1-4 fleurs en capitules ombelliformes, terminaux . . . . A. A GRANDES FLEURS . 1

A'. Fleurs en grappes simples plus ou moins allongées, terminales.

B. Fleurs en grappes courtes, oblongues ; calice non tuberculeux-glanduleux . A. TRANSPOSÉ 2

B'. Fleurs plus nombreuses, en grappes allongées, cylindriques ; calice tuberculeux-glanduleux. . . . . A. A FEUILLES PLIÉES . 3

1. Adénocarpe à grandes fleurs. ADENOCARPUS GRANDIFLORUS. Boiss.

Feuilles peu nombreuses, très-petites, courtement pétiolées, 3-foliolées ; folioles de 3 à 4 mill. de long, obovales, arrondies ou échancrées au sommet, à peu près glabres, à bords enroulés en dessous. Fleurs longues de 12-14 mill., jaunes, disposées 1-4 en petits capitules ombelliformes terminaux ; calice velu, non glanduleux. Gousses de 15-25 mill. sur 5, couvertes de tubercules glanduleux, brunes, contenant 13 graines irrégulièrement orbiculaires-comprimées, brunes et luisantes. — Sous-arbrisseau à peine feuillé, de 1-3 décimètres, trapu, à tige très-rameuse, dont l'écorce est grise, fibro-membraneuse, dont les rameaux et ramules sont courts, droits, divariqués-entrelacés, arrondis et blanchâtres, subépineux à l'extrémité. Coteaux arides de la région méditerranéenne. Flor., juin.

2. Adénocarpe transposé. ADENOCARPUS COMMUTATUS. Guss. *A. Telonensis. DC.*

Feuilles d'un vert gai, pétiolées, 3-foliolées ; folioles longues de 12 à 13 mill., obovales-oblongues, mucronulées, souvent pliées en gouttière. Fleurs de 10 mill. de long, en grappes courtes, oblongues, terminales, dressées ; calice velu non glanduleux. Gousse de 20-30 mill. sur 5, couverte de glandes stipitées, brune, contenant 4-10 graines ovoïdes-comprimées, tronquées vers le hile, brunes, marbrées de noir et luisantes. — Sous-arbrisseau de 4-6 décimètres, médiocrement feuillé, à tige droite, rameuse, blanchâtre, à ramules allongés, grêles, striés-anguleux, verts et pubescents. Bruyères, lieux stériles et montueux de la France méridionale, particulièrement dans la Lozère et dans l'Ardèche. Flor., mai-juillet.

3. Adénocarpe à feuilles pliées. ADENOCARPUS COMPLICATUS. GAY. *Spartium complicatum. Lin.*

Voisin du précédent dont il se distingue particulièrement par ses fleurs plus nombreuses, formant une longue grappe lâche terminale et par le calice tuberculeux-glanduleux. — Sous-arbrisseau de 4-6 décimètres, à tige dressée, rameaux étalés, blanchâtres, à ramules allongés, striés, anguleux, verts, pubescents. Pyrénées occidentales, Landes, Lot, Limousin. Flor., avril-mai.

GENRE IX. — BUGRANE. *ONONIS. Lin.*

Calice persistant, campanulé, à 5 divisions profondes. Étendard grand, strié ; style coudé au milieu de sa longueur ; graines non caronculées. — Plantes herbacées, annuelles ou vivaces, ou sous-arbrisseaux inermes ou épineux, à feuilles 3-foliolées, munies de larges stipules soudées au pétiole et dont les folioles sont dentées; fleurs jaunes, rouges ou roses.

Bois. — Tissu ligneux identique à celui des genêts.

La racine s'accroît irrégulièrement et non par couches continues, si ce n'est pendant la première année; aussi la moelle en devient-elle fort excentrique et la section transversale rappelle-t-elle, par les contours les plus bizarres, la structure des lianes intertropicales.

A. Pédoncules pluriflores.
  B. Foliole terminale sessile; fleurs grandes, purpurines . . . . B. ARBRISSEAU 1
  B'. Foliole terminale pétiolulée; fleurs jaunes.
    C. Fleurs moyennes, en grappes terminales nues . . . . B. D'ARRAGON 2
    C'. Fleurs grandes, disséminées. . . . B. A FEUILLES RONDES . 3
A', Pédoncules uniflores.
  B. Fleurs grandes, jaunes, ordinairement veinées de rouge. . . . . B. GLUANTE 4
  B'. Fleurs roses.
    C. Feuilles presque glabres, peu ou point visqueuses.
      D. Feuilles linéaires-oblongues; fleurs de 17 mill. de long. . . . . . . B. CHAMPÊTRE 5
      D'. Feuilles obovales; fleurs de 12 mill. de long . . . . B. DES ANCIENS . . . 6
    C'. Feuilles velues-visqueuses, obovales. B. RAMPANTE 7

§ I. *Pédoncules pluriflores.*

1. Bugrane arbrisseau. ONONIS FRUTICOSA. LIN.

Feuilles courtement pétiolées, 3-foliolées, glabres et d'un vert clair uniforme sur les deux faces; munies de stipules engaînantes, membraneuses; à folioles sessiles, oblongues, atténuées à la base, coriaces, dentées. Fleurs grandes, purpurines, portées sur de longs pédoncules 2-3-flores, formant par leur réunion une grappe dressée, composée, terminale. Gousse beaucoup plus longue que le calice, de 20-25 mill. sur 6 ou 7, brunâtre, velue-glanduleuse, contenant 2-4 graines réniformes. brunes et mates. — Sous-arbrisseau de 3-10 décimètres, à tige dressée très-rameuse, à ramules grisâtres. Alpes du Dauphiné et de la Provence. Souvent cultivé dans les jardins d'agrément. Flor., juin-août.

2. Bugrane d'Arragon. ONONIS ARRAGONENSIS. OSSO.

Feuilles toutes pétiolées, 3-foliolées, à folioles orbiculaires, bordées de dents apiculées, la terminale pétiolulée, les latérales sessiles; fleurs moyennes, jaunes, disposées 1-2 sur un axe commun et formant une petite grappe terminale interrompue, nue à la base. Gousse ovale, de 6-7 mill. de long, dépassant à peine le calice, contenant 1-2 graines olivâtres, lisses. — Petit sous-arbrisseau, rameux et tortueux de $0^m,15$-$0^m,25$. Régions élevées des Pyrénées. Flor., juillet.

3. Bugrane à feuilles rondes. ONONIS ROTUNDIFOLIA. LIN.

Feuilles pétiolées, trifoliolées, à folioles crénelées, les latérales ovales ou orbiculaires, sessiles, la terminale orbiculaire, plus grande, longuement pétiolulée. Fleurs grandes, roses, à étendard veiné, disposées 2-3 à l'extrémité de longs pédoncules placés à l'aisselle de la plupart des feuilles ; corolle deux fois aussi longue que le calice. Gousse de 23 mill. de long, enflée, pendante ; graines brunes, tuberculeuses, mates. — Sous-arbrisseau inerme, de $0^m,50$ de hauteur, n'étant lignifié qu'à la base, hérissé dans toutes ses parties, sauf la corolle, de poils glanduleux. Alpes, Cévennes et Pyrénées. Flor., mai-juin.

§ II. *Pédoncules uniflores.*

4. Bugrane gluante. ONONIS NATRIX. LIN. Coqsigrue.

Feuilles pétiolées, trifoliolées, quelquefois 5-7-foliolées, à folioles oblongues, obtuses, entières à la base, lâchement et finement dentées sur les deux tiers supérieurs; les latérales sessiles, la terminale pétiolulée, fleurs grandes, jaunes, avec l'étendard veiné de rouge, solitaires au sommet de pédoncules axillaires allongés, formant par leur ensemble une grappe terminale feuillée ; corolle deux fois aussi longue que le calice. Gousse de 15-20 mill., pendante. — Sous-arbrisseau de port très-variable, inerme, de $0^m,50$ au plus de hauteur, à tige presque ligneuse, étalée-ascendante, hérissée de poils plus ou moins visqueux. Lieux secs, pierreux, ou sablonneux, principalement dans la France méridionale. Algérie. Flor. juin-juillet.

5. Bugrane champêtre. ONONIS CAMPESTRIS. KOCH. *Ononis spinosa. Lin.*

Feuilles courtement pétiolées, les inférieures 3-foliolées, les supérieures 1-foliolées, presque glabres ou à peine glanduleuses, à folioles linéaires-oblongues, dentées supérieurement. Fleurs solitaires, latérales, assez grandes, veinées, roses, quelquefois blanches, formant sur les rameaux des sortes de longues grappes très-feuillées. Gousse ovale, jaunâtre, ne dépassant pas le calice et contenant 2-4 graines ovoïdes, brunes, tuberculeuses. — Plante de 2-5 décimètres, à racine fortement pivotante, non drageonnante ; à tige ligneuse inférieurement, rameaux ascendants, épineux, plus ou moins velus-glanduleux, annuels. Commun aux bords des routes, sur les terrains vagues et sur les pâturages de toute la France. Flor., juin-juillet.

6. Bugrane des anciens. ONONIS ANTIQUORUM. LIN.

Espèce voisine de la précédente, dont elle se distingue par les feuilles obovales, les fleurs et les gousses beaucoup plus petites, ces dernières lenticulaires, monospermes. — Sous-arbrisseau à tiges plus grêles, flexueuses, armées d'épines plus fines. Lieux secs de la région méditerranéenne en France et en Corse. Flor., juin-juillet.

7. Bugrane rampante. ONONIS REPENS. LIN. Arrête-Bœuf.
Feuilles courtement pétiolées, trifoliolées inférieurement, unifoliolées supérieurement, pubescentes-glanduleuses ; folioles obovales, dentées. Fleurs solitaires, latérales, assez grandes, roses et veinées, formant sur le rameau une sorte de grappe allongée, feuillée. Gousse ovale, pubescente-glanduleuse, jaunâtre à la maturité, plus courte que le calice, contenant une ou deux graines brunes. — Plante vivace, velue, très-glanduleuse, fétide, à racines fortes et rameuses, longuement traçantes et drageonnantes, à tiges couchées, ligneuses et radicantes à la base, redressées au sommet, inermes ou peu épineuses, annuelles. Commune dans les champs, les terres en friche de toute la France, surtout dans les sols argilo-calcaires. Flor., juin-juillet.

Les racines, robustes et allongées, de la bugrane rampante envahissent parfois les terres, et dans les sols sablonneux peuvent s'enfoncer jusqu'à 5 mètres de profondeur. C'est de la difficulté à les trancher avec le soc de la charrue lors des labourages, que vient le nom d'arrête-bœuf sous lequel ce végétal est souvent connu.

GENRE X. — ÉRINACÉE. *ERINACEA. Clus.*

Calice persistant, longuement tubuleux, à 5 dents courtes, presque égales, finalement vésiculeux. Pétales longuement onguiculés; style arqué; stigmates en tête; gousse oblongue, saillante, oligosperme, à graines non caronculées. — Arbrisseaux à feuilles unifoliolées, épineux.

Bois. — Bois identique à celui des sarothamnes.

Érinacée épineuse. ERINACEA PUNGENS. BOISS. *Anthyllis erinacea. Lin.*
Feuilles unifoliolées, très-caduques, courtement pétiolées, linéaires, velues-soyeuses, opposées, sauf la supérieure, qui est alterne. Fleurs d'un bleu rougeâtre, solitaires ou réunies 2 ou 3 sur un court pédoncule axillaire ; calice muni de pols appliqués, à tube ovale, enflé. Gousse de 20 mill. sur 5, brune, couverte de poils appliqués, contenant 4-6 graines ovales, comprimées, olivâtres, luisantes. — Sous-arbrisseau de 1-2 décimètres de hauteur, à tige tortueuse, très-rameuse, trichotome, à rameaux verts, striés, très-serrés, étalés, dressés, fortement épineux, à peine feuillés, formant un buisson touffu, hérissé d'épines de toutes parts. Pyrénées-Orientales, Corse, Algérie. Flor., mai.

GENRE XI. — CALYCOTOME. *CALYCOTOME. Link.*

Calice ovoïde, couronné par 5 petites dents, complétement clos dans le bourgeon et se rompant circulairement par le milieu au moment de la floraison; étendard dressé, carène recourbée; style arqué; gousse comprimée, à suture ventrale élargie et étroitement ailée de chaque côté, à graines non caronculées. — Sous-arbrisseaux très-épineux, à feuilles 3-foliolées, à fleurs jaunes.

Bois. — Bois identique à celui des sarothamnes.

A. Fleurs solitaires ou en faisceaux, au nombre de 2-4. Rameaux glabres . . . . C. ÉPINEUX. . 1
A'. Fleurs en faisceaux, au nombre de 8-15. Rameaux gris, couverts d'un duvet pulvérulent . . . . . . C. VELU. . . 2

1. Calycotome épineux. CALYCOTOME SPINOSA. LINK. *Spartium spinosum. Lin.* Cytise épineux; Arjalac.

Feuilles pétiolées, 3-foliolées, à folioles subsessiles, obovales, obtuses, glabres en dessus, pourvues en dessous de quelques petits poils appliqués. Fleurs assez grandes, jaunes solitaires ou fasciculées en petit nombre, 2-4, portées sur des pédicelles pourvus à leur extrémité d'une bractée trifide. Gousse de 35 mill. sur 8, aplatie, glabre, luisante et noire à la maturité, à suture ventrale seule étroitement ailée. — Sous-arbrisseau de 1m,50-2 mètres, à tige dressée, tortueuse, très-rameuse, couverte d'une écorce gerçurée-membraneuse d'un brun rougeâtre, à rameaux et ramules glabres, striés, divariqués, transformés en épines très-aiguës et rigides. Lieux arides et montueux de la région méditerranéenne; Corse; très-commun en Algérie, où il peuple de vastes surfaces, mélangé aux palmiers nains et aux lentisques. Flor., mai-juin.

Bois. Rayons égaux, extrêmement minces; vaisseaux égaux, fins, ne formant pas de zone poreuse au bord interne, produisant avec le parenchyme ligneux des groupes qui représentent de petites lignes claires, hiéroglyphiques. Bois lustré, à aubier et bois parfait distincts, ce dernier jaune brunâtre; accroissements peu discernables.

2. Calycotome velu. CALYCOTOME VILLOSA. LINK. *Cytisus lanigerus. DC.*

Se distingue du précédent par ses feuilles velues-soyeuses en dessous, par ses fleurs fasciculées en plus grand nombre, 8-15, vers les extrémités des rameaux, et dont les pédicelles sont accompagnés d'une bractée presque entière; par ses calices velus; par ses gousses, enfin, de 25-30 mill. sur 7, très-velues, largement ailées-ondulées sur la suture ventrale, étroitement ailées sur la dorsale. — Sous-arbrisseau de 1 mètre environ de hauteur, à tige dressée, très-rameuse, à rameaux striés, légèrement gris-tomenteux, divariqués, spinescents. Corse, Algérie. Flor., avril.

GENRE XII. — ANTHYLLIDE. *ANTHYLLIS. Lin.*

Calice persistant, tubuleux, bordé de 5 dents presque égales; étendard dressé; gousse incluse, 1-2-sperme; graine non caronculée. — Plantes herbacées annuelles ou vivaces et sous-arbrisseaux à feuilles 1-3-foliolées ou imparipennées.

A. Feuilles 1-3-foliolées; à foliole terminale plus grande que les latérales.
- B. Feuilles le plus souvent 3-foliolées; foliole terminale grande, ovale . . . . . . A. FAUX-CYTISE. . . . 1
- B'. Feuilles le plus souvent 1-foliolées; foliole linéaire . . . . A. HERMANNIA. . . . 2

A'. Feuilles imparipennées, 9-19 folioles égales. . . . . A. BARBE-DE-JUPITER . 3

1. Anthyllide faux-cytise. ANTHYLLIS CYTISOÏDES. LIN.

Feuilles généralement trifoliolées, grises, courtement pubescentes, à foliole terminale grande, ovale, lancéolée; fleurs jaunes, en petits capitules de 2 à 5 aux aisselles des feuilles supérieures, formant une grappe terminale dressée, étroite, allongée, interrompue; calice velu, à dents subulées. Gousse ovoïde. — Sous-arbrisseau cendré, à rameaux blancs-tomenteux, arrondis, dressés et feuillés, de $0^m,50$ au plus. Bords de la Méditerranée : Provence, Corse et Algérie. Flor., mai-juin.

2. Anthyllide Hermannia. ANTHYLLIS HERMANNIA. LIN.

Feuilles presque toujours unifoliolées; à foliole velue-soyeuse, linéaire, et à pétioles persistants. Fleurs jaunes, petites, réunies 3-8 en faisceaux, qui constituent une grappe très-interrompue aux extrémités des rameaux; calice couverts de poils appliqués, à dents triangulaires-subulées. Gousse atténuée aux deux extrémités. — Sous-arbrisseau de $0^m,40$ au plus, à tiges brunes, tortueuses, rameuses, subépineuses par la persistance des pétioles et des anciens rameaux. Alpes-Maritimes, Corse. Flor., juin-juillet.

3. Anthyllide Barbe-de-Jupiter. ANTHYLLIS BARBA-JOVIS. LIN.

Feuilles imparipennées, soyeuses-argentées, composées de 9-19 folioles égales, linéaires-oblongues; fleurs d'un jaune clair, réunies en grand nombre en capitules globuleux, serrés, disposés 1 à 4 au sommet des rameaux. Gousses oblongues-acuminées. — Arbrisseau de 1 mètre à $1^m,50$, blanc-soyeux, à tige dressée, brune, à rameaux tomenteux très-feuillés. Rochers de la Méditerranée; Provence, Corse, Algérie. Flor., mai-juin.

SECTION III. — *Étamines diadelphes (9 soudées, 1 libre), gousse déhiscente non articulée, feuilles imparipennées.*

GENRE XIII. — ROBINIER. *ROBINIA. Lin.*

Calice campanulé, presque bilabié, à 3 dents; stigmate terminal; gousse sèche, comprimée, polysperme, à suture ventrale épaissie. — Arbres à feuilles oppositi-imparipennées, alternes, dont les stipules sont souvent transformées en épines; à fleurs blanches ou roses, en grappes simples.

Bois. — Tissu fibreux très-dominant, à fibres fines dont les parois sont fortement épaissies et incrustées; rayons médiocrement épais, égaux, peu serrés, peu hauts; vaisseaux inégaux, gros et rapprochés dans la zone interne qu'ils rendent poreuse, fins et groupés, dans la zone moyenne et externe, en petits faisceaux espacés, entourés et réunis par du parenchyme ligneux, qui produit des taches ou des lignes plus claires, concentriques, arquées ou anguleuses, sans former de réseau. Bois lourd, dur, nerveux, jaune lustré, à peine maillé.

Robinier faux-acacia. ROBINIA PSEUDO-ACACIA. LIN.

Feuilles oppositi-imparipennées, à 5-12 paires de folioles entières, ovales ou elliptiques, aiguës, arrondies ou même légèrement échancrées à l'extrémité où elles sont mucronulées; d'un vert glauque en dessous, de consistance molle, finalement glabres; accompagnées sur les rameaux stériles de stipules transformées en fortes épines aiguës, comprimées, persistant pendant plusieurs années. Fleurs blanches très-odorantes, en grappes bien fournies, oblongues-cylindriques, pendantes, dont les pédoncules ne sont pas visqueux. Gousse de 80 mill. sur 12 mill., brune, un peu luisante, à suture ventrale trinerviée-carénée, contenant 10-12 graines ovoïdes-comprimées, d'un brun foncé luisant. — Arbre de grande taille, dont la tige, généralement divisée, se termine par une cime arrondie, ample, à branches étalées, dont l'écorce, brun roussâtre, est marquée de crevasses longitudinales larges et profondes, séparées par des côtes réticulées, lamelleuses-rugueuses. Très-souvent cultivé et l'une des rares espèces naturalisées, peut-être la seule, que la culture forestière se soit quelque peu appropriée. Flor., juin. Fructif., septembre. Dissémination, fin de l'hiver.

Origine. Originaire de l'Amérique du Nord, le robinier fut cultivé pour la première fois en France en l'an 1601, par J. Robin, en la mémoire duquel Linné créa le nom de Robinia. Au siècle dernier, on préconisa outre mesure les avantages que la culture du robinier devait réaliser; comme les résultats ne répondirent point entièrement aux espérances, une réaction inévitable s'ensuivit et on l'a depuis trop négligée.

Taille.

Le robinier a une grande longévité et peut atteindre 20-27 mètres d'élévation sur 2-3 mètres de circonférence, mais il lui faut pour cela l'isolement. Élevé en massif, il s'éclaircit de lui-même de très-bonne heure et ne parvient jamais à de grandes dimensions.

Fructification.

Cet arbre fructifie abondamment tous les ans; ses graines, comme celles de toutes les légumineuses, conservent longtemps leur faculté germinative, bien que les plus fraîches produisent, comme toujours, les plants les plus vigoureux. Le kilogramme en contient 52-56,000.

Germination.

Les graines germent 10-14 jours après le semis du printemps. Le jeune plant lève avec deux feuilles cotylédonaires, entières, semi-ovoïdes, et mesure déjà 25-50 centimètres de hauteur au bout d'un an. La végétation

Croissance.

est très-rapide dans les premières années et la période de plus forte croissance, pour des arbres isolés, va de 25-45 ans, en moyenne. Le maximun de production est bien plus promptement atteint sur une surface donnée, en raison de l'éclaircissement qui s'opère et du ralentissement de végétation que l'état de massif occasionne.

Enracinement.

La racine du robinier est d'abord profondément pivotante; mais elle s'oblitère rapidement et produit de très-longues et grêles racines latérales traçantes qui drageonnent sur tout le parcours et assurent la perpétuité des taillis. Les jeunes souches produisent des rejets vigoureux.

Sols.

Tous les sols lui conviennent; il préfère ceux qui sont légers et un peu frais; mais il prospère encore sur les terrains sablonneux secs.

Bourgeons.

Les bourgeons du robinier ne sont point apparents; à chaque aisselle, entre les stipules, se trouve une cavité tapissée de toutes parts de poils serrés et roussâtres, qui, après la chute de la feuille, s'ouvre généralement par une petite fente. C'est dans son intérieur que se développent, non pas un seul bourgeon comme c'est le cas habituel, mais 2-5 bourgeons très-petits, nus, superposés de telle sorte que le plus élevé est le mieux développé et dont l'évolution printanière est très-tardive. C'est sans doute là une des causes de la rusticité du tempérament de ce végétal.

La tige et les rameaux s'épuisent à leurs extrémités sans produire de bourgeons terminaux, et l'accroissement en hauteur se continue par les bourgeons axillaires supérieurs; aussi la tige ne se prolonge pas dans la cime, mais s'y partage en quelques grosses branches principales.

Épines. Les branches stériles et les rejets du robinier sont armés de robustes épines qui proviennent de la transformation des stipules et sont disposées, comme ces dernières, de chaque côté de la base de la feuille. Ces épines sont presque en totalité formées de tissu subéreux et ne communiquent au système fibro-vasculaire du rameau que par un faisceau extrêmement grêle qui est à leur base; aussi sont-elles peu adhérentes et se rapprochent-elles beaucoup de la structure des aiguillons. Elles présentent un grand obstacle à l'exploitation.

Couvert. Le feuillage est léger, et, comme les massifs ne sont jamais serrés, il en résulte que le robinier ne couvre pas le sol, qu'il lui donne peu de détritus, emportés encore la plupart du temps par les vents. Les branches sont très-fragiles et quand cet arbre s'élève dans des situations non abritées, il est constamment mutilé par les vents, le givre, la neige.

Tempérament. Le robinier est robuste et peut être élevé sans aucun abri; il convient à ce titre pour les reboisements, mais ses pousses mal aoûtées redoutent les gelées précoces de l'automne.

Écorce. L'écorce se dépouille, dès les premières années, de son enveloppe subéreuse et de son enveloppppe verte, et organise, dans les feuillets du liber, un périderme interne, produisant un rhytidome profondément gerçuré, dont l'épaisseur s'accroît notablement avec l'âge. On n'y trouve que quelques traces d'acide tannique.

Bois. Le bois du robinier faux-acacia a les accroissements

annuels très-distincts, l'aubier et le bois parfait nettement tranchés; le premier est blanc, mince, représenté par quelques couches seulement; le second est lustré, jaune ou jaune verdâtre; ce bois est, dès les premières années, lourd, dur, nerveux, élastique, d'une durée égale à celle du chêne, d'une résistance verticale supérieure d'un tiers à celle de ce dernier, ce qui le place au premier rang des bois de charronnage pour la fabrication des rais. Il est préférable à tous autres pour échalas, tuteurs, cercles, gournables (chevilles) employées dans les constructions maritimes; il se polit bien, peut être utilisé en menuiserie pour parquets, meubles, convient aux ouvrages de tour, etc.; il n'est point appliqué aux constructions, parce que les tiges sont rarement assez régulières pour qu'on en retire des pièces de grandes dimensions.

Le bois de robinier a, pour le travail, une valeur de beaucoup supérieure à celle des bois indigènes, tels que le chêne, l'orme, le frêne; il a une densité qui varie de 0,661 à 0,772 (*Coll. Éc. For.*).

D'après T. Hartig, du robinier de 30 ans, pesant 0,77 à l'état complétement sec, comparé à du hêtre de 30 ans, pesant 0,66 et dans le même état de dessiccation, a donné les résultats suivants pour la valeur calorifique.

		Poids égaux.	Vol. égaux.
Plus haut degré de chaleur	ascendante.	92 : 100	106,7 : 100
	rayonnante.	108 : 100	125 : 100
Durée de la chaleur croissante.	ascendante.	108 : 100	125 : 100
	rayonnante.	133 : 100	154 : 100
Durée de la chaleur décroissante	ascendante.	97 : 100	112,7 : 100
	rayonnante.	143 : 100	166 : 100
Total de la chaleur développée.	ascendante.	94 : 100	109 : 100
	rayonnante.	106 : 100	123 : 100
Eau vaporisée		100 : 100	116 : 100

C'est donc un excellent combustible, qui produit une chaleur vive, très-longtemps soutenue et qui convient tout particulièrement au chauffage par foyers ouverts, en raison de la très-grande proportion de sa chaleur rayonnante.

De tout ce qui vient d'être dit, il résulte clairement que la production du robinier ne saurait être avanta- Utilité du robinier geuse en futaie, qu'elle peut l'être beaucoup en taillis à courte révolution; que cet arbre est très-propre à fixer et à boiser les sables mouvants, à maintenir les terrassements des travaux d'art.

Produits accessoires. Les feuilles, vertes ou sèches, fournissent un bon fourrage. On peut en obtenir des matières tinctoriales jaunes.

La séve a une saveur sucrée prononcée, analogue à celle de la réglisse; mais elle contient en outre, au moins dans la racine, un principe vénéneux produisant des symptômes analogues à ceux de l'empoisonnement par les baies de belladone.

GENRE XIV. — BAGUENAUDIER. *COLUTEA. Lin.*

Calice campanulé à 5 dents; étendard grand, dressé; stigmate latéral; gousse enflée-vésiculeuse, herbacée-membraneuse, polysperme. — Arbrisseaux non épineux, à feuilles imparipennées et à fleurs jaunes; offrant souvent à chaque aisselle 2 bourgeons superposés, dont l'inférieur est le plus petit.

Bois. — Bois blanc jaunâtre, à très-minces accroissements; rayons fins, égaux, assez serrés; vaisseaux moyens, formant une mince ligne poreuse au commencement de chaque couche, devenant fins au bord interne, où ils sont associés à du parenchyme ligneux et forment de petites lignes ou de petites taches de couleur plus claire.

Baguenaudier arborescent. COLUTEA ARBORESCENS. LIN.

Feuilles oppositi-imparipennées, à 3-6 paires de folioles obovales, obtuses ou échancrées à l'extrémité, glabres et légèrement revêtues de poils courts et appliqués en dessus, glauques en dessous. Fleurs axillaires, grandes, jaunes, formant, au nombre de 2-6, une grappe longuement pédonculée, plus courte néanmoins que la feuille. Gousse grosse, vésiculeuse, éclatant avec explosion quand on la presse entre les doigts, contenant 20-30 graines lenticulaires, lisses, brunes. — Arbrisseau de 3-5 mètres, à tige droite, rameuse, dont l'écorce est gris ou brun verdâtre, lisse ou légèrement fibreuse. Forêts montueuses à sol sec et calcaire, aux expositions chaudes, en Lorraine, Champagne, Bourgogne, dans le Lyonnais, le Dauphiné, la Provence, les Cévennes, etc., Algérie dans l'Atlas. Souvent cultivé dans les jardins d'agrément. Flor., mai-juin.

SECTION IV. — *Étamines diadelphes ; gousse indéhiscente, articulée, se divisant en articles transversaux monospermes ; feuilles oppositi-imparipennées.*

GENRE XV. — CORONILLE. *CORONILLA. Lin.*

Calice campanulé, court, à 5 dents, dont les 2 supérieures sont rapprochées ; carène aiguë, terminée en bec. Gousse articulée, grêle, cylindrique ou anguleuse. — Plantes herbacées, sous-arbrisseaux ou arbrisseaux.

Bois. — Rayons très-minces, égaux, nombreux ; vaisseaux de deux dimensions ; les uns, assez fins, formant une zone poreuse étroite au bord interne ; les autres, fins, associés à du parenchyme ligneux, produisant de petites taches ou lignes qui ont une tendance à former des arcs concentriques dans la région médiane et externe. Accroissements nettement distincts.

A. Ramules flexueux, non compressibles.
  B. Étendard à onglet deux fois aussi long que le calice . . . . C. ARBRISSEAU. . . . 1
  B'. Étendard à onglet aussi long que le calice.
    C. Stipules grandes . . . . C. A GRANDES STIPULES. 2
    C'. Stipules petites, linéaires-acuminées. C. GLAUQUE 3
A'. Ramules droits, effilés, compressibles, jonciformes . . . . C. JONCIFORME. . . . 4

1. Coronille arbrisseau. CORONILLA EMERUS. LIN. Coronille faux-séné ; Séné-bâtard.

Feuilles pétiolées, imparipennées, à 5-9 folioles pétiolulées, entières, obovales-arrondies ou un peu échancrées à l'extrémité, minces, glabres, glauques en dessous ; stipules petites, lancéolées, marcescentes. Fleurs jaunes, striées de pourpre sur l'étendard, réunies 2-3 à l'extrémité d'un pédoncule axillaire presque aussi long ou plus long que la feuille ; pétales à onglets allongés, grêles, deux fois aussi longs que le calice. Gousses de 5-10 centimètres, pendantes, grêles, presque cylindriques, se rompant peu nettement en 7-10 articulations, dont chacune contient une graine cylindrique-oblongue, noire. — Sous-arbrisseau de 1 mètre à 1^{m},50, entièrement glabre, à tiges dressées, rameuses, grises, à rameaux et ramules grêles, flexueux-noueux, verts et striés. Disséminé çà et là dans les bois, principalement sur les sols calcaires, dans la Lorraine, la Bourgogne, le Jura, le Lyonnais, le Dauphiné, la Provence, les Cévennes, les Pyrénées, la Gascogne, etc. Fréquemment cultivé dans les jardins d'agrément. Flor., mai-juin.

Le bois de cet arbrisseau est jaune de buis, un peu plus clair dans l'aubier, qui se distingue à peine.

2. Coronille à grandes stipules. CORONILLA VALENTINA. LIN. *C. stipularis. Lam.*

Feuilles imparipennées, de 7-9 folioles glauques, obovales-cunéiformes, échancrées à l'extrémité, pourvues de grandes stipules orbiculaires et caduques; fleurs jaunes, très-odorantes le soir, disposées 6-12 sur un axe deux fois au moins aussi long que la feuille; onglet de l'étendard égal au calice, mais non plus long. Gousse 4-7-articulée, à articles 4-angulaires. — Arbrisseau de 0m,70 au plus, très-glauque, glabre, à tiges dressées, rameuses. Alpes-Maritimes, Corse. Lieux pierreux, rochers. Flor., mai-août.

3. Coronille glauque. CORONILLA GLAUCA. LIN.

Feuilles imparipennées, à 5-7 folioles cunéiformes, obtuses ou un peu échancrées au sommet, un peu épaisses, très-glauques; stipules petites, libres, linéaires-acuminées, caduques, fleurs réunies 5-8 sur un pédoncule axillaire deux fois aussi long que la feuille, jaunes, odorantes, dont les pétales ont l'onglet égal au calice. Gousses de 12-18 mill., pendantes, se désarticulant aisément en 2-3 articles 4-angulaires, dont chacun contient une graine brune, linéaire-oblongue, comprimée. — Sous-arbrisseau très-glabre, glauque, touffu. Environs de Narbonne, de Montpellier, etc. Flor., juin-juillet.

4. Coronille jonciforme. CORONILLA JUNCEA. LIN.

Feuilles imparipennées, à 3-7 folioles écartées, linéaires-oblongues, cartilagineuses-transparentes sur les bords. Fleurs réunies 7-8 sur un pédoncule axillaire grêle, terminé en pointe au sommet; jaunes, à onglets égaux au calice. Gousses de 15-25 mill., pendantes, tétragones, se rompant en 2-7 articles 4-angulaires, dont chacun contient une graine linéaire-oblongue, brune. — Sous-arbrisseau de 1 mètre au plus, glabre et glauque, très-rameux, à rameaux jonciformes, lisses, peu feuillés. Collines de la Provence; Algérie. Flor., mai-juin.

FAMILLE XVIII.

CÉSALPINIÉES. R. BROWN.

Fleurs hermaphrodites, dioïques ou polygames; calice à 5 divisions; corolle papilionacée, ou presque régulière, ou nulle; 5-10 étamines libres, à anthères introrses, biloculaires, longitudinalement déhiscentes. Un seul carpelle libre, produisant une gousse; graines peu ou point albuminées, à embryon droit. — Famille provenant, avec la précédente, du démembrement des légumineuses; représentée le plus souvent par des espèces ligneuses, abondamment répandues dans toutes les régions chaudes du globe ; produisant des bois lourds, durs, vivement colorés, d'où l'on extrait des matières tinctoriales et que l'on utilise en charpenterie, en menuiserie et en ébénisterie. Deux espèces seulement, à feuilles simples ou composées, alternes, stipulées, appartiennent à la flore de la France et se rencontrent sur le littoral de la Méditerranée.

A. Feuilles simples, caduques ; fleurs papilionacées ; gousse sèche, déhiscente par une suture . . Gaînier . . . 1
A'. Feuilles paripennées, persistantes ; corolle nulle ; gousse pulpeuse, indéhiscente . . . . . . Caroubier. . . 2

GENRE I. — GAINIER. *CERCIS. Lin.*

Fleurs hermaphrodites ; calice caduc, urcéolé, à 5 dents ; corolle papilionacée, de 5 pétales libres ; 10 étamines libres ; gousse très-comprimée, polysperme. — Arbre à feuilles simples, entières, caduques, à l'aisselle desquelles on trouve parfois 2 bourgeons superposés, dont l'inférieur est le plus petit.

Bois.—Tissu fibreux peu serré, à parois peu épaisses ; rayons sensiblement inégaux, minces et très-minces, courts, très-nombreux ; vaisseaux inégaux, assez gros et rapprochés dans la zone interne, qu'ils rendent poreuse, devenant fins et très-fins vers la zone externe ; isolés ou groupés 2-9 et associés à du parenchyme ligneux assez apparent, qui dessine avec eux des lignes claires concentriques, ondulées, plus ou moins interrompues. Aubier et bois parfait très-distincts.

Gaînier arbre de Judée. Cercis Siliquastrum. Lin.
Feuilles simples, pétiolées, palmati-nerviées, réniformes-arrondies, mates, glabres. Fleurs roses ou blanches, paraissant avant les feuilles, assez longuement pédicellées, en faisceaux serrés le long des branches et de la partie supérieure du tronc, à étendard plus court que les autres pétales. Gousse de 7-10 centimètres sur 15 millimètres, d'un brun-rouge, trinerviée sur la suture ventrale, contenant 10-14 graines ovoïdes, noires. — Arbre de 5-8 mètres de hauteur, dont la tige est irrégulière et recouverte d'une écorce noirâtre, à gerçures fines, profondes, serrées, longitudinales et transversales ; rameaux flexueux. Région méditerranéenne ; fréquemment cultivé comme arbre d'ornement. Flor., avril-mai.

Bois.

Le bois de l'arbre de Judée a les accroissements distincts, l'aubier blanc, peu abondant ; il est jaune brunâtre à l'état parfait ; il n'est point aussi lourd et aussi dur que celui de la plupart des espèces de la famille ; complètement desséché à l'air, il pèse 0,626-0,663 (*Coll. Éc. For.*). La rareté de cet arbre, les petites dimensions et l'irrégularité de sa tige lui enlèvent tout intérêt forestier.

GENRE II. — CAROUBIER. *CERATONIA. Lin.*

Fleurs polygames ou dioïques ; calice petit, 5-partite, caduc ; corolle nulle ; étamines 5, libres, opposées aux divisions du calice ; carpelle arqué ; stigmate sessile. Gousse épaisse et coriace, remplie d'une substance pulpeuse ; indéhiscente, polysperme. — Arbre à feuilles paripennées, persistantes.

Bois. — Tissu fibreux serré, à parois épaissies, très-dominant ; rayons presque égaux, très-minces, courts, nombreux. Vaisseaux égaux, assez gros, isolés ou réunis par 2-4, entourés d'une auréole de tissu plus clair et plus mou de parenchyme ligneux, peu abondants et uniformément répartis du bois de printemps au bois d'automne sans affecter aucune disposition réticulée ou autre. Aubier et bois parfait très-distincts.

Caroubier commun. CERATONIA SILIQUA. LIN.

Feuilles composées de 6-10 folioles coriaces, ovales, obtuses ou échancrées au sommet, entières, vertes et luisantes en dessus, plus pâles et mates en dessous ; nervures secondaires pennées, droites, parallèles, serrées, alternativement plus longues et réunies deux à deux à l'extrémité par des ramifications latérales. Fleurs très-petites, nombreuses, en grappes cylindriques dressées, axillaires, courtement pédonculées ; calice rouge ; étamines étalées, à filets allongés. Gousse de 10-20 centimètres sur 1-2, pendante, flexueuse, épaisse, à pulpe intérieure sucrée, contenant 12-16 graines ovoïdes-comprimées, brunes. — Arbre peu élevé, à tronc épais, cime étalée-arrondie, écorce lisse et mince, d'un brun rougeâtre clair. Rochers des bords de la Méditerranée en Provence (Nice, Villefranche, Menton), Corse, Algérie. Flor., août-septembre-octobre. Fructif., juillet-août de l'année suivante.

Origine. Le caroubier, originaire de l'Orient, s'est naturalisé sur tout le littoral de la Méditerranée ; il est trop rare en France pour y être de quelque importance, mais il en acquiert dans les contrées où il devient commun, en Espagne et en Algérie. Il peut s'élever à 16-20 mètres, et atteindre 3 mètres de circonférence.

Taille. Il croît dans tous les terrains, pourvu qu'ils ne soient pas marécageux ; il repousse abondamment de souche, a une longévité considérable, un couvert épais.

Le bois du caroubier a l'aubier blanc jaunâtre assez abondant; il se colore d'un joli rouge rosé et veiné à l'état parfait; malgré l'homogénéité de sa structure, on y reconnaît assez bien la succession des accroissements, par la nuance plus claire du bois de printemps et par un trait fin qui se remarque à la limite de chacun d'eux. C'est un bois dur, lourd, susceptible d'un beau poli, bon pour la fente, recherché par le charronnage, la menuiserie, l'ébénisterie, mais qui dure peu exposé à l'humidité. Complétement desséché à l'air, il a pour densité 0,827-0,908 (*Coll. Éc. For.*). Il fournit un bon combustible et l'on en obtient un charbon très-estimé. Bois.

Le fruit, connu sous le nom de caroube, se récolte avec soin; la pulpe en est sucrée, nutritive, surtout rafraîchissante, et, comme telle, recherchée par les habitants des contrées méridionales; mais sa plus grande utilité est de servir à la nourriture des bestiaux, des porcs, et même de tenir lieu d'orge ou d'avoine pour les chevaux. Produits accessoires.

L'écorce et les feuilles fournissent du tan.

FAMILLE XIX.

AMYGDALÉES (*Rosacearum tribus*). JUSS.

Fleurs hermaphrodites, régulières ; calice gamosépale, à 5 divisions, libre, caduc; corolle rosacée, périgyne; étamines 20-25, insérées avec les pétales; anthères introrses, biloculaires, longitudinalement déhiscentes. Ovaire formé d'un seul carpelle libre, bi-ovulé, style simple. Fruit apocarpé, charnu, à noyau (drupe), creusé d'un sillon qui représente la suture ventrale, monosperme par avortement. Graines non albuminées. — Arbres ou arbrisseaux, parfois épineux par transformation de rameaux, à feuilles alternes, simples, dentées, éparses, penninerviées, dont les nervures secondaires sont droites, parallèles, rameuses et réunies au sommet ; à stipules caduques, bourgeons spiralés, écailleux, dont les écailles sont imbriquées.

Bois. — Bois identiques dans toute la famille, lourds, durs, colorés de rouge-brun et veinés au cœur ; finement maillés, sujets à se gercer et à se tourmenter. Fibres à parois épaisses, entremêlées de quelques cellules ligneuses (non reconnaissables à la loupe); vaisseaux fins, plus serrés et un peu plus gros au commencement de chaque couche, où ils forment une zone poreuse, étroite ou assez large, qui rend les accroissements ligneux distincts; isolés ou groupés, au nombre de 2-8 au plus, en petits faisceaux simples, uniformément épars ou ayant une tendance à se disposer en lignes périphériques ou obliques. Rayons visiblement inégaux, moyens et minces, peu hauts.

L'écorce des amygdalées est formée à la surface d'un périderme gris- ou brun-lustré, très-coriace, qui s'accroît et s'enlève par couches minces, transversales, dans le genre de celui du bouleau. Elle reste lisse et vive pendant longtemps et ce n'est qu'à un âge avancé, et vers le pied seulement, qu'un périderme libérien s'organise et produit un rhytidome noirâtre, longitudinalement gerçuré.

Les amygdalées contiennent dans l'amande de leurs fruits, et quelquefois dans les feuilles et les jeunes écorces, de l'acide cyanhydrique et de l'essence d'amandes amères; on trouve aussi dans ces amandes une huile grasse très-douce. Les tiges et les branches excrètent souvent en abondance une gomme (cérasine), presque identique à la gomme arabique, imparfaitement soluble, se gonflant beaucoup dans l'eau, se dissolvant néanmoins par une ébullition prolongée. Cette gomme, qui est le résultat d'un état pathologique, sert en chapellerie à apprêter les feutres.

Les genres de la famille très-naturelle des amygdalées, créés par l'usage et en quelque sorte imposés par lui à la nomenclature, ne reposent que sur des caractères peu importants et devraient, à la rigueur, être confondus en un seul ou en deux au plus. Ce sont eux qui, réunis à ceux de la famille des Pomacées, sont désignés collectivement, en langage forestier, sous la dénomination de Fruitiers.

Ennemis. Les amygdalées et pomacées sont exposées, dans chacun de leurs organes, aux attaques de nombreux ennemis parmi les insectes; les dégâts causés sont souvent considérables et compromettent, dans les jardins et les vergers, la récolte des fruits. Rarement ils deviennent importants dans les forêts, où les fruitiers ne jouent jamais qu'un rôle subordonné.

Les espèces les plus nuisibles se répartissent comme il suit :

DÉGATS EXTÉRIEURS.

Jeunes pousses.

Un petit coléoptère curculionite, noir, le *Rhynchite conique* (*Rhynchites conicus. Hbst.*) coupe, à l'état parfait, les jeunes pousses au moment où elles se développent ; on l'appelle souvent coupe-bourgeon.

Fleurs.

Divers curculionites du genre *Anthonome* (*Anthonomus pomorum. Sch.*; *A. pyri. Sch.*; *A. cerasi. Sch.*), vivent, à l'état de petites larves apodes, dans l'intérieur des fleurs et en ravagent les divers organes.

Feuilles.

Parmi les COLÉOPTÈRES, diverses espèces de *Hannetons*, communes à la plupart des végétaux feuillus, détruisent les feuilles des fruitiers.

Parmi les HYMÉNOPTÈRES, quelques *Tenthrédines* sont aussi fort nuisibles et tout particulièrement :

La *Tenthrède à écusson* (*Tenthredo* (*Lyda*) *clypeata. Klug.*), dont les fausses chenilles, à 8 pattes, vivent en société dans une bourse lâche, soyeuse.

La *Tenthrède limace* (*Tenthredo* (*Allantus*) *adumbrata. Klug.*), dont la fausse chenille, pourvue de 22 pattes, est gluante et appliquée sur les feuilles des poiriers et des pommiers dont elle ronge l'épiderme et le parenchyme sans toucher aux nervures.

La *Tenthrède du cerisier* (*Tenthredo* (*Allantus*) *cerasi. Lin.*), dont la larve, semblable à celle de la précédente espèce, vit de la même manière sur les feuilles des cerisiers et pruniers.

Parmi les **LÉPIDOPTÈRES**, on cite de nombreuses espèces et principalement :

La *Piéride gazée* (*Pieris cratægi. Lin.*) ; chenille à 16 pattes, passant l'hiver dans des bourses à l'extrémité des branches.

La *Vanesse grande-tortue* (*Vanessa polychloros. Lin.*); chenilles à 16 pattes, couvertes d'épines rameuses.

Le *Bombyce livrée* (*Bombyx neustria. Lin.*) ; chenilles à 16 pattes, uniformément poilues, marquées de raies longitudinales, dont la médiane est blanche ; œufs en bague autour des rameaux.

Le *Bombyce laineux* (*Bombyx lanestris. Lin.*) ; chenilles à 16 pattes, uniformément poilues, finement tuberculeuses.

Le *Bombyce disparate* (*Bombyx* (*Liparis*) *dispar. Fab.*) ; chenilles à 16 pattes, couvertes de tubercules assez gros, surmontés de faisceaux de poils ; les deux premiers tubercules derrière la tête plus grands que les autres.

Le *Bombyce cul-brun* (*Bombyx* (*Liparis*) *chrysorrhea. Lin.*) ; chenilles à 16 pattes, couvertes de tubercules tous égaux, surmontés de poils fasciculés ; passant l'hiver dans une bourse.

Le *Bombyce cul-doré* (*Bombyx* (*Liparis*) *auriflua. Fab*), très-voisin du précédent, mais moins abondant et moins redoutable.

Le *Bombyce antique* (*Bombyx* (*Orgya*) *antiqua. Lin.*) ; chenilles à 16 pattes, poilues avec des poils en brosse et en pinceaux.

Le *Bombyce tête-bleue* (*Bombyx* (*Diloba*) *cæruleocephala. Lin.*) ; chenilles à 16 pattes, finement tuberculeuses, dont chaque granulation est surmontée d'un poil court assez raide.

Les *Noctuelle Psi* (*Noctua* (*Acronycta*) *Psi. Fab.*) et *Noctuelle trident* (*Noctua* (*Acronycta*) *tridens. Fab.*) ; chenilles à 16 pattes, poilues, offrant sur le 4e segment une éminence charnue, conique, et sur le 11e une gibbosité pyramidale.

La *Noctuelle ambiguë* (*Noctua* (*Orthosia*) *ambigua.*

Hubn.), dont la chenille est à 16 pattes, rase, marquée de 5 lignes longitudinales claires.

Les *Pyrales* ou *Tordeuses*, dont les chenilles, petites, vertes et roses, roulent, plient ou réunissent par des soies les feuilles au milieu desquelles elles vivent et dont elles se nourrissent, telles que :

La *Pyrale du cerisier* (*Tortrix cerasana. Hubn.*), qui roule les feuilles des cerisiers.

La *Pyrale blanc-de-céruse* (*Tortrix cerusana. Dup.*), qui vit dans les inflorescences ou entre les feuilles réunies par deux des cerisiers, pommiers et poiriers.

La *Pyrale contaminée* (*Tortrix contaminata. Hubn.*) et la *Pyrale holmoise* (*Tortrix holmiana. Lin.*), qui plient et lient ensemble les feuilles des poiriers, pommiers, pruniers.

La *Pyrale du prunier* (*Tortrix pruniana. Hubn.*), qui se tient entre les fleurs et les feuilles, liées en paquets, des pruniers, cerisiers et pommiers.

Les *Tinéides*, au nombre desquelles il faut citer :

La *Teigne du cerisier à grappes* (*Tinea padella. Lin.*), la *Teigne cousine* (*Tinea cognatella. Treitsch*), dont les chenilles blafardes, à 16 pattes, marquées de points noirs, vivent en société et enveloppent les rameaux et leurs feuilles d'un réseau de soie blanche ressemblant à de grandes toiles d'araignée.

Les *Phalènes* ou *Geomètres* enfin, reconnaissables à leurs chenilles à 10 pattes seulement :

Phalène hyémale (*Phalæna* (*Larentia*) *brumaria. Lin.*), chenille d'un rouge-brun sur le dos.

Phalène effeuillante (*Phalæna* (*Hibernia*) *defoliaria. Lin.*), dont la chenille est verte.

DÉGATS INTÉRIEURS.

Jeunes pousses.

La larve d'un hyménoptère tenthrédine, la *Tenthrède comprimée* (*Tenthredo* (*Cephus*) *compressa. Fab.*), creuse et dessèche les jeunes pousses des poiriers; elle a 8 pattes.

Fruits.

Les fruits des amygdalées et pomacées sont souvent véreux; les vers ou larves qui les rongent appartiennent à diverses espèces :

Rhynchite Bacchus (*Rhynchites Bacchus. Sch.*); larve apode, blanche, déterminant la chute prématurée des fruits, surtout des poires.

Pyrale des pommes (*Tortrix pomonana. Hubn.*); larve à 16 pattes, rougeâtre très-clair, dans les pommes et les poires mûres.

Pyrale des prunes (*Tortrix funebrana. Treitsch.*); larve à 16 pattes, dans les prunes.

Quelques DIPTÈRES s'ajoutent aux précédentes espèces :

Cécidomye noire (*Cecidomya nigra. Meig.*), et *Sciare des poires* (*Sciara pyri. Schmidb.*), rongent, à l'état de larves blanches, apodes, les jeunes poires, qui n'arrivent pas à maturité.

Ortalis des cerises (*Ortalis cerasi. Meig.*), dont la larve, sous forme d'un petit ver blanc, apode, est extrêmement commune dans les cerises douces.

Tiges. — Entre l'écorce et le bois.

Pyrale de Wœber (*Tortrix wœberiana. Fab.*); la chenille, à 16 pattes, vit sous l'écorce des amygdalées et, en y creusant des galeries, détermine des écoulements gommeux.

Scolyte rugueux (*Eccoptogaster rugulosus. Koch.*), dont les larves apodes ouvrent des galeries rayonnantes, partant d'une galerie ovifère longitudinale, dans les pommiers, pruniers, cerisiers, etc.

Scolyte du prunier (*Eccoptogaster pruni. Ratz.*); galerie ovifère longitudinale et galeries des larves moins profondément gravées que celles de l'espèce précédente.

Scolyte du poirier (*Eccoptogaster pyri. Ratz.*); galerie ovifère transversale.

Tiges. — Dans l'intérieur du bois.

Cossus gâte-bois (*Cossus ligniperda. Fab.*) ; grosse chenille rouge, à 16 pattes, ouvrant des galeries en tous sens dans la tige.

Zeuzère du marronnier (*Zeuzera æsculi. Lin.*) ; chenille jaunâtre ponctuée de noir, à 16 pattes, ouvrant des galeries longitudinales, de haut en bas, dans les branches.

A. Feuilles condupliquées, c'est-à-dire pliées en deux suivant la nervure médiane dans le bourgeon.
  B. Drupe veloutée, à peine charnue, à sarcocarpe non comestible ; noyau sillonné sur les faces, contenant une grosse amande. . . . . . . AMANDIER. . . 1
  B'. Drupe charnue succulente.
    C. Noyaux anfractueux ; drupe glabre ou veloutée. PÊCHER. . . . 2
    C'. Noyau presque lisse ; drupe glabre et luisante, non efflorescente. . . . . CERISIER . . . 3
A'. Feuilles convolutées, c'est-à-dire enroulées suivant leur longueur ; noyau presque lisse.
  B. Drupe couverte d'une efflorescence glauque. . PRUNIER . . . 4
  B'. Drupe veloutée . . . . ABRICOTIER. . 5

GENRE I. — AMANDIER. *AMYGDALUS. Tournef.*

Drupe oblongue-comprimée, à peine charnue, à noyau sillonné sur les faces ; feuilles condupliquées.

Amandier commun. AMYGDALUS COMMUNIS. LIN.

Feuilles à pétioles glanduleux, oblongues-lancéolées, obtusément dentées, glabres, luisantes en dessus. Fleurs paraissant avant les feuilles, blanches ou roses, solitaires ou géminées le long des rameaux, subsessiles. Fruit velouté, vert à la maturité, à péricarpe irrégulièrement déhiscent. — Arbre de 8-12 mètres, à branches étalées, produisant chaque année deux générations de ramules nombreux, grêles, droits, flexibles, d'un vert clair et glabres. Originaire du Levant, de l'Algérie, où il forme un véritable bois dans les montagnes de l'Ouarenseris ; cultivé comme fruitier dans la région des oliviers et dans celle de la vigne ; subspontané dans la première. Flor., février-mars. Fructif., août-septembre.

Variétés. L'amandier commun a produit par la culture un grand nombre de variétés de fruits, doux, amers, à coque dure, à coque molle, etc., dont l'amande seule est comestible et que tout le monde connaît.

Bois. Le bois de cet arbre est remarquablement dur, lourd

et plein; il prend un très-beau poli; mais il est extrêmement raide et fort disposé à se gercer et à se tourmenter. L'aubier est blanc, peu épais, nettement limité; le bois parfait, brun-marron foncé et veiné, présente souvent cette particularité que la plus forte coloration de chaque couche correspond au bois de printemps. Les rayons sont médiocrement épais et produisent de fines et nombreuses maillures blanchâtres très-apparentes. Il pèse, 0,933-1,141 (*Coll. Éc. For.*).

Ce bois est employé en marqueterie; il est très-bon combustible.

GENRE II. — PÊCHER. *PERSICA. Tournef.*

Drupe globuleuse, charnue-succulente, glabre ou veloutée; noyau fortement anfractueux sur les faces; feuilles condupliquées dans le bourgeon.

Pêcher commun. PERSICA VULGARIS. MILL.

Feuilles à pétiole court, non glanduleux, lancéolées, aigûment dentées; fleurs d'un rose vif, paraissant avant les feuilles, solitaires ou géminées le long des rameaux, presque sessiles. Fruit charnu, succulent, jaunâtre, habituellement rouge sur une face, velouté (pêche) ou lisse et glabre (brugnon). — Petit arbre de 4-6 mètres, à ramules lisses et glabres, effilées, verts ou rougeâtres. Originaire de la Perse; cultivé en espalier ou en plein vent dans toute la France. Flor., mars. Fructif., août-septembre.

Le bois du pêcher ressemble beaucoup à celui de l'amandier, mais il est moins lourd, moins dur, moins coloré. Complétement desséché à l'air, il pèse 0,73 (*Coll. Éc. For.*). Il est employé en ébénisterie et en marqueterie.

GENRE III. — CERISIER. *CERASUS. Tournef.*

Drupe globuleuse, glabre et luisante, sans efflorescence glauque; noyau à peu près lisse sur les deux faces; feuilles condupliquées.

A. Fleurs fasciculées.
  B. Feuilles molles, pendantes, mollement velues en dessous; fruits doux, sucrés. C. MERISIER 1

B'. Feuilles fermes, luisantes, glabres ; fruits acides. . . . . C. A FRUITS ACIDES. . 2
A'. Fleurs en corymbes simples . . . . C. MAHALEB 3
A''. Fleurs en longues grappes simples. . . . C. A GRAPPES. . . . 4

§ I. *Fleurs fasciculées.*

1. Cerisier Merisier. CERASUS AVIUM. MŒNCH. *Prunus avium, Lin.* Ceriser des oiseaux ; cerisier des bois ; cerisier sauvage.

Feuilles herbacées, ovales ou obovales-acuminées, doublement dentées-glanduleuses, un peu plissées, d'un vert mat, plus claires et pubescentes en dessous ; pétioles munis vers le sommet de deux glandes rougeâtres. 2-6 fleurs fasciculées, longuement pédonculées, blanches, paraissant avec les feuilles, mais sortant de bourgeons dont les écailles ne deviennent jamais foliacées. Fruits globuleux, d'un rouge clair ou rouge noir, à saveur sucrée. — Grand arbre à tige droite, se prolongeant jusqu'à l'extrémité de la cime qui est pyramidale et dont la ramification peu abondante est formée par des rameaux divariqués-dressés, très-souvent subverticillés comme ceux d'un sapin ; à écorce gris-satiné. s'enlevant par lanières circulaires ; à racines pivotantes, non drageonnantes. Disséminé dans les bois montagneux de toute la France ; Algérie. Flor., avril-mai. Fructif., juin-juillet.

Malgré quelques opinions contraires, qui assignent à ce cerisier l'Asie pour patrie, on s'accorde généralement à le considérer comme indigène. Il est disséminé dans la plupart des forêts, mais n'y constitue jamais seul de peuplements étendus. Origine.

Le merisier peut, dans de bonnes conditions, atteindre, vers l'âge de 65-70 ans, 20-23 mètres d'élévation sur 1^{m},50-2 mètres de circonférence. La croissance en est assez active et, vers 40-50 ans, sa tige, à l'état d'isolement, égale au moins celle du hêtre en dimensions et en volume ; mais sa cime produit moitié moins de bois de branches, et, passé ce terme, il reste bien en arrière de cette essence. Taille. Croissance.

L'enracinement est puissant, composé de fortes et longues racines profondément enfoncées, non drageonnantes. Enracinement.

La floraison est abondante chaque année ; mais sa précocité l'expose aux gelées printanières et la fructification n'est pas constante et soutenue. Les noyaux, semés dès l'été, germent au printemps suivant. Les jeunes plants se développent avec deux feuilles cotylédonaires Fructification. Germination.

entières, lenticulaires, et s'accroissent lentement dans les premières années.

Station et sol. Le cerisier n'est pas exigeant sur le choix du terrain et prospère encore là où d'autres essences languissent ; il préfère néanmoins les terrains frais ou humides, de plaines ou de coteaux ; il s'étend, en montagne, jusque dans la zone du hêtre, mais sans la dépasser.

Bois. Le bois du cerisier est rouge brunâtre clair, veiné, légèrement maillé et luisant, avec l'aubier blanc, peu épais ; quand on le débite vert, il se colore vivement en rouge ocreux sur la section ; il est tenace, dur et lourd, et peut servir à de menues charpentes intérieures ; mais il s'altère rapidement à l'air. Sous l'action de l'eau de chaux, dans laquelle il est bon de le tenir plongé pendant 2-3 jours, ou de l'acide azotique, il prend une teinte d'un rouge assez vif qui rappelle celle de l'acajou. Recevant bien le poli, il est employé par les ébénistes et les menuisiers pour la confection des meubles, surtout par les tourneurs qui en fabriquent des bois de chaises et de fauteuils ; les luthiers et tabletiers en tirent aussi parti ; enfin, lorsqu'il est jeune, il fournit de bons cercles. La densité varie de 0,579 à 0,785 (*Coll. Éc. For.*).

D'après Werneck, la puissance calorifique du cerisier de 60-80 ans est à celle du hêtre de 120 ans, l'un et l'autre à l'état sec : : 78,3 : 100 pour des poids égaux. C'est donc un combustible de médiocre qualité.

Produits accessoires. L'écorce contient 10 pour 100 de tannin, d'après Gassicourt.

Le cerisier merisier, fréquemment cultivé comme arbre fruitier, paraît être la souche de tous les cerisiers à fruits doux et sucrés, guignes et bigarreaux ; c'est avec ses fruits que l'on fait le kirsch, dont le plus estimé s'obtient avec ceux du type sauvage ou peu modifié, de saveur sucrée-amère.

2. Cerisier à fruits acides. CERASUS ACIDA. GÆRTN. *Prunus Cerasus. Lin.*

Feuilles fermes, ovales-oblongues, acuminées, doublement dentées-glanduleuses, toujours glabres, luisantes, à pétiole le plus souvent non glanduleux. Fleurs fasciculées, paraissant avant les feuilles, sortant de bourgeons dont les écailles intérieures deviennent foliacées. Fruits globuleux, déprimés, rouges, acides. — Arbre peu élevé, de 7-8 mètres, à tête arrondie, branches étalées, rameaux et ramules effilés, étalés ou pendants, à racines traçantes, très-drageonnantes. Cultivé et quelquefois subspontané aux bords des bois. Flor., avril-mai. Fructif, juin-août.

Ce cerisier, originaire de l'Asie-Mineure, a produit de nombreuses variétés; il est considéré comme la souche de tous les cerisiers à fruits acides, tels que : cerises aigres, griottes, gobets, etc. Le bois est identique à celui du merisier, dont il se distingue par des taches médullaires brunes. (*Nördinger*).

§ II. *Fleurs en corymbes simples.*

3. Cerisier Mahaleb. Cerasus Mahaleb. Mill. *Prunus Mahaleb. Lin.* Bois de Sainte-Lucie; Quénot; Malagué.

Feuilles pétiolées, ovales-arrondies, courtement acuminées, un peu cordiformes à la base, finement et obtusément dentées-glanduleuses, glabres, fermes, luisantes sur les deux faces, plus claires en dessous. Fleurs paraissant avec les premières feuilles, blanches, très-odorantes, disposées 4-6 en corymbes simples, dressés, légèrement feuillés à la base. Drupe petite, ovoïde-globuleuse, de la taille d'un pois, acerbe, noire. — Arbrisseau drageonnant, très-rameux, à rameaux nombreux, étalés, dont l'écorce est d'un brun cendré luisant, circulairement zonée. Coteaux pierreux et rocheux des terrains calcaires dans toute la France. Flor., mai. Fructif., juillet-août.

Le cerisier mahaleb peut atteindre 3 ou 4 mètres de hauteur et même devenir un petit arbre de 10-12 mètres. Malgré ses faibles dimensions et la lenteur de sa croissance, il n'est pas dépourvu d'intérêt par l'aptitude qu'il a de prospérer dans les terrains calcaires les plus secs et jusque dans les fentes des rochers. Taille. Sol.

Le bois a les vaisseaux et les rayons fins; les premiers, à peine plus gros au bord interne, ont une tendance à se disposer suivant des zones concentriques qui subdivisent chaque couche annuelle. Il est dur, lourd, homogène, blanchâtre dans l'aubier, rougeâtre clair à l'état parfait; d'un grain très-fin et susceptible d'un beau poli; les accroissements en sont peu distincts. Il a une odeur vive et agréable, qu'il conserve très-longtemps et qui le fait reconnaître de suite. Il est employé pour de menus ou- Bois.

vrages de tour et d'ébénisterie. Les jeunes rameaux, lorsqu'ils sont droits, sont recherchés pour tuyaux de pipes.

La densité de ce bois varie de 0,836 à 0,842 (*Coll. Éc. For.*).

§ III. *Fleurs en longues grappes simples.*

4. Cerisier à grappes. CERASUS PADUS. DC. *Prunus Padus. Lin.* Putier; Bois puant.

Feuilles grandes, pétiolées, à pétiole biglanduleux au sommet, obovales-acuminées ; finement et très-aigûment dentées, non glanduleuses, d'un vert sombre, glabres, un peu rugueuses et non brillantes en dessus, plus pâles et même glauques et pubescentes aux aisselles des nervures en dessous. Fleurs blanches, odorantes, en longues grappes simples, cylindriques, pendantes, feuillées à la base. Drupes globuleuses, de la grosseur d'un pois, noires, acerbes. — Arbrisseau ou petit arbre de 8-10 mètres, à rameaux étalés, peu nombreux, presque verticillés, dont l'écorce, à peine zonée circulairement, est brune ou brun verdâtre, ponctuée de blanc sur les rameaux ; noirâtre, luisante et longitudinalement gerçurée avec l'âge sur la tige ; racines traçantes, drageonnantes. Bois humides du nord, du nord-est, de l'est et du centre de la France, particulièrement sur les terrains siliceux ou granitiques ; devient rare dans le midi ; commun néanmoins dans les Pyrénées. Flor., mai. Fructif., juin.

Bois. Le bois de ce cerisier ressemble assez à celui du cerisier des oiseaux, mais l'aubier en est plus abondant, le cœur d'un rougeâtre plus clair ; il exhale, ainsi que toutes les parties de la plante, surtout à l'état vert, une odeur désagréable.

Il pèse, complétement desséché à l'air, 0,637-0,693 (*Coll. Éc. For.*).

On plante fréquemment le cerisier à grappes dans les jardins d'agrément.

GENRE IV. — PRUNIER. *PRUNUS. Lin.*

Drupe globuleuse ou oblongue, succulente-charnue, glabre, couverte d'une efflorescence glauque ; noyau presque lisse ou finement rugueux sur les faces ; feuilles convolutées. — Petits arbres ou arbrisseaux, parfois épineux, à fleurs blanches, dont le bois se distingue de celui des cerisiers par une coloration plus vive, des rayons plus épais, des maillures plus prononcées, une dureté et une densité supérieures.

A. Jeunes pousses glabres.
B. Fleurs fasciculées par 2-5. Fruit globuleux, jaunâtre, de la grosseur d'une prune de reine-claude. . . . . P. de Briançon. . 1
B'. Fleurs géminées; fruit oblong, rougeâtre ou violet . . . . P. domestique . . 2
A'. Jeunes pousses pubescentes.
B. Fleurs le plus souvent géminées, à pédoncules pubescents-tomenteux ; fruit globuleux, gros comme une prune mirabelle . P. sauvage . . . 3
B'. Fleurs le plus souvent solitaires, à pédoncules glabres ou à peine pubescents; fruit globuleux, bleuâtre, de la taille d'un pois à celle d'une petite cerise. . . . . . . P. épineux. . . . 4

1. Prunier de Briançon. Prunus brigantiaca. Vill. Prunier des Alpes.

Feuilles largement ovales, acuminées, subcordiformes à la base, doublement et aigûment dentées, luisantes et glabres, pubescentes en dessous sur les nervures; stipules linéaires, glabres. Fleurs petites, subsessiles, paraissant avant les feuilles, par faisceaux de 2-5, le long des rameaux ; calice glabre en dedans. Fruit ovale-globuleux, jaunâtre clair, acide, de la grosseur d'une prune de reine-claude, à noyau presque lisse. — Arbrisseau de 2-5 mètres, recouvert d'une écorce d'un roux-brun, à rameaux étalés, non épineux, ramules lisses, glabres, verdâtres. Commun dans les Alpes granitiques, vers 1,500-1,700 mètres d'altitude, particulièrement dans le Briançonnais, la Maurienne et le Grésivaudan; se retrouve dans les Alpes maritimes. Flor., mai. Fructif., septembre.

On retire des amandes de ce prunier une huile comestible légèrement amère, connue dans le pays sous le nom d'huile de marmotte. La densité du bois est de 0,922 (*Coll. Éc. For.*).

2. Prunier domestique. Prunus domestica. Lin.

Feuilles elliptiques, aiguës, crénelées-dentées, pubescentes sur les deux faces, finalement glabres en dessus, légèrement rugueuses; stipules linéaires, persistantes. Fleurs paraissant avant les feuilles, ordinairement géminées, à pédoncules pubescents; pétales d'un blanc-verdâtre; calice velu intérieurement. Fruit oblong, penché, rougeâtre ou violet, à noyau allongé, rugueux. — Arbrisseau ou arbre de 3-7 mètres, à rameaux étalés, ramules dressés, non épineux, ordinairement glabres. Racines traçantes, drageonnantes. Haies et bords des bois de toute la France. Flor., mars-avril. Fructif., juillet-septembre.

Origine.

Ce prunier est très-variable et n'est probablement pas indigène; on ne le rencontre en effet que dans le voisinage des vergers, jamais dans l'intérieur des forêts. On croit qu'il est la souche des pruniers cultivés à fruits allongés, plus ou moins revenus à leur type primitif par voie de semis naturels.

Bois. Le bois de ce prunier est lourd, dur, à grain fin, et se reconnaît aisément à une coloration prononcée d'un rouge-brun, veiné et nuancé de rouge-cramoisi ou de rouge-violacé. Il est employé pour ouvrages de tour, de menue ébénisterie ; il était autrefois très-recherché pour la marqueterie. Ses couleurs s'avivent par l'eau de chaux. Complétement desséché à l'air, il a pour densité 0,777-0,886 (*Coll. Éc. For.*).

3. Prunier sauvage. PRUNUS INSITITIA. LIN. Pruneaulier.

Feuilles ovales-lancéolées, pubescentes, surtout en dessous sur les nervures, finalement glabres en dessus ; stipules linéaires, pubescentes. Fleurs assez grandes, d'un blanc pur, naissant avant ou avec les feuilles, ordinairement géminées, pédoncules pubescents ; calice glabre intérieurement. Fruits noirs ou jaunes marbrés de rouge, globuleux, gros, penchés, à noyaux rugueux. — Arbrisseau ou petit arbre de 1-5 mètres, à branches étalées, ramules dressés, robustes, veloutés, subépineux. Haies et bords des bois de toute la France ; Algérie. Flor., mars-avril. Fructif., juillet-septembre.

Ce prunier n'est sans doute pas plus indigène que le prunier domestique et paraît être comme lui échappé des cultures. Il serait, dans ce cas, le retour au type sauvage des pruniers à fruits arrondis, dont il est considéré comme la souche.

4. Prunier épineux. PRUNUS SPINOSA. LIN. Épine noire ; Prunellier.

Feuilles obovales ou obovales-lancéolées, dentées, plus ou moins pubescentes, finalement presque glabres. Fleurs petites, blanches, paraissant avant ou quelquefois avec les feuilles, solitaires ou géminées, à pédoncules glabres ou à peine pubescents ; calice glabre intérieurement. Fruit globuleux, de la taille d'un gros pois à celle d'une petite cerise, bleuâtre, très-âpre et acerbe, à noyaux rugueux. — Arbrisseau rameux de 1-4 mètres de hauteur, à ramules pubescents, dont l'écorce est d'un brun-noir et lustré (épine noire). Varie beaucoup suivant les sols et les conditions de la végétation ; forme tantôt un buisson étalé très-diffus et très-épineux, à feuilles et fruits petits ; tantôt un arbrisseau assez élancé, peu épineux, à feuilles plus grandes, fruits plus gros (prunier-arbrisseau, *prunus fruticans. Weihe.*). Très-commun dans les haies et dans les bois. Flor., avril. Fructif., septembre-octobre.

Le prunier épineux a des racines fortement traçantes et drageonnantes, et devient par ce moyen facilement envahissant. Son bois, très-dur, mais sujet à travailler, est agréablement veiné et vivement coloré de brun-rougeâtre. Il était autrefois très-employé à la marqueterie sous forme de placage. Densité : 0,709-0,944 (*Coll. Ec. For.*).

Les fruits, connus sous le nom de prunelles, senelles, chelosses, agrènes, suivant les contrées, entrent dans la préparation de quelques liqueurs alcooliques; lorsqu'ils sont parfaitement mûrs, on les emploie frauduleusement pour donner de la couleur aux vins de mauvaise qualité.

L'écorce renferme du tannin et donne des teintures noires lorsqu'on en combine les sucs avec des sels de fer.

GENRE V. — ABRICOTIER. *ARMENIACA. Tournef.*

Drupe globuleuse, succulente-charnue, veloutée; noyau à peu près lisse sur les faces; feuilles convolutées dans la jeunesse.

Abricotier commun. ARMENIACA VULGARIS. LAM.

Feuilles à pétioles glanduleux, ovales ou ovales-arrondies, acuminées, doublement dentées, subcordiformes à la base; glabres, luisantes en dessus. Fleurs paraissant avant les feuilles, solitaires ou géminées, courtement pédicellées; calice rougeâtre, pétales blancs. Fruit velouté, jaune lavé de rouge sur une face. — Arbre de 6-8 mètres, à tête arrondie, rameaux tortueux. Originaire d'Arménie et de Perse, cultivé en espalier et en plein vent dans les régions des oliviers et de la vigne. Flor., février-mars. Fructif., juillet.

Le bois est dur et lourd, d'une densité qui atteint 0,945 (*Coll. Éc. For.*)

FAMILLE XX.

ROSACÉES. JUSS.

Fleurs hermaphrodites, régulières; calice libre, gamosépale, persistant, à 5, rarement à 4 divisions; corolle rosacée, périgyne; étamines indéfinies, insérées avec les pétales; anthères biloculaires, introrses, longitudinalement déhiscentes. Carpelles nombreux, distincts, uni-bi-pluri-ovulés, produisant autant de fruits libres, quelquefois soudés entre eux, secs ou charnus, indéhiscents monospermes ou déhiscents oligospermes, disposés à la surface d'un réceptacle plan, conique ou convexe, ou renfermés dans un réceptacle creux, à bords relevés en forme d'urne, simulant un tube calicinal ou un ovaire infère. Réceptacle souvent accrescent et devenant charnu, comestible. Graine non albuminée. — Herbes ou sous-arbrisseaux à feuilles simples ou composées, alternes, généralement stipulées; souvent pourvus d'aiguillons; ne présentant d'intérêt forestier que par l'abondance de certaines espèces et l'obstacle qu'elles opposent aux repeuplements.

A. Carpelles apparents, non renfermés dans un réceptacle creux, accrescent et finalement charnu.
  B. Fruits secs ; sous-arbrisseaux inermes.
    C. Fruits déhiscents par la suture ventrale, oligospermes. Calice simple . . . . . . Spirée 1
    C'. Fruits indéhiscents, monospermes. Calice double . . . . Potentille . . . 2
  B'. Fruits charnus, tuberculeux, formés de petites drupes soudées entre elles et disposées autour d'un réceptacle conique. Sous-arbrisseaux aiguillonnés, à feuilles composées. . . . . Ronce 3
A'. Carpelles produisant des fruits secs, 1-spermes (akènes), renfermés dans un réceptacle accrescent et charnu, en forme d'urne. Sous-arbrisseaux aiguillonnés, à feuilles imparipennées . . . . Rosier 4

GENRE I. — SPIRÉE. *SPIRÆA. Lin.*

Calice à 5 divisions; corolle de 5 pétales; carpelles nombreux, disposés en un verticille unique. — Plantes herbacées, vivaces ou sous-arbrisseaux inermes, à feuilles simples ou composées, stipulées (espèces herbacées), ou exstipulées (espèces ligneuses), à fleurs, petites et nombreuses, blanches ou roses, hermaphrodites, quelquefois dioïques.

Beaucoup d'espèces ligneuses exotiques sont cultivées dans les jardins d'ornement et se retrouvent çà et là subspontanées dans leur voisinage ; mais l'on n'admet, parmi les spirées frutescentes, qu'une seule espèce indigène ; encore l'indigénat n'en est-il pas bien certain.

Spirée à feuilles de millepertuis. Spiræa Hypericifolia. Lin. Feuilles de 2 à 3 centimètres de long, obovales-oblongues. atténuées à la base, subsessiles, arrondies, entières ou dentées à l'extrémité, minces et herbacées, mates et glabres en dessus, glauques et légèrement pubescentes en dessous. Fleurs petites, blanches, supportées par des pédicelles longs et très-grêles, disposées 4-8 en faisceaux latéraux, feuillés à la base et serrés le long des rameaux. — Sous-arbrisseau de 1 mètre à 1m,50, touffu, drageonnant, à rameaux grêles, revêtus d'une écorce feuilletée-fibreuse d'un rouge-brun. Spontané dans quelques forêts ; environs de Paris, Loiret, Cher, Allier, Vienne et Haute-Vienne. Flor., mai.

GENRE II. — POTENTILLE. *POTENTILLA. Lin.*

Calice double; l'extérieur (calicule) à 5 divisions plus petites, l'intérieur à 5 divisions alternes avec les précédentes et plus grandes; pétales 5, arrondis ou obcordiformes. Carpelles nombreux, produisant autant de fruits secs, indéhiscents, monospermes (akènes), disposés sur la surface d'un réceptacle convexe. — Plantes presque toutes herbacées, à feuilles composées, stipulées, n'offrant qu'une seule espèce ligneuse indigène.

Potentille arbrisseau. POTENTILLA FRUTICOSA. LIN.

Feuilles oppositi-imparipennées, 5-7-foliolées ; les 3 folioles supérieures confluentes; folioles sessiles, oblongues ou lancéolées, entières, glabres et mates en dessus ; glauques, longuement et mollement velues-soyeuses en dessous ; stipules membraneuses, soudées au pétiole. Fleurs jaunes, en corymbes composés, généralement denses, à l'extrémité des rameaux ; divisions du calicule plus étroites, mais aussi longues que celles du calice. — Sous-arbrisseau de 1 mètre, à tige, rameaux et ramules dressés, revêtus d'une écorce membraneuse, roussâtre. Fréquemment cultivé comme arbrisseau d'ornement ; croît spontanément dans les Hautes-Pyrénées. Flor., juillet.

GENRE III. — RONCE. *RUBUS. Lin.*

Calice à 5 divisions; pétales 5; carpelles nombreux, produisant autant de petites drupes groupées autour d'un réceptacle dont le centre s'allonge en une sorte de quille, et plus ou moins réunies entre elles pour former un fruit polycarpé, tuberculeux, improprement appelé mûre (mûre sauvage, mûre de haie, molle). — Sous-arbrisseaux plus ou moins aiguillonnés, à souche ligneuse produisant de longs rejets presque sarmenteux, arrondis, anguleux ou cannelés, souvent radicants, qui (sauf une exception) sont bisannuels, se feuillent et restent stériles la première année, fleurissent, fructifient, puis meurent la seconde année; dont les feuilles sont composées, pennées ou le plus souvent 3-5-digitées, et les fleurs, blanches ou roses, disposées en petites cymes, groupées entre elles en corymbes ou en grappes indéfinies. On observe souvent à l'aisselle des feuilles 2 bourgeons superposés dont le supérieur est le principal.

Les ronces sont des végétaux qui se multiplient avec une grande rapidité et une extrême abondance dans les forêts dont le massif a été entamé ; elles y couvrent le sol d'un fourré inextricable, fort incommode pour les repeuplements faits ou à faire et dont il est fort difficile de se débarrasser. Elles disparaissent d'ailleurs d'elles-mêmes quand la terre, trop longtemps découverte, a perdu sa fertilité première ou quand la végétation arbustive ou arborescente a pris le dessus et constitué au-dessus d'elles un nouveau couvert.

Les fruits en sont comestibles, et ceux d'une espèce, la ronce framboisier, forment, avec les fraises, fournies également par des plantes de la famille des rosacées, un menu produit forestier abandonné aux habitants pauvres des communes riveraines des forêts.

L'étude des ronces est extrêmement difficile et les botanistes qui se sont le plus occupés de ce genre sont portés à y reconnaître un grand nombre d'espèces, dont les caractères sont loin d'être suffisamment établis. Le but de ce livre dispense d'entrer dans les détails d'une spécification, encore incertaine, de toutes ces formes et permet de la borner à l'ébauche suivante (1).

A. Stipules libres. Ronce à tiges herbacées, annuelles, feuilles ternées, fruits rouges. . R. DES ROCHERS . . 1
A'. Stipules soudées au pétiole. Ronces à tiges ligneuses, bisannuelles.
  B. Feuilles 3-7-pennées ; fruit rouge . . . . R. FRAMBOISIER. . 2
  B'. Feuilles 3-5-palmées ; fruit bleu ou noir.
    C. Tiges grêles, arrondies, rampantes. Fruit bleu, couvert d'une efflorescence glauque. R. BLEUATRE . . . 3
    C'. Tiges très-variables, généralement pentagonales. Fruit noir, luisant, sans efflorescence. . . . . R. ARBRISSEAU. . . 4

(1) J. Th. Müller, dans une monographie des ronces qui croissent en Alsace et en France, a décrit 236 espèces (?) de ce genre ! nombre bien considérable, qui s'accroît encore chaque année par la description d'espèces nouvellement découvertes.

1. Ronce des rochers. RUBUS SAXATILIS. LIN.

Feuilles 3-foliolées-palmées, à folioles ovales-rhomboïdales, inégalement dentées, molles, pubescentes, vertes sur les deux faces; les latérales sessiles. Stipules adnées à la tige. 3-6 fleurs blanches, en grappe ombellée terminale, souvent une fleur isolée ou deux à l'aisselle des feuilles supérieures. Fruit rouge pellucide, acide, formé de 3-6 drupes, relativement grosses, insérées sur un réceptacle discoïde. — Plante grêle, à rejets rampants, radicants, dont les extrémités foliifères périssent chaque hiver, mais qui produisent de leur base des rameaux florifères dressés, haut de 10-30 centimètres. Çà et là dans les forêts des régions de collines et de montagnes de presque toute la France. Flor., mai-juin.

2. Ronce Framboisier. RUBUS IDÆUS. LIN.

Feuilles inférieures formées de 5-7 folioles oppositi-imparipennées; les supérieures ternées; folioles obliquement ovales, acuminées, dentées, molles, blanches-tomenteuses en dessous, la terminale cordiforme à la base, longuement pétiolée, les latérales sessiles. Fleurs petites, blanches, à pétales étroitement obovés, dressés. Fruit aromatique, rouge, velu (framboise), à carpelles nombreux, adhérents, se détachant tout d'une pièce du réceptacle, qui est conique. — Sous-arbrisseau de 1 mètre à $1^{m},50$, à tiges stériles dressées-arquées, arrondies, glauques, couvertes d'aiguillons droits, fins, sétacés, non vulnérants; à racines traçantes, drageonnantes. Très-commun dans les bois montagneux de tous les terrains. Flor., juin-juillet.

La très-grande facilité avec laquelle la ronce framboisier drageonne la rend redoutable pour les jeunes peuplements. Elle forme, à elle seule, des fourrés très-serrés, dont l'extirpation est à peu près impossible, car les tentatives faites dans ce but ne tendent généralement qu'à rendre le drageonnement plus abondant encore. Ces fourrés disparaissent d'eux-mêmes au bout de 8-10 ans.

3. Ronce bleuâtre. RUBUS CÆSIUS. LIN.

Feuilles toutes trifoliolées, les latérales sessiles; calice appliqué sur le fruit; celui-ci bleuâtre, couvert d'une efflorescence glauque, composé d'un petit nombre de carpelles assez gros, insérés sur un réceptacle conique. — Espèce assez constante, à tiges rampantes, grêles, cylindriques, glauques, munies sur presque toute leur longueur d'aiguillons droits, fins, sétacés, non vulnérants, et, à leur extrémité, d'aiguillons crochus. Très-commune dans les champs et au bord des chemins. Flor., mai-septembre.

4. Ronce arbrisseau. RUBUS FRUTICOSUS. LIN.

Il est incontestable que sous ce nom sont confondues des espèces nombreuses et réelles, incomplétement connues jusqu'alors. A part le caractère commun tiré du fruit, qui est luisant et dépourvu d'efflorescence glauque, on observe en effet que la ronce arbrisseau, entendue dans le sens linnéen, présente des différences nombreuses dans chacun de ses organes. Ainsi les tiges sont dressées-décombantes ou rampantes, plus ou moins longues, grêles ou robustes, arrondies, pentagonales ou creusées de 5 sillons ; glabres, velues, glanduleuses ; armées d'aiguillons nombreux ou rares, forts ou faibles, droits ou crochus, vulnérants ou non. Les feuilles ne varient pas moins ; généralement quinées sur les rameaux stériles, ternées sur les florifères, mais aussi parfois toutes ternées, elles sont de formes différentes ; vertes, glabres ou velues, blanches-tomenteuses sur la face inférieure ou sur toutes les deux à la fois. Les fleurs, blanches ou roses, offrent des inflorescences diverses, des pétales de forme et de grandeur variées ; enfin, les fruits eux-mêmes sont plus ou moins gros, composés d'un nombre plus ou moins grand de carpelles. — Très-commune dans les forêts, dans les haies, aux bords des chemins et dans les lieux vagues. Flor., juillet-août. Fructif., octobre.

GENRE IV. — ROSIER. *ROSA. Lin.*

Pédoncule dilaté au sommet en un réceptacle creux, ovoïde ou globuleux, simulant un ovaire infère, sur les bords duquel s'insèrent le calice, la corolle et les étamines. Calice de 5 sépales entiers, dentés ou pennatiséqués, caducs ou persistants; pétales à onglets courts; carpelles libres, nombreux, sessiles ou stipités, surmontés d'un long style, insérés dans le fond et sur les parois internes de l'urne réceptaculaire, qui devient charnue et contient à la maturité autant de fruits secs, poilus, indéhiscents, monospermes (akènes). C'est cet ensemble distinct qui est généralement considéré comme le fruit (cynorrhodon); c'est aussi dans cette acception que dans la description des espèces de ce genre ce mot sera employé. — Sous-arbrisseaux à feuilles oppositi-imparipennées, à stipules soudées au pétiole et à tiges aiguillonnées.

Bois. — Bois à tissu fibreux dominant. Vaisseaux inégaux, isolés, assez gros au bord interne, décroissant dans la région médiane et externe, où ils sont très-fins et rares; à peu près uniformément espacés. Rayons assez larges, indéfinis.

La végétation des rosiers a beaucoup d'analogie avec celle des ronces. La souche émet annuellement des rejets aériens vigoureux, stériles la première année, florifères au bout de 2 à 3 ans; seulement ces rejets ne périssent pas comme ceux des ronces après avoir fructifié. Cette souche produit en outre de longs coulants souterrains qui drageonnent au loin et abondamment.

Sans compter les rosiers cultivés, de provenance

étrangère, que l'on observe quelquefois à l'état subspontané, les rosiers sauvages indigènes, parmi lesquels il se rencontre probablement beaucoup d'hybrides, sont nombreux, d'une spécification incertaine et très-difficile.

Cette considération et le peu d'importance forestière de ce genre permettent de ne parler ici que des espèces les plus communes et le plus généralement admises.

A. Aiguillons sétacés ou subulés, droits ou faiblement arqués, parfois nuls.

B. Stipules des rameaux stériles ou florifères semblables.

C. Feuilles doublement dentées-glanduleuses ; fleurs purpurines . . R. DE FRANCE 1

C'. Feuilles simplement dentées ; fleurs blanchâtres, jaunâtres ou roses . R. PIMPRENELLE 2

B'. Stipules des rameaux fleuris plus larges que celles des rameaux stériles.

C. Feuilles non tomenteuses.

D. Aiguillons tous sétacés, droits inégaux, le plus souvent nuls ; fruit penché ; fleurs d'un rose vif. . . . . R. DES ALPES. 3

D'. Aiguillons tous subulés, un peu arqués ; fruit dressé ; fleurs d'un rouge clair . . . . . R. A FEUILLES ROUGES . . 4

C'. Feuilles plus ou moins tomenteuses, au moins en dessous ; aiguillons tous subulés.

D. Feuilles simplement dentées, discolores. Fleurs roses . . R. CANNELLE 5

D'. Feuilles doublement dentées, presque concolores.

E. Aiguillons un peu courbés, un peu élargis et comprimés à la base. Fleurs d'un blanc-rosé . . . . R. TOMENTEUX. 6

E'. Aiguillons droits, peu ou pas dilatés à la base. Fleurs d'un rose vif. . . . . . R. VELU. 7

A'. Aiguillons vigoureux, larges, plus ou moins comprimés, fortement recourbés-crochus.

B. Styles libres, non soudés en une colonne saillante.

C. Feuilles glabres ou pubescentes,

mais non glanduleuses, si ce n'est quelquefois sur les nervures, simplement ou doublement dentées ; fleur d'un rose plus ou moins clair. . . . . R. DES CHIENS. 8

C'. Feuilles fortement glanduleuses en dessous, odorantes ; doublement dentées ; fleurs d'un rose clair ou vif. . . . . R. RUBIGINEUX. 9

B'. Styles soudés en une colonne plus ou moins saillante.

C. Stipules étroites toutes semblables.

D. Colonne des styles glabre ; feuilles caduques ; fleurs blanches R. RAMPANT. 10

D'. Colonne des styles hérissée-velue ; feuilles persistantes ; fleurs blanches . . . . . . R. TOUJOURS-VERT . . . 11

C'. Stipules des rameaux fleuris plus larges que les autres ; colonne des styles glabre. Fleurs blanches ou rosées, jaunes à l'onglet . . R. A LONGS STYLES. . . 12

SECTION I. — *Aiguillons sétacés ou subulés, droits ou faiblement arqués, parfois nuls.*

1. Rosier de France. ROSA GALLICA. LIN.

Feuilles de 5-7 folioles, arrondies ou elliptiques, d'un vert foncé en dessus, d'un vert pâle en dessous, fermes, à dents larges, étalées, sous-dentées et glanduleuses ; stipules à oreillettes divergentes. Fleurs grandes, odorantes, purpurines, généralement solitaires ; sépales allongés, légèrement pennatiséqués, terminés par un appendice étroit, foliacé ; réfléchis et caducs à la maturité. Styles libres, assez allongés, plus courts néanmoins que les étamines ; fruits rouges, dressés. — Sous-arbrisseau de 1 mètre, à racines longuement traçantes, drageonnantes, formant un buisson lâche, à tiges grêles, presque dépourvues d'aiguillons quand elles sont âgées ; armées, dans la premiere année, d'aiguillons très-inégaux, les uns sétacés, souvent glanduleux, les autres plus gros, comprimés et légèrement arqués. Disséminé dans les lieux secs de différents points de la France, surtout dans l'Est. Flor., juin.

2. Rosier pimprenelle. ROSA PIMPINELLIFOLIA. SER. *R. spinosissima. Lin.*

Feuilles de 5-9 folioles petites, ovales ou arrondies, obtuses, simplement dentées, non glanduleuses. Fleurs généralement solitaires, blanches, rarement rosées ou jaunâtres ; sépales entiers, non appendiculés, à peine plus longs que le bouton, persistants et redressés à la maturité ; styles libres, plus courts que les étamines ; fruit dressé, d'un noirpourpre. — Petit arbrisseau de 1-2 mètres, très-rameux, touffu, pourvu d'aiguillons rares ou extrêmement nombreux, très-inégaux, droits, subulés ou sétacés. Collines sèches et régions montagneuses peu élevées de toute la France. Flor., juin.

3. Rosier des Alpes. Rosa alpina. Lin.

Feuilles de 7-11 folioles elliptiques-oblongues, mates, glabres ou pubescentes en dessous, à dents très-aiguës, glanduleuses, simples ou sous-dentées ; stipules des rameaux florifères cunéiformes à la base, très-dilatées à l'extrémité ; celles des rameaux stériles, planes, à oreillettes divergentes. Fleurs ordinairement solitaires, d'un rose vif, penchées avant et après l'épanouissement ; sépales entiers, dépassant la corolle, persistants et redressés à la maturité. Fruit rouge, penché. — Arbrisseau de 1 mètre à 1m,50, pourvu, sur les rejets de l'année seulement, d'aiguillons droits, sétacés, caducs ; inerme sur tout le reste. Régions montagneuses : Vosges, Jura, Auvergne, Cévennes, Alpes et Pyrénées. Flor., juin.

4. Rosier à feuilles rouges. Rosa rubrifolia. Vill.

Feuilles de 5-7 folioles elliptiques, à dents simples, aiguës, non glanduleuses, dont les supérieures sont conniventes; stipules des rameaux stériles planes, à oreillettes divergentes. Fleurs petites, purpurines, ordinairement en corymbe. Sépales simples, rarement pennatiséqués, dépassant la corolle, terminés par un appendice foliacé, caducs à la maturité. Fruits globuleux, rouges, dressés. — Arbrisseau glauque, dont les bractées, les stipules, les pétioles et les jeunes feuilles ont une teinte purpurine; armé d'aiguillons peu nombreux, comprimés, légèrement arqués. Régions montagneuses élevées : hautes Vosges, haut Jura. Cantal Lozère, Puy-de-Dôme, Alpes et Pyrénées. Flor., juin. Fructif., août.

5. Rosier cannelle. Rosa cinnamomea. Lin.

Feuilles de 5-7 folioles elliptiques-oblongues, aigûment et simplement dentées, non glanduleuses, grisâtres et pubescentes en dessous. Stipules des rameaux stériles linéaires-oblongues, conniventes par leurs bords et comme tubuleuses, à oreillettes étalées. Fleurs ordinairement solitaires, roses ; sépales presque toujours entiers, aussi longs que la corolle, terminés par un appendice foliacé, persistants à la maturité. Fruits globuleux, de la grosseur d'un pois, rouges, dressés. — Arbrisseau de 1 mètre à 1m,50, à rameaux d'un brun-cannelle, armé d'aiguillons inégaux ; les uns droits, sétacés, caducs ; les autres, dans le voisinage des feuilles, plus forts et légèrement arqués. Disséminé çà et là : Lorraine, Jura, environs de Paris, Creuse, Puy-de-Dôme. Flor., juin.

6. Rosier tomenteux. Rosa tomentosa. Smith.

Feuilles de 5-7 folioles ovales ou elliptiques, aiguës, arrondies à la base, à dents étalées, dressées et sous-dentées, mollement cendrées-tomenteuses sur les deux faces, mais surtout en dessous où l'on voit aussi quelques glandes sessiles. Fleurs d'un rose clair, solitaires ou en corymbe ; sépales pennatiséqués, appendiculés au sommet, réfléchis, finalement caducs. Fruit rouge et dressé à la maturité. — Arbrisseau de 1-2 mètres, rameux et touffu, armé d'aiguillons presque égaux, robustes, élargis à la base, à peu près droits. Haies et bois des régions accidentées ou montagneuses peu élevées. Flor., juillet-août.

7. Rosier velu. ROSA VILLOSA. LIN. *R. pomifera. Herm.*
Feuilles de 5-8 folioles grisâtres, pubescentes en dessus, tomenteuses en dessous, oblongues-elliptiques, à dents sous-dentées, très-étalées. Fleurs solitaires ou géminées, d'un rose vif, à pétales ciliés ; sépales pennatiséqués, appendiculés au sommet, redressés et persistants à la maturité. Fruit gros, globuleux, hérissé-glanduleux, rouge et penché. — Arbrisseau à aiguillons presque égaux, droits, peu ou point dilatés à la base. Disseminé çà et là, en Lorraine, en Auvergne ; dans le Jura, les Alpes, les Pyrénées. Flor., juin-juillet.

SECTION II. — *Aiguillons vigoureux, larges, plus ou moins comprimés, fortement recourbés-crochus.*

8. Rosier des chiens. ROSA CANINA. LIN.
Feuilles de 5-7 folioles ovales ou elliptiques, à dents aiguës, simples ou sous-dentées, peu ou pas glanduleuses, glabres ou pubescentes, vertes et luisantes, ou glauques et mates. Fleurs roses ou blanc-rosé, solitaires ou en corymbe ; sépales pennatiséqués, dépassant la corolle, réfléchis après la floraison, finalement caducs. Fruit elliptique, rouge et dressé. — Arbrisseau robuste de 1-3 mètres, touffu, armé d'aiguillons presque égaux, très-forts, dilatés et comprimés à la base, courbés en faulx, dont le fruit ne devient pulpeux qu'après les premières gelées. Très-commun dans les bois et les haies de toute la France, se retrouve en quelques points de l'Algérie. Flor., juin.

Ce rosier, très-variable, est généralement celui qu'on désigne sous le nom d'églantier, nom souvent appliqué à tous les rosiers sauvages, quoique botaniquement il ne convienne qu'à une espèce exotique à fleurs d'un jaune-pourpre (*Rosa eglanteria. Lin.*). La dénomination de *canina*, que Linné lui a donnée, rappelle la croyance où l'on était autrefois que sa racine guérissait la rage. C'est sur lui que l'on greffe les rosiers cultivés.

9. Rosier rubigineux. ROSA RUBIGINOSA. LIN.
Feuilles de 5-7 folioles ovales ou presque orbiculaires, arrondies à la base, pointues ou obtuses à l'extrémité, à dents sous-dentées, écartées ; luisantes sur les deux faces et couvertes en dessous de glandes nombreuses, odorantes. Fleurs petites, d'un rose vif, solitaires ou en corymbe ; sépales pennatiséqués, appendiculés au sommet, réfléchis, finalement caducs. Fruit rouge et dressé à la maturité. — Arbrisseau de 1-2 mètres, très-rameux et touffu, pourvu d'aiguillons très-inégaux, nombreux,

droits ou crochus; à reflets souvent ferrugineux en raison des glandes rougeâtres et nombreuses qui le recouvrent. Ces glandes exhalent une odeur de pomme de reinette très-prononcée. Haies et buissons des lieux secs et chauds. Flor., juin-juillet.

10. Rosier rampant. ROSA REPENS. SCOP. *R. arvensis. Huds.*

Feuilles de 5-7 folioles arrondies ou elliptiques, minces, glabres, d'un vert glauque en dessous, à dents écartées, simples, non glanduleuses, mucronées, non conniventes au sommet. Fleurs blanches, solitaires ou en corymbe; sépales finement pennatiséqués, terminés en pointe et dépassant à peine le bouton, réfléchis après la floraison, caducs à la maturité; styles soudés en une colonne mince et glabre, aussi longue que les étamines. Fruit rouge et dressé. — Sous-arbrisseau à tiges grêles, rampantes, pourvues d'aiguillons presque égaux, dilatés et comprimés à la base, courbés en faulx. Haies, buissons et forêts de toute la France; s'élève jusqu'aux régions alpestres. Flor., juin.

11. Rosier toujours-vert. ROSA SEMPERVIRENS. LIN.

Feuilles de 5-7 folioles elliptiques, acuminées, fermes, glabres, vertes et brillantes sur les deux faces, persistantes en hiver, simplement dentées, non glanduleuses, à dents étroites, acuminées, conniventes au sommet. Fleurs à peine odorantes, blanches, en corymbe; sépales presque entiers, pointus et non appendiculés au sommet, dépassant à peine le bouton, réfléchis après la floraison, puis caducs; styles soudés en colonne hérissée, un peu plus courte que les étamines. Fruit rougeâtre ou orangé, dressé. — Petit arbrisseau à tige et rameaux allongés, décombants, armés d'aiguillons épars, robustes, élargis et comprimés à la base, un peu courbés en faulx. Région méditerranéenne; remonte le Rhône jusqu'à Lyon et le littoral de l'Océan jusqu'à Angers; Algérie. Flor., juin.

12. Rosier à longs styles. ROSA STYLOSA. DESVAUX.

Feuilles de 5-7 folioles ovales-aiguës, pubescentes sur les deux faces ou en dessous seulement, bordées de dents simples, aiguës, conniventes surtout vers le sommet. Fleurs solitaires ou en corymbe, blanches ou blanc-rosé; sépales pennatiséqués, aussi longs que les pétales développés, réfléchis, caducs à la maturité; styles soudés en colonne glabre. Fruit rouge, dressé. — Arbrisseau robuste et touffu, armé d'aiguillons courts, forts, comprimés à la base, fortement arqués. Çà et là dans les haies et les broussailles. Flor., mai-juillet.

SOUS-ORDRE II.

DIALYPÉTALES PÉRIGYNES A OVAIRE ADHÉRENT, INFÈRE.

FAMILLE XXI.

POMACÉES.

Fleurs hermaphrodites, régulières; pédoncule renflé à l'extrémité en une coupe réceptaculaire simulant un ovaire infère, sur les bords de laquelle sont insérés: un calice de

5 sépales libres, en forme de dents; une corolle rosacée de 5 pétales, à onglets très-courts, qui alternent avec eux et un androcée formé d'étamines nombreuses, à anthères introrses, longitudinalement déhiscentes. Carpelles peu nombreux, 1-5, surmontés chacun d'un style libre ou réuni par la base avec ses voisins, généralement biovulés, parfois uni-pluriovulés, soudés plus ou moins complétement avec les parois internes de la coupe réceptaculaire, dont ils occupent le fond, le plus souvent aussi soudés entre eux et formant un ovaire 1-5-loculaire. Fruit appelé pomme, dont la partie charnue représente un faux péricarpe qui provient de la paroi réceptaculaire hypertrophiée, et se trouve creusée de 1 à 5 loges (fruits vrais) à parois ligneuses, cartilagineuses ou crustacées-fragiles, renfermant une, deux ou plusieurs graines souvent nommées pépins. — Arbres ou arbrisseaux des régions tempérées de l'hémisphère boréal, inermes ou épineux par transformation de rameaux, à feuilles alternes, simples ou profondément séquées et paraissant dans ce cas composées, à nervation pennée, munies de stipules caduques ou persistantes; à fleurs blanches ou roses, naissant ordinairement de très-courts rameaux; bourgeons écailleux.

Bois. — Les bois de la famille très-naturelle des pomacées présentent entre eux de grandes ressemblances; aussi la distinction spécifique et même générique en est-elle très-difficile. Ils ont le tissu fibreux homogène, très-serré, à parois fortement épaissies, entremêlé de parenchyme ligneux (non apparent à la loupe); les rayons très-minces, égaux, nombreux; les vaisseaux très-fins, isolés, fort abondants, décroissant généralement en nombre et quelquefois aussi un peu en dimensions du bois de printemps au bois d'automne, qui se termine par une zone très-étroite où ils manquent.

Bois lourds, durs, très-homogènes, peu aptes à la fente, peu ou point maillés, blancs ou rougeâtre-clair, souvent flambés au cœur de rouge-brunâtre ou même de brun-noirâtre, couleurs qui expriment plutôt un commencement d'altération qu'une lignification plus complète. L'aubier ne se distingue pas nettement du bois parfait; les accroissements annuels peuvent être comptés sans trop de difficultés.

Le bois des pomacées a beaucoup d'analogies avec celui des amygdalées; il est aisé néanmoins de le reconnaître à ses vaisseaux plus fins, égaux, sans aucune disposition à se grouper en zones périphériques, à ses rayons très-minces. Il présente parfois, surtout dans le bois d'automne, des taches brunes ou rougeâtres de tissu cellulaire interposé dans le tissu fibreux; ces taches caractérisent les bois des alisiers, sorbiers, aubépines, néfliers, coignassiers et amélanchiers; elles manquent dans ceux des pommiers et poiriers.

En langage forestier, les pomacées sont comprises, avec les amygdalées, sous la dénomination collective de Fruitiers.

A. Pomme à noyaux.
  B. Réceptacle ouvert et bordé à la partie supérieure par les dents, devenues charnues, du calice; laissant voir les extrémités libres des carpelles.
    C. Feuilles entières, tomenteuses en dessous, caduques; fleurs en corymbes pauciflores, à 2-3 styles. Arbrisseaux inermes . . . COTONÉASTER. . . 1
    C'. Feuilles dentées, glabres, luisantes, persistantes; fleurs en corymbes multiflores, à 5 styles. Arbrisseaux épineux . . . . BUISSON-ARDENT. . 2
  B'. Réceptacle clos et enveloppant de toutes parts les carpelles.
    C. Feuilles pennatilobées-partites; pomme peu charnue, rouge, couronnée par les dents desséchées du calice; fleurs moyennes, en corymbes. Arbrisseaux épineux . AUBÉPINE 3
    C'. Feuilles dentées; pomme largement excavée au sommet, couronnée par les sépales accrescents; fleurs grandes, solitaires. Arbrisseaux ou petits arbres épineux ou inermes . . . . NÉFLIER. 4
A'. Pomme à pépins.
  B. Pomme turbinée, à 5 loges, dont chacune contient 10-15 graines; feuilles simples, dentées; fleurs grandes, solitaires ou fasciculées. Arbrisseaux ou petits arbres inermes . . . . COIGNASSIER . . . 5
  B'. Pomme à loges 2-spermes au plus.
    C. Pétales suborbiculaires; loges du fruit sans fausses cloisons, en nombre égal à celui des styles.
      D. Fleurs grandes, en ombelles ou en corymbes simples, pomme charnue; feuilles simples, dentées. Arbres épineux ou inermes.
        E. Pomme turbinée (poire); styles complétement libres; anthères rouges. POIRIER. 6

E'. Pomme globuleuse, à 2 ombilics (pomme proprement dite); styles soudés à la base; anthères blanchâtres . . . . Pommier. 7

D'. Fleurs moyennes en corymbes composés; arbres ou arbrisseaux inermes.

E. Feuilles simples dentées ou lobées . Alisier. . . . . } 8

E'. Feuilles séquées, au moins à la base, ou imparipennées . . . . Sorbier . . . . }

C'. Pétales oblongs-linéaires; loges incomplétement subdivisées par une fausse cloison et paraissant en nombre double des styles; pommes petites, globuleuses, bacciformes; feuilles simples, dentées. Arbrisseaux inermes. . . . . Amélanchier. . . 9

Section I. — *Pommes à noyaux.*

Genre i. — COTONÉASTER. *COTONEASTER. Medik.*

Réceptacle turbiné, surmonté d'un calice à 5 dents courtes; 2 ou 3 styles. Carpelles 2-3, biovulés, libres entre eux, soudés avec le réceptacle jusqu'à leur moitié seulement. Fruit globuleux, à 2 ou 3 noyaux monospermes par avortement, dont la moitié supérieure est libre, saillante et simplement recouverte, sans adhérence, par les dents, devenues charnues, du calice. — Arbrisseaux inermes, à feuilles caduques (espèces indigènes), blanches-tomenteuses en dessous, très-entières, dont les fleurs, petites et rosées, sont disposées en cymes pauciflores. Bourgeons recouverts d'un petit nombre d'écailles qui laissent voir entre elles les poils des feuilles qu'elles protégent.

A. Corymbes penchés après la floraison; calice glabre . . . . C. commun. 1

A'. Corymbes toujours dressés; calice tomenteux. C. cotonneux . . 2

1. Cotonéaster commun. Cotoneaster vulgaris. Lindl. *Mespilus cotoneaster. Lin.*

Feuilles subsessiles, ovales-orbiculaires, obtuses ou échancrées et mucronulées au sommet; vertes, presque glabres en dessus, grises-tomenteuses en dessous. Fleurs petites, roses, solitaires ou disposées 2-5 en cymes corymbiformes, d'abord dressées, puis penchées; pédoncules pubescents; réceptacle glabre, bordé de dents arrondies; fruit réfléchi, du volume d'un gros pois, glabre, luisant, rouge, de saveur fade. — Petit arbrisseau de $0^{m},50$ à 1 mètre de hauteur, tortueux, rameux, à rameaux allongés, souvent réfléchis, rugueux d'un brun foncé, dont les pousses d'un an ne sont velues que vers l'extrémité. Rochers et pierrailles des régions montagneuses, aux expositions chaudes : Hautes-Vosges, Jura, Haute-Auvergne, Alpes et Pyrénées. Flor., avril-mai. Fructif., août.

2. Cotonéaster cotonneux. COTONEASTER TOMENTOSA. LINDL.

Voisin du précédent; feuilles du double plus grandes, pubescentes en dessus, blanches-tomenteuses en dessous. Fleurs 3-5, en cymes corymbiformes dressées, à pédoncules et réceptacles velus-tomenteux. Fruit dressé, conservant souvent encore des traces du duvet du réceptacle. — Arbrisseau de même port que le précédent, mais plus élevé, dont les pousses d'un an sont velues sur toute leur longueur. Escarpements et rochers des hautes régions montagneuses : Alpes, Pyrénées, Jura. Flor., avril-mai. Fructif., août.

GENRE II. — BUISSON-ARDENT. *PYRACANTHA. T. Hartig.*

Réceptacle turbiné, bordé de 5 sépales courts ; 5 styles ; carpelles 5, biovulés ; fruit globuleux, à 5 noyaux monospermes, dont les sommets sont libres et recouverts, sans adhérence, par les dents devenues charnues du calice. — Arbrisseaux épineux, à feuilles simples, luisantes, toujours vertes, crénelées, dont les fleurs, blanches et moyennes, sont disposées en cymes corymbiformes multiflores.

Buisson-ardent d'Europe. PYRACANTHA EUROPÆA. T. HARTIG. *Mespilus pyracantha. Lin.*

Feuilles persistantes, courtement pétiolées, ovales, elliptiques ou obovales, aiguës ou obtuses, crénelées sur les bords, fermes et coriaces, luisantes, très-glabres et d'un vert foncé en dessus, plus pâles et pubescentes dans la jeunesse en dessous. Fleurs blanches, disposées en cymes corymbiformes multiflores presque toujours feuillées à la base, nombreuses et rapprochées entre elles; fruits d'un rouge-corail, globuleux, de la grosseur d'un pois, mûrs en automne, mais persistant jusqu'au printemps suivant. — Arbrisseau de 1 à 2 mètres, très-touffu, à branches diffuses, rameaux divariqués, épineux, d'un brun-rougeâtre. Haies et broussailles de la France méridionale : Dauphiné méridional, Provence, Languedoc, de Bayonne à Bordeaux. Fréquemment cultivé comme arbrisseau d'ornement pour son feuillage, toujours vert, et les fruits nombreux, persistants et d'un rouge vif auxquels il doit son nom. Flor., mai. Fructif., septembre.

GENRE III. — AUBÉPINE. *CRATÆGUS. Lindl.*

Réceptacle urcéolé, bordé de 5 sépales courts; 1-5 styles libres; autant de carpelles entièrement clos dans le réceptacle, biovulés. Fruit petit, peu charnu, assez largement ombiliqué au sommet et couronné par les dents marcescentes du calice, contenant 1-5 noyaux toujours monospermes. — Arbrisseaux épineux, à écorce longtemps lisse, d'un gris argenté, formant plus tard un rhytidome brun-noirâtre, écailleux et densément gerçuré, surtout en long ; à feuilles caduques, simples, pennatilobées-partites ; à fleurs moyennes, blanches, quelquefois roses, disposées en cymes corymbiformes et paraissant après les feuilles. Stipules herbacées, persistantes, très-développées sur les rejets et pousses stériles. Bourgeons à écailles imbriquées-spiralées.

A. Feuilles vertes et luisantes, presque glabres dans leur entier développement.
  B. Feuilles généralement à 5 lobes aigus ; à nervures divergentes ; à 1 style ; fruit à 1 seul noyau. A. MONOGYNE. 1
  B'. Feuilles généralement 3-lobées au sommet, à nervures convergentes ; 2-3 styles ; fruit à 2-3 noyaux . . . . A. BLANCHE . 2
A'. Feuilles pubescentes et d'un vert grisâtre sur les deux faces ; ramules velus-tomenteux . . . . . A. AZEROLIER 3

1. Aubépine monogyne. CRATÆGUS MONOGYNA. JACQ. Épine blanche.

Feuilles pétiolées, obovales, cunéiformes et entières à la base, habituellement profondément divisées en 3 et le plus souvent en 5 lobes aigus, incisés-dentés, divergents ainsi que leurs nervures médianes ; d'un vert clair, luisantes et presque glabres. Dents du calice lancéolées ; réfléchies, étalées ou dressées ; 1 seul style ; fruit ovoïde ou globuleux, rouge, farineux et fade, à un seul noyau. — Arbrisseau ou petit arbre très-rameux, touffu, épineux, dont les ramules sont souvent velus et dont l'écorce se maintient lisse et vive, d'un gris-cendré clair (épine blanche) jusqu'à un âge avancé, puis organise un rhytidome brun-rougeâtre, écailleux, finement et densément gerçuré. Haies, broussailles et forêts, surtout sur les lisières, dans les régions de plaines, de collines ou de montagnes peu élevées ; Algérie. Flor., mai-juin. Fructif., octobre-novembre ; les fruits mûrs persistent souvent jusqu'au printemps.

Taille. L'aubépine monogyne devient assez souvent un petit arbre, et il n'est pas rare de lui voir atteindre, dans les fonds frais et fertiles, 8-10 mètres de hauteur sur 1 mètre de circonférence. On cite un arbre de cette espèce ou de la suivante, car on les confond fréquemment l'une et l'autre, qui se trouve dans le comté de Norfolk et était déjà signalé, par un acte du commencement du XIIIe siècle, sous le nom de vieille aubépine ; il mesure plus de 4 mètres de circonférence à $1^{m},50$ du sol.

Les fleurs varient du blanc au rose plus ou moins vif ;

elles se présentent souvent sous cette dernière couleur dans la France centrale (Moulins, Bourges, Blois, Mortagne, etc.).

Germination. Les fruits, assez abondants chaque année, lorsque l'arbrisseau n'est point sous le couvert, germent au bout de 18 mois ou d'un an, suivant qu'ils ont été semés vers la fin de l'automne ou au premier printemps. Croissance. Les jeunes plants ont une végétation assez active et s'allongent annuellement de 20-30 centimètres jusqu'à 6-8 ans ; passé cet âge, l'accroissement se ralentit et reste toujours faible. La longévité est ordinairement assez élevée.

Sol. L'aubépine vient à peu près dans tous les sols, mais elle préfère ceux qui sont légers et frais.

Bois. Le bois est blanc ou légèrement teinté de rougeâtre ; il est dur, lourd (0,746-0,776. *Coll. Éc. For.*), marqué de taches médullaires et de défauts ou de nœuds qui deviennent souvent d'un noir d'ébène ; il reçoit un beau poli, convient aux ouvrages de tour, à la fabrication des pièces qui, dans les machines, sont soumises à des frottements ; mais il a l'inconvénient de se tourmenter et de se gercer beaucoup.

Il a rarement la fibre droite, exempte de nœuds, les accroissements régulièrement circulaires et soutenus de l'alisier blanc, avec lequel il présente beaucoup d'analogie ; c'est un bon bois de feu.

Emplois accessoires. La ramification épineuse et serrée de l'aubépine, la facilité avec laquelle elle se laisse tailler sans se dégarnir, la font fréquemment employer pour former des haies, qui sont impénétrables et d'une grande durée si le sol n'est ni trop sablonneux ni trop aride. On emploie souvent cet abrisseau comme sujet pour y greffer des végétaux cultivés de la même famille.

Fruits. Les fruits sont fades, douceâtres et astringents. Ils n'ont pas d'emploi.

2. Aubépine épineuse. CRATÆGUS OXYACANTHA. JACQ. Épine blanche ; Noble-épine, etc.

Généralement confondue avec l'espèce précédente, mais bien distincte ; se reconnaît à ses feuilles obovales, cunéiformes, dentées presque dès la base, ordinairement 3-lobées au sommet, à lobes peu profonds, incisés-dentés, dont les nervures sont convergentes ; plus luisantes et d'un vert plus foncé. Fleurs plus grandes, divisions du calice triangulaires, très-étalées; 2-3 styles. Fruit plus gros, ovoïde ou subglobuleux, à 2-3 noyaux. — Arbrisseau de même port que le précédent, mais devenant plus rarement un petit arbre et n'atteignant pas d'aussi grandes dimensions, à ramules généralement glabres. Se trouve dans les mêmes lieux ; Algérie. Flor., mai, 15 jours plus tôt que l'aubépine monogyne.

Le bois de l'aubépine épineuse ne peut se distinguer de celui de la précédente espèce ; complétement desséché à l'air, il pèse 0,745-0,891 (*Coll. Éc. For.*).

3. Aubépine Azerolier. CRATÆGUS AZAROLUS. LIN. Épine d'Espagne.

Feuilles à pétioles tomenteux, obovales-cunéiformes, très-entières à la base, profondément divisées en 3-5 lobes entiers ou paucidentés à l'extrémité ; fermes, pubescentes et d'un vert-grisâtre sur les deux faces. Fleurs, 2-5, en cymes corymbiformes peu longuement pédonculées; pédoncules et réceptacles tomenteux ; calice à divisions triangulaires-aiguës ; 1-2 styles. Fruits ovoïdes, à 1-2 noyaux, beaucoup plus gros que ceux des espèces précédentes, rougeâtres, pulpeux et d'un goût agréable à la maturité (azeroles). — Arbrisseau ou arbre à rameaux épineux, à ramules velus-tomenteux. Région méditerranéenne en France, où peut-être il n'est que cultivé ; Corse et Algérie. Flor., avril-mai.

Taille. L'azerolier est souvent cultivé comme arbre fruitier, mais il est aussi un arbre forestier et, quoique fréquemment à l'état de buisson, on le voit parfois atteindre les dimensions d'un arbre de 10-12 mètres de hauteur sur 1-2 mètres de circonférence. Il croît lentement ; la longévité en est considérable.

Fruits. Les azeroles sont recherchées comme fruits dans le Midi ; on les mange fraîches, on enfait des gelées et des compotes, on en extrait surtout de l'alcool.

Bois. Le bois de l'azerolier est en tous points semblable à celui de l'aubépine monogyne ; il est lourd (0,694-0,807 (*Coll. Éc. For.*), dur, compacte, raide et sans souplesse, extrêmement sujet à travailler et à se gercer largement en se desséchant. C'est un excellent combustible, qui produit un charbon de première qualité.

GENRE IV. — NÉFLIER. *MESPILUS Lindl.*

Réceptacle turbiné ; sépales 5, foliacés ; pétales 5 ; 5 styles libres ; 5 carpelles biovulés. Fruit largement excavé-ombiliqué au sommet, à ombilic entouré des sépales foliacés trèsaccrus du calice, contenant 5 noyaux toujours 1-spermes. — Arbrisseaux à feuilles simples, entières ou légèrement dentées, caduques; à fleurs grandes et solitaires.

Néflier commun. MESPILUS GERMANICA. LIN.

Feuilles courtement pétiolées, oblongues-elliptiques, entières ou irrégulièrement bordées de fines dentelures, rarement planes; vertes, mates, presque glabres en dessus, d'un vert plus pâle et cotonneuses en dessous. Fleurs solitaires, terminales; grandes, presque sessiles; réceptacle tomenteux; sépales étroits, subulés, dépassant les pétales; ceux-ci plus longs que les étamines. Fruit (nèfle ou mêle) de 3-4 centimètres de diamètre, turbiné, vert, dur, très-acerbe, devenant mou, pulpeux, brun, et offrant une saveur acidulée-vineuse par un commencement de fermentation, lorsqu'il est blossi. — Arbrisseau ou petit arbre de 5-6 mètres de hauteur, à tronc difforme, recouvert d'un rhytidome brun-rougeâtre, écailleux, à rameaux étalés, tortueux, inermes ou épineux; ramules pubescents-tomenteux. Disséminé çà et là dans quelques forêts et dans les haies des régions accidentées : Ardennes, Aisne, Oise, Dauphiné; cultivé comme fruitier. Flor., mai. Fructif., septembre.

Le bois du néflier est rougeâtre clair, flambé au cœur de rouge-brunâtre; il présente des taches médullaires, est dur, homogène, de végétation lente, susceptible de prendre un beau poli et de bien résister aux frottements. Bois.

Les feuilles et l'écorce sont astringentes et contiennent du tannin.

SECTION II. — *Pommes à pépins.*

GENRE V. — COIGNASSIER. *CYDONIA. Tournef.*

Réceptacle campanulé; 5 sépales foliacés; pétales suborbiculaires, tordus dans le bourgeon; 5 styles soudés entre eux à la base; 5 carpelles multi-ovulés. Fruit piriforme, cotonneux, surmonté par les divisions accrues du calice, à 5 loges, dont chacune contient 10-15 graines à épisperme mucilagineux. — Petits arbres ou arbrisseaux tortueux, à feuilles simples, entières, condupliquées, dont les fleurs sont grandes et solitaires ou fasciculées.

Coignassier commun. CYDONIA VULGARIS. PERS.

Feuilles pétiolées, ovales, arrondies ou légèrement cordiformes à la base, obtuses ou très-courtement acuminées au sommet; entières, molles, finalement glabres en dessus; cotonneuses en dessous. Stipules marcescentes, très-glanduleuses. Fleurs blanches ou rosées, solitaires, terminales, subsessiles; réceptable cotonneux; sépales grands et foliacés; pétales du double plus long que les étamines, laineux à la base. Fruit gros, piriforme, jaune, odorant, très-âpre, couvert de duvet floconneux.

— Arbre à tronc tortueux, de 5-8 mètres d'élévation, ou arbrisseau buissonnant de 2-4 mètres, à rameaux étalés, flexueux, brunâtres, ponctués et à ramules grêles, allongés, cotonneux ; bourgeons revêtus d'écailles inégales, bordées et terminées par des poils rougeâtres. Originaire de l'Orient, subspontané dans presque toute la France, où il est cultivé pour ses fruits, appelés coings ; commun en Algérie dans les haies de jardin. Flor., mai. Fructif., octobre.

Le coignassier sert de sujet pour la greffe des fruitiers que l'on veut maintenir à basses tiges.

Bois. Le bois en est blanc, légèrement rougeâtre ; il devient d'un beau brun-marron au cœur et présente de petites portions de tissu cellulaire interposé, qui forment des taches ou des lignes d'un rouge-brunâtre ; la densité en est considérable et s'élève à 1,062 (*Coll. Éc. For.*).

Les fruits, âpres et astringents, ne sont point comestibles au naturel, mais on les emploie à faire des conserves d'espèces diverses.

GENRE VI. — POIRIER. *PIRUS. Tournef.*

Réceptacle urcéolé, bordé de 5 dents ; pétales suborbiculaires ; anthères rouges ou purpurines ; styles 5, complétement libres ; autant de carpelles biovulés. Fruit turbiné surmonté par les dents marcescentes du calice, à endocarpe cartilagineux, circonscrivant 5 loges, arrondies extérieurement sur la section transversale et contenant chacune 1-2 graines dont l'épisperme est aussi cartilagineux (pépins). — Arbres ou arbrisseaux, généralement épineux à l'état sauvage, dont les feuilles, simples, enroulées sur les bords, offrent au moins 10 paires de nervures secondaires pennées, parallèles, peu saillantes ; dont les fleurs, blanches, assez grandes, d'odeur non agréable, sont disposées en corymbes simples, définis, à l'extrémité de très-courts rameaux de 2 à 4 ans ; dont les fruits présentent vers le centre des granules ligneux et contiennent du sucre, de l'acide malique, de la pectine et de l'albumine.

A. Pétiole aussi long que le limbe. Arbre épineux à l'état sauvage, à feuilles adultes glabres et luisantes . . . . P. COMMUN 1
A'. Pétiole beaucoup plus court que le limbe.
B. Arbre épineux, à feuilles adultes glabres ou presque glabres sur les deux faces. P. AMANDIER 2
B'. Arbre inerme à feuilles adultes blanches-cotonneuses en dessous . . . . P. A FEUILLES DE SAUGE 3

1. Poirier commun. Pirus communis. Lin. Poirier sauvage.

Feuilles à pétiole grêle et aussi long que le limbe, ovales ou arrondies, courtement acuminées ou obtuses, finement dentées en scie ou presque entières, velues-aranéeuses dans la jeunesse ; fermes et coriaces, généralement glabres, d'un vert foncé très-luisant en dessus, plus clair en dessous à l'état adulte ; noircissant par la dessiccation. Fleurs blanches, grandes, longuement pédonculées, disposées 6-12 en corymbes définis, simples ; pétales elliptiques, glabres ; anthères d'un pourpre-violet ; styles complétement libres, légèrement pubescents à la base, de la longueur des étamines. Fruits petits, acerbes, turbinés (*P. Achras Wallr.*) ou globuleux (*P. Pyraster. Wallr.*). — Arbre de taille moyenne, drageonnant, dont la tige se prolonge jusqu'au sommet de la cime, qui est allongée-pyramidale ; à rameaux épineux, jeunes pousses et bourgeons glabres ; ces derniers non appliqués comme ceux des pommiers. L'écorce, d'abord lisse, verdâtre ou rougeâtre, forme un rhytidome brun foncé, densément et profondément gerçuré, qui persiste ou ne tombe que par petites écailles. Disséminé dans les bois de plaines et de collines de toute la France ; Algérie. Flor., avril-mai. Fructif., septembre.

Taille.

Le poirier commun, qui se rencontre dans toute l'Europe, si ce n'est dans les parties les plus septentrionales, n'est jamais que disséminé dans les forêts. Il y parvient à une hauteur de 10-15 mètres d'élévation et à 2-3 mètres de circonférence ; on cite un arbre de cette espèce, des environs de Bautzen, qui, abattu par un ouragan, en 1745, mesurait 3^{m},40 de circonférence et produisit, sans les menues branches, 24 stères de bois. La longévité en est fort élevée (plusieurs siècles), mais la lenteur de la croissance rend sa culture peu avantageuse, malgré les qualités spéciales de son bois. L'enracinement se fait par plusieurs racines principales, profondément enfoncées dans le sol.

Croissance.

Enracinement.

Bois.

Le bois du poirier a beaucoup d'analogie avec celui du pommier ; il est, comme ce dernier, formé d'accroissements irréguliers, peu circulaires, et dépourvu de taches médullaires ; il contient toutefois une plus grande proportion de tissu fibreux.

Il est très-homogène, à fibres très-fines, assez uniformément rouge, moins vivement coloré au cœur que le pommier. Il l'emporte, en général, sur ce dernier en compacité et en beauté, se travaille très-aisément et dans toutes les directions, reçoit un très-beau poli. Néanmoins le bois du poirier est sujet à se tourmenter et ne peut être employé qu'à l'état de dessiccation complète. Il prend en se desséchant un retrait de $\frac{1}{6}$ de son volume vert (Varennes de Fenille). Il pèse, complétement desséché à l'air, 0,707 à 0,839 (*Coll. Éc. For.*). Après le buis et le sorbier domestique, le poirier fournit le bois le plus recherché pour la gravure sur bois ; il est employé avec avantage par les sculpteurs, tourneurs et ébénistes, par les fabriquants d'instruments de musique, de mathématiques (règles, équerres). Il prend et conserve très-bien la couleur noire et remplace souvent l'ébène.

D'après Werneck, la valeur calorifique du bois de poirier, d'une densité de 0,62, est à celle du hêtre, d'une densité de 0,58, dans les rapports suivants :

	Poids égaux.	Vol. égaux.
Plus haut degré de chaleur	98 : 100	92 : 100
Durée de la combustion avec flammes . . .	67 : 100	65 : 100
Durée de la chaleur	97 : 100	91 : 100

C'est, comme on le voit, un bon bois de chauffage, néanmoins inférieur au hêtre et d'une combustion beaucoup plus rapide.

Fruits. Les fruits du poirier sauvage sont très-acerbes ; on en fait une boisson alcoolique, le poiré, qui a de l'analogie avec le cidre.

Origine. On considère généralement le poirier commun comme le type de la plupart des poiriers cultivés, mais cette opinion est loin d'être démontrée ; il se peut que ces derniers nous viennent de l'Orient et appartiennent à plusieurs espèces qui, par des fécondations croisées, ont produit les nombreuses races hybrides que la greffe conserve et multiplie.

Suivant une autre opinion, le poirier commun ne serait point indigène ; il proviendrait des poiriers cultivés dont il offrirait le retour à l'état sauvage. La constance des caractères du poirier commun, que l'on rencontre dans les bois de presque toute l'Europe, rend cette hypothèse peu probable.

2. Poirier amandier. Pirus amygdaliformis. Vill.

Feuilles à pétiole 2-6 fois plus court que le limbe, lancéolées ou obovales-spatulées, étroites, obtuses ou pointues, entières ou finement denticulées, épaisses et coriaces, pubescentes en dessus, blanches-tomenteuses en dessous dans la jeunesse, finalement glabres ou à peu près sur les deux faces et alors d'un vert luisant en dessus, plus pâles en dessous. Fleurs en corymbes simples, définis, dont les pédoncules sont laineux et 2 ou 3 fois plus longs que le réceptacle ; pétales pubescents sur l'onglet ; anthères d'un pourpre-violet ; styles 5, laineux à la base, bien plus courts que les étamines. Fruits petits, subglobuleux. — Petit arbre ou arbrisseau de 2-4 mètres, à rameaux étalés ou inclinés, souvent épineux et à ramules tomenteux. Lieux secs et arides de la région des oliviers. Flor., avril-mai. Fructif., septembre.

3. Poirier à feuilles de sauge. PIRUS SALVIFOLIA. DC. Poirier sauger (Orléanais) ; Poirier de Cirole (Seine-et-Oise).

Feuilles plus grandes que celles des espèces précédentes, à pétiole une ou deux fois plus court que le limbe ; lancéolées, ovales ou obovales, acuminées, entières ou légèrement dentées, fermes, veloutées en dessus, blanches-tomenteuses et cotonneuses en dessous ; devenant, à l'automne, glabres et un peu rugueuses en dessus. Fleurs en corymbes simples définis ; pédoncules forts et allongés, laineux-tomenteux ainsi que les réceptacles ; pétales glabres ; anthères d'un pourpre-violet ; styles 5, de la longueur des étamines, laineux vers la base. Fruits longuement pédonculés et longuement piriformes à la base, cotonneux dans la jeunesse, presque doubles de ceux des espèces précédentes. — Petit arbre couvert d'une écorce rugueuse, à rameaux inermes, ramules tomenteux. Haies, broussailles et forêts de la France centrale ; cultivé dans tout l'Orléanais pour la fabrication du poiré. Flor., avril-mai. Fructif., septembre (1).

GENRE VII. — POMMIER. *MALUS. Tournef.*

Voisin des poiriers, ce genre se distingue par 5 styles soudés à la base, par les anthères blanches ou jaunâtres, par le fruit doublement ombiliqué, à la base et au sommet, par les loges enfin, qui, sur la section transversale, sont aiguës au dehors. — Arbres à feuilles involutées, simples, dentées, d'une insertion variable, parfois représentée sur les mêmes

---

(1) **Poirier longipède.** PIRUS LONGIPES. Coss et Dur.

Feuilles pétiolées, suborbiculaires et apiculées ou ovales, courtement acuminées, légèrement dentées sur les bords, pubescentes-tomenteuses en dessous dans la jeunesse, glabres ainsi que les pousses à l'état adulte. Fleurs assez grandes, en ombelles corymbiformes, longuement pédonculées. Fruit très-petit, de la grosseur d'une cerise, subglobuleux et atténué à la base, supporté par un pédoncule trois fois aussi long que lui et dépourvu au sommet du limbe calicinal, qui est caduc. — Arbre souvent élevé, légèrement épineux. Forêts des régions montagneuses, aux bords des torrents. Algérie, Batna, Lambèse. Flor., mars. Fructif., juillet-août.

branches par les indices $\frac{2}{5}$, $\frac{3}{8}$ et $\frac{5}{13}$, et n'ayant pas plus de 4-8 paires de nervures latérales, lesquelles sont saillantes et vagues ; à fleurs blanches lavées de rose ou de carmin, souvent odorantes, disposées en cymes ombelliformes ou corymbiformes, terminant de courts rameaux de 2-4 ans ; à fruits acidulés, dont la chair ferme et cassante ne renferme jamais de granules ligneux ; bourgeons pauci-écailleux, exactement appliqués sur les rameaux.

A. Feuilles adultes glabres : arbres épineux, à fruits très-acerbes. . . . . P. ACERBE. 1

A'. Feuilles adultes grises-tomenteuses en dessous ; arbre inerme, à fruits douceâtres . . . . P. COMMUN. 2

1. Pommier acerbe. MALUS ACERBA. MÉRAT. Pommier sauvage ; Paradis.

Feuilles à pétiole égal au limbe ou moitié plus court, ovales-acuminées, dentées-crénelées, d'abord plus ou moins pubescentes sur les deux faces, finalement glabres ; de consistance herbacée, peu luisantes, d'un vert clair en dessus, plus pâles en dessous, ne noircissant pas par la dessiccation. Fleurs blanches lavées de rose ou de carmin, en cymes ombellées simples ; pédoncules glabres ou pubescents, 2 ou 3 fois aussi longs que le réceptacle ; pétales garnis de quelques longs poils ; anthères jaunâtres ; fruit de 20-25 mill. de diamètre, de saveur très-acerbe. — Arbre à tige peu élevée, se ramifiant en une cime ample, étalée, arrondie au sommet, dont les rameaux sont épineux et les bourgeons légèrement velus. L'écorce forme un rhytidome gris-brun, gerçuré, qui s'exfolie par plaques ; les racines sont pivotantes et peu rameuses. Disséminé dans les bois de la plaine et des collines. Flor., mai. Fructif., septembre.

Taille. Le pommier acerbe peut atteindre 10-12 mètres de haut et $0^m,70$ à 1 mètre de circonférence ; la tige en est irrégulière, cannelée comme celle du charme ; le couvert est assez épais.

Croissance. La végétation est lente, la longévité assez élevée ; les rejets de souches peu nombreux et peu robustes.

Bois. Le bois du pommier, très-voisin de celui du poirier, offre des vaisseaux un peu plus gros et un peu plus abondants que ceux de ce dernier ; il est rougeâtre, veiné ou flambé de brun-rougeâtre au cœur. Il a les mêmes usages et les mêmes qualités, mais à un moindre degré ; il est beaucoup plus exposé encore à travailler et à se gercer. Complétement desséché à l'air, il a pour densité 0,803-0,865 (*Coll. Éc. For.*).

D'après T. Hartig, du bois de pommier de 25 ans et pesant 0,665, comparé à du hêtre d'égale densité, a donné pour la valeur calorifique les résultats suivants :

		Poids et vol. égaux.
Plus haut degré de chaleur. .	Chaleur ascendante....	96 : 100
	Id. rayonnante....	96 : 100
Durée de la chaleur croissante.	Id. ascendante....	83 : 100
	Id. rayonnante....	100 : 100
Durée de la chaleur décroissante.	Id. ascendante....	» »
	Id. rayonnante....	157 : 100
Total de la chaleur développée.	Id. ascendante....	94 : 100
	Id. rayonnante....	80 : 100
Eau vaporisée		78 : 100

C'est sur le pommier acerbe que se greffent les variétés que l'on veut élever en quenouilles ou en espaliers. Les fruits servent à la fabrication du cidre. Emplois accessoires.

2. Pommier commun. MALUS COMMUNIS. POIR. *Pirus Malus. Lin.* Voisin du précédent ; feuilles plus grandes, blanches ou grises-tomenteuses en dessous, même au parfait développement ; fleurs blanches légèrement rosées, odorantes, plus grandes, supportées par des pédoncules tomenteux plus robustes et plus courts ; fruits de 25-30 mill. de diamètre, de saveur douceâtre. — Arbre haut de 8-10 mètres, à cime arrondie, souvent plus large que haute, à rameaux plus robustes que ceux du pommier acerbe, peu ou point épineux ; bourgeons tomenteux ; enracinement plus complet, par de fortes racines rameuses. Haies, broussailles et bords des bois ; France, Algérie. Flor., mai. Fructif., août-septembre.

L'indigénat de ce pommier est douteux et il est probable que les pieds que l'on rencontre dans les campagnes et aux bords des bois proviennent de semences des pommiers cultivés dans les vergers. C'est sur lui que l'on greffe les variétés élevées en plein vent.

GENRE VIII. — ALISIER ET SORBIER. *SORBUS. Lin.*

Réceptacle urcéolé, bordé de 5 dents devenant marcescentes ; 5 pétales suborbiculaires ; styles 2-5 ; 2-5 carpelles biovulés. Fruits globuleux ou piriformes, rouges ou bruns par suite de blossissement, de consistance variable, dont les loges, généralement monospermes, sont tapissées d'une lame mince, crustacée-fragile. — Arbres ou arbrisseaux à feuilles condupliquées, simples ou composées, à nervures pennées, plus ou moins saillantes sur la face inférieure; à fleurs blanches ou roses, de taille moyenne, groupées en corymbes multiflores composés de petites cymes. Bourgeons gros.

Les bois de ce genre sont remarquables par la régularité de leur croissance, leurs couches minces, nettement circulaires concentriques, et les taches rougeâtres ou brunâtres de tissu cellulaire qui y sont disséminées.

A. Feuilles simples, dentées ou lobées; styles 2 . *Section I.* ALISIERS.
- B. Feuilles dentées ou faiblement lobées, multinerviées; styles libres; fruits rouges, farineux-pulpeux, fades à la maturité.
  - C. Feuilles adultes tomenteuses en dessous.
    - D. Arbres; fleurs blanches à pétales étalés.
      - E. Feuilles très-blanches-tomenteuses en dessous, dentées ou légèrement lobées, à lobules croissants de bas en haut. . A. BLANC 1
      - E'. Feuilles grises-tomenteuses en dessous, lobées, à lobes décroissants de bas en haut.
        - F. Lobes tous dressés, séparés par des sinus très-aigus . . . . . A. DE SCANDINAVIE. 2
        - F'. Lobes inférieurs étalés, séparés par des sinus ouverts . . . . . A. A LARGES FEUILLES 3
    - D'. Arbrisseaux; fleurs roses, à pétales dressés . . . . A. DE HOST . . . 4
  - C'. Feuilles vertes, glabres et luisantes en dessous. . . . . A. NAIN 5
- B'. Feuilles fortement lobées, paucinerviées, vertes et glabres à l'état adulte; styles soudés jusqu'aux deux tiers; fruits bruns, blossissant, pulpeux, comestibles. . . . . . A. TORMINAL . . . 6

A'. Feuilles composées en totalité ou à la base seulement; styles 3-5 . . . . *Section II.* SORBIERS.
- B. Feuilles en partie composées, n'offrant des folioles qu'à la base; fruits rouges . . . S. HYBRIDE. . . . 7
- B'. Feuilles totalement composées, imparipennées.
  - C. Bourgeons velus; fruits petits rouges . . S. DES OISELEURS . 8
  - C'. Bourgeons glabres et visqueux; fruits assez gros, bruns, pulpeux et comestibles quand ils sont blossis. . . . . S. DOMESTIQUE . . 9

SECTION I. — *Alisiers.*

Feuilles simples, dentées ou lobées.

§ I. *Deux styles libres; fruits rouges, farineux-pulpeux.*

1. Alisier blanc. SORBUS ARIA. CRANTZ. *Cratægus aria. Lin. Pirus aria. Ehrh. Aria nivea. Host.* Allouchier, Allier, Droullier.

Feuilles à pétiole égalant le 1/5-1/6 du limbe, ovales, elliptiques ou obovales, entières et arrondies ou légèrement cordiformes à la base, aiguës ou obtuses à l'extrémité, doublement dentées ou même lobulées-dentées, à lobules croissants de bas en haut; grises-aranéeuses dans la jeunesse, vertes un peu luisantes et glabres à l'état adulte, en dessus; en dessous, toujours blanches-tomenteuses, avec 8-12 paires de nervures pennées, parallèles, toutes légèrement convexes en dehors et saillantes. Fleurs blanches; pédoncules, réceptacles, calices et onglets des pétales blancs-tomenteux; pétales suborbiculaires ou oblongs, légèrement concaves, étalés; étamines divergentes, à anthères blanches; 2 styles libres, velus à la base. Fruits globuleux ou ovoïdes, de la grosseur d'une petite cerise, lisses ou à peine ponctués-verruqueux, luisants, verts, puis rouges, farineux, peu charnus, légèrement sucrés-acidulés. — Arbre de taille moyenne, à tige droite, cylindrique, dont l'écorce reste longtemps grise et lisse, puis forme un rhytidome membraneux peu gerçuré, d'un brun-rougeâtre foncé; cime ovoïde; ramules droits, assez robustes, d'un brun-marron, ponctués de gris; bourgeons gros, à larges écailles d'un brun clair ou brun-verdâtre, bordées de duvet blanc. Commun dans les bois montueux ou montagneux, mais toujours disséminé. Algérie. Flor., mai. Fructif., septembre.

L'alisier blanc peut atteindre, dans de bonnes conditions, 10-14 mètres d'élévation, mais il reste aussi souvent à l'état de buisson. Il a une croissance lente, longtemps soutenue. L'enracinement en est profond, étendu; il repousse vigoureusement de souche et drageonne quelquefois. *Taille. Croissance. Enracinement.*

Les graines, semées à l'automne avec leur péricarpe, germent, partie au printemps suivant, partie au printemps de la deuxième année. Le jeune plant lève avec deux feuilles cotylédonaires ovales et entières. *Germination.*

Cet arbre n'est pas difficile sur le choix du terrain et vient sur les sols de toute composition, à moins qu'ils ne soient humides ou très-compactes; il semble néanmoins préférer ceux de nature calcaire. On le voit se fixer jusque dans les fentes des rochers, et il atteint dans les montagnes des altitudes considérables. *Station et sol.*

Bois. Le bois est dur, lourd, très-homogène ; il est blanc, marqué de quelques taches foncées de parenchyme ; à un âge avancé, il se colore parfois très-légèrement de rougeâtre et devient au cœur veiné ou flambé de brun. Il pèse 0,734-0,938 (*Coll. Éc. For.*). Il convient aux ouvrages de tour, sert à faire des outils et les pièces des machines soumises à des frottements, etc. C'est un très-bon combustible, qui produit un charbon estimé.

Fruits. Les fruits, sans être mauvais, ne se mangent point et sont sans usage.

2. Alisier de Scandinavie. SORBUS SCANDICA. FRIES. ***Pirus intermedia. Ehrh. Aria scandica. Decaisne.***

Feuilles pétiolées, à pétiole égalant le 1/5-1/6 du limbe, ovales ou elliptiques, cunéiformes et dentées presque dès la base, pointues à l'extrémité ; lobées-dentées, à lobes arrondis, obtus et courtement acuminés, décroissants de la base au sommet ; séparés par des sinus très-aigus, ou même fermés vers le bas ; lobes inférieurs dressés ou à peine étalés ; ces feuilles, fermes et coriaces, vertes, luisantes et glabres en dessus à l'état adulte ; en dessous, cendrées-tomenteuses et pourvues de 10-12 paires de nervures saillantes, presque parallèles, dont les inférieures néanmoins sont légèrement concaves en dehors. Fleurs blanches, à pétales étalés, tomenteux à l'onglet ; styles 2, libres, très-velus à la base. Fruit ovoïde, d'un rouge-corail, lisse ou légèrement ponctué-verruqueux, farineux-pulpeux. — Petit arbre de 6-10 mètres ou buisson. Régions montagneuses escarpées : Vosges, souvent dans le voisinage des vieux châteaux ; Haut-Jura, Alpes, où il s'élève jusqu'à 1,500 mètres, Pyrénées. Flor., mai-juin. Fructif., octobre.

Espèce légitime, très-constante et bien caractérisée, douée de fertilité, appartenant à la flore la plus septentrionale de l'Europe.

Densité 0,799 (*Coll. Éc. For.*).

3. Alisier à larges feuilles. SORBUS LATIFOLIA. PERS. ***S. Aria-torminalis. Irm. Cratægus latifolia. Lam. Aria latifolia. Spach.*** Alisier de Fontainebleau.

Feuilles pétiolées, à pétiole égalant le quart du limbe, très-largement ovales, tronquées ou à peine cunéiformes à la base, pointues à l'extrémité, lobées-dentées, à lobes triangulaires plus ou moins aigus et même acuminés, décroissant de la base au sommet, séparés par des sinus ouverts presque en angle droit, les inférieurs souvent étalés ; ces feuilles, assez fermes, vertes, luisantes et glabres en dessus à l'état adulte, en dessous tomenteuses et gris-verdâtre, avec 6-10 paires de nervures latérales assez saillantes, dont les inférieures sont fréquemment divergentes entre elles. Fleurs blanches, à pétales tomenteux à l'onglet ; 2 styles libres, très-velus à la base. Fruits variables, globuleux ou ovoïdes, presque lisses, farineux et rouges à la maturité ou fortement ponctués-verruqueux, avec une tendance au blossissement, brunâtres ou rouge-brun. — Arbre intermédiaire entre l'alisier blanc et l'alisier torminal par la forme, les incisions, la nervation, la couleur et la vestiture des feuilles, par la couleur, l'état superficiel, la consistance des fruits ; présentant des formes variées tantôt plus voisines de l'alisier blanc, tantôt du torminal. Environs de Paris ; forêt de Fontainebleau ; forêt de Haye et forêts voisines des environs de Nancy ; Vosges ; Nièvre, bois de la Cave. Flor., juin. Fructif., octobre.

L'alisier à larges feuilles est généralement considéré comme un hybride de l'alisier blanc et de l'alisier torminal, en société desquels il se trouve à l'état de dissémination soit en Lorraine, soit dans la forêt de Fontainebleau où, malgré l'assertion contraire, l'on rencontre aussi l'alisier blanc. Il se pourrait que celui de Fontainebleau, qui a les graines parfaitement embryonnées, qui se reproduit aisément de semis (*Decaisne*) et qui diffère très-sensiblement de celui des environs de Nancy, fût une espèce légitime, tandis que l'alisier de la Lorraine, plus voisin de l'alisier torminal que de l'alisier blanc et dont les graines sont rarement pourvues d'un embryon complet, serait un hybride véritable.

4. Alisier nain. SORBUS CHAMÆMESPILUS. CRANTZ. *Cratægus chamæmespilus. DC. Pirus chamæmespilus. Ehrh. Mespilus chamæmespilus. Lin. Aria chamæmespilus. Host.* Alisier faux-néflier.

Feuilles dressées contre les rameaux, presque sessiles, elliptiques, atténuées et entières à la base, pointues, doublement et aigûment dentées ; vertes, luisantes et glabres en dessus, d'un vert plus clair et plus ou moins tomenteuses dans la jeunesse et quelquefois même à l'état adulte en dessous ; nervures peu nombreuses, 6-8 paires, vagues, peu saillantes, légèrement confluentes entre elles par leurs extrémités. Fleurs en petits corymbes denses ; pétales roses, dressés, velus à l'onglet ; styles 2, velus à la base ; fruit ovoïde, rouge. — Joli petit arbrisseau buissonnant de 0^{m},50 à 1 mètre, à rameaux dressés, bruns, verruqueux, dont les fleurs sont entourées de feuilles rapprochées presque en rosette. Escarpements les plus élevés des Vosges, du Jura, de l'Auvergne ; Alpes, jusqu'à 2,200 mètres, et Pyrénées. Flor., juin. Fructif., septembre.

5. Alisier de Host. SORBUS HOSTII. JACQ. *S. aria-chamæmespilus. Rchb. Aria Hostii. Host.*

Très-voisin de l'alisier nain, mais plus grand et s'en distinguant par les feuilles plus fortement et plus irrégulièrement dentées, plus grandes, d'un vert mat en dessus, fortement tomenteuses en dessous ; par les fleurs d'un blanc-rosé, en corymbes plus lâches et plus grands; par les fruits plus gros, d'un rouge plus clair. Très-probablement hybride des alisiers blancs et nains, en société desquels il vit à l'état de dissémination. Hautes-Vosges ; Jura ; Alpes. Flor., juin. Fructif., septembre.

§ II. *Deux styles soudés; fruits bruns, devenant pulpeux en blossissant.*

6. Alisier torminal. SORBUS TORMINALIS. CRANTZ. *Pirus torminalis. Ehrh. Cratægus torminalis. Lin.* Alisier des bois; Alisier anti-dyssentérique.

Feuilles pétiolées, à pétiole égalant la moitié du limbe, largement ovales, tronquées, légèrement cordiformes ou cunéiformes à la base, aiguës au sommet, lobées-aigûment-dentées, à lobes triangulaires, aigus ou acuminés, d'autant plus étalés et séparés par des sinus aigus d'autant plus profonds qu'ils sont plus inférieurs; ceux du bas entaillés jusqu'à moitié du limbe, étalés ; ceux du haut passant insensiblement aux dents ; ces feuilles, assez fermes, vertes, luisantes et glabres sur les deux faces, mais plus claires en dessous, au parfait développement, munies de 5-8 paires de nervures secondaires médiocrement saillantes, espacées, divergentes entre elles et dont les inférieures sont étalées-concaves en dehors. Quelquefois les feuilles restent toujours pubescentes en dessus, gris-verdâtre et tomenteuses en dessous, particulièrement sur les jeunes rejets. Fleurs blanches ; pétales concaves, à onglet presque glabre ; anthères blanches ; styles 2, soudés jusqu'aux deux tiers de la longueur, glabres. Fruits ovoïdes, de la grosseur d'une petite cerise, couverts de lenticelles verruqueuses, d'abord verts et acerbes, puis bruns, de saveur vineuse, acidulée-sucrée à l'état de blossissement. — Arbre de 10-15 mètres sur 0^m,50 de diamètre, à cime ovale assez garnie, dont l'écorce, lisse et d'un gris cendré d'abord, devient, plus promptement que celle de l'alisier blanc, membraneuse écailleuse, caduque, variée de roussâtre et de gris ; bourgeons plus courts, revêtus d'écailles très-larges échancrées ou bilobées au sommet, glabres et vertes, étroitement bordées de brun. Commun, mais à l'état de dissémination, dans les bois de plaines, de coteaux ou de montagnes peu élevées. Flor., mai. Fructif., octobre.

Croissance. L'alisier torminal est généralement un arbre de taillis, de végétation lente ; il recherche les terrains frais et

Station et sol. légers, calcaires et sablonneux : redoute les sols humides ou secs ; se plaît dans les plaines et les pays accidentés, mais n'atteint pas dans les montagnes l'altitude de l'alisier blanc.

Germination. Cet arbre fructifie assez régulièrement. Ses graines, conservées avec leur péricarpe dans du sable humide pendant l'hiver, germent 3-4 semaines après le semis de printemps. Le jeune plant lève avec deux feuilles cotylédonaires entières, ovales, et atteint 20-30 centimètres dans la première année.

L'alisier torminal supporte bien le couvert ; il repousse peu de souches et ce mode de reproduction n'a pas de durée.

Le bois de l'alisier torminal ressemble beaucoup à celui de l'alisier blanc, mais il est rougeâtre, souvent flambé au centre de brun-noirâtre. Il est dur, lourd, très-homogène, se travaille très-bien et reçoit un beau poli. Peu sujet à se tourmenter, il ne prend en se desséchant que 2 p. 100 de retrait. Bois.

Il pèse, complétement desséché à l'air, 0,659-0,989 (*Coll. Éc. For.*).

Suivant G. L. Hartig, la puissance calorifique de l'alisier torminal de 90 ans, comparée à celle du hêtre de 120 ans, l'un et l'autre d'une égale densité et au même degré de dessiccation, est exprimée par les chiffres suivants :

Plus haut degré de chaleur	93 : 100
Durée de la combustion	107 : 100
Eau vaporisée	93 : 100

Les graveurs sur bois, tourneurs, mécaniciens, facteurs d'instruments, recherchent l'alisier torminal, qui fournit, en outre, un bon combustible et un charbon estimé.

Les fruits de l'alisier torminal, connus sous le nom d'alises ou alosses, sont bons à manger quand ils sont blossis. Les oiseaux en sont très-friands. Ils fournissent par la distillation une liqueur alcoolique estimée. Fruits.

SECTION II. — *Sorbiers.*

Feuilles composées, en partie ou en totalité.

§ I. *Fruits rouge-corail.*

7. Sorbier hybride. SORBUS HYBRIDA. LIN. PIRUS PINNATIFIDA. BORK. Alisier hybride.

Feuilles ovales-oblongues, pointues, profondément séquées à la base, où les segments isolés forment 1-4 paires de folioles indépendantes[1]; à divisions de moins en moins profondes de la base au sommet, de sorte qu'aux segments succèdent des lobes, puis des dents doublement dentées; ces feuilles, vertes et glabres en dessus à l'état adulte, grises-tomenteuses en dessous, à nervures secondaires plus ou moins serrées, au nombre de 8-12 paires, sensiblement parallèles. Fleurs à pétales blancs; styles 3, laineux à la base; fruits petits, globuleux, lisses, rouge-corail, pulpeux, âpres et acides, en groupes corymbiformes très-fournis, rappelant beaucoup ceux du sorbier des oiseleurs. — Arbre de 10-15 mètres de hauteur, à cime ovoïde, écorce lisse et grise, ou buisson; très-rare; vallée de la Durbie (Gard); Puy-de-Dôme; Forez; Jura au Suchet, au Mont-d'Or, au lac de Saint-Point, au Creux-du-Van, au Mont-de-Laval, Mont-Salève; forêt de Chatrices à Sainte-Ménéhould (Marcilly); forêt de Fontainebleau. — Fréquemment planté dans les jardins. Flor., juin. Fructif., octobre.

Hybridité. Le sorbier hybride se rencontre toujours en compagnie du sorbier des oiseleurs et des diverses espèces d'alisiers, et résulte très-probablement de leur fécondation réciproque. Quoiqu'il se reproduise par voie de semis (*Decaisne*), il a rarement les graines bien développées, plus rarement encore les embryons complétement organisés.

En acceptant l'hypothèse de l'hybridité, il faut admettre que, sous la dénomination de sorbier hybride, on confond un groupe d'hybrides différents, mais très-voisins et fort difficiles à distinguer, qui procèdent, d'une part, du sorbier des oiseleurs, et d'autre part : 1° de l'alisier blanc (*sorbus gallo-germanica,* Godron : *De l'Hybridité dans le genre Sorbier*); 2° de l'alisier de Scandinavie (véritable *sorbus hybrida,* Lin.), et 3° peut-être aussi de l'alisier à larges feuilles.

Bois. Le bois du sorbier hybride n'est d'aucun intérêt, en raison de son extrême rareté ; il pèse, complétement desséché à l'air et provenant d'arbre cultivé, 0,62 (*Coll. Éc. For.*).

8. Sorbier des oiseleurs. SORBUS AUCUPARIA. LIN. *Pirus aucuparia. Gærtn.* Cochêne.

Feuilles oppositi-imparipennées, formées de 13-17 folioles sessiles, sauf l'impaire, oblongues-aiguës, obliques et dentées presque dès la base, à dents acuminées non cuspidées, glabrescentes à l'état adulte et légèrement luisantes, surtout en dessus. Fleurs blanches; calice à 5 dents dressées, puis rabattues en dedans après la floraison; ovaire 3-loculaire, surmonté de 3 styles droits, laineux à la base. Fruit sphérique, de

1 centimètre de diamètre, lisse, d'un rouge-corail, pulpeux, âpre et non comestible. — Arbre de faibles dimensions, à tige cylindrique, se prolongeant jusqu'au sommet de la cime, longtemps revêtue d'un périderme lisse, gris clair, qui se transforme à un âge avancé en un rhytidome gris-noirâtre, épais, persistant, longitudinalement gerçuré ; à rameaux assez élancés, un peu penchés et à ramules d'un rouge-brun, pubescents, exhalant une odeur désagréable quand on en froisse l'écorce entre les doigts; bourgeons médiocres, velus, non visqueux, d'un violet-noirâtre, exactement appliqués. Disséminé dans quelques forêts de plaines, plus commun dans celles des pays de coteaux et dans les régions montagneuses, où il s'élève à une grande altitude, croissant souvent, à l'état de buisson, entre les crevasses des rochers les plus escarpés. Flor., mai-juin. Fructif., septembre.

Taille.

Le sorbier des oiseleurs peut atteindre 10-14 mètres d'élévation, sur 1m,50 de circonférence ; la croissance en est assez active, la longévité moyenne, 100 ans. Il se reproduit facilement de rejets et de drageons.

Germination

La fructification est constante et, chaque année, il se couvre d'une grande quantité de fruits. Les graines, semées au printemps, germent au bout de 3-4 semaines. Le jeune plant paraît avec 2 feuilles cotylédonaires ovales, entières, et atteint 20-30 centimètres la première année.

Station et sol.

Le sorbier des oiseleurs occupe une aire de dissémination très-vaste : vers le nord, il s'avance presque aussi loin que le bouleau blanc ; il s'élève dans les montagnes aux dernières limites de la végétation forestière et s'étend vers le sud jusqu'en Italie et en Espagne. Tous les sols semblent lui convenir, calcaires ou siliceux ; peut-être cependant préfère-t-il ces derniers ; en tout cas, il ne prospère que dans ceux qui sont frais et légers.

Bois.

Le bois en est blanc-rougeâtre ; il devient rougeâtre ou rouge-brunâtre au cœur ; les vaisseaux en sont sensiblement inégaux (à la loupe), plus gros et plus rapprochés dans le bois de printemps, de sorte que les accroissements successifs sont très-apparents. — Ce bois est satiné, tenace et peut être employé aux mêmes usages que celui de l'alisier blanc ; il est beaucoup moins dur et moins lourd que celui du sorbier domestique et pèse 0,688-0,734 (*Coll. Éc. For.*).

Les expériences de T. Hartig sur la puissance calorifique du sorbier de 30 ans, d'une pesanteur de 0,55 seulement, comparée à celle d'un hêtre de 0,67, ont donné les résultats suivants :

		Poids égaux.
Plus haut degré de chaleur . .	Chaleur ascendante. .	95 : 100
	Id. rayonnante. .	100 : 100
Durée de la chaleur croissante .	Id. ascendante. .	90 : 100
	Id. rayonnante. .	100 : 100
Durée de la chaleur décroissante.	Id. ascendante. .	82 : 100
	Id. rayonnante. .	71 : 100
Total de la chaleur développée .	Id. ascendante. .	100 : 100
	Id. rayonnante. .	100 : 100
Eau vaporisée		107 : 100

Usages accessoires. L'écorce contient, suivant Davy, 3,6 p. 100 de tannin. Les fruits renferment du sucre et de l'acide malique et néanmoins ont peu d'utilité ; on peut cependant en obtenir une boisson alcoolique qui a beaucoup d'analogie avec le kirsch. Les oiseaux les recherchent et les oiseleurs les emploient pour appâter leurs piéges. L'abondance de ces fruits, leur belle coloration rouge, qui se prononce dès la fin de l'été, leur persistance jusqu'en hiver, font rechercher ce sorbier comme arbre d'ornement ; on le voit très-fréquemment planté sur les routes forestières et dans le voisinage des maisons de gardes.

§ II. *Fruits blossissant, bruns.*

9. Sorbier domestique. SORBUS DOMESTICA. LIN. *Pirus sorbus, Gærtn.* Sorbier cormier.

Feuilles voisines de celles du sorbier des oiseleurs, mais à folioles entières jusqu'au tiers de leur longueur, dentées-cuspidées sur le reste du contour, cotonneuses en dessous au moment de la floraison, mates, glabres sur les deux faces quand elles sont adultes, plus pâles en dessous qu'en dessus. Fleurs blanches, plus grandes que celles du sorbier des oiseleurs, en corymbes moins fournis ; calice à 5 dents recourbées en dehors ; 5 carpelles ; 5 styles coudés, laineux dans toute leur longueur. Fruit en forme de poire ou de pomme (sorbe ou corme), 5-loculaire, de 4 centimètres environ de longueur, d'abord acerbe et vert lavé de rouge sur une face, puis brun, mou, pulpeux et acidulé-vineux à l'état de blossissement. — Arbre de 15-20 mètres, à tige droite, recouverte de très-bonne heure d'un rhytidome brun très-foncé, finement gerçuré, rugueux et écailleux ; cime pyramidale ; bourgeons gros, verdâtres, glabres, visqueux, dressés, mais non appliqués ; enveloppe herbacée des jeunes pousses n'exhalant aucune odeur désagréable quand on la froisse entre les doigts. Disséminé dans les bois des terrains calcaires de toute la France ; Algérie. Flor., mai-juin. Fructif., octobre.

Le sorbier domestique appartient à l'Europe méridionale et paraît rechercher tout particulièrement les sols calcaires. C'est un bel arbre de croissance lente, qui peut néanmoins atteindre 4 mètres de circonférence, grâce à une très-grande longévité, 5-600 ans. Il ne saurait convenir à la futaie ; mais, en raison du prix élevé de son bois, il mériterait d'être admis ou introduit plus souvent qu'il ne l'est dans la réserve des taillis. L'enracinement en est pivotant ; les rejets de souche sont assez nombreux. La fructification n'est pas constante, au moins dans les forêts de l'Est et du Nord. Les graines, semées à l'automne, germent dès le printemps suivant ; le plant paraît avec 2 feuilles cotylédonaires ovales, entières, et ne dépasse pas 1 décimètre la première année.

Station et sol.

Taille.

Enracinement.

Germination.

Le bois du sorbier domestique a les vaisseaux très-fins, égaux et très-uniformément répartis du bois de printemps au bois d'automne, de sorte que les accroissements ne s'y distinguent que par la zone extrêmement mince qui limite chacun d'eux ; c'est un des bois les plus durs, les plus homogènes et les plus compactes que produisent nos contrées ; il pèse 0,813-0,939 (*Coll. Éc. For.*) ; il est d'un rouge-brunâtre. Les graveurs sur bois, sculpteurs, tourneurs, armuriers, mécaniciens, ébénistes en tirent grand parti ; il tient le premier rang pour la fabrication des outils de menuiserie et d'ébénisterie, tels que rabots, varlopes, etc., et, malgré le prix élevé auquel il s'achète, il n'est pas toujours possible de se le procurer en quantité suffisante. C'est un excellent bois de chauffage ; mais il est trop recherché comme bois de travail pour être employé en combustible.

Bois.

Les sorbes sont agréables au goût, quoique astringentes ; on en fait, dans plusieurs contrées, des boissons alcooliques analogues au poiré ; dans quelques autres, on les conserve pour les manger desséchées comme pruneaux. Elles sont assez recherchées pour que le sorbier domestique soit fréquemment cultivé comme fruitier.

Fruits.

GENRE IX. — AMÉLANCHIER. *AMELANCHIER. Medick.*

Réceptacle turbiné, bordé de 5 dents non accrescentes; pétales lancéolés-linéaires; 5 carpelles biovulés: styles 5, réunis à la base. Fruit pulpeux, à 5 loges à parois minces, de consistance sèche et fragile, dont chacune est incomplétement divisée par une fausse cloison, produite par la saillie de la nervure dorsale, et contient 2 graines à épisperme membraneux. — Arbrisseaux à feuilles simples.

Amélanchier commun. AMELANCHIER VULGARIS. MOENCH. *Mespilus Amelanchier. Lin.*

Feuilles pétiolées, ovales ou elliptiques, arrondies aux deux extrémités ou quelquefois aiguës au sommet, dentées, velues-tomenteuses dans la jeunesse, finalement glabres, fermes, mates et vertes en dessus, plus pâles en dessous. Fleurs blanches, longuement pédonculées, disposées 4-8 en grappes définies simples, feuillées à la base, dressées, terminales; pétales étroits, allongés. Fruits globuleux, couronnés par les dents aiguës du calice, de la grosseur d'un gros pois et d'un noir-bleuâtre. — Joli arbrisseau buissonnant de 1-3 mètres, à rejets nombreux, ascendants, grêles, peu rameux, peu feuillés, bruns ou grisâtres, dont les bourgeons sont ovoïdes-allongés, aigus, d'un brun-noir, brillants et glabres. Lieux rocailleux ou rocheux des régions de collines ou de montagnes, aux expositions chaudes, principalement sur les sols calcaires. France ; Algérie (Djurjura). Flor., avril-mai. Fructif., août.

Le fruit de l'amélanchier est comestible et connu en Provence sous le nom d'amélanche, duquel est dérivé le nom générique actuel.

Bois sans emploi, d'une densité allant de 0,914 à 0,976 (*Coll. Éc. For.*).

FAMILLE XXII.

MYRTACÉES. JUSS.

Fleurs hermaphrodites, régulières; calice de 5, plus rarement de 4 ou 6 sépales, surmontant un tube formé par l'axe qui s'est prolongé et creusé en urne réceptaculaire; corolle périgyne, d'autant de pétales alternes; étamines nombreuses, insérées avec les pétales, à anthères introrses, biloculaires, longitudinalement déhiscentes; ovaire adhérent au réceptacle qui l'enveloppe, infère, multiloculaire, à loges multiovulées;

style 1; baie ou capsule à placentation centrale; graines non albuminées. — Arbres ou arbrisseaux des régions tropicales et subtropicales, parmi lesquels on remarque les nombreux et gigantesques Eucalyptus de l'Australie; représentés en Europe par un modeste arbrisseau de la zone méditerranéenne; à feuilles simples, coriaces et persistantes, opposées, plus rarement alternes, ponctuées-pellucides, entières, non stipulées, formées d'une nervure médiane dominante et de nervures secondaires pennées, peu saillantes, se réunissant à une nervure marginale qui encadre la feuille.

GENRE UNIQUE. — MYRTE. *MYRTUS. Tournef.*

Tube réceptaculaire globuleux; sépales 5, triangulaires; pétales 5; étamines nombreuses, libres, fruit charnu, à 2-3 loges oligospermes, couronné par les sépales en forme de dents dressées. — Arbrisseaux à feuilles opposées.

Bois. — Bois lourd, à grain extrêmement fin, homogène. Fibres dominantes, à parois épaisses; vaisseaux fins, égaux, isolés, uniformément répartis, mais plus rares dans une zone étroite du bord externe de chaque couche, ce qui rend les accroissements assez sensibles. Rayons fins, presque égaux.

Myrte commun. MYRTUS COMMUNIS. LIN.

Feuilles opposées, subsessiles, coriaces, elliptiques-lancéolées, acuminées, entières, à bords étroitement réfléchis en dessous, finement ponctuées-pellucides, glabres et luisantes, plus pâles en dessous, à nervures secondaires serrées. Fleurs blanches, axillaires, solitaires, longuement pédonculées; calice à sépales triangulaires, étalés, plus courts que les pétales. Baie à peine charnue, ovoïde, d'un noir-bleuâtre un peu glauque. — Arbrisseau toujours vert, à tige irrégulière, de 2-3 mètres d'élévation, recouverte, dès les premières années, d'un rhytidome roux, mince, presque lisse, écailleux, caduc; répandant par toutes ses parties une odeur aromatique qui rappelle celle du girofle. Assez commun dans la région méditerranéenne, abondant en Corse; Algérie. Flor., mai-juin. Fructif., novembre.

Le myrte a la croissance très-lente, la longévité considérable; il mesure quelquefois 4-5 mètres d'élévation sur 1 mètre de circonférence, mais il lui faut bien un siècle pour atteindre ces dimensions. Il forme un buisson très-touffu, d'un couvert complet, qui peuple les maquis de la Corse avec les philarias, les lentisques, les chênes yeuses, etc. Il demande des sols frais et profonds, situés en plaines ou en coteaux. Taille.

Bois. Tissu fibreux dominant, à parois épaisses, mélangé de parenchyme ligneux (non apparent à la loupe); rayons nombreux, minces et très-minces, sensiblement inégaux; vaisseaux peu nombreux, très-fins, égaux, isolés, uniformément répartis, ci ce n'est au bord interne, où ils déterminent par leur rareté une zone plus serrée qui rend les accroissements annuels assez distincts. Ceux-ci sont souvent excentriques et irréguliers, comme la tige l'est elle-même à la surface.

Ce bois est lourd, dur, remarquable par la finesse et l'homogénéité de son grain; il se travaille très-bien dans toutes les directions, n'est point sujet à se tourmenter ni à se gercer. Il est entièrement gris-rougeâtre clair, très-légèrement teinté de violacé, sans distinction d'aubier ni de bois parfait, et rappelle assez bien le bois de poirier. Il pèse 0,927-1,003 (*Coll. Éc. For.*). On en fabrique de menus objets qui sont recherchés, tels que cannes, articles de marqueterie, de tour, etc. Il fournit un excellent combustible et un charbon de première qualité.

Usages accessoires. L'écorce et les feuilles servent à la préparation du cuir.

Le fruit a le goût âpre et résineux; cependant les Arabes le mangent et l'estiment beaucoup.

FAMILLE XXIII.

GRANATÉES. DON.

Famille très-voisine de celle des myrtacées, se distinguant par un fruit de structure exceptionnelle, formé d'un péricarpe sec, indéhiscent, couronné par les sépales du calice et divisé par un diaphragme transversal en deux cavités, l'une supérieure, plus grande, l'autre inférieure, plus petite; toutes les deux subdivisées par des cloisons verticales, minces et sèches, en loges au nombre de 5-9 pour la cavité supérieure, de 3 pour l'inférieure; graines nombreuses, à épisperme pulpeux, acidulé. — Arbrisseaux à feuilles généralement opposées, herbacées, caduques.

GENRE UNIQUE. — GRENADIER. *PUNICA. Tournef.*

Tube réceptaculaire pétaloïde, coriace, turbiné, bordé de 5-7 divisions calicinales; pétales 5-7; étamines libres. — Arbrisseaux à feuilles opposées, à nervure submarginale, vague.

Grenadier commun. PUNICA GRANATUM. LIN. Balaustier.
Feuilles opposées, atténuées en pétiole, oblongues-lancéolées, entières, glabres, luisantes, caduques. Fleurs grandes, sessiles, solitaires ou réunies par 2-3 à l'extrémité des rameaux, complétement d'un rouge-écarlate. Fruit gros, globuleux, couronné par les sépales du calice, d'un jaune-brunâtre, contenant un grand nombre de graines serrées, anguleuses, à épisperme rouge translucide, pulpeux, acidulé (grenade). — Arbuste de 2-4 mètres, à tige dressée, irrégulière, très-rameuse, à rameaux étalés-dressés, un peu épineux; revêtu d'un rhytidome mince, jaunâtre, écailleux-caduc. Toute la région méditerranéenne, France et Corse, où il s'est complétement naturalisé; Algérie, dans le voisinage des jardins. Flor., juin-juillet.

Le grenadier paraît être originaire d'Orient; mais il se rencontre à l'état sauvage dans la France méridionale. Il est souvent cultivé, soit pour la beauté de ses fleurs, qui se doublent aisément, soit pour son fruit, la grenade, dont on mange l'épisperme pulpeux. Origine.

Tissu fibreux, compacte, à parois épaisses, entremêlé de parenchyme ligneux, qui dessine dans chaque couche des zones concentriques plus pâles, assez rapprochées; rayons très-serrés, très-minces, égaux; vaisseaux peu nombreux, très-fins, isolés, uniformément distribués, un peu plus nombreux, cependant, dans le bois de printemps. Le bois du grenadier est dur et homogène, d'un blanc-jaunâtre uniforme, se nuançant au cœur de brun-verdâtre clair; les accroissements en sont ondulés et presque confondus entre eux. Il pèse 0,844-1,003 (*Coll. Éc. For.*). Bois.

L'écorce sert au tannage et donne une matière tinctoriale avec laquelle on prépare, en Afrique, les maroquins jaunes. Celle des racines est employée en médecine comme vermifuge. Écorce.

FAMILLE XXIV.

GROSSULARIÉES. DC.

Fleurs régulières, hermaphrodites, quelquefois dioïques par avortement; calice gamosépale, 5-fide; corolle de 5 pétales alternes très-petits, insérés à la gorge du calice; étamines 5, alternes avec les pétales et insérées avec eux. Ovaire infère, adhérent au réceptacle, 1-loculaire, multiovulé, présentant 2 placentaires opposés, pariétaux. Styles 2; baie pulpeuse succulente, dont la pulpe est produite par la membrane externe des graines; polysperme, couronnée par le calice desséché et persistant; graines albuminées. — Sous-arbrisseaux à feuilles alternes, simples, palmatinerviées et lobées, épineux ou inermes, dont les bourgeons sont revêtus d'écailles imbriquées, spiralées, de nature pétiolée.

Bois. — Tissu fibreux mélangé de parenchyme ligneux (ne se distinguant pas à la loupe); rayons inégaux, les uns assez épais et peu nombreux, les autres serrés et très-minces; vaisseaux fins, un peu plus serrés et plus gros au bord interne, disposés en lignes circulaires, concentriques, presque aussi abondants que le tissu fondamental; accroissements peu distincts, avec une zone très-mince sans vaisseaux à la limite de chacun d'eux; saillants au passage des gros rayons.

GENRE UNIQUE. — GROSEILLIER. *RIBES. Lin.*

A. Tiges aiguillonnées; fleurs solitaires ou réunies par 2-3 seulement . . . . G. ÉPINEUX . . 1
A'. Tiges inermes; fleurs en grappes.
  B. Feuilles non aromatiques.
    C. Fleurs verdâtres.
      D. Grappes de fleurs et de fruits pendantes; ceux-ci rouges ou d'un blanc-jaunâtre . G. ROUGE. . . 2
      D. Grappes de fleurs et de fruits dressées; ceux-ci toujours rouges . . . . G. DES ALPES . 3
    C'. Fleurs rougeâtres, en grappes dressées; fruits rouges, en grappes pendantes . . . G. DES ROCHERS. 4
  B'. Feuilles aromatiques. Fleurs rougeâtres; fruits noirs, en grappes pendantes . . . . G. NOIR . . . 5

§ I. *Tiges aiguillonnées; fleurs solitaires ou réunies par 2-3.*

1. Groseillier épineux. RIBES UVA-CRISPA. LIN. Groseillier à gros fruits, à maquereau.

Feuilles petites, courtement pétiolées, velues-pubescentes, rarement glabres, à 3-5 lobes palmés et crénelés; souvent fasciculées par suite du non-allongement des rameaux. Trois aiguillons, deux latéraux et un médian correspondant au coussinet, à la base de ces rameaux ou à la base des feuilles des pousses stériles qui s'allongent; quelquefois aussi sans relations avec les feuilles. Fleurs axillaires, solitaires ou géminées, courtement pédonculées, verdâtres ou rougeâtres. Baie globuleuse ou ovoïde, assez grosse, verte, jaunâtre ou rougeâtre, glabre ou hérissée de soies glanduleuses. — Sous-arbrisseau de 1 mètre à 1m,50, très-rameux. Très-commun dans les haies, les bois, les lieux incultes et pierreux de toute la France; Algérie, montagnes de l'Aurès. Fréquemment cultivé sous une foule de variétés pour son fruit. Flor., mars-avril. Fructif., août.

§ II. *Tiges inermes, fleurs en grappes.*

2. Groseillier rouge. RIBES RUBRUM. LIN. Castillier.

Feuilles pétiolées, cordiformes à la base, à 3-5 lobes palmés et profondément dentés, pubescentes en dessous. Fleurs d'un jaune-verdâtre, en grappes axillaires toujours pendantes, accompagnées de bractées glabres beaucoup plus courtes que leurs pédicelles; calice glabre, à limbe étalé non cilié; baies rouges ou d'un blanc-jaunâtre, acides. — Arbrisseau de 1 mètre à 1m,50, à rameaux bruns. Spontané, quoique rarement, dans quelques forêts; très-fréquemment cultivé et subspontané. Flor., avril-mai. Fructif., août.

3. Groseillier des Alpes. RIBES ALPINUM. LIN.

Feuilles moyennes ou petites, pétiolées, légèrement cordiformes à la base, à 3-5 lobes palmés et dentés, peu luisantes, glabres ou parsemées de quelques poils rudes sur les deux faces. Fleurs vertes, dioïques ou rarement hermaphrodites, accompagnées de bractées plus longues qu'elles, en grappes axillaires toujours dressées; grappes des pieds mâles et des pieds hermaphrodites multiflores (20-30 fleurs); celles des pieds femelles pauciflores (2-5 fleurs); calice glabre, à limbe étalé. Baies rouges, fades. — Arbrisseau de 1 mètre à 1m,50, à tiges et à rameaux gris, dressés. Commun dans les bois des régions accidentées jusqu'aux stations alpestres. Flor., mai. Fructif., août.

4. Groseillier des rochers. RIBES PETRÆUM. WULF.

Feuilles grandes, pétiolées, cordiformes, à 3-5 lobes palmés, aigus, profondément dentés; légèrement pubescentes en dessous. Fleurs d'un vert-rougeâtre, en grappes dressées au moment de la floraison, penchées à l'époque de la maturité; accompagnées de bractées velues plus courtes que les pédicelles ou les égalant; calice glabre, à limbe campanulé, cilié. Baies rouges, acerbes. — Sous-arbrisseau plus robustes et plus élevé que les précédents, à rameaux assez gros, d'un gris-brun, recouverts d'une écorce exfoliée, membraneuse. Régions élevées des Vosges, du Jura, de l'Auvergne; Alpes et Pyrénées. Flor., mai-juin. Fructif., septembre.

5. Groseillier noir. Ribes nigrum. Lin. Cassis.

Feuilles pétiolées, cordiformes à la base, 3-5-palmatilobées, à lobes triangulaires, dentés; glabres en dessus, légèrement pubescentes en dessous. Fleurs d'un jaune-rougeâtre, en grappes axillaires toujours pendantes, accompagnées de bractées plus courtes que les pédicelles; calice tomenteux, campanulé. Baies noires, à odeur et à saveur caractéristiques de cassis. — Sous-arbrisseau de 1 mètre, parsemé sur les feuilles en dessous, sur les fruits et sur les bourgeons de glandes jaunes qui contiennent une huile essentielle aromatique. Disséminé dans quelques forêts du Nord-Est, en Lorraine; cultivé pour ses fruits et subspontané dans toute la France. Flor., avril-mai. Fructif., juillet.

FAMILLE XXV.

ARALIACÉES. JUSS.

Fleurs hermaphrodites, régulières; calice adhérent à l'ovaire, à limbe très-court, 5-denté. Corolle de 5 pétales alternes, non onguiculés; étamines en nombre égal, alternes, périgynes, à anthères introrses, biloculaires, longitudinalement déhiscentes. Styles 5, libres ou réunis en un seul. Ovaire semi-infère, 5-loculaire ou, par avortement, 2-3-loculaire, dont chaque loge est uniovulée. Baie 2-5-loculaire, à graines contenant un embryon petit, enveloppé d'un albumen charnu.

Bois. — Tissu fibreux peu abondant, surtout au bord interne. Vaisseaux nombreux, assez gros, égaux, associés à un tissu lâche et mou; formant avec lui la presque totalité du bois poreux de printemps; constituant dans la région médiane et dans l'externe des arcs ou des zones ondulés, concentriques, blanchâtres, séparés par du tissu fibreux plus foncé. Rayons sensiblement inégaux, médiocrement ou assez épais; quelques-uns, en fort petit nombre, devenant épais, assez hauts et constituant sur la section longitudinale de grandes maillures caractéristiques. — Bois poreux, mou, léger, sans aubier apparent, mat, blanchâtre ou grisâtre.

GENRE UNIQUE. — LIERRE. *HEDERA.* *Lin.*

Calice à 5 dents caduques ; 5 pétales et 5 étamines ; 5 styles soudés en un ; baie cerclée par les cicatrices des dents calicinales, à 5 loges monospermes. — Sous-arbrisseaux sarmenteux, grimpants, à feuilles alternes, simples, penninerviées et entières, ou palmatinerviées et lobées, toujours vertes, dont les fleurs sont en ombelles simples.

Lierre grimpant. HEDERA HELIX. LIN. Lierre-bois.

Feuilles pétiolées, simples, éparses, coriaces, persistantes, luisantes, d'un vert foncé en dessus, d'un vert pâle en dessous ; celles des rameaux rampants profondément 3-5-lobées, à lobes entiers ; celles des rameaux grimpants stériles, à 3-5 lobes moins profonds ; celles des rameaux fleuris entières, ovales ou rhomboïdales-acuminées. Fleurs petites, d'un jaune-verdâtre, en ombelles terminales, pédonculées, simples, arrondies. Baie globuleuse, noire, rarement jaune, cerclée vers son sommet par le limbe du calice et apiculée par le style persistant. — Sous-arbrisseau à tige sarmenteuse grimpante ou rampante. Commun dans les forêts de toute la France ; Algérie. Flor., septembre-octobre. Fructif., avril-mai de l'année suivante.

Port. — Le lierre produit des tiges et des rameaux très-allongés, relativement grêles, recouverts d'un rhytidome gris, garnis sur une de leurs faces de très-nombreux crampons (racines rudimentaires), au moyen desquels il grimpe le long des rochers, des arbres et parvient à leurs sommets même les plus élevés. Lorsque cette tige ne trouve pas d'appui, au lieu de grimper, elle reste rampante à la surface du sol, ne fleurit jamais, mais se propage de proche en proche en s'enracinant par différents points de sa longueur au moyen de ses crampons, qui s'accroissent en racines véritables. Nutrition. — Le lierre n'est point cependant un végétal parasite, comme on le dit souvent ; il absorbe dans le sol et élabore lui-même la séve qui le nourrit et ne puise rien dans l'arbre qui lui sert de soutien. Inconvénients. — Il n'en est pas moins très-nuisible ; enlaçant et étreignant les tiges et les branches de ses nombreux sarments, il met un obstacle à la circulation de la séve et au grossissement de l'arbre ; recouvrant de son feuillage abondant, serré et persistant, les rameaux les plus extrêmes, il y produit un couvert funeste au développement des bourgeons et de feuilles. Sa destruction doit donc être poursuivie dans les forêts, et il suffit, pour l'atteindre, de couper d'un coup de cognée le pied du lierre le plus développé. Sans communication avec le sol, tout ce qui surmonte la section ne tarde pas à se dessécher et à périr.

Taille. Le lierre peut arriver à d'assez fortes dimensions et parvient quelquefois à se soutenir sans appui. L'on en voyait un, il n'y a pas longtemps, à Gignac, aux environs de Montpellier, qui était âgé de 433 ans et dont la souche principale avait 3 mètres de circonférence.

Bois. Le bois du lierre, sans résistance et sans durée, est à peu près sans usage; il pèse, étant complétement desséché à l'air, 0442-0,648 (*Coll. Éc. For.*).

Produits accessoires. Dans les pays chauds, on extrait, par incision, de la tige du lierre, une substance résinoïde d'un rouge-brunâtre, âcre, aromatique comme l'encens quand on la brûle et qu'on emploie comme vernis.

FAMILLE XXVI.

CORNÉES. DC.

Famille voisine de la précédente, se distinguant par les verticilles floraux de 4 parties, l'ovaire entièrement infère, les fruits (nuculaines) à noyaux osseux, 2-loculaires. — Arbrisseaux dressés, à feuilles opposées (espèces indigènes), caduques, non stipulées.

GENRE UNIQUE. — CORNOUILLER. *CORNUS. Lin.*

Caractères de la famille. — Arbrisseaux à feuilles simples, entières; à nervures secondaires peu nombreuses, entières, pennées, arquées-convergentes vers le sommet; à bourgeons grêles, lancéolés, comprimés, revêtus de 2-4 écailles foliacées, velues, opposées-croisées. Ces bourgeons sont quelquefois réunis par 2 à chaque aisselle et, dans ce cas, le plus élevé est le principal.

Bois. — Bois lourd, homogène, compacte et dur (le nom de *Cornus* fait allusion à cette dureté, comparable à celle de la corne). Tissu fibreux dominant, à parois très-épaisses, mélangé de quelques cellules ligneuses (non apparentes); vaisseaux égaux, petits, isolés ou à peine réunis en petit nombre, uniformément répartis, ci ce n'est à la fin de chaque couche, où ils deviennent rares et laissent une zone étroite de tissu fibreux. Rayons égaux et fins.

L'écorce ne forme qu'une seule couche de liber fibreux.

A. Fleurs jaunes, paraissant avant les feuilles, en cymes ombellées simples. Fruits ovoïdes, charnus, rouges, acidulés . . . . C. MALE. . 1

A'. Fleurs blanches, paraissant en été, en cymes corymbiformes composées. Fruits globuleux, petits, presque secs, noirs . . . . C. SANGUIN. 2

1. Cornouiller mâle. CORNUS MAS. LIN.

Feuilles opposées, courtement pétiolées, à 4 ou 5 paires de nervures latérales arquées-convergentes vers le sommet ; elliptiques-acuminées, entières ; parsemées, surtout en dessous, de quelques poils couchés qui en rendent le toucher un peu rude ; plus pâles et légèrement laineuses aux aisselles des nervures en dessous. Fleurs jaunes, en petites cymes groupées sous forme d'ombelles simples, latérales, pauciflores, naissant avant les feuilles et placées au centre d'un involucre de 4 folioles concaves. Nuculaine elliptique, de la taille d'une petite olive, très-âpre d'abord, puis acidulée-sucrée, rouge-translucide. — Arbrisseau ou petit arbre à tige dressée, irrégulière, cannelée, recouverte d'un rhytidome mince, jaune-brunâtre, écailleux-caduc ; à branches opposées, ramules couverts de poils abondants, persistants, qui pendant l'hiver affaiblissent et rendent mate leur coloration souvent sanguine ; canal médullaire à section hexagonale. Dès l'été l'on aperçoit de gros bourgeons globuleux, qui sont les bourgeons à fleurs du printemps suivant. Commun dans les bois des terrains calcaires de toute la France. Flor., mars. Fructif., octobre.

Le cornouiller mâle parvient à 6-8 mètres de hauteur et à 10-12 centimètres de diamètre en 20-25 ans ; mais il peut dépasser beaucoup cet âge et vivre des siècles en s'accroissant avec une excessive lenteur. Taille.

Le bois est blanc-rougeâtre clair ou foncé, flambé de rougeâtre au cœur quand il est vieux ; ses accroissements sont irréguliers, non concentriques. C'est un des bois les plus durs, les plus tenaces et les plus homogènes de nos forêts. Il pèse, étant complétement desséché à l'air, 0,943-1,014 (*Coll. Éc. For.*). Il est très-recherché pour manches d'outils, menues pièces des machines, échalas, échelons, cercles, cannes, gaules, fourches, etc., mais il faut Bois.

qu'il soit bien sec pour être mis en œuvre, parce qu'il est sujet à se gercer et à se tourmenter ; il prend un retrait de 13 p. 100 du volume vert.

Produits accessoires.

L'écorce contient du tannin : 8,7 p. 100, d'après Gassicourt. Le fruit, appelé cornouille, est comestible quand il est parfaitement mûr.

2. Cornouiller sanguin. CORNUS SANGUINEA. LIN. Fraisillon, à Nancy ; Bois punais.

Voisin du précédent quand il n'a que des feuilles ; se distingue néanmoins par celles-ci qui sont concolores sur les deux faces, moins fermes, dépourvues de poils laineux aux aisselles des nervures en dessous et ne sont point accompagnées de ces gros bourgeons floraux globuleux du cornouiller mâle. Fleurs blanches, paraissant après les feuilles, en corymbes composés définis, terminaux, dépourvus d'involucre à leur base. Fruit de la grosseur d'un pois, globuleux, couronné par les dents du calice, à peine charnu, noir, amer, non comestible. — Arbrisseau de 2-5 mètres de hauteur, à rameaux dressés, droits, dont la tige est recouverte d'une écorce brune, finement et densément gerçurée en long et en travers ; pousses droites, effilées, presque glabres ; d'un rouge-sanguin luisant, surtout au printemps ; canal médullaire presque circulaire ; feuilles rougissant à l'automne. Très-commun dans les forêts, principalement dans celles des pays de coteaux, à sol léger. Flor., mai-juin. Fructif., commencement d'octobre.

Taille.

Le cornouiller sanguin n'atteint ni les dimensions, ni la longévité du cornouiller mâle. Il se multiplie rapidement de lui-même par semis, par drageons, par marcottes naturelles ; résiste pendant très-longtemps au couvert et devient souvent, par ces motifs, un arbrisseau envahissant incommode.

Bois.

La végétation est lente ; le bois, dur, compacte, souple et tenace, sert aux bâtis des ouvrages de vannerie, et quand ses dimensions le permettent, il est employé comme celui du cornouiller mâle, bien qu'il soit de moindre valeur. Il pèse 0,874-0,900 (*Coll. Éc. For.*).

Produits accessoires.

L'écorce vive du cornouiller sanguin exhale une odeur âcre qui, dans quelques pays, fait appeler cet arbrisseau bois punais. Les fruits contiennent dans leur péricarpe de l'huile que l'on peut extraire et qui est bonne pour l'éclairage ; on en obtient 34 p. 100 de leur poids.

CLASSE II.

GAMOPÉTALES.

Fleurs à périgone double (exceptionnellement nul), dont les pétales sont soudés entre eux, à partir de la base, sur une longueur plus ou moins grande.

ORDRE III.

GAMOPÉTALES PÉRIGYNES.

Corolle insérée sur le calice; étamines insérées sur la corolle ou avec la corolle. Ovaire toujours infère, adhérent.

ORDRE III. — GAMOPÉTALES PÉRIGYNES.

Les espèces ligneuses indigènes ont toujours l'ovaire infère et adhérent et la placentation axile.

			Familles.	Genres.
Étamines isostémones.	Arbrisseaux et sous-arbrisseaux à feuilles opposées, simples ou composées; à fleurs régulières ou irrégulières; dont le fruit est une baie.		XXVII. Caprifoliacées. Page 179.	*Sureau.* *Viorne.* *Chèvre-feuille.*
Étamines diplostémones.	Anthères s'ouvrant par des fentes longitudinales.	Arbrisseaux ou arbres à feuilles simples, alternes, non stipulées; à fleurs régulières, grandes, infundibuliformes, à limbe développé, profondément 5-7-lobé.	XXVIII. Styracées. Page 187.	*Aliboufier.*
	Anthères s'ouvrant par 2 pores terminaux.	Arbrisseaux de terre de bruyère, à fleurs régulières, urcéolées ou campanulées; à feuilles simples, alternes; dont le fruit est une baie.	XXIX. Vacciniées. Page 189.	*Airelle.* *Canneberge.*

FAMILLE XXVII.

CAPRIFOLIACÉES. JUSS.

Fleurs hermaphrodites, régulières ou irrégulières; calice adhérent, à limbe très-court, 5-denté. Corolle gamopétale, insérée au sommet du tube calicinal, 5-fide; étamines 5, alternes avec les divisions de la corolle, insérées sur le calice; ovaire à 3-5 loges uni-pluri-ovulées. Baie à 3-5 loges mono-polyspermes; graine albuminée. — Arbrisseaux et sous-arbrisseaux à feuilles simples ou composées peu ou point stipulées, opposées; parfois sarmenteux-volubiles; à inflorescences variées, mais définies. Bourgeons souvent multiples à une même aisselle, superposés ou placés les uns à côté des autres, nus ou écailleux à la base, dont l'évolution, à peine arrêtée par l'hiver, produit quelquefois, contrairement à la majorité des végétaux ligneux, plusieurs générations de rameaux en une seule année.

A. Fleurs en cyme corymbiforme ou thyrsoïde, à corolle régulière, étalée; ovaire à loges 1-ovulées.
  B. Feuilles impari-pennées; fruits 3-spermes . . SUREAU 1
  B'. Feuilles simples; fruits 1-spermes . . . . . VIORNE 2
A'. Fleurs en cymes 2-3-flores, axillaires, à corolle irrégulière, tubuleuse. Ovaire à loges pluri-ovulées. Fruit polysperme. . . . . CHÈVRE-FEUILLE. 3

GENRE I. — SUREAU. *SAMBUCUS. Tournef.*

Corolle régulière, étalée en roue; ovaire à 3 loges 1-ovulées, à stigmates sessiles, produisant une baie globuleuse 3-sperme, dont les cloisons ont été résorbées. — Arbrisseaux et quelquefois plantes herbacées vivaces, à feuilles oppositi-impari-pennées, à fleurs en cymes corymbiformes ou thyrsoïdes, dont les jeunes pousses stériles sont robustes et présentent un canal médullaire très-développé. Bourgeons écailleux à la base, disposés 2-4 à chaque aisselle, dont le supérieur est le principal.

Bois. — Tissu fibreux homogène, à parois épaisses; rayons égaux, assez minces, moyennement serrés; vaisseaux nombreux, fins, sensiblement égaux, isolés ou réunis par petits groupes de 2-7, presque uniformément répartis ou ébauchant une disposition dendritique ; au bord interne, un rang simple de vaisseaux contigus détermine une ligne très-fine poreuse, tandis qu'au bord externe la rareté ou l'extrême finesse des vaisseaux produit une zone mate et très-étroite de tissu fibreux dominant, disposition qui rend les accroissements annuels assez distincts, malgré leur grande homogénéité.

Le bois des sureaux est d'un jaune uniforme très-clair, peu lustré, sans distinction d'aubier et de cœur ; il est assez lourd et assez dur.

A. Fleurs en cymes corymbiformes, blanches, paraissant après les feuilles ; baies noires.
  B. Arbrisseau ; anthères jaunes ; feuilles non stipulées . S. NOIR . . 1
  B'. Plante herbacée vivace ; anthères rouges ou violacées ; feuilles à stipules herbacées . . . . S. YÈBLE . 3
A'. Fleurs en cyme thyrsoïde, d'un jaune-verdâtre, paraissant avant ou avec les feuilles ; baies rouges . . . S. ROUGE . 2

1. Sureau noir. SAMBUCUS NIGRA. LIN.

Feuilles opposées, oppositi-imparipennées, non stipulées, de 5-7 folioles pétiolulées, elliptiques-lancéolées, acuminées, dentées, glabres en dessus, parsemées de quelques poils en dessous. Fleurs blanches, odorantes, en ample cyme ombelliforme terminale, dressée, puis penchée vers la maturité, formée de 5 rayons principaux ; anthères jaunes. Baies globuleuses, noires, très-rarement vertes ou blanches. — Arbrisseau ou petit arbre de 4-5 mètres et même 10 mètres de hauteur, sur $0^m,30$ de diamètre, dont l'écorce passe rapidement à l'état de rhytidome subéreux jaune-brunâtre, gerçuré-écailleux ; émettant de son pied des rejets vigoureux, droits, allongés ; moelle blanche, très-abondante ; bourgeons ovoïdes-aigus, revêtus à la base de 2-4 écailles seulement, opposées-croisées. Commun dans les haies, aux bords des chemins au voisinage des villages ; se retrouve en pleine forêt avec tous les caractères de la spontanéité. Toute la France ; Algérie. Flor., juin. Fructif., septembre.

Station et sol. Le sureau habite les plaines et les régions peu élevées et recherche particulièrement les sols frais et légers. Il se reproduit facilement de boutures.

Bois. Le bois est d'une dessiccation très-difficile, très-sujet à gauchir et à se fendre. Complétement sec, il sert à fabriquer de menus objets de tour et de tabletterie (peignes, etc.) ; il pèse alors 0,565-0,693 (*Coll. Éc. For.*). Il équivaut à peu près au bouleau pour le chauffage et le charbonnage.

2. Sureau rouge. SAMBUCUS RACEMOSA. LIN. Sureau à grappes.

Feuilles à pétioles biglanduleux à la base, de 5-7 folioles plus courtement pétiolulées, plus étroitement ovales-lancéolées et plus longuement acuminées que celles du sureau noir. Fleurs en cyme thyrsoïde dense, d'un jaune-verdâtre, terminant les rameaux latéraux et paraissant avant ou avec les feuilles. Baies globuleuses, d'un rouge-corail. — Arbrisseau de 2-4 mètres de hauteur, revêtu d'une écorce d'un gris-brun, longitudinalement gerçurée, n'atteignant ni les dimensions, ni la longévité du sureau noir ; produisant, de sa souche, de nombreux rejets qui remplacent les tiges les plus âgées et forment un buisson très-touffu ; moelle de couleur fauve. Bourgeons ovoïdes-globuleux, entourés d'écailles nombreuses et le plus souvent géminés à l'extrémité des rameaux. Très-commun dans les forêts de la région des sapins, sur les sols rocheux ou pierreux ; descend quelquefois au-dessous. Flor., avril-mai. Fructif., juillet-septembre.

Le sureau rouge se plaît particulièrement dans les sols frais et fertiles récemment découverts par les exploitations ; il devient parfois envahissant et fort incommode pour les repeuplements, et l'on doit s'en débarrasser par des nettoiements. Il est fréquemment planté dans les jardins d'agrément, pour le bel effet de ses fruits, qui sont d'un rouge vif dès le milieu de l'été.

Le bois est identique à celui du sureau noir ; il pèse, complétement desséché à l'air, 0,505-0,627 (*Coll. Éc. For.*).

3. Sureau Yèble. SAMBUCUS EBULUS. LIN.

Feuilles oppositi-imparipennées, composées de 7-9-folioles pétiolulées, longuement lancéolées-acuminées, dentées, pourvues de stipules foliacées. Fleurs blanches ou rosées, formant un ample corymbe ombelliforme défini, terminal, composées de trois rayons principaux et toujours dressé. Anthères rouges ou noir-violacé. Baies globuleuses, noires. — Plante herbacée, fétide, dont la souche produit de longs rameaux souterrains rampants, qui émettent, chaque année, un grand nombre de rejets herbacés, haut de 1 mètre à 1^{m},50. Lieux frais, argileux ou argilo-calcaires, aux bords des fossés et des routes, dans les champs et dans les clairières des forêts ; se retrouve en Algérie. Flor., juin-juillet. Fructif., septembre-octobre.

Le sureau yèble est une plante envahissante et nuisible par l'abondance et la vigueur de ses rejets.

GENRE II. — VIORNE. *VIBURNUM. Lin.*

Corolle régulière, campanulée-étalée ; ovaire 3-loculaire, à loges 1-ovulées ; stigmates 3, sessiles. Fruit charnu à un seul noyau 1-sperme. — Arbrisseaux à feuilles simples, à fleurs en cymes ombelliformes composées de 7 rayons.

Bois. — Tissu fibreux, fin, serré, homogène, avec du parenchyme ligneux qui ne se distingue pas à la loupe; rayons très-minces, généralement égaux, rapprochés; vaisseaux très-fins, égaux, ordinairement nombreux, isolés et uniformément répartis. — Bois dur, homogène, dont les accroissements sont peu distincts.

A. Feuilles persistantes, entières . . . . V. Tin. . . 1
A'. Feuilles caduques.
B. Feuilles dentées; fruits comprimés, noirs. . . . V. flexible. 2
B'. Feuilles 3-5-lobées; fruits globuleux, rouges . . V. Obier. . 3

1. Viorne Tin. Viburnum Tinus. Lin. Laurier-Tin.

Feuilles courtement pétiolées, ovales-aiguës, entières, brillantes, d'un vert foncé en dessus; plus claires, glanduleuses et poilues aux aisselles des nervures en dessous; non stipulées; à nervures secondaires pennées, espacées et irrégulièrement rameuses. Fleurs blanches, inodores, toutes semblables, en cyme ombelliforme terminale serrée. Baies subglobuleuses, d'un bleu-noir à la maturité. — Arbrisseau rameux et touffu de 1-2 mètres, dont l'écorce, d'abord lisse, d'un gris-brun, forme ensuite un rhytidome écailleux-membraneux d'un rouge-brun; jeunes pousses tétragonales. Région des oliviers; France, Corse et Algérie. Floraison continue de février à juin. Fructif., août.

Cet arbrisseau est souvent cultivé sous le nom de laurier-tin, quoiqu'il n'ait de commun avec le laurier véritable que la persistance des feuilles.

Bois. Le bois de la viorne tin diffère sensiblement de celui de ses congénères : les rayons en sont plus épais, visiblement inégaux; les vaisseaux, beaucoup moins nombreux, sont réunis par petits groupes; ils sont de plus en plus espacés au bord interne du bord externe, où domine l'élément fibreux. — Bois rougeâtre clair, plus foncé au centre, dur, homogène, très-légèrement maillé, dont les accroissements se distinguent assez facilement, rappelant le bois de poirier par la couleur et la finesse du grain. Complétement desséché à l'air, il pèse 0,872-0,909 (*Coll. Éc. For.*).

2. Viorne flexible. Viburnum lantana. Lin. Viorne mancienne.

Feuilles grandes, caduques, courtement pétiolées, ovales-aiguës ou obtuses, cordiformes à la base, bordées de fines dents apiculées; vertes et parsemées en dessus de poils simples, presque appliqués; d'un vert-grisâtre et couvertes en dessous de poils rameux, particulièrement abondants sur les nervures, qui sont assez serrées, pennées, très-saillantes, et dont les ramifications, toutes dirigées vers le bas, commencent d'autant plus près de la nervure médiane qu'elles sont plus inférieures; stipules nulles. Fleurs blanches, odorantes, toutes semblables, en cyme ombelliforme serrée, terminale. Baies ovoïdes-comprimées, vertes, puis rouges, finalement noires. — Arbrisseau de 1-2 mètres d'élévation, produisant constamment de la souche des rejets robustes, droits, très-flexibles, recouverts, ainsi que toute la plante, de poils grisâtres rameux, serrés et courts. Bourgeons revêtus de deux petites écailles très-caduques; par le fait, nus et formés extérieurement de deux feuilles allongées, plissées, entre lesquelles toutes les autres sont renfermées. Écorce d'abord lisse, d'un brun-jaunâtre clair; rugueuse et longitudinalement gerçurée avec l'âge. Haies et bois des régions de collines, presque exclusivement sur les sols calcaires. Flor., mai. Fructif., juillet-août.

Cet arbrisseau, très-commun dans certaines forêts, produit des rejets droits et robustes, recherchés pour leur souplesse et leur ténacité; on en fait des liens et d'excellentes harts. Le bois en est compacte, homogène, blanc; il pèse, complétement desséché à l'air 0,84 (*Coll. Éc. For.*). — Bois.

Le liber de la viorne flexible est entièrement cellulaire. Le manque absolu de fibres avait fait nier l'existence de cette zone; mais on sait maintenant que le tissu fibreux n'en est point la partie essentielle et caractéristique (Hugo Mohl). — Liber.

On fait de la glu avec l'écorce interne; les baies sont, à la rigueur, comestibles. — Produit accessoire.

3. Viorne Obier. VIBURNUM OPULUS. LIN. Sureau d'eau.

Feuilles caduques, garnies, sur leur pétiole, de glandes cupuliformes rougeâtres; largement ovales, 3-5-lobées, à lobes aigus, incisés-dentés; vertes et glabres en dessus, plus pâles et pubescentes en dessous, à nervures secondaires espacées, pennées, dont les inférieures, divisées dès la base, tendent à constituer une nervation palmée; stipules linéaires, herbacées. Fleurs en cymes ombelliformes peu serrées et planes, de deux sortes: celles de l'extérieur, stériles, à corolle blanche, plane, dont les divisions sont inégales; celles du centre, hermaphrodites, à corolle régulière, petite, d'un blanc-verdâtre. Baies globuleuses, succulentes, d'un rouge vif. — Arbrisseau de 3-5 mètres, assez touffu, dont l'écorce lisse et d'un jaune-brun se gerçure longitudinalement avec l'âge; à rameaux fragiles, glabres, d'un gris-blanchâtre. Bourgeons ovoïdes, rougeâtres, étroitement enveloppés d'une membrane entière ou déchirée au sommet, résultant de la soudure de deux écailles. Bois de toute la France, sur les sols frais et aux bords des ruisseaux. Flor., juin. Fructif., septembre.

Cet arbrisseau, malgré sa fréquence dans certaines forêts, n'a aucune valeur. On en cultive souvent une variété, connue sous le nom de boule-de-neige ou de rose-de-Gueldre, dont les fleurs, toutes stériles et à grandes corolles, sont disposées en cyme globuleuse.

Bois. Bois blanc, devenant brusquement brun clair au centre, dont les accroissements se reconnaissent, mais difficilement, par un rang simple de vaisseaux plus serrés que les autres au commencement de chacun d'eux. Il exhale une odeur désagréable et la conserve pendant longtemps. Il pèse, desséché à l'air, 0,892 (*Coll. Éc. For.*).

GENRE III. — CHÈVRE-FEUILLE. *LONICERA. Lin.*

Corolle tubuleuse ou campanulée, à limbe bilabié ou subrégulier, 5-fide; ovaire à loges pluri-ovulées; style allongé, terminé par un stigmate 3-lobé. Baie polysperme. — Sous-arbrisseaux, souvent sarmenteux-volubiles, à feuilles simples, entières, à nervation pennée, dont les fleurs sont disposées en petites cymes axillaires 2-ou 3-flores, et semblent quelquefois verticillées ou capitulées par la réunion des inflorescences opposées; revêtus d'une écorce à rhytidome membraneux-fibreux, caduc, presque toujours grisâtre clair. Bourgeons très-étalés, généralement multiples et en série longitudinale à chaque aisselle, l'inférieur dominant, à écailles opposées-croisées, ordinairement nombreuses, de consistance sèche ou herbacée. Baies non comestibles, émétiques.

Bois de même structure que celui des viornes.

A. Tige volubile.
  B. Feuilles voisines des inflorescences, toujours libres. Inflorescences partielles non feuillées, agglomérées à l'extrémité des rameaux et formant une sorte de capitule éloigné des dernières feuilles. . . . . . C. DES BOIS . . 1
  B'. Feuilles voisines des inflorescences, toujours soudées entre elles par la base.
    C. Feuilles coriaces, persistantes. Inflorescences contiguës aux feuilles . . . . . C. DES BALÉARES 3
    C'. Feuilles caduques.
      D. Feuilles ovales ; inflorescences contiguës aux feuilles. . . . . C. COMMUN. . . 2
      D'. Feuilles obovales; inflorescences en capitules distants des feuilles. . . . . C. D'ÉTRURIE. . 4

A'. Tiges frutescentes, non volubiles.
  B. Deux baies distinctes sur un pédoncule axillaire.
    C. Baies rouges.
      D. Feuilles velues, ovales. . . . . . . C. A BALAIS . . 5
      D'. Feuilles glabres, oblongues. . . . . C. DES PYRÉNÉES 7
    C.' Baies noires. Feuilles finalement glabres, oblongues-elliptiques . . . . C. NOIR 6
  B'. Baies soudées en une seule sur un pédoncule axillaire.
    C. Baies rouges . . . . C. DES ALPES. . 8
    C'. Baies d'un bleu-noir . . . . C. BLEU. . . . 9

SECTION I. — *Tiges volubiles.*

Fleurs longuement tubuleuses, à limbe bilabié, en petites cymes 3-flores, axillaires et opposées, simulant des verticilles superposés dont la réunion constitue un capitule terminal. Baies couronnées par les dents du calice ; bourgeons à écailles herbacées.

1. Chèvre-feuille des bois. LONICERA PERICLYMENUM. LIN.

Feuilles caduques, elliptiques ou ovales-oblongues, aiguës, un peu glauques en dessous, courtement pétiolées, à l'exception des supérieures des rameaux fleuris qui sont sessiles, mais jamais soudées entre elles. Fleurs d'un blanc-rosé, odorantes, en capitules longuement pédonculés. Baie ovoïde, d'un rouge vif. — Sous-arbrisseau grimpant et volubile, à jeunes rameaux pubescents. Très-commun dans les haies et les bois. Flor., juin-août.

En s'enroulant en spirale sur la tige des jeunes arbres, ce chèvre-feuille, comme tous ceux de cette section, finit par y produire une forte constriction, qui oblige la séve descendante à circuler dans les intervalles des tours de spire. Le grossissement plus considérable qui se produit sur son trajet donne naissance à une tige torse d'une régularité souvent remarquable.

Le chèvre-feuille des bois abonde parfois dans les jeunes peuplements, dont il enlace et étouffe les jeunes plants.

2. Chèvre-feuille commun. LONICERA CAPRIFOLIUM. LIN.

Feuilles caduques, glauques en dessous, pétiolées et ovales sur les rameaux stériles, sessiles dans le voisinage des inflorescences, devenant, en s'en rapprochant, de plus en plus orbiculaires ; se soudant finalement 2 à 2 par leurs bases élargies, de manière à simuler une feuille unique traversée par la tige. Fleurs purpurines ou d'un blanc-jaunâtre, odorantes, en capitule terminal sessile au centre de la dernière paire de feuilles. Baie ovoïde, d'un rouge-écarlate. Rameaux pubescents. — Très-fréquemment cultivé et subspontané ; spontané en Lorraine, dans les bois du calcaire jurassique. Flor., mai-juin.

3. Chèvre-feuille des Baléares. LONICERA IMPLEXA. AIT. *L. Balearica. DC.* Chèvre-feuille de Minorque.

Feuilles persistantes, très-coriaces, luisantes en dessus, très-glauques en dessous, ovales-apiculées, sessiles ; celles des rameaux fleuris d'autant plus largement soudées entre elles qu'elles se rapprochent davantage des fleurs. Celles-ci en capitules terminaux, sessiles. Baies ovoïdes, d'un rouge écarlate. Jeunes rameaux glabres. — Région des oliviers, France, Corse et Algérie. Flor., mai-juin. Fructif., août.

4. Chèvre-feuille d'Étrurie. LONICERA ETRUSCA. SANTI.

Feuilles caduques, obovales, glauques en dessous, courtement pétiolées; les supérieures des rameaux fleuris sessiles, puis soudées entre elles par leurs bases. Fleurs formant 1-3 capitules longuement pédonculés, à corolle glabre. Baies ovoïdes, d'un rouge vif. Jeunes rameaux pubescents-hérissés. — Région méditerranéenne, remonte jusqu'à Lyon ; Gap, Auvergne, Corse et Algérie. Flor., juin-août.

SECTION II. — *Tiges dressées, non volubiles.*

Fleurs non longuement tubuleuses, bilabiées ou presque régulières, géminées sur des pédoncules axillaires et non rapprochées en verticilles capitulés ; baies non couronnées par les dents du calice ; bourgeons à écailles sèches.

5. Chèvre-feuille à balais. LONICERA XYLOSTEUM. LIN. Camérisier.

Feuilles caduques, molles et mollement velues, ovales-aiguës, pétiolées, d'un vert clair en dessus, d'un vert-blanchâtre en dessous. Fleurs petites, bilabiées, velues ainsi que leur pédoncule, qu'elles égalent ; d'un blanc-jaunâtre ; bractée linéaire, plus longue que l'ovaire. Deux baies globuleuses, rouges, distinctes, mais soudées par la base. — Sous-arbrisseau à tige dressée, rameuse, de 1 mètre à 1m,50, grisâtre, à rameaux opposés, grêles, blanchâtres, dont les bourgeons sont très-étalés. — Très-commun dans les bois, surtout dans ceux dont le sol est calcaire. Flor., mai-juin.

On fait des balais grossiers avec les rameaux de ce chèvre-feuille.

6. Chèvre-feuille noir. LONICERA NIGRA. LIN.

Voisin du précédent; feuilles oblongues-elliptiques, pubescentes en dessous dans la jeunesse, finalement très-glabres. Fleurs d'un blanc-rosé, bilabiées, glabrescentes, 3-4 fois plus courtes que leurs pédoncules, qui sont glabres. Bractées ovales, plus courtes que l'ovaire. Baies ovoïdes, distinctes, quoique soudées par la base, noires. — Sous-arbrisseau de 1-2 mètres, à tige dressée, à rameaux bruns, ainsi que les bourgeons, qui sont très-étalés. Régions montagneuses : Hautes-Vosges, Haut-Jura, Haute-Auvergne, Cévennes, Alpes et Pyrénées. Flor., mai-juin.

7. Chèvre-feuille des Pyrénées. LONICERA PYRENAÏCA. LIN.

Feuilles caduques, un peu coriaces, glabres, oblongues, atténuées à la base. Fleurs blanches à peine rosées, odorantes, à corolle presque régulière, campanulée; glabres ainsi que le pédoncule, qu'elles égalent; bractée lancéolée-aiguë, un peu plus courte que l'ovaire. Baies globuleuses, distinctes mais soudées par la base, rouges. — Sous-arbrisseau de 1 mètre au plus, d'un vert glauque, à tige et rameaux blanchâtres, dont les bourgeons latéraux sont étalés à angle droit. Pyrénées. Flor., juin.

8. Chèvre-feuille des Alpes. LONICERA ALPIGENA. LIN.

Feuilles grandes, ovales-oblongues, acuminées, pétiolées, glabres et d'un vert foncé luisant en dessus; pubescentes, plus claires et aussi luisantes en dessous, parfois verticillées par 3; nervation plus marquée que dans les autres espèces du genre. Fleurs jaunâtres à la base, d'un brun-pourpre au sommet, bilabiées, 3-4 fois plus courtes que leur pédoncule, qui est glabre; bractées linéaires plus longues que l'ovaire. Baies soudées en une seule, ovoïdes, rouges. — Sous-arbrisseau de 1 mètre, à écorce fibreuse, d'un gris clair, dont les rameaux sont assez robustes, dressés, et les bourgeons gros, d'un roussâtre clair, étalés, dressés. Jura, Haute-Auvergne, Alpes et Pyrénées. Flor., mai-juin.

9. Chèvre-feuille bleu. LONICERA CÆRULEA. LIN.

Feuilles caduques, ovales ou ovales-oblongues, obtuses, molles, ciliées, dans la jeunesse, finalement glabres. Fleurs presque régulières, campanulées, jaunâtres, velues, 5-6 fois plus longues que le pédoncule, qui est pubescent; bractées linéaires, plus longues que l'ovaire. Baies soudées en une seule, globuleuses, glauques, d'un noir-bleuâtre. — Sous-arbrisseau de 1 mètre au plus, à tige dressée, rameuse, revêtue d'une écorce d'un brun-rougeâtre; à bourgeons multiples, différents de ceux des autres espèces, protégés par la base persistante de la feuille et revêtus seulement de 2-4 écailles opposées, allongées, qui cachent toutes les autres. Haut-Jura, Alpes, Pyrénées. Flor., avril-mai.

FAMILLE XXVIII.

STYRACÉES. RICH.

Fleurs hermaphrodites, régulières; calice le plus souvent adhérent à l'ovaire et, dans ce cas, corolle périgyne; étamines habituellement diplostémones, les unes alternes, les autres opposées, insérées à la base de la corolle; anthères introrses, biloculaires, longitudinalement déhiscentes. Style simple.

Ovaire ordinairement infère, à 3-4 loges pluri-ovulées, opposées aux divisions du calice. Fruit charnu. Graine albuminée. — Arbres et arbrisseaux à feuilles alternes, simples, non stipulées.

GENRE UNIQUE. — ALIBOUFIER. *STYRAX. Tournef.*

Calice cupuliforme, entier ou à 5 dents; corolle infundibuliforme, à 5 ou rarement à 3-7 pétales à peine soudés à la base; étamines diplostémones; ovaire adhérent par la base, 3-loculaire, à loges pluri-ovulées, à placentation axile. Fruit charnu, ovoïde, coriace, 1-loculaire, 1-3-sperme.

Aliboufier officinal. STYRAX OFFICINALE. LIN.

Feuilles alternes, caduques, pétiolées, simples, ovales, entières, vertes et presque glabres en dessus, couvertes en dessous d'un duvet très-blanc, qui revêt aussi les pédoncules, calices et jeunes rameaux. Fleurs blanches, disposées 3-6 en cymes terminales, plus courtes que les feuilles; calice presque entier; corolle grande, profondément divisée en 5 et rarement en 6-7 lobes lancéolés. Fruit blanchâtre-cotonneux, soudé par la base au calice persistant. — Petit arbre pouvant atteindre jusqu'à 1 mètre de tour, sur 6-7 mètres de hauteur, plus souvent arbrisseau formant un buisson tortueux, très-rameux, rappelant le coignassier par le port et par les feuilles, l'oranger par les fleurs. Commun dans quelques parties du département du Var, où il peuple à lui seul des collines entières; forêts de la Sainte-Beaume et de la Chartreuse de Montrieux; paraît être originaire de l'Orient. Flor., mai.

Bois. Tissu fibreux homogène, à parois assez épaisses, entremêlé de parenchyme ligneux presque aussi abondant que lui, lequel dessine une multitude de petites lignes plus claires, concentriques, vermiculées, apparentes avec une bonne loupe; rayons assez serrés, subégaux, fins; vaisseaux inégaux, assez gros et formant une étroite zone poreuse dans le bois de printemps, fins, rares, très-espacés et accompagnés de cellules ligneuses dans la région moyenne et la région externe de chaque couche.

Bois dur et lourd, pesant 0,862 (*Coll. Ec. For.*), blanc, dont les accroissements annuels sont minces et facilement reconnaissables.

Produits accessoires. On extrait de l'aliboufier, au moyen d'incisions longitudinales faites dans l'écorce, une térébenthine d'un jaune-brunâtre et d'une odeur agréable analogue à celle de la vanille. Elle est connue dans le commerce sous le nom de storax solide et sert en pharmacie. Les aliboufiers âgés et bien exposés peuvent seuls produire du storax; il paraît qu'on n'en pourrait obtenir de ceux du Var.

FAMILLE XXIX.

VACCINIÉES. DC.

Fleurs hermaphrodites, régulières; calice adhérent à l'ovaire, à limbe 4-5-denté, quelquefois entier; corolle périgyne, urcéolée ou campanulée, à 4-5 lobes alternes avec les divisions du calice; étamines en nombre double des pétales, insérées avec la corolle, à anthères biloculaires, s'ouvrant par 2 pores terminaux; 1 style; ovaire infère, à 4-5-loges pluri-ovulées, placentation axile. Baie polysperme, graine albuminée. — Petits sous-arbrisseaux à feuilles simples, alternes, dont la nervation est pennée-réticulée; à racines très-rameuses, longuement rampantes et drageonnantes, pourvues d'un chevelu très-délié et très-abondant; généralement sociaux et envahissants, caractéristiques des sols siliceux, granitiques, schisteux et des terres acides, dites terres de bruyère, qu'ils contribuent à former par leurs principes astringents.

Bois à vaisseaux abondants, fins, égaux, entourés de parenchyme ligneux et arrangés en lignes tangentielles évidentes. Rayons fins.

A. Tige dressée; corolle urcéolée ou campanulée . Airelle 1
A'. Tiges filiformes, rampantes; corolle à 4 divisions profondes, réfléchies . . . . Canneberge. . . 2

Genre I. — AIRELLE. *VACCINIUM. Lin.*

Tige dressée; corolle urcéolée ou campanulée.

A. Feuilles dentées, caduques, vertes. Fleurs solitaires. Fruits bleus, doux-sucrés. Rameaux anguleux . . . . A. Myrtille. . . 1
A'. Feuilles entières; fleurs en grappes; rameaux arrondis.

B. Feuilles caduques, très-glauques; fruits bleus, doux-sucrés. . . . . A. Uligineuse. . 2
B'. Feuilles coriaces, persistantes, luisantes; fruits rouges, acidulés . . . . A. Canche . . . 3

1. Airelle Myrtille. Vaccinium Myrtillus. Lin. Raisin des bois; Bluet; Mauret; Lucet; Aires; Aïons; Cousinier (Nord).

Feuilles caduques, vertes, ovales-aiguës, dentées. Fleurs solitaires penchées; calice à limbe entier; corolle urcéolée, d'un blanc-verdâtre et rosé. Baie dressée, d'un noir-bleu, couverte d'une efflorescence glauque; douce et sucrée. — Sous-arbrisseau de $0^{m},50$ de hauteur au plus, très-glabre, à rameaux verts et anguleux, pourvu de racines très-longuement traçantes, drageonnantes, formant à la surface du sol un lacis très-serré de fibrilles et de chevelu. Régions montagneuses, surtout aux expositions froides, humides : Vosges, Jura, Auvergne, Alpes et Pyrénées; disséminé dans l'Ouest, de Nantes à Paris, dans la Côte-d'Or, dans Saône-et-Loire, dans le Nord, etc. Manque dans le Midi et en Corse; se retrouve néanmoins dans l'Atlas, suivant Desfontaines. Flor., mai. Fructif., juillet-août.

Station et sol. Le myrtille est une plante sociale très-envahissante, exclusivement silicicole et forestière, qui forme des tapis très-serrés à la surface des terrains schisteux, granitiques et sablonneux que des massifs interrompus ne protégent plus suffisamment, mais qui, tout en étant en voie d'appauvrissement, contiennent encore des matières organiques et n'ont point perdu toute fraîcheur. On le rencontre aussi sur des sols tourbeux, sur la tourbe pure elle-même. Si le myrtille s'observe parfois sur des formations calcaires, il faut l'attribuer à l'existence en ces lieux d'une mince couche de terreau tourbeux, comme il s'en produit dans les hautes régions montagneuses des Alpes et du Jura, sous l'influence d'une basse température et d'une humidité permanente.

L'envahissement d'un sol par le myrtille est l'indice certain que le moment le plus propice pour la régénération naturelle est dépassé, que ce sol se dégrade et que bientôt, si l'on n'y porte remède, il perdra toute fraîcheur et toute fertilité; le myrtille devient dans ce cas le précurseur de la bruyère, dont l'abondance est l'expression d'un appauvrissement complet.

Les réensemencements sont singulièrement entravés par le myrtille qui, par l'épais et impénétrable lacis de ses racines, les bas-fourrés de ses tiges, s'oppose à la germination et surtout à l'enracinement et au développement des jeunes plants.

Produits accessoires.

Les baies de myrtille, connues sous le nom de brimbelles (pouriot, Saône-et-Loire; cousines, Nord), se mangent crues ou cuites et servent à la préparation de différentes conserves; distillées, elles fournissent l'eau de myrtille, liqueur alcoolique appréciée, équivalente au kirsch obtenu des cerises; on les emploie aussi pour donner de la couleur aux vins rouges. Elles sont l'objet d'un petit commerce dans les localités où elles abondent. On les recueille, particulièrement dans les Vosges, en passant sur les fourrés d'airelles une sorte de râteau ou de peigne dont les dents sont assez rapprochées pour retenir entre elles les brimbelles, qui vont se réunir dans un petit auget placé sur le dos de l'instrument.

Les tiges de l'airelle myrtille servent à faire des balais.

2. Airelle uligineuse. VACCINIUM ULIGINOSUM. LIN.

Feuilles caduques, entières, obovales, obtuses ou échancrées au sommet, d'un vert clair et mat en dessus, très-glauques en dessous. Fleurs en petites grappes penchées; calice à divisions arrondies; corolle urcéolée, blanche ou rougeâtre. Baie globuleuse, d'un noir bleuâtre, couverte d'une efflorescence glauque, fade-sucrée. — Sous-arbrisseau de 1 mètre, glabre et glauque bleuâtre, à tige et rameaux arrondis, écorce grisâtre, racines rampantes. Caractéristique des marais tourbeux des Vosges, du Jura, des Alpes, de l'Auvergne, des Pyrénées. Flor., mai-juin. Fructif., août-septembre.

3. Airelle Canche. VACCINIUM VITIS-IDÆA. LIN.

Feuilles persistantes, très-coriaces, rappelant les feuilles du buis, obovales, à bords entiers ou très-faiblement dentés au sommet, enroulés en dessous; vertes, luisantes en dessus, plus pâles et ponctuées en dessous. Fleurs en petites grappes terminales penchées, à corolle blanche, campanulée, à lobes roulés en dehors. Baies rouges, acides. — Sous-arbrisseau de 1-2 décimètres, à tiges radicantes, racines rampantes émettant de nombreux rameaux arrondis, dressés, grêles, pubescents. Hautes-Vosges, Jura, Alpes, Mont-Dore, Cantal, Lozère; se retrouve en plaine dans l'Oise et dans le Nord. Flor., mai-juin. Fructif., août-septembre.

Station et sol.

L'airelle canche est aussi une plante sociale envahissante, mais qui généralement ne se rencontre qu'à une altitude assez élevée et, le plus habituellement, sur les sols forestiers découverts ou fort peu abrités.

On trouve çà et là, en Allemagne, en société de l'airelle myrtille et de l'airelle canche, des pieds de forme intermédiaire, probablement hybrides (*Vaccinium intermedium*, *Ruthe*), à feuilles persistantes, mais non enroulées sur les bords, finement serrées, dont les fleurs, dressées, solitaires ou en grappes pauciflores, rappellent celles de l'airelle myrtille, tandis que les fruits sont rouges et recouverts d'une efflorescence glauque. Cet hybride se retrouvera peut-être en France dans les stations où abondent les deux espèces génératrices.

GENRE II. — CANNEBERGE. *OXYCOCCOS. Tournef.*

Corolle en roue, divisée presque jusqu'à la base en 4 segments réfléchis et arqués en dehors ; tiges très-grêles, filiformes, couchées, radicantes ; feuilles persistantes.

Canneberge commune. OXYCOCCOS VULGARIS. PERS.

Feuilles petites, ovales, persistantes, entières, vertes et un peu luisantes en dessus, blanches-efflorescentes et à bords enroulés en dessous. Fleurs roses, solitaires, géminées ou ternées au sommet des rameaux, pendantes à l'extrémité de longs et grêles pédoncules dressés. Baie rouge, acidulée. — Plante élégante, à tiges presque capillaires, rampantes et radicantes, croissant sur les buttes de sphagnum (mousses) des lieux tourbeux. Vosges, Haut-Jura, Auvergne ; Centre et Nord-Ouest, jusqu'à Nantes. Flor., juin-août. Fructif., juillet-septembre.

ORDRE IV.

GAMOPÉTALES HYPOGYNES.

Corolle hypogyne, indépendante du calice ; étamines insérées sur le réceptacle ou sur la corolle. Ovaire libre, supère.

ORDRE IV. — GAMOPÉTALES HYPOGYNES.

							Familles.	Genres.
Étamines insérées sur le réceptacle.				Sous-arbrisseaux et arbrisseaux de terre de bruyère, à fleurs régulières, dont la corolle est urcéolée ou campanulée ; à étamines diplostémones, isostémones dans un seul cas, dont les anthères s'ouvrent généralement par des pores terminaux ; capsule ou baie ; feuilles simples, alternes, opposées, verticillées.			XXX. Éricinées. Page 194.	*Arbousier. Busserole. Callune. Bruyère. Andromède. Loiseleuria. Dabœcie. Rhododendron*
Étamines insérées sur la corolle.	Corolle régulière.	Étamines polystémones.		Arbres à fleurs généralement unisexuées, à feuilles simples, alternes, non stipulées et à fruit charnu.			XXXI. Ébénacées. Page 205.	*Plaqueminier.*
		Étamines 2, méiostémones.	Calice et corolle à 4 divisions.	Arbres et arbrisseaux à fleurs hermaphrodites ou polygames, quelquefois nues par avortement, dont les feuilles sont simples ou composées, non stipulées, opposées.			XXXII. Oléacées. Page 206.	*Frêne. Lilas. Olivier. Philaria. Troëne.*
			Calice et corolle à 5-8 divisions.	Sous-arbrisseaux à fleurs hermaphrodites, à feuilles simples ou composées, opposées ou alternes.			XXXIII. Jasminées. Page 219.	*Jasmin.*
		Étamines isostémones.	2 Follicules libres ou soudés entre eux.	Végétaux vivaces ou arbrisseaux à fleurs pentamères, à feuilles simples, entières, non stipulées, coriaces et persistantes, opposées ou verticillées.			XXXIV. Apocynées. Page 220.	*Pervenche. Nérion.*
			Baie ou capsule polysperme.	Plantes herbacées ou sous-arbrisseaux à rameaux le plus souvent presque sarmenteux, à fleurs pentamères, à feuilles simples, alternes, caduques.			XXXV. Solanées. Page 222.	*Lyciet. Morelle.*
	Corolle irrégulière.	Étamines méiostémones, ditétra-dynames.		Plantes herbacées ou ligneuses de petite taille (esp. indigènes), à corolle généralement labiée.	Feuilles opposées.	4 ovaires en croix avec style central basilaire.	XXXVI. Labiées. Page 225.	*Lavande. Romarin. Thym.*
						1 ovaire avec style terminal.	XXXVII. Verbénacées. Page 228.	*Gatilier.*
					Fleurs alternes, fleurs en capitules.		XXXVIII. Globulariées. Page 230.	*Globulaire.*

FAMILLE XXX.

ÉRICINÉES. JUSS.

Fleurs hermaphrodites, régulières ou presque régulières. Calice gamo-polysépale, à 4-5 divisions, persistant; corolle gamopétale, hypogyne, urcéolée ou campanulée, à 4-5 divisions; étamines libres, diplostémones, très-rarement isostémones, insérées sur le réceptacle, à anthères biloculaires, s'ouvrant généralement par leurs extrémités apiculées, au moyen de 2 pores terminaux. Style 1. Ovaire libre, supère, à 4-5 loges pluri-ovulées, à placentation axile, produisant une capsule, plus rarement une baie. Embryon droit au centre d'un albumen. — Sous-arbrisseaux et quelquefois arbrisseaux à feuilles simples, alternes, opposées ou verticillées, souvent aciculaires, presque toujours persistantes; pourvus de racines très-rameuses, à chevelu très-abondant; souvent sociaux et envahissants; caractéristiques des sols siliceux, feldspathiques ou schisteux et contenant des principes astringents propres au tannage et à la fabrication des teintures noires.

Bois. — Presque identiques pour tous les genres. Tissu fibreux très-fin, très-serré, très-compacte; vaisseaux égaux, fins ou très-fins, isolés ou légèrement groupés, uniformément répartis ou à peine plus abondants au bord interne de chaque couche. Rayons très-minces ou assez minces, souvent sensiblement inégaux. Parenchyme ligneux invisible, même à la loupe. Couleur rouge dominante.

A. Baie. Corolle caduque. Feuilles à limbe développé, alterne. Étamines diplostémones.
- B. Tige dressée ; fruit granulé tuberculeux à la surface, à 5 loges, adhérentes, plurispermes. Feuilles persistantes . . . . ARBOUSIER . . 1
- B'. Tiges étalées-rampantes ; fruit lisse, à 5 loges libres, monospermes. Feuilles persistantes ou caduques . . . . BUSSEROLLE. . 2

A'. Capsule. Feuilles persistantes.
- B. Corolle persistante ; étamines diplostémones ; feuilles aciculaires, opposées ou verticillées.
  - C. Corolle campanulée plus courte que le calice ; capsule septicide. Feuilles opposées, imbriquées sur 4 rangs. . . . . CALLUNE. . . 3

C'. Corolle urcéolée, plus longue que le calice, capsule loculicide. Feuilles verticillées par 3-5. . . . . BRUYÈRE . . . 4
B'. Corolle caduque. Feuilles à limbe développé, alternes, rarement opposées.
C. Capsule loculicide. Corolle urcéolée; étamines diplostémones. Feuilles alternes . . ANDROMÈDE. . 5
C'. Capsule septicide.
D. Étamines isostémones. Corolle campanulée. Feuilles opposées. . . . . LOISELEURIA. . 6
D'. Étamines diplostémones. Feuilles alternes.
E. Corolle urcéolée . . . . DABŒCIE . . . 7
E'. Corolle infundibuliforme, légèrement irrégulière. . . . . RHODODENDRON. 8

SECTION I. — *Baie. Corolle caduque.*

(*Feuilles à limbe développé, alternes.*)

GENRE I. — ARBOUSIER. *ARBUTUS. Tournef.*

Calice 5-partite; corolle urcéolée, à 5 dents; 10 étamines s'ouvrant par 2 pores terminaux; baie à surface granulée-tuberculeuse, à 5 loges, dont chacune contient 4-5 graines.

Bois. — Tissu fibreux très-fin et très-serré; vaisseaux fins, devenant très-fins vers le bord externe, disposés en petits groupes assez uniformément répartis, formant sur la tranche de petites et très-courtes lignes irrégulières et blanchâtres, généralement rayonnantes; rayons subégaux, assez serrés, peu distincts.

Arbousier commun. ARBUTUS UNEDO. LIN. Arbre à fraise; Frôle. Feuilles persistantes rappelant celles du laurier, à peine pétiolées, elliptiques-lancéolées, dentées, coriaces, glabres et luisantes, d'un vert foncé en dessus, plus pâles en dessous. Fleurs blanches, en grappes composées, courtes et larges, terminales; étamines à filets velus-laineux. Baie globuleuse et rouge, de la taille d'une cerise, couverte de nombreux tubercules. — Arbre et plus souvent arbrisseau rameux, à rhytidome d'un brun-rouge, longuement et finement gerçuré, écailleux, mince et caduc; à jeunes pousses rougeâtres, rudes et poilues, couvertes d'un feuillage dressé, abondant, épais. Littoral de la Méditerranée et de l'Océan; assez commun en Corse; Algérie; remonte vers le nord jusqu'en Irlande. Flor., octobre-février. Fructif., au bout d'un an.

L'arbousier croît lentement et peut atteindre 4-5 mètres Taille.

de hauteur sur 1 mètre de circonférence ; il entre dans le peuplement des maquis, vient en plaine ou en coteaux, à toutes les expositions, et protége très-efficacement le sol par son feuillage abondant.

Station.

Bois.

Le bois est lourd, 0,781-1,002 (*Coll. Ec. For.*), dur, d'un grain fin et homogène ; il est à peine veiné et varie du rougeâtre au rouge légèrement cramoisi et au rouge-brun, sans présenter d'aubier nettement limité. Il a la fibre courte et cassante, se tourmente beaucoup, a peu de durée ; il prend, du reste, un très-beau poli, est d'un travail facile et peut servir, quand il est bien sec, à fabriquer des objets de tour, de tabletterie, etc. C'est un excellent combustible, qui produit un charbon de bonne qualité.

Les fruits, connus sous le nom d'arbouses, sont comestibles.

GENRE II. — BUSSEROLE. *ARCTOSTAPHYLOS. Adans.*

Voisin des arbousiers, ce genre se distingue par la baie, qui est lisse, à 5 loges libres, monospermes. Il ne contient que des sous-arbrisseaux à tiges étalées et rampantes.

A. Feuilles caduques, denticulées au sommet; baie d'un bleu-noirâtre . . . . B. DES ALPES. 1
A'. Feuilles persistantes, très-entières; baie rouge . . B. OFFICINALE. 2

1. Busserole des Alpes. ARCTOSTAPHYLOS ALPINA. SPRENGEL. *Arbutus Alpina. Lin.* Arbousier des Alpes.

Feuilles caduques, obovales, atténuées en un long pétiole, subaiguës au sommet, denticulées dans leur moitié supérieure, réticulées sur les deux faces, vertes en dessus, plus pâles en dessous. Fleurs blanches, réunies 2 ou 3 au sommet des rameaux, naissant avant ou avec les feuilles. Baie globuleuse, de la grosseur d'un pois, d'un bleu-noirâtre, acidulée et âpre, rappelant la saveur du cassis. Tiges allongées, grêles, étalées-rampantes, à jeunes rameaux glabres. Haut-Jura, Alpes, Pyrénées. Flor., mai. Fructif., juillet-août.

2. Busserole officinale. ARCTOSTAPHYLOS OFFICINALIS. WIMM. ET GRAB. *Arbutus uva-ursi. Lin.* Arbousier raisin-d'ours ; Buxerole ; Arbousier traînant.

Feuilles persistantes, coriaces, courtement pétiolées, obovales, obtuses, très-entières, vertes et luisantes, plus pâles en dessous, rappelant les feuilles de l'airelle canche ou du buis, mais à bords non enroulés en dessous. Fleurs blanc-rosé, en petites grappes serrées, terminales, naissant après les feuilles. Baie globuleuse, de la taille d'un pois, rouge, âpre. — Sous-arbrisseau à tiges grêles, allongées, étalées-rampantes, radicantes. Régions montagneuses : Haut-Jura, Alpes, Pyrénées, les Corbières, le Mézenc, la Lozère, Recey (Côte-d'Or). Flor., avril-mai. Fructif., août.

SECTION II. — *Corolle persistante. Capsule.*

(*Feuilles petites, aciculaires, opposées ou verticillées par 3-5 ; bourgeons axillaires rares et le plus souvent distribués sans ordre, de sorte que la ramification est souvent éparse.*)

GENRE III. — CALLUNE. *CALLUNA. Salisb.*

Calice 4-partite, pétaloïde ; corolle beaucoup plus courte que le calice, campanulée, 4-fide, marcescente. Étamines 8. Capsule à 4 loges polyspermes, à déhiscence septicide. — Sous-arbrisseaux toujours verts, à feuilles très-petites, opposées, imbriquées.

Bois. — Bois identique à celui des bruyères, si ce n'est que les rayons sont égaux et tous extrêmement fins.

Callune Bruyère. CALLUNA VULGARIS. SALISB. *Erica vulgaris. Lin.* Bruyère commune.

Feuilles très-petites, opposées et imbriquées-dressées sur 4 rangs, linéaires-lancéolées, obtuses, prolongées à la base en deux appendices subulés ; convexes en dehors, un peu concaves en dedans, vertes, luisantes et généralement glabres. Fleurs roses, plus rarement blanches, disposées en longues grappes simples et lâches, terminant les rameaux ; entourées à la base de petites bractées qui semblent être le calice ; celui-ci scarieux, coloré, cache la corolle, qui est moitié plus courte. Capsule globuleuse, velue. — Sous-arbrisseau tortueux, rameux, s'élevant à $0^m,30$-$0^m,70$, à écorce d'un brun-rougeâtre ; rameaux effilés, nombreux, dressés. Très-commun sur les sols siliceux, feldspathiques et schisteux découverts. Flor., juillet-septembre.

Aire et station.

Cette plante, si connue sous le nom de bruyère, recouvre parfois à elle seule de vastes étendues de terrain ; elle est en sous-étage la compagne habituelle des pineraies ; sociale, éminemment envahissante, surtout aux expositions méridionales, elle indique par son abondance une terre épuisée que le couvert des arbres, la couverture des feuilles mortes ne garantissent plus depuis longtemps, et qui, sous l'action directe du soleil et des vents, a perdu sa fertilité.

La bruyère s'étend, en Europe, depuis les plaines

basses jusqu'aux limites supérieures de la végétation forestière, depuis la Corse et l'Italie moyenne jusqu'aux rivages de la mer Glaciale ; elle couvre indifféremment les sols les plus secs et les plus arides comme les sols marécageux et même tourbeux, qu'ils soient sablonneux, granitiques, schisteux ou argileux, peu importe. On la considère généralement comme essentiellement silicicole ; il serait plus exact de la citer comme caractéristique des sols qui ne contiennent pas de calcaire.

La bruyère oppose de grands obstacles aux repeuplements par le couvert épais et immédiat qu'elle produit sur les jeunes plants, par ses racines nombreuses, bien moins abondantes et moins superficielles néanmoins que celles des myrtilles.

Les détritus de la bruyère sont lents à se transformer en terreau et celui-ci est toujours acide. Mélangés au sable siliceux, ils constituent la terre de bruyère.

Bois. Le bois a de trop faibles dimensions pour servir à autre chose qu'au chauffage.

GENRE IV. — BRUYÈRE. *ERICA. Lin.*

Calice de 4 sépales libres ou soudés à la base, verts ou colorés ; longuement débordé par la corolle urcéolée, 4-dentée ; 8 étamines ; capsule à 4 loges polyspermes, dont la déhiscence est loculicide. — Sous-arbrisseaux toujours verts, à petites feuilles aciculaires, verticillées par 3-5, dont les bords s'enroulent sur la face inférieure et y circonscrivent un espace triangulaire enfoncé ou simplement un sillon large ou étroit, d'égale dimension, qui paraît double ou simple, suivant que la nervure médiane est saillante ou effacée. Leur écorce passe de bonne heure à l'état de rhytidome libérien brun-rougeâtre, fibreux et finement gerçuré. Les bruyères appartiennent à l'ouest, au centre et surtout au midi de la France, mais ne sont point envahissantes comme la callune bruyère.

Bois. — Tissu fibreux extrêmement fin, à parois épaisses, mélangé de parenchyme ligneux y dessinant de très-fines ondes concentriques (invisibles même à la loupe) ; rayons inégaux, les uns médiocrement épais, assez espacés, les autres très-minces et rapprochés (indiscernables à l'œil nu) ; vaisseaux fins, égaux, isolés, uniformément répartis ou parfois un peu plus clair-semés dans la zone d'automne.

Bois à grain très-fin et homogène, dur, lourd, rougeâtre dans l'aubier, passant au rouge-cramoisi terne à l'état parfait, finement et visiblement maillé, dont les accroissements annuels sont difficilement reconnaissables.

A. Anthères plus ou moins saillantes.
 B. Anthères à demi saillantes, insérées sur le filet par la base. Fleurs portées par des pédicelles plus courts qu'elles, à corolle deux fois aussi longue que large . . . . B. DE LA MÉDITERRANÉE. 1
 B'. Anthères très-saillantes.
  C. Anthères insérées sur le filet par la base . . . . B. CARNÉE 2
  C'. Anthères insérées sur le filet par le dos.
   D. Fleurs 2 fois aussi longues que larges, portées sur des pédicelles 2-3 fois aussi longs qu'elles . . . . B. MULTIFLORE 3
   D'. Fleurs aussi larges que longues, portées sur des pédicelles 3-4 fois aussi longs qu'elles. . . B. VAGABONDE. 4
A'. Anthères non saillantes, insérées sur le filet par le dos.
 B. Fleurs blanches, roses ou purpurines.
  C. Feuilles fortement ciliées; pédoncules plus courts que la fleur.
   D. Fleurs oblongues, un peu courbées, 2 fois et demie aussi longues que larges, à style saillant . . . . B. CILIÉE 5
   D'. Fleurs ovoïdes, 2 fois aussi longues que larges, à style à peine saillant . . . . B. QUATERNÉE. 6
  C'. Feuilles glabres ou à peine ciliées. Pédicelles égaux ou presque égaux à la fleur.
   D. Fleurs moyennes, plus longues que larges;
    E. Rameaux glabres ou courtement pubérulents.
     F. Feuilles verticillées par 3, produisant à leur aisselle un ramule raccourci, à feuilles fasciculées . . . . B. CENDRÉE. 7

F'. Feuilles verticillées par 4, dépourvues à leur aisselle de ramules raccourcis. . . B. DRESSÉE 8

E'. Rameaux fortement poilus, d'un blanc-grisâtre . . . . B. DE PORTUGAL . . . 9

D'. Fleurs petites, aussi larges que longues . . . . B. EN ARBRE. 10

B'. Fleurs d'un jaune-verdâtre, petites, aussi larges que longues, à pédicelles aussi longs qu'elles . . . . B. A BALAIS. 11

1. Bruyère de la Méditerranée. ERICA MEDITERRANEA. LIN.

Feuilles verticillées par 4, linéaires, de 5-7 mill. de long, un peu convexes en dessus, finement et également 1-sillonnées en dessous. Fleurs roses, géminées, axillaires, formant des grappes unilatérales à l'extrémité des rameaux; plus longues que leurs pédicelles, de 7 mill. de long sur 3 de large, à corolle ovoïde-tubuleuse; anthères non appendiculées, à demi saillantes, prolongeant directement le filet, à loges contiguës dans toute leur longueur. — Sous-arbrisseau glabre, à tige rameuse et à rameaux dressés. N'est connu pour la France que dans une seule lande de la Gironde. Flor., janvier. Fructif., mai.

2. Bruyère carnée. ERICA CARNEA. LIN. *E. herbacea. Lin.*

Feuilles verticillées par 4, courtement pétiolées, aciculaires, aiguës, glabres, brillantes, d'un vert sombre, convexes en dessus, canaliculées en dessous, longues de 5-9 mill. Fleurs à l'aisselle des feuilles supérieures, pendantes, formant une grappe courte, ordinairement unilatérale; calice et corolle d'un rouge-rosé. Anthères prolongeant le style, non appendiculées, d'un brun-noir, très-saillantes. — Petit sous-arbrisseau glabre, à rameaux diffus, de 0m,30 de long. Régions montagneuses, en sols rocheux et calcaires. Alpes de Savoie, Bonneville. Flor., avril-mai.

3. Bruyère multiflore. ERICA MULTIFLORA. LIN.

Feuilles verticillées par 4 à 6, linéaires, longues de 10 mill., planes en dessus, convexes, finement et également 1-sillonnées en dessous, glabres et luisantes. Fleurs géminées ou ternées, roses, axillaires, à pédicelles 2-3 fois aussi longs qu'elles, formant de longues grappes bien fournies le long et à l'extrémité des rameaux; corolle ovoïde-allongée, de 5 mill. de large sur 2 mill. de long. Étamines longuement saillantes, à anthères latérales, dont les loges sont disjointes dans leur tiers supérieur et non appendiculées à la base. — Sous-arbrisseau glabre, de 0m,20-0m,80, à tige rameuse, rameaux dressés, pubérulents. Provence, Hérault, Algérie. Flor., septembre-octobre.

4. Bruyère vagabonde. ERICA VAGANS. LIN.

Feuilles verticillées par 4 ou 5, étroitement linéaires, longues de 7-9 mill., presque planes en dessus, convexes, finement et également unisillonnées en dessous, glabres et luisantes. Fleurs géminées ou ternées, axillaires, à pédicelles 3-4 fois aussi longs qu'elles, formant des grappes allongées et fournies le long des rameaux; corolle rose, ovoïde, de 3 mill. de long sur 3 mill. de large; étamines longuement saillantes, à anthères latérales, dont les loges sont complétement disjointes dans toute leur longueur, non appendiculées à la base. — Sous-arbrisseau de $0^m,30$-1 mètre, glabre, à tige rameuse, à rameaux allongés, dressés, presque toujours prolongés et feuillés au-dessus de l'inflorescence. Bois secs et sablonneux et landes de la France occidentale, de Paris à Pau; Toulouse, Bagnères-de-Bigorre, Isère. Flor., mai-juin.

5. Bruyère ciliée. ERICA CILIARIS. LIN.

Feuilles verticillées par 3-4, de 2-3 mill. de long, ovales-aiguës, planes, vertes en dessus, blanches en dessous, où les bords enroulés circonscrivent un large espace 3-angulaire, partagé par la saillie de la nervure médiane; munies de longs cils raides, espacés, étalés. Fleurs axillaires, très-courtement pédicellées, en grappes serrées au sommet des rameaux; corolle grande, de 10 mill. sur 4, purpurine, tubuleuse-urcéolée, légèrement arquée; étamines non saillantes, à anthères non appendiculées à la base, dont les loges sont presque entièrement disjointes. — Sous-arbrisseau de $0^m,20$-$0^m,60$, à tige très-rameuse, tortueuse, dressée, cylindrique et velue, à rameaux grêles. Landes et bois sablonneux de l'Ouest, de Dunkerque à Bayonne; environs de Paris. Flor., juin-septembre.

6. Bruyère quaternée. ERICA TETRALIX. LIN. Bruyère des marais.

Feuilles verticillées par 4, longues de 4 mill., linéaires-oblongues, pubescentes, vertes en dessus, blanches et à bords enroulés en dessous, où ils circonscrivent une espace étroitement triangulaire; bordées de cils étalés, glanduleux. Fleurs roses, rarement blanches, de 7 mill. sur 4, courtement pédicellées, disposées 5-12 en ombelle simple terminale, dense et globuleuse; corolle ovoïde-urcéolée; étamines non saillantes; anthères à loges disjointes au sommet, pourvues à la base de 2 longs appendices subulés. — Sous-arbrisseau de $0^m,30$-$0^m,70$, à rameaux très-grêles, redressés, pubescents ou hérissés. Landes humides, marécageuses et tourbeuses de tout l'Ouest; Sologne et France centrale; environs de Paris, de Bar-le-Duc, de Bagnères-de-Bigorre, etc. Flor., juin-septembre.

7. Bruyère cendrée. ERICA CINEREA. LIN.

Feuilles verticillées par 3, longues de 5-7 mill., linéaires, étroites, glabres, vertes, luisantes, à bords étroitement blancs-scarieux, accompagnées à leurs aisselles de ramules raccourcis qui produisent des feuilles fasciculées; planes en dessus, très-finement et également 1-sillonnées en dessous. Fleurs roses, violettes ou blanches, de 6 mill. de long sur 4 de large, à pédicelles aussi longs qu'elles, disposées 1-3 à l'extrémité de très-courts rameaux latéraux et formant par leur ensemble des grappes composées, denses, terminales; corolle ovoïde-urcéolée; étamines non saillantes, dont les loges sont presque complétement soudées entre elles, pourvues d'appendices subulés à la base. — Sous-arbrisseau de $0^m,30$-$0^m,60$, rameux, à rameaux dressés, pubescents. Terrains arides et sablonneux de l'Ouest, du Centre et du Midi; Dauphiné. Flor., juin-septembre.

8. Bruyère dressée. ERICA STRICTA. DONN. *E. corsica. DC.*

Feuilles verticillées par 4, longues de 4-5 mill., linéaires, obtuses, peu convexes en dessus, marquées en dessous d'un large sillon décroissant de la base au sommet, glabres, mais très-courtement et peu distinctement ciliolées aux bords, non accompagnées à leur aisselle de faisceaux de feuilles. Fleurs roses, de 6 mill. sur 3, à pédicelles plus courts qu'elles, disposées 4-6 en petites ombelles simples, terminales; corolle ovoïde-urcéolée; étamines non saillantes, dont les anthères ont les loges presque entièrement disjointes et sont pourvues à la base de deux longs appendices subulés. — Sous-arbrisseau de 0^m,4-1 mètre, à tige dressée, divisée en rameaux simples, droits, nombreux, serrés contre l'axe de la plante, courtement pubérulents. Montagnes de la Corse. Flor., juillet-août.

9. Bruyère de Portugal. ERICA LUSITANICA. RUDOLPHI.

Feuilles verticillées par 3-4, longues de 5-6 mill., très-étroites, linéaires, glabres, faiblement et uniformément 1-sillonnées sur le dos. Fleurs roses, de 4 mill. sur 3, à pédicelles aussi longs qu'elles, disposées 1-3 à l'extrémité des ramules latéraux et formant par leur ensemble une longue panicule composée; corolle campanulée, un peu resserrée à la gorge; anthères non saillantes, à loges disjointes dans leur moitié supérieure et pourvues à la base d'appendices hérissés. — Arbrisseau de 1-3 mètres, à tige rameuse; rameaux dressés, ramules blanc-grisâtre, velus-hérissés, à poils simples. Lande de la Teste-de-Buch. Flor., janvier. Fructif., juillet.

10. Bruyère en arbre. ERICA ARBOREA. LIN.

Feuilles verticillées par 3-4, longues de 3-4 mill., linéaires, étroites, glabres, finement et uniformément 1-sillonnées sur le dos. Fleurs petites, de 3 mill. sur 3, blanches ou rosées, odorantes, à pédicelles aussi longs qu'elles, disposées 2-4 au sommet de ramules dont l'ensemble forme une grande panicule composée, pyramidale; corolle campanulée, non resserrée à la gorge; anthères non saillantes, à loges disjointes dans la plus grande partie de leur longueur, pourvues à la base de courts appendices obtus, ciliés. — Arbrisseau de 1-4 mètres de hauteur, sur 0^m,30-0^m,60 de circonférence, à tige dressée très-rameuse; rameaux blanchâtres, couverts de poils très-nombreux, inégaux, la plupart rameux. Terrains secs et sablonneux de la région méditerranéenne; France, Corse, et Algérie. Flor., mai. Fructif., juillet.

Bois. Le bois de la bruyère en arbre ressemble beaucoup à celui de l'arbousier; il s'en distingue néanmoins par ses vaisseaux plus petits, isolés, par ses rayons apparents, espacés, par une croissance plus lente encore, une coloration plus vive, rouge-cramoisi, et généralement une densité plus élevée, 0,889-1,009 (*Coll. Éc. For.*). Comme lui, il a le grain très-fin, très-homogène, très-serré, est susceptible d'un fort beau poli; mais la fibre en est courte, cassante ; il se gerce et se tourmente beaucoup. Le bois de la souche, qui est très-volumineuse, est recherché pour menus ouvrages et particulièrement pour la fabrication des pipes, en raison de son grain très-serré et de sa fibre noueuse et contournée.

C'est un excellent combustible, dégageant une vive chaleur, dont le charbon est considéré comme l'un des meilleurs que l'on puisse produire.

11. Bruyère à balais. ERICA SCOPARIA. LIN.
Feuilles verticillées par 3-4, longues de 4-5 mill., glabres, luisantes, bisillonnées sur le dos. Fleurs très-petites, de 2 mill. sur 2, d'un jaune-verdâtre, à pédicelles aussi longs qu'elles, disposées 1-4 à l'aisselle des feuilles et formant par leur ensemble, le long des rameaux, des grappes simples, allongées, étroites ; corolle campanulée-globuleuse ; anthères non saillantes, à loges disjointes au sommet seulement, sans appendices à la base. — Sous-arbrisseau de $0^m,4$-1 mètre, à tige dressée, très-rameuse, à rameaux droits, grêles, glabres et grisâtres. Bois arides et landes de l'Ouest, du Centre (jusqu'à la Loire) et du Midi. Flor., mai-juin.

Les rameaux de cette bruyère et ceux de quelques autres espèces servent à faire des balais.

SECTION III. — *Corolle caduque ; capsule loculicide.*

(*Feuilles à limbe développé, alternes.*)

GENRE V. — ANDROMÈDE. *ANDROMEDA. Lin.*

Calice 5-partite ; corolle urcéolée, caduque, à 5 dents ; 10 étamines ; capsule loculicide.

Andromède à feuilles de Polium. ANDROMEDA POLIFOLIA. LIN.
Feuilles persistantes, alternes, presque sessiles, elliptiques-oblongues, mucronées, vertes et luisantes en dessus, blanches et à bords entiers fortement enroulés en dessous. Fleurs d'un blanc-rosé, longuement pédonculées, réunies 4-8 en ombelles simples, terminales. Capsule globuleuse, noire et glauque, surmontée d'un style simple aussi long qu'elle. — Petit sous-arbrisseau à tiges grêles, couchées, radicantes à la base, ascendantes à leurs extrémités, s'élevant à $0^m,30$ environ. Lieux tourbeux des régions montagneuses : Vosges, Jura, Haute-Auvergne, Alpes et Pyrénées. Flor., mai-juin. Fructif., août.

SECTION IV. — *Corolle caduque ; capsule septicide.*

(*Feuilles à limbe développé, alternes ou opposées.*)

GENRE VI. — LOISELEURIA. *LOISELEURIA. Desv.*

Calice 5-partite ; corolle campanulée, 5-lobée ; 5 étamines à déhiscence longitudinale ; capsule 2-3-loculaire, septicide.

Loiseleuria couchée. LOISELEURIA PROCUMBENS. DESV. *Azalea procumbens. Lin.*

Feuilles opposées, persistant jusqu'aux feuilles nouvelles seulement, petites, pétiolées, ovales, coriaces ; vertes et brillantes sur les deux faces, convexes et sillonnées en dessus, marquées en dessous d'une large nervure médiane, et largement enroulées par les bords. Fleurs axillaires, longuement pédonculées, réunies 2-5 en une grappe courte, terminale, dressée ; corolle rose, régulière, campanulée, 5-lobée. — Petit sous-arbrisseau de 1-3 décimètres, à tige grêle, rameuse, couchée sur le sol. Sommets des Alpes et des Pyrénées, à la limite des neiges. Flor., juillet-août.

GENRE VII. — DABŒCIE. *DABŒCIA. Don.*

Calice 4-partite ; corolle urcéolée, 4-dentée. Étamines 8. Capsule 4-loculaire, septicide.

Dabœcie à feuilles de Polium. DABŒCIA POLIFOLIA. DON. *Andromeda dabœcil. Lin. Menziesia polifolia. Juss.*

Feuilles éparses, coriaces, ovales-elliptiques, courtement pétiolées, entières, vertes et luisantes en dessus, blanches-tomenteuses et à bords enroulés en dessous. Fleurs pendantes, axillaires, disposées 3-6 en grappe lâche, terminale ; corolle urcéolée, violette ; anthères d'un violet foncé, sagittées à la base. Capsule oblongue, hispide, dressée. — Joli sous-arbrisseau de 2-5 décimètres, à tige grêle, rameuse, brune, à rameaux ascendants, hispides-glanduleux ; racines longues et rampantes. Se trouve dans quelques forêts de Maine-et-Loire, Tarn-et-Garonne, des Hautes- et Basses-Pyrénées. Flor., juin-octobre.

GENRE VIII. — RHODODENDRON. *RHODODENDRON. Lin.*

Calice 5-partite ; corolle infundibuliforme, 5-lobée, légèrement irrégulière ; 10 étamines, dont les anthères s'ouvrent par des pores terminaux ; capsule 5-loculaire, septicide.

Bois. — Analogue à celui des bruyères. Vaisseaux plus nombreux et plus serrés.

A. Feuilles d'abord blanchâtres en dessous, puis ferrugineuses, non ciliées. . . . . R. FERRUGINEUX . 1
A'. Feuilles vertes, ponctuées de ferrugineux, ciliées . . . . R. HÉRISSÉ . . . 2

1. Rhododendron ferrugineux. RHODODENDRON FERRUGINEUX. LIN. Rosage ferrugineux; Laurier-rose des Alpes; Rose des Alpes.

Feuilles coriaces, persistantes, légèrement pétiolées, ovales-lancéolées, entières, glabres, vertes et luisantes en dessus, densément écailleuses, d'abord blanchâtres, puis ferrugineuses en dessous. Fleurs disposées 4-7 en grappe courte ombelliforme terminale, à pédoncule allongé, tuberculeux; calice très-petit; corolle à limbe large et ouvert, d'un beau rouge, très-rarement blanche. — Joli sous-arbrisseau de $0^m,3$-$0^m,6$, à tige dressée, rameuse dès la base. Sommets du Jura, hautes régions des Alpes et des Pyrénées, entre 1,500-2,500 mètres d'altitude; montagne Noire de l'Aude. (*M. Jolyet*). Flor., juillet.

2. Rhododendron hérissé. RHODODENDRON HIRSUTUM. LIN.

Voisin du précédent, dont il se distingue par ses feuilles légèrement crénelées, bordées de longs cils étalés, d'un vert pâle en dessous, ponctués par de nombreuses glandes ferrugineuses; par ses pédoncules et ses jeunes rameaux hispides; par les divisions du calice et de la corolle, ciliées. — Sous-arbrisseau plus petit que le précédent. Régions élevées des montagnes. Il n'est pas certain que cette espèce ait été trouvée en France. Flor., juillet.

FAMILLE XXXI.

ÉBÉNACÉES. VENT.

Fleurs unisexuées, rarement hermaphrodites, régulières; calice persistant, gamosépale, à 3-6 divisions; corolle hypogyne, 3-6-fide; étamines en nombre égal, double ou multiple, insérées à la base de la corolle, à anthères presque sessiles, introrses, biloculaires, longitudinalement déhiscentes. Ovaire libre, tri-pluri-loculaire, à loges 1-2-ovulées; styles distincts, au moins au sommet. Fruit charnu, oligosperme; graine albuminée.

GENRE UNIQUE. — PLAQUEMINIER. *DIOSPYROS. Lin.*

Fleurs dioïques; calice 4-6-lobé; corolle urcéolée, 4-6-fide; ordinairement 16 étamines parfaites dans les fleurs mâles, 8 avortées dans les fleurs femelles; ovaire à 8-12 loges 1-ovulées. Baie pluriloculaire. — Arbres à feuilles alternes, simples, non stipulées, à nervation pennée-réticulée et à bourgeons petits, ovoïdes-aigus, enveloppés de deux écailles latérales libres.

Bois. — Très-dur. Tissu fibreux fin et dominant, à parois épaisses; parenchyme ligneux associé au précédent et dessinant dans son intérieur, si ce n'est dans le bois de printemps, de très-fines et nombreuses lignes circulaires (difficilement visibles et à la loupe seulement). Vaisseaux rares, assez gros, presque uniformément distribués, quoiqu'un peu plus serrés à l'extrême bord interne, épars ou réunis 2-5 en séries simples, rayonnantes. Rayons minces, assez nombreux.

Plaqueminier faux-lotier. Diospyros Lotus. Lin.

Feuilles grandes, alternes, courtement pétiolées, simples, entières, ovales-oblongues, aiguës à la base et au sommet, vertes et glabres en dessus, blanchâtres et pubescentes en dessous. Fleurs petites, solitaires et axillaires, presque sessiles, d'un pourpre foncé; calice accrescent, à 4 lobes obtus. Baie globuleuse, de la grosseur d'une cerise, à 8 loges 1-spermes, jaune, couverte d'une légère efflorescence glauque, sucrée et fade, mais laissant une âpreté prononcée dans la bouche. — Arbre de 15-20 mètres, à branches et rameaux étalés-ascendants, ramules droits, effilés. Originaire de l'Asie-Mineure, cultivé et subspontané dans le midi de la France. Flor., mai-juin. Fructif., septembre.

Croissance. Bois. Le plaqueminier est un arbre de végétation lente, dont le bois, lourd, dur, homogène, se colorant irrégulièrement en noir au cœur, a une partie des qualités de l'ébène (*Diospyros Ebenus. Lin.*), qui appartient au même genre.

Fruits. Les fruits sont d'abord acerbes; ils deviennent mangeables lorsqu'ils sont blossis. Quoique de saveur peu agréable, on avait cru reconnaître en eux le lotus des anciens; il est prouvé maintenant que ce dernier est le fruit d'un jujubier (*Zizyphus Lotus. Desf.*).

FAMILLE XXXII.

OLÉACÉES. LINDL.

Fleurs régulières, hermaphrodites ou polygames, dont le périgone est quelquefois nul ou simple; calice gamosépale, persistant, à 4 divisions. Corolle hypogyne, à 4 divisions alternes; 2 étamines alternes, soudées sur la corolle, à anthères introrses, biloculaires, longitudinalement déhiscentes;

1 style court. Ovaire biloculaire, à loges biovulées. Graines albuminées. — Arbres et arbrisseaux à feuilles simples ou composées, opposées, non stipulées; offrant souvent à chaque aisselle 2 bourgeons, dont l'inférieur est le plus petit.

Bois. — Structure variée, suivant les genres.

A. Fruits secs.
- B. Samare oblongue. Arbres à feuilles composées, oppositi-impari-pennées, à fleurs polygames, souvent nues . . . . FRÊNE . . 1
- B'. Capsule bivalve. Arbrisseaux à feuilles simples et entières; à fleurs hermaphrodites, infundibuliformes . . . . LILAS . . . 2

A'. Fruits charnus. Feuilles toujours simples.
- B. Feuilles caduques et étamines non saillantes. Baie globuleuse, polysperme. . . . . TROËNE. . 3
- B'. Feuilles persistantes et étamines saillantes.
  - C. Nuculaine ovoïde, à noyau osseux . . . . . . OLIVIER. . 4
  - C'. Nuculaine globuleuse, à noyau mince et fragile. PHILARIA . 5

GENRE I. — FRÊNE. *FRAXINUS. Tournef.*

Fleurs polygames, disposées en panicule, à périgone nul, simple ou double et à 4 divisions profondes; samare foliacée, oblongue, 1-loculaire et 1-2-sperme par avortement, provenant d'un ovaire à 2 loges 2-ovulées. — Arbres à feuilles opposées, oppositi-impari-pennées, dont la nervation secondaire est pennée et rameuse; à ramification peu serrée, terminée par des pousses robustes; bourgeons terminaux gros et courts, 4-angulaires, enveloppés extérieurement de 2-4 écailles pétiolacées, souvent soudées.

Bois.—Tissu fibreux fin, à parois épaisses, dominant; rayons très-minces, égaux, moyennement serrés; vaisseaux inégaux, gros et rapprochés dans le bois de printemps, où ils forment une zone poreuse bien apparente, décroissant en nombre et en dimensions jusqu'au bord externe, où ils deviennent très-fins, très-espacés et se présentent parfois groupés par 2 ou 3. Parenchyme ligneux apparent, entourant les vaisseaux et formant au bord externe, en les réunissant, des lignes ou dès arcs blanchâtres concentriques, plus ou moins continus.

Les frênes produisent des bois lourds, durs, très-souples et tenaces, entièrement blancs ou d'un blanc-rosé, se colorant irrégulièrement, au cœur des vieux arbres, de brun; d'un éclat soyeux, d'un toucher onctueux. Les accroissements en sont très-distincts, mais l'aubier ne se reconnaît pas du bois parfait.

Ennemis. — Les frênes ont, parmi les insectes, quelques ennemis dont certains leur sont spéciaux.

On peut citer, parmi ceux qui dévorent les feuilles:

La *Cantharide* (*Lytta vesicatoria. Lin.*), qui, à l'état parfait, s'abat par troupes nombreuses sur les cimes et en détruit toute la verdure.

La *Tenthrède noire* (*Allantus aterrima. Kl.*), dont la fausse chenille, à 20 pattes, verte et glabre, est parfois assez abondante.

Les *Liparis disparate* et *Bombyce livrée* déjà nommés comme attaquant d'autres essences.

Parmi ceux qui attaquent le corps ligneux et creusent leurs galeries entre l'écorce et le bois se remarquent :

L'*Hylésine du frêne* (*Hylesinus fraxini. Fab.*), dont les galeries ovifères sont transversales et forment une accolade régulière à deux branches.

L'*Hylésine crénelé* (*Hylesinus crenatus. Fab.*), dont la galerie ovifère, courbée et transversale aussi, n'a qu'une branche.

Le *Scolyte multistrié* (*Eccoptogaster multistriatus. Marsh.*) et le *Scolyte de l'orme* (*Eccoptogaster Scolytus. Fab.*), dont les galeries ovifères sont longitudinales.

Ces quatre dernières espèces xylophages s'attaquent surtout aux arbres mal venants, dépérissants ou abattus.

A. Fleurs nues, en panicules latérales non feuillées à la base; anthères presque sessiles.
  B. Bourgeons gros, d'un noir velouté . . . . F. COMMUN 1
  B'. Bourgeons bruns, moyens.
    C. Feuilles étroitement lancéolées, longuement acuminées, à dents écartées, très-étalées . . . . F. OXYPHYLLE . . . 2
    C'. Feuilles ovales ou ovales-lancéolées, dentées en scie. . . . . F. A PETITES FEUILLES 3
A'. Fleurs à périgone double, en panicules terminales feuillées à la base; anthères à filets allongés. Bourgeons bruns . . . F. A FLEURS 4

§ I. *Fleurs nues, à anthères presque sessiles; en panicules latérales sur les rameaux.*

1. Frêne commun. FRAXINUS EXCELSIOR. LIN.

Feuilles de 9-13 folioles oppositi-impari-pennées, sessiles, ovales-lancéolées, atténuées à la base, acuminées au sommet, aigûment dentées, glabres et vertes en dessus, plus pâles et pubescentes auprès de la côte en dessous. Fleurs paraissant avant les feuilles, complétement nues, en panicules latérales dressées; anthères d'un pourpre-noirâtre. Samares pendantes, oblongues, arrondies à la base, tronquées ou échancrées à l'extrémité. — Grand arbre représenté par des pieds de trois sortes : hermaphrodites, mâles et femelles; à ramification peu serrée, à branches étalées-dressées, à rameaux et ramules dressés; ceux-ci robustes, à gros bourgeons d'un noir-velouté.

Var. α. ***Frêne commun à une feuille.*** F. EXCELSIOR, MONOPHYLLA.

Feuille représentée par la foliole terminale seulement, qui est très-développée. Cette variété se rencontre parfois spontanée (forêt de Champenoux) et se produit assez souvent dans les semis, ainsi qu'une foule d'intermédiaires entre elle et le type (frênes à 3-5-7 feuilles); elle est souvent cultivée.

Var. β. ***Frêne commun austral.*** FRAXINUS EXCELSIOR, AUSTRALIS. Gr. et God. F. Australis. Gay.

Feuilles plus étroites que dans le type, oblongues-lancéolées.

Bois de plaines, de collines ou de montagnes peu élevées, particulièrement dans les sols frais et fertiles. La variété β appartient à la région méditerranéenne et atteint dans le Djurdjura, en Algérie, une altitude de 2,000 mètres (Cosson). Flor., avril-mai. Fructif., septembre. Dissémination, hiver et printemps.

Le frêne est un grand arbre qui, dans de bonnes conditions, peut atteindre et dépasser 33 mètres de hauteur sur 3 mètres de circonférence (un frêne coupé vers 1535, dans la Frise, à Cabaso, mesurait 8 mètres de circonférence), bien que son aptitude à croître dans des terrains très-divers, même dans les sols secs, le fasse souvent rester en dessous de ces dimensions. Sa tige est droite, cylindrique, élevée s'il croît en massifs; peu droite et ramifiée à 6-8 mètres s'il est isolé. La cime, peu branchue et à rameaux redressés, est, dans la jeunesse, ovale-pyramidale, souvent ramifiée dans le genre de celle des sapins, par faux verticilles; plus tard, elle s'arrondit. La tige s'y prolonge, à moins d'accidents, jusqu'à l'extrémité. Taille. Port.

Le feuillage est léger, le couvert faible. Feuillage.

L'écorce, lisse et d'un gris-verdâtre ou jaunâtre d'abord, a le liber non feuilleté, constitué par des faisceaux épars. Ce n'est qu'à un âge assez avancé qu'il se forme dans son intérieur des plaques de périderme, donnant naissance à un rhytidome persistant, semblable à celui du chêne, mais plus densément gerçuré. Les portions exté- Écorce.

rieures du liber qui le composent se transforment en une sorte de liége granuleux-pierreux.

Enracinement. La racine s'enfonce profondément dans la jeunesse et forme une souche considérable, de laquelle partent quelques racines latérales, parfois drageonnantes, qui ne tardent pas à prendre le dessus et à se développer beaucoup en longueur et en grosseur. La totalité du bois souterrain équivaut à 14-15 p. 100 du volume entier.

Fructification. La fructification du frêne se produit assez régulièrement chaque année dans les pays de plaines ou de collines, mais dans la montagne, elle devient intermittente ; à une année très-productive succèdent une ou plusieurs années pendant lesquelles il serait souvent difficile de se procurer une seule semence. Elle a lieu en automne ; la dissémination ne se fait habituellement qu'au printemps suivant.

Germination. Récoltée en automne et semée immédiatement, la graine germe quelquefois en partie dès le printemps suivant, le plus souvent au bout de 18 mois ; semée au printemps, elle ne germe jamais que l'année d'après. Le mieux est de conserver les fruits du frêne en silos pendant une année avant de les semer ; la levée des plants est alors rapide et complète. Le kilogramme contient 13,000 — 15,000 fruits, généralement de bonne qualité.

Le jeune plant paraît en soulevant hors de terre la samare, dont l'albumen épuisé forme une coiffe qui réunit ses deux cotylédons, comme chez les conifères ; puis il produit 2 feuilles cotylédonaires longuement elliptiques-lancéolées, entières. Il s'élève fort peu dans les premières années, et toute l'activité de la végétation est concentrée sur la racine, qui pivote alors profondément. Vers 5 ans il prend son essor et le frêne peut être placé au nombre des essences à bois dur dont la croissance est la plus active et la plus soutenue.

Station et sol. Le frêne vient dans des conditions très-diverses. C'est dans les plaines basses, dans les grandes vallées, dans les vallons à sol frais et fertile qu'on le rencontre le plus communément et qu'il atteint les plus belles dimensions ; il y est habituellement le compagnon de l'orme, de l'aune, du chêne pédonculé. Mais on le trouve aussi dans les montagnes, sans qu'il y atteigne cependant l'altitude du hêtre, et dans les sols secs des collines, pourvu qu'ils soient suffisamment meubles. Il ne refuse de croître que sur les terres compactes et tenaces.

Bois.

Le bois de frêne est blanc, blanc légèrement rosé, nacré et onctueux au toucher quand il est travaillé, parfois flambé de brun au cœur; ses qualités essentielles sont l'élasticité et la ténacité; aussi est-il très-recherché pour le charronnage (brancards, timons, etc.), pour la fabrication des rames, avirons, cercles de tonneaux, etc. Il se tourmente peu, n'est guère exposé à la vermoulure, reçoit un beau poli et peut servir à la menuiserie. Employé dans les constructions, il a une durée supérieure à celle du hêtre et du charme ; néanmoins la pourriture l'atteint encore assez rapidement, surtout s'il est exposé à des alternatives de sécheresse et d'humidité.

Le frêne qui a été émondé forme quelquefois des broussins dont le bois est très-ronceux ; on le recherche pour les ouvrages de tour et on le débite même en placage pour l'ébénisterie.

La densité du frêne, comme celle de tous les bois à vaisseaux fortement inégaux, est très-variable et dépend beaucoup du mode de végétation. Si la croissance est lente, chaque couche est en majeure partie formée de la zone interne des gros vaisseaux et le bois qui en résulte est poreux, mou et léger ; si, au contraire, elle est active, chaque couche, sans offrir une épaisseur notablement plus grande de cette zone poreuse, présente un développement beaucoup plus considérable de la zone externe, constituée par du tissu fibreux serré, dominant et des vaisseaux fins ; dans ce cas, le bois acquiert naturellement beaucoup plus de dureté et de pesanteur. Cependant, lorsque cet arbre croît dans un sol trop humide, malgré la rapidité de sa croissance, le bois qu'il produit perd beaucoup en densité, en ténacité et en souplesse.

Le frêne, complétement desséché à l'air, a une densité qui varie de 0,626 à 1,002 (*Coll. Éc. For.*).

Les recherches de T. Hartig sur la combustibilité du

frêne de 100 ans, d'une densité de 0,69, comparé à du hêtre de 120, d'une densité égale, l'un et l'autre à l'état sec, ont donné les résultats suivants :

		Vol. et Poids égaux.
Plus haut degré de chaleur	Chaleur ascendante	101 : 100
	Id. rayonnante	86 : 100
Durée de la chaleur croissante	Id. ascendante	107 : 100
	Id. rayonnante	100 : 100
Durée de la chaleur décroissante	Id. ascendante	106 : 100
	Id. rayonnante	60 : 100
Total de la chaleur développée	Id. ascendante	92 : 100
	Id. rayonnante	76 : 100
Eau vaporisée		83 : 100

Le frêne est, par conséquent, un bon combustible, mais il est bien inférieur au hêtre pour le chauffage à foyers ouverts des appartements, puisque sa chaleur rayonnante est peu élevée. Il fournit un bon charbon.

Produits accessoires.

La feuille du frêne est, après celle de l'orme, l'une de celles qui produisent le meilleur fourrage. L'écorce ne contient presque pas de tannin, mais on y trouve une substance cristallisable encore peu connue, la fraxinine, qui est réputée fébrifuge.

2. Frêne oxyphylle. Fraxinus oxyphylla. Bieb.

Voisin du précédent, avec lequel on le confond souvent ; feuilles à folioles souvent moins nombreuses, 7-11, plus étroites, prolongées en coin à la base, plus longuement acuminées, bordées de dents espacées et peu profondes, très-aiguës, très-étalées et même réfléchies vers le sommet, dont chacune correspond à une nervure qui aboutit à son extrémité (dans le frêne commun chaque nervure correspond à 2 dents et aboutit à leur intervalle). Samares lancéolées-linéaires, atténuées aux deux extrémités, cunéiformes à la base, arrondies ou aiguës (*F. rostrata. Guss.*), mais non échancrées et souvent mucronées au sommet. — Arbre moitié moins grand que le précédent, à bourgeons moyens et glabres, d'un brun-jaunâtre. Commun dans la France méridionale ; Algérie. Flor., avril-mai.

Le bois est identique à celui de l'espèce précédente. Il pèse 0,756-0,869 (*Coll. Éc. For.*).

3. Frêne à petites feuilles. Fraxinus parvifolia. Lam.

Feuilles à pétiole commun pubescent en dessus, de 7-13 folioles sessiles, petites, ne dépassant pas en général 3-4 centimètres de long, ovales-lancéolées, à base cunéiforme, dentées dans leur moitié supérieure, minces, d'un vert pâle et pubescentes en dessous. Samares étroites, linéaires-oblongues, non cunéiformes à la base, tronquées ou faiblement échancrées au sommet. — Arbrisseau de 2-3 mètres d'élévation, sans aucune importance forestière, à bourgeons petits, glabres, d'un brun-ferrugineux. Littoral des environs de Montpellier. Flor., mars-avril. Fructif., juin-juillet (1).

§ II. *Fleurs à périgone double, en thyrses terminaux. Filets des étamines allongés.*

4. Frêne à fleurs. FRAXINUS ORNUS. LIN. *Ornus europæa. Pers. F. Florifera. DC.* Fl. fr.

Feuilles de 7-9 folioles sessiles, ovales ou elliptiques-lancéolées, atténuées aux deux extrémités, dentées; vertes et glabres en dessus, un peu plus pâles et légèrement pubescentes sur la côte en dessous dans la

---

(1) L'Algérie produit deux espèces de frênes qui ne se rencontrent point en France et sur lesquels les renseignements forestiers manquent entièrement :

1. Frêne à feuilles étroites. FRAXINUS ANGUSTIFOLIA. VAHL.

Feuilles composées de 5-7 folioles sessiles, longues de 9-10 centimètres sur 2 de large, glabres, lancéolées et lâchement dentées en scie; samares ovales-oblongues, obtuses et mucronées à l'extrémité. Bourgeons veloutés.

Le frêne à feuilles étroites appartient aux espèces de la première section, dont les fleurs sont nues et les inflorescences en panicules latérales non feuillées; l'espèce suivante, par ses fleurs à périgone simple, appartient à une section intermédiaire entre la première et la deuxième.

2. Frêne dimorphe. FRAXINUS DIMORPHA. Coss. et DUR.

Feuilles variables; celles des rameaux mal-venants petites, composées de 2-3 paires de folioles suborbiculaires ou obovales-oblongues, à dents obtuses, écartées; celles des rameaux supérieurs florifères plus grandes, à 3-5 paires de folioles oblongues-lancéolées, aiguës, dentées en scie. Fleurs hermaphrodites, apétales, mais pourvues d'un calice, brièvement pédicellées, groupées en ombelles simples. Samares oblongues, un peu aiguës, entières et obtuses ou légèrement échancrées au sommet, accompagnées du calice persistant et 4 fois aussi longues que leur pédicelle. Arbre à tige tantôt buissonnante, tantôt simple et droite, s'élevant à 8-12 mètres. — Vallons des régions montagneuses de l'Algérie (Bathna, Djebel-Tougour, mont Aurès), à une altitude de 1,200-1,800 mètres. Flor., avril-mai. Fructif., juin-août.

Les échantillons de ce bois, que possède la collection de l'École forestière, sont d'une végétation excessivement lente (corps ligneux de 13 centimètres de diamètre à 180 ans environ). Le bois en est très-dur, très-lourd, satiné, blanchâtre, largement coloré au cœur de brun-jaunâtre clair.

jeunesse. Fleurs paraissant avec les feuilles, généralement hermaphrodites à corolle blanche, bien plus longue que le calice et divisée presque jusqu'à la base en 4 lobes étroits, linéaires. Samares longuement oblongues-elliptiques, atténuées à la base, échancrées au sommet. — Arbre de 7-8 mètres, à ramification bien plus fournie que celle des précédents, à inflorescences terminales dressées, formant des panaches très-élégants, feuillés à la base; dont les bourgeons sont bruns, saupoudrés de gris.

Var α. *Frêne à fleurs, argenté.* Feuilles blanchâtres-argentées en dessous. *F. argentea. Loisel.*

Cultivé comme arbre d'ornement et souvent subspontané dans la France méridionale. Contribue au peuplement des maquis de la Corse, où se trouve aussi la variété argentée. Flor., mai-juin., Fructif., août-septembre.

Complétement desséché à l'air, le bois pèse 0,78 (*Coll. Éc. For.*).

C'est du frêne à fleurs qu'on obtient, dans l'Italie méridionale, la substance connue sous le nom de manne.

GENRE II. — LILAS. *LILAC. Tournef.*

Fleurs hermaphrodites; calice persistant, 4-denté; corolle tubuleuse, 4-partite; capsule presque ligneuse, biloculaire, loculicide, dont chaque loge est bisperme. — Arbrisseaux à feuilles simples, entières, caduques, à nervation secondaire pennée-rameuse; dont les bourgeons sont gros, aigus, revêtus d'écailles imbriquées presque herbacées, opposées-croisées, et dont les fleurs sont en thyrses terminaux. Le bourgeon terminal du lilas avorte souvent, de sorte que chaque rameau présente à son sommet 2 gros bourgeons floraux axillaires.

Bois. — Tissu fibreux très-serré et à parois épaisses, plus compacte et un peu plus coloré dans le bois de printemps que dans celui d'automne; rayons nombreux, très-minces, égaux; vaisseaux fins et très-fins, les premiers disposés en une zone poreuse très-étroite au commencement de chaque couche; les seconds isolés ou réunis par 2-3 et uniformément répartis dans la zone moyenne et dans l'externe. Bois très-dur et lourd, dont les accroissements se distinguent assez aisément.

Lilas commun. Lilac vulgaris. Lam. *Syringa vulgaris. Lin.*

Feuilles pétiolées, fermes, lisses et glabres, cordiformes à la base, ovales-orbiculaires, acuminées au sommet. Fleurs odorantes, lilas ou blanches, à corolle infundibuliforme, dont les lobes sont concaves. — Arbrisseau de 3-5 mètres, rameaux dès la base. Originaire d'Orient, mais très-fréquemment cultivé et subspontané en beaucoup de lieux. Flor., avril-mai. Fructif., septembre.

Le bois du lilas a le grain fin, très-homogène, mais il est très-raide et sujet à se gercer largement et profondément ; la fibre en est le plus souvent torse. Contrairement à ce qui s'observe dans la plupart des bois, il est sensiblement plus coloré au bord interne qu'au bord externe de chaque accroissement. Blanc dans l'ensemble, il devient irrégulièrement brun clair au cœur, veiné de brun-rouge-cramoisi. Complétement desséché à l'air, il pèse 0,991 (*Coll. Éc. For.*).

GENRE III. — TROËNE. *LIGUSTRUM. Tournef.*

Fleurs hermaphrodites ; calice très-courtement 4-denté ; corolle infundibuliforme, à limbe 4-partite ; étamines non saillantes ; baie à 2 loges 2-4-spermes. — Arbrisseaux à feuilles simples, entières, caduques, à fleurs en thyrses terminaux et à bourgeons ovoïdes-aigus, petits, dont les écailles sont imbriquées, opposées-croisées, presque herbacées.

Bois. — Tissu fibreux très-serré, fortement épaissi ; rayons nombreux, égaux, très-minces ; vaisseaux inégaux, fins et très-fins, formant, associés à du parenchyme ligneux, une zone poreuse dans le bois de printemps, décroissants en nombre et en dimensions jusqu'au bord externe. Accroissements annuels distincts.

Troëne commun. LIGUSTRUM VULGARE. LIN. Frésillon ; Bois noir ; Raisin de chien ; Puine, en Normandie ; Puin, dans la Somme.

Feuilles courtement pétiolées, elliptiques-lancéolées, un peu coriaces, parfois persistantes pendant une partie de l'hiver, entières, vertes et glabres sur les deux faces ; nervure médiane dominante, les latérales à peine visibles. Fleurs blanches, odorantes. Baie globuleuse, noire, persistante jusqu'au printemps. — Arbrisseau de 2-3 mètres, à rameaux droits, allongés, flexibles, à écorce d'un gris-brunâtre, un peu verruqueuse. Très-commun dans les haies et dans les bois, surtout sur les sols secs et pierreux. France ; rare en Algérie. Flor., mai-juin. Fructif., septembre.

Le troëne, en raison de ses dimensions restreintes et de la lenteur de son accroissement, n'a qu'une très-faible importance forestière, quoique son bois, lourd, dur, tenace, élastique, ait de bonnes qualités. Ce bois est blanc, Bois.

flambé et veiné de brunâtre au cœur. Il pèse, complétement desséché à l'air, 0,92 (*Coll. Éc. For.*).

Usages accessoires. On plante fréquemment le troëne dans les jardins et on en fait de jolies haies et bordures, qui restent bien fournies et supportent très-facilement la taille.

Les jeunes pousses servent à la vannerie fine ; les baies renferment une matière tinctoriale d'un noir-violacé, utilisée par les chapeliers, gantiers, teinturiers ; les graines peuvent produire une huile bonne à brûler.

GENRE IV. — OLIVIER. *OLEA. Tournef.*

Calice 4-denté ; corolle courtement tubuleuse, à limbe 4-partite ; étamines saillantes. Nuculaine ovoïde, à noyau osseux 1-2-sperme. — Arbres à feuilles simples, entières, persistantes, à fleurs en petites grappes axillaires dressées.

Bois. — Tissu fibreux très-fin, à parois très-épaisses ; rayons très-minces, égaux, nombreux ; vaisseaux assez abondants, égaux, fins, isolés ou réunis 2-7 en groupes irréguliers, principalement rayonnants, uniformément répartis ou ayant une tendance à se disposer en zones concentriques ; parenchyme ligneux en relation avec les vaisseaux et les entourant, eux ou les groupes qu'ils forment. Bois sans aubier apparent, extrêmement dur, homogène, compacte, dont il est à peu près impossible de distinguer les accroissements.

Olivier d'Europe. Olea europæa. Lin.

Feuilles simples, coriaces, persistantes, ovales-oblongues, atténuées en un court pétiole ; pointues ou mucronées, très-entières et enroulées sur les bords ; glabres, vertes et ponctuées de blanc en dessus, blanches-écailleuses en dessous ; nervure médiane seule apparente. Fleurs blanches ; calice en coupe, à 4 dents larges, peu profondes ; corolle à 4 lobes arrondis. Nuculaine ovoïde, verte. — Arbre souvent rameux dès la base, inerme ou légèrement épineux, à rameaux d'un blanc-grisâtre, feuillage d'un vert cendré, écorce formant à un certain âge un rhytidome jaune-brunâtre, rugueux-écailleux, densément crevassé en long et en travers. France méridionale méditerranéenne, où il caractérise une région très-naturelle, la région des oliviers ; Corse ; très-commun en Algérie. Flor., mai. Fructif., septembre-octobre.

Origine. L'olivier est cultivé en France sous un grand nombre de variétés et son indigénat y semble douteux ; il paraît être véritablement spontané en Corse et en Algérie. Il forme le plus souvent un buisson de 3-7 mètres, mais il peut devenir un arbre de 10-15 mètres d'élévation et de 1-6 mètres de circonférence. La végétation en est lente, le tempérament très-robuste ; il ne supporte ni le couvert, ni l'état de massif. Il repousse vigoureusement de souche. Taille. Croissance.

Il recherche les sols secs, légers, les expositions chaudes des pays de collines. Station et sol.

Le bois est l'un des plus compactes et des plus homogènes que l'on connaisse ; il est de couleur chamois-jaunâtre ou olivâtre, très-irrégulièrement marbré au cœur de veines fines, nombreuses, entrelacées d'un brun-noirâtre. Il est susceptible d'un très-beau poli, se travaille bien, se tourne encore mieux ; est très-recherché en ébénisterie, marqueterie, tablетterie, sculpture, etc. Il pèse, complétement desséché à l'air, 0,836-1,117 (*Coll. Éc. For.*). C'est un des meilleurs bois de chauffage connus ; il produit un charbon de première qualité. Bois.

L'huile d'olive est extraite du péricarpe du fruit ; ses qualités et sa valeur rendent l'olivier très-précieux et en font, dans les contrées méridionales, un arbre de grande culture. On peut également obtenir de bonne huile de l'olivier à l'état sauvage, mais en moindre quantité. Fruit.

GENRE V. — PHILARIA. *PHILLYREA. Tournef.*

Fleurs hermaphrodites; calice 4-denté; corolle 4-partite, à tube court et limbe étalé; étamines saillantes; drupe globuleuse, à noyau monosperme (par avortement), pourvue d'une enveloppe mince et fragile. — Arbrisseaux à feuilles simples, coriaces, persistantes, entières ou dentées, dont la nervure médiane est seule bien apparente; à fleurs blanchâtres, odorantes, disposées en courtes grappes axillaires; à fruits petits, d'un noir-bleuâtre.

Bois. — L'un des mieux caractérisés. Tissu fibreux très-fin, à parois très-épaisses; rayons égaux, très-minces, moyennement serrés; vaisseaux nombreux, égaux, très-fins, réunis par du parenchyme ligneux et complétement groupés, de manière à produire sur la section transversale des lignes rayonnantes ondulées et rameuses, blanchâtres, formant dans leur ensemble un réseau très-nettement accusé; une ligne simple de vaisseaux semblables, espacés au commencement de chaque couche. — Le bois des philarias est très-dur, homogène, blanchâtre ou légèrement jaunâtre, coloré et veiné au centre des vieux pieds de brunâtre ou de brun-noirâtre. Les accroissements se distinguent difficilement, quoique séparés par des lignes mates très-fines.

A. Feuilles jamais cordiformes à la base. Fruit surmonté par une pointe.
B. Feuilles étroitement elliptiques, entières ou à peine dentées au sommet. . . P. A FEUILLES ÉTROITES. 1
B'. Feuilles ovales-lancéolées, entières ou dentées. . . . . P. INTERMÉDIAIRE. . . 2
A'. Feuilles, au moins les inférieures, légèrement cordiformes à la base, toujours dentées-épineuses. Fruit ombiliqué, non surmonté d'une pointe . . . . P. A LARGES FEUILLES . 3

1. Philaria à feuilles étroites. PHILLYREA ANGUSTIFOLIA. LIN.

Feuilles courtement pétiolées, persistantes, étroitement elliptiques-lancéolées, entières ou avec quelques traces de dentelures vers l'extrémité, glabres, luisantes en dessus, vertes sur les deux faces. Fruits apiculés. — Arbrisseau de 1-2 mètres d'élévation. Commun dans la région des oliviers, surtout en Corse, dont il peuple les maquis, en compagnie des chênes yeuses, lentisques, myrtes, arbousiers, etc. Remonte vers l'Ouest jusqu'aux environs de Nantes; vers l'Est jusque dans la Drôme; Algérie. Flor., avril-mai. Fructif., août-septembre.

Le bois a pour densité, 0,936-1,027 (*Coll. Éc. For.*).

2. Philaria intermédiaire. PHILLYREA MEDIA. LIN.

Feuilles ovales ou ovales-lancéolées, entières ou dentées; fruit apiculé au sommet. — Arbrisseau voisin du précédent, dont il n'est peut-être qu'une variété; croît dans les mêmes lieux. Flor., avril-mai. Fructif., août-septembre.

Le bois a pour densité, 0,963-1,115 (*Coll. Éc. For.*).

3. Philaria à larges feuilles. PHILLYREA LATIFOLIA. LIN. *P. stricta. Bertol.*

Feuilles ovales-lancéolées ou ovales-oblongues, dentées-épineuses; les inférieures légèrement cordiformes à la base. Fruit non apiculé, obtus, ombiliqué. — Arbrisseau et petit arbre de 6-8 mètres de hauteur sur 1 mètre à 1^{m},50 de circonférence. Corse; Algérie. Flor., avril-mai. Fructif., août-septembre.

Le philaria à larges feuilles, la plus grande espèce du genre, ressemble beaucoup au nerprun alaterne par le feuillage persistant, par le port et même par le bois; mais il a les feuilles opposées et non alternes, et le bois n'a pas la teinte chaude et jaune de celui de l'alaterne.

Cet arbrisseau, particulièrement commun en Algérie, se plaît dans les sols légers et rocailleux des pays de collines ou de montagnes peu élevées. Il croît lentement, vit très-vieux, repousse bien de souche, produit un bois très-lourd, très-dur, d'un grain serré, sujet à se tourmenter. Complétement desséché à l'air, il pèse 0,746-1,051 (*Coll. Éc. For.*). Station et sol. Bois.

Il pourrait probablement remplacer le gayac en beaucoup de ses emplois s'il n'avait l'inconvénient d'éclater comme du verre sous l'outil du tourneur; il sert de menu bois de charronnage et donne un combustible et un charbon de première qualité.

FAMILLE XXXIII.

JASMINÉES. R. BROWN.

Cette famille diffère à peine de la précédente; les différences les plus grandes sont: calice et corolle de 5-8 divisions; loges de l'ovaire généralement uniovulées; graines à peine albuminées; feuilles quelquefois alternes.

GENRE UNIQUE. JASMIN. *JASMINUM. Tournef.*

Calice campanulé, 5-8-denté; corolle à tube allongé, à limbe plan, 5-8-fide; 2 étamines non saillantes; baie globuleuse, monosperme. — Sous-arbrisseaux à feuilles alternes ou opposées, caduques, simples ou composées.

Bois. — Bois à tissu fibreux dominant; vaisseaux fins et très-fins, isolés, épars, décroissant en grosseur du bord interne au bord externe. Rayons fins.

Jasmin arbrisseau. JASMINUM FRUTICANS. LIN.

Feuilles alternes, 1-3-foliolées, à folioles obovales, obtuses, cunéiformes à la base, entières, glabres et luisantes. Fleurs jaunes, odorantes, disposées 2-4 à l'extrémité des rameaux; calice à longues dents subulées; lobes de la corolle ovales. Baie d'un pourpre-noirâtre, de la grosseur d'un pois. — Sous-arbrisseau de $0^m,30$ à 1 mètre et même 2 mètres, à rameaux et ramules allongés, grêles, verts, anguleux et flexibles. France méridionale; remonte le Rhône jusqu'au delà de Lyon, les côtes de l'Océan jusqu'au delà de Bordeaux; Corse; Algérie. Fréquemment cultivé comme plante d'ornement. Flor., mai. Fructif., juin-juillet.

FAMILLE XXXIV.

APOCYNÉES. JUSS.

Fleurs hermaphrodites, régulières; calice persistant, à 5 divisions; corolle hypogyne, tubuleuse, à 5 lobes; 5 étamines alternes, incluses et épipétales, à filets nuls ou très-courts. 2 carpelles libres ou soudés entre eux, multiovulés, produisant 1 ou 2 fruits secs, déhiscents par la suture ventrale (follicules), qui contiennent de nombreuses graines, aigrettées ou non, albuminées. — Végétaux vivaces ou ligneux, à feuilles simples, entières, non stipulées, opposées, coriaces et persistantes.

A. Plantes herbacées, rampantes et radicantes; fleurs dépourvues d'écailles à la gorge de la corolle, graines non aigrettées . . . . Pervenche. 1
A'. Arbrisseaux à fleurs pourvues d'écailles à la gorge; graines aigrettées . . . . Nérion . . 2

GENRE I. — PERVENCHE. *VINCA. Lin.*

Corolle en coupe, à gorge nue, à 5 lobes obliquement tronqués; 5 étamines, dont les filets sont coudés à la base; style simple, garni en dessous de son sommet, qui est renflé et poilu, d'un rebord annulaire stigmatifère. Follicules à graines non aigrettées. — Plantes vivaces, à tiges stériles grêles, très-allongées, rampantes et radicantes, à tiges fertiles courtes, dressées; dont les feuilles sont entières, luisantes, toujours vertes, composées d'une nervure médiane dominante et de quelques nervures pennées-rameuses, peu apparentes; formant dans les forêts dont le sol est frais et couvert des tapis de verdure d'une grande étendue.

A. Pédoncules plus longs que les feuilles. . . P. petite 1
A'. Pédoncules plus courts que les feuilles.
B. Feuilles pubescentes et ciliées sur les bords; souvent cordiformes à la base. P. a grandes fleurs. 2
B'. Feuilles complétement glabres, jamais cordiformes à la base . . . . P. intermédiaire . . 3

1. Pervenche petite. Vinca minor. Lin.
Feuilles opposées, courtement pétiolées, luisantes, coriaces et persistantes, elliptiques et entières. Fleurs solitaires, axillaires, portées sur des

pédoncules plus longs que les feuilles ; calice à divisions lancéolées, beaucoup plus courtes que le tube de la corolle ; celle-ci grande, bleue, rarement violette, rose ou blanche ; tiges fleuries hautes de 10-15 centimètres. Très-commun dans les bois frais et couverts et dans les haies de toute la France. Flor., mai-juin.

2. Pervenche à grandes fleurs. VINCA MAJOR. LIN.

Feuilles ovales-lancéolées, souvent légèrement cordiformes à la base, courtement et densément ciliées sur les bords. Fleurs solitaires, axillaires, portées sur des pédoncules plus courts que les feuilles ; calice à divisions linéaires, ciliées, égalant la longueur du tube de la corolle. — Plante plus robuste que la précédente, à fleurs et à feuilles plus grandes, dont les tiges fleuries s'élèvent à 30-40 centimètres. France méridionale, centrale et occidentale. Flor., mai-juin.

3. Pervenche intermédiaire. VINCA MEDIA. LINK et HOFFM.

Espèce très-voisine de la précédente ; feuilles ovales-lancéolées, jamais cordiformes à la base, glabres et point ciliées sur les bords. Divisions du calice linéaires, glabres, plus courtes que le tube de la corolle. Région méditerranéenne en France, en Corse et en Algérie. Flor., avril-mai.

GENRE II. — NÉRION. *NERIUM. Lin.*

Corolle en coupe, munie à la gorge de 5 lames multifides opposées aux lobes ; étamines non saillantes, dont les anthères sont soudées au stigmate. Style simple, dilaté à son extrémité, à stigmates obtus. Graines aigrettées. — Arbrisseaux à feuilles opposées ou ternées, coriaces, simples, entières, persistantes, composées d'une nervure médiane dominante et de nervures secondaires fines, entières ou quelquefois fourchues, parallèles, très-serrées (50-70 paires).

Bois. — Canal médullaire triangulaire ; tissu fondamental dominant, dont les fibres ont les parois minces, les cavités grandes ; rayons égaux, très-minces et très-serrés ; vaisseaux rares, égaux, assez fins, isolés ou disposés entre les rayons en séries radiales de 2-8. Bois blanc, homogène, dont les accroissements se distinguent difficilement.

Nérion Laurier-rose. NERIUM OLEANDER. LIN.

Feuilles étroitement oblongues-lancéolées, opposées ou ternées, atténuées à la base et à peu près sessiles ; entières, coriaces, persistantes, glabres et mates, plus pâles et ponctuées en dessous. Fleurs grandes, roses ou blanches, en corymbes terminaux. — Arbuste de 3 ou 4 mètres, à tige droite, écorce grisâtre, rameaux longs, grêles et dressés. Littoral de la Méditerranée dans le Var, en Corse et en Algérie. Flor., juin-juillet.

Le nérion laurier-rose croît dans les mêmes stations Station. Taille.

que les saules, au bord des eaux, et peut atteindre 1 mètre de circonférence. Comme eux, il se reproduit abondamment de semences, de rejets de souche, de boutures, et par ses racines nombreuses et profondément enfoncées, il contribue puissamment à consolider les rives des cours d'eau.

Bois. Le bois est blanc, homogène, peu lourd et peu dur ; il n'a pas d'usages spéciaux ; cependant il produit un charbon léger qui, dans les pays où cet arbuste abonde (Algérie), est très-recherché pour la fabrication de la poudre. Densité, 0,574-0,613 (*Coll. Ec. For.*).

Le nérion fournit un extrait qui est un violent narcotique ; dans les régions méridionales, les émanations que cet arbrisseau répand dans l'air peuvent occasionner de graves accidents aux personnes qui se reposent sous son ombrage.

FAMILLE XXXV.

SOLANÉES. JUSS.

Fleurs hermaphrodites, régulières; calice persistant, au moins par la base, généralement à 5 divisions; corolle hypogyne, caduque, 5-lobée; 5 étamines épipétales, alternes à anthères introrses, biloculaires, déhiscentes longitudinalement ou par des pores terminaux ; style simple. Ovaire libre, à 2 loges multi-ovulées, à placentation axile, produisant un fruit polysperme, charnu (baie), ou sec et indéhiscent (capsule). Graines albuminées. — Plantes le plus souvent herbacées, quelquefois ligneuses, mais sans importance forestière; à feuilles alternes, caduques, dont la nervation est pennée; contenant fréquemment (datura, belladone, jusquiame, etc.) des alcaloïdes très-énergiques.

A. Corolle en entonnoir ; anthères écartées entre elles, s'ouvrant par des fentes longitudinales. . . . . Lyciet . . 1
A'. Corolle étalée en roue ; anthères rapprochées entre elles, s'ouvrant par 2 pores terminaux. . . . . Morelle . 2

GENRE I. — LYCIET. *LYCIUM. Lin.*

Calice bilabié ou inégalement 5-denté ; corolle en entonnoir ; anthères écartées entre elles, longitudinalement déhiscentes. Baie. — Sous-arbrisseaux souvent épineux par transformation de rameaux; à rameaux allongés, grêles, flexueux, étalés ou pendants, recouverts d'une écorce d'un blanc-grisâtre; à feuilles simples, entières, caduques, alternes, souvent fasciculées, subuninerviées ou à nervures secondaires pennées, rares, peu apparentes, à fleurs axillaires, solitaires ou en cymes fasciculées.

Bois. — Bois à tissu fibreux dominant; vaisseaux fins, rapprochés en une zone étroite au bord interne, puis très-fins et groupés avec du parenchyme en lignes peu nombreuses, formant des zigzags obliques ou rayonnants dans la zone médiane et externe. Rayons minces, égaux.

Les lyciets appartiennent à la flore méridionale; quelques-uns même de ceux que l'on rencontre en France n'y sont que subspontanés et paraissent provenir d'espèces introduites dans les jardins. Ce sont des végétaux traçants et très-drageonnants, envahissants, qui se reproduisent aisément de boutures.

A. Feuilles membraneuses, à nervation pennée apparente; tube de la corolle égal au limbe.
  B. Calice presque bilabié . . . . L. DE BARBARIE. 1
  B'. Calice à 5 dents inégales. . . . . L. DE CHINE . . 2
A'. Feuilles charnues, paraissant uninerviées.
  B. Tube de la corolle 2 fois aussi long que le limbe; étamines saillantes . . . . L. D'EUROPE . . 3
  B'. Tube de la corolle 6 fois aussi long que le limbe; étamines incluses. . . . . L. D'AFRIQUE. . 4

1. Lyciet de Barbarie. LYCIUM BARBARUM. LIN. Jasminoïde.

Feuilles vertes, membraneuses, étroitement lancéolées et atténuées en un court pétiole, à nervation apparente. Fleurs dressées, solitaires ou fasciculées à l'aisselle des feuilles, pédonculées; calice bilabié; corolle d'un violet clair, à lobes finalement réfléchis, aussi longs que le tube; étamines égalant la corolle. Baie oblongue, rouge-orangé. — Sous-arbrisseau de 1 à 2 mètres, touffu, épineux, à rameaux allongés, grêles, flexueux, pendants, légèrement anguleux. Commun dans les haies et les broussailles du midi de la France; disséminé çà et là dans le centre et dans le nord; Algérie. Fréquemment cultivé en haies ou pour garnir les rochers, berceaux, palissades. Flor., juin-octobre. Fructif., septembre-octobre.

2. Lyciet de Chine. LYCIUM SINENSE. LAM.

Voisin du précédent, mais à feuilles plus pâles et un peu glauques en dessous, assez largement ovales et assez brusquement rétrécies en pétiole; calice à 5 dents inégales, mais non bilabié; corolle violette, veinée ; étamines saillantes. Baies ovoïdes, rouges, longues de 15 et même de 25 mill. (*L. ovatum. Pair.*). Cette espèce, originaire de la Chine, se trouve à l'état subspontané dans les mêmes régions que la précédente. Flor., juin-octobre.

3. Lyciet d'Europe. LYCIUM EUROPÆUM. LIN.

Feuilles d'un vert grisâtre, légèrement charnues, obovales-oblongues, insensiblement rétrécies à la base en un court pétiole, uninerviées. Fleurs dressées, disposées 1-3 à l'aisselle des feuilles ; calice à 5 dents inégales ; corolle blanche ou purpurine, à lobes finalement réfléchis, une fois plus courts que le tube. Baie globuleuse, de la grosseur d'un pois, rouge ou orangée. — Sous-arbrisseau de 1-2 mètres, à tiges dressées, fermes, très-rameuses, armées d'épines courtes, robustes ; rameaux blanchâtres, étalés, non pendants. Littoral de la Méditerranée ; France et Algérie. Flor., mai-juin.

4. Lyciet d'Afrique. LYCIUM AFRUM. LIN.

Feuilles étroites et linéaires, insensiblement rétrécies en un court pétiole, un peu charnues, uninerviées et canaliculées en dessus. Fleurs penchées, solitaires ; calice à 5 dents ; corolle d'un pourpre livide, à lobes étalés, non réfléchis, 6 fois plus courts que le tube. Baie globuleuse, longitudinalement sillonnée, jaune, de la grosseur d'une cerise. — Sous-arbrisseau de 1-2 mètres, à tige droite, rameuse, assez longuement épineuse ; à rameaux grisâtres, étalés, non pendants. Haies à Perpignan ; Algérie. Flor., mai-juin.

GENRE II. — MORELLE. *SOLANUM. Lin.*

Calice à 5 divisions ; corolle rotacée ; anthères conniventes au centre de la fleur, s'ouvrant par 2 pores terminaux. Baie. — Végétaux le plus souvent herbacés, dont une seule espèce indigène est ligneuse. C'est à ce genre qu'appartient la pomme de terre (*Solanum tuberosum. Lin.*).

Morelle douce-amère. SOLANUM DULCAMARA. LIN.

Feuilles alternes, caduques, pétiolées, cordiformes, ovales-aiguës, entières ou comme trifoliolées par le développement de deux lobes accessoires à la base. Fleurs violettes, en cymes divariquées, longuement pédonculées, paraissant presque opposées aux feuilles ; lobes de la corolle réfléchis. Baie presque globuleuse, rouge. — Sous-arbrisseau de 1-2 mètres, dont les tiges sont allongées, grêles, rampantes, sarmenteuses ou même volubiles, à gauche ou à droite indifféremment. Bois humides et bords des eaux ; France et Algérie. Flor., juin-août.

Ce petit sous-arbrisseau est remarquable par l'amertume prononcée et peu durable de son écorce, par la saveur sucrée et persistante de son bois.

FAMILLE XXXVI.

LABIÉES. JUSS.

Fleurs hermaphrodites, irrégulières; calice tubuleux, persistant, à 5 dents régulières ou disposées en 2 lèvres, extérieurement relevé de côtes saillantes; corolle hypogyne, très-généralement bilabiée, plus rarement à 5 divisions presque égales; 4 étamines didynames, rarement 2 par avortement, insérées sur la corolle; anthères biloculaires, au moins à l'origine, à loges très-diversement disposées, quelquefois séparées par un long connectif filiforme. Ovaire bicarpellé, 4-lobé, 4-loculaire, dont chaque loge est uniovulée; style simple, semblant partir de la base des carpelles, généralement bifide. Fruit sec, se séparant en 4 akènes; graine non ou à peine albuminée. — Plantes herbacées, rarement ligneuses, à tiges et rameaux quadrangulaires; feuilles simples, opposées-croisées; fleurs axillaires, solitaires ou en cymes contractées, formant de faux verticilles dont la succession constitue des sortes d'épis, de grappes ou de capitules à l'extrémité des rameaux. De nombreuses glandes remplies d'huiles essentielles rendent toutes les labiées plus ou moins aromatiques.

La famille des labiées, l'une des plus naturelles du règne végétal, appartient essentiellement aux régions de l'hémisphère boréal; les espèces qui la composent aiment en général les lieux secs et chauds, vivement éclairés et découverts; elles semblent principalement rechercher les sols calcaires. Quelques-unes d'entre elles, spéciales au bassin méditerranéen, deviennent ligneuses et forment des sous-arbrisseaux, sans importance forestière véritable, dont les plus abondants seront seuls mentionnés.

A. Étamines 2; calice et corolle bilabiés; anthères à 2 loges divariquées, presque confondues en une seule. . . . . **Romarin**. . 1
A'. Étamines 4 ; corolle bilabiée.
  B. Calice à 5 dents presque égales.
    C. Anthères 1-loculaires ; étamines fléchies sur la lèvre inférieure de la corolle . . . . **Lavande**. . 2
    C'. Anthères biloculaires ; étamines divergentes . . **Hyssope**. . 3
  B'. Calice bilabié ; étamines divergentes, à anthères biloculaires. . . . . **Thym**. . . 4

GENRE I. — ROMARIN. *ROSMARINUS. Lin.*

Calice campanulé, bilabié; 2 étamines seulement; loges très-divergentes, presque confondues en une seule.

Romarin officinal. ROSMARINUS OFFICINALIS. LIN.

Feuilles presque fasciculées, coriaces et persistantes, sessiles, linéaires, obtuses, d'un vert sombre en dessus, blanches-tomenteuses et fortement enroulées sur les bords en dessous; fleurs bleues, rarement blanches, formant des sortes d'épis au sommet de courts rameaux latéraux, feuillés à la base. — Sous-arbrisseau toujours vert, très-aromatique, de $0^m,50$ à 1 mètre, à tige très-rameuse et dressée. Commun sur les versants pierreux, surtout calcaires, de la Provence, du Languedoc, du Roussillon, des Pyrénées orientales et centrales; Corse, Algérie; fréquemment cultivé. Flor., mars-avril.

On extrait du romarin une huile essentielle utilisée en parfumerie et en médecine; on l'emploie dans les magnaneries pour la montée de vers à soie.

GENRE II. — LAVANDE. *LAVANDULA. Lin.*

Calice tubuleux, à 5 dents courtes; 4 étamines fléchies sur la lèvre inférieure de la corolle, dont les anthères deviennent uniloculaires par avortement. — Petits sous-arbrisseaux dressés, rameux, à rameaux droits, effilés, à fleurs petites, disposées en épis terminaux; très-aromatiques et fournissant à la distillation une essence qui contient 25 p. 100 de camphre.

A. Fleurs bleues, en épis grêles et lâches, à l'extrémité de longs rameaux nus, non surmontés d'un bouquet de larges bractées; feuilles adultes vertes sur les deux faces.
  B. Bractées membraneuses, larges, rhomboïdales, acuminées. . . . . L. OFFICINALE . . . 1
  B'. Bractées foliacées, très-étroites, linéaires. . . . . L. A LARGES FEUILLES 2
A'. Fleurs pourpre foncé, en épis denses au sommet de rameaux feuillés, surmontés d'un bouquet de grandes bractées d'un bleu-violet; feuilles blanches-tomenteuses sur les deux faces . . . . L. STÉCHAS 3

1. Lavande officinale. LAVANDULA SPICA. LIN. L. Spic. Aspic. L. femelle.

Feuilles sessiles, linéaires, subobtuses, atténuées à la base, enroulées sur les bords ; fleurs bleues, en épis grêles, lâches, interrompus à la base, au sommet de rameaux allongés, effilés et nus ; bractées membraneuses, rhomboïdales-acuminées, brunes, sans bractéoles. — Sous-arbrisseau dressé, très-rameux, de 0m,30 à 0m,60, à rameaux droits, nombreux ; couvert sur toutes ses parties de poils qui le rendent grisâtre ; très-aromatique. Couvre des versants entiers, pierreux et calcaires des Alpes, de la Provence et du Dauphiné, des Cévennes et des Pyrénées ; Algérie ; subspontané en beaucoup de lieux, souvent cultivé. Flor., juillet-août.

La lavande n'est pas dépourvue de toute valeur ; dans les lieux où elle abonde, on retire de ses extrémités florifères, par distillation, l'essence de lavande, employée en pharmacie sous le nom d'huile de spic, et par corruption d'aspic. 250 kil. de fleurs fraîches donnent 1 kil. d'essence, d'une valeur de 8 à 9 fr.

2. Lavande à larges feuilles. LAVANDULA LATIFOLIA. VILL. Lavande mâle.

Très-voisine de la lavande officinale ; se distingue principalement aux bractées et aux bractéoles linéaires, étroites, foliacées ; aux feuilles ordinairement plus larges, lancéolées, enroulées sur les bords dans la jeunesse seulement, planes plus tard. — Croît aux mêmes lieux que la précédente, sans s'écarter autant du littoral méditerranéen ; de taille plus petite, d'odeur moins vive.

3. Lavande Stéchas. LAVANDULA STŒCHAS. LIN.

Feuilles en grande partie fasciculées, linéaires, subobtuses, à bords fortement enroulés en dessous, blanches-tomenteuses sur les deux faces ; fleurs d'un pourpre-violet, formant un épi ovoïde, dense, anguleux, surmonté de grandes bractées, stériles, membraneuses, d'un bleu-violet. — Sous-arbrisseau de 0m,20-0m,40, blanc-tomenteux, à tiges dressées, rameuses, rameaux droits, effilés, feuillés jusqu'à l'épi. Région méditerranéenne ; Corse, Algérie. — Flor., mai-juin.

GENRE III. — HYSSOPE. *HYSSOPUS. Lin.*

Calice tubuleux, à 5 dents presque égales ; corolle bilabiée ; 4 étamines divergentes, à anthères biloculaires, dont les loges sont divariquées à la base et soudées entre elles au sommet.

Hyssope officinal. HYSSOPUS OFFICINALIS. LIN.

Feuilles en grande partie fasciculées, sessiles, uninerviées, elliptiques ou linéaires-lancéolées, non enroulées et entières sur les bords, fortement ponctuées-glanduleuses, vertes et à peu près glabres ; fleurs bleues, plus rarement blanches ou roses, sessiles ou courtement pédonculées, disposées en cymes pauciflores à l'aisselle des feuilles supérieures et formant dans leur ensemble un long épi unilatéral, feuillé, terminal. — Sous-arbrisseau aromatique, ligneux à la base, produisant de nombreux rameaux dressés et très-feuillés. France méridionale, en Dauphiné, en Provence, dans la Lozère, le Gard, l'Hérault, les Pyrénées; subspontané en plusieurs autres lieux, fréquemment cultivé. Flor., juillet-août.

GENRE IV. — THYM. *THYMUS. Benth.*

Calice ovoïde, barbu à la gorge; à 2 lèvres profondément bi- et tri-dentées; étamines 4, divergentes, à anthères biloculaires, dont les loges, un peu divariquées à la base, restent distinctes au sommet. — Plantes vivaces, parmi lesquelles figure le thym serpolet (*Thymus Serpyllum Lin.*); dont une seule espèce mérite de prendre rang avec les végétaux ligneux.

Thym commun. THYMUS VULGARIS. LIN. Farigoule. Frigoule.

Feuilles petites, sessiles, linéaires ou ovales-lancéolées, à bords enroulés, ponctuées-glanduleuses, blanches-tomenteuses au moins en dessous; fleurs roses, rarement blanches, disposées en cymes opposées, qui constituent par leur réunion de faux verticilles, tantôt éloignés, tantôt rapprochés en capitules terminaux; dents du calice sétacées, ciliées. — Sous-arbrisseau aromatique, de $0^m,15$-$0^m,20$, très-rameux, à rameaux dressés et couverts sur tout leur pourtour de poils dressés. Très-commun dans les lieux secs de la France méridionale, à partir de Valence: Dauphiné, Provence, Ardèche, Gard, Pyrénées; Algérie. Flor., juin.

On retire de cette plante une essence, l'huile de thym, que l'on emploie en parfumerie.

FAMILLE XXXVII.

VERBÉNACÉES. JUSS.

Fleurs hermaphrodites, irrégulières (espèces indigènes); calice à 4-5 divisions, persistant; corolle hypogyne, tubuleuse, presque labiée, à 5 divisions; étamines épipétales, didynames, à anthères biloculaires, longitudinalement déhiscentes. Ovaire 2-4-loculaire, à loges 1-2-ovulées. Style simple, terminal. Graines non albuminées. — Végétaux herbacés ou ligneux, à feuilles opposées, au rang desquels appartient le Teck des Indes (*Tectona grandis, Lin.*), qui fournit l'un des meilleurs bois connus pour les constructions maritimes.

GENRE UNIQUE. — GATILIER. *VITEX*. *Lin.*

Calice 5-denté; corolle presque bilabiée; la lèvre supérieure à 2 lobes, l'inférieure à 3, dont le médian est le plus développé; 4 étamines didynames, saillantes. Fruit presque charnu, nuculaine, contenant un noyau à 4 loges monospermes.

Bois. — Tissu fibreux à parois médiocrement épaisses, peu serré, mélangé de parenchyme ligneux qui ne se distingue, pas même à la loupe; rayons égaux, fins, assez serrés, formés d'un tissu mou; vaisseaux assez gros, décroissant un peu en dimension et en nombre vers le bord externe, isolés ou disposés en séries radiales de 2 à 6.

Gatilier Agneau-chaste. VITEX AGNUS-CASTUS. LIN. Arbre au poivre.

Feuilles opposées, caduques, composées de 5, rarement de 3-7 folioles palmées, lancéolées, aiguës, presque toujours entières, glabres et d'un vert sombre en dessus, couvertes en dessous d'un tomentum presque ras et blanchâtre, qui s'étend sur les pétioles, pédicelles, calices et jeunes pousses. Fleurs petites, en grappes globuleuses, opposées, simulant des verticilles à l'aisselle des feuilles supérieures réduites à une seule foliole, et formant dans leur ensemble de longs épis terminaux dressés, interrompus ; corolle bleue, violette ou blanche. Fruit globuleux, petit, de 3-4 mill. de diamètre, à péricarpe noir-rougeâtre, très-mince et à peine charnu, contenant un noyau 4-sillonné. — Arbuste de 1-2 mètres sur $0^m,50$ de circonférence, à tige droite et simple, recouverte d'un rhytidome gris-jaunâtre, épais, longuement gerçuré ; produisant à son sommet beaucoup de rameaux faibles, pliants, blanchâtres, tétragonaux ; exhalant par toutes ses parties, et particulièrement par ses fruits, une odeur qui rappelle celle du poivre, sans en avoir cependant toute la force. Lieux humides du littoral de la Méditerranée ; France, Algérie. Flor., juin-juillet.

Le bois du gatilier est lourd, dur, brunâtre, à peine plus clair dans l'aubier, rappelant beaucoup l'aspect de celui du noyer; il pèse, complétement desséché à l'air libre, 0,758-0,792 (*Coll. Éc. For.*). Les accroissements annuels en sont assez facilement reconnaissables. Bois.

FAMILLE XXXVIII.

GLOBULARIÉES. DC.

Fleurs hermaphrodites, irrégulières, disposées sur un réceptacle commun en un capitule entouré d'un involucre de nombreuses bractées, rappelant entièrement le capitule des composées. Calice tubuleux, persistant, à 5 dents presque égales; corolle hypogyne, bilabiée, à lèvres bi- et tri-dentées; étamines 4, insérées vers le haut du tube de la corolle, saillantes; anthères biloculaires, devenant uniloculaires par réunion des loges, longitudinalement déhiscentes par une fente unique; ovaire libre, uniloculaire, uniovulé, produisant un fruit sec, monosperme. Graine albuminée, à embryon central. — Plantes herbacées ou ligneuses, à feuilles alternes, simples, entières, non stipulées.

GENRE UNIQUE. — GLOBULAIRE. *GLOBULARIA. Lin.*

Caractères de la famille.

A. Sous-arbrisseau dressé, à feuilles coriaces, persistantes . . . . G. TURBITH. . 1
A'. Sous-arbrisseau à tige rampante, à feuilles charnues, caduques.
  B. Feuilles échancrées ou tridentées au sommet . G. CORDIFORME. 2
  B'. Feuilles entières au sommet. . . . . G. NAINE . . . 3

1. Globulaire Turbith. GLOBULARIA ALYPUM. LIN. Séné des Provençaux. Turbith blanc.

Feuilles coriaces, persistantes, uninerviées, très-finement glanduleuses et glabres sur les deux faces, obovales, atténuées à la base en un court pétiole, entières ou bi-tridentées à l'extrémité, mucronées; fleurs d'un beau bleu, en capitule terminant des rameaux feuillés sur toute leur longueur; corolle à lèvres très-inégales, la supérieure très-courte, l'inférieure très-longue. — Sous-arbrisseau à fleurs odorantes, tige dressée, rameuse, de 0m,30 à 0m,50 de hauteur, recouverte d'une écorce brune. Lieux arides et pierreux de la région méditerranéenne. Flor., presque toute l'année, surtout l'hiver.

La globulaire turbith remplace souvent le séné dans le Midi, en raison de ses propriétés purgatives très-prononcées.

2. Globulaire cordiforme. GLOBULARIA CORDIFOLIA. LIN.

Feuilles en rosettes, uninerviées, charnues, brillantes, spatulées, atténuées à la base en un long pétiole, échancrées ou tridentées au sommet, très-glabres ; fleurs d'un bleu cendré, en capitules au sommet de rameaux dressés, grêles, allongés, à peu près nus ; corolle à lèvres presque égales. — Sous-arbrisseau à tige très-rameuse, rampante et radicante, appliquée sur la terre. Haut-Jura, Alpes du Dauphiné, de la Provence et de la Savoie. Flor., mai-juillet.

3. Globulaire naine. GLOBULARIA NANA. LAM.

Diffère de la précédente espèce par les feuilles très-petites, entières au sommet ; par les rameaux florifères dépassant à peine les rosettes au centre desquelles ils prennent naissance. — Très-petit sous-arbrisseau rampant ; Alpes de la Provence, Pyrénées orientales et centrales. Flor., mai-juillet.

CLASSE III.

APÉTALES.

Fleurs à périgone simple, quelquefois nul.

ORDRE V.

APÉTALES NON AMENTACÉES.

Fleurs hermaphrodites ou unisexuées, à périgone pétaloïde ou sépaloïde, non disposées en chatons.

ORDRE V. — APÉTALES NON AMENTACÉES.

Familles. — Genres.

- **Ovaire infère, adhérent.**
  - Ovaire 2-4-ovulé. — Sous-arbrisseaux (espèces indigènes) à feuilles persistantes, alternes, semi-parasites par leurs racines qui se fixent à celles des autres végétaux. — XXXIX. SANTALACÉES. Page 233. — *Osyris.*
  - Ovaire 1-ovulé. — Sous-arbrisseaux à feuilles opposées, persistantes, charnues, à ramification dichotome ; parasites sur la tige et les branches des végétaux ligneux. — XL. LORANTHACÉES. Page 234. — *Gui. Arceutobie.*
- **Ovaire libre, supère.**
  - Fruit indéhiscent, 1-loculaire, provenant d'un ovaire 1-2-loculaire. — Feuilles alternes.
    - Feuilles non stipulées. — Fruits apocarpés.
      - Étamines insérées sur le périgone qui est pétaloïde. — Feuilles sessiles ou courtement pétiolées, entières, lisses.
        - Anthères longitudinalement déhiscentes.
          - Sous-arbrisseaux ou herbes non couverts de petites écailles, à feuilles caduques ou persistantes, à sucs vésicants. — XLI. THYMÉLÉACÉES. Page 238. — *Daphné. Thymélée.*
          - Arbrisseaux couverts de petites écailles argentées ou ferrugineuses, souvent épineux, à feuilles caduques, dont le périgone accrescent devient charnu. — XLII. ÉLÉAGNÉES. Page 243. — *Hippophaé. Chalef.*
        - Anthères s'ouvrant par des valves. — Arbrisseaux ou arbres à feuilles persistantes, aromatiques ; produisant une drupe. — XLIII. LAURINÉES. Page 245. — *Laurier.*
      - Étamines insérées sur le réceptacle ; périgone herbacé ; feuilles très-variées, parfois charnues ou nulles. — XLIV. CHÉNOPODÉES. Page 247. — *Arroche. Camphrée. Suæda. Salicorne.*
    - Feuilles stipulées, pétiolées, dentées ou lobées, généralement rudes au toucher. — Stipules caduques. Périgone sépaloïde.
      - Arbres généralement monoïques. Fruits composés.
        - Akènes nombreux, renfermés dans un réceptacle concave pyriforme, charnu (sycône). — Arbres à feuilles caduques, très-variables, dentées ou lobées ; sucs laiteux, caustiques. — XLV. FICACÉES. Page 250. — *Figuier.*
        - Petites drupes soudées entre elles autour du réceptacle et produisant un fruit charnu, tuberculeux (sorose). — Arbres à feuilles caduques, très-variables, dentées ou lobées ; sucs aqueux. — XLVI. MORÉES. Page 252. — *Mûrier.*
      - Arbres hermaphrodites ou polygames. Fruits apocarpés.
        - Drupe peu charnue. — Arbres polygames, à feuilles inéquilatérales, dentées, caduques, à nervures pennées, peu serrées, rameuses, les 3-5 de la base palmées. — XLVII. CELTIDÉES. Page 255. — *Micocoulier.*
        - Samare foliacée, à aile marginale. — Arbres hermaphrodites, à feuilles inéquilatérales, dentées, caduques, à nervures pennées, entières, serrées, droites, parallèles. — XLVIII. ULMACÉES. Page 257. — *Orme.*
  - Fruit capsulaire, 3-loculaire, provenant d'un ovaire à 3 loges 2-ovulées. — Feuilles opposées. . . . — XLIX. BUXACÉES. Page 266. — *Buis.*

FAMILLE XXXIX.

SANTALACÉES. R. BROWN.

Fleurs hermaphrodites ou dioïques; périgone à 3-5 divisions, généralement persistant; autant d'étamines, insérées à la base des divisions et leur étant opposées, à anthères biloculaires, longitudinalement déhiscentes; ovaire infère, adhérent, uniloculaire, 2-4-ovulé. Fruit sec ou charnu, monosperme, ordinairement surmonté par le limbe persistant. Graine albuminée.

GENRE UNIQUE. — OSYRIS. *OSYRIS. Lin.*

Fleurs dioïques; périgone à 3 divisions, persistant; 3 étamines, 3 stigmates. Fruit drupacé, à noyau monosperme. — Sous-arbrisseaux à feuilles persistantes, alternes, simples, entières, non stipulées.

Végétaux parasites de nombreuses espèces dicotylédonées, herbacées ou ligneuses, par leurs racines qui s'attachent à celles des autres plantes, les embrassent sur leur pourtour et s'y implantent, en se prolongeant à travers leur écorce et même dans leur corps ligneux, au moyen de suçoirs hémisphériques dont la taille varie depuis celle d'une tête d'épingle jusqu'à celle d'une cupule de gland.

Bois. — Vaisseaux inégaux; les uns fins, formant une zone très-étroite au bord interne; les autres solitaires, rares, très-fins, uniformément disséminés, de plus en plus espacés vers le bord externe. Rayons médiocrement épais.

Osyris blanc. OSYRIS ALBA. LIN. Rouvet.

Feuilles persistantes, alternes, presque sessiles, dressées, lancéolées-linéaires, aiguës, atténuées à la base, coriaces, vertes, entières, uninerviées. Fleurs petites, jaunâtres, odorantes, disposées latéralement vers le sommet des rameaux; les mâles, pédicellées, réunies en petits faisceaux; les femelles, solitaires et sessiles. Drupe de la grosseur d'un pois, rouge, peu charnue, se desséchant rapidement. — Sous-arbrisseau de $0^{m},50$ à 1 mètre de hauteur, à tige très-branchue, rameaux dressés, allongés, grêles, relevés de nervures saillantes, verts, rappelant ceux du genêt à balais. Commun dans les terrains secs et sablonneux de la région des oliviers; remonte le long du Rhône, de l'Isère, de la Durance jusqu'à Chambéry, et le long des côtes de l'Océan jusqu'à Rochefort; Algérie. Flor., avril-mai. Fructif., juillet.

FAMILLE XL.

LORANTHACÉES. JUSS.

Fleurs régulières, dioïques ou hermaphrodites (espèces exotiques). Fleurs mâles : calice charnu, gamosépale, 2-4-partite; étamines 4, introrses, diversement déhiscentes, opposées aux divisions du calice et parfois réduites aux anthères appliquées contre ces divisions; fleurs femelles : calice à 4 sépales écailleux, insérés sur le bord supérieur de l'axe floral, qui est creux et simule un ovaire infère adhérent, parfois nul (1); ovaire formé d'un seul carpelle 1-ovulé. Fruit charnu, mucilagineux, 1-sperme. Graine sans épisperme, abondamment albuminée, contenant un ou plusieurs embryons. — Végétaux parasites, toujours verts, à feuilles simples, entières, opposées, parfois écailleuses, non stipulées, dont les bourgeons terminaux, toujours florifères, sont précédés de 2 bourgeons axillaires et foliifères. Tiges dichotomes, à rameaux articulés.

Bois. — 8 rayons principaux partant de la moelle; tous les rayons minces, égaux, mal limités, peu serrés, longuement prolongés dans le sens longitudinal. Tissu fibreux peu abondant, très-serré, à parois extrêmement épaisses; vaisseaux très-fins, groupés entre eux, formant au milieu du tissu fibreux de nombreuses petites marbrures blanchâtres, qui dessinent le commencement de chaque couche et forment, dans l'intervalle des rayons, des bandes rayonnantes qui se confondent presque avec eux.

A. Anthères pluriloculaires, s'ouvrant par des pores.
Feuilles bien développées . . . . Gui 1
A'. Anthères 1-loculaires, transversalement déhiscentes.
Feuilles réduites à l'état d'écailles . . . . . . Arceutobie. 2

GENRE I. — GUI. *VISCUM. Tournef.*

Fleur mâle : calice 4-fide, 4 étamines, dont les anthères, pluriloculaires, sessiles et appliquées sur les sépales, s'ou-

(1) On a considéré jusqu'ici ce limbe comme représentant une corolle ; mais sa texture, l'opposition de ses lobes aux étamines dans les fleurs hermaphrodites de quelques loranthacées exotiques, prouvent qu'il représente véritablement un calice. (MM. Decaisne et Planchon.)

vrent par des pores nombreux; fleur femelle : 4 sépales charnus, à base élargie, insérés sur le bord supérieur, légèrement 4-denté, d'un axe floral creux qui renferme l'ovule.

Gui blanc. VISCUM ALBUM. LIN.

Feuilles coriaces, persistantes, sessiles, oblongues, obtuses, entières; fleurs jaunâtres, sessiles, terminales et axillaires, en petits capitules. Fruit globuleux, blanc, translucide, à suc visqueux et sucré. — Sous-arbrisseau glabre, d'un vert-jaunâtre, à tiges dichotomes-articulées, croissant en parasite sur les arbres de toute espèce, sous forme de petites touffes arrondies. Toute la France; Algérie. Flor., mars-avril. Fructif., août-novembre.

Station.

Le gui croît sur tous les végétaux ligneux, feuillus ou résineux, indigènes ou naturalisés, modifiant son port, sa nuance suivant les espèces qui le nourrissent. Il est particulièrement abondant sur le sapin et sur les arbres fruitiers des vergers, poiriers et pommiers surtout; on le retrouve fréquemment sur les tilleuls, les peupliers, parfois sur les ormes, saules, alisiers, charmes, hêtres, robiniers, marronniers, rarement sur les épicéas, pins sylvestres, pins maritimes, etc. Il est extrêmement rare sur les chênes; on l'y rencontre néanmoins dans les forêts de la France centrale, aux environs de Blois notamment. On l'a vu s'implanter sur la vigne et sur lui-même ou sur d'autres espèces (*Loranthus*) de sa famille.

Mode de propagation

La dissémination se fait de diverses sortes, le plus ordinairement par l'intermédiaire des oiseaux, qui sont friands de ses fruits, et particulièrement par celui de la grive draine (*Turdus viscivorus*. Lin.), qui, après en avoir mangé la pulpe, fixe les graines sur les branches, en se frottant le bec contre celles-ci pour s'en débarrasser.

Parasitisme.

Quelle que soit la position de la graine, la radicule se dirige toujours vers l'axe de la branche, perce l'écorce et se soude au corps ligneux. Le jeune plant, au bout de 2 ans, ne consiste encore qu'en 2 feuilles cotylédonaires; ce n'est qu'à la troisième année qu'il produit de nouvelles feuilles et que parfois il commence à se ramifier.

L'enracinement du gui est composé de longues racines traçantes qui se développent dans la région corticale interne en suivant la direction des faisceaux fibreux. Ces racines en émettent d'autres sur tout leur parcours, lesquelles s'enfoncent dans la couche ligneuse encore molle en voie de formation, sans perforer, comme on le croit communément, les couches plus profondes et complétement formées des années précédentes. Dans les années suivantes, loin de s'allonger par l'extrémité, comme le font les organes de cet ordre, ces racines se développent par leur base à mesure que les nouvelles couches ligneuses de l'arbre s'organisent, de sorte que, par ce mode d'accroissement *intermédiaire*, elles restent toujours en relation avec la plante qu'elles doivent nourrir. Il résulte de là que l'âge d'une de ces racines correspond au nombre des couches ligneuses qu'elle traverse ; celui-ci peut aller jusqu'au chiffre 30 et même le dépasser.

On peut aisément se convaincre du fait en examinant un morceau de bois, du sapin par exemple, envahi par le gui, et s'assurer que les racines n'ont nullement perforé les couches ligneuses déjà constituées; on voit, en effet, que dans chacune de ces dernières les faisceaux fibreux contournent les racines, qui étaient conséquemment développées lorsque le bois s'est organisé autour d'elles. Au bout d'un certain nombre d'années, ces racines, ainsi logées dans le corps ligneux, se dessèchent par leur partie la plus âgée d'abord, c'est-à-dire par l'extrémité, et sont remplacées par d'autres, nées de la même manière sur de nouvelles racines traçantes. De la sorte, le gui a toujours ses organes d'absorption dans les portions jeunes et gorgées de matières nutritives des végétaux dont il s'approprie les produits.

Les racines principales du gui sont non-seulement traçantes, mais elles sont aussi abondamment drageonnantes; un seul pied suffit avec le temps pour envahir la cime entière d'un arbre.

Le gui est bien véritablement parasite des arbres sur lesquels il s'implante; il en absorbe la séve et exerce sur eux une action épuisante prononcée ; néanmoins, comme il est vert, il se pourrait que son parasitisme ne fût pas complet et qu'il élaborât pour lui-même ou pour l'arbre dont il est solidaire quelques principes nutritifs. C'est, en tout cas, un végétal nuisible qui, par le couvert immédiat et constant qu'il produit sur les parties vertes, s'oppose à la bonne végétation des arbres; qui provoque sur les branches des empâtements et des bourrelets défectueux entravant la circulation de la séve; qui enfin détermine, particulièrement sur le bois de la cime des sapins âgés, un défaut dont l'origine est restée longtemps inconnue.

Ce défaut consiste en trous nombreux et profonds, disposés en séries parallèles, rapprochées, qui suivent la direction et toutes les inflexions de la fibre ligneuse et semblent, à première vue, provenir de fouilles exécutées par des pics ou mieux de galeries d'insectes. Ils sont tout simplement les cavités autrefois occupées par les racines du gui dont les tissus mous et spongieux se sont décomposés, quoiqu'on en trouve encore les débris plus ou moins reconnaissables dans l'intérieur.

Le gui est, dans quelques contrées, très-recherché pour l'engraissement du bétail et donne lieu, dans certaines parties des Vosges, à un petit commerce. Des ébrancheurs parcourent les sapinières et ne craignent pas d'escalader les arbres les plus élevés pour se le procurer. Dans le Perche, on estime qu'il améliore la qualité du lait; on le fait manger au bétail, cru ou cuit. Usages.

L'enveloppe cellulaire verte et la pulpe des fruits servent à faire de la glu, analogue mais préférable à celle du houx. — Le nom latin de gui, *viscum*, fait allusion aux qualités de ce produit.

GENRE II. — ARCEUTOBIE. *ARCEUTOBIUM. Bieb.*

Fleur mâle : calice 2-4-partite; anthères implantées par un très-court filet sur les divisions du calice, 1-loculaires, transversalement déhiscentes. Fleur femelle : calice à limbe bidenté. Péricarpe s'ouvrant par une partie de sa base, tout en persistant sur le réceptacle, et expulsant la graine à une certaine distance par sa contraction.

Arceutobie de l'oxycèdre. ARCEUTOBIUM OXYCEDRI. BIEB. Gui de l'oxycèdre.

Feuilles opposées, réduites à de petites écailles; fleurs axillaires et terminales, disposées 1-3 à l'extrémité des rameaux, petites, jaunâtres.

Fruit finalement pédicellé, ovoïde, verdâtre, de 2 mill. sur 1 mill. — Très-petite plante ligneuse, de 1 décimètre de hauteur au plus, à tiges vertes, glabres, plusieurs fois dichotomes, formant des touffes serrées le long des branches et des rameaux du genévrier oxycèdre et du genévrier commun, dans quelques localités des Basses-Alpes. Algérie. Flor., septembre. Fructif., décembre de la même année.

Ce curieux parasite pousse, entre l'écorce et le bois des végétaux sur lesquels il s'implante, de longues racines drageonnantes, de sorte qu'un pied, unique d'abord, envahit de proche en proche tout le végétal.

FAMILLE XLI.

THYMÉLÉACÉES. ADANS.

Fleurs hermaphrodites, plus rarement unisexuées, à périgone régulier, tubuleux, 4-5-fide, le plus souvent pétaloïde; étamines 8-10, les externes alternes avec les divisions du calice, les internes opposées, insérées sur le périgone; à anthères introrses, biloculaires, longitudinalement déhiscentes. Ovaire libre, 1-loculaire, 1-ovulé; style simple ou nul; fruit indéhiscent, sec ou charnu; graine habituellement exalbuminée. — Sous-arbrisseaux ou herbes dont les feuilles sont simples, très-entières, non stipulées, éparses, à nervation formée d'une nervure médiane dominante et de nervures pennées fines, fréquemment cachées par le parenchyme; dont les fleurs sont souvent élégantes, odorantes et les bourgeons revêtus d'écailles nombreuses, imbriquées et spiralées. Le liber en est fibreux, très-tenace, feuilleté; l'écorce, les feuilles et les fruits, quand ils sont charnus, contiennent des sucs très-vésicants (garou).

Bois. — Tissu fibreux dominant, à parois peu épaisses; rayons médiocrement serrés, égaux, très-minces. Vaisseaux très-fins, égaux; parfois quelques-uns plus gros, très-espacés, au bord interne de chaque accroissement; groupés entre eux et avec du parenchyme ligneux en petits amas irréguliers, hyéroglyphiques, ou en bandes ondulées, rayonnantes-obliques, dendritiques qui ébauchent un dessin réticulé. — Écorce interne et moelle vertes.

A. Drupe; périgone caduc . . . . Daphné 1
A'. Akène, entouré du périgone persistant. . . . Thymélée 2

GENRE I. — DAPHNÉ. *DAPHNE. Lin.*

Fleurs hermaphrodites; périgone caduc, infundibuliforme, 4-fide; étamines 8, en 2 verticilles; style presque nul; drupe charnue ou presque sèche, à noyau crustacé. — Sous-arbrisseaux ou arbustes à bourgeons écailleux, à fleurs généralement très- odorantes.

A. Feuilles herbacées, caduques.
  B. Fleurs latérales, paraissant avant les feuilles, rouges, très-rarement blanchâtres. . . . . D. Bois-gentil. . . 1
  B'. Fleurs terminales, en faisceaux, blanches. D. des Alpes. . . . 2
A'. Feuilles coriaces, annuelles ou persistantes.
  B. Feuilles annuelles ; fleurs blanches, en grappes composées, terminales . . . . D. Garou 3
  B'. Feuilles persistantes.
    C. Fleurs terminales, en faisceaux.
      D. Feuilles obovales, épaisses, à nervures peu ou point distinctes; pubescentes-soyeuses dans la jeunesse. Fleurs blanches . . . . . D. oléoïde 4
      D'. Feuilles linéaires-oblongues ou linéaires-obovales, à nervure médiane distincte ; toujours glabres.
        E. Tube du périgone et ovaire pubescents ; fleurs roses. . . . . D. Camélée. 5
        E'. Tube du périgone et ovaire glabres ; fleurs roses . . . . . . D. strié 6
    C'. Fleurs en petits faisceaux latéraux, d'un jaune-verdâtre. . . . . D. Lauréole 7

1. Daphné Bois-gentil. Daphne Mezereum. Lin. Joli bois ; Garou. Feuilles minces et molles, alternes, caduques, oblongues-lancéolées, atténuées à la base et subsessiles, glauques en dessous, glabres dans leur entier développement, formant, dans l'origine, des rosettes au sommet des rameaux. Fleurs très-précoces, d'un rose-rouge, très-rarement blanchâtres, sessiles, disposées 2-4 en petits faisceaux latéraux non feuillés, écailleux à la base; périgone velu. Drupe ovoïde, rouge. — Petit arbuste peu rameux, s'élevant à 5-10 décimètres au plus à l'état sauvage ; atteignant 2-3 mètres par la culture dans les jardins ; à rameaux dressés, grisâtres, souples et très-tenaces; bourgeons étalés-dressés. Drupes très-vénéneuses. Commun dans les bois couverts, accidentés ou montagneux de presque toute la France. Flor., février-mars. Fructif., juin-juillet.

2. Daphné des Alpes. Daphne alpina. Lin.

Feuilles molles, caduques, oblongues-lancéolées, atténuées à la base, subsessiles, d'abord velues-soyeuses, puis glabres ; d'un vert pâle en dessous; éparses, disposées en rosettes à l'extrémité des rameaux et naissant avant les fleurs. Fleurs blanches, subsessiles, disposées 4-8 en faisceaux terminaux ; périgone velu, à segments étroits, allongés, acuminés. Drupe rouge. — Petit arbuste très-rameux et touffu, haut de 0^m,50-1 mètre, blanc-grisâtre, à tige noueuse et à rameaux ascendants, pubescents à l'extrémité. Lieux pierreux et rocheux des montagnes : Jura, Alpes, Pyrénées, Cévennes, Auvergne, Côte-d'Or. Flor., mai-juin.

3. Daphné Garou. DAPHNE GNIDIUM. LIN. Saint-bois.

Feuilles subcoriaces et persistantes pendant une année, étroites-lancéolées, très-pointues ; glabres, vertes et luisantes, plus pâles en-dessous, éparses, serrées et garnissant les rameaux sur toute leur longueur. Fleurs petites, blanches, disposées en grappe rameuse multiflore terminale, dont les axes et les pédicelles sont blancs-tomenteux ; périgone velu, à divisions ovales-aiguës. Drupe rouge. — Sous-arbrisseau de 1-2 mètres et plus, à tige dressée, rameuse, à rameaux longuement feuillés, cylindriques, recouverts d'une écorce brune et lisse. Lieux arides et montueux de la région méditerranéenne ; se retrouve dans la Gironde ; très-commun en Algérie. Flor., juillet-septembre.

4. Daphné oléoïde. DAPHNE OLEOÏDES. SCHREB. D. GLANDULOSA. SPRENG.

Feuilles épaisses et coriaces, persistantes, sans nervures apparentes, obovales-aiguës, subsessiles, d'un vert pâle sur les deux faces, luisantes en dessus, ponctuées-glanduleuses en dessous, d'abord pubescentes-soyeuses, au moins inférieurement, finalement glabres ; formant des rosettes à l'extrémité des rameaux. Fleurs sessiles, disposées 3-6 en faisceaux terminaux, dépourvues de bractées ; périgone velu, à divisions lancéolées-aiguës, égales au tube ou plus courtes. Drupe ovoïde, rouge. — Montagnes de la Corse, dans les pâturages et les clairières des forêts. Flor., juin-juillet.

5. Daphné Camélée. DAPHNE CNEORUM. LIN. Petit thymélée.

Feuilles coriaces, persistantes, linéaires-oblongues ou obovales-oblongues, obtuses ou légèrement échancrées, faiblement mucronées, sessiles, glabres, vertes et luisantes, plus pâles en dessous, paraissant 1-nerviées ; fleurs d'un rose vif, subsessiles, très-odorantes, disposées 6-10 en faisceaux terminaux et accompagnées de bractées foliacées ; à tube étroit, allongé, pubescent, 2-3 fois aussi long que les divisions du limbe, qui sont ovales ou lancéolées-linéaires (*D. Verloti, Gr. et God.*). Drupe jaunâtre, puis brunâtre. — Petit sous-arbrisseau toujours vert, à tiges grêles, filiformes, rameuses, longuement étalées, s'élevant au plus à 0^m,30, recouvertes d'une écorce rousse ou brune. Disséminé sur différents points de la France, sur les sols pierreux, siliceux ou calcaires : Lorraine, Côte-d'Or, Jura, Alpes ; centre et ouest de la France ; Nîmes, Pyrénées. Flor., juin-juillet.

6. Daphné strié. DAPHNE STRIATA. TRATT.

Très-voisin du précédent, dont il se distingue par les feuilles plus étroites, plus allongées et moins coriaces ; par les fleurs à tube glabre et strié, accompagnées de bractées colorées, caduques. — Très-petit sous-arbrisseau à tiges couchées, rameuses, à rameaux grêles et bruns. Hautes régions des Alpes. Flor., juillet.

7. Daphné Lauréole. DAPHNE LAUREOLA. LIN.

Feuilles coriaces et persistantes, oblongues-lancéolées, atténuées à la base, subsessiles, très-glabres et luisantes, plus pâles en dessous. Fleurs d'un jaune-verdâtre, peu odorantes, courtement pédicellées, bien plus longues que les bractées herbacées, jaunâtres qui les accompagnent, ou petites et les égalant à peine (*D. Philippi, Gr. et God.*), disposées 5-10 en petites grappes axillaires, latérales, pendantes ; périgone glabre. Drupe noire à la maturité. — Sous-arbrisseau de 0^m,50-1 mètre de hauteur, à rameaux nombreux, redressés, d'un gris-jaunâtre, très-souples. Bois montagneux, surtout sur les sols calcaires. Flor., février-avril. Fructif., juin-juillet.

Ce daphné est recherché des horticulteurs pour greffer les daphnés exotiques à feuilles persistantes que l'on cultive pour la beauté de leurs fleurs.

GENRE II. — THYMÉLÉE. *THYMELÆA. Tournef.*

Fleurs polygames ; périgone marcescent, infundibuliforme, 4-fide ; étamines 8, en 2 verticilles ; style court ; akène à parois ligneuses, renfermé dans le calice persistant. — Sous-arbrisseaux très-humbles, à feuilles petites, serrées, presque imbriquées, souvent épaisses et charnues ; à fleurs sessiles, axillaires, petites et peu apparentes ; appartenant à la France méridionale et sans aucune importance.

A. Feuilles planes, à nervure médiane, au moins, saillante.
  B. Feuilles herbacées, spatulées-linéaires, très-glabres . . . . T. DIOÏQUE. . . 1
  B'. Feuilles coriaces.
    C. Feuilles ovales-lancéolées, aiguës, glabres ou très-légèrement poilues. . . . . . . T. COMMUN. . . 2
    C'. Feuilles obovales, obtuses, recouvertes d'un duvet épais, soyeux-argenté . . . . . . T. TARTON-RAIRE. 3
A'. Feuilles concaves en dessus, convexes en dessous, épaisses, sans nervures saillantes.
  B. Feuilles linéaires (1 cent. de long.).
    C. Feuilles glabres ou simplement cilicées aux bords . . . . T. CALICINAL. . 4
    C'. Feuilles recouvertes d'un duvet gris-cendré. T. TINCTORIAL . 5

B'. Feuilles ovales (4-6 mill. de long.), glabres, ou blanches-tomenteuses, au moins dans la jeunesse. . . . . T. COTONNEUX. . 6

1. Thymélée dioïque. THYMELÆA DIOÏCA. ALL.

Feuilles nombreuses, linéaires-spatulées (5-10 mill. de long.), planes, herbacées, glabres, d'un vert clair en dessus, un peu glauques en dessous, à nervure médiane saillante. Fleurs jaunâtres, solitaires ou en petits faisceaux axillaires, bractéolées à la base ; périgone glabre, du double aussi long que le fruit, qui est pubescent. — Sous-arbrisseau glabre, rameux, tortu, étalé, de 30 cent. au plus de hauteur, à écorce grise, subéreuse ; rameaux feuillés au sommet seulement. Régions élevées des Pyrénées, des Corbières et des Alpes du Var. Flor., mai-juin.

2. Thymélée commun. THYMELÆA SANAMUNDA. ALL. *Daphne Thymelæa. Lin. Passerina Thymelæa. DC.*

Feuilles ovales-lancéolées, aiguës (12-20 mill. de long.), planes, un peu coriaces et charnues, à nervures saillantes ; luisantes, glabres, quelquefois légèrement poilues, d'un vert glauque. Fleurs d'un jaune-verdâtre, axillaires ; les inférieures solitaires, beaucoup plus courtes que les feuilles ; les supérieures égalant presque les feuilles, en faisceaux de 2-5, dépourvues de bractées. Fruit de moitié plus court que le périgone. — Sous-arbrisseau glabre, de $0^m,30$ de hauteur, à tige ligneuse et rameuse inférieurement, émettant des rameaux annuels dressés, simples, feuillés dans toute leur longueur. Départements méditerranéens. Flor., juin-juillet.

3. Thymélée Tarton-Raire. THYMELÆA TARTON-RAIRA. ALL. *Daphne Tarton-Raira. Lin.* Gros rétombet ; Tritanelle Malherbe.

Feuilles obovales ou obovales-oblongues (de 10-20 mill. de long.), obtuses, planes, épaisses et coriaces, à nervures distinctes, couvertes sur les deux faces d'un épais duvet soyeux-argenté. Fleurs très-petites, nombreuses, axillaires, bractéolées ; périgone soyeux extérieurement, glabre et jaune intérieurement. Sous-arbrisseau de 50 cent. au plus de hauteur, entièrement blanchâtre-soyeux, à rameaux étalés-ascendants, feuillés à leur extrémité, tomenteux dans la jeunesse. Bords de la Méditerranée en Provence, en Corse et en Algérie. Flor., avril-mai.

4. Thymélée calicinal. THYMELÆA CALYCINA. LAPEYR.

Feuilles linéaires (1 cent. de long.), atténuées-aiguës à l'extrémité, épaisses, concaves en dessus, convexes en dessous, sans nervures saillantes, glabres et plus ou moins ciliées sur les bords. Fleurs d'un jaune-verdâtre, solitaires et axillaires, bi-bractéolées. Périgone court, à la fin ovoïde-urcéolé, pubescent, dépassant à peine le fruit, qui est aussi légèrement pubescent. Sous-arbrisseau de 10-20 cent., à tiges couchées à la base, rameaux peu nombreux, étalés, pubescents à l'extrémité, feuillés dans presque toute leur longueur. Hautes-Pyrénées. Flor., juin-septembre.

5. Thymélée tinctorial. THYMELÆA TINCTORIA. POURR.

Très-voisin du T. calicinal, dont il se distingue par les feuilles et les rameaux couverts d'un duvet gris-cendré et par ces derniers dressés et feuillés aux extrémités seulement. Gard. Flor., mars-avril.

Thymélée cotonneux. THYMELÆA HIRSUTA. LIN.

Feuilles ovales, ovales-oblongues ou arrondies (4-6 mill. de long.), obtuses, épaisses, concaves en dessus, convexes en dessous, sans nervures saillantes ; d'un vert foncé et glabres, ou blanches-tomenteuses dans la jeunesse. Fleurs très-petites, disposées 2-5 aux aisselles des feuilles supérieures, sans bractées. — Sous-arbrisseau de 0^{m},30-1 mètre, à tige très-rameuse, à rameaux grêles, mous, étalés, diffus, blancs-tomenteux et feuillés dans toute leur longueur. Lieux sablonneux ou rocailleux des bords de la Méditerranée en France, en Corse et en Algérie. Flor., octobre-avril.

FAMILLE XLII.

ÉLÉAGNÉES. R. BROWN.

Fleurs hermaphrodites ou unisexuées ; périgone de 2-4 divisions, généralement urcéolé. 4-8 étamines, en nombre égal et alternes, ou double, alternes et opposées, à filets presque nuls, insérées à la gorge du tube périgonal ; anthères biloculaires, longitudinalement déhiscentes. Ovaire libre, uniloculaire, uniovulé ; style simple, allongé. Akène drupacé, dont la portion charnue est formée par le périgone accrescent ; graines albuminées. — Arbrisseaux et petits arbres, fréquemment épineux par transformation de rameaux, à bourgeons écailleux, souvent multiples à chaque aisselle, à feuilles simples, alternes, entières, non stipulées, uninerviées ou à peine penninerviées, recouvertes, ainsi que les jeunes pousses et les fleurs, d'écailles caractéristiques, appliquées, argentées ou ferrugineuses.

Bois. — Tissu assez serré et à parois assez épaisses ; rayons égaux, très-minces, assez serrés ; vaisseaux inégaux, rapprochés et assez gros au bord interne, fort espacés et très-fins au bord externe ; isolés, mais distinctement disposés dans chaque couche annuelle en zones alternativement plus poreuses ou plus fibreuses, ces dernières dominant de plus en plus dans le bois d'automne ; la première zone poreuse de printemps commençant par un rang de vaisseaux plus fins que ceux qui les suivent. Parenchyme ligneux associé aux vaisseaux de la zone poreuse, apparent ; dispersé en outre en très-petits amas au milieu du tissu fibreux, invisible à l'œil nu ou à la loupe.

Le bois d'hippophaé a l'aubier et le bois parfait très-distincts; le premier est peu abondant, 1-4 couches, blanc; le second est brunâtre clair; les accroissements en sont parfaitement reconnaissables.

A. Fleurs à périgone bifide ou biséqué, dioïques. . . . HIPPOPHAÉ. 1
A'. Fleurs à périgone de 4 divisions, hermaphrodites-polygames . . . . CHALEF . . 2

GENRE I. — HIPPOPHAÉ. *HIPPOPHAË. Lin.*

Dioïque; fleurs mâles à périgone biséqué, disposées en petits épis axillaires; 4 étamines; fleurs femelles solitaires, axillaires, à périgone tubuleux, limbe dressé, bifide; les unes et les autres subsessiles. — Arbrisseaux épineux, à feuilles très-entières, éparses, rapprochées.

Hippophaé rhamnoïde. HIPPOPHAË RHAMNOÏDES. LIN. Argousier; Faux-nerprun; Saule épineux.

Feuilles caduques, presque sessiles, étroitement oblongues-lancéolées, obtuses, fermes, uninerviées, d'un vert sombre en dessus, en dessous d'un gris argenté parsemées d'écailles ferrugineuses qui recouvrent aussi les jeunes pousses. Fleurs jaune-verdâtre, naissant à l'aisselle des feuilles inférieures des rameaux de l'année et représentant, par leur développement précoce, alors que les pousses sur lesquelles elles sont situées ne sont point encore allongées, une sorte d'épi feuillé au sommet. Fruit de la grosseur d'un pois, ovoïde, d'un jaune-orangé, acidulé. — Arbrisseau de 2-3 mètres, très-rameux, épineux, souvent tortueux, à rameaux étalés; ramules densément feuillés; bourgeons ferrugineux, globuleux ou obovoïdes et lobés; écorce d'un brun foncé, lisse et luisante sur les rameaux et les jeunes tiges, formant plus tard un rhytidome gerçuré, écailleux-fibreux, assez épais. Commun au bord des eaux dans les vallées des Alpes; descend tout le long de leur cours jusqu'à la Méditerranée; se retrouve à Dunkerque. Flor., avril-mai. Fructif., septembre.

Usages. Cet arbrisseau, qui rappelle beaucoup certains saules, le saule drapé entre autres, par son feuillage et ses exigences, produit de très-longues racines traçantes, abondamment drageonnantes, et devient très-précieux pour fixer les atterrissements des cours d'eau, les déjections et les rives mobiles des torrents. Sa ramification serrée, ses épines nombreuses, vulnérantes, le font aussi rechercher pour haies de clôture.

Bois. Le bois est brun-jaunâtre, moyennement lourd et dur, disposé à se gercer et à se rouler quand il devient vieux.

Il pèse, complétement desséché à l'air, 0-610-0,868 (*Coll. Éc. For.*). Ses cendres contiennent beaucoup de potasse.

On cultive quelquefois l'hippophaé dans les jardins, à cause de l'effet agréable de son feuillage qui est discolore et argenté en dessous ; il devient, dans ce cas, un petit arbre irrégulier de 4-5 mètres de hauteur.

Les fruits peuvent être mangés sans inconvénients.

GENRE II. — CHALEF. *ELÆAGNUS. Lin.*

Fleurs hermaphrodites-polygames ; périgone campanulé, à 4 divisions ; 4 étamines insérées à leur base, alternes. — Arbres de petite taille, peu ou point épineux.

Bois. — En tout semblable à celui de l'hippophaé, si ce n'est que les rayons sont plus épais, sensiblement inégaux et moins serrés encore.

Chalef à feuilles étroites. ELÆAGNUS ANGUSTIFOLIA. LIN. Olivier de Bohême ; Olivetier.

Feuilles non persistantes, courtement pétiolées, alternes, lancéolées-oblongues, un peu aiguës, d'un vert-grisâtre en dessus, écailleuses, blanches-argentées en dessous, ainsi que les pétioles et les jeunes pousses ; peu distinctement penninerviées. Fleurs solitaires ou 2-3 en petits faisceaux à l'aisselle des feuilles des pousses latérales de l'année, pédicellées, argentées en dehors, jaunes en dedans, d'une odeur suave. Fruit elliptique, de la taille d'une petite olive, jaunâtre ou rougeâtre, de saveur douceâtre, à graine oléagineuse. — Petit arbre de 7-10 mètres de hauteur ou arbrisseau, à tige peu droite, rameuse, revêtue d'une écorce longuement gerçurée, fibro-écailleuse, d'un brun foncé ; cime irrégulière et vague ; racines traçantes, drageonnantes. Provence, où il n'est pas certain qu'il soit spontané ; fréquemment planté dans les jardins. Flor., mai-juin. Fructif., août-septembre.

Le bois du chalef est poreux, brun plus ou moins foncé, à aubier blanc-jaunâtre ; il est cassant, sans résistance et pèse 0,591-0,664 (*Coll. Éc. For.*).

FAMILLE XLIII.

LAURINÉES. DC.

Fleurs hermaphrodites ou unisexuées par avortement ; à périgone pétaloïde, régulier, dont le limbe, presque nul ou

4-6-fide, a les divisions alternes sur deux rangs; étamines insérées sur un disque adhérent au périgone, en nombre égal à celui des divisions de ce dernier ou multiple; anthères introrses ou introrses et extrorses dans une même fleur, à 2 loges, ou à 4 loges superposées 2 à 2, s'ouvrant de bas en haut par des valves. Ovaire libre, uniloculaire, uniovulé; style simple. Drupe; graine non albuminée.

GENRE UNIQUE. — LAURIER. *LAURUS. Tournef.*

Fleurs dioïques, pourvues d'un involucre; périgone à 4 divisions; fleurs mâles terminales, offrant 8-12 étamines, dont les intérieures, au moins, ont les filets biglanduleux; fleurs femelles latérales, pourvues de 2-4 étamines stériles et d'un ovaire libre, uniloculaire, uniovulé. Drupe globuleuse. — Arbres ou arbrisseaux à feuilles alternes, simples, entières, non stipulées, persistantes et aromatiques, dont la nervation est pennée-réticulée; à fleurs blanchâtres, en inflorescences axillaires et à bourgeons écailleux, parfois disposés par deux à chaque aisselle, le supérieur dominant.

Bois.—Tissu fondamental à fibres larges et à parois minces dans le bois de printemps, devenant de plus en plus fines, serrées et épaisses dans le bois d'automne, ce qui rend les accroissements distincts; rayons peu serrés, égaux, très-minces; vaisseaux peu nombreux, isolés ou réunis par 2-3 en séries radiales, assez fins, uniformément répartis.

Laurier commun. LAURUS NOBILIS. LIN. Laurier sauce; Laurier d'Apollon; Laurier franc.

Feuilles fermes, coriaces, persistantes, courtement pétiolées, lancéolées-oblongues, aiguës ou obtuses, entières, glabres, vertes et brillantes en dessus, d'un vert pâle et très-finement glanduleuses en dessous. Fleurs pédicellées, disposées 4-6 en petites ombelles pédonculées, solitaires, géminées ou ternées à l'aisselle des feuilles. Drupe de la grosseur d'une cerise, globuleuse, noire, dont l'endocarpe est membraneux et ne forme pas de noyau. — Arbrisseau ou arbre toujours vert, à tige droite, à rameaux, ramules et feuilles redressés. Région méditerranéenne: France, Corse et Algérie, où il forme parfois des massifs; remonte vers l'ouest jusqu'à Cherbourg. Flor., mars-avril. Fructif., octobre-novembre.

Taille. Port. Arbrisseau dans le midi de la France, le laurier devient un arbre de 8-10 mètres d'élévation sur 1 mètre à 1^{m},80 de circonférence, dans les contrées plus chaudes (Corse, Italie, Algérie). Ses rameaux redressés forment une cime allongée, aiguë, rappelant quelque peu celle du peuplier pyramidal.

L'écorce est très-mince, brune, très-finement verruqueuse ou presque lisse à la surface. Écorce.

Les racines sont traçantes et drageonnantes. Racines.

Le laurier aime les sols frais et substantiels ; il repousse facilement de souche. Sol.

Le bois est d'un gris clair légèrement brunâtre, quelquefois flambé de brun-marron au cœur, lustré, homogène, sans aubier distinct; les accroissements en sont assez bien marqués. Il est assez dur, assez lourd, peu tenace, aromatique ; desséché à l'air libre, il pèse 0,688-0,750 (*Coll. Éc. For.*). Bois.

Les feuilles du laurier renferment une huile essentielle, plus ou moins répandue aussi dans tous les autres organes de la plante, dont l'odeur est caractéristique ; on connaît leur usage dans la cuisine et l'on sait que la baie (drupe) du laurier était autrefois l'insigne des bacheliers (*Bacca Lauri*). Usages accessoires.

FAMILLE XLIV.

CHÉNOPODÉES. VENT.

Fleurs petites et peu apparentes, hermaphrodites ou unisexuées; calice herbacé, régulier, de 3-5 sépales libres ou soudés entre eux par la base, remplacé par 2 bractées dans certaines fleurs femelles; étamines 3-5, opposées aux sépales, hypogynes, à anthères introrses, biloculaires, longitudinalement déhiscentes; ovaire libre, uniloculaire, uniovulé. Style 1-4. Fruit monosperme, indéhiscent, renfermé dans le calice diversement modifié ou non; graine généralement pourvue d'un albumen farineux, le plus souvent central. — Plantes ordinairement herbacées, quelquefois ligneuses et formant des sous-arbrisseaux; de port très-variable, à tiges continues et feuillées ou articulées et aphylles, à feuilles simples, alternes, exceptionnellement opposées, tantôt herbacées et planes, tantôt charnues et cylindriques, tantôt enfin aciculaires, toujours non stipulées.

Les chénopodées sont essentiellement des plantes de littoral et des marais salants; certaines espèces néanmoins abondent dans l'intérieur des terres sur les décombres et dans le voisinage des habitations, partout enfin où le sol est imprégné de chlorure de sodium. Elles n'appartiennent pas à la flore des forêts; c'est uniquement parce que quelques espèces en sont frutescentes qu'elles figurent ici.

A. Tiges non articulées; feuillées.
B. Feuilles planes, à limbe étalé; fleurs mâles et femelles dissemblables. . . . . Arroche . 1
B'. Feuilles linéaires ou subcylindriques; fleurs toutes semblables.
C. Feuilles linéaires, en grande partie fasciculées; calice restant herbacé. . . . . Camphrée . 2
C'. Feuilles subcylindriques, charnues, non fasciculées; calice devenant charnu . . . . Suédée . . 3
A'. Tiges articulées, sans feuilles . . . . Salicorne. 4

GENRE I. — ARROCHE. *ATRIPLEX. Lin.*

Fleurs polygames; mâles, femelles et souvent hermaphrodites sur le même pied, dissemblables; les mâles et hermaphrodites à périgone de 3-5 divisions; 3-5 étamines hypogynes; les femelles nues, accompagnées de deux bractées libres ou soudées entre elles, accrescentes, restant herbacées ou s'épaississant et s'indurant un peu. Graine albuminée. — Plantes herbacées, quelquefois ligneuses.

A. Feuilles alternes; bractées fructifères très-entières, réniformes . . . . A. Halime . . . 1
A'. Feuilles opposées; bractées fructifères triangulaires, à 3 lobes au sommet, dont le médian est le plus petit, soudées entre elles en forme de poche . . . . A. Faux-Pourpier. 2

1. Arroche Halime. Atriplex Halimus. Lin. Pourpier de mer.
Feuilles ovales-rhomboïdales, presque entières, alternes, coriaces, persistantes; fleurs jaunâtres, disposées par petits faisceaux en épis grêles, lâches, allongés, qui constituent par leur ensemble une panicule terminale; bractées fructifères libres, réniformes, entières sur les bords. — Arbrisseau toujours vert, de 1-2 mètres, très-rameux, à rameaux droits, dressés, couvert dans toutes ses parties de fines écailles pulvérulentes, persistantes, qui le rendent en entier blanchâtre-argenté. Littoral de la Méditerranée et de l'Océan, où il est utilisé pour créer des haies d'abri. Flor., août-septembre.

2. Arroche Faux-Pourpier. Atriplex portulacoïdes. Lin.
Feuilles opposées, ovales-oblongues ou spatulées, rétrécies en pétiole, entières, un peu charnues; fleurs jaunâtres en épis longs, grêles, inter-

rompus, groupés en panicules terminales ; bractées fructifères triangulaires, soudées entre elles par les bords, à trois lobes dont le médian est le plus petit. — Sous-arbrisseau de $0^{m},30$-$0^{m},50$, à tiges très-rameuses, diffuses, étalées ou couchées ; blanchâtre-argenté dans toutes ses parties. Bords de la Méditerranée et de l'Océan. Flor., juillet-août.

GENRE II. — CAMPHRÉE. *CAMPHOROSOMA. Lin.*

Fleurs hermaphrodites; calice tubuleux, 4-denté; étamines 4, saillantes; calice fructifère non modifié à la maturité. Graine albuminée. — Sous-arbrisseaux.

Camphrée de Montpellier. CAMPHOROSOMA MONSPELIACA. LIN.
Feuilles aciculaires, raides, velues, en grande partie fasciculées ou subfasciculées ; fleurs solitaires à l'aisselle des feuilles supérieures et formant des épis courts, denses, disposés dans leur ensemble en une étroite panicule feuillée. Sous-arbrisseau à souche ligneuse, émettant de nombreux rameaux de $0^{m},20$ à $0^{m},30$, couchés, ascendants par le sommet ; exhalant une forte odeur de camphre. Provence et Languedoc ; Corse. Flor., août-septembre.

GENRE III. — SUÉDÉE. *SUÆDA. Forsk.*

Fleurs hermaphrodites; calice urcéolé, à 5 divisions; étamines 5; fruit recouvert par le calice accru et devenu succulent; graine non ou à peine albuminée. — Plantes herbacées ou frutescentes, à fleurs axillaires, sessiles, à feuilles charnues, semi-cylindriques; spéciales aux terrains salifères.

Suédée frutescente. SUÆDA FRUTICOSA. LIN.
Feuilles petites, rapprochées, charnues, obtuses, d'un vert glauque ; fleurs verdâtres, sessiles, axillaires, solitaires, géminées ou ternées, pourvues de 2-3 bractées blanches, membraneuses ; calice fructifère peu charnu. Arbrisseau de $0^{m},60$-$1^{m},20$, toujours vert, très-rameux, blanchâtre, à rameaux dressés, glabres et verts. Littoral de la Méditerranée et de l'Océan. Flor., mai-juillet.

GENRE IV. — SALICORNE. *SALICORNIA. Lin.*

Végétaux herbacés ou ligneux, articulés, charnus, dépourvus de feuilles; inflorescences en épis cylindriques, dont l'axe est aussi articulé et dont chaque articulation loge, dans une excavation de sa base, trois fleurs très-petites, herbacées, hermaphrodites; calice tronqué ou denticulé au sommet, charnu, enveloppant complétement le fruit à la maturité; étamines 1-2; graines albuminées. — Les salicornes vivent dans les terrains imprégnés de sel du littoral de l'Océan, de la Méditerranée et des marais salants; on extrait de la soude de leurs cendres comme de celles des soudes (*salsola*), qui sont de la même famille; les jeunes pousses, conservées dans le vinaigre, sont comestibles.

A. Articles de la tige deux fois aussi longs que larges S. FRUTESCENTE 1
A'. Articles aussi larges que longs . . . . S. A GROS ÉPIS. 2

1. Salicorne frutescente. SALICORNIA FRUTICOSA. LIN.

Sous-arbrisseau de $0^m,30$-$0^m,60$, à tiges ligneuses, grisâtres, rameuses, à rameaux articulés, opposés, dressés ou couchés-radicants (*S. radicans. Sm.*), verts et glabres, dont les articles sont beaucoup plus longs que larges. Épis fructifères opposés vers l'extrémité des rameaux, articulés comme eux, grêles, cylindriques. Littoral de la Méditerranée et de l'Océan. Flor., juillet-septembre.

2. Salicorne à gros épis. SALICORNIA MACROSTACHYA. MORIC.

Espèce souvent confondue avec la précédente, s'en distinguant par les articles qui sont aussi larges que longs, par les épis plus gros et plus longs (3-4 millim. de diamètre sur 3-6 cent. de long.). Bords de la Méditerranée. Flor., juillet-août.

FAMILLE XLV.

FICACÉES. GAUDICHAUX.

Fleurs monoïques, très-petites et nombreuses, réunies sur un réceptacle charnu très-développé, concave, dont les bords, en se prolongeant, forment une cavité dans laquelle les fleurs mâles occupent la partie supérieure, les fleurs femelles l'inférieure. Périgone nul ou à 3-5 divisions; ovaire libre, uniloculaire, uniovulé. Fruits secs, très-petits et très-nombreux (akènes), enfermés dans la cavité du réceptacle qui est accrescent. Graine albuminée. — Arbres à feuilles alternes, simples, souvent très-diversement dentées-lobées pour une même espèce, scabres au toucher, à stipules libres, caduques, très-grandes, protégeant les feuilles dans le bourgeon; contenant des sucs propres laiteux, caustiques, qui renferment du caoutchouc.

Bois de structure très-spéciale. — Vaisseaux peu nombreux, égaux, médiocres, uniformément répartis, isolés ou groupés, 2-4, en petites lignes rayonnantes; rayons peu serrés, égaux, assez minces. Chaque couche est subdivisée en un grand nombre de zones par du parenchyme ligneux très-apparent, indépendant des vaisseaux et formant des lignes blanchâtres, fines, concentriques, régulières et parallèles ou ondulées et anastomosées, ce qui confond les accroissements annuels entre eux et en rend la distinction très-difficile ou impossible, à moins que le tissu fibreux du bois d'automne ne devienne plus serré et plus coloré, ce qui se présente quelquefois.

GENRE UNIQUE. — FIGUIER. *FICUS. Lin.*

Fleurs pourvues d'un périgone 3-sépalé chez les mâles, 5-sépalé non accrescent, dont les sépales sont soudés inférieurement en un tube décurrent sur le pédicelle, chez les femelles; 3 étamines; 1 ovaire uniloculaire, légèrement stipité. Fruit composé (sycône), formé d'akènes très-petits et très-nombreux, renfermés dans un réceptacle très-concave, piriforme, charnu, dont les parois, relevées et rapprochées au sommet, circonscrivent une cavité close de toutes parts.

Figuier commun. FICUS CARICA. LIN. Caprifiguier.
Feuilles caduques, pétiolées, de forme très-variable sur un même rameau, entières et à nervation pennée ou 3-7-lobées et à nervation palmée, à lobes dressés, obtus, sinués ou sous-lobés, séparés par des sinus superficiels ou très-profonds; épaisses, pubescentes-scabres en dessus, subtomenteuses et plus claires en dessous. Fruits axillaires, solitaires, gros, piriformes, glabres. — Arbrisseau ou arbre peu rameux, à pousses robustes, revêtu d'une écorce assez mince, grisâtre, finement rugueuse, dont le liber, peu développé, est recouvert d'un périderme subéreux d'un faible accroissement. France méridionale, Corse et Algérie. Flor., avril. Fructif., fin d'août.

Le figuier, originaire des régions méditerranéennes orientales et méridionales, est introduit et cultivé en Europe depuis la plus haute antiquité et se rencontre fréquemment subspontané dans la France méridionale. Il est commun dans les forêts de l'Algérie. Origine.

Il est le plus souvent à l'état d'arbrisseau, cependant il devient aussi un arbre de 4-5 mètres de hauteur sur 1 mètre à 1m,30 de circonférence. La croissance en est active dans la jeunesse, mais elle se ralentit de bonne heure. Il aime les sols légers, repousse très-bien de souche, se reproduit facilement de boutures. Taille. Sol.

Le bois est blanc-jaunâtre ou grisâtre, mou, spongieux, riche en parenchyme et gorgé de sucs laiteux; aussi est- Bois.

il peu estimé, se pourrit-il rapidement et ne fournit-il qu'un médiocre combustible. Cependant celui du figuier sauvage, parvenu à un certain âge et bien desséché, semble supérieur à sa réputation et acquiert de la dureté et de la densité. Celle-ci varie de 0,547-0,716 (*Coll. Éc. For.*).

Fruits. Le figuier sauvage fructifie abondamment tous les ans, mais le fruit en est de mauvaise qualité et ne se récolte pas.

On connaît les qualités et les usages de la figue obtenue par la culture, qu'elle soit fraîche ou desséchée.

FAMILLE XLVI.

MORÉES. ENDL.

Fleurs monoïques ou dioïques, en épis denses, formés de très-courtes cymes, non feuillés à la base; périgone simple, à 4 divisions; 4 étamines opposées, à anthères introrses, biloculaires, longitudinalement déhiscentes. Ovaire libre, à 2 loges inégales, uniovulées, dont la plus petite est stérile; 2 stigmates filiformes, marcescents. A la maturité, le périgone devient charnu et entoure, mais sans adhérence, l'ovaire qui s'est développé en une sorte de petite drupe; toutes celles d'un même épi, rapprochées et comprimées entre elles, constituent un fruit composé, charnu, tuberculeux, nommé sorose. Graine albuminée. — Arbres à feuilles alternes, simples, dentées et très-diversement incisées-lobées pour une même espèce, à nervation palmée, dont la nervure médiane est dominante, alternativement pennée de chaque côté et dont les nervures latérales sont pennées du côté inférieur seulement; à stipules libres, écailleuses, caduques; bourgeons revêtus de plusieurs écailles imbriquées, spiralées; sucs laiteux.

GENRE UNIQUE. — MURIER. *MORUS. Tournef.*

Fleurs monoïques, exceptionnellement dioïques ou même polygames, en épis cylindriques, denses, axillaires; les mâles à la base, les femelles vers le milieu des pousses de l'année. On trouve cependant des pieds dont les fleurs sont toutes d'un même sexe et, plus rarement, des arbres à fleurs hermaphrodites.

Bois. — Tissu fibreux dominant, à parois épaisses fortement incrustées; rayons égaux, moyennement épais, peu serrés. Vaisseaux inégaux; ceux du bord interne gros et serrés, associés à du parenchyme ligneux et formant une zone poreuse très-distincte; ceux de la zone médiane et de la zone externe de plus en plus petits et espacés; ces derniers groupés sans continuité complète par du parenchyme ligneux et produisant des lignes plus claires, courtes, dendritiques et concentriques.

A. Feuilles d'un vert clair, à peu près glabres; fruits petits, longuement pédonculés . . . . M. BLANC. 1
A'. Feuilles d'un vert foncé, pubescentes-scabres; fruits gros, courtement pédonculés . . . . M. NOIR. 2

1. Mûrier blanc. MORUS ALBA. LIN.

Feuilles longuement pétiolées, largement ovales-aiguës, obliquement cordiformes à la base, bordées de grosses dents inégales ou très-diversement incisées-lobées, à sinus arrondis, entiers et à lobes dentés; minces, herbacées, d'un vert clair et glabres sur les deux faces, à l'exception des nervures et des aisselles qui sont légèrement pubescentes, surtout en dessous. Épis femelles égaux à leurs pédoncules qui sont grêles, ou plus longs qu'eux; sépales glabres aux bords. Fruits petits, blancs, rosés ou noirs, de saveur fade et sucrée. — Arbre de taille moyenne; cultivé. Flor., avril-mai. Fructif., août-septembre.

Le mûrier est originaire de la Chine, d'où il passa aux Indes, en Perse, puis dans l'Europe méridionale et arriva en France à la fin du XVe siècle; il y est cultivé sur une grande échelle pour ses feuilles, qui forment la nourriture des vers à soie; on en connaît un grand nombre de variétés. Origine.

Abandonné à lui-même et croissant dans de bonnes conditions, le mûrier peut atteindre 15 à 18 mètres de hauteur sur 1 mètre à 1^m,50 de diamètre. Il a la croissance assez lente, une longévité assez élevée; recherche les sols légers, redoute ceux qui sont humides et tenaces. Dans les contrées du Nord, où il craint les gelées pendant la jeunesse, il demande des situations abritées. Taille. Sols.

Malgré la distance qui sépare le mûrier du robinier en nomenclature, le premier produit un bois presque exactement semblable à celui du second par la texture, la couleur et les qualités supérieures. Cependant le bois du Bois.

mûrier peut encore se reconnaître aisément au réseau mieux accusé et beaucoup plus fin que dessinent sur la section transversale les petits vaisseaux associés à du parenchyme de la zone médiane et externe de chaque couche; d'ailleurs, ce bois, d'un jaune clair à l'état frais, acquiert, avec le temps, une teinte d'un brun-rougeâtre, tandis que celui du robinier devient brun-jaunâtre.

Comme dans le robinier, l'aubier est peu abondant, réduit à 3-5 couches; il est blanc, nettement tranché.

Très-propre à la boissellerie, au charronnage, ce bois fournit de bons échalas et d'excellents gournables (chevilles) pour les constructions navales; sa couleur jaune et le beau poli qu'il reçoit le font aussi rechercher pour meubles. Il pèse, complétement desséché à l'air, 0,583-0,772 (*Coll. Éc. For.*). Il prend un retrait de 15 p. 100 en se desséchant.

Écorce. L'écorce, à un certain âge, forme un rhytidome épais, gris-brun, largement gerçuré, subécailleux, persistant, composé de l'enveloppe subéreuse qui s'accroît et entre les lames de laquelle il se développe irrégulièrement, comme dans les vieux bouleaux, des plaques de tissu cellulaire extrêmement dur et presque pierreux. Le liber, qui présente aussi de semblables amas de cellules pierreuses, est formé de faisceaux très-déliés qui ne sont ni groupés, ni anastomosés, et qui, par leur isolement, peuvent fournir des matières textiles d'une grande finesse.

2. Mûrier noir. Morus nigra. Lin.

Feuilles plus grandes que celles du mûrier blanc, à pétiole 4-5 fois plus court que le limbe; largement ovales-aiguës, régulièrement et profondément cordiformes à la base, inégalement dentées, mais plus rarement incisées-lobées; fermes, d'un vert foncé et pubescentes-scabres sur les deux faces. Épis femelles presque sessiles ou courtement pédonculés; sépales à bords hérissés. Fruits noirs, plus gros, acidulés-sucrés. — Arbre de même taille que le précédent, originaire de l'Asie et cultivé comme fruitier. Flor., avril-mai. Fructif., août-septembre.

Le bois est entièrement semblable à celui du mûrier blanc. Il a pour densité, complétement desséché à l'air, 0,672-0,820 (*Coll. Éc. For.*).

FAMILLE XLVII.

CELTIDÉES. ENDL.

Fleurs hermaphrodites, exceptionnellement polygames, solitaires et axillaires ou en petites grappes, qui proviennent d'un rameau raccourci à fleurs solitaires, axillaires, à feuilles peu ou point développées; périgone caduc, à 5 divisions profondes; 5 étamines opposées, à filets courbés, se redressant avec élasticité au moment de la floraison; à anthères introrses, biloculaires, s'ouvrant en fentes longitudinales plus ou moins prolongées; ovaire libre, uniloculaire, uniovulé; 1 stigmate bifide. Drupe à peine charnue, contenant un noyau monosperme. Graine albuminée. — Arbres à feuilles simples, alternes, aigûment dentées, rudes et scabres, inéquilatérales, à stipules caduques; nervures pennées, rameuses, les 3-5 de la base palmées. Sucs aqueux.

Bois. — Tissu fibreux dominant, à parois épaisses, ordinairement plus serré et plus coloré vers le bord externe de chaque couche annuelle; rayons peu serrés, sensiblement inégaux, moyennement épais-fins. — Vaisseaux associés à un parenchyme ligneux abondant, inégaux, gros — assez gros et rapprochés dans le bois de printemps, où ils forment une zone poreuse, devenant fins et très-fins et de plus en plus disséminés dans le bois d'automne, où ils dessinent avec le parenchyme qui les réunit des lignes fines, ondulées, concentriques, souvent continues sur l'extrême limite des accroissements. — Bois blanc, blanc-grisâtre, quelquefois verdâtre (par commencement d'altération), sans aubier distinct; lourd, nerveux et très-élastique.

GENRE UNIQUE. — MICOCOULIER. *CELTIS. Lin.*

Mêmes caractères que ceux de la famille.

Micocoulier de Provence. CELTIS AUSTRALIS. LIN. Fabre-coulier; Alisier (dans certaines parties du Midi).

Feuilles distiques, pétiolées, ovales-lancéolées, inéquilatérales à la base, très-longuement et finement acuminées au sommet, aigûment dentées presque dès la base; d'un vert foncé et scabres en dessus, mollement pubescentes, subtomenteuses et d'un vert-grisâtre en dessous. Fleurs vertes, solitaires, naissant à l'aisselle des feuilles et en même temps qu'elles, longuement pédonculées, hermaphrodites et quelquefois mâles ou femelles par avortement suivant les pieds. Drupe globuleuse, de la taille d'un gros pois, presque sèche, brunâtre, supportée par un pédoncule grêle, 2-3 fois aussi long que les pétioles. — Arbre de moyenne taille, à tige droite, cannelée, peu élevée, recouverte d'une écorce mince, grisâtre, lisse, même à un âge avancé, rappelant celle du hêtre par la structure et les cellules pierreuses de son parenchyme extérieur, parfois parsemée d'excroissances verruqueuses ; à cime ample, touffue, arrondie, dont les branches inférieures sont allongées et horizontales, les ramules grêles, flexibles, souvent pendants. Région méditerranéenne; Provence, Languedoc, Corse, Algérie. Flor., avril. Fructif., octobre.

Taille. Le micocoulier atteint 20 mètres de hauteur sur 3 mètres de circonférence ; il peut même dépasser ces dimensions et l'on en cite un pied, sur la place d'Aix, qui s'élève au-dessus de tous les édifices qui l'environnent, mesure 5^m,61 de circonférence à 1 mètre du sol et dont l'âge est d'environ 500 ans. L'enracinement est puissant, pivotant et traçant. Les racines drageonnent ; les souches produisent des rejets abondants, d'une grande vigueur. Le couvert est léger.

Enracinement.

Fructification. Le micocoulier fructifie assez jeune, mais par intermittences, et reste quelquefois deux années sans rien produire.

Germination. La graine, semée en automne, germe dès le printemps ; si l'on attend cette dernière saison pour le semis, le fruit reste généralement un an en terre et le jeune plant ne paraît qu'au printemps suivant. Ce jeune plant, pourvu de deux grosses feuilles cotylédonaires, échancrées au sommet, atteint dans la première année 15-20 centimètres de hauteur. Sa croissance est rapide dans les années suivantes.

Station et sol. Cet arbre prospère en plaine, en coteaux et même en montagnes, à toutes les expositions, réussit bien dans tous les terrains, pourvu qu'ils ne soient ni trop légers, ni humides ou marécageux ; on le voit végéter jusque dans les pierrailles ou sur les ruines ; ce sont néanmoins les sables gras et frais qu'il préfère. Il supporte difficilement le climat du nord de la France ; il a besoin d'y être abrité pendant la jeunesse.

Bois. Le bois de micocoulier, qui a été caractérisé plus haut, ressemble beaucoup à celui du frêne ; il en a toutes les qualités, à un degré plus élevé encore, mais il n'en a pas le satiné ; il est mat, d'un blanc-grisâtre ou verdâtre et présente un groupement beaucoup plus prononcé de ses vaisseaux.

Sa densité, comme celle de tous les bois à gros vaisseaux dans la zone de printemps, varie avec l'épaisseur des accroissements, suivant que cette zone est plus ou moins dominante, ou, ce qui est la même chose, que la végétation est moins ou plus active. Elle va de 0,605 à 0,788 (*Coll. Éc. For.*). Le retrait, par la dessiccation, est de 18 p. 100 du volume primitif.

Emplois.

Le micocoulier est essentiellement un bois d'industrie, particulièrement recherché pour tous les usages qui exigent de la souplesse et de la ténacité. Il occupe le premier rang pour avirons, gournables ou chevilles des vaisseaux, cercles, échalas, baguettes de fusil, fourches, attelles, gaules, cannes et surtout manches de fouet, bien connus sous le nom de Perpignan ; on le cultive souvent en taillis, qui se maintiennent très-serrés, pour la production de tous ces menus objets. C'est un excellent bois de charronnage, dont tirent aussi parti les tourneurs, sculpteurs, luthiers et menuisiers ; un très-bon combustible, dont le charbon est estimé.

Produits accessoires.

Les drupes sont comestibles, mais fades et à peine charnues. Les graines renferment une huile analogue à l'huile douce ; les racines et les écorces donnent une matière tinctoriale jaune ; les feuilles, enfin, forment un bon fourrage pour le bétail.

FAMILLE XLVIII.

ULMACÉES. MIRBEL.

Fleurs hermaphrodites ou polygames, formées d'un périgone sépaloïde, persistant, campanulé, 4-8 lobé, de 4-8 étamines dressées, opposées aux divisions et à anthères extrorses, et de 1 ovaire libre, uniloculaire et uniovulé surmonté de 1 stigmate bifide et marcescent. Fruit sec, uniloculaire et monosperme par avortement, indéhiscent, à graine non albuminée.

GENRE UNIQUE. — ORME. *ULMUS. Lin.*

Fleurs hermaphrodites, en faisceaux non feuillés, sortant des bourgeons axillaires des pousses de l'année précédente ; pédicelles 1-2-bractéolés, articulés au-dessous de la fleur ; samare plane, orbiculaire, à graine lenticulaire, à aile marginale, grande, foliacée. — Arbres à feuilles distiques, penninerviées, inéquilatérales à la base, généralement rudes au toucher ; rameaux distiques et dans un même plan ; stipules grandes, presque herbacées, caduques ; fleurs très-précoces, paraissant avant les feuilles, à périgone rouge-verdâtre et à anthères d'un pourpre foncé. Bourgeons terminaux très-généralement avortés par épuisement des extrémités ; bourgeons latéraux revêtus d'écailles nombreuses et imbriquées sur deux rangs, insérés obliquement au-dessus de la cicatrice de la feuille.

Bois. — Structure voisine de celle du bois de micocoulier. Tissu fibreux fin, à parois épaisses ; rayons médiocrement serrés, sensiblement inégaux, moyens-fins, assez prolongés dans le sens longitudinal et déterminant de nombreuses maillures. Vaisseaux inégaux, associés à du parenchyme ligneux, gros et rapprochés dans le bois de printemps, où ils produisent une zone très-poreuse, groupés en grand nombre dans le milieu et au bord externe de chaque couche, où ils dessinent des arcs et des lignes flexueuses concentriques, d'autant plus continues qu'elles sont plus extérieures. — Le bois des ormes présente généralement un aubier abondant, blanc-jaunâtre ou brunâtre, assez nettement limité ; il devient plus ou moins rougeâtre ou rouge-brun à l'état parfait ; il est lourd, dur, coriace, élastique, peu propre à la fente.

Ennemis. Les ormes ont quelques ennemis redoutables parmi les insectes, surtout lorsqu'ils croissent dans de mauvaises conditions, sur les promenades publiques et le long des routes. Les principaux d'entre eux sont :

INSECTES VIVANT DANS LA TIGE.

Scolyte destructeur (*Eccoptogaster Scolytus. Hbst.*), dont les larves creusent sous l'écorce un ensemble de galeries rayonnantes partant d'une galerie ovifère longitudinale. Très-nuisible.

Scolyte multistrié (*Eccoptogaster multistriatus. Marsh.*), plus petit que le précédent, se tenant de préférence dans les branches.

Cossus gâte-bois (*Cossus ligniperda. Lin.*), qui paraît préférer les ormes entre tous les autres végétaux et en perfore les tiges de part en part.

INSECTES VIVANT SUR LES FEUILLES.

Les *Hannetons*, les chenilles de la *Vanesse grande-tortue*, des *Liparis disparate, cul-doré, cul-brun*, du *Bombyce livrée*, de l'*Orgye pudibonde*, de la *Géomètre effeuillante* et de la *Géomètre hyémale*, rongent les feuilles des ormes. Le *Puceron de l'orme* (*Schizoneura ulmi, Lin.*) en pique le limbe et y provoque la formation de grosses galles vésiculeuses, boursouflées, dans l'intérieur desquelles vit une nombreuse descendance.

A. Samare sessile, non ciliée.
   B. Graine rapprochée du sommet de la samare. Arbre à cime bien fournie, à rameaux et ramules serrés, régulièrement distiques. O. CHAMPÊTRE . . 1
   B'. Graine centrale. Arbre à cime peu fournie, à rameaux et ramules écartés, peu régulièrement distiques . . . . O. DE MONTAGNE. . 2
A'. Samare pédonculée, ciliée, petite. Arbre d'un port diffus, à tige relevée de côtes saillantes; écorce lisse, puis écailleuse-caduque, finalement gerçurée-persistante . . . . . O. DIFFUS 3

1. Orme champêtre. ULMUS CAMPESTRIS. SMITH. Orme à petites feuilles; Orme rouge. *Ulmus suberosa.* LIN et AUCT. GERM.

Feuilles plus petites que celles l'orme de montagne de (8-10 cent. de longueur), ovales ou elliptiques, inéquilatérales à la base, pointues ou acuminées au sommet; doublement dentées en scie, à dents peu aiguës ou presque obtuses, généralement plus larges que longues; fermes, plus ou moins rudes, rarement lisses au toucher, barbues en dessous à l'aisselle des nervures. Fleurs brièvement pédicellées, à 4-5 étamines. Samare obovale, atténuée à la base, glabre, non ciliée, échancrée au sommet, à graine placée au-dessus de son milieu et atteinte par l'échancrure; aile de consistance assez sèche et ferme, jaunâtre à la maturité, généralement plane. — Habituellement grand arbre à longue tige droite et nue, à cime fournie, conique, formée de fortes branches ascendantes, terminées par des rameaux rapprochés, garnis de ramules serrés, régulièrement distiques.

Var. α. *Orme champêtre proprement dit. U. campestris, L.* Arbre élevé, à feuilles ovales ou elliptiques-acuminées, rudes; jeune écorce peu ou point subéreuse.

Var. β. ***Orme à feuilles de coudrier. U. Corylifolia. Host.*** Arbre élevé, à feuilles cordiformes-ovales, brusquement acuminées, très-rudes; jeune écorce lisse.

Var. γ. ***Orme glabre. U. Nitens. Mœnch. U. Carpinifolia. Ehrh.*** Arbre élevé, à feuilles coriaces, très-obliquement ovales-acuminées, presque lisses, glabres et luisantes; jeune écorce lisse.

Var. δ. ***Orme tortillard. U. Minor. Mill. U. Tortuosa. Host.*** Petit arbre à tige tortueuse, à cime diffuse, ou buisson; feuilles petites ou très-petites, ovales-acuminées, un peu rudes.

Var. ε. ***Orme subéreux.*** Arbre ou arbrisseau à rameaux étalés, ailés-subéreux, à feuilles ovales-acuminées, rudes. ***U. Suberosa. Ehrh.***

Sols fertiles, frais ou humides des vallées ou des plaines de toute la France; Algérie. Flor., mars-avril. Fructif., fin de mai.

Taille. L'orme champêtre est un arbre de la plus grande taille. Un pied de cette espèce, auprès de Worms (Allemagne), a 47 mètres de hauteur et 2m,50 de diamètre à 2m,50 du sol; il est estimé à 110 mètres cubes. Un autre orme des environs de Rouen, sans doute détruit maintenant, mesurait 14 mètres de circonférence et cubait 200 stères; quelques-uns de ceux que Sully a fait planter au bord des routes, avaient, à la fin de XVIIIe siècle, 6 à 7 mètres de circonférence. La tige est élevée, nue, rarement très-droite; la tête, large et touffue, quand l'arbre croît en liberté. Tous les ormes champêtres, néanmoins, ne présentent point ces caractères; on en rencontre parfois, dans les lieux secs, qui restent à l'état de petits arbrisseaux diffus, à feuilles très-petites, qui ne fleurissent point ou presque jamais; il en est d'autres à tige irrégulière, dont la fibre ligneuse est entrelacée et contournée et que l'on connaît sous le nom d'ormes tortillards, d'ormes à moyeux.

Écorce. L'écorce a de l'analogie avec celle du chêne; lisse, dans la jeunesse, sauf le cas dont il va être parlé, elle forme plus tard, vers 10 ans, par suite du périderme qui se développe de plus en plus profondément dans les couches extérieures du liber, un rhytidome fibreux, d'un brun-noir, à gerçures larges, profondes, nombreuses et rapprochées. Sur certains pieds, cependant, avant la production du rhytidome, la couche subéreuse se développe activement et constitue un liége brun, très-fragile, qui, en raison de sa rapide croissance et de son défaut d'élasticité, se gerçure profondément et largement et rend les jeunes tiges ou les rameaux ailés-subéreux. Ce liége tombe naturellement dès que le rhytidome se produit. Cette production est, d'ailleurs, tout individuelle.

Enracinement.

L'orme développe un faible pivot, qui s'arrête dès l'âge de 6 à 10 ans, mais qui se ramifie beaucoup et émet généralement 2-3 maîtresses racines, pénétrant obliquement et profondément dans la terre. En même temps, de nombreuses racines latérales, traçantes, superficielles, très-divisées et chargées de chevelu, partent du collet et s'étendent au loin, le plus souvent en drageonnant. Le bois de souche fournit 15-20 p. 100 du volume total.

Fructification.

La fécondité de l'orme est extrêmement développée et, malgré cela, régulière et continue chaque année; elle est telle que parfois cet arbre ne se feuille qu'à la seconde séve, parce que ses fruits ont absorbé, pour se développer, toute celle du printemps. Il est vrai que ces fruits, de consistance foliacée, remplissent les fonctions des feuilles et concourent à l'élaboration; aussi l'arbre ne paraît-il pas épuisé par cette grande fécondité.

Les fruits des jeunes ormes ont presque toujours la graine vaine; des ormes d'âge convenable en offrent au plus 25-30 p. 100 qui soient aptes à germer, et, dans certaines années, on n'en trouve aucune. Le kilogramme en contient 130,000-150,000.

Germination.

Si l'on sème en juin, immédiatement après la dissémination, le jeune plant lève au bout de quelques jours et parvient, dans l'année même, à une taille de 15-20 centimètres. Si l'on conserve la semence jusqu'à la fin de l'hiver et qu'on ne sème qu'au printemps seulement, beaucoup de plants ne lèvent que l'année suivante; en tout cas, ils sont chétifs. Le jeune plant paraît avec deux feuilles cotylédonaires vertes, obovales, généralement un peu échancrées au sommet et offrant chacune, sur un de leurs côtés, à la base, une sorte de dent saillante; les feuilles qui suivent ont la serrature simple, puis enfin apparaissent les feuilles normales. La croissance est rapide, de 3-5 décimètres en hauteur chaque année; mais comme le pivot s'enfonce peu, dans les terrains secs ou dans les années chaudes les plants sont exposés à périr.

L'orme champêtre est généralement rare dans les forêts et n'y croît pas en massifs; il est très-fréquemment et, avec raison, planté le long des routes, des avenues, sur les glacis des places fortes, etc.

Bois. Le bois de l'orme champêtre est bien supérieur à celui de l'orme de montagne et de l'orme diffus; la couleur rougeâtre le fait le plus souvent désigner par ceux qui l'emploient sous le nom d'orme rouge; l'aubier en est blanc-jaunâtre. Il est dur, élastique, extraordinairement tenace, d'une fente difficile, d'une durée égale au moins à celle du chêne, surtout employé dans les lieux humides, tels que caves, puits et galeries de mines. Complétement desséché à l'air, il pèse 0,603-0,854 (*Coll. Éc. for.*). Il est recherché pour une foule d'usages et tout particulièrement dans le charronnage pour jantes de roues, dans la construction des machines et, dans l'artillerie, pour affûts des canons, etc. L'orme tortillard, à fibres entrelacées, est excellent pour faire les moyeux. Il faut toutefois n'employer l'orme que longtemps après l'exploitation, parce qu'il est lent à se dessécher, qu'il prend un retrait considérable, 12 p. 100 environ de son volume, et qu'alors il est sujet à se tourmenter et même à se gercer. L'aubier en est abondant, d'autant plus épais dans son ensemble et formé d'un nombre de couches d'autant plus réduit que la végétation est plus active, comme c'est la règle pour la plupart des bois à vaisseaux inégaux; cet aubier est exposé à la vermoulure et ne doit pas être mis en œuvre.

L'orme, soumis à un émondage répété, produit souvent des broussins qui donnent un joli bois ronceux, recherché par les ébénistes, tourneurs, armuriers, etc.

Les excellentes qualités de l'orme comme bois de travail ne se retrouvent plus au même degré quand on l'emploie comme combustible et l'on verra plus loin, à propos de l'orme de montagne, des résultats d'expériences qui lui sont applicables.

Le bois d'orme est un de ceux qui produisent le plus de cendres; il est à cet égard très-voisin des bois de frêne et de saule; il en fournit en moyenne quatre fois plus que le hêtre, et elles contiennent deux fois plus de potasse. Ceci s'applique aussi à ses feuilles.

Produits accessoires.

Après le tilleul, c'est l'orme qui, parmi nos végétaux forestiers, produit le liber le plus fibreux, le plus tenace et le plus durable ; on peut l'employer à faire des nattes et des cordages grossiers. Son écorce contient, dans des cellules spéciales, un principe mucilagineux abondant (20 p. 100) et du tannin (6 p. 100) ; elle n'est pas utilisée néanmoins. Les feuilles renferment un mucilage analogue et constituent le meilleur fourrage que puissent offrir les arbres de nos forêts. Desséchées à l'air libre, c'est-à-dire fanées, elles sont presque aussi riches en azote que les luzernes et les trèfles des prairies artificielles et sont supérieures à cet égard au foin des prairies naturelles.

Leur analyse a donné les résultats suivants (M. I. Pierre, 1856) :

		Eau par kil.	Mat. sèche par kil.	Azote par kil.
Feuilles cueillies le 2 juin. . .	vertes.	760gr	— 240gr	— 10gr,10
	fanées.	200	— 800	— 33 ,70
Feuilles cueillies le 9 novembre.	vertes.	633	— 367	— 7 ,55
	fanées.	200	— 800	— 16 ,60

2. Orme de montagne. ULMUS MONTANA. SMITH. Orme blanc ; Orme à grandes feuilles. *Ulmus campestris*. LIN. et AUCT. GERM.

Feuilles plus grandes que celles de l'orme champêtre (12-15 centimètres de longueur), d'un vert plus foncé, plus rudes en dessus ; obovales, inéquilatérales à la base, longuement et étroitement acuminées au sommet, doublement dentées, à dents aiguës, recourbées vers l'extrémité ; glabres ou pubescentes en dessous, peu barbues aux aisselles des nervures. Fleurs brièvement pédicellées, à 5-8 étamines. Samares plus grandes, ovales, à graine centrale non atteinte par l'échancrure ; aile de consistance plus molle, herbacée, plus ou moins verte, même lorsqu'elle est desséchée ; chiffonnée, rarement plane. — Grand arbre à cime ample et peu fournie, à branches étalées, ramules flexueux, velus, plus écartés et moins régulièrement distiques, souvent tombants.

Var. α. *Orme de montagne proprement dit.* Jeunes rameaux peu velus ; feuilles rudes, légèrement velues aux nervures en dessous.

Var. β. *Orme à larges feuilles.* Orme de Hollande. *U. hollandica.*

Mill. U. major. Sm. U. excelsa. Bork. Jeunes rameaux hérissés; feuilles grandes, épaisses, très-rudes, pubescentes-grisâtres en dessous.

Disséminé dans les bois de pays de plaines, de coteaux et de montagnes, sur des sols variables. Flor., mars-avril. Fructif., fin de mai.

Port. L'orme de montagne, comme l'orme champêtre dont il est voisin, est sujet à quelques variations dans la forme, la vestiture, la rudesse de ses feuilles; mais le caractère très-tranché qu'offrent ses fruits et les qualités inférieures de son bois, jointes à des différences constantes de feuillage, de port, etc., en forment une espèce facile à reconnaître et qu'il est important, au point de vue forestier, de ne pas confondre avec la précédente. La tige n'est point aussi élevée que celle de l'orme champêtre; la cime est plus ample, moins fournie et n'offre plus cette symétrie remarquable des ramules distiques et serrés qui distingue ce dernier; ceux-ci sont plus espacés, plus gros et plus souples; l'écorce, qui n'est jamais subéreuse, reste lisse jusqu'à un âge moyen, puis se gerçure superficiellement et forme un rhytidome platement écailleux; la longévité, enfin, n'est pas aussi grande.

Station et sol. L'orme de montagne vient partout; il est fréquemment disséminé parmi les chênes, les hêtres et même les sapins dans les forêts de coteaux ou de montagnes; aimant les terrains légers et frais, il se trouve en assez bon état de croissance encore sur les sols secs du calcaire jurassique et jusque dans les crevasses des rochers.

Bois. Le bois de cette espèce est inférieur à celui de l'orme champêtre; il est relativement plus riche en vaisseaux, qui sont plus gros, groupés en plus grand nombre en lignes plus continues; il est plus léger, plus mou, moins durable et moins tenace; la coloration en est plus claire, plutôt brunâtre que rougeâtre; il contient aussi beaucoup d'aubier. Les charrons savent très-bien le distinguer; ils le désignent sous le nom d'orme blanc et refusent habituellement de l'employer.

La densité de ce bois, complétement desséché à l'air libre, varie de 0,600 à 0,659 (*Coll. Éc. For.*).

D'après les expériences de T. Hartig, la puissance calorifique du bois d'orme de 100 ans et d'une densité de

0,68, desséché à l'air, est à celle du hêtre de 120 et d'une densité de 0,73, également desséché, dans les rapports suivants :

		Poids égaux.	Vol. égaux.
Plus haut degré de chaleur	ascendante.	92 : 100	85,7 : 100
	rayonnante.	92 : 100	85,7 : 100
Durée de la chaleur croissante	ascendante.	138 : 100	128,5 : 100
	rayonnante.	137 : 100	127,6 : 100
Durée de la chaleur décroissante	ascendante.	» »	» »
	rayonnante.	90 : 100	83,8 : 100
Total de la chaleur développée	ascendante.	90 : 100	83,8 : 100
	rayonnante.	89 : 100	82,9 : 100
Eau vaporisée		76 : 100	70,8 : 100

C'est un bois qui brûle très-lentement, avec une flamme courte, peu active, sans dégager jamais une chaleur intense.

Le charbon d'orme est léger ; pes. sp. 0,185. Sa puissance calorifique est à celle du charbon de hêtre comme 879 : 1000, d'après Werneck.

3. Orme diffus. ULMUS EFFUSA. WILD. Orme pédonculé ; Orme blanc (en Argonne).

Feuilles peu fermes, ovales ou obovales, légèrement acuminées, inéquilatérales à la base, doublement dentées en scie, à dents grandes, aiguës, fortement recourbées vers le sommet ; point ou peu rudes en dessus, mollement pubescentes en dessous, surtout dans la jeunesse. Fleurs longuement pédicellées, pendantes ; pédicelles grêles, longs de 8-15 centimètres ; 5-8 étamines. Samare beaucoup plus petite que celle des espèces précédentes, par suite d'un moindre développement de l'aile, car la graine est aussi grosse, elliptique-orbiculaire, atténuée aux deux extrémités, mollement et densément ciliée sur les bords ; graine centrale, atteinte par l'échancrure de l'aile, qui est plane et de consistance ferme. — Grand arbre à cime irrégulière, étalée, diffuse ; tige relevée au pied de côtes très-saillantes qui correspondent aux racines, et très-disposée à se garnir, en dessous de la cime, de branches gourmandes ; à écorce lisse d'abord, assez largement écailleuse et caduque ensuite, d'un brun-jaunâtre, rappelant celle de l'érable sycomore, finalement gerçurée en long et brune comme celle des autres espèces du même genre, jamais subéreuse ; écailles des bourgeons glabres, non ciliées. Disséminée çà et là en France : commun dans les forêts basses de l'Argonne ; Meurthe-et-Moselle, Oise, Loiret, Yonne, Nièvre, Puy-de-Dôme, Cher, Loir-et-Cher, Maine-et-Loire, Loire-Inférieure, Rhône, etc. Flor., avril. Fructif., juin.

L'orme diffus est très-facile à reconnaître, non-seulement à ses caractères botaniques proprement dits, mais Port.

à sa cime étalée, irrégulière, à sa tige pourvue au pied de côtes relevées en lames de couteaux. Des bourgeons proventifs nombreux y produisent quantité de petites branches gourmandes ; souvent même ces bourgeons, sans rien donner à l'extérieur, se développent et se ramifient sous l'écorce et constituent des broussins ou excroissances remarquables. Les racines drageonnent abondamment.

Bois. Le bois présente de larges accroissements annuels et les vaisseaux y forment des lignes circulaires continues et réunies, plus nombreuses, plus larges et moins ondulées que dans les autres espèces de ce genre. Il est jaunâtre ou jaune-brunâtre très-clair, à peine et irrégulièrement taché ou veiné de brun. Il est assez fréquemment rempli de petits nœuds produits par les branches gourmandes de la tige ; la fibre n'en est jamais droite.

Complétement desséché à l'air, il pèse 0,554-0,676 (*Coll. Ec. For.*).

Cet orme n'est apprécié ni comme bois d'œuvre, ni comme combustible ; il est connu sous le nom d'orme blanc dans quelques contrées et rangé dans la catégorie des bois mous.

FAMILLE XLIX.

BUXACÉES. BAILLON.

Floraison monoïque. Fleurs mâles : calice 4-sépalé ; 4 étamines opposées aux sépales, biloculaires, introrses, longitudinalement déhiscentes ; au centre, on observe un organe glanduleux solide (ovaire rudimentaire ?). Fleurs femelles : périgone formé de 4-7 folioles, dont les 4 internes paraissent représenter un calice 4-sépalé et dont les externes semblent appartenir à des bractées ; ovaire libre, 3-loculaire, dont chaque loge est biovulée et à placentation pariétale, couronné par 3 styles distincts, périphériques et non terminaux. Capsule ou baie ; graines arillées à la base, albuminées. Végétaux à feuilles opposées, à sucs non laiteux.

GENRE UNIQUE. — BUIS. *BUXUS. Tournef.*

Fleurs 4-sépalées, 3-bractéolées, en glomérules axillaires, dans lesquels les fleurs femelles sont terminales; capsules à 3 cornes formées par les styles persistants, 3-loculaires, dont chaque loge est 2-sperme. A la maturité, l'épicarpe et le mésocarpe tombent sous forme de 3 valves septicides et laissent l'endocarpe seul; celui-ci, déhiscent avec élasticité, se sépare, suivant les sutures ventrales et dorsales, en 6 pièces et expulse au loin les graines. — Arbustes à feuilles opposées, coriaces et persistantes, entières, subuninerviées, dont les nervures latérales sont à peine apparentes, pennées, très-nombreuses, droites et parallèles, simples ou une ou plusieurs fois fourchues; à fleurs blanchâtres; exhalant par toutes leurs parties une odeur désagréable.

Bois. — Tissu fibreux dominant, très-homogène de la zone interne à l'externe, serré, à parois épaisses, cavités très-petites; rayons égaux, très-minces, très-courts, très-serrés. Vaisseaux égaux, très-fins, isolés, très-uniformément répartis, excepté sur la limite extrême de chaque couche annuelle, où ils manquent absolument, ce qui produit une étroite zone purement fibreuse, qui seule permet quelquefois la distinction des accroissements. — Le buis est un bois très-homogène, très-dur, très-lourd, de végétation fort lente, de couleur jaune.

Buis commun. Buxus sempervirens. Lin.

Feuilles persistantes, subsessiles, ovales ou elliptiques, entières, fermes, glabres, d'un vert foncé luisant en dessus, plus clair et presque mat en dessous. Fleurs petites, blanchâtres, fétides, en petits glomérules axillaires, dont la centrale est généralement femelle. — Arbustes très-rameux, à écorce jaunâtre, subéreuse, écailleuse, caduque; à rameaux opposés, tétragones, très-feuillés; à végétation très-lente. Terrains arides des coteaux et montagnes calcaires; manque dans le Nord. Flor., mars-avril.

Le buis est un arbuste social qui couvre souvent presque à lui seul de grandes étendues de sol forestier, dans le Jura, le Dauphiné, la Haute-Provence, le Languedoc, les Pyrénées et la Corse. Il a une longévité très-prolongée, à la faveur de laquelle il peut atteindre, malgré l'excessive lenteur de sa végétation, 2-5 mètres et même 7 mètres de hauteur sur 2 mètres de circonférence. Mais

Habitation.

Taille.

de semblables buis sont de très-rares exceptions et souvent cet arbuste reste nain (buis nain, buis stérile). Tel est celui que l'on emploie pour bordures dans les jardins. Il supporte parfaitement bien la taille et prend toutes les formes qu'on veut lui donner.

Bois. Le bois du buis est l'un des plus denses et des plus homogènes de nos contrées ; il a le grain très-fin, d'un jaune-citron uniforme, se coupe avec une grande netteté dans tous les sens et reçoit un beau poli. Complétement desséché à l'air, il pèse 0,907-1,162 (*Coll. Éc. For.*). C'est un bois précieux, qui se paie très-cher; particulièrement recherché par les graveurs, tourneurs, tabletiers, fabricants d'instruments de tous genres, il entretient une certaine industrie dans les pays où il est abondant; mais il devient de plus en plus rare, par suite d'exploitations abusives et de l'extraction des souches, dont le bois, très-finement noueux, est particulièrement estimé.

Feuilles. Les feuilles du buis sont très-employées comme engrais et contiennent 2,89 d'azote p. 100 de matière sèche (le fumier d'étable en renferme 2 p. 100). Elles forment, pour cet usage, un produit important de certaines forêts du Midi.

ORDRE VI.

APÉTALES AMENTACÉES.

Fleurs unisexuées, monoïques ou dioïques, à périgone sépaloïde ou nul; accompagnées d'écailles bractéales; les mâles, au moins, disposées en chatons (amentacées).

ORDRE VI. — APÉTALES AMENTACÉES.

						Familles.	Genres.
Fruit indéhiscent, monosperme.	Floraison monoïque	Un périgone adhérent à l'ovaire.	Fruits sans invol. distinct; feuilles composées.		Arbres. Fleurs mâles en chatons cylindriques, pourvues d'un périgone; anthères biloculaires; ovaire adhérent au périgone et à l'involucre. Noix.	L. Juglandées. Page 270.	*Noyer.*
			Fruits avec involucre; feuilles simples.	Involucre cupuliforme ou péricarpoïde, à plusieurs rangs de bractées.	Arbres. Fleurs mâles en chatons cylindriques ou globuleux, pourvues d'un périgone; anthères biloculaires. Ovaire à 3 loges bi-ovulées. Gland.	LI. Cupulifères. Page 271.	*Hêtre.* *Châtaignier.* *Chêne.*
				Involucre foliacé, à un seul rang de bractées.	Arbres et arbrisseaux. Fleurs mâles en chatons cylindriques, sans périgone; anthères uniloculaires; ovaire à 2 loges uni-ovulées. Gland.	LII. Corylacées. Page 336.	*Charme.* *Coudrier.* *Ostrya.*
		Ovaire nu, sans périgone.	Cônes. Feuilles penninerviées.		Arbres et arbrisseaux. Fleurs des deux sexes en chatons cylindriques ou ovoïdes; mâles pourvues d'un périgone: anthères biloculaires ou uniloculaires par disjonction.	LIII. Bétulacées. Page 349.	*Bouleau.* *Aune.*
			Akènes, en chatons globuleux. Feuilles palminerviées.		Arbres. Fleurs des deux sexes en chatons globuleux, pendants, sans périgone; anthères biloculaires; akènes aigrettées à la base; graines albuminées (les seules de l'ordre, avec les myricées.)	LIV. Platanées. Page 372.	*Platane.*
	Floraison dioïque.				Arbrisseaux à fleurs amentacées pour les deux sexes, sans périgone, à feuilles simples; couverts de glandes jaunâtres aromatiques, cireuses-résineuses; fruit charnu.	LV. Myricées. Page 377.	*Myrica.*
Capsule polysperme.					Arbrisseaux et arbres dioïques; fleurs des deux sexes en chatons cylindriques ou ovoïdes, pourvues d'un périgone ou de 1-2 nectaires; capsule 2-, rarement 4-valve, à nombreuses graines aigrettées, dont la placentation est pariétale.	LVI. Salicinées. Page 378.	*Saule.* *Peuplier.*

FAMILLE L.

JUGLANDÉES. DC.

Floraison monoïque. Fleurs mâles en chatons denses, cylindriques, composées d'une écaille bractéale peu distincte et confondue, à part son extrémité, avec un périgone de 5-6 divisions, et d'un grand nombre d'étamines, dont les anthères sont biloculaires, longitudinalement déhiscentes. Fleurs femelles agrégées 1-4 au sommet des jeunes rameaux; chacune d'elles formée d'un involucre 3-4-fide ou -denté, soudé à un périgone 3-4-fide, qui lui-même est réuni à l'ovaire jusqu'en dessous du style. Ovaire infère, uni-ovulé; styles 1-2, très-courts; stigmates 2-4. Noix monosperme, revêtue d'une enveloppe charnue (brou) provenant de l'involucre et du périgone accrescent, à 2-4 valves ligneuses. Graine non albuminée, à cotylédons féculents-huileux, 4-lobés. — Arbres à feuilles alternes, composées, oppositi-imparipennées, non stipulées; nervation pennée, à nervures serrées, parallèles; bourgeons extra-axillaires, revêtus de 2 écailles opposées, qui cachent presque entièrement toutes les autres, disposés en série longitudinale de 3, dont le plus élevé est le principal.

GENRE UNIQUE. — NOYER. *JUGLANS. Lin.*

Fleurs mâles de 14-36 étamines, à filets courts, pétaloïdes; fleurs femelles à deux larges stigmates papilleux; noix bivalve.

Bois. — Bois assez lourd, homogène, gris, à cœur brun plus ou moins veiné et flambé de nuances noirâtres et rougeâtres. Tissu fibreux divisé, par du parenchyme disposé en lames minces, en zones concentriques très-rapprochées (visibles à la loupe seulement). Vaisseaux presque gros, isolés ou à peine groupés, uniformémentr épartis; rayons égaux, minces, très-peu longs et très-peu hauts, assez serrés.

Noyer commun. JUGLANS REGIA. LIN.

Feuilles de 6-9 folioles ovales-aiguës, entières ou sinuées, coriaces, glabres. Fleurs mâles en chatons cylindriques, denses, pendants, verdâtres. Noix, dégagée de son brou, ovoïde, ridée et sillonnée superficiellement. — Grand arbre à écorce blanchâtre, lisse et unie ou plus ou moins profondément gerçurée suivant l'âge; à tige cylindrique, nue, peu élevée, se partageant en grosses branches qui forment une cime ample et haute, arrondie, dont les rameaux extrêmes sont peu nombreux, épais, toruleux, et dont le couvert est complet. Cultivé. Flor., avril-mai. Fructif., septembre-octobre.

Le noyer commun, originaire de la Perse et de l'Inde, est l'un des arbres que l'on plante et cultive le plus fréquemment. Il ne prospère et ne fructifie abondamment que lorsqu'il est isolé et ne pourrait être introduit avec avantage dans le peuplement des forêts, malgré les bonnes qualités de son bois. Sa floraison précoce le rend sensible aux gelées printanières qui détruisent fréquemment tout espoir de récolte de ses fruits. Origine.

Le bois est très-recherché en ébénisterie et en menuiserie, à cause du beau poli qu'il reçoit et des nuances riches et variées de ses nombreuses veines ; il est indispensable aux armuriers pour les crosses de fusils ; sert en carrosserie pour panneaux de voitures ; est employé par les tourneurs, tabletiers, etc. Complétement desséché à l'air, il pèse 0,579-0,800 (*Coll. Éc. For.*). Il fournit un bon combustible et produit un charbon estimé. Bois.

L'écorce, qui contient de l'acide tannique, est employée en teinture ; il en est de même du brou. Écorce.

Tout le monde connaît la noix ; comestible lorsqu'elle est fraîche, elle produit une huile siccative propre à l'éclairage et à beaucoup d'autres usages ; cette même huile est alimentaire quand elle est nouvelle et faite à froid. Fruits.

FAMILLE LI.

CUPULIFÈRES. A. RICH

Floraison monoïque. Fleurs mâles en chatons cylindriques, quelquefois globuleux, composées chacune d'un périgone de 5-9 divisions et d'étamines en nombre égal ou multiple, à filets allongés, dont les anthères, biloculaires, sont longitudinalement déhiscentes. 1-3 fleurs femelles au centre d'un involucre accrescent, formé de plusieurs rangs de bractées soudées entre elles par la base, entier ou à 4 valves et représentant une inflorescence dont l'axe ne s'est point allongé et qui se trouve réduite à des bractées presque toutes stériles, sauf 1-3; chaque fleur femelle formée d'un périgone tubuleux adhérent et d'un ovaire à 3-8 loges biovulées, à placentation centrale. Involucre fructifère cupuliforme-écailleux ou péricarpoïde-épineux, contenant 1 ou 2, rarement 3 fruits (glands) secs, indéhiscents, à péricarpe mince et coriace, presque toujours uniloculaires et monospermes par avortement, largement ombiliqués à la base et terminés par les débris desséchés des styles. Graines non albuminées, à cotylédons charnus, féculents. — Arbres à feuilles alternes, simples, penninerviées, à stipules caduques; bourgeons écailleux.

A. Involucre fructifère péricarpoïde-épineux, à 4 valves.
 B. Glands trigones (faînes); fleurs mâles en chatons globuleux, pendants. . . . . HÊTRE . . 1
 B'. Glands arrondis (châtaigne); fleurs mâles en chatons allongés, cylindriques, dressés. . . . . CHATAIGNER 2
A'. Involucre fructifère cupuliforme, écailleux, entier. Fleurs mâles en chatons cylindriques, lâches et pendants . . . . CHÊNE . . 3

GENRE I. — HÊTRE. *FAGUS*. *Tournef.*

Fleurs mâles réunies 6-16 en un chaton globuleux, pendant à l'extrémité d'un long et grêle pédoncule, qui est pourvu, au delà de son milieu, de quelques écailles stipulaires linéaires et allongées, et qui naît à l'aisselle des écailles ou des feuilles de la base des jeunes pousses. Chacune d'elles, pédicellée, composée d'un périgone campanulé à 5 divisions, de 10-20 étamines à filets allongés et d'un ovaire rudimentaire. Fleurs femelles disposées par deux dans un involucre 4-lobé, hérissé extérieurement de pointes molles, allongées, poilues; pédoncule axillaire, solitaire, dressé, égal au pétiole ou un peu plus long, assez épais, naissant à l'aisselle de feuilles véritables au-dessus des fleurs mâles et présentant à la base des écailles identiques à celles du pédoncule de ces dernières. Chaque fleur femelle, formée d'un périgone adhérent, dont le limbe est libre et divisé en 4-9 filets sous forme de pinceaux plumeux, et d'un ovaire trigone, 3-loculaire, 6-ovulé, surmonté de 3 stigmates allongés. 1 ou 2 glands (faînes) trigones, monospermes par avortement, rarement dispermes, à péricarpe mince, sec, brun et luisant, renfermées dans un involucre péricarpoïde ligneux, épineux, à 4 valves. Graine à cotylédons adhérents, plissés irrégulièrement, féculents-huileux, épigés lors de la germination.

Bois. — Tissu fibreux à parois épaisses, associé à du parenchyme ligneux, qui y dessine de petites et nombreuses lignes courtes, concentriques, surtout rapprochées dans le bois d'automne (invisibles même à la loupe). Rayons inégaux, épais, minces et très-minces, sensiblement prolongés dans le sens longitudinal, médiocrement serrés. Vaisseaux fins — très-fins, plus gros et plus rapprochés au bord interne, plus fins et plus espacés au bord externe, où domine le tissu fibreux, ce qui rend les accroissements très-distincts. Couches crénelées, rentrantes au passage des larges rayons. Bois lourd, dur, homogène, à maillures prononcées.

Hêtre commun. FAGUS SYLVATICA. LIN. Fau; Fayard.

Feuilles pétiolées, ovales ou ovales-oblongues, courtement acuminées, entières sinuées-denticulées sur les ⅔ supérieurs ou même fortement et largement dentées; ciliées sur les bords, glabres, d'un vert clair, brillant et presque semblable sur les deux faces, minces et coriaces; nervure médiane et nervures secondaires saillantes en dessous; celles-ci simples, parallèles, au nombre de 6-8 paires; les unes et les autres garnies, dans le premier âge, de longs poils blancs, soyeux. — Grand arbre à tige droite, cylindrique, à cime ovoïde-conique, revêtu d'une écorce mince, lisse et toujours vive jusqu'à la surface, d'un gris-blanc perlé; à bourgeons fusiformes allongés, pourvus d'écailles nombreuses, imbriquées, presque distiques.

Var. α. *Hêtre tortillard.* Branches, rameaux et ramules dirigés vers la terre. Cette forme, qu'il ne faut pas confondre avec celle de beaucoup d'arbres dont les rameaux grêles et effilés pendent vers la terre, est l'analogue de celle du frêne parasol que l'on voit si souvent dans les jardins. Les hêtres qui la présentent offrent, même à un âge avancé, un tige très-courte, tortueuse, un cime hémisphérique parfois appliquée contre le sol, et s'élèvent au plus à 2-3 mètres. Forêt de Verzy, près de Reims; çà et là en Lorraine, aux environs de Nancy (1).

Var. β. *Hêtre pourpre.* Feuilles d'un pourpre noirâtre, un peu métallique, surtout au printemps. Cette variété, si fréquemment cultivée dans les jardins, a été observée à l'état sauvage dans la forêt de Darney.

Il n'est pas très-rare de rencontrer, en outre, de jeunes hêtres à feuilles panachées de blanc pur et de vert; mais, débiles comme tous les arbres de cette catégorie, ils ne tardent point à succomber dans la lutte qu'ils ont à soutenir contre les plants plus robustes qui les entourent.

---

(1) Des faînes de hêtre tortillard, récoltées à Verzy, ont été semées au jardin de l'École forestière : elles ont reproduit trois cinquièmes environ de hêtres tortillards; les deux autres cinquièmes étaient représentés par des hêtres de port normal et par d'autres ayant toutes les formes intermédiaires entre le type et cette curieuse variété.

On cite aussi des hêtres à branches et rameaux pendants et grêles dans le genre de ceux du saule pleureur. (Forêt de Brotonne, Seine-Inférieure.)

Abondant dans toute la France, où il forme seul ou mélangé au chêne, au sapin, etc., des forêts étendues ; Corse, en mélange avec les pins laricios et les sapins. Flor., avril-mai. Fructif., fin de septembre. Dissémination, octobre.

Taille. Le hêtre est une des essences forestières les plus répandues et les plus importantes ; il atteint de grandes dimensions, sans jamais parvenir cependant à celles des chênes et des sapins, en raison de sa longévité bien moins élevée. Il dépasse rarement 300-400 ans et ne parvient qu'exceptionnellement à 40 mètres de hauteur sur 6 mètres de circonférence au maximum.

Port. La tige, droite et circulaire, se maintient remarquablement cylindrique jusqu'à une grande hauteur et reste distincte jusqu'à l'extrémité de la cime, quand l'arbre s'est développé en massif, sans accidents. Elle est souvent nue sur une longueur de 20 mètres en dessous des branches principales. Quand le hêtre a crû isolément ou en futaie sur taillis, il se ramifie à 10-15 mètres au-dessus du sol en fortes branches étalées-ascendantes, qui forment une cime ample, ovoïde, pointue au sommet.

Les jeunes pousses de première année sont d'un vert-olivâtre foncé, couleur qui se maintient jusqu'à 10 ans environ ; passé cet âge, les tiges et les branches sont d'un gris-cendré.

Écorce. L'écorce du hêtre, après la chute de l'épiderme, offre à la surface une mince couche subéreuse ; en dessous, du parenchyme vert, et à la face interne, une couche de liber. Ces trois régions conservent pendant toute la vie de l'arbre les mêmes relations et toute leur vitalité ; il ne s'y développe pas de périderme interne et par conséquent il ne s'y produit pas de rhytidome. Cette écorce reste toujours lisse et les zones qui la composent ne font que se distendre par l'interposition de nouveaux tissus, pour se prêter à l'accroissement ligneux interne, sans s'épaissir notablement. Seulement certaines grandes cellules du parenchyme vert s'incrustent de substances minérales et deviennent en quelque sorte pierreuses.

La coloration blanche de l'écorce du hêtre ne lui est pas propre ; elle est le résultat de nombreux lichens (*Verrucaria biformis et epidermidis; Graphis scripta; Opegrapha varia, etc.*) qui en envahissent la surface dès l'âge de 10 ans, et lui forment un enduit de leurs très-minces thallus.

On rencontre cependant de vieux hêtres sur l'écorce desquels s'est développé du périderme et un rhytidome gerçuré-écailleux.

Bourgeons.

Les bourgeons des hêtres sont plus longs, plus effilés, plus aigus que ceux d'aucune autre essence ; ils sont recouverts d'un grand nombre d'écailles stipulaires, brunes, sèches, glabres et luisantes. Dès le mois d'août, ils sont complétement organisés, et l'on y peut reconnaître tous les éléments de la pousse qui en sortira au printemps suivant, feuilles et fleurs, y compris les bourgeons axillaires et le bourgeon terminal. En raison de leur vigueur ils dévient alternativement à droite et à gauche les entre-nœuds successifs des rameaux qui les supportent ; mais ces flexions, qui atteignent 70° environ, s'effacent de bonne heure, et la jeune branche de 3 à 4 ans n'en présente plus de traces.

Les bourgeons les plus robustes produisent les pousses normales, dont les entre-nœuds sont bien développés ; mais il en est beaucoup d'autres moins vigoureux, surtout dans les parties inférieures de la cime, qui ne donnent naissance qu'à des pousses raccourcies, dont les feuilles sont peu nombreuses, presque fasciculées, manquent de bourgeons à leur aisselle et ne présentent au milieu d'elles qu'un bourgeon unique, terminal. Il en résulte des rameaux toujours grêles, qui ne se ramifient pas, s'allongent avec une extrême lenteur et contribuent puissamment, par leur grand nombre, à augmenter le feuillage et le couvert du hêtre. En 15 à 20 ans, des rameaux de cet ordre atteignent au plus 12-15 centimètres de long sur 4-5 millimètres de diamètre.

Quelques bourgeons, parmi les plus faibles, ne produisent ni pousses ni feuilles et restent proventifs. Vers 20 ans ils cessent de s'accroître par la base et de se maintenir en relation avec le corps ligneux, de sorte que leur extrémité, libre et isolée au milieu de l'écorce, devient le centre d'une végétation ligneuse parasite, sous forme d'une loupe saillante, de la grosseur d'un pois ou même d'une noix.

Tempérament. Le hêtre a besoin d'abri dans sa jeunesse et redoute une insolation vive et prolongée ; il est aussi très-sensible à l'action des gelées printanières, en raison de sa précocité à se feuiller et à fleurir ; il a donc le tempérament délicat.

Couvert. Comme conséquence, il a une ramification serrée et un couvert épais.

Exposition. Il recherche tout particulièrement les expositions du nord et du nord-ouest.

Reproduction. Les bourgeons proventifs sont rares dans le hêtre, ou doués, d'après ce qui a été dit précédemment, d'une faible vitalité ; ils sont donc peu importants pour la régénération par rejets. Ceux-ci naissent le plus souvent de bourgeons adventifs, sur un bourrelet qui se développe, après l'abatage, entre l'écorce et le bois de la souche.

Le hêtre, par ces motifs, convient peu, surtout s'il n'est mélangé à d'autres essences, au régime du taillis ; en revanche et par les mêmes raisons, il est peu exposé à se couvrir de branches gourmandes.

Feuilles. Les feuilles sont alternes, insérées suivant l'indice $\frac{1}{2}$; elles sont de dimensions variables avec l'altitude, d'autant moindres qu'elles se développent dans des stations plus élevées. Pour une différence de 1,200 mètres, elles se réduisent de moitié en dimensions linéaires. L'hectare de futaie, en massif complet, en produit dès l'âge de 30 ans des quantités sensiblement égales jusqu'à l'exploitabilité, en moyenne annuelle 4,106 kilogr. à l'état de dessiccation à l'air, lesquels représentent 3,361 kilogr. de matière desséchée à l'étuve (*Ebermayer*). C'est un poids sensiblement supérieur à celui du bois absolument sec qui, pendant le même espace de temps, s'est développé sur l'hectare dans des conditions identiques. Ces feuilles suffisent pour recouvrir 11 fois la surface de production. Elles se décomposent assez lentement et constituent par leur accumulation une épaisse couverture sur le sol.

Le hêtre ne fructifie qu'à un âge avancé, vers 60-80 ans en massifs, 40-50 ans quand il est isolé ; il ne produit de faînées abondantes que tous les 5-6 ans, sous les circonstances les plus favorables, et quelquefois tous les 15-20 ans seulement. Dans ce dernier cas, dans l'intervalle des pleines faînées, il y a des faînées partielles. Il est remarquable, à ce sujet, que, dans certaines années, il y a manque tellement absolu de faînes, qu'on ne parviendrait pas à en recueillir un litre, même en parcourant des surfaces considérables. Les faînées complètes sont généralement plus communes dans les plaines et dans les coteaux que dans les régions montagneuses élevées, mais en retour les années de disette absolue n'y sont pas rares. En montagnes, si les faînées complètes ne viennent qu'à de longs intervalles, les faînées partielles s'y succèdent sans interruption. Fructification.

Les bourgeons florifères sont formés dès le mois d'août et se reconnaissent très-aisément des foliifères par leur forme plus renflée. Leur abondance, leur rareté, leur manque absolu règlent, dès ce moment, d'une manière presque certaine, le sort de la faînée de l'année suivante. On ne saurait donc expliquer par l'action seule des gelées printanières les irrégularités que l'on remarque dans la fructification de cette essence. Il est évident que la température de l'année dans laquelle s'organisent les bourgeons joue un rôle prépondérant dans la fructification.

La faîne est d'une conservation très-difficile, même jusqu'au printemps suivant ; aussi vaut-il mieux, en général, la semer dès l'automne ; cependant elle se maintient en parfait état dans des silos, lorsque ceux-ci sont bien établis. Le kilogramme en contient environ 3,500.

Semée en automne, elle germe de très-bonne heure au printemps, vers la fin d'avril. La tigelle s'allonge immédiatement en dessous du corps cotylédonaire, pousse celui-ci hors de terre à environ 1 décimètre, et les deux cotylédons, repliés irrégulièrement les uns sur les autres, se développent en 2 larges feuilles opposées, charnues, Germination.

réniformes, entières, vertes en dessus, d'un blanc soyeux en dessous. Cette précocité, ce grand développement de la tigelle et des feuilles cotylédonaires au-dessus du sol, la consistance molle des tissus accrus rapidement, rendent le jeune plant très-sensible aux accidents de température, surtout aux gelées printanières.

Croissance.

Pendant les premières années qui suivent le semis, le plant s'accroît lentement, environ de 1 décimètre de hauteur annuellement ; mais, passé 5 ans, il prend son essor. Vers 40-45, il parvient à son maximum d'allongement annuel ; à 100 ans, l'arbre ne s'accroît plus sensiblement en hauteur.

Chaque couche annuelle est 2-3 fois plus épaisse vers le sommet du fût, à la naissance des branches principales, qu'à la base ; cette circonstance, que l'on remarque dans toutes les autres essences, mais à un moindre degré, assure à la tige du hêtre une forme cylindrique qui se maintient jusqu'à une grande élévation.

Enracinement.

Dans les premières années, la racine pivote, reste simple et s'enfonce à peu près autant dans le sol que la tige s'élève dans l'air. Vers 3 ans, 2-3 racines latérales obliques, pourvues d'un chevelu abondant, se développent ; vers 12-15 ans, elles prennent une grande extension, aux dépens du pivot qui s'arrête pour toujours ; à 30 ans, elles cessent elles-mêmes de croître et sont alors remplacées par des racines superficielles, traçantes, souvent en partie saillantes hors du sol jusqu'à une certaine distance du pied de l'arbre. Dans les sols pierreux, ces racines s'entregreffent fréquemment entre elles. En somme, l'enracinement total est peu profond, $0^m,30$-$0^m,50$, mais très-étendu en superficie ; il présente un volume de bois souterrain qui est au volume du bois superficiel (tige et cime) comme 1 : 5 environ.

Distribution géographique.

L'aire de distribution du hêtre s'étend, du sud au nord, de l'Etna, en Sicile, jusqu'au soixantième degré, au delà de Christiana, en Norwége, sur une longueur d'environ 24° de latitude ; de l'est à l'ouest, de la mer Caspienne au littoral de l'Océan, sur environ 65° de longitude. Si l'on en excepte les Alpes de la Provence, à partir du Mont-Ventoux et de la montagne de la Sainte-Baume, la France tout entière est comprise dans cette aire, dont sont exclues la majeure partie de l'Espagne et toute l'Algérie.

Ce n'est que dans les parties septentrionales, sur les côtes de la Baltique, que le hêtre devient l'arbre des plaines. L'altitude maxima à laquelle il s'élève, naturellement croissante du nord au sud, ne dépasse pas 260 mètres en Norwége ; elle parvient à 2,160 mètres sur les flancs de l'Etna. En France, elle est de 1,384 mètres pour les Vosges, 1,592 mètres pour le Jura, 1,640 mètres pour le Mont-Cenis, 1,665 mètres pour le Mont-Ventoux. Les limites inférieures de la zone qu'il occupe sont moins bien connues ; il pénètre toutefois dans la région de la Vigne, sans descendre néanmoins dans le fond des vallées d'où l'exclut en général la nature du sol.

Vers le nord et dans les régions élevées le froid limite l'aire d'extension du hêtre, qui cesse de croître quand la température moyenne du mois de janvier descend au-dessous de-5° à-6° pour les plaines et-6° à-7° pour les montagnes. Climat.

Les limites équatoriales sont déterminées par la trop grande chaleur et la sécheresse qui l'accompagne, et surtout par l'insuffisance du nombre des jours de pluie. Ainsi le hêtre cesse de croître dès que la chaleur atteint un maximum de 44°, ou lorsque la somme de température réalisée pendant la saison de végétation dépasse 5,750°. Encore, pour qu'il parvienne à ces limites extrêmes, lui faut-il 7 à 8 jours de pluie pendant chacun des mois d'été, de juin à août.

Les sols filtrants, meubles et même pierreux conviennent au hêtre, pourvu que la fraîcheur y soit entretenue par des pluies assez fréquentes ; les sols compactes, humides et marécageux lui sont absolument contraires ; c'est pour ce motif qu'il ne croît pas en général dans les terrains d'alluvion des grandes vallées. La nature minéralogique de la terre lui paraît assez indifférente ; l'on rencontre de fort belles forêts de hêtres sur des sables, des grès, des granites, des porphyres et des calcaires ; c'est Sol.

néanmoins sur les terrains de ce dernier ordre qu'il paraît le mieux réussir.

Le hêtre est l'une des essences les plus exigeantes sous le rapport de la nutrition minérale ; d'après les résultats moyens de nombreuses expériences, obtenus par Ebermayer, une futaie, pour former annuellement 6,494 kilogr. de matière absolument desséchée, bois et feuilles, emprunte au sol 216 kilogr. de principes minéraux, dont 32 seulement pour le bois, 184 pour les feuilles. Dans les mêmes conditions, avec une égale production en matière, la pineraie n'a employé que 63 kilogr. en tout, environ 17 kilogr. pour son bois et 46 kilogr. pour ses feuilles. L'exigence du hêtre en principes minéraux est donc à celle du pin dans le rapport de 3,4 à 1 ; pour d'autres essences, l'écart serait certainement moins considérable, mais il resterait de même sens.

Tendance envahissante.

A la faveur de son couvert épais et de l'aptitude qu'il possède de résister assez longtemps à son action, le hêtre est une essence envahissante qui, en beaucoup de contrées, s'est substituée aux espèces à couvert léger, telles que les chênes, les pins et les bouleaux. C'est ce qui est arrivé en Danemark, en Hollande, etc., où, comme l'attestent les nombreuses tourbières qui s'y rencontrent, cet arbre n'existait pas autrefois, tandis que les pins, à en juger par la fréquence de leurs débris, y étaient abondants. Le hêtre est actuellement l'essence principale des forêts de ces contrées, le pin en a disparu. Jules César ne trouva pas de hêtres en Angleterre, quoiqu'ils y soient communs aujourd'hui.

Bois.

Malgré les analogies botaniques, le hêtre produit un bois bien différent de celui du chêne et du châtaignier.

Ce bois est blanc quand on le coupe ; il devient rougeâtre à l'air et, en se desséchant, il passe au rougeâtre clair uniforme, sans distinction bien nette entre l'aubier et le bois parfait ; il se colore, au cœur des vieux arbres et par altération, de rouge-brunâtre, veiné et irrégulièrement distribué ; les maillures en sont assez grandes, mais peu serrées. Il manque de souplesse, se tourmente et se gerce aisément, est sujet à la vermoulure et ne prend pas un beau poli ; soumis à des alternatives de sécheresse et d'humidité, il se conserve peu longtemps, mais il acquiert assez de durée sous l'eau ou dans les lieux constamment humides.

Le hêtre n'est pas, par conséquent, un bois de construction ; mais il est d'un travail facile, fréquemment employé dans l'industrie, particulièrement par les charrons pour les jantes des roues, par les boisseliers, sabotiers, menuisiers, mécaniciens, tourneurs, etc. C'est l'un des bois qui s'injectent le plus facilement et le plus complétement de matières antiseptiques ; ainsi préparé, il fournit de bonnes traverses de chemins de fer.

Densité.

La densité, l'une des plus importantes propriétés du bois de hêtre, dépend de nombreuses circonstances, telles que la latitude, l'altitude, l'exposition, le sol, l'état de massif ou d'isolement ; elle n'est nullement en relation avec l'épaisseur des accroissements, et varie de 0,683-0,907 (*Coll. Éc. For.*) (1).

(1) *Densités de bois de hêtres de provenances diverses.*

Nos d'ordre.	ORIGINE.	TERRAIN.	ALTITUDE.	ÉPAISSEUR moyenne des accroissements	DENSITÉ.
			mètres.	millim.	
1	Ste-Baume (Var).	Calcaire.	»	2,222	0,907
2	Drôme.	Id.	630	3,245	0,830
3	Basses-Pyrénées.	Schisteux.	1,300	1,000	0,803
4	Bas-Rhin.	Granitique.	1,000	0,655	0,801
5	Basses-Pyrénées.	»	900	1,830	0,778
6	Jura.	Calcaire.	740	3,692	0,772
7	Puy-de-Dôme.	Marneux.	»	2,000	0,769
8	Puy-de-Dôme.	Granitique.	»	2,097	0,754
9	Isère.	Calcaire.	650	2,427	0,745
10	Basses-Pyrénées.	Schisteux.	1,000	0,787	0,712
11	Bitche (Moselle).	Siliceux.	»	2,097	0,686
12	Corse.	Granitique.	»	1,139	0,683

Parmi les quatre hêtres les plus lourds figurent, au n° 2, l'un de ceux qui a les accroissements les plus larges, et au n° 4 celui qui les a le plus minces ; le premier de tous est d'origine méridionale, le quatrième de provenance septentrionale. Parmi les moins denses, le dernier rang est occupé par un hêtre de l'extrême sud, de végétation assez lente ; l'avant-dernier par un hêtre du nord, de végétation assez rapide.

Valeur calorifique.

L'emploi le plus important du hêtre est de servir de combustible. Sa puissance calorifique a été prise pour unité par les principaux auteurs qui se sont occupés de cette matière (G. L. Hartig, Werneck, T. Hartig), non qu'elle soit la plus élevée, car elle est surpassée par celle de quelques autres bois (charme, sorbier, etc.), mais parce qu'elle est la mieux connue, en raison de l'abondance de l'espèce et du fréquent emploi qu'on en fait pour le chauffage.

Cette valeur calorifique est d'ailleurs aussi variable que l'est la densité, à laquelle elle est proportionnelle.

Le bois de hêtre brûle avec une flamme vive et claire et produit un charbon qui se maintient incandescent jusqu'à complète combustion ; il a le défaut de passer un peu vite au feu.

Le charbon en est très-estimé ; il sert dans l'économie domestique et dans l'industrie pour le traitement des minerais.

Produit accessoire.

L'amande de la faîne contient environ 15-17 p. 100 de son poids d'une huile grasse non siccative, qui est comestible quand elle est exprimée à froid ; qui, en tout cas, est très-propre à l'éclairage. La récolte des faînes devient, pour cet objet, dans les années d'abondance, une source importante de produits pour les propriétaires ou pour les habitants qui achètent le droit de les ramasser.

Un hectare de futaie, à l'âge de 150 ans, peut, dans les années de pleine production, rapporter jusqu'à 50 hectolitres de faînes (forêt de Retz, d'après M. Fortier), dont on extrait 500 kilogr. d'huile.

Ennemis.

Le hêtre a peu d'ennemis parmi les insectes, et, de ce côté, peut être considéré comme une essence privilégiée. Peu d'espèces lui sont spéciales et l'attaquent en assez grand nombre pour être redoutables ; il échappe aux ravages des xylophages, il n'est atteint que dans ses organes foliacés.

Un petit coléoptère, un charançon, l'*Orcheste du hêtre* (*Orchestes fagi. Fab.*), qui saute comme une puce, en ronge les bourgeons au moment de leur développement, de sorte que les feuilles semblent avoir été atteintes par la gelée; il coupe aussi celles-ci par leur pétiole et en détermine la chute; enfin, il vit à l'état de larve dans leur parenchyme, entre les deux couches d'épiderme, en y ouvrant des galeries irrégulières qui forment autant de taches blanches.

L'*Orgye pudibonde* (*Orgya pudibonda. Lin.*) est le principal ennemi du hêtre. La chenille, qui apparaît à la fin de l'été, en détruit quelquefois complétement le feuillage, sans qu'il en résulte de grands dommages en raison de la saison avancée où les invasions se produisent. Enfin, deux diptères occasionnent sur les feuilles des hêtres, par leur ponte, des excroissances souvent très-nombreuses, habitées par leurs larves. Les unes, ovoïdes-aiguës, vertes, rouges d'un côté, sont dues à la *Cécydomye du hêtre* (*Cecydomya fagi. Hartig.*); les autres, obtuses et couvertes de poils roux, à la *Cécidomye annulipède* (*Cecydomya annulipes. Hartig.*).

GENRE II. — CHATAIGNIER. *CASTANEA. Tournef.*

Fleurs mâles en petits glomérules munis d'une bractée et disposés en longs chatons cylindriques, interrompus, dressés, naissant à la base des feuilles inférieures de la jeune pousse; chaque fleur composée d'un périgone campanulé de 5-6 divisions et de 10-12 étamines longuement saillantes. Fleurs femelles réunies, par 3, dans un involucre commun formé de nombreuses bractées soudées entre elles par la base, et constituant de petits groupes insérés, au nombre de 1-3, à la base des chatons mâles supérieurs; chaque fleur composée d'un périgone adhérent, terminé par 6-8 petites dents libres; de 6-8 étamines opposées, stériles ou rarement fécondes, et d'un ovaire infère à 6-8 loges biovulées, surmonté d'un style court à 6-8 stigmates. Involucre fructifère péricarpoïde, de consistance presque ligneuse, s'ouvrant en 4 valves et revêtu d'épines raides, subulées, fasciculées-divergentes; contenant 1-3 fruits arrondis ou tronqués suivant leur nombre (châtaignes), à péricarpe mince, sec, luisant et brun, marqué à la base d'une large cicatrice (hile); ces fruits renferment une, plus rarement deux graines à cotylédons très-développés, adhérents entre eux, féculents, hypogés en germant.

Bois. — Tissu fibreux associé aux vaisseaux et les accompagnant, lâche et à minces parois, surtout dans le bois de printemps; serré et à parois épaisses dans la zone médiane et formant l'externe presque à lui seul; entremêlé de parenchyme ligneux en petites lignes courtes, concentriques, non apparentes, même à la loupe. Vaisseaux inégaux; les uns gros et rapprochés, produisant avec le tissu lâche une zone très-poreuse au bord interne; les autres fins, groupés en grand nombre et dessinant sur la section des bandes blanchâtres, rayonnantes, flexueuses, quelquefois rameuses. Couches très-distinctes, aubier nettement tranché, toujours très-mince; bois sans maillures.

Châtaignier commun. CASTANEA VULGARIS. LAM. *Castanea vesca. Gærtn. Fagus castanea. Lin.*

Feuilles pétiolées, longues d'environ 2 décimètres, oblongues-lancéolées, acuminées, bordées de fortes dents cuspidées, qui correspondent aux nervures; fermes, glabres et luisantes sur les deux faces ou pourvues en dessous, dans la jeunesse, de poils raides, appliqués; d'un vert plus foncé en dessus qu'en dessous, à nervure médiane et nervures secondaires saillantes en dessous, ces dernières droites, simples, parallèles, nombreuses (15-20 de chaque côté). Bourgeons n'offrant que 2 écailles à l'extérieur, glabres, courtement ovoïdes, obtus, d'un vert-jaunâtre. — Arbre de grandes dimensions, caractéristique des sols granitiques ou siliceux des régions montagneuses peu élevées. France, Corse, incontestablement spontané en Algérie. Flor., fin de juin à mi-juillet. Fructif., octobre.

Taille. Le châtaignier est un grand arbre à végétation rapide, particulièrement depuis la jeunesse jusque vers 50-60 ans; il est doué d'une très-grande longévité, atteint une hauteur de 30 mètres et une circonférence énorme. Sans parler du châtaignier si connu de l'Etna, dont le tronc, mesurant 53 mètres de circonférence et d'ailleurs complétement creux, pourrait bien être le produit de 5 arbres différents, on peut citer celui des environs de Sancerre (Cher), qui, à hauteur d'homme, a 10 mètres de tour, est parfaitement sain, du moins en apparence, et, a, dit-on, 1,000 ans. Un autre châtaignier, des bords du lac de Genève, mesure 13 mètres de circonférence.

Port. Lorsqu'il croît en massif, le châtaignier s'élève droit et se ramifie à peu près comme le chêne pédonculé; isolé, sa tige n'acquiert pas d'élévation, se ramifie beaucoup et produit une ample cime très-étalée.

L'enracinement est formé d'un pivot assez allongé et de nombreuses et fortes racines latérales. Enracinement.

Quoique la ramification ne soit pas serrée, le couvert est assez épais, en raison de la grande dimension des feuilles et de leur direction horizontale. L'insertion de ces organes est $\frac{2}{5}$ sur les pousses principales, $\frac{1}{2}$ sur les pousses latérales. Couvert.

Le châtaignier exige moins de lumière, et forme, en conséquence, des massifs plus serrés que ceux du chêne; il tient assez bien le milieu, pour le tempérament, entre cette dernière essence et le hêtre. Tempérament.

Les jeunes pousses sont d'un brun-olivâtre, marquées de lenticelles allongées; vers 3-6 ans elles prennent une couleur olivâtre et les lenticelles se sont étendues en travers. Plus tard, l'écorce a la coloration d'un gris-argenté de celle du jeune chêne et, comme elle, reste lisse et brillante jusqu'à 15-20 ans. A cet âge, un périderme intérieur s'organise par plaques dans l'épaisseur des feuillets du liber et repousse ceux-ci au dehors, sous forme d'un rhytidome épais, persistant, largement et profondément gerçuré en longueur, de couleur brune assez foncée, qui rappelle complétement celui des vieux chênes. Écorce.

Le châtaignier fructifie vers 25-30 ans s'il est isolé, vers 40-60 ans s'il est en massif; ses années de semences sont assez rapprochées, à 2-3 ans de distance, et sont généralement abondantes. Fructification.

Lorsque le jeune plant se développe, il laisse pourrir en terre ses cotylédons, après les avoir épuisés; ses premières feuilles, qui proviennent de la plumule, sont semblables à celles qui se produiront par la suite. La végétation est rapide dès les premières années. Germination.

Cette essence possède à un haut degré la propriété de se reproduire de souches, et celles-ci, lorsque l'âge n'en est point trop élevé, fournissent des cépées d'une végétation extraordinaire. Rejets.

Le châtaignier est un arbre de l'Europe méridionale, qui s'étend du Caucase au Portugal; il atteint l'altitude Distribution géographique.

de 900 mètres sur l'Etna et même de 1,624 mètres dans la Sierra-Nevada du royaume de Grenade, mais il descend en plaine dans les parties septentrionales de son aire.

La limite polaire de cette essence reste fort incertaine, parce que la culture la lui a fait franchir au loin depuis une antiquité reculée ; il est fort probable néanmoins que, malgré son abondance en Provence, en Dauphiné, dans les Cévennes, le Périgord, le Limousin et tout le plateau central, que, malgré sa végétation encore active dans les Vosges, où il croît jusqu'à l'altitude de 600 mètres, en Champagne, où il fructifie abondamment, le châtaignier n'est spontané en aucun point de la France continentale. Il ne forme nulle part de vrais massifs forestiers, se présente souvent à l'état de taillis simples créés de main d'homme, ou de pieds isolés, plantés, greffés et cultivés plutôt comme fruitiers que comme arbres forestiers.

Sol et station. C'est un arbre essentiellement silicicole, qui redoute les sols calcaires et refuse de croître sur une terre dès que la proportion de chaux s'y élève à 4 p. 100 (*M. Chatin*). Les terres meubles, fraîches et profondes, granitiques, schisteuses ou sablonneuses, en régions accidentées, sont celles qui lui conviennent le mieux.

Bois. Le bois de châtaignier est de même couleur que celui du chêne ; l'aubier en est également blanc et nettement tranché ; il a le même grain, les mêmes tissus, mais non les larges rayons médullaires ; les siens sont très-minces et par conséquent il n'est jamais maillé. Rien de plus facile que de distinguer, même sur le moindre fragment, les bois de ces deux essences, fussent-ils mis en œuvre depuis une époque très-reculée. Depuis longtemps déjà Daubenton avait reconnu et signalé cette différence et restitué au chêne le mérite des vieilles charpentes (Sainte-Chapelle, Notre-Dame) attribuées jusqu'à lui au châtaignier. Une tradition semblable sur l'essence qui a servi à la construction des édifices anciens se retrouve en beaucoup d'autres points de la France et ne paraît nulle part mieux fondée. Le plus léger examen prouve indubitablement que le chêne a fait à peu près partout les frais de ces charpentes réputées indestructibles ; que celles en châtaignier véritable sont aussi chimériques que les forêts qui les auraient produites (1) et qu'un grand hiver, celui de 1709, par exemple, aurait, dit-on, anéanties.

Le châtaignier a l'avantage de présenter fort peu d'aubier, 2 à 4 couches seulement, et conséquemment d'acquérir beaucoup plus vite que le chêne les qualités d'un bois parfait. Mais il a une très-grande disposition à se rouler et à s'altérer au cœur, de sorte que, au moins en France, on ne peut en obtenir de pièces saines d'un fort équarrissage. Employé à couvert, à l'abri des variations atmosphériques, il a de la durée ; mais il pourrit promptement sous des alternatives de sécheresse et d'humidité. Il est bon bois de fente et fournit un merrain estimé. Exploité en taillis, il occupe le premier rang pour la fabrication des échalas et des cercles de futailles ; en Alsace, il se paie, pour ce premier usage, un quart en sus du chêne (*de Salomon*).

Densité.

La densité du bois de châtaignier reste beaucoup en dessous de celle du chêne ; relevée sur dix échantillons complétement desséchés à l'air et d'origines diverses, elle varie de 0,551 à 0,742 (*Coll. Éc. For.*).

Valeur calorifique.

En conséquence de cette densité peu élevée, le châtaignier, considéré comme bois de chauffage, reste aussi inférieur au chêne, avec lequel il partage l'inconvénient d'éclater au feu et de produire un charbon qui noircit rapidement.

Le charbon est diversement apprécié ; il sert néanmoins à la forge dans les pays où cet arbre est abondant.

Produits divers.

L'écorce est très-peu riche en tannin et n'est point utilisée à cet égard ; mais le bois, réduit en sciure grossière et soumis à une ébullition prolongée dans l'eau, donne une matière, qui, livrée au commerce à l'état liquide, pulvérulent ou solide, sous le nom impropre

(1) M. S. des Estangs, sous-inspecteur des forêts, a constaté en effet que toutes les charpentes, prétendues en châtaignier, des édifices de Troyes, Reims, Sens et Chartres, sont en chêne. (*Annales forestières*, t. VI, p. 189.)

d'acide gallique, sert à teindre en noir et à charger les étoffes de soie.

La châtaigne est un des produits les plus importants, souvent le principal de cette essence; elle est la base de l'alimentation des populations pauvres du plateau central de la France et de la Corse. Améliorée par la culture, plus grosse et régulièrement arrondie, par suite de son isolement dans l'involucre, elle constitue le marron, dont on connaît un grand nombre de variétés, qui toutes se propagent par la greffe sur le châtaignier commun.

GENRE III. — CHÊNE. *QUERCUS. Tournef.*

Fleurs mâles en chatons cylindriques, grêles, lâches, interrompus, pendants, sortant par faisceaux des bourgeons axillaires de l'extrémité de la pousse de l'année précédente, ou naissant solitaires à la base des pousses de l'année, à l'aisselle des feuilles ou de 2 écailles stipulaires caduques; chaque fleur, bractéolée, composée d'un périgone de 5-9 folioles plus ou moins réunies par leur base et de 5-9 étamines, à anthères biloculaires, extrorses. Fleurs femelles sessiles, naissant en petit nombre, agglomérées ou espacées sur un axe court ou allongé, dressé, défini, solitaire à l'aisselle des feuilles de l'extrémité de la pousse de l'année; chacune d'elles unique dans un involucre formé de petites et nombreuses écailles imbriquées et accompagné à la base de 1-3 bractéoles; périgone adhérent, à très-petites dents libres; ovaire infère, 3-loculaire, dont chaque loge est biovulée, surmonté par 1 style et 3 stigmates rouges. Gland ovoïde, apiculé au sommet, à involucre cupuliforme, écailleux, à péricarpe coriace, mince, luisant; généralement uniloculaire et monosperme par avortement; cotylédons épais et charnus, plans-convexes, féculents, hypogés dans la germination. — Arbres à feuilles simples, spiralées suivant l'indice $\frac{2}{5}$, caduques ou persistantes, à maturation annuelle ou bisannuelle; se reconnaissant entre tous les végétaux forestiers par les bourgeons latéraux, dont les plus élevés de chaque pousse restent rapprochés entre eux et agglomérés à la base du bourgeon terminal. Ces bourgeons sont revêtus d'écailles nombreuses, stipulaires, imbriquées-spiralées, superposées en 5 séries longitudinales.

Bois. — Tissu fibreux très-serré, à parois épaisses, de consistance presque cornée, dominant au bord externe. Rayons inégaux, les uns épais ou très-épais, hauts, assez espacés, produisant, par un débit convenable, de larges maillures nacrées, plus claires ou plus sombres que le tissu fondamental, suivant l'aspect; les autres très-minces et serrés. Vaisseaux le plus souvent inégaux, gros et serrés dans le bois de printemps, où ils forment une zone poreuse très-apparente; fins, espacés et disposés en bandes longitudinales flexueuses et rayonnantes dans le bois d'automne. Parenchyme ligneux féculifère, abondant, blanchâtre, associé aux vaisseaux dans la zone poreuse et dans les groupes rayonnants, subdivisant en outre chaque couche annuelle en zones assez nombreuses, par des lignes concentriques festonnées et plus claires, surtout apparentes dans les bois du Midi. Canal médullaire en étoile pentagonale. — Bois lourds, durs, nerveux, à aubier blanc assez abondant, nettement distinct; d'un fauve clair ou foncé à l'état parfait; formés d'accroissements très-apparents. Quelques espèces ont toutefois les vaisseaux égaux et fins; elles ne présentent point alors de zone poreuse de printemps et les couches annuelles ne peuvent en être le plus souvent discernées; l'aubier, mal caractérisé, se fond chez elles insensiblement avec le bois parfait.

Le genre chêne appartient presque entièrement à l'hémisphère boréal, dont il habite les plaines et les collines des régions tempérées ou les hautes montagnes des contrées équatoriales. Les espèces en sont nombreuses et s'élèvent à 261 dans le Prodrome de de Candolle. Comme c'est le cas pour les genres très-naturels, la délimitation en est pleine de difficultés et d'incertitudes. C'est à lui que se rapportent les arbres les plus majestueux de nos forêts, sinon par la hauteur, du moins par le caractère de force que leur impriment une tige robuste, une ramification puissante; à ces espèces de grande taille, s'en ajoutent d'autres de dimensions plus humbles, et quelques-unes de ces dernières restent toujours à l'état d'arbrisseaux chétifs et buissonnants. Port

Les chênes exigent une insolation directe pour s'accroître; aucun d'eux ne résiste à l'action du couvert. Il résulte de ce tempérament que les bourgeons les plus élevés et les mieux éclairés se développent seuls, que tous les autres restent stationnaires ou proventifs, que Couvert.

la ramification est claire, le feuillage peu abondant, le couvert léger.

Rejets. Non-seulement les bourgeons proventifs sont nombreux, mais ils conservent leur vitalité jusqu'à un âge fort avancé, parfois au delà de 100 ans. Cette double circonstance explique l'aptitude très-prononcée des arbres de ce genre à se couvrir de branches gourmandes et à repousser abondamment de souche lorsqu'on a placé ces bourgeons dans des conditions meilleures, soit que, par l'éclaircissement des massifs, on leur ait assuré une participation plus directe à l'action solaire, soit que, par la coupe ou la taille des arbres et la suppression de tous les bourgeons actifs qui en est la conséquence, ils aient pu prendre une plus large part d'alimentation.

C'est par la même cause que le chêne répare facilement les accidents survenus dans sa cime et remplace par des rameaux jeunes et vigoureux les quelques branches dont les vents, le givre, la gelée, ont pu déterminer la mort.

Enracinement. La racine des jeunes plants se compose d'un pivot simple et remarquablement allongé ; cette disposition à pivoter se maintient plus ou moins longtemps suivant les espèces, mais en tout cas l'enracinement est puissant.

Toutefois, le chêne approprie ce dernier à la profondeur des sols sur lesquels il croît, non sans souffrir dans sa végétation et dans ses dimensions lorsqu'il doit le maintenir superficiel.

Feuillage. Le feuillage des espèces septentrionales se dessèche à l'automne et tombe immédiatement ou persiste desséché jusqu'au printemps suivant, surtout sur les jeunes plants ou rejets et sur les branches gourmandes. Chez la plupart des espèces méridionales, il se maintient vert pendant plusieurs années ; il est persistant.

Les arbres de ce genre, jeunes et vigoureux, sont très-sujets à produire, en juin et en juillet, de nouvelles pousses et de nouvelles feuilles, souvent plus grandes que celles du printemps. Ils forment ainsi en une seule année deux générations de rameaux.

Station. Les pays de plaines ou de coteaux sont ceux où les

chênes prospèrent ; dans la plus grande partie de la France, ils ne se rencontrent point dans les régions montagneuses, ou au moins ils n'y pénètrent qu'à l'état de dissémination et sans atteindre jamais une grande altitude. Cependant, en s'avançant vers le Sud, on voit leur station s'élever de plus en plus ; en Algérie, le chêne zeen prospère encore à 1,400 mètres et plus au-dessus du niveau de la mer.

Sol.

Les préférences à l'égard du sol varient suivant les espèces et se règlent, en partie du moins, sur la nature du feuillage. Tendre et herbacé, produisant en conséquence une transpiration abondante, il rendra l'espèce exigeante sous le rapport de la fraîcheur du sol (chêne pédonculé). Cette exigence sera moindre à mesure que le feuille prendra de la consistance (chêne rouvre) ; elle sera très-faible dès que les organes foliacés, devenus persistants et coriaces, ne seront plus le siége d'une active transpiration (chêne yeuse).

Glands.

Rien n'est moins stable que la grosseur et la forme des glands, même pour des chênes d'une seule espèce ; leurs différences en longueur et en diamètre vont du simple au quadruple. Généralement ovoïdes, ils présentent toutes les transitions entre les formes cylindriques et globuleuses, sont tantôt obtus au sommet, tantôt plus ou moins aigus. Il ne faut pas attacher plus d'importance à leur nombre, car ils peuvent être solitaire ou agglomérés par 2-6 sur un seul axe, qui lui-même s'allonge ou reste très-court. Il n'en est pas de même de la maturation, qui peut être annuelle ou bisannuelle ; dans ae dernier cas, le gland grossit à peine pendant l'année de la floraison, et c'est sur le rameau de seconde année qu'il est inséré à son complet développement. La dissémination est toujours automnale. Si le gland, après sa chute, n'est abrité par les feuilles mortes, il périt souvent sous l'action des gelées d'hiver.

Les glands que l'on conserve sont sujets à se dessécher entièrement et à perdre ainsi toute vitalité ; d'un autre côté, leur substance féculente, dont l'état d'agrégation est sans doute peu avancé, se transforme très-aisément en matière sucrée sous l'influence d'une légère humidité et de la moindre température (3-4° au-dessus de 0°), et détermine une germination anticipée. Si, pour éviter cet inconvénient, on les place sous l'eau, ils se trouvent exposés à fermenter dès que la température s'élève un peu, et comme ils ne disposent pas d'assez d'oxygène, cette fermentation n'en provoque pas la germination, mais engendre des produits acides noirâtres (acide humique) et la pourriture complète. Cet accident survient aussi dans les semis, lorsque les glands sont enterrés profondément, lorsque la terre est très-compacte ou fortement humide, ou bien encore lorsque sa surface s'est tassée et durcie et a perdu toute perméabilité pour l'air. Il résulte de ces circonstances que les glands ne se conservent que difficilement et pas au delà du printemps.

Germination. La germination est prompte et a lieu, pour peu que la température soit douce encore, à l'automne même de la dissémination ; mais le plant n'a point habituellement le temps de se développer et bien des glands chez lesquels ce travail est commencé perdent leur vitalité par les froids rigoureux de l'hiver. Semés en automne et convenablement recouverts, ils germent au premier printemps ; semés en cette dernière saison, ils germent au bout de 4-5 semaines. La radicule apparaît la première sous forme d'un long pivot simple qui s'enfonce dans le sol ; 8 jours après seulement, la plumule se dégage et s'élève dans l'air en produisant immédiatement des feuilles alternes et caractéristiques ; quant aux cotylédons, ils sont *hypogés*, c'est-à-dire qu'après s'être épuisés de toute leur substance alimentaire au profit de l'embryon, ils restent en terre et finissent par y pourrir. Le jeune plant a acquis à la fin de l'année 1-2 décimètres de hauteur au plus.

Il n'est pas rare que, en raison de la basse température sous laquelle germent les glands, ils aient à l'époque du semis une radicule déjà plus ou moins saillante et souvent brisée, à cause de sa fragilité. De semblables glands ne doivent pas être rejetés ; ils produisent des plants qui, au lieu d'avoir un long et unique pivot, sont pourvus de racines latérales, d'un chevelu abondant, et offrent plus de facilités pour l'extraction et la transplantation.

On voit parfois un seul gland donner naissance à plusieurs radicules et à plusieurs plants distincts, jusqu'à 6. Ce fait n'a rien de surprenant, si l'on se rappelle que ce gland provient d'un ovaire à trois loges biovulées et qu'il n'est monosperme que par suite d'avortement; ceux-ci sont à la vérité assez constants, mais néanmoins ils peuvent ne pas se produire, soit en partie, soit en totalité.

Les glands renferment beaucoup de fécule et sont souvent alimentaires; cependant dans les contrées du Nord ils ont un goût d'une âpreté prononcée et ne peuvent convenir qu'à la nourriture du bétail et surtout à l'engraissement des porcs; dans le Midi, cette âpreté disparaît souvent et fait place à une saveur douce et agréable, analogue à celle de la châtaigne. L'on ne peut établir aucune distinction spécifique sur cette différence, qui se produit fréquemment sur des chênes de même espèce et parfois sur un pied unique. On peut en extraire de l'alcool, comme de toutes les matières amylacées; on les emploie quelquefois torréfiés comme succédanés du café.

L'écorce offre deux types bien distincts. Dans l'un, le liber s'accroît activement pendant toute la vie, mais à un certain âge il se produit, dans ses feuillets extérieurs, des lames nombreuses de périderme qui déterminent la mort de l'enveloppe subéreuse et de l'enveloppe herbacée et forment un rhytidome épais, noirâtre, plus ou moins profondément et largement gerçuré, suivant les espèces. Dans l'autre, toute l'activité de la végétation corticale se porte sur l'enveloppe subéreuse, qui ne cesse de s'épaissir par la face interne et devient le liége véritable; l'enveloppe herbacée et le liber, qui se trouvent en dessous, restent vivants, mais sans s'accroître beaucoup et sans qu'il s'organise jamais de lames de périderme dans leur intérieur. Écorce.

Les chênes renferment abondamment, dans le tissu cellulaire de la plupart de leurs organes, des substances astringentes dites tannins, qui dérivent de l'acide tan- Tannin.

nique, se combinent avec les peaux et les transforment en cuir. L'écorce active en est particulièrement pénétrée et fournit presque tout le *tan* que l'on emploie en France pour la préparation des cuirs.

Le tannin existe aussi dans les cupules en proportion considérable, et quand celles-ci sont abondantes et volumineuses, comme c'est le cas dans un chêne de l'Orient, le chêne Vélani (*Quercus Ægilops. Lin.*), elles sont l'objet d'un commerce assez important sous le nom de Vélanèdes. Enfin, les excroissances ou galles si diverses et si nombreuses que produisent sur les divers organes des chênes les piqûres de plusieurs insectes du genre *Cynips*, sont également riches en ce principe ; telles sont particulièrement les noix de galles produites dans le Levant, sur les rameaux du Chêne à galles (*Quercus infectoria, Lin.*), par le *Cynips de la noix des teinturiers* (*Cynips gallæ tinctoriæ. Lin.*) et celles de la cupule du gland du chêne pédonculé, provoquées dans toute l'Europe orientale par le *Cynips de la cupule* (*Cynips quercus-calycis. Ratz.*). Ces deux galles sont recueillies avec soin et servent à la préparation des teintures noires, de l'encre particulièrement.

On observe de grandes différences dans la valeur du tan, suivant les espèces qui le fournissent. Cette valeur s'accroît en général à mesure que la latitude devient plus méridionale et que le développement cortical se fait avec plus d'activité, ce qui se traduit par l'épaisseur considérable que peut atteindre l'écorce des vieux arbres. C'est pour ces motifs que les chênes à feuilles persistantes du Sud produisent un meilleur tan que les chênes à feuilles caduques du Nord ; que parmi les premiers le chêne liége est préféré, tandis que parmi les seconds le chêne tauzin et le chêne chevelu passent avant le chêne rouvre et le chêne pédonculé, lors même que les conditions de leur croissance se sont trouvées identiques sous tous les rapports. Des différences semblables se présentent dans les écorces d'une même espèce, suivant l'âge et les circonstances sous lesquelles les arbres se sont développés. Une végétation active, produisant une écorce épaisse et séveuse, lisse et argentée à la surface, en accroît la qualité ; une exposition vivement et longtemps éclairée favorise la production et la concentration du tannin ; l'âge enfin, en faisant passer les portions externes à l'état inerte, les prive de séve, par conséquent de matière astringente, et en amoindrit la valeur.

Les chiffres suivants donnent une idée générale de la teneur en tannin des écorces et de quelques autres organes des chênes :

L'écorce entière d'un vieux chêne	(pédonculé)		6,3. p. 100	(Davy).
Le rhytidome	—	—	4	—
Le liber actif	—	—	15	—
Le liber d'un jeune chêne		—	16	—
La noix de galle	—	—	26	—

Il faut, d'après Hermbstaedt, pour tanner $0^k,50$ de peau desséchée :

$3^k,27$ de jeune écorce,
$2^k,92$ de fruits,
$4^k,58$ de feuilles.

Dosage du tannin.

Il peut être utile de déterminer la richesse d'une écorce en tannin ou de comparer entre elles les écorces de diverses provenances, afin d'en régler la valeur vénale ; on y parviendra aisément par le procédé de MM. Muntz et Ramspacher, fondé sur ce principe qu'une solution lentement filtrée, par une pression modérée, à travers un morceau de peau épilée et humide, lui abandonne tout son tannin, tandis que les autres matières qui s'y trouvent mélangées traversent le tissu animal sans être aucunement retenues par lui.

Si donc on évapore à sec et à la température de 100° une quantité déterminée d'une solution non filtrée de l'écorce ou du tan à éprouver, soit par exemple 25 centimètres cubes, et une égale quantité de la même solution filtrée, on aura le poids exact de la matière tannante absorbée par la peau, conséquemment utile, en retranchant le poids du second résidu de celui du premier.

Le calcul le plus simple permet de conclure de ce poids du tannin contenu dans 25 centimètres cubes, celui du tannin de toute la solution et d'en déduire la teneur en ce principe de 100 parties de l'écorce ou du tan soumis à l'analyse.

Le tannin, suivant l'origine, présente quelque diversité dans ses réactions. Le plus souvent il fermente en présence des matières azotées et sous l'influence de l'air, de l'eau et d'une certaine chaleur, absorbe de l'oxygène, exhale de l'acide carbonique et se transforme en acide gallique. Celui-ci peut bien encore produire des teintures noires quand on le met en contact avec des sels de fer, mais il ne s'unit plus à la gélatine et ne peut servir au tannage.

Le tannin de l'écorce du chêne n'est point sujet à cet inconvénient ; mais comme il est soluble, il n'en est pas moins important de garantir les écorces de l'humidité et de les dessécher promptement.

L'écorce pulvérisée qui, sous le nom de *tan*, a servi au tannage, prend le nom de *tannée* et s'emploie comme combustible, sous forme de *mottes*. Elle est, en outre, recherchée des horticulteurs pour faire des couches dans lesquelles on place les pots de fleurs ; la lente fermentation qui s'y développe produit une douce chaleur, très-favorable à la bonne venue des plantes délicates.

Bois. Le bois de chêne n'est au premier rang pour aucune des propriétés qui distinguent la matière ligneuse ; il n'est ni le plus lourd, ni le plus dur, ni le plus souple, ni même le plus nerveux des bois ; mais il réunit toutes ces qualités dans une telle mesure, il présente une telle durée employé à l'air ou dans l'eau, il peut acquérir de telles dimensions, qu'il est sans contredit le plus précieux de tous ceux que produisent nos forêts et que, parmi les essences exotiques, il en est bien peu qui l'égalent pour les usages auxquels on l'emploie. Il est par excellence le bois des constructions navales, hydrauliques, civiles et militaires ; il fournit aux usines les arbres de couche des moteurs et toutes les pièces des machines qui exigent de la force et de la durée ; il donne les meilleures traverses de chemins de fer, et c'est sa rareté et son haut prix qui lui font actuellement substituer d'autres essences qu'il est nécessaire d'injecter de matières préservatrices avant de les mettre en œuvre. Le charronnage et la menuiserie l'emploient à des usages nombreux, rais, parquets, meubles ; l'ébénisterie en tire un très-bon parti sous forme de placage débité sur mailles, la tonnellerie en consomme une très-grande quantité à l'état de merrain, l'agriculture en fabrique la plupart de ses instruments aratoires ; on en fait enfin des échalas, des lattes, des treillages, etc., etc.

A ces emplois variés correspondent des qualités diverses, subordonnées à l'espèce d'abord, puis aux conditions de sol, de climat, de massif ou d'isolement dans lesquelles les arbres se sont accrus.

Cette dernière circonstance est d'une grande influence. Le chêne qui a crû isolé ou sur taillis produit un bois plus lourd, plus dur, plus nerveux que celui des futaies en massif, dont la fibre est en revanche plus droite et plus régulière. Aux constructions maritimes conviendra surtout le premier, tandis que le second sera plutôt un bois de travail et de fente.

L'épaisseur des couches annuelles, par cela même qu'elle est l'expression des circonstances sous lesquelles les chênes se développent, permet jusqu'à un certain degré d'apprécier la valeur et l'emploi de leur bois. La zone poreuse, en effet, ne manque jamais dans les bois des espèces importantes et, quelle que soit la largeur des accroissements, elle varie peu en épaisseur. La zone externe, essentiellement formée de tissus serrés, fortement lignifiés, est au contraire extrêmement variable : nulle ou à peu près dans les bois de végétation très-lente, elle se développe largement et devient dominante dans ceux qui s'accroissent avec rapidité. Les bois à couches minces sont donc relativement légers, tendres (gras) et poreux, tandis que ceux dont les accroissements annuels sont épais deviennent lourds, durs et nerveux.

Il faut se garder, toutefois, d'exagérer ce principe et de ne juger la valeur d'un chêne que par le mode de végétation ; un bois de taillis de provenance méridionale peut, malgré de faibles accroissements, posséder une densité supérieure à celle d'un bois du Nord, de rapide végétation, surtout si celui-ci a été élevé en massif. En toute rigueur, ce principe n'est vrai que pour le bois des diverses régions d'un même arbre.

Le bois parfait a seul les excellentes qualités qui viennent d'être énumérées ; l'aubier, dont les larges rayons et l'abondant parenchyme ligneux sont remplis de matières féculentes ou sucrées, suivant la saison, est au contraire rapidement attaqué par la vermoulure dans les lieux secs, par la pourriture et les champignons dans les lieux humides ; il doit toujours être rejeté. Pour aucune essence cette différence n'est aussi prononcée que dans les chênes.

Le bois de chêne a une puissance calorifique élevée, qui s'accroît naturellement avec la densité ; mais sa valeur vénale ne lui est pas partout proportionnelle, parce que souvent le mode de combustion offre, pour quelques espèces (chêne rouvre et chêne pédonculé), certains inconvénients, tels que ceux d'éclater, d'exiger un tirage actif, de produire une braise qui noircit aisément. Cette valeur se relève pour les charbons, qui sont tous de bonne qualité.

Ennemis. Les chênes sont peut-être, parmi les végétaux indigènes, ceux qui nourrissent le plus d'insectes ; il est rare toutefois qu'ils succombent sous leurs atteintes, qui prennent rarement un caractère contagieux.

I. — *Insectes attaquant les feuilles.*

Hannetons. — Les hannetons semblent préférer les feuilles des chênes à celles de tous les autres végétaux et les dévorent quelquefois complétement ; il en résulte rarement la mort de l'arbre, mais simplement une notable diminution de la production ligneuse.

Orchestre du chêne (*Orchestes quercûs. Lin.*). — La larve, blanche et apode de ce petit charançon sauteur, évide les feuilles de leur parenchyme, sans toucher aux lames d'épiderme, et y détermine en plein été de nombreuses et larges taches blanches.

Bombyce processionnaire (*Bombyx processionea. Lin.*).

— La chenille longuement poilue, à 16 pattes, de ce bombyce vit en société dans un nid commun, marche dans un ordre de procession remarquable, dépouille les arbres de leurs feuilles et infeste l'air de poils qui déterminent chez l'homme et chez les animaux des inflammations très-violentes.

Les *Liparis disparate, cul-doré, cul-brun, Bombyces livrée, laineux*, l'*Orgye pudibonde*, quelques *Phalènes* ou *Géomètres* déjà cités parmi les lépidoptères qui nuisent aux arbres fruitiers (voir page 120), attaquent aussi le feuillage des chênes.

Pyrale verte (*Tortrix viridana. Lin.*). — La chenille de ce petit lépidoptère vit dans l'intérieur des bourgeons et en dévore le feuillage naissant. Elle a seize pattes, est d'un vert-jaune, marquée de petites verrues noires.

Teigne déprimée (*Tinea complanella. Hubn.*). — La petite chenille de ce lépidoptère vit dans le duplicata de l'épiderme, détruit le parenchyme et produit des taches blanchâtres, vésiculeuses, quelquefois très-nombreuses.

II. — *Insectes vivant entre l'écorce et le bois.*

Scolyte embrouillé (*Eccoptogaster intricatus. Koch.*). — Ce xylophage creuse une galerie ovifère transversale, de laquelle partent, vers le haut et vers le bas, les galeries des larves ; il s'est parfois montré très-nuisible.

Bostriche velu (*Dryocœtes villosus. Fab.*). — Les galeries ressemblent à celles du scolyte précédent, mais les chambres de métamorphose en nymphes restent en entier ouvertes dans le liber.

III. — *Insectes vivant dans le corps ligneux.*

Bupreste bifascié (*Corœbus bifasciatus. Oliv.*). — La larve blanche et apode de ce bupreste creuse dans le bois des rejets ou des branches une longue galerie flexueuse, remplie de vermoulure, qui part de l'extrémité et se prolonge de haut en bas pour se terminer sous l'écorce par une galerie annulaire qui entaille tout le pourtour de l'aubier et fait mourir les parties supérieures.

Bostriche monographe (*Xyloborus monographus. Ratz.*). *Bostriche dryographe* (*Xyloborus dryographus. Erichs.*). — Ces deux xylophages pénètrent dans le bois et y creusent des galeries fines, circulaires, semblables à des piqûres d'aiguilles.

Platype cylindrique (*Platypus cylindrus. Fab.*). — La larve crible le bois de chêne, même à l'état parfait et lorsqu'il est débité, de nombreuses galeries un peu plus grandes que celles des bostriches qui précèdent.

Lyméxylon naval (*Lymexylon navale. Lin.*). — Cet insecte attaque particulièrement le chêne conservé dans les chantiers ; il y pratique, surtout dans le sens longitudinal, de nombreuses galeries qui déprécient le bois ou même le mettent hors d'usage.

Grand Capricorne (*Cerambyx heros. Lin.*). — La larve, blafarde, charnue, à six pattes, de ce longicorne, connue sous le nom de gros vers blanc du chêne, perfore la tige des arbres âgés de larges galeries irrégulières, à section elliptique, parfois assez grandes pour qu'on y introduise le doigt.

Cossus gâte-bois (*Cossus ligniperda. Fab.*).

IV. — *Insectes vivant dans les glands.*

Les glands des chênes sont souvent véreux ; ils tombent dans ce cas prématurément et sont bientôt troués par une larve blanche, apode, qui pénètre dans la terre pour y subir sa métamorphose. Cette larve appartient à un *Balanine* (*Balaninus glandium*, Marsh., et *Balaninus turbatus*, Gyll.), genre de charançons remarquables par leur trompe fine et très-allongée.

V. — *Insectes produisant des galles.*

Les divers organes des chênes sont piqués par de nombreuses espèces de *Cynips*, qui y déposent leur ponte. Ces piqûres déterminent la production de galles souvent très-remarquables, dont les formes varient à l'infini, quoiqu'elles restent constantes avec l'insecte qui les provoque et l'organe qui les produit. On en connaît une centaine d'espèces dont l'énumération ne peut trouver place ici. Celles qui se rencontrent en France ne sont l'objet d'aucune récolte.

A. Feuilles caduques, soit en automne, soit au premier printemps, presque toujours membraneuses, sinuées-lobées, pinnatifides ou crénelées.
  B. Glands à maturation annuelle, placés sur les ramules feuillés de l'année ; cupules à écailles apprimées.
    C. Feuilles glabres ou plus ou moins pubescentes en dessous à l'état adulte ; racines non drageonnantes.
      D. Feuilles totalement glabres, subsessiles ; style allongé en colonne ; axe fructifère allongé, grêle et glabre, le plus souvent pendant à la maturité ; écailles de la cupule largement triangulaires au sommet . C. PÉDONCULÉ. 1
      D'. Feuilles pétiolées, plus ou moins pubescentes en dessous, au moins aux aisselles des nervures ; style nul ; axe fructifère nul ou faiblement allongé, robuste, dressé, pubescent, dépassant rarement la longueur du pétiole ; écailles de la cupule longuement triangulaires au sommet . . C. ROUVRE. . 2
    C'. Feuilles adultes mollement et densément tomenteuses en dessous, parsemées en dessus de poils rameux étoilés ; racines abondamment drageonnantes . . . . C. TAUZIN . . 3
  B'. Glands à maturation bisannuelle, placés sur les ramules défeuillés de 2e année ; cupule à écailles allongées, saillantes. Écailles extérieures des bourgeons et stipules longtemps persistantes, allongées-subulées.
    C. Feuilles peu coriaces, caduques ; concolores sur les deux faces. . . . . C. CHEVELU. . 4
    C'. Feuilles coriaces, subpersistantes ; vertes en dessus, blanchâtres en dessous. . . . . . C. FAUX-LIÈGE. 5
A'. Feuilles persistantes, restant vertes 1-3 ans ; coriaces, très-entières ou dentées-épineuses.
  B. Glands à maturation annuelle, placés sur les ramules de l'année.
    C. Écorce non subéreuse ; cupule à écailles apprimées . . . . C. YEUSE . . 6
    C'. Écorce subéreuse ; cupule à écailles légèrement saillantes, d'autant plus longues qu'elles sont plus élevées ; les supérieures molles et dressées . . . . C. LIÈGE. . . 7

B'. Glands à maturation bisannuelle, placés sur les ramules, nus ou feuillés, de la 2° année.

C. Arbre à écorce subéreuse. Feuilles entières ou dentées-épineuses, grises-tomenteuses en dessous. — Cupule à écailles apprimées; les inférieures légèrement prismatiques et réfléchies à leur base . . . . C. OCCIDENTAL. 8

C'. Arbrisseau à écorce non subéreuse; feuilles toujours dentées-épineuses, vertes, glabres et luisantes en dessous. — Écailles de la cupule généralement prolongées en pointes courtes et rigides, presque vulnérantes . . C. KERMÈS. . 9

SECTION I. — *Chênes à feuilles caduques et à maturation annuelle.*

Feuilles sinuées-lobées ou-partites, à lobes arrondis ou aigus; glands à cupule lisse ou, au plus, tuberculeuse.

1. Chêne pédonculé. QUERCUS PEDUNCULATA. Ehrh. *Q. robur. Lin Q. racemosa. Lam. Duhamel.* Chêne blanc (Gironde, Landes, Picardie); Chêne à grappes; Chêne femelle; Gravelin; Chågne (France centrale); Chêne noir (dans le Blaisois).

Feuilles brièvement pétiolées ou subsessiles, obovales-oblongues, dont le plus grand diamètre correspond aux deux tiers du limbe, rarement symétriques, se rétrécissant insensiblement jusqu'à la base, toujours formée de 2 petites oreillettes échancrées et contournées, sinueuses ou pennatilobées, à 4-5 lobes entiers, irréguliers, arrondis, obtus ou même légèrement échancrés au sommet, mutiques; de consistance herbacée, d'un vert clair, mat ou à peine luisant en dessus, un peu glauques en dessous, rougeâtres dans la première jeunesse, presque toujours entièrement glabres sur les deux faces, même aux aisselles des nervures, qui sont irrégulières et rameuses. Fleurs femelles éparses sur un axe allongé, grêle, souvent coudé, glabre; chacune d'elles terminée par un style cylindrique, en colonne, entouré vers son milieu d'un anneau formé par les dents libres du périgone et surmonté par des stigmates d'un rouge-noirâtre, généralement au nombre de 3, assez profondément séparés, dressés, d'égale largeur et dont l'extrémité seule est réfléchie en dehors sous forme de bourrelet. Glands variables, mais le plus souvent ovoïdes-oblongs, de 20-40 millim. de long sur 7-24 millim. de large, revêtus d'un péricarpe mince, lisse, luisant, parfois longitudinalement rayé de brun, insérés au nombre de 1-5, sur un axe commun, allongé, grêle, généralement pendant. Cupule hémisphérique, plus ou moins embrassante, à écailles planes-apprimées, relativement peu nombreuses, largement triangulaires, brusquement rétrécies et émoussées à l'extrémité, brunes et glabres ou très-faiblement et courtement grisâtres-tomenteuses. — Arbre de très-grande taille, dont la cime est composée de quelques grosses et longues branches principales, plusieurs fois et irrégulièrement coudées, garnies de rameaux peu nombreux, sur lesquels le feuillage, d'une teinte générale claire, glauque et mate, est ramassé en touffes que séparent de grands espaces vides. Commun dans tout le nord, l'est, l'ouest, le sud-ouest et le centre de la France, où il forme des forêts importantes, rarement des futaies pures; se plaît particulièrement dans les plaines à sol frais ou même humide; se trouve en mélange avec le chêne rouvre dans les pays accidentés de coteaux et de collines, s'élève même dans les régions montagneuses, à la faveur de l'humidité qui y règne. Flor., fin d'avril et commencement de mai. Fructif., annuelle, fin de septembre à mi-octobre.

Var. α. *Chêne pédonculé pyramidal. Q. fastigiata. Lam. Chêne Cyprès.* Rameaux grêles et redressés contre la tige, qu'ils garnissent presque depuis la base, en formant une longue cime étroite, analogue à celle du peuplier d'Italie. Fréquemment cultivé (1).

Le chêne pédonculé est une espèce nettement caractérisée, qui atteint les dimensions les plus considérables. Il présente, dans sa jeunesse et jusque vers 40-50 ans, une tige irrégulière, anguleusement dressée; plus tard, le fût devient droit, cylindrique et parvient quelquefois, sous branches, à une hauteur de 20 mètres. Cet arbre peut arriver à une élévation totale de 40-45 mètres, et même de 58 mètres, et acquérir une énorme circonférence, grâce à une longévité très-élevée. Le chêne de Montravail, près de Saintes (Charente-Inférieure), a 6-7 mètres de diamètre à hauteur d'homme; ses branches principales mesurent 1 mètre de diamètre à leur base; la hauteur totale est de 20 mètres, l'envergure de 40 mètres; on porte son âge à 2,000 ans. Taille.

La ramification du chêne pédonculé présente un cachet particulier qui permet souvent de le distinguer de loin. Au lieu d'être composée d'une succession de branches d'un ordre décroissant, qui passent insensiblement des plus fortes aux plus faibles et, par l'allongement des entre-nœuds, assurent une égale répartition du feuillage, la cime du chêne pédonculé n'est formée que de quelques grosses branches irrégulièrement coudées et con- Port.

(1) Le chêne pyramidal n'est certainement qu'une variété du chêne pédonculé. Une trentaine de glands que j'ai recueillis sur des chênes pyramidaux et mis en terre, n'ont reproduit qu'une douzaine de ces derniers; tous les autres ont donné des chênes à rameaux étalés.

tournées, portant sans transition des rameaux et ramules rapprochés et peu allongés, un feuillage très-inégalement réparti par touffes entre lesquelles on aperçoit de larges et nombreuses trouées. L'avortement fréquent des bourgeons terminaux, l'allongement qui se continue en zigzag par les latéraux, le faible développement des entre-nœuds et l'agglomération des bourgeons et des jeunes pousses, qui en est la conséquence, produisent cette ramification caractéristique.

Couvert. Le couvert est par ce motif incomplet, inférieur encore à celui du chêne rouvre.

Feuilles. La feuille du chêne pédonculé, plus caduque que celle du chêne rouvre, se dessèche à la fin de l'automne et tombe immédiatement, si ce n'est celle des rejets de taillis et des branches gourmandes des vieux arbres qui est marcescente. D'un vert clair, parfois rougeâtre ou jaunâtre au commencement de l'été, elle est peu luisante ou tout à fait mate, et présente, dans son ensemble, une teinte glauque assez prononcée ; elle est fréquemment ondulée, plus rarement plane ; enfin sa consistance est herbacée et devient à peine coriace lors de son développement complet. A l'état vert et cueillie en septembre, son poids est en moyenne à celui des feuilles du chêne rouvre, pour des surfaces égales, comme 34 : 40 (A. Mathieu). Employée comme engrais en agriculture, on estime (T. Hartig) que, bien desséchée, il en faut 300-350 kilogr. pour équivaloir à 100 kilogr. de paille.

Le chêne pédonculé est, d'après ce qui précède, bien moins propre que le chêne rouvre à former des peuplements sans mélange, puisqu'il a, d'une part, le couvert plus léger, et d'autre part, les détritus moins abondants. Aussi les futaies pleines de chêne pur et en bel état de croissance sont-elles constituées par cette dernière essence et quand, çà et là, quelques petits massifs sont formés par le chêne pédonculé seul, il est rare qu'ils présentent un aspect satisfaisant (1). Cette espèce paraît

(1) Voir le mémoire de M. L. Dubois, inspecteur des forêts : *Considérations culturales sur les futaies de chênes du Blésois*. Blois, 1856.

éminemment propre aux futaies sur taillis en sols argileux, humides, et aux futaies mélangées d'essences à couvert complet ; mais il faut lui préférer le chêne rouvre toutes les fois que, par une dérogation aux règles de culture sur les essences à couvert léger et à détritus faibles, on procède à des travaux de repeuplement en chêne sans y introduire de mélange.

Le chêne pédonculé fructifie vers 60-100 ans, suivant qu'il est isolé ou en massif ; les rejets de souche portent même des glands dès l'âge de 20 ans ; mais les glandées abondantes n'apparaissent que tous les 3-4 ans et même 8-10 ans, suivant que le climat est plus ou moins convenable. Il est rare néanmoins qu'il y ait manque absolu de glands, comme cela arrive pour le hêtre dans l'intervalle des faînées ; l'on en trouve toujours quelques-uns sur les arbres isolés et de lisière. Fructification.

La germination des glands est prompte et se produit sous une basse température (3°-4° au-dessus de 0°) ; la conservation en est difficile, même jusqu'au printemps. L'hectolitre pèse en moyenne 50 kilogr. et contient environ 22-26,000 de ces fruits. Germination.

La racine du chêne pédonculé est essentiellement pivotante dans la jeunesse ; à 1 an, elle atteint souvent $0^m,30$ de longueur. Vers 6-8 ans seulement, elle produit quelques racines latérales ; à 60-70 ans, ces dernières prennent le dessus et, plus tard, le pivot n'est que la moindre partie de l'enracinement total, qui dépasse rarement $1\text{-}1^m,50$ de profondeur. Le bois de souches et de racines, en coupant à $0^m,30$ du sol, est de 14-17 p. 100 du volume total. Enracinement

Les bourgeons proventifs se maintiennent longtemps vivants et assurent aux souches une grande puissance de reproduction, même à un âge avancé ; en revanche, ils exposent les réserves des taillis à se garnir de nombreuses branches gourmandes après chaque exploitation. Le chêne pédonculé est bien plus sujet que son congénère, le rouvre, à cet inconvénient. Rejets et branches gourmandes.

Les bourgeons adventifs ne se forment que rarement, dans les sols très-fertiles seulement ; ils produisent des rejets mal attachés, que le vent, la neige, le givre cassent facilement.

Le rejet de souche a un enracinement superficiel et n'exige pas un sol profond.

Écorce.

L'écorce du chêne pédonculé est lisse, brillante et d'un gris-argenté jusqu'à l'âge de 20-30 ans ; elle est alors formée d'une enveloppe subéreuse très-mince (périderme externe), de l'enveloppe herbacée verte et de couches de liber qui s'accroissent pendant toute la vie du végétal. Mais, passé cet âge, il se produit dans l'intérieur de ces dernières des lames de périderme interne, qui font mourir et repoussent au dehors tout ce qui les recouvre. Il se forme alors un rhytidome brun, longitudinalement gerçuré, qui s'épaissit de plus en plus, parce que, tout en s'accroissant par le dessous, il se détruit peu par l'extérieur.

Distribution géographique. Aire.

L'aire du chêne pédonculé est fort étendue. Elle occupe, dans la direction de l'Est à l'Ouest, 65° de longitude, du pied de l'Oural et des rives de la mer Caspienne au littoral de l'océan Atlantique. Elle a pour limite équatoriale une ligne qui, partant de l'Espagne méridionale, dans la Sierra-Morena, passe au sud de la Sicile, de l'Italie, de la Grèce, pour de là traverser l'Asie-Mineure et aboutir au Caucase oriental. Sa limite polaire part de l'Écosse, s'élève en Norwége jusqu'au 63e degré, puis, s'infléchissant vers le Sud-Est, se dirige par Saint-Pétersbourg jusqu'à Orenbourg, dans l'Oural. L'écart entre les stations extrêmes est ainsi, du Sud au Nord, d'environ 26° de latitude.

Station.

Dans cette aire, le chêne pédonculé recherche les plaines et le fond des vallées ; il se retrouve néanmoins dans les régions de collines et s'élève même dans les montagnes, mais à l'état de dissémination, jusqu'à 1,200 mètres (Pyrénées-Orientales), s'il y trouve l'humidité nécessaire.

Sol.

Il ne manifeste aucune préférence pour la nature minérale du sol, pourvu que celui-ci soit humide ou tout au moins frais et suffisamment profond. Les sols argilo-sablonneux, fussent-ils submergés en certaines saisons, lui sont particulièrement convenables ; c'est souvent une faute grave d'en poursuivre l'assainissement.

Tempérament.

Le chêne pédonculé a le tempérament robuste et réclame, dès la première jeunesse, l'accès de la lumière directe. Il exige, pour croître, quatre mois au moins de végétation non interrompue, avec une température moyenne de 12°25, à la condition que, pendant ce temps, il n'y aura pas de sécheresses prolongées ; pour mûrir ses fruits, une somme de chaleur, qui varie du Sud au Nord, de 2,875° à 2,029° lui est nécessaire. Les températures extrêmes auxquelles il résiste sont, vers le Sud, 44°, et vers le Nord, 37°. Une fois entré dans la phase active de sa végétation, il est très-sensible aux froids, et souvent il perd ses jeunes pousses, ses feuilles et ses fleurs pour peu qu'au printemps le thermomètre descende au-dessous de 0°.

Bois.

Le chêne pédonculé produit plutôt un bois de construction que de travail ; cependant, il n'y a rien d'absolu à cet égard, car c'est lui qui fournit les beaux merrains de la Hongrie.

L'aubier en est blanc, nettement limité, d'autant plus abondant et formé d'un nombre de couches d'autant moins considérable que la végétation est plus active. Les limites relevées sur la collection de l'École forestière sont : pour l'épaisseur totale de l'aubier, 16-76 millimètres ; pour le nombre des couches, 36-7.

La densité, à l'état de complète dessiccation à l'air, va de 0,647 (forêt de Haye, Nancy, avec des accroissements annuels moyens de 1mm,360) à 0,906 (chêne de l'Adour, avec des accroissements annuels moyens de 4mm,736).

Usages

Le bois de chêne pédonculé est l'un des plus employés, en raison de son abondance, de ses qualités et des grandes dimensions qu'il atteint ; on peut lui appliquer tout ce qui a été dit à ce sujet dans les généralités sur le genre. (Voir page 296.) C'est lui qui, planté en Normandie autour des propriétés, fournit ces bois courbes très-nerveux, si recherchés pour la membrure des vaisseaux sous le nom de chênes de haies ou de chênes champêtres.

Le chêne dit de Bayonne, très-apprécié dans les arsenaux maritimes, est aussi du chêne pédonculé qui provient des rives submersibles de l'Adour.

Valeur calorifique.

Employé comme combustible, il ne conserve point son rang, quoique, en réalité, il vaille mieux que sa réputation. Sa puissance calorifique, à poids égaux, est en moyenne à celle du hêtre, comme 91 : 100, d'après G. L. Hartig ; comme 85 : 100, d'après Werneck. Cependant la valeur vénale de son bois de chauffage est généralement en dessous de ce rapport, parce qu'il a l'inconvénient d'éclater beaucoup en brûlant, d'exiger un tirage actif et de produire un charbon qui s'éteint aisément. La vieille écorce, au contraire, a une puissance calorifique très-élevée, qui est à celle du bois de hêtre comme 108 : 100 ; elle brûle lentement et avec une flamme courte, il est vrai, mais elle produit un charbon ardent qui se consume entièrement.

Le charbon de chêne est estimé ; il est en poids à celui du hêtre comme 91 : 100.

Usages accessoires.

L'écorce fournit du tan de bonne qualité, généralement inférieur cependant à celui des autres espèces du genre ; la plus estimée est celle des jeunes taillis de 20-30 ans. A 20 ans son volume varie, suivant la fertilité, entre le $\frac{1}{8}$ et le $\frac{1}{15}$ de celui du bois exploité.

Les glands sont toujours âpres.

2. Chêne Rouvre. QUERCUS SESSILIFLORA. SMITH. Chêne mâle ; Chêne noir (dans quelques contrées) ; Durelin ; Roure ; Drille ou Drillard (Compiègne) ; Chêne blanc (Blaisois).

Feuilles à pétiole assez allongé, atteignant du 5e au 8e de la longueur du limbe ; celui-ci obovale-oblong, offrant en son milieu la plus grande largeur, insensiblement atténué en coin, plus rarement échancré en deux petites oreillettes à la base, symétrique, sinué-lobé ou pennatipartite, à lobes plus ou moins nombreux, arrondis, oblongs ou triangulaires, entiers ou sinués-lobés, obtus, aigus, souvent apiculés par un léger prolongement de la nervure ; fermes et presque coriaces dans leur entier développement, glabres, luisantes et d'un vert foncé en dessus ; plus claires, ou même glauques, mates et toujours plus ou moins pubescentes, au moins aux aisselles, parfois grises-tomenteuses, en dessous ; poils simples ou étoilés ; nervation plus ou moins serrée, formée de 5-8 paires de nervures régulières, pennées. Fleurs femelles sessiles, agglomérées aux aisselles des feuilles ; stigmates d'un brun-rougeâtre, ordinairement presque sessiles, triangulaires, étalés dès la base. Glands solitaires ou agglomérés, insérés contre les rameaux ou portés par un axe velu ou tomenteux, dressé, robuste, dont la longueur excède rarement celle du pétiole ; de forme très-variable, subglobuleux, ovoïdes, cylindriques-oblongs ; de taille très-diverse, 15-40 millimètres de long sur 10-25 de large ; terminés par une pointe courte, sur laquelle on reconnaît souvent encore la structure caractéristique des stigmates, et contenus dans une cupule hémisphérique dont les écailles sont serrées et nombreuses, apprimées, planes ou tuberculeuse sà la base, triangulaires-allongées et obtuses à l'extrémité ; plus ou moins grises-pubescentes ou tomenteuses. — Arbre de taille et de port non moins variables que ses feuilles et ses fruits, dont la cime est plus régulièrement ramifiée que celle du chêne pédonculé, dont le feuillage, plus coriace et d'un vert plus sombre, est assez uniformément réparti et produit un couvert plus complet. Commun dans toute la France, soit mélangé avec le chêne pédonculé, le hêtre et même le sapin, soit en peuplements purs et constituant à lui seul des futaies considérables. Flor., fin d'avril et commencement de mai. Fructif., fin de septembre et commencement d'octobre.

Var. α. *A larges feuilles. Lam.* — Feuilles grandes, sinuées-lobées, à lobes arrondis ; atténuées et prolongées à la base sur le pétiole ; planes, luisantes, à peine pubescentes en dessous aux aisselles, lorsqu'elles sont complétement développées. Glands sessiles, réunis par 2-3 ou isolés ; cupule presque glabre, à écailles apprimées. — Arbre de première grandeur, à tige droite, élevée, nue. Sols frais. Type de l'espèce.

Var. β. *A trochets. Q. robur glomerata. Lam.* Chêne rouvre à petits glands. — Feuilles de taille moyenne, mollement pubescentes en dessous. Glands petits, ramassés par bouquets, sessiles ou agglomérés en grappes légèrement pédonculées ; cupule lisse, grise-tomenteuse. — Arbre médiocre, à cime ample, étalée. Sols secs, particulièrement sur les collines calcaires.

Var. γ. *Lacinié. Lam.* — Feuilles petites, plus ou moins pubescentes en dessous, élégamment et profondément découpées en lobes ondulés, habituellement aigus, crispés sur les bords ; ramassées par touffes sur des ramules effilés, droits, grêles. Glands petits, agglomérés, sessiles, souvent peu saillants hors de la cupule. — Arbre médiocre ou, plus souvent, arbrisseau très-rameux. Lieux pierreux et montueux, surtout sur les sols calcaires.

Var. δ. *Pubescent. Quercus pubescens. Willd.* Chêne blanc (en Provence, en Languedoc et dans toute la France méridionale). — Feuilles sinuées-lobées, à lobes obtus, entiers ou peu dentés, tomenteuses en dessous dans la jeunesse, fortement pubescentes dans leur entier développement. Glands subsessiles, à cupule grise-tomenteuse, souvent tuberculeuse. — Arbre tortueux, peu élevé. Sols secs, principalement sur le calcaire jurassique, surtout dans le Centre et le Midi.

Var. ε. *Des Apennins. Q. Apennina. Lam.* Chêne bâtard (Gironde). — Feuilles semblables à celles du chêne pubescent, mais plus courtement pétiolées. Glands agglomérés sur un axe épais, gris-tomenteux, plus long que le pétiole ; cupule grise-tomenteuse, à écailles apprimées. — Arbre peu élevé, à feuillage touffu, d'un vert foncé. Terrains secs du Sud.

Chêne rouvre à larges feuilles. Taille.

Le chêne rouvre à larges feuilles, que l'on peut considérer comme le type de l'espèce, offre des caractères assez constants et doit être cultivé de préférence aux autres variétés, toutes les fois que la nature du sol le permettra. C'est un bel arbre, qui, sans égaler le chêne pédonculé pour la taille et la longévité, est néanmoins l'un des plus grands et des plus majestueux de nos contrées. La tige, qui en est plus droite, plus cylindrique, moins sujette à se garnir de branches gourmandes; produit un plus grand nombre de branches principales, qui se ramifient elles-mêmes, par une transition mieux ménagée, en branches secondaires, en rameaux et en ramules. Le feuillage, qui se distingue de loin par une teinte d'un vert plus foncé, est plus uniformément distribué et produit un couvert plus égal et plus complet. Suivant T. Hartig, la tige est moins exposée à se carier au cœur à un âge avancé.

On cite quelques pieds remarquables de chêne rouvre à larges feuilles, tels sont : le chêne des Partisans, des environs de Lamarche (Vosges), qui mesure 13 mètres de circonférence à la base, 35 mètres de hauteur, cube 40 mètres et dont l'âge est évalué à 650 ans; le chêne Saint-Jean, de la forêt de Compiègne, qui a 6m,40 de circonférence à 0m,50 du sol, 35 mètres de hauteur, cube 85 stères et ne doit pas dépasser 300 ans.

Feuilles.

Le feuillage du chêne rouvre persiste un peu plus de temps que celui du chêne pédonculé ; il n'est pas rare de le voir sur les jeunes rejets, dans les situations abritées et pendant les hivers doux, se maintenir vert presque jusqu'aux feuilles nouvelles.

Aire d'habitation.

L'aire du chêne rouvre est assez semblable à celle du chêne pédonculé, mais elle est plus restreinte vers le Nord et vers l'Est. Dans ces directions, sa limite ne dépasse pas le 58e degré, en Écosse, et de là elle s'infléchit assez régulièrement vers l'Est jusqu'au 53e degré sur le Volga, pour se recourber brusquement vers le Sud-Ouest à travers la Crimée et l'Asie-Mineure.

Autant le chêne pédonculé est, dans son aire, l'arbre des grandes plaines et des vallées, autant le chêne rouvre est celui des collines, des plateaux et des contre-forts des montagnes, où il s'élève assez pour pénétrer dans la région des sapins, à 1,000 mètres et au delà. Station.

Les sols bas, humides, argileux, dont s'accommode si bien le chêne pédonculé, ne conviennent point au chêne rouvre ; celui-ci préfère les terrains plus meubles, graveleux, sablonneux, calcaires, pourvu qu'une certaine quantité d'argile y maintienne la fraîcheur dont il ne peut se passer. Sol.

On ne saurait attacher trop d'importance, dans les travaux de repeuplement, à cette différence fondamentale, afin de placer chacune de ces deux essences dans la station qui lui est propre.

Le tempérament du rouvre a beaucoup d'analogie avec celui du pédonculé ; toutefois, on peut conclure de sa moindre extension vers le Nord qu'il ne supporte pas aussi bien les grands froids de l'hiver. Tempérament.

L'écorce du chêne rouvre est très-variable et présente une relation assez constante avec la qualité du bois qu'elle recouvre. Quand celui-ci est nerveux, de rapide végétation, l'écorce est dure, noirâtre, longuement et largement crevassée ; elle persiste et acquiert une assez grande épaisseur. Lorsqu'au contraire il est tendre et de lente végétation, cette écorce est d'un brun-rougeâtre ou jaunâtre, finement gerçurée ; le périderme, composé d'une matière subéreuse fragile, en produit l'exfoliation superficielle ; elle n'acquiert pas dès lors l'épaisseur de la précédente. Écorce.

Elle est en général supérieure à celle du chêne pédonculé pour le tannage ; c'est une conséquence de la faculté qu'a cette espèce de croître, avec vigueur encore, sur des sols moins humides et sous l'influence d'une plus vive insolation. Tan.

Les glands sont toujours plus ou moins âpres.

Le chêne rouvre et le chêne pédonculé produisent des Bois.

bois de même structure, dont les qualités, très-voisines, ont été l'objet des appréciations les plus contradictoires. Ces qualités, en effet, sont bien moins inhérentes aux espèces mêmes qu'aux conditions très-variables dans lesquelles elles sont développées. Cependant, considéré dans son ensemble, on peut affirmer que pour la France le bois du chêne rouvre, qui est le plus souvent un produit de la futaie, est moins nerveux, moins raide, moins résistant que celui du chêne pédonculé qui a crû en plaine et en sol fertile, ordinairement à l'état de futaie sur taillis; qu'il cède le pas à ce dernier pour les constructions civiles, militaires et navales; mais qu'en revanche il est moins noueux, qu'il a la fibre plus droite, le grain plus fin et plus doux, la couleur un peu plus claire et qu'il reprend le premier rang comme bois de fente et de travail.

La densité du chêne rouvre, en laissant de côté les variétés pubescentes dont il sera parlé plus loin, va de 0m,572 à 0m,856. D'après le relevé fait sur les nombreux échantillons de la collection de l'École forestière, l'épaisseur totale de l'aubier peut aller de 10 à 50 millimètres, avec un nombre de couches annuelles variant de 35 à 9.

Chêne pubescent.

Le chêne rouvre ne croît pas seulement sur les sols frais et profonds, il se maintient même sur ceux qui sont secs et pierreux, aux expositions les plus chaudes, jusque dans l'extrême midi de la France. Ces sols appartiennent principalement aux calcaires jurassiques. Dans ces conditions, le rouvre forme des arbres tortueux, courts de fût, à cime étalée, diffuse, arrondie, qui pourraient être pris pour une espèce distincte lorsqu'on en examine les formes extrêmes, si l'on ne constatait que celles-ci se nuancent entre elles et avec le type proprement dit par une foule d'intermédiaires, et qu'il est absolument impossible de les limiter avec précision.

Parmi ces nombreuses variétés, il convient de signaler le chêne rouvre pubescent, connu sous la dénomination de *chêne blanc* dans toute la France méridionale.

Station du chêne rouvre pubescent.

Le chêne rouvre pubescent se rencontre çà et là dans

le Nord, le Nord-Est et le centre de la France, aux expositions méridionales et sur les terrains secs et chauds des formations calcaires. Il devient de plus en plus abondant dans le Midi où, de la Guyenne à la Provence, il représente presque à lui seul l'espèce, dont le type ne se rencontre plus ou est devenu très-rare. A mesure qu'on avance dans la région qui lui convient, on voit les caractères qui le distinguent se développer davantage : les feuilles deviennent plus pubescentes ou même blanches-tomenteuses en dessous, ainsi que les axes d'inflorescence et les cupules ; le limbe se réduit, la consistance augmente, les découpures se diversifient ; la taille des arbres, enfin, s'amoindrit et le port en devient de plus en plus défectueux.

Bois du chêne rouvre pubescent.

Les dimensions habituellement restreintes et la forme souvent irrégulière des tiges du chêne rouvre pubescent en diminuent l'importance comme bois de construction, de travail et de fente ; mais il regagne en puissance calorifique ce qu'il a perdu de ce côté, et il fournit un combustible estimé, un charbon de fort bonne qualité.

Cependant la marine apprécie beaucoup, sous le nom de chêne de Provence, les bois du Sud-Est, parce qu'ils sont durs et très-nerveux ; malheureusement, ceux qui peuvent être utilisés par elle ne s'y rencontrent qu'en très-faible quantité.

La densité du bois du chêne pubescent est élevée, quoique la végétation en soit généralement lente ; elle varie de $0^{m},764$ à $1^{m},020$. L'aubier mesure 20 à 35 millimètres d'épaisseur comprenant 43-12 couches annuelles.

L'écorce, en raison de la station méridionale de l'espèce, est riche en tannin ; elle en contient 16 p. 100 (Chatin).

Chêne bâtard.

On connaît dans la Gironde, sous le nom de chêne bâtard, un chêne qui se rapproche beaucoup du chêne rouvre pubescent, mais chez lequel l'axe fructifère est allongé. Cette variété a souvent été rattachée au chêne pédonculé, quoique tous ses caractères la rapprochent des formes pubescentes du chêne rouvre. C'est pour nous le chêne rouvre des Apennins (*Quercus robur, Apennina*).

Chêne truffier.

La truffe est l'un des plus importants produits des forêts clairiérées de chênes blancs et de chênes yeuses du Sud-Est de la France. On a émis la singulière opinion qu'elle était une dépendance de ces végétaux eux-mêmes; qu'elle résultait de la piqûre de leurs racines par certaines mouches truffigènes; que l'aptitude de produire ces précieuses galles se propageait par hérédité; qu'il y avait, en un mot, des chênes truffiers dont il suffisait de semer les glands pour créer des truffières avec certitude.

Il est à peine besoin de combattre une semblable théorie. La truffe est un végétal complet, un cryptogame hypogé de la classe des champignons; elle est pourvue de spores au moyen desquels elle se reproduit et n'est nullement une galle ou une excroissance d'un autre végétal. Elle aime, il est vrai, un certain état de couvert du sol dans lequel elle se développe; elle le rencontre, dans la meilleure mesure, sous le chêne pubescent ou sous le chêne yeuse, mais elle le trouve aussi parfois sous d'autres végétaux. Un semis de chênes peut créer les conditions favorables à la reproduction de la truffe; celle-ci, comme tous les autres champignons, peut nourrir de nombreux insectes, sans doute; mais il ne saurait y avoir de mouche truffigène pas plus que de chêne truffier.

3. Chêne Tauzin. QUERCUS TOZZA. *Q. humilis DC. Q. Pyrenaica Willd. Q. stolonifera. Lapeyr.* Bosc. Chêne angoumois; Chêne noir (Gironde et Landes); Chêne brosse (Anjou); Chêne doux (environs de Nantes); Chêne des Pyrénées.

Feuilles pétiolées, fermes et épaisses, obovales-oblongues, sinuées-lobées ou plus souvent irrégulièrement pennatifides, à lobes oblongs, obtus ou subaigus, dont les bords, généralement parallèles, sont entiers ou sinués-lobés; ordinairement prolongées à la base sur le pétiole, parfois échancrées en deux petites oreillettes contournées; mollement ou densément tomenteuses-blanchâtres ou jaunâtres dans la jeunesse; à l'âge adulte, d'un vert sombre et toujours parsemées de poils courts très-fins et étoilés en dessus, conservant en dessous un duvet, épais comme du velours, qui en cache totalement la surface. Glands variables, cylindriques, ovoïdes ou globuleux, agglomérés, 2-4, sur un pédoncule dressé, robuste, long de 1-5 centimètres au plus; plus rarement espacés sur un pédoncule allongé, grêle et pendant;

cupule hémisphérique, grise-tomenteuse, à écailles longuement triangulaires, lâchement apprimées et même un peu ouvertes au sommet. — Arbre peu élevé, à tige revêtue d'une écorce épaisse, noire, profondément et largement crevassée, à longues racines traçantes, abondamment drageonnantes. Sols sablonneux des landes de l'Ouest depuis Le Mans et Angers jusqu'aux Pyrénées. Flor., mai-juin. Fructif., septembre de la même année.

Taille. Port.

Le chêne tauzin est le plus souvent un arbre trotueux, dont le fût n'a point d'élévation; dans quelques circonstances exceptionnellement favorables, on lui voit néanmoins une tige parfaitement droite et assez élancée. Il est possible, d'après cela, que le port disgracieux qu'il affecte tienne moins à sa nature qu'aux mauvaises conditions de sol et de traitement sous lesquelles il se développe. Quoi qu'il en soit, ses dimensions sont inférieures à celles du chêne rouvre; il paraît ne pas dépasser 20 mètres de hauteur sur 3 mètres de circonférence.

Sol et station.

Les sols siliceux, purs et mélangés d'argile, secs ou humides, sont le domaine de ce chêne, qui s'accommode même des terrains les plus ingrats, où aucune autre espèce du même genre ne pourrait se maintenir. Arbre de plaines, de collines ou de montagnes peu élevées, souvent associé au chêne pédonculé, il se rencontre à toutes les expositions, mais sans quitter la région littorale de l'Ouest, qu'il ne peut franchir en raison des froids rigoureux de certains hivers du centre, de l'Est et du Nord de la France. Dans les Landes même, un dixième des chênes tauzins y périt pendant l'hiver de 1829-1830, sous une température de —15° (Léon Dufour).

Enracinement.

Quoique pourvu d'un pivot, ce chêne est particulièrement remarquable par des racines latérales traçantes, qui possèdent au plus haut degré la faculté de drageonner, alors même qu'on ne les y provoque pas par des exploitations. Il se reproduit également par rejets de souches avec une vigueur exceptionnelle; aussi forme-t-il des taillis très-fourrés et d'une durée illimitée. Cette propriété, jointe à celle de croître dans les plus mauvais terrains, rend le chêne tauzin précieux pour le boisement des landes.

Écorce. L'écorce ne reste lisse et vive jusqu'à la surface que pendant peu d'années ; dès l'âge de 7-8 ans, elle se gerçure et forme un rhytidome sec et dur, brun-noir, qui atteint une épaisseur considérable et se marque de larges et profondes crevasses longitudinales, séparées par des côtes tranchantes. C'est à cette écorce caractéristique que le tauzin doit sans doute le nom de chêne noir, sous lequel il est souvent désigné dans la Gironde.

Couvert. La ramification est claire, le feuillage peu abondant, le couvert léger, le tempérament robuste.

Feuillage. Le feuillage est beaucoup plus tardif que celui du chêne rouvre, mais il dure aussi plus longtemps ; la différence entre la production et la chute de l'un et de l'autre est d'au moins un mois. Au moment où il se développe, ce feuillage, couvert, ainsi que les pousses nouvelles, de poils en velours très-serrés, est d'un blanc-argenté, lavé de teintes purpurines ; il donne aux massifs de cette essence un aspect tout caractéristique.

Les feuilles sont pétiolées comme celles du chêne rouvre, mais elles restent presque sessiles sur les jeunes rejets et sur les pousses très-vigoureuses ; plus épaisses et plus coriaces, elles fournissent à la terre un engrais plus abondant. C'est probablement aussi pour la même cause et en raison des poils nombreux qui recouvrent leur surface qu'elles échappent à l'abroutissement dès qu'elles sont entièrement développées.

Bois. Le bois du tauzin présente, à peu de chose près, la structure de celui du chêne rouvre ; le parenchyme ligneux associé aux vaisseaux y est toutefois plus abondant, les rayons épais sont plus nombreux, l'aubier en est plus développé et n'est pas toujours nettement délimité. Il offre rarement la régularité et les dimensions suffisantes pour être employé aux constructions ; il y est d'ailleurs peu propre, quoiqu'il soit très-nerveux, parce qu'il se gerce et se tourmente beaucoup et que les insectes s'y logent de préférence à tout autre bois de chêne. Ces défauts, joints à celui d'être généralement noueux, le font aussi rebuter comme bois de travail.

En revanche, il tient un des premiers rangs parmi les

combustibles et il fournit un charbon très-estimé. C'est pour ce motif qu'il est le plus souvent exploité en taillis simple à très-courtes révolutions ou même en têtards.

La densité du tauzin est considérable et va de 0,804 à 0,919; l'épaisseur de l'aubier, relevée sur les échantillons de la collection de l'École forestière, varie de 21 millimètres avec 39 couches annuelles, à 65 millimètres avec 14 couches.

Produits accessoires.

L'écorce est supérieure à celle du chêne rouvre pour la production du tan, sous le douvle rapport de la quantité et de la qualité. Les glands, tantôt doux, tantôt âpres, sont préférés à ceux des autres espèces et très-recherchés, surtout aux environs de Bayonne, pour l'engraissement des porcs; la production en est assez constante chaque année (1).

---

(1) L'Algérie possède, de cette section, l'espèce remarquable suivante:

Chêne Zeen. QUERCUS MIRBECKII. DURIEUX. *Quercus Robur Desf. non Smith, nec Lin.* Zeen ou zân des Arabes. *Quercus lusitanica, β. Bœtica, Webb.*

Feuilles pétiolées, caduques ou persistantes jusqu'à la fin de l'hiver, largement elliptiques, elliptiques-lancéolées ou obovales, planes, légèrement échancrées-cordiformes à la base, régulièrement et peu profondément sinuées-lobées, à lobes arrondis ou aigus et mucronés comme celles du châtaignier; pourvues de 10-14 paires de nervures secondaires régulières, bien marquées, parallèles et prolongées jusqu'aux bords; vertes et glabres en dessus; en dessous recouvertes, dans la jeunesse, d'un duvet floconneux-tomenteux, épais et court, blanc-grisâtre, très-caduc; glabres et glaucescentes, fermes et coriaces à leur entier développement. Fleurs tomenteuses; périgone des fleurs mâles formé de folioles soudées jusque vers le milieu; glands agglomérés, subsessiles, ovoïdes, à maturation annuelle; cupule courte et évasée, grise-tomenteuse, à écailles apprimées, triangulaires et planes au sommet. — Très-grand arbre rappelant beaucoup le chêne rouvre par les dimensions et par le port; commun sur certains points de l'Algérie, où il forme de vastes forêts, principalement aux environs de Bône et de la Calle. Flor., mai. Fructif., novembre.

Taille.

Le chêne zeen est l'un des arbres les plus beaux et les plus utiles de l'Algérie; la longévité en est fort considérable et il peut atteindre 30-35 mètres de hauteur, sur 6 mètres, et même davantage, de circonférence, à 1 mètre du sol. L'écorce en est épaisse, dure, noirâtre, largement et profondément crevassée.

Station et sol.

Il croît dans les régions montagneuses, seul ou mélangé avec le chêne ballote, le chêne liége, le chêne à feuilles de châtaignier, le

SECTION II. — *Chênes à feuilles caduques ou persistantes jusqu'au printemps seulement; à maturation bisannuelle.*

(Feuilles pennatifides, à lobes aigus ou incisées-dentées. Glands à cupule hérissée.)

4. Chêne chevelu. QUERCUS CERRIS. LIN. C. crinite ; C. cerris ; C. de Bourgogne ; C. lombard (environs de Besançon).

Stipules de feuilles supérieures et écailles externes des bourgeons longuement sétacées. Feuilles pétiolées, étroitement oblongues, plus larges en leur milieu, atténuées à la base ou légèrement cordiformes, très-diversement incisées, à lobes simples ou sous-lobés, aigus ou arrondis, mucronés ; d'un vert sombre et mat en dessus avec quelques rares poils fasciculés, d'un vert plus clair et couvertes en dessous de poils étoilés très-courts, avec les nervures roussâtres. Glands ovoïdes-oblongs, de taille variable, solitaires ou agglomérés, 2-4, sur un pédoncule court et très-robuste, à cupule fortement embrassante, hérissée de longues lanières molles et pubescentes, étalées ou réfléchies, crochues ou enroulées. Maturation bisannuelle, de sorte que les glands mûrs sont latéraux sur la pousse non feuillée de l'année précédente.

Var. α. *Q. austriaca. Willd. Q. crinita. Desf. Q. lanuginosa. Lam.* Feuilles régulièrement échancrées, dentées, à lobes égaux, triangulaires, entiers ou paucidentés.

Var. β. *Q. Tournefortii. Willd. Q. Haliphleos. Lam.* Feuilles pen-

---

châtaignier ou même le cèdre, jusqu'à une altitude de 1,000-1,400 mètres et au delà; recherche les expositions du Nord et de l'Est et se plaît particulièrement dans les terrains substantiels, frais et profonds.

Reproduction. Il repousse de souche avec une vigueur remarquable.

Les glandées se succèdent ordinairement à des intervalles de 3-4 ans. La germination s'opère 5-6 jours après la chute naturelle du gland, dès l'automne par conséquent.

Bois. Les vaisseaux du bois de printemps sont moins gros et moins nombreux dans le chêne zeen que dans le chêne rouvre ; souvent ils ne sont représentés que par un seul rang et c'est à peine si la zone qu'ils forment devient apparente ; c'est par conséquent le bois d'automne, dans lequel le tissu fibreux est très-dominant et de consistance cornée, qui forme la plus grande partie de chaque couche. Les rayons sont larges, moyennement hauts, nombreux et rapprochés. Ce bois est propre aux constructions et convient aux mêmes emplois que celui du chêne rouvre et du chêne pédonculé, mais on lui reproche d'être trop pesant, trop raide, de se gercer largement et profondément; il fournit un chauffage beaucoup meilleur, quoiqu'il ait comme eux l'inconvénient d'éclater au feu; on en fabrique de bon charbon.

Usages accessoires. L'écorce produit un tan excellent, recherché par le commerce. Le gland, en raison de son âpreté, n'est point comestible.

nati-partites ou -séquées, à segments divariqués, écartés, entiers ou irrégulièrement lobés; lobes ordinairement aigus.

Disséminé dans quelques départements : Doubs, Jura, Vienne, Maine-et-Loire, Loire-Inférieure, Provence, etc. Flor., avril-mai. Fructif., automne de la seconde année.

Le chêne chevelu est abondamment répandu dans tout le Sud-Est de l'Europe et dans une partie de l'Asie ; il est toujours rare et disséminé en France, où il offre tous les caractères d'une espèce en décroissance. Cependant, dans le Doubs, il peuple encore quelques forêts communales, celle de Saint-Vit particulièrement, tantôt subordonné au chêne pédonculé et au chêne rouvre, tantôt à l'état d'essence dominante. On estime à 100 hectares environ le sol qu'il occupe en cette dernière qualité. Répartition.

C'est un arbre d'une longévité prolongée, de dimensions égales à celles du chêne rouvre, dont la tige, revêtue d'une écorce épaisse et noirâtre, se partage en branches longues et très-rameuses qui forment une cime allongée, aiguë. Dans le Doubs, où il se trouve à la limite nord-ouest de son aire d'habitation, on lui voit encore atteindre 25 mètres de hauteur sur 2m,50 de circonférence, et nul doute qu'il n'y dépasserait ces dimensions s'il n'y était exposé, dès l'âge de 50 ans, à des gélivures qui le déprécient beaucoup et engagent à ne pas le choisir dans les balivages pour constituer la réserve. Taille. Port.

Le chêne chevelu a le tempérament robuste et le couvert léger de ses congénères ; sa végétation est en retard de 15 jours environ sur celle du chêne pédonculé. Il pivote très-profondément dans la jeunesse, et quand le sol le permet, les plants de 4 à 5 ans présentent une racine de près d'un mètre de longueur. Tempérament. Enracinement.

Il n'est pas exigeant sur la nature du sol et prospère encore là où le chêne pédonculé languit ; il recherche l'exposition de l'Est ou du Sud-Est. Station.

Des chênes pédonculés, rouvres et chevelus, tous de 50 ans et provenant d'une même coupe de la forêt de Saint-Vit, mesurent : Croissance.

Chêne rouvre . .	0,80	de circonférence,	à 1 mètre du sol.
— pédonculé.	0,80	—	—
— chevelu .	0,90	—	—

Il semble résulter de ces chiffres que le chêne chevelu a une croissance plus active que les deux autres espèces, mais en revanche l'aubier en est beaucoup plus abondant ; tandis que ces dernières n'en présentent que 10-13 couches sur 50, on en compte chez lui 20 et plus.

Fructification. Malgré une maturation bisannuelle, qui expose le fruit à des accidents atmosphériques plus nombreux, la fructification est généralement constante, même dans le Doubs.

Bois. Le bois a les vaisseaux inégaux comme celui du chêne rouvre ; les plus gros ne forment au bord interne qu'une zone étroite, et, lors même que la végétation est lente, c'est le tissu dense qui domine dans la composition de chaque couche ; l'aubier est moins blanc, le cœur plus foncé, légèrement teinté de rose, quelquefois veiné de brun. Les rayons épais offrent une disposition toute caractéristique : ils sont moins larges et moins hauts que ceux des espèces voisines, mais, par compensation, ils sont plus nombreux, plus serrés, plus égaux entre eux, et ils produisent dans le débit des maillures fortement colorées qui rappellent presque entièrement celles du hêtre, bien que sur une plus grande échelle.

La densité est élevée ; elle varie de 0,853 à 0,998 (*Coll. Éc. For.*).

Usages. Le bois du chêne chevelu est très-dur, très-nerveux, chargé d'aubier, exposé à se gercer, peu apte à la fente ; on l'emploie en Orient pour les constructions navales, mais partout où il croît en mélange avec le chêne pédonculé ou avec le chêne rouvre, on lui préfère de beaucoup ces deux dernières espèces.

On en fait, dans le Doubs, de la menue charpente, des échalas, etc. ; seulement le débit produit beaucoup de déchet en raison de l'abondance de l'aubier, qui est très-sujet à la vermoulure et qu'il faut rejeter. La qualité essentielle qu'on lui reconnaît dans ce pays est d'être un excellent combustible, égal, sinon supérieur, au hêtre.

Écorce. L'écorce, épaisse et séveuse, est préférée pour le tannage à celles du chêne pédonculé et du chêne rouvre.

Produits accessoires. Les glands sont âpres, au moins en France ; on les dit comestibles en Orient (*Spach*).

5. Chêne de Fontanes. QUERCUS FONTANESII. GUSS. *Q. Pseudo-suber. Reich. non Desf.* Drouis, Drouino en Provence; Fernân en Algérie.

Stipules et écailles extérieures des bourgeons longuement sétacées, caduques ; feuilles pétiolées, presque coriaces, persistantes jusqu'à la foliaison nouvelle, ovales ou elliptiques-lancéolées, légèrement cordiformes, arrondies, ou insensiblement atténuées à la base ; bordées de larges dents triangulaires, cuspidées, que séparent des sinus arrondis plus ou moins profonds ; vertes, luisantes et glabres en dessus à l'état adulte, blanchâtres-tomenteuses, à duvet étoilé très-court en dessous ; 6-9 paires de nervures secondaires droites, simples, parallèles, espacées, reliées par un réseau de veinules. Périgone des fleurs mâles à 4 divisions ; 4 étamines à anthères poilues. Glands solitaires ou réunis 2-3 sur un axe court ou quelque peu allongé, robuste, inséré sur la pousse défeuillée de l'année précédente ; ovoïdes, gros, atteignant jusqu'à 6 centimètres de long, mais parfois moitié plus petits ; cupule grise-tomenteuse, dont les écailles, confondues entre elles et à peine saillantes à la base, se prolongent en pointes d'autant plus grandes qu'elles se rapprochent davantage du bord supérieur, tantôt droites et dressées, tantôt réfléchies et courbées. — Arbre de grande taille, de port élancé, dont l'écorce est subéreuse, mais non utilisable ; disséminé par pieds isolés en Provence : Grasse, Bar, Montauroux, où il est abondant et de très-grande taille, représenté par un pied unique dans la forêt de Chaux ! (Doubs) (d'où vient-il ?) ; se retrouvant dans les forêts montagneuses de l'Algérie, d'Oran à Constantine. Flor., avril-mai. Fructif., septembre de la seconde année (1).

Le chêne de Fontanes est un bel arbre, qui peut parvenir à $1^m,50$ de circonférence sur 20 mètres de haut ; sur des sols secs et pierreux où ses congénères restent rabougris, il prospère encore et se distingue par un port élancé, une cime aiguë. Il semble se plaire principalement sur les sols calcaires et parvient, en Algérie, aux altitudes de 1,000 à 1,200 mètres. *Taille.* *Station.*

Le bois ressemble beaucoup à celui du chêne chevelu, *Bois.*

(1) **Chêne à feuilles de châtaignier.** QUERCUS CASTANEÆFOLIA. *C. A. Meyer.* Afârez, Affarès en Algérie.

Feuilles pétiolées, de consistance moyenne, non coriaces, longuement elliptiques-lancéolées, 2 fois aussi longues que larges, légèrement cunéiformes ou cordiformes à la base, pourvues de 11-14 paires de nervures secondaires, droites, parallèles, rapprochées, donnant immédiatement naissance à des veinules ; bordées d'autant de dents triangulaires, mucronées, séparées par des sinus arrondis ; vertes et luisantes en dessus, malgré quelques petits groupes de poils étoilés ; couvertes en dessous des mêmes poils qui les rendent blanches-tomenteuses ou blanc-

dont il paraît avoir les défauts et les qualités ; il est d'un brun clair ou rosé, avec l'aubier épais, blanc, mal limité ; il est serré, dur, compacte, d'une densité élevée, allant de 0,846 à 0,889 (*Coll. Éc. For.*).

Écorce. L'écorce des pieds âgés présente un liber épais, non feuilleté, recouvert d'un liége véritable qui englobe çà et là quelques portions externes du liber et qui n'atteint point une épaisseur suffisante pour qu'il soit utilisé.

Fruits. Les glandées sont rares, peu abondantes ; les glands sont assez doux.

---

verdâtre ; tombant à la fin de l'hiver ; fleurs mâles en chatons courts, pauciflores ; périgone à 4 divisions ; 4 étamines, dont les anthères sont poilues. Gland bisannuel, porté sur un pédoncule court et renflé, dont la cupule, peu embrassante, est formée d'écailles terminées en lanières robustes, allongées, anguleuses, tomenteuses, droites ou réclinées. — Bel arbre ne produisant pas de liége, à liber non feuilleté, formant un rhytidome rouge-brun, extrêmement épais, longuement gerçuré. — Kabylie orientale, en Algérie.

Le chêne à feuilles de châtaignier, qui a des analogies prononcées avec le chêne chevelu et avec le chêne de Fontanes, constitue, en mélange avec le chêne zeen, le cèdre de l'Atlas et le sapin pinsapo, des forêts très-étendues dans les montagnes de la Kabylie ; il y parvient à 3 mètres de tour sur 25 mètres de hauteur.

Le bois est très-semblable à celui du chêne chevelu ; il est dur, lourd, à aubier abondant, d'un rouge-brun assez prononcé et veiné à l'état parfait ; il sert au travail, aux constructions, produit du merrain et un chauffage très-estimé. La densité varie de 0,853 à 1,024 (*Coll. Éc. For.*).

L'écorce de cet arbre est formée d'un liber non feuilleté, rempli de granulations pierreuses et d'une épaisseur remarquable, qui atteint jusqu'à 3 centimètres. Ce liber se transforme en un liége sec, fragile, rouge-brun, subdivisé par de très-minces lames de périderme plus clair, et produit un rhytidome profondément et largement crevassé. Le liége proprement dit y fait défaut.

Le liber du chêne à feuilles de châtaigner est, dit-on, peu riche en tannin ; mais son épaisseur compenserait sans doute sa pauvreté et l'on peut croire que la tannerie l'utiliserait avec avantage. Le gland est moins âpre que celui du chêne chevelu ; les glandées apparaissent tous les 3 ou 4 ans.

SECTION III. — *Chênes à feuilles persistantes et à maturation anuelle.*

(*Feuilles entières ou dentées-épineuses. Glands à cupule lisse ou légèrement hérissée.*)

6. Chêne Yeuse. QUERCUS ILEX. LIN. Chêne vert.

Feuilles persistant jusqu'au commencement de la 3ᵉ année, extrêmement variables sur un même arbre suivant la vigueur des pousses et, à plus forte raison, sur des arbres différents ; étroitement elliptiques, ovales-lancéolées ou orbiculaires, avec tous les passages entre ces trois formes extrêmes ; arrondies, légèrement cordiformes ou faiblement atténuées à la base, pointues ou obtuses à l'extrémité ; très-entières quand la végétation est ralentie par l'âge ; plus ou moins profondément dentées-épineuses sur les bords, dans le genre de la feuille du houx, pendant la jeunesse, tant que l'arbre n'a pas fructifié ; petites ou moyennes, 7-10-nerviées, vertes, glabres et luisantes en dessus ; grises- ou blanches-tomenteuses en dessous chez les individus adultes, d'un vert pâle et glabrescentes chez ceux qui sont jeunes. Stipules linéaires. Périgone des fleurs mâles à 4 divisions. Glands solitaires ou géminés, sur les pousses feuillées de l'année, sessiles ou portés par des pédoncules courts, gros, gris-tomenteux ; de forme extraordinairement variable, oblongs-cylindroïdes ou ovoïdes-subglobuleux, surmontés d'une pointe robuste, allongée, glabre dans sa moitié inférieure ; de taille très-diverse, 2-4 centim. de long, plus ou moins âpres ou doux ; cupules grises-tomenteuses, légèrement coniques et à bords droits, ou largement ouvertes à bords rentrants ou réfléchis (*Q. expansa*, Poiret), quelquefois très-profondes et enveloppant le gland aux trois quarts (*Q. calycina*, Poir.), à écailles petites, triangulaires, planes ou légèrement granuleuses à la base, exactement apprimées.

Var. α. *Ballote*. Feuilles plus blanches-tomenteuses en dessous ; glands gros, quoique variables pour la forme, toujours doux et de saveur agréable. *Q. Ballota. Desf.* Chêne à glands doux.

Arbre de taille moyenne, plus grande dans la variété Ballote ; dont la cime est ovale-arrondie, l'écorce finement et densément gerçurée en long et même en travers, brune, rugueuse, non subéreuse ; à ramules gris- ou blancs-tomenteux. Lieux arides et découverts de la France méridionale ; pénètre assez avant dans les vallées des Alpes, de la Provence et des Pyrénées, remonte vert l'Ouest, jusqu'à la Loire et même jusqu'à Quimper. La variété Ballote est très-commune en Algérie, surtout dans la région montagneuse. Flor., avril-mai. Fructif., septembre de la même année.

Le chêne yeuse est tantôt un buisson, tantôt un arbre d'assez grandes dimensions qui, en bon sol, peut s'élever à 15-18 mètres et acquérir 2-3 mètres et même plus de **Taille. Port.**

circonférence. On en cite un, à la Tour-d'Aigues, qui mesure 14 mètres de haut sur 3m,50 de tour, et cube environ 100 stères (M. Bédel). Il couvre soit seul, soit en mélange avec le chêne pubescent et le pin d'Alep, des étendues considérables de la France méridionale et y forme des taillis généralement exploités à courtes révolutions. Il se développe davantage encore en Corse, et surtout en Algérie, où la variété Ballote constitue des massifs réguliers importants.

Enracinement. Rejets. Longévité. Tempérament. Sol. Station.

Avec un enracinement essentiellement pivotant, l'yeuse possède des racines latérales drageonnantes; il repousse abondamment et vigoureusement de souche, jusqu'à un âge fort avancé; la longévité, qui en est élevée, atteint et dépasse 3 siècles. L'yeuse est très-robuste et résiste, même aux expositions méridionales, aux plus grandes ardeurs du soleil; il se contente des sols les plus médiocres, semble se plaire particulièrement sur les terrains calcaires et parvient, dans les Alpes de Provence, à l'altitude de 700-800 mètres, dans les Pyrénées à celle de 1,000 mètres, sur l'Etna à celle de 1,300 mètres.

Fructification.

La fructification est précoce et se produit dès 8 à 10 ans; elle se soutient abondante et régulière jusqu'à un âge avancé; les glands mûrissent dans l'année même de la floraison, en octobre.

Bois.

Le bois du chêne yeuse, tout comme celui de la variété Ballote qui lui ressemble entièrement, est très-caractérisé. Les vaisseaux en sont sensiblement égaux, fins ou très-fins, de sorte que la zone poreuse que l'on observe au commencement de chaque couche dans les bois de la plupart des chênes y fait absolument défaut; les gros rayons en sont très-nombreux, extrêmement épais; le parenchyme ligneux y est distribué en zones minces, concentriques, crénelées, bien apparentes. Ce bois est extrêmement dur et compacte, très-homogène, largement et richement maillé; les accroissements s'y reconnaissent difficilement et sont souvent même indiscernables; l'aubier n'en est point nettement tranché et se confond insensiblement avec le bois parfait, qui est rougeâtre clair et passe plus ou moins brusquement, au cœur de certains arbres âgés, à la belle couleur brune du vieux chêne. C'est un des bois les plus lourds, dont la densité, à l'état de complète dessiccation à l'air libre, s'élève de 0,903 à 1,182 (*Coll. Éc. for.*).

Le bois de l'yeuse est sujet à se déjeter et à se gercer en se desséchant, mais on peut, dit-on, éviter cet inconvénient en le laissant préalablement séjourner sous l'eau pendant quelque temps. A cela près, il convient aux mêmes usages que le chêne rouvre, autant du moins que le permettent son excessive pesanteur et ses dimensions réduites; il reçoit un poli comparable à celui du marbre, le conserve indéfiniment et fournirait, au moyen d'un débit convenable, un superbe placage bien maillé dont l'ébénisterie pourrait tirer le meilleur parti.

Le bois d'yeuse n'a point d'égal comme combustible; il brûle aisément, avec flamme claire, charbons ardents, en dégageant une chaleur considérable. Il produit aussi un charbon d'excellente qualité.

Écorce.

L'écorce du jeune chêne yeuse donne un tan très-estimé, supérieur à celui des chênes à feuilles caduques, inférieur néanmoins à celui du chêne kermès.

Produits accessoires.

Les glands, lorsqu'ils sont doux, ont une saveur agréable et servent à la nourriture de l'homme, qu'ils soient crus ou cuits. On les récolte pour cet usage dans quelques départements du Midi, Gard, Var, Vaucluse; mais c'est surtout en Espagne et en Algérie, où la variété Ballote domine, qu'ils acquièrent de bonnes qualités et entrent pour une partie importante dans l'alimentation des habitants, qui les préfèrent aux fruits du châtaignier. Le chêne yeuse Ballote y devient autant un arbre fruitier qu'un arbre forestier.

7. Chêne-Liége. Quercus Suber. Lin. Suro; Sioure; Surier; Suv (Provence); Alcornoque (Espagne).

Feuilles persistantes jusqu'à la fin de la deuxième année, ou quelquefois jusqu'à la troisième, ovales-oblongues, entières ou dentées, à dents mucronées ou spinulées, légèrement cordiformes et prolongées sur le pétiole à la base; fermes, coriaces, glabres, un peu luisantes en dessus, grises ou blanchâtres-tomenteuses en dessous; 5-7-nerviées. Glands variables, solitaires ou géminés, portés sur de courts pédoncules, épais, renflés, gris-tomenteux et axillaires sur les pousses feuillées de l'année ; généralement gros, ovoïdes ou ellipsoïdes, surmontés d'une pointe courte et velue depuis la base, à demi enfoncés dans la cupule ; celle-ci est allongée-conique inférieurement, grise-tomenteuse ; les écailles en sont légèrement saillantes, de longueur croissante à partir de la base et se terminent au sommet en lanières molles, fragiles, assez allongées, dressées ou un peu étalées. — Arbre d'assez grande taille, à écorce subéreuse très-épaisse produisant le liége, à rameaux de 1-5 ans lisses, les plus jeunes gris-tomenteux. Littoral de la Méditerranée, France, Corse, Algérie. Flor., avril-mai. Fructif. et dissémination : commencement d'octobre à fin de décembre de la même année, et même janvier-février de l'année suivante.

Taille. Arbre trapu, d'une longévité très-prolongée, s'élevant à 10-12 mètres, exceptionnellement à 20 mètres, et atteignant 4 et même 5 mètres de circonférence.

Fructification. La fructification est précoce et se produit dès l'âge de 15 ans ; ce n'est que vers 30 ans qu'elle devient abondante et soutenue ; en France, où le chêne-liége se trouve à la limite septentrionale de son aire d'habitation, elle n'est même le plus souvent qu'intermittente. Les glands, sans être très-âpres, ne sont point ordinairement comestibles.

Feuillage. Le feuillage, quoique persistant 2 à 3 ans, est grêle et rare, la ramification peu serrée, le couvert léger. Les plants dépassent rarement $0^{m},15$ de hauteur la première année ; à 3 ans, ils ont environ $0^{m},50$; à partir de cet âge, ils s'élèvent rapidement pour s'arrêter de bonne heure et prendre une végétation lente, mais soutenue, jusqu'à un âge avancé, 150-200 ans.

Enracinement. L'enracinement se modifie et reste pivotant ou devient traçant suivant les terrains ; il est composé de fortes et longues racines qui fixent solidement le végétal, même dans les sols les plus rocheux.

Reproduction par rejets. La reproduction par rejets est abondante et quand la vitalité des souches a été détruite par des incendies, comme cela arrive souvent dans les forêts de l'Algérie, les racines ont la propriété de drageonner quelque peu.

Station. Le chêne-liége croît sur les coteaux ou sur les montagnes de moyenne élévation et s'écarte peu du bassin de la Méditerranée ; dans les Pyrénées-Orientales il s'élève à la limite supérieure de la vigne, 500 mètres environ ; en Algérie il atteint une altitude de 1,000 mètres. Les sols feldspathiques et schisteux lui sont particulièrement favorables, les sols calcaires paraissent ne pas lui convenir.

Limité à quelques contrées du midi de la France, il devient l'essence dominante des forêts algériennes et y constitue, seul ou mélangé, des masses boisées d'une grande étendue.

Le liber et l'enveloppe herbacée de l'écorce du chêne-liége conservent leur vitalité jusqu'à la mort de l'arbre ; mais ces régions s'épaississent peu et s'étendent simplement en largeur pour se prêter au grossissement du corps ligneux qu'elles recouvrent. Toute l'activité de la végétation corticale se concentre sur l'enveloppe subéreuse, qui prend une grande épaisseur et produit le liége du commerce. **Écorce.**

Ce n'est qu'au bout de 1 à 2 ans que l'enveloppe subéreuse apparaît, immédiatement sous l'épiderme, sous forme de quelques couches de cellules à minces parois, dépourvues de chlorophylle. Elle est dans l'origine une production du parenchyme vert sous-jacent, mais une fois constituée, elle s'engendre d'elle-même par division vers le dedans de ses cellules les plus internes, sans que l'enveloppe herbacée participe à son développement autrement que par la séve qu'elle fournit.

L'enveloppe subéreuse s'accroît très-lentement à l'origine ; mais vers 3 à 4 ans, débarrassée de l'entrave que lui opposait l'épiderme qui se fendille et tombe, elle se développe avec rapidité. Sa face interne devient alors le siége d'une active production de cellules cubiques, de couleur claire et rosée, qui, s'ajoutant les unes aux autres de dehors en dedans, repoussent celles qui sont précédemment formées vers l'extérieur et donnent ainsi naissance chaque année à une couche de liége, dont les dernières cellules formées sont aplaties et d'un rouge-brun (cellules tabulaires). De cette sorte les accroissements annuels se distinguent dans le liége comme dans le bois et permettent d'en supputer l'âge exactement.

Le liége ne se produit que sur les organes aériens ; les racines en sont dépourvues, à moins qu'elles ne soient saillantes au-dessus du sol.

L'enveloppe subéreuse, livrée à elle-même, acquiert une grande épaisseur, qui peut atteindre 20-30 centimètres ; mais en même temps elle se crevasse largement et profondément, perd toute homogénéité et devient impropre aux usages auxquels le liége est destiné. Arrivée à une certaine limite, elle se décompose à la surface, comme cela se passe pour la plupart des vieilles écorces des arbres, bien qu'avec une lenteur infiniment plus grande, mais jamais elle ne tombe d'elle-même par larges plaques.

A mesure qu'il s'épaissit, le liége réagit de plus en plus sur les tissus générateurs qu'il recouvre et produit sur eux une constriction croissante; aussi les couches subéreuses qui se forment chaque année vont-elles en diminuant d'une manière marquée, jusqu'à ce qu'enfin la pression devienne constante par la destruction ou le fendillement de la surface; les accroissements se maintiennent alors sensiblement égaux, mais ils sont d'une faible épaisseur.

Démasclage et levée. On comprend, d'après cela, que l'enlèvement du liége en active la production, puisqu'en débridant les tissus générateurs on leur rend toute liberté d'action.

Le liége vierge ou naturel est connu sous le nom de *liége mâle;* il est inégal, crevassé et à peu près sans emploi. Son enlèvement, qui s'appelle le *démasclage* (démasculer), est une opération dispendieuse, mais nécessaire, si l'on veut obtenir plus tard du liége de bonne qualité. On le pratique dès que l'arbre mesure 25-30 centimètres de circonférence.

Le liége qui succède au démasclage et se reproduit après chaque levée nouvelle s'appelle *liége femelle* ou *de reproduction;* il est homogène, souple, exempt de cavités et de fortes crevasses; la levée s'en fait dès qu'il a atteint l'épaisseur requise par le commerce, 23-27 millimètres au moins.

Il faut, quand on enlève le liége, ménager avec le plus grand soin l'écorce active intérieure, c'est-à-dire le liber, le parenchyme vert et la zone subéreuse la plus récente, qui, dans la saison où se fait l'opération, est en pleine voie d'accroissement et se trouve formée de tissus jeunes et mous, semblables à un mucilage, suivant lesquels s'opère la séparation. Cette écorce active est le gage des accroissements futurs du liége; c'est elle que les ouvriers (Rusquiers, dans le Var) appellent la *mère* ou la *peau*.

La mère dénudée se dessèche plus ou moins profondément au contact de l'atmosphère ; d'abord d'une couleur rosée à la surface, elle passe bientôt au rouge-ocreux, puis au rouge-brun, finalement au brun-noirâtre. C'est entre cette zone durcie et la portion de la mère restée active que s'organise le nouveau liége, à une profondeur et dans une région très-variables par conséquent, c'est-à-dire tantôt dans l'enveloppe herbacée, tantôt entre elle et le liber, souvent même dans l'épaisseur de ce dernier. Quelle que soit d'ailleurs la couche qui régénère le liége femelle, celui-ci, une fois reconstitué, s'accroît par lui-même à sa face interne, tout comme l'a fait le liége mâle.

On choisit pour démascler ou lever le liége la saison d'été, de la mi-juin à la fin d'août, en évitant les moments de pleine activité de la séve, les temps pluvieux, les vents secs et brûlants, afin que la mère, trop gorgée de liquide et composée de tissus à peine organisés, ne soit pas exposée à être arrachée ni surprise par les intempéries ou desséchée par l'ardeur du soleil. On commence par ouvrir, avec une hache bien tranchante et d'une forme spéciale, une ou plusieurs entailles longitudinales, suivant le diamètre de l'arbre, et, à partir du sol, deux ou plusieurs incisions circulaires et transversales, distantes de 1 mètre. Puis avec le manche de l'instrument, qui est légèrement courbé et aminci en coin à l'extrémité et dont on se sert comme d'un levier, on soulève le liége avec précaution et on le sépare soit sous forme de tronçons cylindriques, appelés *canons*, soit sous forme de *planches*. On facilite l'opération en frappant légèrement de temps à autre sur l'écorce, afin de diminuer l'adhérence entre le liége et la mère. Il faut éviter le plus possible de blesser et surtout d'écorcher l'écorce active pendant cette opération, car à chaque lésion correspondraient plus tard autant de défauts dans le liége qui recouvrira les cicatrices ; l'on doit s'efforcer d'en maintenir la surface bien lisse.

On pratique quelquefois dans la mère une entaille longitudinale allant jusqu'au bois, afin de faciliter l'extension de l'écorce et d'empêcher que le liége de nouvelle production ne se couvre de ces gerçures multiples qui le déprécient. L'utilité de cette pratique est contestée et en effet elle ne se justifierait qu'autant que l'écorce pourrait glisser sur le bois qui se développe, pour ne se distendre que suivant l'incision, dont les bords seuls s'écarteraient. Or, on sait que c'est impossible, puisque partout et toujours l'écorce adhère au bois et forme avec lui un tout continu.

Les levées se succèdent ordinairement de 8 en 8 ans, parfois plus tôt ou plus tard, suivant l'activité de la végétation ; l'on peut en faire 12-15 et même davantage sur un seul arbre. Les premières levées sont peu productives, parce qu'on ne peut les prolonger à plus de 2 mètres au-dessus du sol sans compromettre la vie de l'arbre ; mais on les remonte ensuite à chaque exploitation de $0^{m},60$ environ, pour s'arrêter définitivement à 1 mètre au-dessus de la première ramification de la tige. C'est à l'âge moyen qu'on obtient le plus de liége et qu'il présente la meilleure qualité.

Préparation du liége.

Dès que le liége est récolté, on l'expose dans un lieu bien aéré pour le dessécher ; puis, à l'aide d'une plane, on en râcle la surface extérieure et on enlève ainsi la couche dure et rugueuse qui le recouvre ; enfin on le plonge dans l'eau bouillante pendant quelques minutes pour l'assouplir et le gonfler. Après ces diverses préparations, il a perdu un tiers environ de son poids primitif (M. Rousset) et on peut le livrer au commerce.

On passe quelquefois les liéges grossiers et gerçurés au feu, afin d'en resserrer les pores et d'en dissimuler les défauts sous la couche superficielle qui se carbonise. Cette pratique, qui n'améliore réellement pas la marchandise, semble tomber en désuétude.

Le liége de bonne qualité doit être léger, souple, élastique, homogène, de couleur claire légèrement rosée; il faut qu'il ne soit ni ligneux, ni poreux. Son principal emploi est la fabrication des bouchons; il sert en outre à faire les bouées en usage dans la marine, les chapelets flotteurs destinés à soutenir les filets de pêche, des semelles imperméables, etc. Dans les contrées où il croît, on le façonne en une foule d'ustensiles de ménage et même en tuiles pour la couverture des maisons. Brûlé en vase clos, il produit un charbon que l'on pulvérise et qui sert dans la peinture sous le nom de *noir d'Espagne;* enfin on en fabrique du *noir de fumée.* Qualités et usages du liége.

L'écorce vive est très-riche en tannin et fournit un tan fort estimé, bien supérieur à celui du chêne pédonculé et du chêne rouvre. Suivant M. Epailly (1), le rapport entre l'un et l'autre serait en moyenne de 1,62 : 1. Cependant dans une exploitation bien conduite on a trop d'intérêt à soutenir la vie de l'arbre le plus longtemps possible et à ménager cette écorce comme mère du liége, pour qu'on songe à la livrer à l'industrie du tannage. Une spéculation imprévoyante n'a malheureusement pas toujours raisonné ainsi, et bien des forêts du Var, de la Corse et l'Algérie ont été ravagées sans remède par un écorcement complet. Le liége proprement dit, semblable en cela à la portion externe et inerte de l'écorce des vieux arbres, ne renferme que peu de tannin; il est d'ailleurs trop précieux sous d'autres rapports pour être utilisé à ce point de vue. Celui du commerce n'en offre plus que des traces, puisqu'il a subi une préparation dans l'eau bouillante qui a dissous ce principe.

Le bois, quoique voisin de celui du chêne yeuse, en est assez distinct. Le tissu fibreux est dominant et partagé peu visiblement en zones étroites par du parenchyme ligneux; les vaisseaux, sensiblement inégaux, sont plus abondants et plus gros au bord interne de chaque couche et, sans y dessiner la zone poreuse si apparente du bois du chêne rouvre et du chêne pédonculé, ils rendent néan- Bois.

---

(1) Voir *Annales forestières*, tome IX, page 233.

moins cette partie bien différente de la zone externe, qui n'est composée que de petits vaisseaux, associés à du parenchyme et groupés suivant des lignes flexueuses rayonnantes ne se prolongeant pas ordinairement d'une couche à l'autre. Il résulte de là que les accroissements annuels sont suffisamment apparents pour être comptés. Les rayons sont inégaux, nombreux, assez hauts, moins réguliers et moins épais que ceux de l'yeuse ; ils forment de larges maillures brunes très-rapprochées. Ce bois est de couleur inégale, gris, brunâtre, brun, brun-rougeâtre ; l'aubier en est peu nettement tranché ; il est extrêmement lourd, compacte, sans être aussi homogène et à grain aussi fin que celui de l'yeuse. Complétement

Densités. desséché à l'air, il a fourni des densités variant de 0,803 à 1,029. (*Coll. Éc. For.*).

Usages. Le liége est peu propre aux constructions en raison de ses dimensions habituellement restreintes, de sa pesanteur extrême, de sa disposition à se gercer très-largement et longuement et même à se pourrir lorsqu'il est exposé à des alternatives d'humidité et de sécheresse ; employé dans la marine pour des pièces d'échantillon inférieur, il a l'inconvénient d'attaquer le fer qui sert au chevillage, par suite de sa richesse en tannin. Il se fend difficilement et irrégulièrement et ne peut produire de merrain. Il convient néanmoins à la menuiserie, à la construction des machines, etc. ; il fournit un chauffage tout particulièrement estimé et un excellent charbon.

SECTION IV. — *Chênes à feuilles persistantes et à maturation bisannuelle.*

(*Feuilles dentées-épineuses ou entières ; glands à cupule presque lisse ou hérissée-épineuse.*)

8. Chêne occidental. QUERCUS OCCIDENTALIS. GAY. Corcier ou Corsier (dans les Landes).

Feuilles persistantes jusqu'à l'entier développement de celles de l'année suivante, arrondies ou légèrement prolongées sur le pétiole à la base, ovales ou elliptiques, dentées-mucronées ou spinulées, coriaces, glabres et luisantes en dessus, d'un vert faiblement grisâtre et tomenteuses en dessous, 6-8-nerviées. Glands solitaires ou géminés, à maturation bisannuelle, de taille et de forme variables, de 11-22 sur 8-16 millimètres, portés sur les rameaux défeuillés de l'année précédente par des pédoncules peu allongés, assez trapus et gris-tomenteux ; cupule hémisphérique, granuleuse, à écailles petites, les supérieures ovales-obtuses, les inférieures à base épaisse, presque prismatique, réfléchie ; les unes et les autres apprimées. — Arbre de taille moyenne, dont l'écorce est subéreuse comme celle du liége, dont les branches et les rameaux sont lisses et glabres, les ramules de l'année blancs-tomenteux. Forme de vastes forêts, seul ou mélangé avec le pin maritime, entre la Gironde et l'Adour, le long du golfe de Gascogne ; disséminé entre l'Adour et Bayonne. Flor., juin. Fructif., milieu de septembre de la seconde année.

Malgré les différences remarquables de maturation et de glands qui séparent le chêne occidental du chêne-liége, ces deux espèces ont été jusqu'à présent confondues. C'est ce qui explique les assertions contradictoires des différents auteurs qui ont traité l'histoire du liége et qui ont attribué à l'arbre qui le produit une maturation tantôt annuelle, tantôt bisannuelle, suivant qu'ils avaient en vue l'une ou l'autre de ces espèces.

Le chêne occidental est l'arbre à liége du littoral de l'Ouest ; le chêne-liége véritable appartient à la région méditerranéenne. Le premier se plaît dans les terrains de transport, siliceux ou argilo-siliceux des Landes, aux expositions chaudes et abritées des vents ; il s'accommode particulièrement bien du mélange avec le pin maritime sous lequel il trouve protection, sans qu'il ait à souffrir de son couvert très-léger ; il a le tempérament beaucoup moins méridional que le second et la culture l'a propagé avec assez de succès jusqu'à la hauteur de Belle-Isle-en-Mer. Tempérament.

Il fleurit et fructifie plus au nord, à Trianon (Versailles), où l'on en voit, en pleine terre, un pied âgé, qui mesure 14^{m},5 de hauteur sur 1^{m},45 de circonférence, à la base (*Gay*). Une semblable différence entre le tempérament de deux espèces aussi remarquables doit faire attacher une grande importance culturale à leur distinction (1).

(1) Des semis et des plantations de chêne-liége ont été faits à Belle-Isle-en-Mer, vers 1826 ; les plants et les glands furent tirés de Catalogne et des Landes. Les chênes de la première provenance sont tous

La croissance du chêne occidental est assez lente ; vers 100 ans cet arbre ne mesure que 1^{m},50-2 mètres de circonférence; mais il peut avec l'âge dépasser ces dimensions et l'on en voit qui atteignent 4 mètres. Sa longévité s'élève à trois siècles et plus.

Fructification. La fructification commence vers 25 à 30 ans et se soutient assez régulièrement chaque année.

Liége. Le chêne occidental est principalement cultivé pour le liége qu'il produit et, à quelques variations près, il est soumis au même traitement que le liége véritable. C'est vers 30 ans, alors qu'il mesure 0^{m},70-0^{m},80 de circonférence, qu'on en fait le démasclage sur une hauteur d'environ 2 mètres ; chaque levée se répète ensuite à un intervalle de 7 à 8 ans, alors que le liége a une épaisseur moyenne de 30 millimètres. Cet arbre est appelé sans doute à jouer un rôle important dans la mise en valeur des terrains improductifs des Landes, où les essais de sa culture ont généralement bien réussi. Les produits en argent qu'on en retire dépassent, par pied, 3 ou 4 fois ceux du pin maritime.

Bois. Les vaisseaux du bois sont sensiblement inégaux ; les uns, assez gros, forment au bord interne une zone très-étroite ; les autres, petits et rares, sont distribués parmi le tissu fibreux dominant d'automne en séries simples, espacées, rayonnantes. Les grands rayons sont épais, nombreux et peu hauts. Il résulte de cette structure un bois un peu différent de celui du chêne-liége, à couches annuelles nettement tranchées et à maillures plus petites, plus égales et plus serrées ; la coloration en est aussi plus claire et la densité inférieure. Relevée sur les échantillons de la collection de l'École forestière, complétement desséchés à l'air libre, elle varie de 0,768 à 0,947.

Ce bois est très-propre au chauffage et produit d'ex-

morts, ceux de la seconde sont encore vivants. On a voulu trouver là un fait d'acclimatation de proche en proche. (Voir Thouin, *Annales forestières*, t. II.) La vérité est que les chênes de Catalogne étaient de vrais chênes-liéges et que ceux des Landes sont des chênes occidentaux, bien plus rustiques que les premiers pour supporter les froids.

cellent charbon ; on l'emploie rarement à d'autres usages, parce qu'on ne l'abat que lorsqu'il est sur le retour et plus ou moins vicié, et qu'en outre, semblable en cela au bois du chêne-liége, il supporte mal les alternatives de sécheresse et d'humidité et se tourmente beaucoup.

9. Chêne kermès. QUERCUS COCCIFERA. LIN. Chêne à cochenille. Chêne Garrigue.

Feuilles courtement pétiolées, persistant pendant 1-2 années, longues de 15-30 millimètres, elliptiques, ovales ou oblongues, cordiformes à la base, dentées-épineuses, rarement entières sur les bords ; ondulées, coriaces, vertes, luisantes et glabres sur les deux faces, quelquefois un peu étoilées-poilues en dessous dans la jeunesse. Glands solitaires, rarement géminés, subsessiles ou courtement pédonculés sur les rameaux de l'année précédente, ovoïdes ou oblongs, de taille très-variable ; cupule hémisphérique, parfois conique, à écailles plus ou moins rapprochées ou espacées, d'égale longueur, mais de plus en plus étroites vers les bords, prolongées en pointes carénées, droites, rigides, presque vulnérantes, dont les moyennes sont étalées, réfléchies ou dressées et lâchement apprimées. — Arbrisseau de 2-3 mètres d'élévation au plus, formant un buisson très-touffu, dont l'écorce, d'abord grise et lisse, devient avec l'âge très-finement et densément gerçurée en long et en travers, rugueuse, d'un brun presque noir. Très-commun dans les lieux secs, pierreux ou sablonneux de la région méditerranéenne. France et Algérie. Flor., avril-mai. Fructif., août de la seconde année.

Var. α. Chêne faux-kermès. *Quercus Pseudo-coccifera. Desf.*

Feuilles plus allongées ; glands plus gros, à écailles moyennes ovales-lancéolées, aiguës, dressées, étalées ou réfléchies. Algérie ; arbrisseau ou petit arbre atteignant 5-7 mètres de hauteur.

Var. β. Chêne d'Auzande. *Quercus. Auzandei. Gren. et God.* Gland petit, à écailles planes à l'extrémité, lancéolées, dressées, lâchement apprimées, cendrées-velues. — Buisson de 1-2 mètres. Environs d'Arles, de Toulon et de Marseille.

Le chêne kermès, qui ne forme en France que des broussailles et n'y atteint jamais des dimensions qui permettent de l'utiliser, si ce n'est pour le chauffage, devient dans des contrées plus chaudes un arbre de moyenne taille. Taille.

Le bois, très-compacte et très-homogène, ressemble beaucoup à celui de l'yeuse ; il n'a, comme ce dernier, que des vaisseaux fins et égaux, disposés en lignes rayonnantes ondulées, se prolongeant sans interruption à travers les accroissements annuels, dont la distinction est Bois.

difficile ou même impossible. Les grands rayons sont rares et peu épais ; le parenchyme ligneux y est en général très-apparent et forme avec le tissu fibreux des zones minces, alternativement plus foncées et plus claires. Il a pour densité, lorsqu'il est complétement desséché à l'air, 0,969-1,141 (*Coll. Éc. For.*).

Tan. L'écorce est très-estimée pour le tannage.

Kermès. C'est sur ce petit chêne que vit un insecte voisin des cochenilles, le kermès du chêne vert (*Chermes ilicis. Fab.*), dont la femelle se fixe sur les rameaux et ressemble à une verrue de l'écorce, d'un noir-violacé, de la forme et de la taille d'un pois. On recueillait autrefois l'insecte en cet état, et, de son corps desséché et pulvérisé, on obtenait une belle teinture écarlate. Cette industrie est à peu près totalement délaissée depuis l'introduction et l'emploi de la cochenille du cactus nopal.

FAMILLE LII.

CORYLACÉES, SCHACHT. *Carpinées, Doell.*

Floraison monoïque. Fleurs mâles en chatons cylindriques, denses et pendants ; chacune d'elles dépourvue de périgone et simplement composée d'une écaille sur laquelle sont directement insérées 6-12 étamines à filets très-courts, divisés presque dès la base et dont chaque branche supporte une anthère nécessairement uniloculaire, introrse, longitudinalement déhiscente. Fleurs femelles en chatons allongés ou raccourcis en fascicules, disposées 2 à 2 à l'aisselle d'une écaille caduque, formée de 2 stipules soudées ; chacune d'elles composée d'un involucre de 1-4 bractées, d'un périgone généralement adhérent (toujours dans le fruit) et d'un ovaire à 2 loges uniovulées. Involucre fructifère simple, foliacé, contenant un seul fruit sec, indéhiscent, uniloculaire et monosperme par avortement, largement ombiliqué à la base, terminé par les débris desséchés des styles et souvent couronné par les dents du périgone ; à péricarpe ligneux ou crustacé (gland). Graine non albuminée, à cotylédons charnus, féculents-huileux. — Arbres ou arbrisseaux à feuilles simples, caduques, alternes, penninerviées, pourvues de stipules écailleuses et caduques.

Bois. — Tissu fibreux dominant, associé à du parenchyme ligneux qui y dessine des zones concentriques fines et à peine distinctes, même avec une bonne loupe. Vaisseaux sensiblement égaux, fins et très-fins, à peine plus gros et plus nombreux au bord interne, disposés en séries rayonnantes, droites ou hiéroglyphiques, isolées ou rapprochées, entre lesquelles existent de larges espaces qui en sont absolument dépourvus. Rayons nombreux, en réalité égaux et très-minces, semblant le plus souvent inégaux et entre-mêlés de rayons épais, espacés, formés de rayons très-minces qui alternent avec des lames de tissu fibreux privé de vaisseaux (faux rayons). — Bois durs ou demi-durs, compactes, homogènes, généralement d'un blanc uniforme, sans aubier ni bois parfait distincts; dont les accroissements successifs ne se reconnaissent que par une mince ligne de tissu fibreux très-serré et sans vaisseaux à la limite externe de chacun d'eux.

A. Périgone adhérent à l'ovaire au moment de la floraison ; involucre ouvert au sommet.
  B. Involucre formé d'un verticille de 4 feuilles charnues à la base ; gland ovoïde-pointu, lisse, à péricarpe ligneux . . . . Coudrier . 1
  B'. Involucre d'une seule feuille à 3 lobes ; gland ovoïde-comprimé, à nervures saillantes, largement tronqué et couronné au sommet par les dents du périgone ; péricarpe crustacé . . . . . . Charme. . 2
A'. Périgone libre au moment de la floraison, adhérent au fruit. Involucre vésiculeux, clos au sommet. Gland ovoïde-comprimé, lisse, à péricarpe crustacé. Ostrya. . 3

GENRE I. — COUDRIER. *CORYLUS. Tournef.*

Fleurs naissant des bourgeons axillaires ou terminaux des rameaux de l'année précédente. Fleurs mâles en chatons cylindriques, serrés, pendants, disposés par groupes de 2-5 sur la dernière pousse annuelle et paraissant dès l'automne de l'année qui précède celle de la floraison; chacune d'elles composée d'une écaille bractéale concave, à la face interne de laquelle sont attachées 8 courtes étamines à anthères uniloculaires, disposées en 2 rangs d'égal nombre de chaque côté de la nervure médiane. Fleurs femelles très-rudimentaires au moment de la floraison et dont l'organisation ne se complète que plus tard, renfermées en petit nombre au sommet d'un bourgeon mixte, qui ne se distingue d'un bourgeon à feuilles que par les styles rouges, saillants à l'extrémité ; disposées 2 ensemble à l'aisselle d'une écaille formée de 2 stipules soudées; chacune d'elles composée d'un involucre de 4 feuilles verticillées, d'un périgone adhérent, très-finement denticulé au sommet et d'un ovaire à 2 loges uniovulées, surmonté de 2 longs styles d'un rouge pourpre. Gland (noisette) ovoïde et pointu, à péricarpe ligneux, uniloculaire par avortement, monosperme, contenu dans un involucre foliacé, charnu à la base, ouvert au sommet, prolongé en lobes irrégulièrement découpés et plus ou moins allongés. Graine à cotylédons plans-convexes, huileux et amylacés, hypogés pendant la germination.

Bois. — Bois entièrement blanc, semblable à celui du charme; mais demi-dur et demi-lourd seulement, avec les accroissements régulièrement circulaires. Rayons en apparence inégaux; les uns, très-minces, les autres, épais et hauts, peu nombreux, formés de rayons très-minces alternant avec des lames de tissu fibreux dépourvues de vaisseaux. On remarque souvent au milieu de ce bois de petites traînées d'un tissu cellulaire particulier, rouge-brunâtre.

Coudrier Noisetier. CORYLUS AVELLANA. LIN.

Feuilles pétiolées, obovales-orbiculaires, dont la plus grande largeur correspond aux $^3/_4$ de la longueur, légèrement cordiformes à la base, brusquement acuminées et quelquefois subtrilobées au sommet, doublement dentées, vertes, presque concolores, couvertes sur les deux faces, dans la jeunesse, de longs poils mous ; à peu près glabres plus tard, si ce n'est aux aisselles inférieures ; à nervation habituellement formée de six paires de nervures pennées. Chatons mâles sessiles, jaunâtres, très-précoces, fleurissant longtemps avant la foliaison. Involucre fructifère à 4 lobes inégaux, débordant généralement le gland. — Arbrisseau rameux dès la base, dont les jeunes pousses sont hérissées de poils glanduleux, rougeâtres ; dont les stipules persistent à la base des feuilles jusqu'en août ; à bourgeons courts, ovales-arrondis, presque obtus, recouverts de plusieurs écailles imbriquées-spiralées, un peu frangées sur les bords. Très-commun dans les forêts de toute la France ; rare en Algérie, où il atteint la limite la plus méridionale de son aire d'habitation. Flor., janvier-avril. Fructif., fin de septembre. Dissémin., octobre.

Taille. Port. Le coudrier est un arbrisseau de 3-4 mètres d'élévation, dont les maîtresses tiges se couronnent, quand elles sont parvenues à une certaine hauteur, et sont remplacées par des rejets droits, grêles, très-allongés, qui partent soit de la souche, soit des racines, et, dans ce dernier cas, finissent par devenir des pieds indépendants qui se sèvrent d'eux-mêmes. La coupe annuelle de ces rejets peut transformer le coudrier en un petit arbre à tige simple, courte, à cime ample très-étalée, assez touffue et à couvert épais.

Le coudrier fructifie vers 10 ans, plus tôt même s'il provient de rejets de souche; les pieds isolés ou situés aux bords des massifs sont à peu près annuellement fertiles; mais ceux de l'intérieur restent quelquefois 3-4 ans sans produire un seul fruit. C'est, de tous les végétaux forestiers, celui dont la floraison est la plus précoce; dans certaines années exceptionnelles, elle a lieu dès le mois de décembre. Fructification.

La noisette est d'une conservation difficile, même jusqu'au printemps, et il vaut mieux la semer dès l'automne. Le jeune plant, dans ce cas, paraît de bonne heure au printemps; il laisse ses cotylédons en terre et produit immédiatement des feuilles semblables à celles qui lui sont habituelles. Il ne dépasse guère 5-6 centimètres dans la première année et s'accroît au plus de 15 centimètres dans chacune des 5-6 années suivantes. Germination.

Cet arbrisseau repousse peu par bourgeons adventifs, plus fréquemment par bourgeons proventifs, habituellement par drageons qui donnent des plants robustes, indépendants. La végétation des rejets est très-rapide; vers 5 ans ils ont atteint leur maximum annuel d'allongement et de grossissement, vers 10-15 ans leur plus grand accroissement moyen en volume. Rejets. Croissance.

L'enracinement est représenté à l'origine par un pivot droit, couvert d'un chevelu abondant; vers 3 ans, l'allongement du pivot se ralentit, puis s'arrête; les racines latérales se développent; plus tard, l'une d'elles prend le dessus et constitue, à un certain âge, une maîtresse racine se prolongeant loin sous le sol, en conservant sur presque toute sa longueur un égal diamètre. Enracinement.

Le coudrier a une aire d'habitation très-étendue, en surface comme en altitude; il se trouve non-seulement du nord au sud, de l'est à l'ouest de toute la France; mais des plaines il s'élève dans les montagnes, même audessus du hêtre et parvient, dans les Pyrénées, jusqu'à Station et sol.

1,600 mètres d'altitude. Il recherche les sols frais, quelle qu'en soit la composition minéralogique, demande de la lumière et se rencontre par ce motif plus fréquemment dans les taillis que dans les futaies.

Écorce. L'écorce, d'un gris mat sur les jeunes rameaux, puis d'un brun-rouge, marquée de lenticelles assez abondantes, est couverte dans l'origine de débris de fines membranes qui proviennent de l'exfoliation de l'enveloppe subéreuse. Cette écorce devient ensuite d'un gris-argenté rougeâtre et reste lisse, en présentant une disposition à s'enlever par lanières circulaires comme celle des cerisiers. On y trouve alors les trois régions normales : enveloppe subéreuse, parenchyme vert et liber. Ce n'est qu'à un âge avancé qu'il se développe un périderme intérieur, résistant, dans les feuillets du liber et que celui-ci, repoussé au dehors, forme un rhytidome gerçuré-écailleux que l'on n'observe habituellement qu'à la base des plus vieux pieds. Cette écorce contient 2,70 p. 100 de tannin.

Bois. Le bois de coudrier a beaucoup d'analogie avec celui du charme ; il est entièrement blanc, mais les accroissements en sont circulaires et il n'est que demi-dur et

Pesanteur. demi-lourd. Complétement desséché à l'air, il pèse 0,620 à 0,729 (*Coll. Éc. For.*).

Puissance calorifique. La puissance calorifique, mesurée par l'eau évaporée, est à celle du hêtre comme 90 : 100 pour des poids égaux. Il brûle assez lentement, mais, une fois embrasé, il produit un charbon qui dure longtemps au feu et dégage beaucoup de chaleur.

Usages. Les faibles dimensions du coudrier en restreignent nécessairement l'emploi ; on n'en retire guère que des perches, utilisées à différents usages, cercles, tuteurs, etc. On peut en obtenir du charbon propre à la fabrication de la poudre et au dessin.

Produits accessoires. L'amande de la noisette contient jusqu'à 60 p. 100 d'huile grasse non siccative, d'un goût agréable. On sait que cette noisette est comestible ; celle de quelques variétés cultivées et reproduites par la greffe est surtout recherchée (aveline).

Ennemis. Le coudrier n'a pas d'ennemis redoutables parmi les insectes; quelques-uns toutefois lui sont à peu près spéciaux; tels sont :

L'*Apodère du coudrier* (*Apoderes coryli. Lin.*). Joli charançon d'un rouge-corail, à tête noire, qui incise les feuilles par le milieu jusqu'à la nervure médiane et en enroule la partie supérieure sous forme de cornet clos de toutes parts, dans lequel il pond 1 à 3 œufs.

Le *Balanine des noisettes* (*Balaninus nucum. Lin.*). Autre charançon à trompe grêle et très-longue qui, en plaçant ses œufs dans les ovaires, donne naissance à cette larve blanche et apode que l'on trouve dans les noisettes véreuses.

La *Saperde linéaire* (*Oberea linearis. Lin.*). Coléoptère longicorne dont la larve apode vit dans les jeunes pousses et les creuse sur une grande partie de leur longueur.

GENRE II. — CHARME. *CARPINUS. Lin.*

Fleurs amentacées pour les deux sexes. Fleurs mâles en chatons solitaires, cylindriques, sessiles, pendants, parfois légèrement feuillés à la base, naissant des bourgeons axillaires, rarement du bourgeon terminal de la pousse de l'année précédente. Chacune d'elles composée d'une écaille concave, supportant directement à sa base 10-16 étamines à filets courts, terminées par un pinceau de poils, à anthères uniloculaires. Fleurs femelles en chatons lâches et formant le prolongement et la terminaison des pousses latérales ou terminales, normalement feuillées à la base; disposées par 2 et pédicellées à l'aisselle d'une écaille qui représente 2 stipules soudées. Chacune d'elles formée d'une grande bractée foliacée, d'un périgone adhérent, à limbe 4-5-denticulé, et d'un ovaire à 2 loges uniovulées, surmonté par 2 styles allongés et rouges. Glands en chatons lâches et pendants, contenus chacun dans un involucre très-développé, monophylle, foliacé, trilobé et à lobe médian allongé; tronqués et surmontés par les dents libres et bien apparentes du périgone; uniloculaires et monospermes par avortement; à péricarpe crustacé-ligneux, vert, relevé de côtes longitudinales. Graine à cotylédons plans-convexes, féculents et huileux, épigés en germant.

Bois. — Bois dur, lourd, compacte, homogène, entièrement blanc, dont les accroissements, peu distincts, sont ondulés au lieu d'être régulièrement circulaires et sont normalement traversés par de faux rayons médullaires, épais, hauts, assez nombreux, formant dans le débit tangent ou contremailles de longues lignes grisâtres assez apparentes.

Charme commun. CARPINUS BETULUS. LIN. Charmille.

Feuilles alternes, pétiolées, ovales ou oblongues, ordinairement aiguës ou même acuminées, légèrement inéquilatérales et cordiformes à la base, dentées, à dents aigûment sous-dentées, surtout sur leur grand côté ; peu luisantes, glabres et vertes en dessus, d'un vert un peu plus pâle et faiblement pubescentes près des nervures en dessous ; limbe paraissant gaufré entre les nervures secondaires, qui sont saillantes, droites, parallèles, au nombre de 10-15 de chaque côté. Chatons mâles à écailles ovales-aiguës, ciliées. Gland contenu dans un involucre foliacé très-grand, à lobes entiers ou dentés. — Arbre de taille moyenne, à écorce d'un gris-cendré, lisse, très-mince, à tige peu régulière, creusée longitudinalement de larges cannelures arrondies peu profondes ; bourgeons ovoïdes-aigus, entourés d'écailles nombreuses, imbriquées-spiralées, poilues à l'extrémité. Très-abondant dans le Nord et l'Est, dans les taillis ou, à l'état de sous-bois, dans les futaies. Flor. avec les premières feuilles, avril-mai. Fructif., octobre. Dissémin., à la chute des feuilles ou au printemps suivant.

Taille. Port. Le charme n'est point un arbre de première grandeur; 20 mètres d'élévation, $1^{m},50$ de circonférence sont pour lui des dimensions remarquables, qu'il ne dépasse qu'exceptionnellement; la tige en est droite, distincte jusqu'à l'extrémité de la cime, toujours plus ou moins creusée de sillons que séparent de larges côtes saillantes, ce qui permet de la distinguer facilement de celle du hêtre, toujours régulièrement circulaire. Le fût ne se dénude qu'à une faible élévation au-dessus du sol et donne naissance à de nombreuses branches, grêles et longues, s'élevant droit sous un angle de 20-30° et produisant dans leur ensemble une longue cime fasciculée-ovoïde, pointue au sommet.

A l'état d'isolement, la tige se garnit, en dessous des branches principales, de petites branches gourmandes, nombreuses, grêles, horizontales, qui persistent sans se développer beaucoup.

Longévité. Le charme peut atteindre 100-120 ans et même 150 ans quand il croît dans d'excellentes conditions.

Couvert. Il a le couvert presque aussi épais que celui du hêtre, et comme ce dernier il peut croître en massif serré.

L'écorce se compose, après la chute de l'épiderme, d'une mince couche d'enveloppe subéreuse, de parenchyme vert et de liber; ces différentes régions restent vivantes jusqu'à l'âge le plus avancé, ne s'accroissent pas sensiblement en épaisseur et ne font que se distendre, par l'interposition de nouveaux tissus, au fur et à mesure que la tige grossit. Aussi cette écorce, d'un gris-cendré, reste-t-elle toujours unie, lisse, vive, remarquablement mince, surtout sur les côtes saillantes. Son parenchyme ne se lignifie pas comme celui du hêtre. Écorce.

Les jeunes pousses, d'abord vertes, puis olivâtres, passent au rouge-brun vers 3 ans et, à 6 ans environ, prennent la couleur grise caractéristique. Les bourgeons sont petits, oblongs-allongés, pointus, beaucoup moins effilés et proportionnellement plus épais que ceux du hêtre. Bourgeons.

On observe très-souvent, entre le coussinet et le bourgeon principal, un second bourgeon (sous-bourgeon) qui en beaucoup d'occasions se développe et produit une jeune pousse. C'est à cela en partie qu'est due la facilité avec laquelle on façonne le charme en berceaux, haies, charmilles, etc., qui se maintiennent très-touffus.

Les bourgeons proventifs du charme conservent leur vitalité jusqu'à un âge avancé, 80 ans. C'est à eux qu'il faut attribuer l'abondante et vigoureuse reproduction des souches de cette essence et ces nombreux rejets qui naissent au-dessous de la section ou sortent même de terre. Les bourgeons adventifs se produisent rarement et constituent ces quelques rejets qui s'élèvent sur un bourrelet de la section même, entre l'écorce et le bois. Enfin le charme a la faculté de former des drageons ou au moins quelque chose qui y ressemble. Les vrais drageons, ceux du robinier, du tremble, etc., naissent de racines traçantes; ceux prétendus du charme proviennent de rameaux analogues à ces petites branches horizontales qui garnissent la tige des pieds isolés, et qui, émises par les parties tout à fait inférieures, se marcottent naturellement, s'allongent considérablement sans grossir et produisent des rejets sur tout leur parcours. Rejets.

L'enracinement du charme est très-variable. Si le jeune Enracinement.

plant élevé dans la terre profondément ameublie d'une pépinière présente une forte racine pivotante, à peine ramifiée, celui qui croît sur le sol naturel de la forêt est au contraire faiblement et superficiellement enraciné. L'enracinement de l'arbre pénètre rarement à plus de 0^m,50 de profondeur et se compose de nombreuses racines latérales nées d'un pivot qui s'est oblitéré, de bonne heure.

Le bois de souches et de racines, extrait aussi complétement que possible, équivaut à 20-24 p. 100 du bois superficiel, savoir $\frac{2}{3}$ pour la souche, $\frac{1}{3}$ pour les racines (T. Hartig).

Aire. L'aire d'habitation du charme rappelle celle du hêtre, mais elle est plus resserrée, surtout vers le nord, l'ouest et le sud-ouest.

Elle est limitée à l'ouest par une ligne qui, partant des environs de Toulouse, traverse toute la France du sud au nord pour aboutir vers l'embouchure de la Tamise; la frontière septentrionale du charme se prolonge de ce point à travers le Danemark, un peu au-dessus de Copenhague, passe dans la partie méridionale de la Suède et parvient à Riga sur la Baltique. Là commence la barrière orientale qui, après avoir suivi les cours de la Duna et du Dniéper, englobe la Crimée et se poursuit le long du pied septentrional du Caucase jusqu'à la Caspienne. Enfin la limite équatoriale part de la pointe sud-est de cette mer et, se dirigeant vers l'ouest, passe par la Perse, l'Asie-Mineure, la Morée méridionale, atteint la pointe extrême de l'Italie, en remonte les côtes occidentales pour aboutir à Gênes et de là revenir à Toulouse. La France occidentale et pyrénéenne, la Corse et l'Algérie n'appartiennent donc point à l'aire naturelle du charme, pas plus que la Sicile, l'Espagne, la presque totalité de l'Angleterre, le Danemark septentrional, la plus grande partie de la Suède, la Norwége et toute la Russie du nord-est au delà de la Duna et du Dniéper.

Station. Le charme recherche dans cette aire les stations de plaines ou de collines; il se rencontre aussi au pied et sur le pourtour des régions montagneuses, mais il y pénètre peu et n'y parvient qu'à de faibles altitudes : 800 mètres pour les Vosges et le Jura, 1,100 mètres pour les Alpes.

Sol.

Les sols argilo-sablonneux, perméables, frais ou même légèrement humides, sont ceux que préfère le charme ; il s'accommode aussi des terres argileuses ou calcaires, mais il ne vient pas sur celles qui sont très-compactes, pas plus que sur les sols très-secs, marécageux ou tourbeux.

Fructification.

La fécondité du charme, qui est très-développée, se manifeste de bonne heure, à 20 ans et même au-dessous ; il est peu de végétaux forestiers qui aient des années de semences aussi abondantes et en même temps aussi répétées. Il est vrai que, dans leurs intervalles, il n'est pas rare qu'on ne puisse trouver un seul fruit. Cette abondance est telle, parfois, que chaque pousse se termine par un chaton de fleurs femelles et, plus tard, de fruits, dont les involucres, verts et foliacés, forment la plus grande partie du feuillage de l'arbre.

Germination.

Il faut 25,000-30,000 glands de charme, dépouillés de leur involucre, pour 1 kilogr. Semés en automne, quelques-uns de ces fruits germent au printemps suivant, la plupart à celui de la seconde année ; semés au printemps, les plants ne lèvent qu'au bout d'un an. Pour éviter les dangers qu'ils peuvent courir de la part des mulots, il est mieux de les disposer dans la terre à une certaine profondeur pour les préparer à la germination et de ne les en retirer qu'au printemps de la seconde année. Semées alors, ils germent immédiatement.

Le jeune charme paraît avec deux feuilles cotylédonaires un peu charnues, ovales-arrondies, entières, légèrement échancrées en cœur à la base, très-faiblement pétiolées; il croît lentement dans les premières années.

Croissance.

Sous des circonstances moyennes de végétation, la tige, à 40 ans, ne présente que le $\frac{1}{4}$ - $\frac{1}{5}$ du volume de celle du hêtre ; à 100 ans, elle équivaut au $\frac{1}{3}$ ou même à la $\frac{1}{2}$. La végétation en taillis est, au contraire, assez active, et, à 20 ans, les produits du charme sont deux fois aussi grands que ceux du hêtre.

Tempérament. Le charme a besoin d'abri dans la jeunesse, en raison de la faiblesse d'enracinement des plants naissants et des dangers auxquels les exposerait le dessèchement d'un sol découvert. Il demande plus tard de la lumière, mais il faut la lui ménager prudemment. En sols secs, pierreux, les chaleurs exceptionnelles de certains étés lui sont souvent funestes, mais en revanche il présente en toutes circonstances une résistance remarquable à l'action des gelées printanières ; on voit alors son feuillage se maintenir parfaitement vert et intact alors que celui des chênes, hêtres, frênes, etc., etc., s'est entièrement flétri et desséché sous les atteintes du froid.

On peut conjecturer que l'une des causes qui limitent le charme en altitude et peut-être en longitude du côté de l'ouest est l'obligation de réaliser en été, pour la fructification, une somme de température que les montagnes et les régions littorales ne peuvent lui fournir.

Rôle. Parfaitement apte à constituer des taillis d'une reproduction abondante et indéfinie, le charme remplit ou peut remplir dans certaines futaies un rôle très-important, sinon comme essence principale, au moins comme essence accessoire, en complétant les peuplements, abritant et amendant efficacement le sol, assurant ainsi la libre végétation des essences d'élite qui le surmontent sans jamais être dominées par lui.

Bois. Le bois de charme est très-facile à reconnaître à ses accroissements irréguliers, flexueux, à sa couleur blanche, à son poids, à sa dureté, à ses larges et faux rayons très-prolongés dans le sens de la fibre ligneuse. Il est

Pesanteur. plus lourd que le hêtre, dans le rapport de 112 : 100 d'après G. L. Hartig ; de 123 : 100 d'après Werneck ; de 106 : 109 d'après G. T. Hartig ; desséché à l'air, il pèse 0,799 à 0,902 (*Coll. Éc. For.*).

Puissance calorifique. L'importance principale du bois de charme est dans sa puissance calorifique. C'est un des meilleurs combustibles que nous possédions ; il brûle avec une flamme vive e- produit un charbon qui reste incandescent jusqu'à comt plète combustion. Sa valeur calorifique dépasse celle du hêtre de 3,5 p. 100 d'après T. Hartig. Il convient toutefois d'ajouter que cette appréciation n'est point absolue et que sur les limites sud-est de son aire d'habitation (Allier, forêt de Tronçais et environs de Toulouse) le charme est beaucoup moins estimé sous ce rapport; on lui préfère le chêne rouvre et surtout le chêne yeuse.

Usages.

Le charme n'est pas employé comme bois de construction, en raison de son peu de durée; sa fibre, souvent entrelacée, le rend d'un travail peu facile, et les menuisiers ne l'utilisent pas communément; cependant sa dureté, son homogénéité, sa ténacité, le rendent précieux pour la fabrication d'outils divers et pour la confection de certaines pièces de machines qui ont à subir des frottements, telles que dents d'engrenage, cames, etc.

Produits accessoires.

Les glands contiennent une huile douce, qui rappelle, au goût, celle de la noisette, mais on ne l'extrait pas.

La feuille donne un excellent fourrage, qui, desséché, équivaut au foin de bonne qualité. Suivant T. Hartig, l'hectare, à 12 ans, peut en donner près de 16,000 kilogr. à l'état vert, qui se réduisent à 4,100 kilogr. par la dessiccation à l'air.

Ennemis.

Le charme est privilégié du côté des insectes, dont aucun ne le menace spécialement; quelques hannetons, quelques-unes des chenilles qui attaquent les fruitiers vivent bien de ses feuilles, mais sans y commettre de grands ravages.

En revanche, il est la victime préférée des mulots (*Mus sylvaticus. Lin.*), qui en décortiquent le pied et mettent à mort beaucoup de jeunes plants et de rejets.

GENRE III. — OSTRYA. *OSTRYA. Mich.*

Fleurs amentacées pour les deux sexes. Chatons mâles fasciculés, cylindriques, pendants, serrés; chaque fleur composée d'une écaille stipulaire, portant à sa base 6-12 étamines à filets courts, à anthères uniloculaires, terminées par des pinceaux de poils. Chatons femelles cylindriques, dressés et denses, composés d'écailles stipulaires à l'aisselle de chacune desquelles sont 2 fleurs; chaque fleur formée d'un involucre vésiculeux, clos au sommet, d'un périgone libre et d'un ovaire à 2 loges uniovulées. Fruits disposés en une sorte de cône ovoïde et pendant qui rappelle beaucoup, par sa forme, celui du houblon; chacun d'eux formé d'un involucre foliacé, vésiculeux, et d'un gland ovoïde, comprimé, lisse et sans côtes longitudinales, entouré par le périgone devenu adhérent, si ce n'est à l'extrémité qui déborde le fruit.

Bois. — Structure générale des bois de la famille, quant aux tissus fibreux, parenchymateux et aux vaisseaux; seulement ceux-ci sont disposés en lignes rayonnantes, courtes et simples, uniformément réparties, de sorte que les faux et larges rayons des charmes et coudriers n'y existent point. En réalité comme en apparence, tous les rayons sont égaux et très-minces.

Ostrya commun. OSTRYA CARPINIFOLIA. SCOP. *Carpinus Ostrya. Lin.* Charme-houblon.

Feuilles courtement pétiolées, ovales-lancéolées, acuminées, doublement et aigûment dentées; en-dessus vertes, et glabres, si ce n'est dans la jeunesse; en dessous d'un vert plus pâle, pubescentes aux aisselles des nervures, qui sont parallèles, très-saillantes et au nombre de 12-15 de chaque côté; limbe plus plan que celui de la feuille du charme. Chatons mâles naissant plusieurs ensemble d'un même bourgeon, à écailles arrondies-aiguës, ciliées; involucre blanchâtre, poilu, surtout à la base. Fruit très-petit, grisâtre, lisse, ovoïde-aigu, à sommet légèrement tronqué et surmonté par les dents peu apparentes du périgone. — Petit arbre ayant presque entièrement le port du charme; à bourgeons ovoïdes, obtus, entourés d'écailles nombreuses, imbriquées-spiralées, d'un brun clair et glabres; tige cylindrique, dont l'écorce se transforme de bonne heure en un rhytidome gris-brunâtre, finement gerçuré, écailleux et en partie caduc. Rochers qui bordent la Méditerranée dans le Var et dans les Alpes-Maritimes. Flor., mai. Fructif., septembre.

Taille. L'ostrya ou charme-houblon a beaucoup d'analogie avec le charme commun par le port et par le feuillage, mais il est de moindre taille et ne parvient guère qu'à 15-17 mètres de hauteur, sur 1 mètre de circonférence;

Enracinement. il a les racines pivotantes et longuement traçantes.

Fructification. Il fructifie vers la vingtième année, porte semence tous

Croissance. les 2-3 ans, vit jusqu'à 100 ans. La croissance est lente, quoiqu'un peu plus rapide dans la jeunesse que celle du charme.

Sols. Le bois est rouge clair à peu près comme celui du poirier, compacte, homogène, très-tenace; il pèse, complétement desséché à l'air, 0,910 (*Coll. Éc. For.*); il a les qualités et les usages du charme.

Le littoral de la Provence et du comté de Nice est la seule région française où croisse spontanément l'ostrya, dont l'aire d'habitation se prolonge de là à l'est jusqu'au Liban, sans jamais dépasser ni même atteindre vers le nord le 47e degré de latitude. Sa limite équatoriale passe au sud de la Grèce, de l'Italie et de la Sicile, laissant en dehors l'Algérie et n'atteignant pas l'Espagne vers l'ouest. Dans cette aire fort restreinte, l'ostrya recherche les stations rocheuses, les terrains calcaires particulièrement. Il est difficile de trouver les causes qui arrêtent son extension vers le nord, car il végète vigoureusement et fleurit sous le climat de Nancy. Aire et station.

Il n'a point en France d'importance forestière.

FAMILLE LIII.

BÉTULACÉES. ENDL.

Floraison monoïque, amentacée pour les deux sexes. Chatons mâles cylindriques, denses, pendants, composés d'écailles peltées, 3-5-lobées, supportant, à leur aisselle, 3 fleurs, parfois confondues, dont chacune est formée d'un périgone 1-4-foliolé et de 2-4 étamines, à anthères biloculaires, longitudinalement déhiscentes, ou de 4-8 étamines à anthères uniloculaires par suite de la disjonction des loges et de la division plus ou moins complète des filets. Chatons femelles cylindriques, denses, composés d'écailles planes, 3-5-lobées, dont chacune porte à la face interne 2-3 ovaires nus, biloculaires, biovulés, terminés par 2 styles allongés; produisant un cône de même forme, dont les écailles, membraneuses et caduques ou ligneuses et persistantes, offrent à la face interne 2-3 fruits, généralement uniloculaires et monospermes par avortement, secs, indéhiscents, ailés ou non sur les côtés (samares ou akènes). Graines à peine albuminées. — Arbres à feuilles simples, alternes, non persistantes, à nervation pennée; à stipules caduques; de floraison précoce, précédant la foliaison.

A. Cône à écailles 3-lobées, minces, presque membraneuses, caduques à la maturité, supportant chacune 3 petites samares à ailes membraneuses et transparentes . . . . Bouleau. . 1

A'. Cône à écailles 5-lobées, ligneuses, épaissies à l'extrémité, persistantes, supportant chacune deux petites samares à ailes membraneuses ou coriaces. AUNE . . . 2

GENRE I. — BOULEAU. *BETULA. Tournef.*

Chatons mâles cylindriques, pendants, formés dès l'automne précédent et sortant, au nombre de 1-3, de bourgeons terminaux non feuillés à la base ; composés d'écailles peltées, trilobées, supportant 3 fleurs, dont chacune est formée d'un périgone unifoliolé, de 2 étamines à filets fourchus et à loges de l'anthère disjointes, produisant 4 étamines à anthères uniloculaires. Chatons femelles cylindriques et grêles, dressés, paraissant avec les feuilles seulement, solitaires et terminant de courtes pousses latérales, feuillées à la base; composés d'écailles trilobées, dont chacune supporte 3 fleurs femelles, réduites à un ovaire sans périgone, à 2 loges uniovulées, surmonté de 2 longs styles filiformes. Cône à écailles minces, coriaces-membraneuses, caduques, dont les fruits sont de petites samares comprimées, lenticulaires, bordées de chaque côté d'une aile membraneuse et transparente. Bourgeons revêtus de plusieurs écailles imbriquées-spiralées. — Arbres à tige grêle, écorce lisse et membraneuse, qui plus tard devient au pied rugueuse et gerçurée; dont les jeunes feuilles et les bourgeons sont enduits d'une résine odorante qui se retrouve aussi dans les lamelles blanches en lesquelles s'exfolie ordinairement l'écorce et dans les glandes verruqueuses souvent disséminées à la surface des jeunes rameaux, particulièrement des rejets de souche. Les bouleaux appartiennent à l'hémisphère boréal et habitent l'Europe, l'Asie et l'Amérique.

Bois. — Tissu fondamental homogène, dont les deux éléments, tissu fibreux et parenchyme ligneux, sont uniformément mélangés et indistincts; toutefois, accroissements limités par une zone très-mince de tissu plus serré. Rayons égaux, nombreux, minces, courts. Vaisseaux égaux, moyens, isolés ou disposés 2-5 en lignes simples rayonnantes, dont l'ensemble produit une ébauche d'un très-fin dessin réticulé, uniformément répartis d'ailleurs du bois de printemps au bois d'automne. Quelques taches brunes de tissu médullaire. — Bois de dureté et de densité moyennes, homogène, uniformément blanc, sans aubier ni bois parfait distincts, à maillures insensibles, accroissements peu reconnaissables.

Ennemis. — Les bouleaux, sans avoir généralement beaucoup d'ennemis, nourrissent un grand nombre d'espèces d'insectes, parmi lesquelles li en est de banales en quelque sorte, qui s'attaquent à la plupart des végétaux ligneux, dont quelques-unes cependant leur sont spéciales ou semblent au moins les préférer.

Les plus remarquables de ces dernières peuvent être groupées comme il suit :

Insectes attaquant les feuilles.

Parmi les *Coléoptères :*

Le *Rhynchite du bouleau* (*Rhynchites Betulæ. Lin.*). Petit charançon tout noir qui roule en cigare les feuilles des bouleaux, après avoir enfermé un œuf dans chacune d'elles.

Le Rhynchite métallique (*Rhynchites Betuleti. Fab.*), d'un beau vert doré ou d'un bleu d'acier, qui, dans le même but, réunit plusieurs feuilles en paquet.

Parmi les *Hyménoptères :*

La *Némate septentrionale* (*Nematus septentrionalis. Lin.*). Tenthrédine dont la fausse chenille, reconnaissable à ses vingt pattes, ronge les feuilles, tout comme celle du *Cimbex variable* (*Cimbex variabilis. Kl.*), que l'on distingue à ses vingt-deux pattes et à sa raie dorsale noire.

Parmi les *Lépidoptères :*

Le *Bombyce laineux* (*Bombyx lanestris. Lin.*), dont les chenilles à seize pattes, uniformément poilues, noirâtres et marquées en dessus de taches arrondies veloutées, d'un rouge-brun, vivent en société dans une bourse commune sur les branches et les défeuillent.

La *Phalène du bouleau* (*Amphidasis betularia. Fab.*), à chenille arpenteuse pourvue de dix pattes seulement, à tête carrée et échancrée sur le front.

La *Phalène virginale* (*Cabera pusaria. Lin.*), dont la chenille, également arpenteuse et à dix pattes, présente sur le dernier segment du corps deux cornes fines et rapprochées.

Insectes attaquant la tige.

Le *Scolyte destructeur* (*Eccoptogaster destructor. Ol.*). Coléoptère xylophage qui se développe entre l'écorce et le bois et dont la galerie ovifère est droite, longitudinale, aérée par des trous ouverts de distance en distance.

A. Arbres ; feuilles assez grandes ; cônes dressés ou pendants à la maturité.
B. Plus grande largeur des feuilles vers la base ; ces feuilles, les pétioles et les jeunes pousses glabres ; ces dernières verruqueuses. Aile du fruit plus large que la graine, atteignant ou débordant l'extrémité des styles . B. VERRUQUEUX. . 1
B'. Plus grande largeur des feuilles vers le milieu ; ces feuilles, les pétioles et les jeunes pousses pubescents, ces dernières lisses. Aile du fruit de même largeur que la graine ou à peine plus large, ne dépassant pas la base des styles. . . . . B. PUBESCENT . . 2
A'. Arbrisseaux ; feuilles petites ; cônes toujours dressés.
B. Arbrisseau à tige dressée, à petites feuilles ovales-arrondies, aigûment dentées, pubescentes ; cône cylindrique ; ailes du fruit presque aussi larges que lui . . . . . . B. INTERMÉDIAIRE. 3
B'. Sous-arbrisseau à tige diffuse, à feuilles très-petites, arrondies, obtusément dentées, glabres ; cône ovoïde ; fruit très-étroitement ailé. . . . . B. NAIN. 4

1. Bouleau verruqueux. BETULA VERRUCOSA. EHRH. *B. alba, pars, Lin. B. odorata, Reichb. B. pendula. Roth.*

Feuilles pétiolées, variables, rhomboïdales à base en coin, ou triangulaires à base tronquée, parfois même légèrement cordiformes sur les jeunes rejets, acuminées au sommet, à contour général plus ou moins anguleux, doublement dentées, restant membraneuses, d'un vert un peu luisant, plus foncé en dessus, couvertes en dessous d'un grand nombre de glandes résinifères ; complétement glabres à l'état adulte, parfois légèrement pubescentes sur les très-jeunes plants et sur les rejets ; veinules cachées dans le parenchyme et non saillantes en dessous. Jeunes pousses pendantes, verruqueuses, rudes au toucher. Écailles du cône trilobées, de forme peu variable, dont les lobes latéraux sont plus grands que le médian, arrondis et recourbés en dehors. Fruit bordé d'une aile 2-3 fois aussi large que lui et le débordant supérieurement, de manière à atteindre ou à dépasser le sommet des styles. — Arbre droit, élevé, à branches obliquement ascendantes, à rameaux et ramules grêles, arrondis, plus ou moins pendants, formant une cime arrondie-pyramidale ; écorce lisse, blanche et papyracée, s'épaississant, se gerçurant largement et profondément à partir du pied, dès l'âge de 10-15 ans ; bourgeons glabres. Commun dans les forêts à sols frais et sablonneux des régions basses et montagneuses du nord, de l'est et de l'ouest, ou des régions élevées du sud de la France. Flor., avril-mai. Fructif., mi-juin. Dissémin., fin de juin-novembre.

Var. α. lacinié. — *B. laciniata, Walh.* Feuilles pennatifides, à lobes dentés, longuement acuminés. — Variété originaire de la Dalécarlie, fréquemment cultivée dans les jardins.

Le bouleau verruqueux est, tout au plus, un arbre de deuxième grandeur, qui dépasse rarement 0m,60 de diamètre et 25 mètres de hauteur ; cependant on en cite un en Courlande qui mesure 5m,50 de circonférence et 28 mètres de hauteur. Il conserve le même port, qu'il croisse en liberté ou en massif, et, comme tous les arbres qui exigent de la lumière et dont le couvert est léger, il ne supporte pas l'état serré, s'éclaircit de bonne heure et présente sur une surface donnée, à égalité de hauteur et vers l'âge de 40 ans, moitié moins de pieds qu'un massif de hêtres. La tige, circulaire et assez grêle relativement à la hauteur, se dénude jusqu'à 5-10 mètres au-dessus du sol et se prolonge, à moins d'accidents, jusqu'à l'extrémité de la cime. Celle-ci est peu ample, ovoïde-aiguë, composée de branches longues et menues, ascendantes, souvent retombantes à leur extrémité (bouleau pleureur), ainsi que les rameaux et ramules très-grêles qu'elles supportent. Taille. Port.

Le bouleau vit 100 à 120 ans ; il peut aller exceptionnellement jusqu'à 150 ans. Longévité.

L'écorce des pousses de l'année est généralement glabre ; outre les lenticelles, elle est pourvue de glandes résinifères verruqueuses, surtout abondantes sur les jeunes rejets. Après la chute de l'épiderme, vers 3-4 ans, elle devient lisse, brune et présente : 1° une enveloppe subéreuse, formée de cellules tabulaires résistantes, extensibles, disposées en lames minces ; 2° du parenchyme vert ; 3° du liber. Toutes les modifications ultérieures qu'elle subit se produisent dans l'enveloppe subéreuse et, pendant toute la vie, elle maintient actives les mêmes couches de parenchyme vert et de liber, qui, sans s'accroître en épaisseur, se développent en largeur, au fur et à mesure que le corps ligneux s'épaissit. Vers 6-8 ans, un tissu cellulaire cubique, fragile, blanc, s'interpose par lames minces entre les zones du tissu subéreux tabulaire brun. Les parties les plus extérieures de ce tissu blanc, distendues par l'accroissement interne, se Écorce.

déchirent, laissent isolées les lames de tissu brun, qui, semblables à des feuilles de papier, s'enlèvent circulairement et sont blanchies sur les deux faces par les débris des cellules cubiques. L'enveloppe subéreuse se maintient ainsi lisse et d'un blanc de neige, s'exfoliant à la surface, tandis qu'elle se reforme par la face interne, jusqu'à l'âge de 15 à 20 ans ; puis elle subit une nouvelle modification. Un tissu cellulaire brun, dur et cassant, résultant d'une transformation du tissu cellulaire cubique blanc, se développe abondamment, mais très-inégalement, entre les feuillets des cellules tabulaires, gerçure ceux-ci, les repousse au dehors et constitue une sorte de rhytidome épais, profondément et largement crevassé, qui se produit naturellement au pied de l'arbre d'abord, puis s'élève de proche en proche avec les années. L'écorce unie du bouleau représente 12-18 p. 100 du volume total ; celle qui est gerçurée forme jusqu'à 35 p. 100 de ce volume.

Enracinement. L'enracinement est faible et se compose d'un pivot, de nombreuses racines latérales et de chevelu, qui, vers 6 à 8 ans, forment une souche ramassée, très-courte, à peine enfoncée de 12-15 centimètres dans le sol. Une ou deux racines latérales, cependant, finissent par dominer et par s'enfoncer plus avant. Le volume réel du bois souterrain est, en moyenne pour des âges différents, au volume total : : 16 : 100 ; il descend jusqu'à 13, s'élève jusqu'à 20 p. 100. Il est rare que l'extraction en rapporte plus de 10-12 p. 100.

Bourgeons. Les bourgeons sont courtement ovoïdes, plus ou moins aigus, recouverts d'un petit nombre d'écailles et enduits d'une excrétion résineuse balsamique ; très-rarement ils sont accompagnés d'un sous-bourgeon.

Les jeunes racines du bouleau forment des bourgeons d'un ordre tout spécial, qui, sans s'être produits à l'aisselle des feuilles, rappellent beaucoup les bourgeons proventifs. Comme ces derniers, les bourgeons de racines, une fois formés, restent latents et peuvent se multiplier en nombre tel qu'ils rendent souvent le bois de souches madré.

Rejets. Les bourgeons proventifs véritables sont rares et périssent de bonne heure dans le bouleau ; les bourgeons adventifs s'y développent difficilement ; les souches produisent en conséquence peu de rejets, les tiges peu ou point de branches gourmandes. Toutefois, le bouleau est très-propre au régime du taillis, en raison des nombreux bourgeons de racines qui, après l'exploitation de l'arbre, se développent en rejets et percent la terre de toutes parts.

Les rejets du bouleau donnent généralement naissance dans leur jeunesse à deux générations de rameaux chaque année.

Feuillage.

Le feuillage du bouleau est beaucoup plus abondant qu'on ne le suppose ordinairement, aussi abondant en poids que celui du hêtre, 13,000 kil. environ par hectare, lesquels se réduisent par la dessiccation à l'air à 5,200 kil. ; plus épais et plus lourd que celui du hêtre, il suffit pour couvrir 5,2 fois la surface qui l'a produit. Néanmoins, le couvert du bouleau est un des plus légers que l'on connaisse, parce que les feuilles en sont pendantes et qu'au lieu de présenter leur plus grande surface à l'action de la lumière, comme le font celles de la plupart des autres arbres, elles n'y offrent que leur tranche. Elles se décomposent rapidement sur le sol, et ne forment par conséquent point de couverture épaisse comme celles du hêtre.

Fructification.

Les feuilles ont l'insertion $\frac{2}{5}$ sur les pousses principales, $\frac{1}{2}$ sur toutes les autres ; le pétiole en est plus allongé et plus grêle que celui des feuilles du bouleau pubescent.

Le bouleau, isolé, fructifie dès l'âge de 10 ans, plus tôt même s'il provient de rejet de souche ; en massif, vers 20 ans ; la fécondité en est soutenue et régulière. Suivant les localités, les années, les individus, la dissémination se fait dès la fin de juin ou peut être retardée jusqu'en novembre. Les semences du bouleau sont mélangées d'écailles, dans la proportion d'une écaille pour trois fruits ou un peu moins ; on ne peut les en purger, parce que ces écailles, tombées en même temps qu'elles, sont à peu près aussi petites et aussi légères.

Germination.

La meilleure semence de bouleau contient beaucoup

de fruits mal conformés ; elle est de bonne qualité quand elle en présente le $\frac{1}{3}$ ou le $\frac{1}{4}$ aptes à germer. Cette semence se conserve difficilement, à peine jusqu'au printemps, non sans perdre encore beaucoup de son aptitude à la germination. Il est donc prudent de récolter les fruits du bouleau aussitôt après leur maturité et de les semer immédiatement, sans recourir, pour se les procurer, à la voie du commerce. En semant en juin, le jeune bouleau lève au bout de 2-3 semaines ; en semant au printemps, au bout de 4-5 semaines. Il paraît avec deux très-petites feuilles cotylédonaires semi-ovoïdes, auxquelles succèdent d'autres feuilles simplement dentées et pubescentes ; il ne dépasse généralement pas 5-6 centimètres la première année. Les feuilles qui suivent prennent de plus en plus la forme ordinaire, deviennent sous-dentées et complétement glabres ; vers trois ans, le jeune plant a déjà atteint $0^m,60$ au moins et, à partir de ce moment, il s'élance rapidement.

Aire et station. Le bouleau verruqueux abonde dans l'Europe et dans l'Asie moyennes, où il atteint ses plus grandes dimensions ; sans avoir l'aire d'habitation aussi septentrionale que le bouleau pubescent, il se prolonge vers le nord jusqu'à Saint-Pétersbourg et même un peu au delà, et parvient en Norwége jusqu'au 65e degré de latitude, où il ne se rencontre plus qu'à l'état d'extrême dissémination et sous forme buissonnante. Il s'étend beaucoup plus loin que son congénère vers le sud, où, à la faveur des montagnes, il atteint la pointe méridionale de l'Italie et l'Etna. De ce point extrême, sa limite équatoriale remonte vers le nord par les Apennins, les Alpes Maritimes et les Alpes du Var, jusqu'au plateau central de la France, pour de là revenir au sud en englobant dans l'aire qu'elle circonscrit les Pyrénées, la partie occidentale de l'Espagne, jusqu'au 39e degré environ de latitude, et la moitié septentrionale du Portugal. Le bouleau verruqueux ne se rencontre conséquemment ni en Corse, ni en Algérie.

Arbre de plaines ou de montagnes peu élevées dans le nord et le centre de son aire, où il forme, seul ou associé au pin sylvestre et au bouleau pubescent, des forêts très-étendues, le bouleau verruqueux se dissémine de plus en plus vers le sud, en stations montagneuses disjointes ; il y parvient aux altitudes de 1,300 mètres dans les Vosges, de 2,000 mètres dans les Pyrénées, de 2,776 mètres sur l'Etna.

Les sols que préfère le pin sylvestre sont aussi ceux qui conviennent au bouleau verruqueux ; ce sont conséquemment les sols légers et sablonneux, particulièrement ceux dont le sous-sol conserve de la fraîcheur. Il réussit encore sur les terres argilo-sablonneuses, se maintient même sur celles qui sont marécageuses ou tourbeuses, pourvu que l'eau n'y séjourne pas d'une manière permanente.

L'étendue de l'aire d'habitation du bouleau verruqueux prouve qu'il résiste en hiver à des froids très-rigoureux, qu'il se contente d'une faible somme de température pour végéter, qu'il peut néanmoins en supporter une considérable ; qu'enfin la durée du repos hivernal a peu d'influence sur lui. Les circonstances prédominantes de sa distribution semblent se rencontrer dans la nature du sol et l'humidité atmosphérique, surtout dans la fréquence et la quantité des pluies pendant la saison de végétation.

Bois.

Le bois du bouleau verruqueux, souvent rangé dans la catégorie des bois blancs, est demi-dur et demi-lourd ; sa densité, relevée sur les échantillons complétement desséchés à l'air libre de la collection de l'École forestière, varie de 0,517 à 0,768. En cet état, il contient encore 10-12 p. 100 d'eau hygrométrique. Il subit par la dessiccation un retrait considérable, qui peut atteindre 15-20 p. 100 du volume à l'état vert.

Usages.

Ce bois, exposé aux variations atmosphériques, se pourrit très-rapidement et complétement ; aussi n'est-il pas employé aux constructions ; mais il sert à la menuiserie, au charronnage, au tour ; l'ébénisterie tire même un assez bon parti du bois madré de sa souche et des broussins de sa tige. On en fait des échelles, des sabots, des cercles, des harts ; les jeunes rameaux sont recherchés pour balais.

Valeur calorifique.

D'après les expériences de T. Hartig, du bois de la tige d'un bouleau de 80 ans, ramené par la dessiccation à 8 p. 100 d'eau seulement et pesant 0,70, comparé à du bois de hêtre de même âge et de même dessiccation, d'une densité de 0,80, a donné les résultats suivants sur sa valeur calorifique :

		Poids égaux.	Vol. égaux.
Plus haut degré de chaleur	ascendante	104 : 100	91 : 100
	rayonnante	100 : 100	87,5 : 100
Durée de la chaleur croissante	ascendante	100 : 100	87,5 : 100
	rayonnante	94 : 100	82,2 : 100
Durée de la chaleur décroissante	ascendante	104 : 100	91 : 100
	rayonnante	90 : 100	78,7 : 100
Total de la chaleur développée	ascendante	98 : 100	85,7 : 100
	rayonnante	95 : 100	83,1 : 100
Eau vaporisée		107 : 100	93,6 : 100

Le bouleau est, comme on le voit, un assez bon combustible ; il brûle avec une flamme claire et vive, produit un haut degré de chaleur ascendante et convient parfaitement à certaines industries : boulangeries, verreries, etc.

Le charbon en est lourd et dur ; il dégage une chaleur intense et soutenue et équivaut à celui du hêtre.

Produits accessoires.

L'écorce de bouleau, particulièrement l'enveloppe subéreuse qui en est la partie la plus active, contient du tannin, 1,6 p. 100 d'après Davy ; elle est très-recherchée par les habitants du nord de l'Europe, pour la préparation du cuir, auquel elle communique une couleur particulière et une odeur caractéristique. On en extrait, par voie de distallation sèche, une huile essentielle avec laquelle on enduit les cuirs de Russie. Elle s'enflamme très-facilement et fournit un excellent combustible.

L'écorce blanche renferme presque moitié de son poids d'une résine particulière, bétuline, que l'on peut extraire par l'alcool, puis faire cristalliser. C'est sans doute l'abondance de ce principe qui assure à cette écorce une inaltérabilité et une imperméabilité si remarquables. La première de ces propriétés est telle que, dans des tourbes et même des lignites, on trouve des portions d'écorce de bouleau parfaitement intactes, tandis que le bois est totalement détruit ; on la met à profit dans les régions du Nord en revêtant d'écorce les portions de pieux que l'on enfonce en terre. On sait que l'imperméabilité de cette écorce la fait rechercher pour en fabriquer des tabatières ; on peut aussi en faire des semelles aussi bonnes que celles de liége pour garantir contre l'humidité ; enfin, en la distillant dans des fours, elle produit du goudron.

L'utilité de l'écorce est telle qu'en Russie elle est soumise à une exploitation périodique, tout comme le liége en France. En ayant soin de ne point entamer le liber, la partie subéreuse et lamelleuse se régénère facilement, sans que l'arbre ait aucunement à en souffrir.

Les verrues et les bourgeons contiennent aussi de la résine ; mais celle-ci ne cristallise pas comme la précédente.

On retire de la feuille, comme de celles de plusieurs autres végétaux, une matière colorante dont on fait une sorte de pâte, employée en peinture sous le nom de styl de grain.

La séve du bouleau renferme une notable quantité de sucre ; 8,7 sur 1,000 kil. On extrait cette séve, dans le Nord, au moyen de trous pratiqués de bas en haut dans la tige, à une profondeur de 5 à 6 centimètres. Un arbre robuste et de grandes dimensions peut, dit-on, fournir 170-240 litres en 24 heures, quand le temps est favorable. Concentrée, puis soumise à la fermentation avec addition de sucre et de différents aromates, on en fabrique une boisson spiritueuse très-appréciée dans ces contrées.

2. Bouleau pubescent. BETULA PUBESCENS. EHRH. *B. alba, pars Lin.*

Feuilles ovales ou ovales-rhomboïdales, à bords de la base courbés et non rectilignes, quelquefois cordiformes, surtout sur les jeunes rameaux, aiguës, mais non acuminées au sommet comme celles du bouleau verruqueux, à contour général arrondi, à dents inégales, simples ou à peine sous-dentées ; s'épaississant et devenant coriaces en automne ; d'un vert plus foncé en dessus qu'en dessous, où elles sont finement réticulées et pubescentes, ainsi que les pétioles et les jeunes pousses. Celles-ci, avec des lenticelles, mais sans verrues résinifères, douces au toucher. Pubescence du reste très-variable : abondante sur les jeunes plants et surtout sur les jeunes rejets qui en deviennent veloutés, diminuant avec l'âge mais laissant toujours quelques traces, au moins aux aisselles des nervures inférieures et sur les pétioles. Écailles du fruit trilobées, de formes diverses, dont les lobes latéraux, généralement anguleux, sont étalés ou redressés; aile du fruit égale à la graine ou à peine plus large, peu prolongée vers le haut et ne débordant pas la base des stigmates. — Arbre ou chétif buisson aux limites septentrionales de son aire d'habitation, rappelant beaucoup le bouleau verruqueux, mais à ramification plus forte, branches inférieures plus étalées, jeunes rameaux dressés et non pendants; feuilles presque horizontales produisant une cime plus touffue, un couvert plus épais; bourgeons légèrement poilus; à écorce blanche et papyracée, quelquefois brune dans les lieux tourbeux, ne s'épaississant et ne se gerçurant que peu ou point, même au pied. Commun dans les bois humides, marécageux ou tourbeux du nord, du nord-est et de l'ouest de la France. — Flor., avril-mai, un peu plus tardive que celle du bouleau verruqueux. Fructif., mi-juin. Dissémin., fin de septembre.

Le bouleau verruqueux et le bouleau pubescent ont entre eux de telles analogies que Linné, qui certainement les a connus l'un et l'autre, n'en a fait qu'une seule espèce sous le nom de Bouleau blanc (*Betula alba*, Lin.), et qu'en pratique forestière, on attache peu d'importance à leur distinction.

L'histoire du premier est, en effet, l'histoire du second, à quelques différences près qui vont être signalées.

Aire d'habitation.

Le bouleau pubescent est, par excellence, l'arbre des régions septentrionales, où il s'avance beaucoup plus loin que son congénère, puisqu'il atteint la pointe extrême du continent européen, le cap Nord, sous le 71e degré de latitude. Par contre, il parvient moins loin vers le sud, où, de la mer Noire à l'Adriatique, sa limite équatoriale coïncide approximativement avec le 46e degré, pour de là traverser les Alpes et aboutir, sous le 43e degré, aux Pyrénées, qu'il n'habite qu'à l'état d'extrême dissémination.

Station.

L'humidité du sol et de l'atmosphère sont, pour le bouleau pubescent, plus encore que pour le bouleau verruqueux, des conditions essentielles de végétation; aussi les sols qui lui conviennent sont-ils particulièrement ceux où se plaît l'aune, fussent-ils complétement marécageux et même tourbeux. Toutefois, on le rencontre encore en assez bon état de croissance sur des sols sablonneux assez secs, quand cette condition fâcheuse est modifiée par un climat suffisamment pluvieux pendant la saison de végétation.

En raison de la grande étendue de l'aire qu'il occupe et de la diversité des stations où il croît, ce bouleau est sujet à de nombreuses modifications. Il forme dans l'Europe moyenne de vastes forêts, mélangé au bouleau verruqueux dont il égale les dimensions; vers le nord, il peuple à lui seul d'immenses étendues, décroissant de taille jusqu'à n'être plus à Enare (Finlande), sous la latitude de 68°,55′ et à l'âge de 100 ans, qu'un arbuste de 1m,80 de hauteur sur 0m,30 de circonférence à la base.

Tempérament. Il exige moins de lumière que son congénère; il a conséquemment le couvert plus épais et forme des massifs plus serrés.

Bois. Le bois du bouleau pubescent est, paraît-il, plus mou et plus léger que celui du bouleau verruqueux; complétement desséché à l'air, il pèse 0,601-0,629 (*Coll. Éc. For.*).

3. Bouleau intermédiaire. BETULA INTERMEDIA. THOMAS.

Feuilles ovales ou ovales-rhomboïdales, petites, simplement et aigûment dentées en scie, plus ou moins pubescentes, finalement glabres, à nervures légèrement réticulées-saillantes en dessous. Cônes oblongs, dressés, à pédoncules aussi longs qu'eux; écailles trilobées, à lobes peu divergents. Fruit à ailes à peu près aussi larges que la graine. — Arbrisseau dépassant à peine 2m,50 de hauteur, à rameaux dressés, ordinairement pubescents. Tourbières les plus élevées du Jura suisse (vallée des Rousses et de Joux, marais de Chasseral, des Ponts, de la Brevine), en société du bouleau pubescent et du bouleau nain, dont il est sans doute un hybride. N'a aucune importance forestière. Flor., mai-juin. Fructif., juillet-août.

4. Bouleau nain. BETULA NANA. LIN.

Feuilles très-petites, rarement de 1 centimètre de longueur, orbiculaires, obtuses ou échancrées au sommet, habituellement un peu plus larges que longues, crénelées, à dents obtuses-arrondies, à nervures réticulées-saillantes en dessous, courtement pétiolées, souvent presque sessiles, glabres. Cône dressé, ovoïde, presque sessile, à écailles trilobées-palmées. Fruit très-étroitement ailé. — Arbrisseau atteignant à peine 1 mètre de hauteur, à branches souvent longuement rampantes, rameaux redressés, tomenteux, sans verrues; écorce d'un pourpre-noirâtre. Dans les hautes tourbières du Jura (vallées des Rousses, de Joux, de la Brevine; tourbière de Mouthe). Flor., mai. Fructif., juillet-août.

GENRE II. — AUNE. *ALNUS. Tournef.*

Chatons mâles et femelles généralement réunis en une même inflorescence paniculée, non feuillée, dégagée des bourgeons dès l'automne, dont les chatons mâles occupent le sommet; plus rarement disposés en inflorescences distinctes comme dans les bouleaux. Chatons mâles cylindriques, denses, dressés, puis pendants, formés d'écailles peltées, 5-lobulées sur le bord, qui supportent chacune trois fleurs distinctes, parfois presque confondues entre elles, composées d'un périgone 4-partite et de 4 étamines opposées, à filets courts, entiers, à anthères biloculaires. Chatons femelles dressés, composés d'écailles épaisses, 4-bractéolées, produisant 2 fleurs, dont chacune est formée d'un ovaire nu (au moins en apparence), à 2 loges uniovulées, surmonté de deux longs styles filiformes. Cône ovoïde, à écailles ligneuses, persistantes, épaisses et brièvement 4-5-lobées au sommet, s'écartant à la maturité pour la dissémination. Fruits au nombre de 2 à la base interne de chaque écaille, monospermes, comprimés, polygonaux, bordés d'une aile opaque et coriace, plus rarement membraneuse et pellucide. — Arbres et arbrisseaux à feuilles simples, penninerviées, caduques, spiralées suivant l'indice $\frac{1}{3}$; à jeunes pousses triangulaires et à bourgeons obtus ou aigus, généralement stipités, rarement sessiles, recouverts de 3 écailles, dont l'externe embrasse les deux autres.

Bois. —Tissu fondamental formé de fibres ligneuses assez grandes, moyennement épaissies, au milieu desquelles se trouve disséminé du parenchyme ligneux, non apparent même à la loupe; ce tissu, plus serré et plus coloré au bord externe qu'au bord interne des accroissements et rendant ceux-ci bien reconnaissables. Vaisseaux égaux, assez nombreux, fins, isolés ou étroitement réunis par 2 à 10 en séries radiales simples, assez uniformément répartis du bois de printemps au bois d'automne. Rayons en apparence de deux ordres, les uns très-nombreux et très-fins, les autres (faux rayons) épais et longs, moins nombreux, parfois rares et même nuls, formés en réalité de nombreux rayons du premier ordre alternant avec des lames de tissu fondamental, sans aucun vaisseau. Taches médullaires parfois assez nombreuses, produites par de minces lames de tissu subéreux disséminées parmi les accroissements ligneux. — Bois demi-lourd et demi-dur, blanc d'abord, se colorant en rouge-ocreux vif quand on le débite à l'état frais, rougeâtre clair à l'état sec, sans aubier ni bois parfait distincts; offrant quelques grandes et larges maillures dues à ses faux rayons. Canal médullaire triangulaire.

Ennemis. — Les aunes nourrissent un certain nombre d'insectes qui, à une seule exception près, ne leur sont pas spéciaux et n'occasionnent que peu de dommages. Cette exception est fournie par la *Galéruque de l'aune* (*Agelastica alni*, Lin.), joli coléoptère d'un bleu métallique, qui, par lui-même ou par sa larve, hexapode et d'un vert-noir, ronge le parenchyme des feuilles, sur lesquelles il se tient souvent en grand nombre, et les dissèque complétement.

A. Chatons mâles non réunis aux chatons femelles dans la même inflorescence; seuls libres dès l'automne. Fruit bordé d'une aile membraneuse, pellucide. Bourgeons sessiles . . . . A. VERT . . . 1

A'. Chatons mâles réunis aux chatons femelles en une seule inflorescence; les uns et les autres libres dès l'automne. Fruit bordé d'une aile coriace et opaque. Bourgeons stipités.

B. Bourgeons obtus; cône de la grosseur d'une noisette au plus; nervures secondaires entières, ne produisant que des veinules.

C. Feuilles vertes sur les deux faces.

D. Feuilles obtuses, tronquées ou même échancrées au sommet; brillantes et glabres sur les deux faces, avec quelques poils aux aisselles, en dessous . . . . A. GLUTINEUX . 2

D'. Feuilles obtuses ou subaiguës, pubescentes ou légèrement tomenteuses en dessous . . . . A. PUBESCENT . 3

C'. Feuilles blanchâtres et pubescentes-tomenteuses en dessous; aiguës ou acuminées . . A BLANC. . . 4

B'. Bourgeons aigus; cône de la grosseur d'une noix; nervures secondaires rameuses, feuilles cordiformes et glabres . . . . A. CORDIFORME. 5

§ I. *Chatons mâles sortis dès l'automne, en inflorescences non feuillées; chatons femelles ne paraissant qu'au printemps, en inflorescences feuillées à la base. Fruit à aile membraneuse.*

1. Aune vert. ALNUS VIRIDIS. *DC. Alnus ovata. Schrank. Alnaster viridis, Spach, Aunâtre.*

Feuilles largement ovales, arrondies ou légèrement cordiformes à la base, aiguës ou obtuses, finement et irrégulièrement dentées, d'un vert peu foncé et peu brillant en dessus, en dessous d'un vert plus clair, ponctuées de fines glandes résinifères; hérissées de poils sur les nervures et à leurs aisselles ou tout à fait glabres (*Alnus suaveolens, Requien*). Chatons mâles ascendants ou un peu inclinés, solitaires ou par deux à la base des feuilles de l'extrémité des rameaux. Cônes à écailles à peine ligneuses ; fruit obovale, à ailes membraneuses, égales à la graine, presque semblables à celles du fruit du bouleau pubescent. — Arbrisseau à tiges dressées ou couchées, de 1-4 mètres de hauteur sur 10-15 centimètres de diamètre à la base, à écorce longtemps lisse et d'un gris-brunâtre, devenant ensuite rugueuse, subéreuse, à jeunes pousses glabres, sillonnées-anguleuses; bourgeons glabres, sessiles, aigus. Régions élevées des Alpes de la Savoie, du Dauphiné, de la Provence (Mont-Viso, la Bérarde, forêt des Ayes, Lautaret, Revel, glaciers de Valgaudemar, de Champsaur, d'Oysans; Mulacé au-dessus de Menton, etc.); hautes montagnes de la Corse (Monte Coscione, Renoso, Grosso, Campolite, Incudine, Niolo; forêt de Vuldionello, etc.). Flor., avril-juin. Fructif., juillet-août.

Aire et station. L'aune vert s'avance vers le nord jusqu'au 71e degré de latitude et entoure d'une ceinture presque continue, à travers l'Europe, l'Asie, l'Amérique, les contrées les plus froides de l'hémisphère boréal. Espèce des régions basses, dans les limites les plus septentrionales de son aire, il devient, dans les parties moyennes et méridionales, un végétal des régions montagneuses. Il appartient, en France, à la région alpine, où il est le compagnon du pin cembro, du pin de montagne, du mélèze et du rhododendron.

Sol. L'aune vert recherche les sols siliceux, frais ou humides ; il réussit sur les pentes les plus rapides, où il est très-propre à fixer le sol et à le garantir contre les affouillements et les éboulements.

Usages. Le bois, qui ne contient point, comme celui des autres espèces d'aunes, de larges et faux rayons, est de trop faibles dimensions pour avoir de l'importance ; cependant il sert au chauffage dans quelques parties des Alpes, où cet arbrisseau est assez abondant.

§ II. *Chatons mâles et femelles réunis en une seule inflorescence, nue à la base et dégagée du bourgeon dès l'automne. Fruit à aile nulle ou épaisse et coriace.*

2. Aune glutineux. ALNUS GLUTINOSA. GÆRTN. *Betula Alnus*. Var. α. *Glutinosa*. *Lin*. Aune commun ; Vergne.

Feuilles plus ou moins visqueuses, pétiolées, obovales ou suborbiculaires, obtuses, tronquées et le plus souvent échancrées au sommet, habituellement cunéiformes à la base, à bords entiers sur le tiers inférieur, puis au delà très-irrégulièrement et doublement dentées ou crénelées ; à 6-9 paires de nervures secondaires ; insertion peu régulière, $^{2}/_{3}$ environ ; dessus d'un vert brillant foncé, généralement glabre ; dessous d'un vert brillant plus clair, finement glanduleux, avec les aisselles garnies de faisceaux de poils ferrugineux, qui se retrouvent sur la nervure médiane, à la base des nervures secondaires, sur le pétiole et, quelquefois, sur les jeunes pousses. Bourgeons gros, ovoïdes, renflés, obtus, glabres et glauques, visqueux, stipités, munis de 2 ou 3 écailles ; cône vert, puis brun-noirâtre. Samare de forme générale pentagonale, légèrement convexe, brun-rougeâtre brillant, à aile plus étroite que la graine. — Arbre de taille moyenne, quelquefois grande, à écorce brune, gerçurée, écailleuse ; commun dans les forêts humides et au bord des eaux de toute la France ; se retrouve en Corse et en Algérie. Flor., très-printanière, février-mars. Fructif., fin de septembre-mi-octobre. Dissémination en automne ou au printemps, suivant les climats, les expositions, la température de l'année.

Var. α *Denticulata*, *Regel*. *A. elliptica*, *Requien*. Feuilles presque toujours également denticulées, obtuses, rarement échancrées au sommet, à peine poilues en dessous aux aisselles. — Corse, à l'embouchure de la Solenzara.

Var. β. *Laciniata*, *Willd*. Feuilles pennatifides, à lobes aigus, entiers ou crénelés. Fréquemment planté dans les jardins, ainsi que quelques autres variétés peu importantes.

L'aune glutineux est plutôt arbre de taillis que de futaie ; aussi est-il rare de le rencontrer de pied franc et d'un âge avancé ; dans des conditions très-favorables, il peut cependant atteindre 30-33 mètres de hauteur sur 0^{m},50-1 mètre de diamètre ; mais ces dimensions sont exceptionnelles. La ramification, très-variable, rappelle parfois assez bien celle du chêne rouvre. En taillis, il forme des cépées vigoureuses, dont les brins, droits, effilés, divergents et fort élevés forment un cercle qui s'agrandit à chaque exploitation, tandis qu'il s'évide au centre par la pourriture et la transformation en terreau des souches des révolutions précédentes. On cite des cépées de ce genre qui mesurent plus de 7 mètres de circonférence à la base, portent jusqu'à 11 rejets hauts de 24 mètres, sur 1^{m},15 à 1^{m},50 de tour. La longévité dépasse rarement 100 ans. Taille. Port.

L'écorce des jeunes pousses est lisse, d'un vert-brun, Écorce.

pourvue de glandes résinifères et de grandes lenticelles espacées ; dès la seconde année, l'épiderme s'enlève en feuillets minces, blanchâtres, et fait place à l'enveloppe subéreuse, lisse et d'un vert-olive, qui se maintient jusque vers 15-20 ans. A cet âge, un périderme inférieur s'organise, sous forme de plaques, en dessous des couches les plus anciennes du liber ; celles-ci, repoussées au dehors, développent un tissu cellulaire brun, dur, irrégulièrement distribué, et constituent à la surface un rhytidome d'un brun-noirâtre, divisé en plaques larges et aplaties. L'écorce forme 15-18 p. 100 du bois de petites dimensions, 10 à 15 p. 100 du bois de 15 à 30 centimètres de diamètre.

Enracinement. L'enracinement de l'aune varie autant que sa ramification, et dépend des sols. Il est d'autant plus traçant que le terrain est plus humide. On estime que dans un arbre de pied franc, coupé à 0^m,30 du sol, le bois de la souche et des racines forme 12-15 p. 100 de la masse. Cette proportion est nécessairement plus forte dans les taillis.

On trouve souvent sur les racines encore grêles de l'aune des excroissances en forme de tubercules, de la grosseur d'un œuf, qui ressemblent à des broussins et sont dues au parasitisme d'un champignon (*Woronin*).

Bourgeons. Les bourgeons de l'aune sont faciles à distinguer aux caractères donnés plus haut; sur les pousses robustes, ils sont assez souvent accompagnés d'un sous-bourgeon, qui reste à l'état d'œil dormant.

Rejets. L'aune glutineux repousse bien de souche et produit des rejets d'origine proventive qui partent de la surface du sol ou d'un peu au-dessous ; il ne drageonne pas. Ces rejets sont robustes, et, pendant assez longtemps, ils produisent chaque année deux générations de rameaux ; leur fragilité ne permet pas de les marcotter aisément.

Feuillage. La production foliacée de l'aune est une des plus faibles ; l'hectare, bien peuplé, produit en moyenne 9,300 kil. de feuilles fraîches, se réduisant par la dessiccation à l'air libre à 4,000 kil., et à 3,300 kil. par une dessiccation parfaite. Ces feuilles peuvent recouvrir 4 fois $\frac{1}{2}$ la surface de production (T. Hartig).

La floraison de l'aune suit de près celle du coudrier et précède d'au moins deux mois la foliaison. En liberté, cet arbre fructifie vers 15-20 ans, en massif vers 35-40 ans ; il produit annuellement ou tous les 2-3 ans. Fructification.

La semence se dissémine au premier printemps et quelquefois en automne, sur la neige. Les samares qui tombent naturellement sont les meilleures, parce que ce sont celles des parties moyennes du cône, les plus complétement développées ; on peut en compter 60-70 p. 100 de bonne qualité. Lorsque les cônes sont cueillis et que le fruit en est extrait par chaleur artificielle, qui doit être modérée, on n'en peut pas espérer, au maximum, plus de 30-40 p. 100 qui soient aptes à germer. Le kilogramme en contient 1,270,000.

Le fruit conserve assez longtemps sa vitalité, parfois au delà de trois ans ; cependant, plus on tarde à semer, moins les chances de succès sont grandes et moins les jeunes plants obtenus sont vigoureux.

La germination se fait 3 à 5 semaines après le semis de printemps ; le jeune plant reste petit la première année, mais, en bon sol, il mesure $0^{m},50$ à $0^{m},60$ de hauteur au bout de deux ans. Germination.

L'aune commun s'étend vers le nord jusqu'au 61e et au 62e degré de latitude ; il gagne même le 65e en Suède, à la hauteur du golfe de Bothnie. Vers le sud, sa limite équatoriale connue part du bord oriental de la Caspienne, sous le 39e degré, passe par l'Asie-Mineure, la Grèce, la Sicile, pour gagner l'Algérie jusqu'à l'Atlas (36° de latitude), et de là traverser l'Espagne à la hauteur du 38° degré. Aire d'habitation.

Quoiqu'il croisse le plus fréquemment sur les sols siliceux, il ne paraît point que la nature minéralogique de la terre exerce une grande influence sur les stations de l'aune commun, car on le rencontre aussi sur les terrains calcaires, jusque sur la craie blanche de la Champagne. Station.

L'action prépondérante est évidemment ici l'humidité. L'aune commun est, en effet, l'arbre du bord des eaux, des plaines basses, humides, marécageuses et même tourbeuses, l'arbre des vallées qu'il remonte en pénétrant dans les montagnes jusque dans la région du sapin. Néanmoins, le séjour trop prolongé des eaux stagnantes à la surface du sol lui est préjudiciable. Ses jeunes pousses succombent parfois sous les atteintes des gelées printanières.

Bois. Le bois de l'aune commun est rougeâtre clair, sans distinction d'aubier et de bois parfait ; il se reconnaît fort aisément aux faux rayons dont il a été déjà parlé, lesquels déterminent quelques grandes et longues maillures généralement très-clair-semées, puis aux taches d'un rouge-brun que forment de petites plaques de tissu subéreux parallèles aux accroissements. Ce bois, assez lourd et assez dur, est ordinairement rangé, pour sa valeur, dans la catégorie des bois blancs ; complétement desséché à l'air, il a, pour densité, 0,444 à 0,662 (*Coll. Éc. For.*).

Usages. L'aune, par ses dimensions, pourrait devenir propre aux constructions, mais il se pourrit presque aussi rapidement que le hêtre et le bouleau quand il est soumis aux alternatives de sécheresse et d'humidité ; employé à couvert, il peut fournir des chevrons et des pièces de menue charpente ; à une humidité constante et sous l'eau, il acquiert une durée presque égale à celle du chêne et sert avantageusement pour travaux hydrauliques, conduites d'eau, boisages de puits et de mines, etc. On en fabrique différents ustensiles de ménage, des meubles communs, de la boissellerie, de la saboterie, etc. C'est un bois mou, doux, très-cassant, qui se gerce et se tourmente beaucoup.

Valeur calorifique. T. Hartig, en comparant la valeur calorifique du bois d'aune de 20 ans, desséché à l'air et d'une densité de 0,42, à celle du hêtre de 30 ans, également desséché et pesant 0,72, a obtenu les résultats suivants :

		Poids égaux.	Vol. égaux.
Plus haut degré de chaleur. . .	ascendante	100 : 100	58,3 : 100
	rayonnante	109 : 100	63,5 : 100
Durée de la chaleur croissante. .	ascendante	87 : 100	50,6 : 100
	rayonnante	80 : 100	46,6 : 100

		Poids égaux.	Vol. égaux.
Durée de la chaleur décroissante.	ascendante	100 : 100	58,3 : 100
	rayonnante	110 : 100	64,1 : 100
Total de la chaleur produite . .	ascendante	98 : 100	57,1 : 100
	rayonnante	96 : 100	56,0 : 100
Eau vaporisée		90 : 100	52,5 : 100

Le bois d'aune est un bois de combustion rapide, porduisant une vive chaleur; la flamme en est calme, accompagnée de peu de fumée; son charbon s'éteint aisément et par ces motifs il demande un fort tirage. Du reste, de tous les bois, c'est un de ceux qui pétillent et qui éclatent le moins. Il convient au chauffage des appartements, est recherché pour la boulangerie, les verreries, etc. Le charbon de l'aune est mou, léger, d'un faible pouvoir calorifique, qui est à celui du hêtre : : 55 : 100, pour des volumes égaux. Il ne convient pas dans les hauts-fourneaux, mais il peut servir à la forge et à la fabrication de la poudre.

Produits accessoires.

L'écorce d'aune renferme, d'après Gassicourt, 16,5 p. 100 de tannin, plus même que la bonne écorce du chêne; cependant on ne s'en sert pas en France pour le tannage, mais les chapeliers et teinturiers l'utilisent pour teindre en noir, en la mélangeant avec du sulfate de fer. Dans le nord de l'Europe on la recherche pour la préparation des cuirs, auxquels elle communique une couleur jaune-rougeâtre estimée.

3. Aune blanc. ALNUS INCANA. DC. *Betula Alnus,* Var. β. *Lin.*

Feuilles ovales-aiguës ou légèrement acuminées, finement, doublement et aigûment dentées en scie; dessus d'abord pubescent, puis glabre, d'un vert peu foncé et peu ou point brillant, à peine glutineux; dessous gris-blanchâtre, pubescent-tomenteux, ainsi que les jeunes pousses; nervures latérales au nombre de 10-15 paires. Cône vert, puis brun, un peu plus gros que celui de l'aune glutineux, paraissant plus serré, parce que les écailles y sont d'une part plus nombreuses et d'une autre part beaucoup plus élargies au sommet, bien que plus minces et moins distinctement 5-lobées. Fruit déprimé, pentagonal, d'un rouge-brun légèrement luisant, à aile presque aussi large que la graine, plus grand que celui de l'aune glutineux. — Arbre à écorce lisse, d'un gris-argenté. Jura et Alpes, d'où il descend le long des cours d'eau qui ont leur source dans ces montagnes. Flor., février-mars, plus précoce de 8 jours que celle de l'aune commun. Fructif., septembre-octobre. Dissémination, automne ou printemps.

Port. Taille. L'aune blanc n'atteint généralement point les dimensions de l'aune commun, dont au reste il rappelle le port, quoique la ramification en soit plus serrée, le feuillage plus touffu et conséquemment le couvert plus complet. Il ne se rencontre guère en France qu'à l'état de cépées de taillis.

Écorce. L'écorce reste lisse et d'un gris-argenté pendant longtemps et ne se gerçure légèrement qu'à un âge avancé.

Rejets. Drageons. Cet arbre a, dès la jeunesse, une remarquable propension pour drageonner, même à une grande distance de la souche mère, sans qu'il soit nécessaire de l'y provoquer par l'exploitation ; il repousse abondamment et vigoureusement de souche, se marcotte avec facilité et peut même être reproduit de boutures. Ces aptitudes, jointes à celle de croître en montagnes, rendent l'aune blanc très-précieux dans les travaux de reboisement, pour fixer les terres en pente et les défendre contre les affouillements.

Aire d'habitation. L'aire d'habitation de l'aune blanc est très-développée; elle s'étend sur les régions septentrionales, moyennes et parfois même méridionales de l'Europe, de l'Asie et de l'Amérique. En Europe, elle s'élève vers le nord, en Scandinavie, jusqu'au delà du 70e degré, pour ensuite suivre à peu près le cercle polaire dans la Russie d'Europe et d'Asie ; elle parvient assez loin vers le sud à la faveur des montagnes et, par les Apennins, elle gagne les parties méridionales de l'Italie.

Arbre de plaine dans les latitudes élevées, l'aune blanc ne se rencontre à l'état vraiment spontané en France que dans les régions montagneuses du Jura et surtout des Alpes, d'où il descend par les cours d'eau qui y naissent dans les parties inférieures des vallées du Rhône, de l'Isère, de la Drôme, de la Durance et du Var. On l'y rencontre encore en bon état de végétation à de hautes altitudes, 1,800 mètres et au delà (environs de Barcelonnette, de Briançon).

Sol et station. L'aune blanc recherche les sols humides ou frais qui bordent les cours d'eau ; il abonde dans le lit des torrents des Alpes, sur leurs cônes de déjection, mais moins exclusif à cet égard que son congénère l'aune commun, il se maintient sur les terres relativement sèches des versants. Il est généralement considéré comme essence calcicole, opinion que justifient sa fréquence dans les Alpes, sa présence dans le Jura, son exclusion des Vosges, du plateau central et des Pyrénées.

Le bois d'aune blanc ressemble entièrement à celui de l'aune commun pour la structure et la coloration; il en a les qualités et les emplois; toutefois il n'est point cassant comme ce dernier et il peut servir à faire des cercles de futailles. Sa densité à l'état sec varie de 0,468 à 0,510 (*Coll. Éc. For.*). Bois.

4. Aune pubescent. ALNUS PUBESCENS. TAUSCH.

Très-voisin de l'aune blanc ; se distingue à ses feuilles arrondies ou obovales, obtuses ou subaiguës, doublement dentées en scie, vertes sur les deux faces, néanmoins pubescentes ou faiblement tomenteuses en dessous, à reflet légèrement ferrugineux. Cônes et fruits semblables à ceux de l'aune glutineux. — Écorce analogue à celle de l'aune blanc ; exigences semblables. Les Contamines, Savoie.

Cet aune ne se rencontre que par pieds isolés, au milieu des aunes communs et blancs, dont il est très-probablement un hybride.

5. Aune cordiforme. ALNUS CORDIFOLIA. TENORE. *A. cordata. Loisel.*

Feuilles ovales ou obovales, cordiformes à la base, obtuses ou courtement et brusquement acuminées, régulièrement et peu profondément dentées en scie, glabres sur les deux faces, mais offrant des faisceaux de poils ferrugineux aux aisselles inférieures ; glutineuses dans la jeunesse. Cônes solitaires ou géminés, rarement plus nombreux, très-gros. Samare lenticulaire, suborbiculaire, d'un gris-verdâtre ou brunâtre, à aile mince, moins large que la graine ; bourgeons ovoïdes et pointus. — Arbre de taille moyenne et de végétation rapide dans la jeunesse, couvert d'un beau feuillage persistant jusqu'à l'entrée de l'hiver ; à écorce d'un gris-brun, lisse ou faiblement verruqueuse. Corse (bords du Liamone ; bains de Guagno, etc.). Flor., février. Fructif., septembre.

L'aune cordiforme supporte très-bien le climat du nord de la France et, cultivé à Nancy, où il fleurit et fructifie régulièrement, il a atteint, en 12 ans, $0^m,17$ de diamètre.

Le bois en est rougeâtre assez foncé; les vaisseaux, isolés ou groupés en séries rayonnantes, affectent dans chaque couche annuelle une disposition générale en Bois.

zones concentriques plus apparentes que dans les autres espèces du genre; les grands rayons sont rares et les couches fortement rentrantes à leur passage. Il pèse, complétement desséché à l'air libre, 0,627-0,650 (*Coll. Éc. For.*).

FAMILLE LIV.

PLATANÉES. LESTIB.

Floraison monoïque, en chatons unisexués, globuleux, disposés, 1 à 4, le long et au sommet de rameaux terminaux, grêles et pendants; les mâles et les femelles séparées sur des rameaux différents. Fleurs petites, nombreuses, rapprochées et confondues entre elles de telle sorte qu'il est à peu près impossible d'isoler et d'analyser chacune d'elles. Chatons mâles formés d'un réceptacle globuleux autour duquel sont insérées de très-nombreuses étamines, entremêlées à la base d'écailles courtes, en partie cunéiformes (bractées, sépales, étamines avortées?); filets très-courts, anthères allongées, biloculaires, longitudinalement et latéralement déhiscentes, surmontées d'une expansion écailleuse et peltée du connectif, formant le revêtement extérieur du chaton. Chatons femelles semblablement constitués, dont les pistils ont l'ovaire uniloculaire, uniovulé, surmonté d'un long style filiforme, crochu, à stigmate latéral et terminal. Fruit d'ensemble globuleux, composé d'un grand nombre de fruits simples, secs et coriaces, indéhiscents, monospermes (akènes), claviformes, surmontés par le style persistant et entourés dès la base de poils simples, articulés, rigides, dressés, roussâtres, les égalant en longueur. Graine non ou à peine albuminée. — Grands arbres à feuilles simples, caduques, pétiolées, palmatinerviées-lobées comme celles des érables, mais alternes et non opposées; à stipules soudées en une courte gaîne, membraneuses et caduques, largement développées et herbacées sur les rameaux vigoureux et sur les rejets; à bourgeons coniques, bi-écailleux, cachés jusqu'à la chute des feuilles par la base dilatée des pétioles qui les embrasse complétement; dont l'écorce enfin, mince, gris-verdâtre ou blanchâtre, largement écailleuse, se dépouille annuellement, par grandes plaques, du périderme de l'année précédente.

Bois. — Tissu fondamental formé de fibres entremêlées

de quelques cellules de parenchyme ligneux (non apparent à la loupe), un peu plus serré et plus dense à la limite externe des accroissements annuels. Vaisseaux assez fins, égaux, épars, à peine plus abondants dans le bois de printemps que dans celui d'automne. Rayons nombreux, assez épais, sensiblement égaux, quelque peu allongés dans le sens longitudinal. — Bois lourd, dur, brunâtre à l'état parfait, à couches annuelles distinctes, se rapprochant beaucoup de celui du hêtre, facile à reconnaître à de nombreuses et larges maillures brunes caractéristiques.

GENRE UNIQUE. — PLATANE. *PLATANUS. Lin.*

Mêmes caractères que ceux de la famille.

Les platanes sont des arbres de l'hémisphère boréal, dont aucune espèce n'est indigène en France, mais dont deux espèces y sont naturalisées et fréquemment plantées.

Ils jouissent du privilége d'être à l'abri des attaques des insectes dans leur feuillage, comme dans leur tige.

A. Feuilles couvertes dans la jeunesse d'un tomentum peu épais, glabres de bonne heure ; divisées en 5-3 lobes lancéolés, séparés par des tissus plus ou moins profonds, généralement peu ouverts. . P. d'Orient. . 1

A'. Feuilles couvertes dans la jeunesse d'un tomentum épais, tardivement glabres ; divisées en 3-5 lobes largement triangulaires, séparés par des sinus très-ouverts qui n'atteignent pas la moitié du limbe . . . . P. d'Occident. 2

Obs. Il est en beaucoup de cas très-difficile, pour ne pas dire impossible, de différencier nettement le platane d'Orient et le platane d'Occident, dont les seuls caractères sont empruntés à des organes éminemment variables, les feuilles. Ce n'est donc pas sans raison que Spach (*Hist. des végét. phan.*) les a réunis en une seule espèce sous le nom de *Platane commun* (*Platanus vulgaris*, Sp.) ; nous aurions suivi cet exemple, si ces deux arbres n'eussent été d'origine aussi différente, l'une asiatique, l'autre américaine.

1. Platane d'Orient. Platanus orientalis. Lin.

Feuilles cunéiformes, plus rarement cordiformes ou même tronquées à la base, 5-3-lobées, à lobes lancéolés, irrégulièrement et lâchement dentés ou sous-lobés, quelquefois entiers, séparés par des sinus peu ouverts qui atteignent ou dépassent ordinairement la moitié du limbe ; couvertes dans la première jeunesse, surtout en dessous et sur les nervures, de poils rameux qui disparaissent de bonne heure, glabres à l'état adulte ; pétiole vert, relativement plus court et plus renflé à la base que dans l'espèce suivante. — Originaire de l'Orient, de la Grèce à l'Afghanistan; très-fréquemment planté dans toute la France, dans les promenades, les parcs et le long des avenues. Flor., avril-mai. Fructif., automne.

Var. α. Flabelliforme. *P. orientalis, flabellifolia. Spach.* Feuilles profondément découpées, à lobes étroits et longuement lancéolés, cunéiformes à la base, où le parenchyme se prolonge sur le pétiole en dessous des nervures latérales.

Var. β. A feuilles d'érable. *P. orientalis, acerifolia, Loud.* Feuilles peu profondément divisées, à lobes élargis et triangulaires, cordiformes ou tronquées à la base, sans parenchyme développé vers le pétiole en dessous des nervures latérales.

Obs. Entre ces deux variétés, dont la dernière rattache le platane d'Orient à celui d'Occident, se place une foule d'intermédiaires, qui échappent à toute description.

Taille. Port. Le platane d'Orient est un magnifique arbre des régions tempérées de l'Orient, d'une longévité remarquable, plusieurs fois séculaire et néanmoins d'une croissance extrêmement rapide; il n'est pas rare d'y observer des accroissements annuels de 3-4 centimètres d'épaisseur. La tige, droite et cylindrique, nue jusqu'à 10-20 mètres, se ramifie en une vaste et puissante cime, composée, comme celle du chêne rouvre, de grosses et longues branches coudées-flexueuses, régulièrement décroissantes en rameaux et en ramules et produisant, avec leur large et abondant feuillage, jamais rongé par les insectes, un couvert épais égal à celui du hêtre.

On cite de cette espèce quelques colosses remarquables, entre autre un platane de Cannosa, en Dalmatie, arbre parfaitement sain et très-vigoureux qui mesure près de 10 mètres de circonférence à 1 mètre du sol, 36 mètres de haut, et recouvre de son ample cime une surface d'environ 14 ares.

Un platane de la même espèce, de la variété à feuilles d'érable, planté au Jardin botanique de Nancy en 1752 et conséquemment âgé d'environ 130 ans, mesure actuellement (1875) 27 mètres de hauteur sur 3^{m},75 de circonférence à 1^{m},50 du sol; la cime en est remarquable par l'amplitude et le caractère de vigueur qu'elle présente.

Reproduction. La fructification du platane est régulière et abondante chaque année, mais les graines sont souvent vaines en nos climats; c'est à peine si, dans les meilleures conditions, on en obtient 20-30 p. 100 de bonne qualité. On doit en conséquence semer dru.

La dissémination a lieu par désagrégation des chatons fructifères, dont les akènes se séparent et tombent de l'automne au printemps, suivant la température.

Le jeune plant paraît 3-4 semaines après le sémis de printemps; il est pourvu de deux petites feuilles cotylédonaires semi-ovoïdes et s'accroît avec rapidité dès la seconde année.

Le platane supporte aisément la taille, repousse bien de souche et se reproduit facilement de boutures et de marcottes, quoique les plants créés par ces procédés, et surtout pas le premier, ne se développent pas avec la vigueur de ceux qui ont été obtenus de semis.

L'enracinement du platane est profond et en même temps longuement traçant.

Station et sol.

Cet arbre ne prospère que dans les pays de plaine ou peu accidentés et ne peut supporter en France le climat des régions montagneuses, même les moins élevées; il demande un sol léger, frais et fertile, et réussit encore sur ceux qui sont humides. C'est à l'état de dissémination, le long des cours d'eau, qu'il se rencontre principalement, mais il ne fait point habituellement partie du peuplement des forêts. Il offre enfin dans ses exigences beaucoup d'analogie avec les peupliers, auxquels il ressemble encore par la vigueur de la végétation et la facilité avec laquelle il se prête au bouturage.

Écorce.

L'écorce est très-caractéristique par la propriété qu'elle possède de se dépouiller périodiquement, sous forme de plaques, de son ancien périderme et d'être toujours unie et non gerçurée à la surface. Elle est, dans l'origine, constituée comme celle du hêtre et l'on y voit, après la chute précoce de l'épiderme, une couche de liber, le parenchyme vert et l'enveloppe subéreuse sous forme d'un périderme superficiel, lisse et gris. Bientôt des lames irrégulières d'un périderme interne, sec, dur et ligneux, se développent par places dans l'épaisseur du parenchyme vert, font dessécher et tomber tout ce qui les recouvre et, d'année en année, subissent elles-mêmes un sort semblable, parce que des plaques identiques se reforment au-dessous d'elles. Quant au liber, la végétation en est peu active; il ne fait que se distendre sans s'épaissir notablement. Par ce dépouillement annuel, l'écorce ne doit point comprimer la couche génératrice de cambium comme chez les arbres où elle persiste et même s'épaissit; c'est sans doute là une des causes du rapide accroissement du platane.

Bois. Le bois de platane a beaucoup d'analogies de structure, d'aspect, de qualités ou de défauts avec le hêtre; il est plus brun; les maillures en sont plus nombreuses, plus larges, toutes égales, puisqu'elles proviennent de rayons égaux; placé dans des lieux humides, il paraît moins sujet à la pourriture; la puissance calorifique en est à peu près équivalente.

La densité du platane complétement desséché à l'air varie de 0,642 à 0,782 (*Coll. Ec. For.*).

Le platane, prenant rang à côté du hêtre pour la valeur calorifique, à côté des peupliers pour la rapide croissance, est l'un des arbres dont la culture est la plus avantageuse.

Il ne se trouve point dans les forêts, mais il mériterait qu'on tentât de l'y introduire en se rappelant toutefois qu'il exige des sols de première qualité et qu'il ne réussirait pas à l'état de massif, en raison de la large envergure de sa cime.

2. Platane d'Occident. PLATANUS OCCIDENTALIS. LIN.

Feuilles tronquées ou cordiformes à la base, 3-5-palmati-nerviées-lobées, à lobes largement triangulaires-aigus, eux-mêmes lâchement et irrégulièrement dentés ou sous-lobés, séparés par des sinus très-ouverts, qui n'atteignent pas la moitié du limbe; couvertes dans la jeunesse, surtout en dessous, d'un épais tomentum blanchâtre assez longtemps persistant; devenant glabres ou à peu près à l'état adulte, plus tard que celles du platane d'Orient. Pétioles relativement plus longs, moins renflés à la base, souvent rougeâtres; chatons fructifères moins gros, akènes moins longs, ne débordant pas les poils de la base. — Grand arbre originaire de l'Amérique du Nord, fréquemment planté en France. Flor. et fructif. en même temps que le platane d'Orient.

Le platane d'Occident ne le cède point dans son pays

d'origine à son congénère d'Orient, car Michaux rapporte en avoir mesuré un sur l'Ohio qui offrait, à 1m,30 du sol, près de 16 mètres de circonférence ; il ajoute que cet arbre forme parfois un fût de 20 à 30 mètres de longueur. Introduit en France vers 1640, il s'y est naturalisé d'emblée ; il ne paraît pas néanmoins y acquérir le beau port et la rapide végétation du platane d'Orient, et peut-être ne s'y dépouille-t-il pas aussi régulièrement et aussi complétement de son périderme cortical. Au moins en est-il ainsi sur un pied-type de l'espèce du Jardin botanique de Nancy.

Tout ce qui concerne le platane d'Orient relativement à la reproduction, à la station, au sol, aux qualités et aux usages du bois convient aussi au platane d'Occident.

Un échantillon de ce bois, originaire de l'État de Vermont (États-Unis), pèse, desséché à l'air, 0,66 (*Coll. Éc. For.*).

FAMILLE LV.

MYRICÉES. A. RICH.

Floraison dioïque ou monoïque, en petits chatons axillaires, dressés, cylindriques ou ovoïdes, formés d'écailles aiguës, uniflores. Fleur mâle 1- ou 2-bractéolée, de 2-16 étamines dont les anthères sont extrorses, biloculaires, longitudinalement déhiscentes. Fleur femelle composée de 2-4 bractéoles, surmontées d'un ovaire simple, uniloculaire, uniovulé, que terminent 2 stigmates sessiles, allongés et grêles. Fruit sec, indéhiscent, monosperme, entouré des bractéoles devenues charnues et glanduleuses, lui donnant l'apparence d'une drupe ; graine non albuminée. — Arbrisseaux ou arbres (exotiques) à feuilles alternes, simples, non stipulées, uninerviées, dont la nervure médiane produit des veines réticulées-pennées ; couverts d'un grand nombre de petites glandes cérifères ou résinifères, odorantes ; à bourgeons petits, entourés de nombreuses écailles imbriquées-spiralées.

Les myricées sont disséminées en Asie, en Afrique et dans les deux Amériques, sans être abondantes nulle part ; une seule espèce les représente en Europe. C'est à cette famille qu'appartient le cirier de la Louisiane (*Myrica cerifera, Lin.*), dont la cire est assez abondante pour servir à l'éclairage comme celle des abeilles.

Bois — Tissu fibreux peu serré, homogène; rayons légèrement inégaux, minces et très-minces; ces derniers, les plus nombreux; vaisseaux peu abondants, assez fins et fins, isolés ou groupés irrégulièrement en petit nombre et généralement dans la direction rayonnante, de plus en plus rares du bord interne au bord externe. — Bois dur, gris-brunâtre, dont les accroissements sont circulaires, distincts plus colorés en dehors, sans utilité en raison de ses faibles dimensions.

GENRE UNIQUE. — MYRICA. *MYRICA. Lin.*

Mêmes caractères que ceux de la famille.

Myrica Galé. MYRICA GALE. LIN. Bois sent-bon; Galé; Piment royal. Feuilles fermes et coriaces, oblongues, insensiblement rétrécies en coin à la base, courtement pétiolées, aiguës ou obtuses au sommet, entières ou denticulées dans leur moitié supérieure; d'un vert glauque en dessus, jaunâtres et pubescentes en dessous, à bords légèrement enroulés. Chatons ovoïdes, petits, dressés, nombreux, disposés en grappes allongées à l'extrémité des rameaux. Fleurs mâles nues, de 4 étamines; fleurs femelles pourvues de 2 bracétoles latérales, soudées par la base avec l'ovaire et accompagnant le fruit sous forme de 2 ailes opposées. — Arbrisseau dioïque, de $0^m,50$-2 mètres et même plus, fortement aromatique, ponctué sur presque toutes ses parties : ovaires, fruits et feuilles, de nombreuses gouttelettes résineuses-cireuses, jaunâtres et brillantes ; à racines longuement traçantes et drageonnantes, à tiges nombreuses, grêles, dressées, brunes, irrégulièrement rameuses ; à jeunes pousses pubescentes, anguleuses. Assez commun sur les sols à bruyères, marécageux ou tourbeux, des forêts du Nord, de l'Ouest et du Sud-Ouest. Flor., avril-mai. Fructif., août.

FAMILLE LVI.

SALICINÉES. C. RICH.

Floraison dioïque, amentacée pour les deux sexes. Chatons cylindriques ou ovoïdes, solitaires, latéraux sur les rameaux de l'année précédente, rarement terminaux, composés d'écailles qui supportent, à leur face interne, un périgone cupuliforme ou 1-2 glandes (nectaires) qui le représentent et 2-30 étamines, à anthères biloculaires, longitudinalement déhiscentes, ou 1 seul ovaire libre, uniloculaire, formé de 2 carpelles à ovules nombreux, pariétaux, et surmonté de 2 styles le plus souvent soudés, à stigmates entiers ou bifides. Capsules petites, en chatons, bivalves ou rarement quadrivalves (quelques peupliers), contenant un grand nombre de très-petites graines non albuminées, munies à la base d'une touffe de longs poils soyeux. — Arbres, arbrisseaux et sous-arbrisseaux à feuilles caduques, simples, alternes, entières, dentées ou rarement lobées, penninerviées, exceptionnellement palmatinerviées; à stipules écailleuses et caduques ou foliacées et persistantes sur les pousses stériles ; à floraison précoce, précédant ou accompagnant la foliaison ; présentant une végétation rapide dans la jeunesse, mais d'une longévité généralement restreinte et ne produisant que des bois mous et légers (bois blancs).

A. Chatons dressés, à écailles entières ; périgone représenté par 1-2 glandes ; 2-5 étamines ; feuilles généralement élargies ; bourgeons revêtus d'une seule écaille. Arbrisseaux et arbres . . . . SAULE . . 1

A'. Chatons finalement pendants, à écailles lacérées ou dentées ; périgone cupuliforme ; 8-30 étamines ; feuilles généralement élargies ; bourgeons revêtus d'un certain nombre d'écailles imbriquées. Arbres . . . PEUPLIER . 2

GENRE I. — SAULE. *SALIX*. *Tournef.*

Chatons dressés, ovoïdes ou cylindriques, paraissant avant les feuilles et, dans ce cas, sessiles et nus à la base, ou avec elles et alors pédonculés et feuillés, surtout les femelles; écailles à bords entiers, offrant à leur aisselle 1 ou 2 glandes superposées (nectaires) qui paraissent représenter le périgone et 2, plus rarement 3 à 5 étamines, ou un seul ovaire. Étamines libres ou plus ou moins complétement soudées entre elles, à anthères jaunes, plus rarement fauves ou rouges, biloculaires, longitudinalement déhiscentes. Ovaire libre, sessile ou pédicellé, surmonté d'un style allongé ou presque nul et de 2 stigmates entiers ou bifides. Capsule uniloculaire, bivalve, à valves s'enroulant ou se courbant en dehors au moment de la déhiscence. — Arbres, arbrisseaux et sous-arbrisseaux à feuilles allongées, entières ou dentées, alternes, rarement sub-opposées, à bourgeons revêtus d'une seule écaille complétement embrassante et close de toutes parts, laineuse intérieurement.

Bois. — Tissu fondamental à fibres larges et à parois peu lignifiées, associé à du parenchyme dispersé et sans relations avec les vaisseaux (non distinct à la vue ou à la loupe); vaisseaux abondants, égaux, assez fins, rendant le bois poreux, presque toujours isolés, plus rarement intimement réunis 2-5 en séries simples rayonnantes; ces vaisseaux ou ces groupes, à peu près uniformément répartis, quoique plus rares et plus petits vers le bord externe, où une ligne de tissu fibreux très-serré limite les accroissements. Rayons nombreux, égaux, très-minces. Des taches médullaires brunes ou rougeâtres s'observent assez fréquemment. — Bois mou, poreux, léger, blanc ou rougeâtre, à aubier et bois parfait peu ou point distincts, non sensiblement maillé, à couches annuelles assez apparentes.

Taille. Les saules présentent une nombreuse série d'espèces qui, de la taille la plus humble, à peine saillante au-dessus du sol, s'élèvent aux dimensions d'un grand arbre. La ramification est généralement peu serrée, parce que la plupart des bourgeons latéraux sont florifères et se terminent par un chaton. Les pousses sont le plus souvent allongées, droites, effilées, lisses et très-souples, quoique parfois très-fragiles à leur base d'insertion, surtout au printemps; cependant cette disposition n'est point générale et chez certaines espèces elles sont toruleuses, c'est-à-dire qu'elles deviennent noueuses par la forte saillie des coussinets sur lesquels les feuilles s'insèrent et qu'elles ne s'allongent ni ne s'effilent comme dans le cas précédent.

Écorce. L'écorce offre dans sa structure d'assez nombreuses modifications, suivant les espèces que l'on observe. Tantôt le liber s'accroît avec activité; des lames de périderme s'organisent dans ses feuillets extérieurs, font périr et tomber l'enveloppe herbacée et donnent naissance à un rhytidome brun, persistant, longitudinalement gerçuré. Cette modification peut se produire de bonne heure et constituer une écorce épaisse, largement crevassée, rappelant celle du chêne ou du tilleul (saule blanc, saule fragile) ou ne survenir qu'à un certain âge et former une écorce plus mince, plus superficiellement gerçurée (saule viminal). Tantôt, au contraire, le liber ne se développe qu'avec lenteur et emploie 3-4 ans pour organiser une seule de ses couches; il ne devient plus le siége d'une formation péridermique interne et l'enveloppe herbacée qui le recouvre reste toujours vivante. Deux cas se présentent alors : vers 8-10 ans, il se forme un périderme dans l'épaisseur du parenchyme vert; l'écorce, lisse et gris-verdâtre jusque-là, s'écaille en lames à peu près comme celle du platane (saule à trois étamines); — ou bien le périderme reste toujours superficiel; l'écorce, semblable à celle du hêtre, s'épaissit peu et se maintient unie jusqu'à un âge avancé (saule Marceau, cendré, etc.).

L'écorce des pousses et des jeunes rameaux est fréquemment vivement colorée en rouge, en jaune, en vert, etc.; mais il ne faut pas entièrement se fier à ce caractère pour reconnaître les espèces, car il se modifie souvent avec la situation, la saison, les individus.

Croissance.

La végétation des saules est extrêmement rapide dès les premières années; mais, à part celle du saule blanc dont la longévité est assez élevée, elle se ralentit de bonne heure. L'enracinement est plutôt traçant que pivotant; il est constitué par des racines nombreuses, très-rameuses, terminées par des fibrilles déliées et fournies.

Enracinement.

Reproduction.

La floraison et la fructification sont constantes, très-abondantes, et si la quantité de semis naturels que ces végétaux produisent est relativement faible, il faut l'attribuer à la mauvaise qualité des graines et à la rapidité avec laquelle celles qui sont bonnes perdent la faculté germinative aussitôt après la dissémination. Néanmoins les saules Marceaux et à oreillettes se propagent rapidement d'eux-mêmes et deviennent souvent gênants dans les forêts par leur disposition à envahir le sol et à dominer les jeunes plants d'essences plus précieuses.

La graine tombée en sol humide germe avec une rapidité extraordinaire, en un jour. Le jeune plant, d'abord extrêmement grêle, lève avec deux petites feuilles cotylédonaires charnues; 6 à 8 jours après, il produit sa première feuille; il prend un rapide essor vers la fin de l'été, fleurit et fructifie dès la seconde ou la troisième année.

Station et sol.

Il faut en général aux saules des sols légers, frais ou

humides ; cependant le saule blanc et le saule Daphné réussissent encore sur des sols secs, le saule fragile sur des sols tenaces ; le saule Marceau vient partout, en terres sèches ou fraîches, légères ou compactes. Suivant les groupes auxquels ils appartiennent, ils s'élèvent des grandes plaines basses et humides, jusqu'aux régions alpines, à la limite des neiges perpétuelles. Ils réclament tous une insolation directe, aucun d'eux ne peut se maintenir sous le couvert.

Les saules sont, pour la plupart, du domaine agricole plutôt que du domaine forestier. Deux ou trois espèces seulement méritent d'être signalées par leur fréquence dans les forêts ou par leurs dimensions (saule blanc, saule Marceau, saule à oreillettes) ; presque toutes les autres croissent au bord des eaux, forment des saussaies ou oseraies exploitées à de très-courtes révolutions, ou sont cultivées en têtards de hautes ou de basses tiges. Très-abondants dans les régions tempérées, leur nombre décroît sensiblement vers le Midi ; en Algérie, ils ne sont plus que faiblement représentés.

En culture, on ne propage pas les saules par la voie du semis, mais bien par boutures et par plançons, dont la reprise est extraordinairement facile chez la plupart des espèces. Quelques saules cependant, le saule Marceau entre autres, se prêtent peu à ce mode de reproduction.

Les souches des arbres exploités donnent d'abondants et vigoureux rejets.

Par la facilité avec laquelle ils reprennent de boutures et la rapidité de leur croissance, les saules sont très-précieux pour fixer les rives des cours d'eau, les alluvions et les atterrissements que ceux-ci déposent sur leurs bords, pour consolider les travaux d'endiguement. Ils produisent la majeure partie du matériel des fascines et clayonnages employés dans les travaux hydrauliques ; ils servent à construire ces nombreux barrages vivants qui, en rompant la vitesse des eaux, protégent contre l'affouillement les bassins de réception des torrents des Alpes. Cultivés en oseraies, beaucoup d'entre eux fournissent à peu près exclusivement à la vannerie les matières premières qu'elle met en œuvre; les jeunes pousses servent de liens aux jardiniers et aux vignerons.

Bois.

Le bois des saules est mou, léger et, la plupart du temps, il est impossible de le distinguer spécifiquement; il est tantôt blanc (saule fragile, viminal, etc.), tantôt rougeâtre (saule blanc, Marceau, cendré, etc.). On en fait de la menue charpente, des chevrons, etc., des planches et de la volige pour menuisiers, ébénistes et layetiers, des cercles de tonneaux, etc.; lorsqu'il est homogène et qu'il se coupe net en tous sens (saule blanc), il est employé à la sculpture; réduit, au moyen de machines, en longues et minces lanières semblables à des rubans, il sert à tresser des ouvrages de vannerie, des claies, des tamis grossiers.

Les saules fournissent un médiocre combustible, qui brûle très-rapidement avec une flamme vive et claire, en produisant un coup de feu d'une haute température. Ils sont particulièrement recherchés par la boulangerie.

Au surplus, la nature des espèces apporte dans la qualité des bois des modifications assez grandes, qui seront signalées avec la description de chacune d'elles.

Produits accessoires.

L'écorce est riche en principes astringents et, dans les contrées du nord de l'Europe où le chêne fait défaut, on l'utilise pour le tannage. C'est particulièrement celle des saules des sections I et VI, Marceaux et fragiles, que l'on emploie à cet usage. On peut aussi en extraire des matières tinctoriales jaunes, rouges, brunes ou noires; enfin elle contient, surtout dans les groupes II, IV et V (saules amandiers, viminals et pourpres), une essence oxygénée amère, cristallisable, la salicine, qu'on a essayée, mais sans grands succès, comme succédanée de la quinine.

Les tentatives faites pour utiliser les aigrettes des graines des saules et des peupliers comme matières textiles, pour en fabriquer de la ouate ou du papier, pour les substituer, dans certains emplois, au duvet des animaux, n'ont pas réussi. Ces aigrettes sont courtes, cassantes et d'une récolte difficile.

Les feuilles de saule, vertes ou desséchées, peuvent servir de fourrage pour le bétail (1).

Ennemis. De très-nombreuses espèces d'insectes : coléoptères, hémiptères, hyménoptères, lépidoptères et diptères, vivent aux dépens des saules, en rongent et en dissèquent les feuilles, en sucent la séve, en perforent la tige et ses ramifications. Des excroissances ou galles des formes les plus variées sont souvent le résultat de la ponte ou des travaux des larves de beaucoup d'entre eux. Mais les saules ont une telle vitalité pour réparer les dégâts qui les

(1) Le genre saule, l'un des plus naturels que l'on connaisse, est aussi l'un de ceux dont l'étude est la plus difficile ; les espèces en sont nombreuses, très-voisines et les organes auxquels on emprunte d'ordinaire les caractères distinctifs, feuilles, fleurs et fruits, y offrent une structure simple et par suite peu variée ; encore ne peut-on les observer simultanément en bien des circonstances, puisque la floraison est dioïque et précède souvent la foliaison. A toutes ces difficultés s'en joint une autre encore, celle de l'hybridité, qui devait naturellement se produire et se produit en effet avec facilité entre des végétaux d'espèces très-voisines, dont les sexes sont séparés et qui, avec des exigences identiques, croissent d'ordinaire serrés et pêle-mêle aux mêmes lieux. Il naît de là de nombreuses formes intermédiaires, indécises et peu stables, qui réunissent à divers degrés les caractères des espèces légitimes dont elles procèdent.

Des fécondations artificielles ont mis hors de doute cette disposition des saules à s'hybrider et l'on est parvenu, à leur aide, non-seulement à reproduire les hybrides que l'on rencontre dans la nature, mais à en créer beaucoup d'autres qui n'y ont point encore été observés.

Il est assez aisé de distinguer les saules hybrides des espèces légitimes, à leur rareté, au peu de fixité de leurs caractères ; à leur dissémination parmi d'autres saules abondants et de types bien définis, avec lesquels ils offrent des signes évidents de parenté.

Il est indispensable, quand on veut étudier les saules, d'écarter tout d'abord ces hybrides et de s'attacher uniquement à la détermination des espèces légitimes ; une fois bien fixé sur les caractères de celles-ci, il deviendra seulement possible de reconnaître les produits de leurs croisements.

D'après ces considérations, le tableau dichotomique ne comprend que les espèces proprement dites ; quant aux hybrides, il faut en chercher la description dans le texte même, dans le voisinage de celle des parents dont on peut les présumer issus ; le partage du genre en divisions, sections et sous-sections, facilitera d'ailleurs beaucoup leur détermination.

atteignent, ils sont, d'un autre côté, d'une si faible importance forestière, qu'il ne paraît pas opportun d'entrer dans plus de détails à ce sujet.

1re DIVISION.

SAULES OSIERS, ANGUSTIFOLIÉS.

Arbres et arbrisseaux à pousses allongées, lisses, effilées, flexibles. Feuilles 3-10 fois aussi longues que larges ; chatons latéraux, à écailles concolores (jaunâtres) ou discolores (pâles à la base, noirâtres au sommet), caduques ou persistantes ; 2-3-5 étamines, à anthères jaunes ou pourpres ; capsules sessiles ou courtement pédicellées.

A. Feuilles lisses et luisantes en dessus (pubescence à part, si elle existe) ; capsules glabres.
  B. Rameaux non efflorescents ; chatons pédonculés et feuillés à la base ; écailles concolores.
    C. Feuilles fortement visqueuses dans la jeunesse, très-glabres, comme vernissées en dessus ; 5 étamines ; écailles des chatons femelles caduques . . . . S. A 5 ÉTAMINES . 1
    C'. Feuilles peu ou point visqueuses dans la jeunesse.
      D. Jeunes pousses arrondies ; 2 étamines libres ; écailles caduques.
        E. Jeunes rameaux dressés.
          F. Feuilles vertes ou légèrement glauques en dessous, finalement glabres. S. FRAGILE . . . 2
          F'. Feuilles plus ou moins blanches-soyeuses, surtout en dessous. . . S. BLANC. . . . 3
        E'. Jeunes rameaux très-effilés et pendants . . . . S. PLEUREUR. . . 4
      D'. Jeunes pousses cannelées au sommet ; feuilles très-glabres ; 3 étamines ; écailles des chatons femelles persistantes . . . S. A 3 ÉTAMINES . 5
  B'. Rameaux glauques-efflorescents ; chatons sessiles, non feuillés à la base ; 2 étamines ; écailles des chatons discolores . . . . . S. DAPHNÉ . . . 6
A'. Feuilles finement ridées ou lisses et mates en dessus ; chatons sessiles, non feuillés à la base, à écailles concolores ou discolores, persistantes ; 2 étamines libres ou plus ou moins soudées entre elles.
  B. Feuilles finement ridées en dessus, alternes, à bords enroulés, blanches en dessous ; anthères jaunes ; style apparent.

C. Feuilles blanches-soyeuses en dessous; chatons à écailles discolores, les mâles ovoïdes, étamines libres; capsules sessiles, soyeuses-tomenteuses. . . . . S. VIMINAL . . 7

C'. Feuilles blanches-tomenteuses en dessous; chatons à écailles concolores, les mâles cylindriques, grêles, arqués, étamines monadelphes; capsules légèrement pédicellées, glabres . . . . S. DRAPÉ . . . 8

B'. Feuilles lisses, glauques et mates, très-glabres, subopposées; écailles des chatons discolores; étamines complétement soudées en une seule, dont l'anthère est quadriloculaire, pourpre; capsules tomenteuses et sessiles, ainsi que les stigmates . . . . S. POURPRE . . 9

2e DIVISION.

SAULES TORULEUX, LATIFOLIÉS, RÉTICULÉS.

Petits arbres et arbrisseaux, à pousses non effilées, peu souples, noueuses (toruleuses), impropres à la vannerie; feuilles au plus trois ou quatre fois aussi longues que larges, ondulées-crispées ou crénelées sur les bords, finement ridées; sillonnées en dessus, réticulées en dessous par les nervures; chatons latéraux, à écailles discolores, persistantes; 2 étamines libres, à anthères jaunes; capsules longuement pédicellées.

A. Feuilles fortement réticulées; styles nuls ou très-courts.

B. Feuilles adultes grises-tomenteuses en dessous; chatons sessiles, non ou à peine feuillés à la base; capsules tomenteuses.

C. Pousses d'un an glabres, celles de l'année pubescentes; feuilles ployées en gouttière à la pointe.

D. Feuilles grandes, ovales, glabres, vertes et luisantes en dessus à l'état adulte. Petit arbre . . . . S. MARCEAU . . 10

D'. Feuilles petites, obovales, restant grises-pubescentes en dessus. Arbrisseau diffus . . . . S. A OREILLETTES. 11

C'. Pousses de l'année veloutées; feuilles obovales, grises-pubescentes en dessus, rarement ployées en gouttière . . . . . S. CENDRÉ. . . 12

B'. Feuilles adultes glauques et glabrescentes en dessous; oblongues-obovales; chatons femelles, au moins, légèrement pédonculés et feuillés à la base.

C. Rameaux d'un an glabres; capsules tomenteuses . . . . S. A GR^des FEUILLES 13

C'. Rameaux d'un an pulvérulents-tomenteux; capsules glabres . . . . S. PÉDICELLÉ. . 14

A'. Feuilles faiblement réticulées ; les adultes glauques et glabres ou seulement poilues sur les nervures en dessous ; styles allongés.

B. Feuilles à peine luisantes en dessus, d'un vert plus clair ou glauque en dessous, noircissant par la dessiccation ; ondulées-serrées sur les bords ; stipules souvent largement développées . . . . S. NOIRCISSANT . 15

B'. Feuilles lisses et luisantes en dessus, mates et glauques en dessous, ne noircissant pas par la dessiccation ; lâchement et faiblement serrées sur les bords ou subentières; stipules étroites, peu développées . . . . . S. PHYLICA. . . 16

3e DIVISION.

SAULES CHÉTIFS.

Sous-arbrisseaux moyens, petits ou très-petits, à rameaux presque toujours toruleux ; feuilles elliptiques, exceptionnellement linéaires, ou ovales-suborbiculaires ; chatons latéraux ou terminaux ; écailles ordinairement roussâtres ; 2 étamines, libres, rarement soudées à la base ; anthères jaunes, rougeâtres ou violacées.

A. Tiges aériennes ; chatons latéraux ; feuilles aiguës ou acuminées.

B. Saules à rameaux grêles, effilés, dressés, des stations sablonneuses humides ou tourbeuses. Feuilles petites, blanches-argentées, soyeuses ou plus rarement devenant glabres en dessous, elliptiques, parfois linéaires ; capsules pédicellées ; styles très-courts. . S. RAMPANT. . . 17

B'. Saules toruleux, des régions alpestres et alpines.

C. Feuilles entières sur les bords.

D. Chatons sessiles ou subsessiles, non ou peu feuillés à la base, à écailles franchement discolores, noires au sommet. Étamines libres, à anthères jaunes. — Feuilles allongées, elliptiques, les adultes vertes et glabres en dessus, blanches-tomenteuses en dessous . . . . . . S. DES LAPONS. . 18

D'. Chatons femelles plus ou moins pédonculés et feuillés à la base, à écailles fauves ou ferrugineuses, concolores ou rembrunies vers le sommet.

E. Feuilles velues-soyeuses, au moins en dessous ; étamines libres ; écailles concolores.

F. Feuilles allongées, lancéolées ou obovales, plus ou moins poilues-soyeuses ou tomenteuses, surtout en dessous ; anthères violettes . . S. GLAUQUE . . 19

F'. Feuilles elliptiques, finalement glabrescentes, vertes en dessus, glauques en dessous, ciliées sur les bords ; anthères jaunes, brunissant ensuite . . . . S. DES PYRÉNÉES 20

E'. Feuilles elliptiques, toujours très-glabres, mates, vert-glauque-bleuâtre, surtout en dessous ; écailles ferrugineuses ; étamines libres ou soudées entre elles jusqu'à moitié, à anthères violacées. . . . . S. BLEUATRE . . 21

C'. Feuilles dentées en scie sur les bords . .

D. Feuilles concolores, vertes, brillantes et réticulées sur les deux faces, ovales, longuement et lâchement poilues, finalement glabres ; écailles d'un pourpre noirâtre ; étamines bleu-violet . . . . S. MYRTE . . . 22

D'. Feuilles discolores, vertes en dessus, plus ou moins glauques en dessous.

E. Capsules glabres.

F. Écailles toujours couvertes de longs poils blancs, droits d'abord, puis crépus ; feuilles obovales, en coin à la base, poilues, puis glabres, vertes et à peine luisantes en dessus, plus pâles ou plus ou moins glauques en dessous. . . . . . S. HASTÉ . . . 23

F'. Écailles d'abord poilues, puis glabres ; feuilles très-glabres, vertes et d'un éclat gras en dessus, glauques en dessous . . . . S. GLABRE. . . 24

E'. Capsules couvertes de poils courts, apprimés ; feuilles adultes glabres, d'un vert clair, brillant en dessus, plus ou moins glauques en dessous S. ARBUSTE. . . 25

A'. Tiges souterraines, rampant parmi la mousse et se détruisant par la base, à mesure qu'elles se développent par les extrémités ; chatons terminaux, très-petits ; feuilles arrondies ou échancrées au sommet.

B. Feuilles obovales ou spatulées, presque sessiles, très-glabres, d'un vert foncé en dessus, d'un vert clair en dessous . . . . S. ÉMOUSSÉ . . 26
B'. Feuilles suborbiculaires.
C. Feuilles longuement pétiolées, vertes et crépues en dessus, glauques, argentées et fortement réticulées en dessous ; pubescentes dans la jeunesse . . . . S. RÉTICULÉ . . 27
C'. Feuilles courtement pétiolées, vertes et luisantes sur les deux faces, toujours glabres. . . . . S. HERBACÉ . . 28

1re DIVISION.

SAULES OSIERS, ANGUSTIFOLIÉS.

Jeunes pousses allongées, simples, effilées, flexibles. Feuilles 3-10 fois aussi longues que larges ; les plus larges, lisses et luisantes, non réticulées. Arbres ou arbrisseaux de plaines ou, en général, de régions peu élevées.

SECTION I. — *S. fragiles.*

Jeunes pousses arrondies ; rameaux très- fragiles à leur articulation en temps de séve. Feuilles lisses et brillantes, au moins en dessus (pubescence à part), à pétiole plus ou moins glanduleux. Chatons latéraux, paraissant avec les feuilles, feuillés à la base ; écailles concolores, jaunâtres ou roussâtres, caduques longtemps avant la chute des chatons ; 2 nectaires, au moins dans les fleurs mâles ; 2-5 étamines libres, à anthères jaunes ; capsules glabres, sessiles ou très-brièvement pédicellées. — Arbres et arbrisseaux élevés, dont l'écorce est, avec l'âge, gerçurée-fibreuse comme celle des chênes. Bords des fleuves, des rivières et des ruisseaux ; quelquefois dans les forêts.

1. Saule à 5 étamines. SALIX PENTANDRA. LIN.
Feuilles glutineuses dans la jeunesse, ovales, elliptiques ou ovales-lancéolées, assez brusquement acuminées, au plus 3 fois aussi longues que larges, fermes et coriaces, très-glabres, vertes et très-brillantes en dessus, plus pâles et peu brillantes en dessous, finement et régulièrement dentées-serrées, à dents nombreuses, glanduleuses, presque obtuses ; pétiole pourvu de fortes glandes vertes ou noires, dont quelques-unes semblent représenter les stipules, peu ou point développées. Chatons longuement pédonculés et garnis à la base de feuilles dentées ; cylindriques, étalés, à axe et écailles velus ; les mâles, à fleurs assez

serrées, composées de 5, rarement de 10 étamines libres, dont les filets sont velus à la base ; les femelles, à capsules ovoïdes-coniques, pointues, glabres, à pédicelle court, dépassant à peine les glandes ; style assez court ; stigmates épais, bilobés au sommet. — Arbrisseau et parfois arbre de 10 et même de 13 mètres d'élévation sur $0^m,50$-$1^m,50$ de circonférence, facilement reconnaissable à ses feuilles, à ses jeunes pousses et à ses bourgeons qui sont très-brillants, très-glabres et semblent vernissés. Alpes, Pyrénées, haut Jura, haute Auvergne, Nièvre, Creuse, Haute-Vienne. Flor., mai-juin.

Le saule à 5 étamines appartient à la flore septentrionale de l'Europe et de l'Asie ; il s'étend de la Catalogne à l'Islande, du 42e au 70e degré de latitude. Arbre de plaines dans le Nord, il ne se rencontre en France que dans les régions montagneuses, sur les sols marécageux ou tourbeux, quelle qu'en soit la composition minérale ; il s'y élève jusque dans la région alpine, où il devient buissonnant. C'est un arbre de végétation rapide, qui se prête très-bien à l'exploitation en têtards et qui, dans sa station, mérite la préférence sur le saule blanc. Il se reproduit aisément de boutures et peut être employé avec avantage sous cette forme pour la fixation des terres affouillées par les eaux pluviales. La beauté de son feuillage, d'un vert pur très-luisant, le fait quelquefois cultiver avec raison comme arbre d'ornement.

2. Saule fragile. SALIX FRAGILIS. LIN.

Feuilles lancéolées, longuement et obliquement acuminées, 4 fois au moins aussi longues que larges, assez fermes et presque coriaces, d'un vert peu foncé, luisant en dessus, plus pâle ou même glauque en dessous ; finement dentées-glanduleuses, à dents recourbées en dedans ; les plus jeunes velues-soyeuses, surtout en dessous, et plus ou moins densément ciliées vers l'extrémité ; les autres très-glabres. Nervures secondaires nombreuses, parallèles, souvent d'un vert pellucide, ainsi que les veines et veinules qui, par là, tranchent sur le fond du parenchyme. Feuilles, accompagnant les chatons et celles de la base des pousses, souvent très-entières ; stipules des pousses vigoureuses réniformes, obtusés, appliquées contre les rameaux. Chatons pédonculés et bien feuillés à la base, étalés, cylindriques, à axe et à écailles velus ; les mâles assez denses, à deux étamines libres, d'un jaune pâle, dont les filets sont velus à la base ; les femelles lâches, à capsules allongées-coniques, aiguës, glabres, notablement pédicellées ; style médiocre ; stigmates assez courts, épais, bifides. — Arbrisseau et souvent arbre de 12-13 mètres de hauteur sur 1 mètre de circonférence, à rameaux brun-olivâtre, quelquefois rougeâtres ou jaunâtres, glabres et luisants, particulièrement disposés à se désarticuler au moindre choc pendant le printemps, souples et liants du reste. Plaines et montagnes peu élevées de toute la France. Flor., avril-mai.

Le saule fragile, l'un des plus répandus du genre, est commun sur le bord des eaux et le long des chemins; il est très-fréquemment cultivé en oseraies ou en têtards pour les osiers et les harts qu'on en retire; rarement il se développe librement en arbre et généralement il ne se rencontre pas dans les forêts.

Il supporte mieux que le saule blanc les terres fortes et froides, quoiqu'il réussisse surtout dans celles qui sont légères et humides.

Le bois ressemble à celui du saule blanc; il est d'un jaune-rougeâtre avec l'aubier jaune clair; on n'y observe pas de taches médullaires.

3. Saule blanc. SALIX ALBA. LIN.

Feuilles lancéolées, longuement et presque directement acuminées, plus ou moins blanches-soyeuses sur les deux faces, ou tout au moins sur l'inférieure, 5-6 fois aussi longues que larges, peu fermes et peu coriaces, finement dentées-glanduleuses, à dents droites, aiguës; face supérieure (pubescence à part) assez luisante, inférieure habituellement glauque; nervures secondaires moins nombreuses, moins entières et moins parallèles, veines et veinules moins pellucides, les unes et les autres moins distinctes du parenchyme que dans le saule fragile; stipules étroites et très-petites. Chatons pédonculés, cylindriques, à axe et à écailles velus, garnis à la base de feuilles entières; les mâles étalés, grêles, arqués, à 2 étamines libres, d'un jaune d'or, dont les filets sont poilus jusqu'au milieu; les femelles, assez denses. Capsule ovoïde-conique, obtuse au sommet, glabre, à peu près sessile; style presque nul; stigmates épais, simplement échancrés.

Var. α. *Vitellin. S. Vitellina, Lin.* Osier jaune. Rameaux grêles, allongés, plus souples, d'un jaune vif ou d'un jaune-rouge au printemps. Feuilles un peu glauques en dessous, plus étroites et plus finement dentées, à la fin presque glabres.

Var. β. *Argenté. S. splendens, Bray.* Feuilles, même adultes totalement couvertes sur les deux faces, ainsi que les jeunes pousses de poils soyeux-argentés.

Grand et bel arbre à branches dressées ou arbrisseau, à pousses de l'année blanches et soyeuses, à feuilles adultes moitié moins grandes que celles du saule fragile, à rameaux olivâtres, jaunâtres, d'un rouge-corail ou d'un jaune vif; commun dans les plaines et les vallées de toute la France, soit planté et cultivé en oseraies ou en têtards aux bords des routes et des cours d'eau, soit spontané dans les forêts: se trouve aussi en Algérie. Flor., avril-mai. Fructif., juin.

Le saule blanc est l'espèce la plus importante du genre Taille. Port.

par les grandes dimensions qu'il peut acquérir, 25 mètres de hauteur sur 1 mètre de diamètre ; par sa rapide végétation, longtemps soutenue ; par sa longévité séculaire.

Station et sol. Il se rencontre disséminé dans les forêts de plaines dont le sol est léger, frais ou humide, et lorsqu'il a atteint un

Écorce. âge avancé, il y présente assez, par le port et l'écorce,

Ramification. l'aspect d'un vieux chêne. Cependant la ramification en est mieux graduée des branches aux ramules et ceux-ci sont plus allongés, plus grêles et plus droits. Ce saule forme des oseraies et des têtards d'une culture très-productive et fournit des osiers et des liens de premier choix, surtout s'ils proviennent de la variété vitelline. Il réussit encore assez bien dans les sols secs, pourvu qu'ils soient légers.

La multiplication par boutures et plançons se fait avec la plus grande facilité ; il ne conviendrait pas toutefois d'employer ce saule à la fixation des terres délayables dans les régions élevées des montagnes, où il ne saurait prospérer.

Les jeunes pousses, qui varient du jaune vif au brun et au pourpre foncé, sont plus ou moins garnies vers les extrémités de poils soyeux, blancs et appliqués. Elles se désarticulent moins facilement que celles du saule fragile et encore cela n'a-t-il lieu que pendant peu de temps, au moment de la plus forte ascension de la séve.

Bois. Le bois du saule blanc est d'un joli rouge tendre, uniforme, quoique parfois marqué de quelques taches médullaires plus foncées ; l'aubier en est blanc, peu abondant. Il a le grain assez fin, homogène, se découpe aisément et nettement dans tous les sens, n'est point exposé à se gercer ; il sert à la sculpture ; on en fait de la volige, etc. Complétement desséché à l'air, il pèse 0,381 (Alsace)-0,516 (Gironde) (*Coll. Éc. For.*).

Valeur calorifique. D'après les recherches de T. Hartig, du bois d'une tige de 10 ans, desséché à l'air et d'une densité de 0,36, comparé à du bois de hêtre d'une tige de 30 ans et d'un diamètre égal à celui de la précédente, également desséché et pesant 0,69, a donné les résultats suivants sur la valeur calorifique :

		Poids égaux.	Vol. égaux.
Plus haut degré de chaleur . . .	ascendante	93 : 100	48,5 : 100
	rayonnante	100 : 100	52 : 100
Durée de la chaleur croissante. .	ascendante	100 : 100	52 : 100
	rayonnante	80 : 100	41,7 : 100
Durée de la chaleur décroissante.	ascendante	80 : 100	41,7 : 100
	rayonnante	80 : 100.	41,7 : 100
Total de la chaleur développée. .	ascendante	85 : 100	44,3 : 100
	rayonnante	100 : 100	52 : 100
Eau vaporisée		82 : 100	42,7 : 100

Le charbon est léger, poreux, propre au dessin et à la fabrication de la poudre.

4. Saule pleureur. SALIX BABYLONICA. LIN.

Feuilles étroitement lancéolées, très-longuement et obliquement acuminées, finement dentées en scie, toujours très-glabres sur les deux faces, vert-clair en dessus, le plus souvent glaucescentes en dessous. Chatons grêles, arqués, égalant à peine les feuilles de leur base, à axe poilu, écailles jaunâtres, capsules petites, sessiles, vertes, glabres, surmontées d'un style très-court et de deux stigmates épais, divariqués, entiers. — Arbre de 8-10 mètres, rarement plus, à branches et à rameaux allongés, grêles, ces derniers pendant quelquefois jusqu'à terre ; originaire de l'Asie centrale, répandu par la culture dans toutes les régions chaudes et tempérées du globe ; commun dans les plaines et les vallées de toute la France, au bord des eaux, sur les sols légers, frais ou humides ; on ne cultive que le pied femelle. Flor., avril-mai.

† **Saule cuspidé.** SALIX CUSPIDATA. SCHULTZ. *S. Pentandra-fragilis. Wimmer ; Salix meyeriana. Willd.*

Très-voisin du saule à 5 étamines, dont il se distingue par les feuilles plus étroites, plus insensiblement cuspidées, moins fermes et moins symétriques, plus claires en dessous ; par les fleurs mâles, composées chacune de 3-5 étamines seulement ; par les capsules plus allongées et plus atténuées au sommet. Hybride du saule à 5 étamines et du saule fragile, dont il partage les caractères essentiels ; rare et disséminé parmi les parents : la Moucherolle (Dauphiné) ; signalé dans les oseraies de l'Yonne et de l'Indre par Boreau (Flore du centre de la France).

Le saule cuspidé croît plus rapidement encore que le saule à 5 étamines et peut atteindre, en une douzaine d'années, 12 mètres de haut sur $0^{m},60$ de circonférence.

† **Saule de Russell.** SALIX RUSSELLIANA. FORBES. *S. fragilis-alba. Wimmer. S. viridis, Fries.*

Intermédiaire entre le saule fragile et le saule blanc ; ressemble au premier par les rameaux étalés, les feuilles adultes fermes, glabres, d'un vert pur, les chatons mâles étalés-flexueux, plus gros et plus longs, les chatons femelles à capsules plus grêles et plus évidemment pédicellées ; se rapproche du second par les rameaux moins fragiles aux articulations ; par les feuilles, presque soyeuses dans la première jeunesse, ne noircissant pas par la dessiccation, presque directement acuminées ; par les chatons mâles, d'un jaune d'or, plus fournis ; par les chatons femelles, redressés, dont les capsules, à peine pédicellées, obtuses, sont à peu près dépourvues de style. — Hybride du saule blanc et du saule fragile, parmi lesquels on l'observe fréquemment, en raison de la multiplication par boutures et par plançons qui en a été faite.

SECTION II. — *S. amandiers.*

Jeunes pousses cannelées au sommet. Feuilles lisses et brillantes en dessus, glabres sur les deux faces quand elles sont adultes, à pétiole plus ou moins glanduleux; chatons latéraux, paraissant avec les feuilles, feuillés à la base; écailles concolores, persistantes jusqu'à la maturité; 1-2 nectaires, au moins dans les fleurs mâles; 2-3 étamines libres; anthères jaunes; ovaires glabres ou tomenteux, dont le pédicelle est court, égal au plus à deux fois la glande. — Arbrisseaux élevés, dont l'écorce s'exfolie avec l'âge dans le genre de celle du platane. Bords des eaux, dans les plaines et les montagnes de moyenne hauteur.

5. Saule à 3 étamines. SALIX TRIANDRA. LIN. *S. amygdalina. Lin.* Osier brun ; Osier rouge ; Osier franc ; Saule triandre; Saule Amandier.

Feuilles oblongues-lancéolées ou oblongues-elliptiques, 3-5 fois aussi longues que larges, à bords moyens le plus souvent presque droits et parallèles; brusquement acuminées ; très-glabres, même dans la jeunesse, fermes et coriaces, avec la nervure médiane saillante et fauve; d'un vert foncé luisant en dessus, d'un vert plus clair moins luisant ou complétement glauque et mat en dessous ; finement dentées-glanduleuses ; stipules des pousses robustes, grandes, longtemps persistantes. Chatons pédonculés et feuillés à la base, cylindriques, allongés, assez grêles, peu fournis, à axe pubescent, écailles glabres au sommet ; les mâles à fleurs presque verticillées, à 3 étamines libres, d'un jaune vif ; les femelles, à capsules ovoïdes-coniques, obtuses au sommet, glabres, courtement pédicellées ; style très-court, stigmates échancrés au sommet, courts, épais, horizontalement divergents.

Var. α. *Concolore. Salix triandra. Lin.* Feuilles vertes ou à peine glauques en dessous.

Var. β. *Discolore. Salix amygdalina. Lin.* Feuilles complétement mates et d'un blanc-glauque en dessous.

Arbrisseau de 4-5 mètres de hauteur, à jeunes pousses effilées, flexibles, luisantes, lisses et glabres, habituellement d'un rouge-brun-verdâtre, ayant l'odeur et la saveur des amandes douces ; revêtu à un âge avancé d'une écorce couleur de cannelle, qui s'exfolie en plaques minces et larges comme celle du platane. Très-abondant dans les oseraies et saussaies qui garnissent les rives des cours d'eau de la plaine et des montagnes peu élevées ; fréquemment cultivé en têtards de basse tige ; manque dans les forêts proprement dites. Flor., avril-mai.

Le bois du saule à 3 étamines est mou, marqué de taches médullaires; le cœur en est brun-rougeâtre clair passant insensiblement à l'aubier qui est blanc. Il pèse 0,545 (*Coll. Éc. For.*).

† **Saule magnifique.** SALIX SPECIOSA. HOST. *S. Fragilis-triandra. Wimmer! Salix alopecuroïdes. Tausch.*

Intermédiaire entre le saule fragile et le saule à 3 étamines, dont il est l'hybride. Semblable au premier par les feuilles d'un vert clair, tendres et disposées à noircir par la pression dans la jeunesse, insensiblement et obliquement acuminées, à veines pellucides ; par les chatons mâles remarquablement développés, allongés, flexueux, fournis, d'un jaune pâle, à écailles complétement et longuement poilues, à filets des étamines très-allongés ; se rapproche du saule à 3 étamines par les feuilles, qui, à l'état adulte, sont plus fermes, plus luisantes, à dents plus marquées, à nervure médiane plus saillante en dessous que dans le saule fragile ; par les stipules, bien développées et presque persistantes sur les pousses robustes ; par les étamines, toujours au nombre de trois ; enfin par les capsules, assez longuement pédicellées. — Arbre élégant ou arbrisseau signalé en France avec doute ; à rechercher parmi les parents.

† **Saule lancéolé.** SALIX LANCEOLATA. SMITH. *S. triandra-alba. Wimmer.*

Feuilles lancéolées, parfois assez largement atténuées à la base, faiblement et peu longuement acuminées au sommet, aigûment dentées en scie sur les bords, lisses, d'un vert terne, peu brillantes en dessus, plus claires en dessous, avec la nervure médiane fauve, poilues-soyeuses dans la jeunesse, complétement glabres à l'état adulte. Chatons femelles pédonculés et feuillés à la base, cylindriques, lâches, grêles, étalés-dressés, puis courbés et réfléchis par le sommet, à axe et écailles densément couverts de poils blancs crépus ; ces dernières fauves, longuement barbues sur les bords, persistantes. Ovaires légèrement pédicellés, ovoïdes-coniques, verts et glabres, surmontés d'un style médiocre, épais, à stigmates divergents, bipartites, renflés. — Arbrisseaux à rameaux étalés, brun-olivâtre, glabres, légèrement pubescents à l'extrémité, présentant les caractères mixtes du saule blanc et du saule à 3 étamines et très-probablement hybride de ces deux espèces. Bords de la Marne, de la Seine et sans doute aussi de la Loire, du Cher, de la Vienne, où il a été signalé. Il se pourrait toutefois qu'on eût pris pour lui quelque autre produit du saule à 3 étamines et du saule viminal. (*Salix undulata. Ehrh.*)

Section III. — *S. pruineux.*

Jeunes pousses assez robustes, pubérulentes; rameaux couverts d'une efflorescence glauque (pruineuse); feuilles lisses et brillantes en dessus (pubescence à part), à pétiole non glanduleux. Chatons latéraux, sessiles, non feuillés à la base, très-précoces; écailles discolores, persistantes; 1 nectaire; 2 étamines libres, anthères jaunes; capsule sessile, glabre. — Arbres ou grands arbrisseaux, à écorce lisse jusqu'à un âge avancé, dans le genre de celle du hêtre; habitant le bord des eaux des régions montagneuses élevées et descendant leur cours jusque dans les vallées inférieures.

6. Saule Daphné. Salix daphnoïdes. Will. Saule précoce; Saule noir (dans les Alpes); Saule à bois glauque; Saule à feuilles de laurier.

Feuilles elliptiques-lancéolées, 3-4 fois aussi longues que larges, assez longuement acuminées, à bords finement reployés en dessous, denticulés-glanduleux; plus ou moins poilues-soyeuses dans la jeunesse; fermes, planes et glabres, rappelant à l'état adulte celles du saule à 5 étamines; vertes, lisses et luisantes en dessus, le plus souvent glauques en dessous, avec le pétiole court, élargi à la base, de couleur fauve ainsi que la nervure médiane. Stipules ovales-aiguës, adhérentes au pétiole. Chatons sessiles, non feuillés à la base, gros et fournis, à écailles discolores très-velues; les mâles ovoïdes allongés, à 2 étamines libres; les femelles, cylindriques; capsule ovoïde-conique, glabre, sessile, terminée par un long style à stigmates bifides, linéaires. — Arbre de 10-14 mètres sur $0^m,60$-$0^m,75$ de circonférence, ou arbrisseau, à jeunes pousses robustes, poilues-soyeuses, bientôt glabres; à rameaux d'abord olivâtres ou brun-noirâtre, parfois rougeâtres, puis verts, et, jusqu'à l'âge de 3-5 ans, recouverts d'une efflorescence glauque; à écorce intérieure d'un jaune vif, à floraison très-précoce, antérieure à la foliaison. Alpes et le long des cours d'eau qui en descendent jusque dans les plaines. Flor., février-mars-avril.

Station. Le saule Daphné, l'une des plus belles espèces du genre, appartient à la flore de l'Europe moyenne et septentrionale; il ne se rencontre en France que dans le massif montagneux des Alpes du Dauphiné et de la Savoie, jusqu'à une altitude de 1,800 mètres, mais il descend parfois dans les régions inférieures avec les cours d'eau dont il garnit les rives.

Usages. Par sa station alpestre et la facilité avec laquelle il se propage de boutures, le saule Daphné peut être employé avec avantage pour fixer les terres délayables des versants exposés à l'affouillement. Il ne réussit pas, dit-on (*Willkomm*), sur les sols dépourvus de calcaire. Le bois, complétement desséché à l'air, pèse 0,524 (*Coll. Éc. For.*).

Section IV. — *S. viminals.*

Saules angustifoliés, à jeunes pousses très-allongées, droites et flexibles (osiers). — Feuilles molles, allongées, finement ridées et mates en dessus, presque toujours soyeuses-argentées, au moins dans la jeunesse, en dessous; plus ou moins enroulées sur les bords, à pétiole non glanduleux. Chatons latéraux, sessiles, paraissant avant les feuilles, peu ou point feuillés à la base; écailles discolores dans l'espèce type, exceptionnellement concolores, persistantes. 1 nectaire, 2 étamines libres, à anthères jaunes; capsules sessiles ou courtement pédicellées, style allongé. — Grands arbrisseaux et quelquefois arbres dont les pousses ne sont jamais décidément jaunes et dont l'écorce produit, au moins dans les espèces légitimes, un rhytidome fibreux-gerçuré comme celui du chêne rouvre, mais beaucoup moins prononcé. Bords des eaux de la plaine ou des régions montagneuses peu élevées.

7. Saule viminal. Salix viminalis. Lin. Saule des vanniers; Osier blanc; Osier vert; Saule à longues feuilles.

Feuilles lancéolées très-allongées, 6-8 fois aussi longues que larges, insensiblement et directement terminées en pointe, à bords moyens plus ou moins parallèles; face supérieure d'un vert obscur, presque mate, finalement glabre ou pubérulente; face inférieure densément poilue-soyeuse, à reflets argentés, avec la nervure médiane brillante et fauve; limbe plan ou plus souvent ondulé, de consistance herbacée; bords ondulés, entiers ou imperceptiblement et lâchement dentés, enroulés en dessous; stipules petites, caduques de bonne heure. Chatons droits, sessiles, non feuillés à la base, fournis, à écailles discolores, longuement velues; les mâles, ovoïdes, à 2 étamines libres; les femelles, cylindriques, à capsules ovoïdes-coniques, aiguës, tomenteuses-soyeuses, sessiles; style allongé, stigmates l'égalant, filiformes, entiers, dépassant les poils des écailles. — Petit arbre de 4-5 mètres et même de 10 mètres de hauteur; le plus souvent arbrisseau (par la culture), à pousses nombreuses, droites, effilées, très-allongées, veloutées et grises; glabres et d'un brun-olivâtre ou marron au bout de l'année. Bords des eaux des plaines de toute la France, surtout dans le Nord. Flor., mars-avril. Fructif., juin.

Le saule viminal appartient aux régions moyennes de l'Europe et croît abondamment le long des cours d'eau, sans toutefois pénétrer avant dans les massifs montagneux. Il constitue l'élément essentiel des saussaies et fournit à la vannerie commune la plus grande partie des osiers qu'elle emploie. Presque toujours cultivé et coupé à de très-courtes révolutions, il est fort rare de le rencontrer sous son port naturel, surtout sous la forme arborescente, et l'on ne sait rien de précis sur la qualité et les usages du bois qu'il pourrait produire.

C'est l'une des espèces les plus nettement caractérisées et les plus stables du genre; aussi imprime-t-elle aux nombreux hybrides qu'elle concourt à produire un cachet de parenté très-prononcé.

† **Saule de Smith.** SALIX SMITHIANA. WILLD.
Feuilles oblongues-lancéolées, acuminées, plus ou moins ondulées-crénelées sur les bords; d'un vert sombre et mat, finement sillonnées en dessus, restant soyeuses-argentées ou se dénudant en dessous, avec la nervure médiane saillante, fauve, et les nervures latérales pourvues d'un tomentum plus long et plus lâche. Chatons sessiles, nus ou garnis à la base de quelques petites feuilles, à fleurs serrées, à écailles discolores, garnies de poils blancs brillants ou cendrés, plus ou moins allongés; 2 étamines libres; capsules ovoïdes-coniques, blanches-tomenteuses et soyeuses, pédicellées, surmontées d'un style allongé, à stigmates entiers ou bipartites, dressés ou étalés, — Groupe de formes très-variées, évidemment hybrides, qui semblent procéder du saule viminal uni aux saules Marceau, cendré et à oreillettes, mais qu'il est le plus souvent impossible de distinguer et de caractériser nettement. (*S. caprea-viminalis et S. aurita-viminalis, Wimmer.*)

Var. α. *Soyeux. Salix sericans. Tausch.* Feuilles lancéolées, plus larges vers la base, presque entières sur les bords, à peu près glabres et d'un vert obscur en dessus, blanches-tomenteuses, soyeuses ou argentées avec la nervure médiane saillante et fauve en dessous.

Var. β. *Acuminé. Salix acuminata. Sm.* Feuilles présentant la plus grande largeur au delà du milieu; d'un vert sombre, opaques et courtement pubescentes en dessus, mollement soyeuses, finalement presque glabres et d'un vert plus clair en dessous; assez distinctement crénelées sur les bords.

Çà et là parmi les parents, le long des cours d'eau, surtout dans le Centre et dans l'Ouest.

Le saule de Smith, comme beaucoup d'hybrides, dont les organes de la végétation se développent avec vigueur, mérite d'être cultivé en raison de la rapidité de croissance de quelques-unes de ses races et des abondants produits qu'elles peuvent rapporter.

† **Saule multiforme.** SALIX MULTIFORMIS. DÖLL. *Salix triandra-viminalis. Wimmer.*

Feuilles allongées, lancéolées, plus larges au-dessous du milieu, longuement, aigûment et directement acuminées, lâchement et superficiellement dentées en scie ou presque entières, à limbe souvent ondulé, d'un vert sombre, lisses et un peu luisantes en dessus, poilues-soyeuses dans la jeunesse, assez souvent finalement glabres, d'un vert plus clair, avec la nervure médiane roussâtre en dessous. Stipules ovales. Chatons sessiles ou subpédonculés, les femelles pourvus à la base de quelques petites feuilles ; écailles fauves, couvertes de longs poils d'un blanc sale ; 2-3 étamines libres ; capsules ovoïdes-coniques, pubescentes ou tomenteuses, sessiles ou légèrement pédicellées, terminées par un style allongé, à stigmates bifides, linéaires. — Arbrisseau très-variable, presque toujours femelle, intermédiaire entre le saule à 3 étamines et le saule viminal et très-probablement hybride de ces deux espèces, au milieu desquelles on le rencontre à l'état de dissémination.

Var. α. *Ondulé. Salix undulata. Ehrh.* Forme la plus rapprochée du saule à 3 étamines, à feuilles adultes glabres et vertes, à bords planes et dentés ; ovaires pédicellés ; style assez long, 2-3 étamines. Bords de la Loire, du Cher, de la Vienne, de la Sarthe.

Var. β. *A feuilles d'hippophaë. S. hippophaëfolia. Thuillier.* Forme intermédiaire, à feuilles légèrement enroulées sur les bords; à côte jaunâtre, à peine dentées, pourvues dans la jeunesse d'un duvet léger, grisâtre, très-caduc ; ovaires pubescents ou tomenteux, courtement pédicellés, à style très-court ; 2 étamines. Ecorce écailleuse comme celle du saule à 3 étamines. — Bords de la Seine, de la Marne, de la Meurthe, de la Moselle, de la Loire, du Cher, etc.

Var. γ. *A feuilles molles. Salix mollissima. Ehrh.* Forme extrême, la plus rapprochée du saule viminal ; feuilles un peu enroulées sur les bords, peu visiblement dentées, vertes, peu luisantes en dessus, très-finement pubescentes, tomenteuses et blanchâtres en dessous. Capsules velues-tomenteuses, sessiles, à style assez allongé ; 2 étamines. Bords des cours d'eau dans la Vienne et dans l'Anjou. Flor., mars-mai.

SECTION V. — *S. drapés.*

Saules angustifoliés, à pousses assez allongées et flexibles; feuilles étroites, allongées, vertes et opaques en dessus, blanches-tomenteuses et farineuses en dessous, à bords enroulés; pétiole non glanduleux. Chatons latéraux, sessiles, étroitement cylindriques, arqués-flexueux, à écailles jaunâtres, concolores, persistantes. 1 nectaire, 2 étamines plus ou moins soudées par les filets ; anthères jaunes ; capsules pédicellées, style apparent. — Arbrisseaux des régions alpestres.

8. Saule drapé. SALIX INCANA. SCHRANK.

Feuilles linéaires ou longuement lancéolées-linéaires, 9-10 fois aussi longues que larges, à bords parallèles ; insensiblement et directement terminées en pointe ; d'un vert foncé mat, pubérulentes ou finalement glabres en dessus, couvertes en dessous d'un épais duvet blanc-tomenteux, persistant, qui cache entièrement la couleur glauque du fond ; bords marqués de très-fines dentelures à peine apparentes, si ce n'est par les glandes qui les terminent, étroitement enroulés en dessous, excepté dans l'âge tout à fait adulte. Chatons sessiles, non feuillés ou seulement garnis de quelques bractées foliacées à la base, cylindriques, arqués-flexueux, grêles, à écailles concolores, presque glabres, légèrement poilues aux bords ; les mâles à 2 étamines ordinairement réunies par la moitié inférieure des filets ; les femelles assez lâches. Capsule ovoïde-conique, aiguë, glabre, courtement pédicellée ; style allongé ; stigmates courts et bifides. — Arbrisseau de 2-4 mètres, à jeunes rameaux brun-verdâtre ou -noirâtre, luisants, glabres ou tomenteux vers les extrémités, devenant parfois un petit arbre de 6-7 mètres. Régions montagneuses, au bord des torrents et des ruisseaux, dont il descend le cours jusque dans la plaine ; Alpes, Jura, Pyrénées, Cévennes ; bords du Rhône et de ses affluents, du Var, du Doubs et de la Saône, de la Garonne, de l'Ardèche, etc. Flor., mars-avril. Fructif., mai.

Le saule drapé est l'un des premiers végétaux qui se développent sur les déjections des torrents ; il entre, sous forme de boutures, dans la construction des cordons, fascinages et barrages destinés, dans les Alpes, à consolider le sol affouillé des bassins de réception.

† **Saule de Seringe.** SALIX SERINGEANA. GAUD. *S. caprea-incana. Wimmer.*

Intermédiaire entre le saule drapé et le saule Marceau ou le saule à grandes feuilles, et leur hybride. Feuilles largement ou étroitement lancéolées-oblongues, courtement ou assez longuement acuminées, ondulées-crénelées, luisantes et presque glabres en dessus à l'état adulte, blanches-tomenteuses, opaques et réticulées en dessous. Stipules semi-cordiformes, dentées, aiguës. Chatons subsessiles, les mâles ovoïdes-allongés, les femelles cylindriques, pourvus de quelques petites feuilles à la base ; écailles noirâtres à l'extrémité ; étamines 2, jaunes, soudées entre elles à l'extrême base par les filets ; capsules blanches-tomenteuses, opaques, pédicellées plus courtement que celles du saule Marceau, coniques, aiguës, terminées par un style grêle, assez allongé. Arbrisseau ou même petit arbre de 3-4 mètres, à rameaux épais, dressés-étalés, jeunes pousses robustes, celles de l'année brunes ou testacées, lisses, farineuses-tomenteuses à l'extrémité. Vallées alpestres : Jura suisse au lac de Joux ; Alpes du Dauphiné (*Verlot. cat.*).

Le saule de Seringe, signalé sur la Loire et dans l'Ouest, où ne se rencontre pas le saule drapé, n'est certainement pas le *Salix seringeana*, Gaudin ; c'est très-probablement l'une des nombreuses formes hybrides du saule viminal et du saule Marceau, réunies sous le nom de saule de Smith (*S. Smithiana ; var. β. Obscura.* Gr. et God.).

† **Saule à feuilles d'olivier.** SALIX OLEÆFOLIA. VILL. *S. aurita-incana. Wimmer. S. cinerea-incana. Grenier.*

Feuilles elliptiques-lancéolées, fermes, finalement glabres et d'un vert foncé en dessus; densément blanches-tomenteuses, mates et réticulées en dessous, à peine denticulées et très-légèrement enroulées sur les bords. Chatons femelles subsessiles, cylindriques, un peu lâches, à écailles jaunâtres, rembrunies au sommet, longuement velues; capsule ovoïde-conique, allongée, tomenteuse, pédicellée; pédicelle 1-4 fois plus long que la glande; style médiocre; stigmates bifides. — Arbrisseau à rameaux jaunâtres, presque toruleux, tomenteux dans la première jeunesse. Très-rare; on n'en connaît que des pieds femelles. Alpes du Dauphiné; environs de Lyon; Lozère, aux environs de Mende.

SECTION VI. — *S. pourpres.*

Saules angustifoliés, à jeunes pousses allongées, droites, grêles, glabres et souples (osiers); feuilles subopposées ou alternes, subsessiles ou courtement pétiolées, lisses, mates, glabres et glauques-bleuâtres ou à pubescence caduque; pétioles non glanduleux. Chatons cylindriques, latéraux, sessiles, précédant la foliaison, les femelles pourvus de petites feuilles à la base; écailles discolores, persistantes; 1 nectaire, 2 étamines, réunies plus ou moins entre elles par les filets et même par les anthères; celles-ci pourpres; capsules sessiles ou presque sessiles, tomenteuses. — Arbrisseaux assez élevés, à écorce lisse, croissant aux bords des eaux de la plaine et de la montagne.

9. Saule pourpre. SALIX PURPUREA. LIN. *S. monandra. Hoffm.* Saule à une étamine; Osier rouge; Verdiau (France centrale).

Feuilles le plus souvent opposées, presque sessiles, obovales-lancéolées, 4-6 fois aussi longues que larges, dont la plus grande largeur tombe entre le milieu et l'extrémité; courtement et brusquement acuminées, bordées, dans leur moitié supérieure, de dents fines, aiguës, inégalement distantes, non glanduleuses; planes, glauques et mates, glabres ou exceptionnellement parsemées de poils soyeux et caducs, toujours couvertes en dessous d'une légère efflorescence bleuâtre; stipules presque constamment nulles. Chatons sessiles, non feuillés à la base, le plus souvent opposés, cylindriques; les mâles à fleurs serrées, à écailles longuement velues, à 2 étamines pourpres, complétement soudées dans toute leur longueur et représentant 1 étamine unique, 4-loculaire; les femelles à écailles tomenteuses et moins longuement velues, à capsule ovoïde, sessile, tomenteuse; style court ou presque nul; stigmates entiers, courts, ovales, subétalés. — Arbrisseau de 2-3 mètres, et même petit arbre, à pousses allongées, dressées, grêles, glabres et brillantes, olivâtres, rougeâtres ou pourprées. Bords des eaux de toute la France. Flor., mars-avril. Fructif., mai-juin.

Le saule pourpre est extrêmement abondant le long de tous les cours d'eau et même aux bords des marécages ; il pénètre par les vallées dans les régions montagneuses, et, dans les Alpes, il se rencontre jusqu'à l'altitude de 1,800 mètres. Fréquemment cultivé en oseraies, il fournit des liens et surtout des osiers recherchés par la vannerie fine.

† **Saule rouge.** SALIX RUBRA. HUDSON. *S. purpurea-viminalis. Wimmer.*

Intermédiaire entre le saule pourpre et le saule viminal, dont il est l'hybride. Feuilles lancéolées-allongées, environ 6-7 fois aussi longues que larges, dont la plus grande largeur correspond à peu près à leur milieu ; longuement et insensiblement effilées en pointe, bordées de dents superficielles ou de crénelures espacées, presque nulles vers la base ; planes ou très-légèrement enroulées en dessous sur les bords ; vertes, presque concolores sur les deux faces, le plus souvent glabres en dessus, en dessous recouvertes de poils appliqués qui leur donnent un reflet argenté, sans que cette pubescence cache jamais la couleur verte fondamentale. Chatons presque sessiles, nus ou garnis à la base de quelques petites feuilles seulement, à fleurs rapprochées, à écailles longuement velues ; les mâles, ovoïdes-allongés, à 2 étamines plus ou moins réunies à la base par les filets, à anthères purpurines, au moins à l'origine ; les femelles, épais, cylindriques, à capsules ovoïdes-aiguës, sessiles, cendrées-tomenteuses ; styles assez allongés. — Arbrisseau élevé, à rameaux bruns ou jaunâtres, affectant deux formes principales : l'une, plus voisine du saule viminal (Var. α. *viminaloïdes.* Gr. et God.), reconnaissable surtout à ses feuilles longuement acuminées, à bords enroulés ; l'autre, se rapprochant davantage du saule pourpre (Var. β. *purpureoïdes,* Gr. et God.), et se distinguant par ses feuilles obovales-lancéolées, plus courtement acuminées, planes sur les bords et un peu glauques en dessous. Assez commun le long des cours d'eau, parmi les parents. Flor., mars-avril. Fructif., juin.

† **Saule de Pontédera.** SALIX PONTEDERANA. SCHLEICHER.

Feuilles lancéolées, plus larges au delà du milieu, assez brusquement acuminées, fermes, vertes en dessus, plus ou moins glauques en dessous, dentées dans leur partie supérieure ; stipules cordiformes, persistantes. Chatons subsessiles, munis de quelques petites feuilles, à écailles poilues, brunes au sommet ; filets des étamines plus ou moins soudés à la base ; anthères rougeâtres ; capsules ovoïdes-coniques, tomenteuses ou soyeuses, courtement pédicellées, à style nul ou court ; stigmates dressés, entiers ou échancrés. — Arbrisseau très-variable, provenant du croisement du saule pourpre avec les saules de la section des marceaux, dont les formes sont très-difficiles à distinguer et à caractériser. La suivante a été rencontrée en France.

Var. α. *de Grenier. S. Pontederana,* α. *grenierana. Anders. S. wimmeriana. Grenier. S. caprea-purpurea. Wimmer.* Feuilles adultes fermes, vertes, glabres et luisantes en dessus, glauques, un peu pubescentes et visiblement réticulées en dessous, lisses et légèrement tomenteuses sur les deux faces dans la jeunesse. Chatons mâles ovoïdes, dont les étamines sont soudées par les filets à l'extrême base seulement; Chatons femelles épais, cylindriques, à capsules soyeuses, courtement pédicellées; style presque nul et stigmates courts, épais, entiers, rapprochés. Hybride du saule Marceau et du saule pourpre. Très-rare; Doubs à Montbéliard; Savoie. Flor., mars-avril.

2e DIVISION.

SAULES TORULEUX, LATIFOLIÉS, RÉTICULÉS.

Jeunes pousses non effilées, peu allongées, toruleuses, ne pouvant servir d'osiers; feuilles au plus 3-4 fois aussi longues que larges, finement ridées-sillonnées en dessus, réticulées en dessous par la saillie des nervures. 2 étamines libres, à anthères jaunes; capsules longuement pédicellées. — Petits arbres ou arbrisseaux rameux, de régions diverses.

SECTION VII. — *Marceaux.*

Saules latifoliés, à rameaux toruleux; feuilles larges, fortement réticulées, généralement tomenteuses ou soyeuses en dessous, très-souvent sillonnées et crépues en dessus, ondulées-crispées ou crénelées sur les bords; pétales non glanduleux. Chatons latéraux, sessiles, précédant ordinairement les feuilles; les femelles légèrement pédonculés et munis de petites feuilles à la base. Écailles discolores, noires à l'extrémité, persistantes; 1 nectaire, 2 étamines libres; anthères jaunes; capsules longuement pédicellées, à style court. — Arbres peu élevés ou arbrisseaux de taille grande ou moyenne, à écorce lisse ou seulement gerçurée au pied à un âge avancé. Forêts, prés, bords des eaux et marécages des plaines et des montagnes.

§ I. *Feuilles fortement réticulées, grises-tomenteuses ou finalement glauques et mates en dessous; styles presque nuls.*

10. Saule Marceau. SALIX CAPREA. LIN. Marsault. Marsaule.

Feuilles ovales, elliptiques ou légèrement obovales, 2 fois aussi longues que larges, quelquefois un peu cordiformes à la base, acuminées au sommet, à pointe oblique et souvent ployée en gouttière; plus ou moins velues-soyeuses à l'origine, finalement vertes, glabres, presque lisses et un peu luisantes en dessus; toujours glauques, blanches ou grises-tomenteuses en dessous, avec les nervures, les veines et les veinules saillantes, rendant la surface réticulée ; bords entiers ou irrégulièrement ondulés ou crénelés; stipules rares, obliques, réniformes, dentées. Jeunes rameaux glabres, luisants ou un peu pubescents au sommet, arrondis; bourgeons glabres. Chatons sessiles, non feuillés à la base, gros, à écailles longuement barbues; les mâles, ovoïdes et fournis; les femelles, ovoïdes-oblongs, à capsules ovoïdes-coniques très-allongées, tomenteuses, portées par un long pédicelle qui égale 5-6 fois la glande; style très-court; stigmates ovoïdes, bifides. — Arbrisseau et arbre à branches étalées, peu nombreuses et à jeunes pousses arrondies, atteignant 10-12 mètres de hauteur sur 1 mètre de circonférence, à écorce gris-verdâtre, lisse d'abord, puis crevassée en losanges, superficiellement gerçurée-réticulée ensuite. Flor., mars-avril. Fructif., mai.

Aire et station. Le saule Marceau est répandu dans toute l'Europe, particulièrement dans les parties centrales ; il occupe de préférence les régions de plaines et de collines, mais il pénètre aussi dans les montagnes sans dépasser l'altitude de 1,500 à 1,600 mètres. Sol. Il croît sur tous les sols, frais, humides, marécageux et même tourbeux, tout comme sur ceux qui sont secs et pierreux ; on le voit s'établir dans les fentes des rochers, sur les ruines, sur les déblais des carrières.

Importance. L'abondance de ce saule en fait, de tout le genre, l'espèce forestière la plus importante, bien qu'il ne soit pas celle qui atteigne les plus fortes dimensions. Il constitue avec le tremble la majeure partie de ces bois blancs auxquels on fait la guerre par les nettoiements et par les éclaircies. Toutefois le Marceau a le couvert peu épais et en beaucoup de cas il sert à compléter les jeunes peuplements en poussant en hauteur les essences plus précieuses auxquelles il est mélangé.

Le saule Marceau se reproduit abondamment par la graine; il repousse vigoureusement de souche et peut être propagé par boutures et par plançons; cependant il est moins apte que ses congénères à ce dernier mode de multiplication. Sa longévité se soutient jusqu'à 50 ans et au delà. Reproduction.

Le bois est rougeâtre clair ou jaunâtre dans l'aubier; il devient insensiblement rouge-vineux au cœur; il est plus lourd et plus dur que celui d'aucun autre saule indigène et pèse, suivant les lieux, 0,428 à 0,725, à l'état de complète dessiccation à l'air (*Coll. Éc. For.*). Il résiste assez longtemps à l'altération et fournit, pour ce motif, des échalas et des perches à houblon estimés. Bois.

Il est susceptible de se fendre en longues et minces lanières qui produisent de la sparterie, commune mais durable; il brûle bien, rapidement, avec une flamme claire, en dégageant beaucoup de chaleur ascendante. D'après Th. Hartig, du saule Marceau de 50 ans comparé à du hêtre de 80 ans a donné les résultats suivants, pour des volumes égaux à l'état vert, puis desséchés à l'air :

Plus haut degré de chaleur. . . .	91 : 100
Durée de la combustion	45 : 100
Eau vaporisée	78 : 100

L'écorce du saule Marceau contient du tannin en assez forte proportion, 7 p. 100 environ ; dans les régions du nord-est de l'Europe, où cessent de croître les chênes, elle fournit la majeure partie du tan employé à la préparation des cuirs. Le liber en est utilisé comme celui du tilleul. Produits accessoires

11. Saule à oreillettes. SALIX AURITA. LIN.

Feuilles plus molles et plus petites que celles du saule Marceau, obovales ou allongées-obovales, 2 fois environ aussi longues que larges, cunéiformes à la base, très-brièvement acuminées, à pointe petite, pliée en gouttière, quelquefois arrondies au sommet; bords un peu enroulés, irrégulièrement ondulés-dentés ou presque entiers; dessus pubescent, d'un vert-grisâtre mat, ondulé-crépu ; dessous glauque et gris-tomenteux, fortement réticulé. Stipules réniformes ou semi-cordiformes, assez grandes et persistantes sur les pousses vigoureuses (le nom de ce saule repose sur ce caractère, auquel il ne faut pas attacher trop d'importance, puisqu'il se retrouve chez beaucoup d'autres). Chatons sessiles, non ou légèrement feuillés à la base, petits, à écailles barbues; les mâles, ovoïdes; les femelles, allongés, ordinairement lâches; capsules ovoïdes-coniques, allongées, tomenteuses, portées par un pédicelle qui égale 3-5 fois la glande; stigmates presque sessiles, courts, ovales, entiers ou très-faiblement échancrés. — Arbrisseau très-diffus et étalé, peu élevé, de 1-2 mètres habituellement, rarement 3 mètres, à rameaux longitudinalement sillonnés et relevés de côtes arrondies, grêles, glabres, d'un brun-rouge, couverts d'une pubescence caduque à leurs extrémités; bourgeons glabres. Très-commun dans les forêts et dans tous les lieux à sol humide, marécageux ou tourbeux, quelle qu'en soit la composition minérale; toute la France. Flor., mars-avril. Fructif., mai.

Aire et station. Ce saule, diminutif du Marceau, mais à feuilles plus crépues et plus réticulées, est répandu dans presque toute l'Europe, si ce n'est dans les régions extrêmes du nord et du sud; il caractérise les marécages et les lieux tourbeux des plaines et des montagnes jusqu'à l'altitude d'environ 1,500 mètres. Abondant dans certaines forêts, où il forme parfois des fourrés bas et épais, il n'y présente aucun intérêt, en raison de ses faibles dimensions, qui ne le rendent propre qu'à faire des bourrées de peu de valeur.

12. Saule cendré. SALIX CINEREA. LIN.

Feuilles très variables, obovales ou oblongues-lancéolées, parfois elliptiques, 2 fois à 2 fois et demie aussi longues que larges, brièvement acuminées, à pointe plane, plus rarement ployée en gouttière, quelquefois obtuses; entières, irrégulièrement ondulées ou dentées sur les bords; vertes, non luisantes et courtement pubescentes en dessus; vert-cendré, tomenteuses et fortement réticulées en dessous; stipules des pousses vigoureuses bien développées, réniformes, dentées. Chatons d'abord sessiles et non feuillés à la base, fournis, à écailles longuement velues; les mâles, ovoïdes; les femelles, finalement pédonculés et feuillés à la base, ovoïdes-allongés; capsules ovoïdes-coniques, allongées, tomenteuses, portées par des pédicelles dépassant 4-5 fois la glande; stigmates presque sessiles, très-courts, ovales, bifides. — Arbrisseau, rarement petit arbre, intermédiaire pour la taille, pour les dimensions des feuilles et des chatons entre le saule Marceau et le saule à oreillettes; à jeunes pousses robustes, longitudinalement sillonnées, couvertes de poils courts et serrés qui les rendent grises et veloutées; à rameaux bruns ou noirâtres; à bourgeons densément grisâtres-tomenteux. Bords des eaux, lieux humides, marécageux et même tourbeux de toute la France. Flor., mars-avril. Fructif., mai.

Aire et station. Le saule cendré se rencontre dans toute l'Europe, où il habite les terrains humides des plaines et des vallées des régions montagneuses, sans toutefois atteindre une altitude considérable ; il n'a point, comme le saule Marceau, l'aptitude de croître loin des eaux courantes ou stagnantes, et pour ce motif il ne fait qu'exceptionnellement partie du peuplement des forêts.

Son bois, complétement desséché à l'air, pèse 0,680-0,802 (*Coll. Éc. For.*).

13. Saule à grandes feuilles. SALIX GRANDIFOLIA. SERINGE.

Feuilles grandes, atteignant 15 centimètres de long, longuement ovales-elliptiques, ou obovales-lancéolées, 3-4 fois aussi longues que larges, atténuées à la base, aiguës ou même acuminées, à pointe droite et plane au sommet, qui parfois aussi est arrondi ; irrégulièrement érosées ou ondulées-denticulées sur les bords ; vertes, glabres et luisantes en dessus à l'état adulte, glauques, pourvues d'une pubescence courte et rare, réticulées en dessous. Stipules persistantes, grandes et semi-cordiformes sur les pousses vigoureuses. Chatons paraissant avec ou après les feuilles, ordinairement feuillés à la base, au moins les femelles, à écailles brièvement barbues, fauves et non brunes au sommet ; les mâles, ovoïdes, petits ; les femelles, allongés, lâches. Capsules allongées, ovoïdes-coniques, blanches-tomenteuses, portées par un long et grêle pédicelle qui égale 5-6 fois la glande ; styles très-courts ; stigmates linéaires, bifides. — Arbrisseau de 1 à 2 mètres de haut, à jeunes pousses arrondies, subtomenteuses, rameaux d'un an lisses, glabres et bruns, bourgeons poilus. Haut-Jura, Alpes et Pyrénées. Flor., mai-juin.

Station.

Le saule à grandes feuilles appartient aux régions montagneuses élevées, où il semble représenter le saule Marceau, dont il est très-voisin ; il y apparaît à l'altitude de 900 à 1,000 mètres et s'élève jusque dans la région de l'aune vert, à 1,800-1,900 mètres.

Il préfère, dit-on, les sols calcaires et se trouve disséminé dans les forêts, sans être uniquement confiné sur les rives des ruisseaux.

14. Saule pédicellé. SALIX PEDICELLATA. DESF.

Feuilles grandes, oblongues-obovales ou lancéolées, 3-4 fois aussi longues que larges, atténuées à la base, pointues ou légèrement acuminées au sommet, à pointe droite et plane ; ondulées-crénelées, serrées ou presque entières sur les bords ; vertes, glabres ou grisâtres-pubescentes, sillonnées-rugueuses et à peine luisantes en dessus, réticulées, glauques avec une pubescence courte et rare ou grises-tomenteuses en dessous à l'état adulte. Stipules semi-cordiformes, dentées. Chatons légèrement pédonculés et feuillés à la base, cylindroïdes, ayant l'axe longuement velu-laineux, à écailles fauves, noirâtres à l'extrémité, presque glabres ; les mâles assez fournis ; les femelles grêles et lâches ; capsules ovoïdes-coniques, longuement pédicellées, à pédicelle égalant 6-8 fois la glande, glabres; styles courts; stigmates très-courts, bifides. — Arbrisseau à jeunes pousses densément et courtement grises-tomenteuses, relevées de côtes saillantes comme celles du saule cendré, à bourgeons velus. Lieux humides et marécageux; Corse et Algérie. Flor., février. Fructif., fin d'avril-mai.

Station. Le saule pédicellé appartient à la flore de l'Europe la plus méridionale, Espagne, Corse, Sicile, Calabre et surtout à celle de l'Algérie ; il croît dans les plaines et dans les vallées, aux bords des eaux, mélangé aux frênes, aux ormes et aux tamarix. Il constitue à lui seul en Algérie des fourrés assez étendus.

Croissance. La végétation en est rapide, et vers 30 ans il est parvenu à toute sa croissance ; il peut alors mesurer 6-8 mètres de hauteur sur $1^{m},40$ de circonférence.

Bois. Le bois est rougeâtre et semblable à celui du saule Marceau ; il a les mêmes usages. Complétement desséché à l'air, il pèse 0,445-0,601 (*Coll. Éc. For.*).

§ II. *Feuilles faiblement réticulées, glabres et glauques en dessous; styles allongés.*

15. Saule noircissant. SALIX NIGRICANS. SMITH.

Feuilles extrêmement variables, dont la longueur varie de 3 à 10 centimètres, noircissant aisément par la dessiccation ; généralement elliptiques, elliptiques-lancéolées, ovales ou plus rarement obovales, 2-3 fois aussi longues que larges, pointues ou acuminées au sommet, atténuées, arrondies ou même cordiformes à la base ; à bords ondulés-dentés, parfois assez régulièrement, ou entiers; en dessus, d'un vert foncé peu ou point brillant, d'abord pubescentes, puis glabres; en dessous, ordinairement glabres à l'état adulte, avec les nervures poilues-hérissées, le plus souvent glauques, si ce n'est à la pointe extrême, parfois d'un vert clair, médiocrement réticulées. Stipules très-réduites ou bien développées, réniformes ou semi-cordiformes, aiguës, dentées. Chatons légèrement pédonculés et feuillés à la base, à écailles barbues; les mâles, ovoïdes, fournis, à filets des étamines poilus; les femelles, allongés, à la fin lâches; capsules coniques, allongés, glabres, pubescentes ou tomenteuses, portées par des pédicelles 4-6 fois aussi longs que la glande; style très-long; stigmates épais, étalés, bifides. — Arbrisseau très-variable, dont on a décrit d'innombrables variétés, atteignant 1-3 mètres de hauteur ; à rameaux allongées, dressés, brun-noirâtre ou vert-rougeâtre, les plus jeunes, gris, pulvérulents, tomenteux ; à bourgeons poilus. Régions montagneuses élevées de toute la France, aux bords et sur les rives des cours d'eau qui en descendent, et dans les lieux marécageux ou tourbeux : hautes Vosges (rare, *Fliche*), haut Jura, Alpes de la Savoie, du Dauphiné et de la Provence. Flor., avril-mai. Fructif., juin.

L'aire du saule noircissant occupe presque toute l'Europe, de la Sibérie à l'Italie méridionale, mais les stations en sont très-disjointes et souvent fort éloignées entre elles. Aire et station.

Dans les conditions où il croît et en raison de ses faibles dimensions, il ne présente aucun intérêt forestier.

16. Saule Phylica. SALIX PHYLICIFOLIA. LIN. *S. bicolor. Ehrh. S. weigeliana. willd.*

Feuilles de taille moyenne, 2-3 fois aussi longues que larges, ovales, elliptiques ou obovales-lancéolées, pointues ou acuminées au sommet, quelquefois ployées en gouttière, entières ou bordées de légères dents espacées ; d'abord légèrement pubescentes sur les deux faces, finalement très-glabres ; à l'état adulte, fermes, d'un vert foncé, lisses et luisantes en dessus, d'un glauque très-pur et uniforme en dessous, avec les nervures principales jaunâtres, un peu saillantes, rendant la surface légèrement réticulée. Stipules nulles ou très-petites, ovales, dressées. Chatons très-précoces, paraissant avant les feuilles, d'abord sessiles, à écailles très-velues ; les mâles, ovoïdes-allongés, à filets des étamines glabres ; les femelles, cylindriques, devenant légèrement pédonculés et feuillés à la base. Capsules ovoïdes-lancéolées, soyeuses-tomenteuses ou glabres, médiocrement pédicellées, à pédicelle égalant 2 fois, rarement 3 fois la glande ; style allongé ou médiocre ; stigmates grands, bifides, étalés. — Élégant arbrisseau dépassant rarement 1 mètre, de végétation lente, à feuillage discolore, disposé en touffes à l'extrémité des rameaux ; ceux-ci courts, glabres, même dans la jeunesse, luisants, d'un brun-marron à 1 an, avec les bourgeons jaunes, obtus, couverts de quelques poils appliqués. Lieux humides des régions montagneuses élevées : Mont-Dore, Cantal, Forez, Pyrénées centrales. Flor., avril-mai. Fructif., juin.

3e DIVISION.

SAULES CHÉTIFS.

Petits ou très-petits sous-arbrisseaux, à rameaux presque toujours toruleux ; feuilles elliptiques, exceptionnellement linéaires ou ovales-suborbiculaires ; chatons latéraux ou terminaux, à écailles rarement discolores et noires au sommet, plus ordinairement concolores, roussâtres ; étamines 2, libres, rarement soudées à la base ; anthères jaunes, rougeâtres ou violacées.

SECTION VIII. — *S. arénicoles.*

Jeunes pousses allongées, grêles, non toruleuses; feuilles petites, elliptiques, parfois linéaires; chatons latéraux; capsules pédicellées et styles courts. Terrains sablonneux, humides, tourbeux.

17. Saule rampant. SALIX REPENS. LIN.
Feuilles petites, très-variables, ovales-arrondies, ovales-elliptiques, elliptiques-lancéolées ou même lancéolées linéaires, obtuses ou brusquement acuminées, aiguës, dont la longueur peut égaler 4-6 fois la largeur, à pointe généralement oblique et ployée en gouttière; entières ou bordées de dentelures glanduleuses, espacées; à bords souvent réfléchis; réticulées, vertes, luisantes, glabres ou pubescentes en dessus, soyeuses-argentées, plus rarement glabres ou pubescentes et glauques en dessous. Stipules nulles ou petites, lancéolées-aiguës. Chatons petits, globuleux ou ovoïdes, sessiles ou pédonculés et plus ou moins feuillés à la base, à écailles velues, discolores, noirâtres à l'extrémité: les femelles, à capsules ovoïdes-lancéolées, soyeuses-tomenteuses, rarement glabres, portées sur des pédicelles allongés, 3-4 fois aussi longs que la glande; style médiocre; stigmates ordinairement ovales, bifides, d'un vert-jaunâtre ou pourpres. — Petit et grêle sous-arbrisseau, ne dépassant pas 0^{m},50 à 1 mètre, à tige le plus souvent rameuse et presque souterraine par suite de son fréquent recépage dans les prés, émettant de nombreux rejets effilés, grêles, souples, pubescents; couvert de petites feuilles qui dépassent à peine la taille de celles des airelles myrtilles. Prés et clairières au bord des bois, en sol sablonneux humide, marécageux et tourbeux: centre, ouest et nord-est de la France; Ardennes, Vosges, Jura, Alpes et Pyrénées. Flor., avril-mai. Fructif., juin.

Parmi les innombrables formes du saule rampant on distingue principalement les suivantes:

Var. α. *S. rampant, argenté* (*S. argentea. Sm.*). Feuilles largement ovales, terminées en pointe oblique, ployée en gouttière; soyeuses-argentées, au moins en dessous. Chatons longuement pédonculés et largement feuillés à la base.

Var. β. *S. rampant, commun.* Feuilles oblongues-lancéolées, 4 fois au plus aussi longues que larges, réticulées sur les deux faces, presque entières et couvertes en dessous de poils soyeux (*S. repens. Lin.*) ou denticulées au sommet et glauques-bleuâtres, à peine soyeuses en dessous (*S. fusca. Sm.*). Chatons courts, presque sessiles, à peine feuillés à la base.

Var. γ. *S. rampant, à feuilles de romarin.* (*S. rosmarinifolia, Koch. S. angustifolia. Wulf.*) Diffère du précédent par les feuilles lancéolées-linéaires, insensiblement terminées en pointe droite et plane, 6 fois au moins aussi longues que larges.

† **Saule ambigu.** SALIX AMBIGUA. EHRH. *S. aurita-repens. Wimm.* Feuilles obovales ou obovales-lancéolées, entières ou superficiellement et lâchement dentelées, courtement acuminées, à pointe recourbée et pliée en gouttière, crépues et ridées en dessus, réticulées en dessous, d'abord recouvertes, surtout en dessous, d'un léger duvet soyeux-tomenteux, finalement glabrescentes; stipules des rameaux stériles persistantes, assez grandes, semi-ovales. Chatons d'abord sessiles, puis subpédonculés et garnis de quelques bractées foliacées à la base, denses, à écailles velues; les mâles, ovoïdes; les femelles, ovoïdes-allongés; capsule ovoïde-conique, allongée, tomenteuse, à pédicelle 3-4 fois aussi long que la glande; stigmates presque sessiles, ovales, non échancrés. — Petit arbrisseau de 1 mètre au plus, très-rameux, à rameaux glabres, effilés, dressés; disséminé parmi les saules à oreillettes et les saules rampants, dont il est un hybride et qu'il relie par une foule de formes transitoires, de sorte qu'il n'est pas toujours aisé de le distinguer sûrement des parents. Diffère néanmoins du saule à oreillettes par sa taille plus petite, par les feuilles, surtout les inférieures, moins rugueuses, très-entières ou faiblement dentelées, dont la face n'est pas couverte d'un duvet franchement tomenteux et persistant; du saule rampant, par les feuilles fortement réticulées en dessous et les stipules plus développées. Lieux tourbeux du Jura. Flor., avril-mai. Fructif., juin.

SECTION IX. — *S. alpestres.*

Petits sous-arbrisseaux des régions alpestres et alpines, à tige dressée, très-rameuse, rameaux toruleux. Chatons latéraux, à écailles concolores ou discolores; capsules presque sessiles.

18. Saule des Lapons. SALIX LAPONUM. LIN. Feuilles ovales-lancéolées ou elliptiques, également atténuées à la base et au sommet, entières ou à peine ondulées-dentées sur les bords; d'un vert sombre, rugueuses, velues-soyeuses ou-aranéeuses, au moins dans la jeunesse; blanches-laineuses en dessus, à peine luisantes en dessous, même à l'état adulte. Chatons paraissant avec les feuilles, fournis, cylindriques, épais, sessiles d'abord, puis légèrement pédonculés et munis à la base de quelques bractées ou petites feuilles, à écailles presque en entier noirâtres ou fauves, simplement rembrunies à l'extrémité, longuement poilues. Étamines à filets glabres, anthères jaunes; capsule ovoïde-conique, un peu obtuse, blanche-tomenteuse, sessile ou à peine pédicellée, surmontée d'un style allongé, parfois fendu au sommet, terminé par des stigmates étalés-courbés, linéaires, bifides.

Var. α. *S. suisse. S. helvetica. Vill.* Écailles des chatons fauves, rembrunies à l'extrémité seulement; style bifide à la partie supérieure. Petit sous-arbrisseau rameux, à rameaux toruleux, luisants, d'un brun-marron ou testacé, glabres ou gris-tomenteux au sommet. Marais tourbeux et bords des ruisseaux: Mont-Dore, Cantal; Alpes de Savoie et du Dauphiné; Pyrénées, aux environs de Prades.

19. Saule glauque. SALIX GLAUCA. LIN.

Feuilles presque sessiles, oblongues-obovales, ovales ou elliptiques-lancéolées, atténuées à la base, pointues ou faiblement apiculées au sommet, 3 fois aussi longues que larges, très-entières, généralement blanches et semblablement velues-soyeuses sur les deux faces d'abord, parfois seulement pubescentes et d'un vert pur en dessus, d'un gris-glauque en dessous. Chatons cylindriques, paraissant après les feuilles, longuement pédonculés et très-feuillés à la base, moyennement fournis, à écailles fauves, rosées au sommet, velues; étamines à filets bruns, barbus à la base, à anthères d'un bleu-violacé; capsules ovoïdes-lancéolées, blanches-tomenteuses, plus ou moins pédicellées, surmontées d'un style assez allongé, profondément divisé, ce qui le fait paraître double; stigmates bifides ou fortement échancrés, à divisions étalées. — Sous-arbrisseau de 4-7 décimètres, à ramification très-serrée, diffuse, à rameaux toruleux, rouge- ou jaune-brun, brillants, gris-tomenteux à l'extrémité. Hautes Alpes de la Savoie et du Dauphiné; Pyrénées. Flor., juin-juillet.

20. Saule des Pyrénées. SALIX PYRENAÏCA. GOUAN.

Feuilles de 3 centimètres au plus de longueur, 2 fois à 2 fois et demie aussi longues que larges, ovales, elliptiques ou obovales, à bords entiers ou très-faiblement dentés-glanduleux à la base; vertes et pubescentes en dessus, très-glauques et pourvues en dessous de poils soyeux abondants, hérissés; à la fin ciliées et presque glabres. Chatons naissant avec les feuilles, supportés par un pédoncule très-allongé, largement feuillé à la base, nu et sans coloration extraordinaire au sommet, terminant par conséquent des rameaux feuillés latéraux, grêles, cylindriques-oblongs, à écailles ferrugineuses, bordées de poils laineux, abondants; les mâles à filets glabres, anthères jaunes; les femelles à capsules ovoïdes-coniques, presque sessiles, blanches très-tomenteuses; style long, plus ou moins profondément divisé, parfois jusqu'à la base; stigmates bifides, filiformes. — Humble sous-arbrisseau de 2-5 décimètres, étalé, très-rameux, à rameaux grêles, d'un rouge-brunâtre un peu luisant, toruleux, velus dans le premier âge. Parties élevées de toute la chaîne des Pyrénées. Flor., juillet.

21. Saule bleuâtre. SALIX CŒSIA. LIN.

Feuilles petites, presque sessiles, 2 fois aussi longues que larges, elliptiques, ovales, obovales-lancéolées, aiguës et faiblement cuspidées, d'un vert-bleu, glauques et opaques sur les deux faces, entières, un peu enroulées sur les bords, toujours très-glabres, ainsi que les ramules et les bourgeons. Chatons paraissant avec les feuilles, faiblement pédonculés, feuillés à la base, petits, ovoïdes, fournis, à écailles roussâtres, rembrunies à l'extrémité, glabres ou pourvues de quelques longs poils. Étamines à filets poilus à la base, libres ou plus ou moins soudés entre eux, parfois jusqu'au milieu, à anthères violacées. Capsules sessiles, ovoïdes-coniques, peu densément couvertes de poils soyeux très-courts qui les rendent grisâtres; styles moyens et stigmates courts, épais, entiers, les uns et les autres d'un rouge-pourpre. — Sous-arbrisseau atteignant 1 mètre et même un peu plus, couché et très-rameux, à rameaux dressés, effilés, toujours glabres même aux extrémités; rappelant beaucoup pour l'aspect général le saule pourpre. Hautes régions des Alpes (col de Vars, Mont-Cenis, Lautaret, etc.), Pyrénées. Flor., juillet-août.

22. Saule Myrte. SALIX MYRSINITES. LIN.

Feuilles de 3-4 centimètres au plus de longueur, ovales, elliptiques ou obovales, 2 fois à 2 fois et demie aussi longues que larges, atténuées à la base, arrondies ou aiguës au sommet, dentées-glanduleuses sur les bords, concolores, vertes, luisantes et à nervures en réseau saillant sur les deux faces, fermes, glabres ou pourvues de longs poils soyeux peu abondants. Chatons paraissant avec les feuilles, portés sur un très-long pédoncule, largement feuillé à la base, nu et pourpré supérieurement; semblant par conséquent terminer des rameaux latéraux; fournis, à écailles d'un pourpre-noirâtre. Les mâles, ovoïdes, à filets glabres, anthères violettes; les femelles, oblongs-cylindriques, à capsules ovoïdes-coniques, presque sessiles, brun-pourpré, presque glabres ou pourvues de quelques poils flexueux-étalés, parfois blanches-tomenteuses, surmontées d'un style moyennement allongé, assez épais, souvent fendu à l'extrémité; stigmates oblongs, bifides. — Sous-arbrisseau de 3 décimètres au plus, couché, très-rameux, à rameaux toruleux, les uns dressés, les autres appliqués sur le sol, couverts de débris de l'épiderme exfolié, velus dans le premier âge. Hautes régions tourbeuses des Alpes et des Pyrénées, en sol granitique et schisteux. Flor., juillet.

23. Saule hasté. SALIX HASTATA. LIN.

Feuilles assez grandes (4 centimètres), obovales, ovales ou elliptiques, 2 fois aussi longues que larges, cunéiformes, parfois arrondies ou légèrement cordiformes à la base, courtement acuminées à l'extrémité, à pointe oblique ployée en gouttière; régulièrement et finement dentées sur les bords, d'un vert pur, à peine luisantes ou mates en dessus, d'un vert plus clair, devenant glauque, et légèrement réticulées en dessous; toujours glabres sur les deux faces, si ce n'est quelquefois dans la première jeunesse. Stipules des rameaux vigoureux grandes, persistantes, semi-cordiformes, à pointe dressée. Chatons paraissant avec les feuilles, pédonculés, surtout les femelles, complétement et largement feuillés à la base, assez fournis, à écailles ferrugineuses, longuement barbues; les mâles, ovoïdes-cylindriques, à filets staminaux libres et glabres; les femelles, cylindriques, souvent très-longs (3-9 centimètres), néanmoins dressés ou étalés, à axe épais, velu et à écailles dont les poils, d'abord droits, se crispent ensuite. Capsules ovoïdes-coniques, glabres, vertes ou purpurescentes, dont le court pédicelle égale 1-2 fois la glande; style médiocre, presque toujours entier; stigmates étalés, courts, épais, confondus ou à peine distincts. — Sous-arbrisseau s'élevant à 1 mètre et quelquefois au delà, très-rameux, à rameaux toruleux, très-fragiles, de couleur sombre, légèrement pubescents aux extrémités; pâturages élevés et humides des Alpes et des Pyrénées, en sol granitique ou calcaire. Flor., juin-juillet.

24. Saule glabre. SALIX GLABRA. SCOP.

Espèce très-voisine du saule hasté; se reconnaît aux écailles des chatons, ciliées d'abord, puis glabres; aux filets des étamines poilus à la base; aux feuilles enfin, obovales, à éclat gras en dessus, bleuâtres en dessous. — Signalé au Mont-Cenis. Flor., mai-juin.

25. Saule arbuste. SALIX ARBUSCULA. LIN.

Feuilles petites, de 3 centimètres environ, 2 fois et demie aussi longues que larges, elliptiques-lancéolées ou obovales-oblongues, aiguës, finement dentées-glanduleuses, discolores; très-glabres, vertes et luisantes en dessus, plus ou moins glauques, glabres ou poilues-soyeuses en dessous. Stipules nulles ou très-petites. Chatons paraissant avec les feuilles, à écailles fauves, longuement barbues; les mâles presque sessiles, à filets libres et glabres, anthères bleuâtres; les femelles, pédonculés et feuillés à la base, cylindriques, grêles: capsules ovoïdes-coniques, presque sessiles, rougeâtres, couvertes de poils courts, appliqués, qui les rendent blanchâtres-soyeuses; style très-variable, court ou assez long, entier ou bifide à l'extrémité; stigmates courts, épais, échancrés. — Petit sous-arbrisseau de 3-6 décimètres, rarement 1 mètre, à rameaux toruleux, quelquefois allongés et lisses, bruns ou brun-olivâtre, luisants, divergents dans tous les sens. Régions élevées des Pyrénées et des Alpes de la Savoie, du Dauphiné. Flor., juillet. Fructif., août.

SECTION X. — *S. glacials.*

Très-petits sous-arbrisseaux des plus hautes régions, à tiges souterraines, rampantes, se détruisant par la base à mesure qu'elles s'accroissent par l'extrémité; à feuilles arrondies ou échancrées au sommet; chatons terminaux, à écailles jaunâtres ou rougeâtres.

26. Saule émoussé. SALIX RETUSA. LIN.

Feuilles très-petites, de 5-15 millimètres au plus, presque sessiles, obovales ou spatulées, cunéiformes à la base, arrondies, obtuses ou échancrées à l'extrémité; très-entières ou légèrement denticulées-glanduleuses à la base, coriaces, très-glabres, vertes et luisantes en dessus, plus claires et réticulées en dessous. Chatons très-petits, pauciflores, lâches, ovoïdes, terminaux, presque confondus avec le feuillage, feuillés, à écailles jaunâtres, légèrement ciliées, quelquefois glabres: les mâles, à filets libres et glabres, anthères violettes; les femelles, lâches, à capsules ovoïdes-coniques, obtuses, glabres, dont le pédicelle est court, égal à 2 fois la glande; style moyen, épais; stigmates divariqués, bifides, élargis. — Sous-arbrisseau à tige très-rameuse, rampante, radicante, appliquée sur le sol, d'un rouge-brun, s'élevant à peine au-dessus des mousses et ressemblant par son feuillage petit et très-serré à une touffe de thym serpolet. Régions montagneuses les plus élevées, depuis la limite supérieure du sapin jusqu'aux neiges perpétuelles. Haut Jura, Alpes de la Savoie, du Dauphiné et de la Provence, Pyrénées. Flor., juin-juillet. Fructif., juillet-août.

27. Saule réticulé. SALIX RETICULATA. LIN.

Feuilles de 2-4 centimètres, longuement et brusquement pétiolées, suborbiculaires, arrondies ou légèrement échancrées au sommet, entières, d'un vert foncé et sillonnées-crépues en dessus, blanches et fortement réticulées en dessous, d'abord légèrement pubescentes ou velues-soyeuses, finalement glabres. Chatons terminaux, cylindriques, grêles, supportés par un long pédoncule nu, à écailles d'un jaune-rosé, velues; les mâles, à filets libres et glabres, anthères violettes; les femelles, à capsules ovoïdes, obtuses, sessiles, grises-tomenteuses; styles très-courts, fendus à l'extrémité ou même jusqu'à la base, à stigmates étalés, épais, bifides. — Sous-arbrisseau à tige très-rameuse, radicante, étalée ou presque souterraine, s'élevant au plus à 1-2 décimètres. Hautes régions montagneuses du Jura, des Alpes et des Pyrénées. Flor., mai-juin. Fructif., juin-juillet.

28. Saule herbacé. SALIX HERBACEA. LIN.

Feuilles très-courtement pétiolées, ovales ou orbiculaires, obtuses ou légèrement échancrées à la base et au sommet, denticulées, glabres, vertes et luisantes sur les deux faces, réticulées en dessous. Chatons très-petits, pauciflores, terminaux, accompagnés de 1-2 feuilles bien développées, à écailles d'un vert-jaunâtre, glabres ou légèrement ciliées; les mâles à filets libres et glabres, anthères violacées; les femelles à capsules ovoïdes-coniques, presque sessiles, glabres, vertes ou d'un brun pourpré; style court; stigmates étalés, bifides, à divisions linéaires. — Très-petit sous-arbrisseau à tronc très-rameux, rampant dans la terre ou parmi les mousses, émettant des rameaux presque complétement herbacés, dont la partie extrême seule perce le sol. Régions élevées des montagnes, jusqu'à la limite des neiges perpétuelles : Alpes de la Savoie et du Dauphiné, Alpes maritimes, Pyrénées, Mont-Dore. Flor., juin-juillet. Fructif., juillet-août.

GENRE II. — PEUPLIER. *POPULUS. Tournef.*

Chatons solitaires, provenant de bourgeons latéraux, jamais feuillés à la base, parfois terminaux et mixtes, paraissant avant les feuilles, finalement cylindriques et pendants, formés d'écailles caduques, laciniées ou frangées sur les bords, dont chacune porte à son aisselle un périgone (?) sépaloïde, souvent pédicellé, en forme de coupe ou de cornet coupé obliquement sur les bords, qui donne insertion à 8-30 étamines toujours libres, à filets peu allongés et à anthères rouges, ou qui enchâsse jusqu'à moitié un ovaire sessile, à style presque nul, à 2 larges stigmates charnus, étalés, diversement lobés et contournés. Capsule 2- quelquefois 4-valve, polysperme, analogue à celle des saules. — Arbres dioïques, le plus souvent de grande taille, à feuilles généralement aussi larges que longues, longuement pétiolées, à stipules étroites, membraneuses, caduques et à bourgeons revêtus d'un assez grand nombre d'écailles imbriquées-spiralées.

Bois. — Identique à celui des saules, mais vaisseaux un peu plus gros, assez fins ou moyens, plus fréquemment groupés sur la section transversale au nombre de 2-7, en petites lignes rayonnantes d'un seul rang, présentant enfin au milieu du tissu fibreux une disposition générale qui produit un dessin moiré ou dendritique (voir par transparence sur une mince section transversale). Le bois des peupliers offre naturellement des pièces de plus grandes dimensions que celui des saules; les taches médullaires s'y observent parfois, mais moins abondamment.

Les peupliers appartiennent aux régions tempérées de l'hémisphère boréal, où ils recherchent les stations fraîches ou humides, principalement les sols légers et fertiles qui bordent les rives des cours d'eau. Ils sont d'une très-rapide croissance ; néanmoins quelques-uns d'entre eux parviennent à une grande longévité, plusieurs fois séculaire.

L'enracinement des peupliers est superficiel et s'étend en traçant à de grandes distances de leur pied ; cette circonstance, jointe au besoin de lumière de leurs parties vertes, rend les peupliers plus propres à être plantés en avenues ou en bouquets isolés qu'à constituer des massifs véritables. Ils sont fréquemment exploités en têtards ou par voie d'émondage. Les souches des arbres exploités repoussent abondamment et vigoureusement ; les racines drageonnent avec une extrême facilité, surtout après l'abatage de l'arbre ; toutefois ces drageons, d'une rapide végétation la première année, s'arrêtent bientôt dans leur croissance et disparaissent. La disposition si prononcée des peupliers à tracer et à drageonner les rend redoutables pour les cultures dans le voisinage desquelles ils sont plantés. Le couvert de ces arbres est généralement léger ; un phénomène, connu sous le nom de *décurtation,* contribue beaucoup à ce résultat : en octobre, un grand nombre de rameaux de 2 à 3 ans, souvent encore feuillés, se désarticulent d'eux-mêmes et tombent sur le sol, sans qu'on puisse attribuer leur chute à l'action du vent.

Les peupliers sont très-fertiles, fructifient de bonne heure et, chaque année, se couvrent abondamment de fleurs et de fruits; mais les graines en sont rarement de bonne qualité et la reproduction par la voie du semis en est fort difficile.

La germination se produit au bout de 8-10 jours; le jeune plant peut atteindre, dès la première année, 15 à 20 centimètres de hauteur et même davantage; il prend un rapide essor dans les années qui suivent.

C'est particulièrement par boutures et plançons que l'on multiplie les peupliers. Ce procédé de reproduction est facile et certain pour les espèces mentionnées plus loin, mais il ne peut s'appliquer avec succès à toutes celles du genre.

L'accroissement en longueur des peupliers se prolonge pendant toute la saison de végétation, de sorte qu'en automne les extrémités des pousses sont encore herbacées et succombent sous l'atteinte des premiers froids. C'est pour ce motif que, le plus souvent, les rameaux manquent de bourgeon terminal.

Les peupliers sont au nombre des arbres qui nourrissent le plus d'insectes et qui en sont le plus maltraités. Ils ne sont point tous également exposés à leurs atteintes cependant; tandis que le peuplier blanc est rarement attaqué, le tremble au contraire, le peuplier noir et sa variété pyramidale le sont très-fréquemment. Ils résistent d'ailleurs assez bien aux ravages, auxquels ils opposent une vitalité remarquable. Ils n'ont rien à redouter des xylophages qui, vivant entre l'écorce et le bois, mettent à mort tant d'autres végétaux ligneux. Parmi les insectes les plus répandus, on peut citer:

I. INSECTES VIVANT A NU SUR LES FEUILLES.

† *Rongeant entièrement les feuilles à partir des bords.*

Hannetons. — Diverses espèces à l'état parfait mangent les feuilles des peupliers: *Melolontha vulgaris* et *hippocastani*; *Rhizotrogus æquinoctialis*, etc.

Chenilles à 16 pattes, entre autres celles des: *Bom-*

byce livrée (*Bombyx neustria. L.*), à corps lisse, couvert de poils rares, épars, liseré de bleu et de brun ; *Liparis du saule* (*Liparis salicis. L.*), dont le corps est couvert de verrues, toutes rouges, surmontées de faisceaux de poils ; *Liparis disparate* (*Liparis dispar .L.*), dont les verrues, également pourvues de poils fasciculés, sont, les unes bleues, les autres rouges.

†† *Disséquant les feuilles et les réduisant à leur squelette.*

Chrysomèle du peuplier (*Lina populi. L.*), insecte coléoptère qui, à l'état de larve comme à l'état parfait, détruit le parenchyme. La larve est à 6 pattes ; l'insecte parfait est bronzé, avec les élytres rouges et un point noir à l'extrémité.

Chrysomèle du tremble (*Lina tremulæ. Fab.*), plus petite que la précédente et sans point noir au bout des élytres. Ces deux espèces affectionnent particulièrement le tremble.

II. INSECTES ENROULANT LES FEUILLES.

Rhynchite du peuplier (*Rhynchites populi. L.*), joli petit coléoptère rhynchophore vert-doré ou bleu, qui enroule chaque feuille en cigare pour y déposer sa ponte.

Rhynchite du bouleau (*Rhynchites betulæ. L.*), voisin du précédent, mais tout noir.

Rhynchite métallique (*Rhynchites betuleti. Fab.*), de même couleur que le rhynchite du peuplier, réunissant, pour pondre, plusieurs feuilles.

III. INSECTES PRODUISANT DES EXCROISSANCES SUR LES FEUILLES.

Puceron du peuplier (*Pemphigus bursarius. L.*), qui provoque sur les pétioles des feuilles du peuplier noir et de sa variété pyramidale des excroissances vésiculeuses contournées en hélice, dans lesquelles naissent et vivent des milliers d'individus.

IV. INSECTES VIVANT DANS LA TIGE.

Saperde du peuplier (*Saperda populnea. L.*), coléoptère longicorne dont la larve apode, blafarde, élargie et déprimée en avant, vit dans les jeunes rameaux du tremble, les creuse et en détermine la tuméfaction.

Saperde chagrinée (*Saperda carcharias. L.*), dont la larve, analogue à la précédente, mais plus grosse, perfore de galeries irrégulières la tige du peuplier noir et du peuplier de Canada.

Cossus gâte-bois (*Cossus ligniperda. Fab.*), qui, à l'état de chenille à 16 pattes, grosse et carminée en dessus, sillonne la tige de larges et longues galeries sinueuses et semble préférer les peupliers et les ormes à toutes les autres essences.

Sésie apiforme (*Sesia apiformis. L.*), petit lépidoptère dont la chenille, à 16 pattes, est jaune et creuse des galeries dans les parties inférieures de la tige du peuplier noir et du peuplier de Canada.

A. Feuilles lobées ou sinuées-dentées ; écailles des chatons poilues. — Arbres à écorce lisse, d'un gris-verdâtre, se crevassant assez tard en losanges.

B. Feuilles blanches ou grises-tomenteuses en dessous ; bourgeons secs, poilus.

C. Feuilles de deux formes, palmatilobées ou fortement échancrées-dentées, tomenteuses et d'un blanc de neige en dessous, ainsi que les pétioles, qui sont arrondis, et les jeunes pousses ; stigmates bilobés . P. BLANC 1

C'. Feuilles d'une seule forme, sinuées-dentées, jamais palmatilobées, grises-pubescentes ou tomenteuses en-dessous, ainsi que les jeunes pousses ; pétioles comprimés ; stigmates 4-lobés. . . . . P. GRISAILLE. . . . 2

B'. Feuilles normales pubescentes ou velues ; finalement glabres, sinuées-dentées ; pétioles comprimés ; bourgeons visqueux, à écailles ciliées . . . . . . P. TREMBLE . . . .

A'. Feuilles finement et régulièrement dentées, glabres ; écailles des chatons glabres ; bourgeons glabres et visqueux. — Écorce se gerçurant longitudinalement et de bonne heure, comme celle des chênes.

B. Jeunes pousses arrondies ; capsules, ovoïdes, bivalves. Stigmates bilobés.

C. Cime ample . . . . P. NOIR . . . . . } 4

C'. Cime étroite, en fuseau . . . . P. NOIR, PYRAMIDAL. }

B'. Jeunes pousses sillonnées-anguleuses ; capsules globuleuses, 3-4 valves ; stigmates entiers. . . . . P. DE CANADA. . . . 5

SECTION I. — *Feuilles blanches ou grises-tomenteuses en dessous; palmatilobées ou sinuées-dentées; bourgeons et jeunes pousses secs et poilus; écailles des chatons velues-ciliées. — Arbres à écorce lisse, gris-verdâtre, se crevassant plus tard sous forme de pustules en losange.*

1. Peuplier blanc. POPULUS ALBA. LIN. Blanc de Hollande ; Ypréau. Feuilles coriaces à l'état adulte, de deux formes : celles des jeunes rejets et drageons ou de l'extrémité des rameaux, robustes, grandes, palmati-3-5-lobées, à lobes triangulaires, profondément sinués-dentés ; glabres et d'un vert foncé en dessus à l'état de complet développement, couvertes en dessous, ainsi que les pétioles et les jeunes pousses, d'un tomentum serré, ras, d'un blanc de neige (*P. alba, nivea. Wesm.*); celles des rameaux moins vigoureux et des arbres âgés plus petites, ovales, ovales-oblongues ou orbiculaires, sinuées-anguleuses ou sinuées-dentées, tantôt toujours blanches-tomenteuses comme les précédentes (*P. alba, genuina. Wesm.*), tantôt couvertes en dessous, dans le premier âge, d'un léger tomentum grisâtre, fragile, disparaissant de bonne heure, de sorte qu'elles sont glabres sur les deux faces, d'un vert plus clair en dessous, à partir de la fin du printemps (*P. alba, denudata. Wesm.*). Pétioles allongés, arrondis. Chatons cylindriques ; les mâles, courts et fournis, à écailles crénelées et barbues ; 8 étamines ; les femelles, plus longs et grêles, lâches, à écailles dentées, presque glabres. Capsule ovoïde, glabre, à stigmates allongés, linéaires, bilobés. — Arbre de grandes dimensions, dont l'écorce est d'abord lisse et unie, gris-blanchâtre ou verdâtre, puis se crevasse en pustules sous forme de losanges qui s'allongent de plus en plus et produisent enfin des gerçures par leur réunion. Sols légers et frais des grandes vallées et des plaines, aux bords des fleuves et des rivières ; se rencontre spontané dans quelques forêts ; très-fréquemment planté. Toute la France ; Corse et Algérie. Flor., mars-avril. Fructif., mai.

Aire et station. Le peuplier blanc croît spontanément en Algérie et dans les parties méridionales et moyennes de l'Europe; la culture l'a en outre propagé vers le Nord jusque dans la Suède méridionale, vers le 61°; c'est dans les terres d'alluvion, argilo-sablonneuses, profondes, fraîches ou humides des régions basses qu'il réussit le mieux; il s'élève peu dans les contrées montagneuses.

Taille. Port.

C'est un grand et bel arbre, de rapide végétation, longtemps soutenue, qui vers 40 ans, sous des circonstances favorables, atteint 33 mètres d'élévation sur 1 mètre de diamètre; il peut vivre plusieurs siècles et parvenir aux plus fortes dimensions. La tige, droite, cylindrique, élevée, peu sujette aux branches gourmandes, se ramifie en une cime ample, ovale-conique, assez fournie en branches, d'un couvert moyen.

Enracinement.

L'enracinement se compose d'abord d'un pivot prononcé; mais bientôt de longues et nombreuses racines latérales, superficielles, se développent et vont au loin tracer et drageonner. Le volume du bois souterrain, racines et souche comprises, celle-ci coupée à $0^m,15$ au-dessus du sol, s'élève à 16-18 p. 100 du volume total.

Reproduction.

La fécondité du peuplier blanc est considérable, régulière, annuelle, mais les graines sont très-rarement de bonne qualité et demandent à être semées de suite. Le jeune plant lève au bout de 8-10 jours avec 2 très-petits cotylédons semi-ovoïdes et atteint, dès la première année, 15-20 centimètres de hauteur dans les circonstances ordinaires, 50 centimètres dans les circonstances très-favorables; à partir de ce moment la végétation en devient très-rapide. Au surplus, l'extrême facilité avec laquelle le peuplier blanc et tous les peupliers indigènes se reproduisent de boutures et de plançons dispense de recourir au semis pour les multiplier.

Bois.

Le bois du peuplier blanc diffère de celui de tous ses congénères par la facile distinction que l'on peut faire entre l'aubier et le bois parfait; le premier est blanc, blanc-jaunâtre ou légèrement rougeâtre, avec une épaisseur notable, de 10 à 15 centimètres; le second est rougeâtre-clair nettement tranché; il est lustré, généralement exempt de nœuds et de taches médullaires; les accroissements annuels en sont distincts, souvent très-épais, réguliers, circulaires et concentriques.

Le climat apporte de grandes modifications dans ses qualités; d'origine septentrionale, il est mou, léger, faiblement coloré, vicié par des gerces et des roulures; mais à mesure qu'on se rapproche du Sud, on le voit acquérir de la densité, de la dureté, de la coloration, sans qu'il présente les défauts qu'on lui reproche dans le Nord. Il pèse, complétement desséché à l'air, 0,453 (Bas-Rhin) à 0,702 (Algérie) (*Coll. Éc. For.*).

Produits accessoires.

L'écorce contient du tannin, mais en moindre proportion que celle des saules, 3 p. 100 environ; on y trouve aussi de la salicine.

2. Peuplier grisaille. POPULUS CANESCENS. SMITH. *P. Hybrida. Bieb. P. Albo-tremula. Krause.* Grisard.

Feuilles uniformes, ovales, suborbiculaires, sinuées-dentées, crénelées ou anguleuses, jamais palmatilobées, vertes et glabres en dessus, tomenteuses ou pubescentes et d'un blanc-grisâtre en dessous, finalement glabrescentes, celles des rejets et drageons plus de deux fois aussi grandes (11-12 centimètres de long), ovales-cordiformes et acuminées, anguleuses ou irrégulièrement dentées. Pétioles allongés, comprimés. Chatons femelles plus fournis que ceux du peuplier blanc, plus courts que ceux du peuplier tremble, à écailles longuement barbues, laciniées-pectinées; stigmates palmati-quadrilobés, rouges ou verdâtres. — Arbre intermédiaire entre le peuplier blanc et le peuplier tremble, quoique plus voisin de ce dernier et considéré avec grande vraisemblance comme leur hybride, bien qu'il soit fertile (*Willkomm.*); moins élevé que le peuplier blanc, à écorce semblable, à jeunes pousses grisâtres-pubescentes, bourgeons non-visqueux. Disséminé au bord des eaux parmi les parents; centre de la France, Dauphiné, etc.; rarement cultivé. Flor., mars-avril. Fructif., mai.

SECTION II. — *Feuilles à contour assez régulièrement sinué-crénelé, pubescentes ou mollement velues dans la jeunesse, finalement glabres; bourgeons visqueux, à écailles glabres, barbues seulement sur les bords; écorce comme dans la section précédente.*

3. Peuplier Tremble. POPULUS TREMULA. LIN.

Feuilles à pétiole long, grêle, aplati perpendiculairement au limbe qui, par suite, est pendant et presque toujours en mouvement; suborbiculaires, obtuses ou presque acuminées, fortement sinuées-dentées, mollement pubescentes dans la jeunesse, glabres, vertes, non luisantes et presque concolores sur les deux faces plus tard; celles des jeunes rejets très-différentes, souvent 2-6 fois plus grandes, brièvement pétiolées, cordiformes à la base, ovales-acuminées, crénelées ou dentées, grises-veloutées en dessous et même en dessus, de consistance très-herbacée. Chatons cylindriques, à écailles profondément incisées, longuement et densément barbues; fleurs mâles à 8 étamines; les femelles à capsule ovoïde, glabre; stigmates bifides. — Arbre de moyenne taille, à bourgeons dressés, glabres et visqueux, très-commun dans toutes les forêts, dans toutes les situations, à toutes les expositions et dans tous les sols, pourvu qu'ils soient frais et fertiles; se retrouve en Algérie. Flor., mars-avril. Fructif., mai.

Le tremble est, de tous nos peupliers, celui qui présente les moindres dimensions; cependant, dans des circonstances très-favorables, il atteint 30 mètres de hauteur sur 1m,50 de circonférence; la longévité n'en est point très-élevée et rarement il dépasse 70 à 80 ans. En bien des lieux il reste beaucoup en dessous de ces dimensions et de cet âge. La tige est cylindrique, soutenue, élevée; la cime, petite, formée de branches grêles, peu nombreuses et de quelques rameaux toruleux. Port. Taille.

L'écorce, lisse et vive pendant longtemps, est d'un gris-verdâtre ou même blanche (alpes); elle se crevasse plus tard, à partir du pied, sous forme de pustules en losange, puis enfin elle se gerçure en long et forme un rhytidome rugueux, non écailleux, persistant, d'un gris-noirâtre. Écorce.

L'enracinement est très-superficiel, composé de longues et grêles racines drageonnantes. Enracinement.

Ce peuplier s'étend du 35e au 71e parallèle, de l'Algérie aux environs du cap Nord, en Laponie, où il pénètre presque aussi loin que le bouleau; de l'ouest à l'est il va du Portugal au Japon. Il fait défaut néanmoins en Sicile, en Corse et dans toute l'Espagne méridionale; il est rare dans les régions les plus méridionales de la France et dans les Pyrénées. Dans cette aire étendue, il se rencontre à toutes les expositions, quoiqu'il préfère celles du nord et de l'est; de la plaine il s'élève dans la montagne jusqu'à la région alpestre, aux altitudes de 1,600-1,700 mètres. Aire et station.

Tous les sols lui conviennent pourvu qu'ils soient frais ou humides, riches en terreau, qu'ils ne soient point trop compactes. En dehors de ces conditions, le tremble reste chétif et n'a pas de longévité. Sol.

Couvert. Avec une cime claire, des feuilles peu abondantes, dont le limbe est presque vertical, le tremble a le couvert très-léger; néanmoins sa rapide croissance dans la jeunesse et sa fréquence le rendent, en beaucoup de cas, fort incommode dans les forêts; si l'on n'intervenait pas, il deviendrait très-préjudiciable aux peuplements des essences principales, qui végètent moins vite que lui au début. Tempérament. Il est d'ailleurs très-robuste et ne supporte lui-même aucun couvert.

Importance. Le tremble est un peuplier exclusivement forestier, qui, dans le nord-est de l'Europe, constitue des massifs à lui seul; en France, il n'est ordinairement qu'à l'état de dissémination, mélangé à d'autres essences dominantes.

Rejets. Cet arbre a peu de bourgeons proventifs; aussi repousse-t-il mal de souche, même dans la jeunesse, ne répare-t-il pas les accidents survenus à sa cime et ne convient-il pas à l'exploitation en têtards. Branches gourmandes. En revanche, il n'est point exposé à garnir son fût de branches gourmandes. Il se multiplie moins facilement de boutures que ses congénères. Élagage. Le bois des sections d'élagage se pourrit chez lui rapidement, les bourrelets de recouvrement ne se produisent pas et la cicatrisation des plaies ne peut avoir lieu.

Graines. Semis. Les graines du tremble ne sont point de meilleure qualité que celles des autres peupliers; lorsqu'elles sont bien conformées, elles perdent en quelques jours leur faculté germinative. La germination en est prompte sous des circonstances favorables; le jeune plant reste faible pendant la première année, puis ensuite s'accroît avec vigueur.

Drageons. L'abondante reproduction de l'espèce repose principalement sur le drageonnement. Les racines, en effet, conservent pendant longtemps leur vitalité, alors même que l'arbre dont elles dépendent a été exploité et que la souche en est extraite ou complétement pourrie. Elles demeurent ainsi à l'état latent, sans rien produire au dehors, jusqu'au moment où des circonstances favorables, l'exploitation du massif supérieur, par exemple, viennent les sortir de leur léthargie et provoquer chez elles le drageonnement. On voit alors des places étendues envahies par de nombreux drageons aux larges et longues feuilles cordiformes, là où, depuis longtemps et à de grandes distances, il n'existe plus d'arbres de l'espèce.

Une circonstance spéciale accroît encore cette aptitude remarquable. Il se produit çà et là le long des racines du tremble des excroissances ou broussins formés de nombreux bourgeons agglomérés, qui restent à l'état d'œil dormant et rappellent les tubercules de certains végétaux; ces formations sont, longtemps après que l'arbre a disparu, le siége d'une certaine vie passive qui s'étend sur des portions avoisinantes plus ou moins considérables de la racine, tandis que tout le reste pourrit rapidement. A un moment donné ces petits centres vitaux, devenus indépendants, peuvent se réveiller et fournir de nombreux drageons qui percent le sol de toutes parts.

Il faut ajouter toutefois que la vigueur extraordinaire de tous ces drageons s'épuise rapidement, que beaucoup d'entre eux disparaissent en quelques années et que rarement ceux qui persistent donnent des arbres de belles dimensions.

Deux insectes coléoptères, la chrysomèle du tremble et la chrysomèle du peuplier, au corps bronzé et aux élytres rouges, vivent, sous tous les états, du parenchyme des feuilles et ne respectent que la charpente fibro-vasculaire, qu'ils évident complétement; ils concourent pour une large part à la destruction de ces drageons envahissants.

Le bois du tremble est, parmi ceux du genre, celui qui a les vaisseaux les plus petits et le plus uniformément répartis; les accroissements en sont de moyenne épaisseur, limités par des lignes exactement circulaires; il est blanc, peu ou point coloré au cœur et présente souvent de petites lames rayonnantes ou concentriques de tissu médullaire, brun ou blanc; par un commencement d'altération, à laquelle il est sujet, il se marbre au cœur de noir-bleuâtre clair, veiné de lignes plus foncées. Bois.

Il manque de dimensions en général et rarement il est employé comme bois de service; mais il a quelques usages spéciaux, qui le font de plus en plus apprécier et pour lesquels il convient mieux que tout autre. Il est notamment recherché pour la fabrication des allumettes chimiques; il fournit la pâte à papier la meilleure et la plus blanche.

Valeur calorifique.

Les expériences de T. Hartig sur la puissance calorifique du bois de tremble de 65 ans et d'une densité de 0,47, comparé à du hêtre de 80 ans et d'une densité de 0,79, ont donné, l'un et l'autre étant également desséchés à l'air, les chiffres suivants :

		Poids égaux.	Vol. égaux
Plus haut degré de chaleur.	ascendante	96 : 100	57 : 100
	rayonnante	100 : 100	59,3 : 100
Durée de la chaleur croissante.	ascendante	91 : 100	54,1 : 100
	rayonnante	100 : 100	59,3 : 100
Durée de la chaleur décroissante.	ascendante	115 : 100	68,4 : 100
	rayonnante	86 : 100	51,1 : 100
Total de la chaleur développée.	ascendante	96 : 100	57 : 100
	rayonnante	92 : 100	54,7 : 100
Eau vaporisée		86 : 100	51,1 : 100

La puissance calorifique du charbon de tremble est à celle du charbon de hêtre, pour des volumes égaux, comme 61,8 : 100. (Werneck.)

L'écorce a les mêmes propriétés que celle du peuplier blanc.

SECTION III. — *Feuilles régulièrement et peu profondément dentées, glabres et concolores sur les deux faces ou à peu près; bourgeons glabres, visqueux; écailles des chatons glabres. Écorce se gerçurant de bonne heure longitudinalement et formant un rhytidome dans le genre de celui des tilleuls.*

§ I. *Jeunes pousses arrondies; capsules ovoïdes, bivalves.*

4. Peuplier noir. POPULUS NIGRA. LIN. Peuplier franc; Léard; Liardier; Bouillard (France centrale).

Feuilles plus larges ou presque aussi larges que longues, triangulaires-subrhomboïdales ou ovales-acuminées, coupées droit, légèrement cordiformes ou obtusément cunéiformes à la base; étroitement cartilagineuses, translucides et régulièrement dentées-crénelées sur les bords à partir du pétiole, fermes, entièrement glabres, vertes, luisantes et presque concolores sur les deux faces. Pétioles plus courts que le limbe, comprimés. Chatons cylindriques, fournis, à écailles glabres, longuement frangées-laciniées, caduques; les mâles, sessiles, rouges, à 6-8 étamines; les femelles, pédonculés, verdâtres, à ovaires ovoïdes-coniques, 4-sillonnés; stigmates subsessiles, réfléchis, bilobés, jaunâtres. — Grand arbre à branches étalées, à cime ovoïde-conique, inégale, à jeunes rameaux arrondis ou à peine sillonnés à l'extrémité, à bourgeons exactement apprimés, glabres et visqueux, ainsi que les jeunes feuilles. Terrains légers et humides, le long des cours d'eau; souvent planté. Flor., mars-avril. Fructif., mai.

Var. α. PEUPLIER NOIR, PYRAMIDAL. *P. Nigra, pyramidalis. Wesmaël. P. Fastigiata. Desf. P. Dilatata. Ait.* Peuplier d'Italie. En tout semblable au type, si ce n'est par le port. — Arbre très-élevé, dont la tige, prolongée jusqu'à l'extrémité, est garnie presque dès la base de branches et de rameaux relativement faibles, dressés, formant une cime longue, étroite, aiguë, fusiforme. Planté le long des eaux et des routes; originaire d'Orient. Flor., mars-avril.

Peuplier noir proprement dit.

Dimensions et port.

Le peuplier noir est un arbre de grandes dimensions, d'un port généralement irrégulier, qui, en 40-50 ans, parvient à une hauteur de 20-25 mètres, à un diamètre de $0^m,65$ et même plus; il peut parfois, grâce à sa longévité fort élevée, atteindre des dimensions beaucoup plus grandes. Un arbre de cette espèce, planté au Jardin botanique de Dijon, mesure 12 mètres de circonférence à $0^m,30$ du sol, 37 mètres de hauteur, et cube environ 55 mètres; l'âge en est d'environ 400 ans. La cime est généralement très-ample, mais inégale, composée de branches nombreuses, étalées, ramifiées, se terminant en rameaux abondants, allongés et grêles; elle est mieux fournie que celle du peuplier blanc et du peuplier tremble et donne un couvert plus complet.

Enracinement.

Cet arbre, avec quelques racines profondément enfoncées, émet, comme tous les peupliers, de longues racines traçantes superficielles; il est très-disposé à repousser de souche, à drageonner, surtout après l'exploitation, à se couvrir de branches gourmandes; il se prête parfaitement, par ces motifs, à l'exploitation par émondage et en têtards. Sa multiplication par boutures est facile.

Rejets.

Aire et station.

L'aire du peuplier noir se rapproche beaucoup de celle du peuplier blanc et s'étend aux contrées méridionales et tempérées de l'Europe; la culture l'a propagé jusqu'en Suède et en Norwège. Les terres légères, profondes, riches en détritus, fraîches ou humides des plaines basses et des grandes vallées forment les stations qu'il préfère; il s'élève dans les Alpes, le long des torrents, jusqu'à 1,800 mètres environ.

Tempérament. C'est un arbre de tempérament robuste, qui exige la lumière directe et ne comporte pas l'état de massif; il recherche au contraire l'isolement et convient aux plantations en avenues.

Bois. Le bois du peuplier noir est mou, poreux, blanc, veiné de noirâtre au cœur; les accroissements en sont épais, assez exactement circulaires, marqués de saillies anguleuses en relation avec les gerçures principales de l'écorce; il est fréquemment noueux, par suite de la tendance de l'arbre à se garnir de branches gourmandes et du mode d'exploitation par émondages qui lui est souvent appliqué. Il est moins estimé, d'un travail moins facile que celui du peuplier blanc.

Il a pour densité, à l'état de complète dessiccation à l'air, 0,403-585 (*Coll. Éc. For.*)

Valeur calorifique. Sa puissance calorifique est à celle du hêtre de 80 ans dans les rapports suivants, pour des volumes égaux (G. L. Hartig.):

Puissance calorifique absolue	49 : 100
Plus haut degré de chaleur	60 : 100
Durée de la combustion	50 : 100

Il est donc à cet égard inférieur au tremble, supérieur au peuplier pyramidal.

Produits accessoires. La résine qui enduit les jeunes bourgeons produit l'onguent connu en pharmacie sous le nom de *Populeum*.

Les feuilles, données en vert ou en sec, forment un bon fourrage pour le bétail; ceci s'applique du reste à presque tous les peupliers.

L'écorce sert au tannage en Angleterre (*Nördlinger*).

Peuplier noir pyramidal. Le peuplier pyramidal ne diffère du peuplier noir que par sa ramification et n'en est certainement qu'une variété, au même titre que le chêne pyramidal est une variété du chêne pédonculé, le hêtre parasol une variété du hêtre des bois. Origine. Il vient d'Asie, du Caucase et de la Perse suivant les uns, de l'Himalaya suivant les autres, et fut introduit d'Italie en France en 1749.

Ce peuplier a une tendance plus prononcée que le peuplier noir proprement dit à croître en hauteur, et parvient normalement à 30-33 mètres d'élévation ; mais il n'atteint point en diamètre d'aussi fortes dimensions. Le fût est en droit, garni de branches sur presque toute sa longueur, relevé vers le pied de côtes très-saillantes, séparées par de larges et profonds sillons. Il ne se rencontre jamais qu'à l'état de culture, planté le long des routes, des canaux, des cours d'eau et uniquement représenté par des pieds mâles, dont le sexe se perpétue exclusivement, en raison du seul mode de propagation usité et possible, le bouturage. Il existe néanmoins des pieds femelles, dont quelques-uns sont cultivés au jardin de l'École forestière depuis 30 ans environ.

Bois.

Le bois du peuplier d'Italie est très-léger, très-mou, très-poreux; entre tous les congénères, c'est lui qui a les vaisseaux les plus gros. Il est blanc, coloré de gris-brun au cœur; les accroissements en sont épais, irréguliers, très-flexueux et non circulaires ; les nœuds y sont abondants ; c'est le moins estimé de tous ceux du genre. Quelquefois cependant la multitude de petits nœuds qui s'y développent par suite d'émondages répétés, et le contournement des fibres ligneuses qui en est la conséquence produisent, par le poli, de jolis effets qui rappellent ceux du bois ronceux d'érable et permettent à l'ébénisterie d'en tirer bon parti sous forme de placage, auquel il convient de laisser une notable épaisseur (4 mill.). Desséché à l'air, ce bois pèse 0,349 (*Coll. Éc. For.*).

Valeur calorifique.

Sa puissance calorifique est à celle du hêtre de 80 ans dans les rapports suivants, pour des volumes égaux (G. L. Hartig) :

Puissance calorifique absolue	39 : 100
Plus haut degré de chaleur.	69 : 100
Durée de la combustion	33 : 100

On a beaucoup exagéré autrefois les avantages de la culture du peuplier pyramidal et l'on a cru souvent que le peu d'ampleur de sa cime permettrait d'en faire croître, sur un espace donné, un nombre de pieds très-considérable. C'était là une erreur. Ce peuplier demande beaucoup d'espacement, parce que, feuillé depuis la base, il ne lui suffirait pas de recevoir la lumière directe dans ses parties élevées seulement, comme cela arriverait s'il croissait en massif; parce que, d'un autre côté, avec ses fortes et longues racines traçantes, presque superficielles, il exige beaucoup d'étendue pour se développer. Cette dernière circonstance explique aussi pourquoi le peuplier pyramidal, planté en bordures le long des prés, exerce au loin une influence fâcheuse sur la végétation du fourrage, influence accrue par la chute des feuilles, qui, avant de se transformer complétement en un principe fertilisant utile, nuisent à l'herbe par le tannin qu'elles contiennent et mettent en liberté. Considéré en lui-même d'ailleurs, rien ne le recommande parmi ses congénères; il ne croît pas plus vite que d'autres espèces (P. blanc, de Canada); les cannelures prononcées de sa base produisent un déchet notable dans le débit; enfin le bois en est le plus noueux, le plus difficile à travailler, le plus mou, le plus léger et le moins bon à tous égards. Le seul avantage du peuplier pyramidal est de ne produire que peu d'ombrage sur les routes qu'il borde et de n'y point entretenir la boue, comme le font les arbres à cime ample et à couvert épais.

§ II. Jeunes pousses anguleuses; capsules arrondies, 3-4-valves; style à 4 stigmates.

5. Peuplier de Canada. POPULUS CANADENSIS. DESF. Peuplier suisse, P. monilifère, P. de Virginie.

Feuilles semblables à celles du peuplier noir, bordées, au moins dans la jeunesse, de poils rares et courts. Pousses fortement cannelées-anguleuses. Chatons cylindriques, à écailles glabres, longuement laciniées-frangées, caduques; les mâles, sessiles, épais, très-fournis, à fleurs composées de 20-30 étamines dont les anthères sont pourpres; les femelles, longs, grêles et lâches, à ovaires globuleux, 6-sillonnés, surmontés de stigmates réniformes, bilobés, jaune-verdâtre, bordés de pourpre; chatons fructifères plus allongés encore, à capsules globuleuses, espacées, lui donnant l'aspect d'un chapelet. — Très-grand et bel arbre à tige

élevée, nue, cylindrique, revêtue d'une écorce gris-brun, longitudinalement et densément gerçurée, à cime ample, ovoïde-conique; branches étalées, ramifiées; bourgeons ovoïdes, dressés, presque apprimés, bruns, glabres et visqueux. Originaire de l'Amérique septentrionale; très-fréquemment planté aux bords des routes. Flor., mars-avril. Fructif., mai.

Le peuplier de Canada, l'une des plus belles espèces du genre, est d'une végétation extraordinairement rapide et longtemps soutenue; il est remarquable par l'élévation, la forme régulière et cylindrique de son fût, que ne déforment ni côtes saillantes, ni sillons. Il peut atteindre en 40-50 ans 30 mètres d'élévation sur 3 mètres de circonférence et, grâce à sa grande longévité, dépasser de beaucoup ces dimensions, au moins en grosseur. Les pieds mâles surtout sont d'une grande vigueur et atteignent une taille que n'égalent jamais les pieds femelles, fréquemment considérés, par ce motif, comme appartenant à une espèce différente, sous le nom de peuplier de Virginie. Dimensions.

Pas plus que la plupart de ses congénères, le peuplier de Canada n'est un arbre forestier, mais il est certainement l'un de ceux qui méritent le plus d'être cultivés en avenues, malgré le couvert que produit son ample cime. Il n'a pas de tendance très-prononcée à drageonner et n'est point exposé à se garnir de branches gourmandes; il se multiplie très-aisément de boutures.

Le bois est blanc, parfois légèrement rougeâtre au cœur, à couches épaisses ou très-épaisses, régulièrement circulaires, malgré quelques légères saillies en regard des gerçures de l'écorce; il est exempt de nœuds, léger, tendre, homogène, très-recherché pour la layetterie, la menuiserie et même la menue charpente. Il pèse, complétement desséché à l'air libre, 0,382-0,445 (*Coll. Éc. For.*). Bois.

DIVISION II

DICOTYLÉDONÉES GYMNOSPERMES.

Bois résineux.

Végétaux à fleurs toujours unisexuées, amentacées, nues ou très-rarement pourvues d'un périgone simple. Pollen généralement pluricellulaire, dont une seule cellule émet le tube pollinique. Ovules nus, non renfermés dans une cavité close ou ovaire, de sorte que la fécondation, au lieu de se faire par l'intermédiaire d'un stigmate et d'un style, se fait directement par la pénétration du tube pollinique dans le micropyle. Fruits composés (cônes ou galbules) ou simples (fausses-baies), dont les graines ne sont point entourées d'un péricarpe véritable; celles-ci albuminées, à embryon central di-poly-cotylédoné.

ORDRE VII.

GYMNOSPERMES AMBIGUËS. WILLK.

Fleurs généralement dioïques; périgone simple; étamines déhiscentes par de larges pores terminaux; fruit solitaire, bacciforme. Bois pourvu de vaisseaux. — Végétaux privés de feuilles vertes, à rameaux articulés et entourés de gaînes aux articulations comme ceux des prêles; gymnospermes par leurs ovules nus, se rattachant aux angiospermes par leur bois.

FAMILLE LVII.

GNÉTACÉES. LINDL.

Floraison dioïque, rarement monoïque sur des rameaux différents, amentacée. Chatons mâles ovoïdes ou globuleux, solitaires ou fasciculés par 2 ou plus, composés d'écailles sèches, opposées-croisées, soudées entre elles par la base, dont chacune porte à son aisselle une fleur; celle-ci formée d'un périgone dépassant les écailles, à 2 grandes valves rappelant celles d'une coquille, et de 3-8 étamines monadelphes, dont les anthères sont biloculaires et s'ouvrent par 2 pores terminaux. Inflorescences femelles solitaires ou réunies en petit nombre, composées d'écailles opposées-croisées rappelant celles des chatons mâles, mais dont les deux dernières seules, plus grandes que les autres, sont fertiles et contiennent 2 fleurs, plus rarement une seule. Fleur formée d'un ovule nu, prolongé en un tube styliforme ouvert au sommet (micropyle), étroitement renfermé dans une enveloppe mince, béante à sa partie supérieure (périgone?). Fruit ayant l'apparence d'une baie (fausse-baie), dont l'enveloppe charnue et bivalve au sommet n'est point un vrai péricarpe et provient des bractées supérieures qui se sont accrues; graines au nombre de 2, plus rarement de 1, à épisperme mince; embryon central, dicotylédoné. — Arbrisseaux noueux, tortueux, dressés ou étalés, à feuilles opposées très-réduites, sèches et membraneuses, réunies en une petite gaîne bidentée; à rameaux grêles, effilés, verts, articulés, le plus souvent striés, semblables à ceux des prêles.

Bois. — Tissu fibreux dominant, homogène du bord interne au bord externe de chaque couche; vaisseaux égaux, fins, isolés, espacés, uniformément répartis; rayons médiocrement serrés, assez minces; accroissements annuels peu distincts.

Obs. — Les espèces indigènes de gnétacées, peu nombreuses, assez étroitement localisées et sans aucune importance forestière appartiennent toutes au genre Ephédra. La description de la famille n'a été faite par ce motif qu'au point de vue de ce seul genre.

GENRE UNIQUE. — ÉPHÉDRA. *EPHEDRA. Tournef.*

Caractères de la famille. — Sous-arbrisseaux reconnaissables à leurs rameaux articulés, semblables à ceux des prêles. Représentés en Algérie par d'assez nombreuses espèces, dont deux seulement se rencontrent en France.

1. Ephédra commun. EPHEDRA VULGARIS, RICH. Uvette. Raisin de mer.

Feuilles opposées, réduites à des gaînes étroites, longues de 2 mill.

environ, blanchâtres ou roussâtres. Chatons mâles solitaires ou ternés, presque sessiles, ovoïdes, à colonne staminale égale à 2 fois le périgone, surmontée de 8 anthères presque sessiles; chatons femelles pédonculés, solitaires ou géminés, terminés par 2 fleurs. Fausse-baie subglobuleuse, de la grosseur d'un pois, rouge, acidulée, comestible, à 2 graines planes sur une face, convexes sur l'autre. — Sous-arbrisseau dioïque, de $0^m,50$ à 1 mètre au plus, très-rameux dès la base, à branches noueuses, étalées, couchées, fréquemment radicantes, rameaux dressés, verts, striés, rudes au toucher, à articles longs de 20-30 mill. Terrains sablonneux du littoral de la Méditerranée et de l'Océan jusqu'en Vendée et en Bretagne: consolide les sables des dunes; Corse, Algérie. Flor., mai-juin, Fructif., août-septembre.

2. Ephédra des Nébrodes. EPHEDRA NEBRODENSIS. TINE. *E. Villarsii. Gr. et God.*

Voisin du précédent, dont il se distingue par une taille moindre, des rameaux plus grêles, plus nombreux, très-serrés, à articulations longues de 1-15 mill. au plus; par des chatons mâles plus petits, globuleux, la colonne staminale dépassant à peine le périgone, par des chatons femelles presque toujours uniflores, par une fausse-baie monosperme, ovoïde. — Vieux murs et rochers des Alpes méridionales: Sisteron, environs de Crest, de Montélimar, de Valerne, d'Arles et toute la chaîne des Alpines. Flor., mai. Fructif., août.

ORDRE VIII.

CONIFÈRES.

Fleurs monoïques, plus rarement dioïques, amentacées, nues; anthères bi- pluriloculaires, longitudinalement déhiscentes, surmontées par le connectif élargi en forme d'écaille; feuilles carpellaires non reployées pour former un ovaire, restant à l'état d'écailles planes qui supportent deux ou plusieurs ovules nus. Fruit presque toujours composé (galbule ou cône), rarement simple et charnu, sous forme de fausse-baie. Graine albuminée, à épisperme coriace ou ligneux, le plus souvent prolongé en aile membraneuse. Embryon droit, axile, pourvu de 2-15 cotylédons, opposés ou verticillés, épigés. Feuilles alternes ou opposées, 1-3-nerviées, aciculaires (aiguilles) ou squamiformes-imbriquées, persistantes (arbres verts), sauf une seule exception pour les espèces indigènes, en plus grande partie dépourvues de bourgeons axillaires. Sucs propres formés de térébenthine (arbres résineux).

Bois. — Le bois des conifères, de structure très-simple et très-constante, est uniquement formé, sans exception, de longues fibres ponctuées-aréolées, appelées **TRACHÉIDES**, et de rayons médullaires nombreux, serrés, courts, très-minces, réduits à des lames d'une cellule d'épaisseur. Il peut subsidiairement contenir des canaux résinifères, qui rappellent les vaisseaux des angiospermes, mais s'en distinguent nettement, en dehors de leurs caractères anatomiques, par leur rareté relative et leur répartition. Malgré cette uniformité de composition, les accroissements ligneux sont généralement bien distincts chez les conifères, parce que les tissus d'automne, formés de fibres plus petites, plus serrées, plus épaissies et plus lignifiées, sont d'habitude beaucoup plus durs et plus colorés que ceux du printemps, à grandes fibres lâches, dont la paroi est mince, la cavité très-développée. Ces bois ne sont point maillés d'une manière apparente.

La térébenthine, solution de résine ou colophane dans de l'essence de térébenthine, est le suc propre de presque tous les conifères et se trouve contenue dans la plupart de leurs organes. Elle n'est point toutefois spéciale à cet ordre; elle se trouve dans des familles qui lui sont entièrement étrangères, dans celle des térébinthacées entre autres, qui lui a emprunté son nom; mais c'est chez les conifères qu'elle est le plus abondamment répandue, particulièrement dans la tige, et c'est d'eux qu'on l'extrait ordinairement. Sucs propres.

Ce produit varie avec les espèces qui le fournissent : ici plus fluide, là plus visqueux, suivant que l'essence ou la résine y sont en plus forte proportion. Certains bois perdent de la sorte, en se desséchant, presque toute leur térébenthine, qui se volatilise, tandis que d'autres en conservent la plus grande partie à l'état de résine; cette circonstance influe nécessairement sur leurs qualités.

La térébenthine de la tige des conifères est contenue tantôt dans la région corticale seulement (sapins), tantôt dans la région corticale et dans la région ligneuse (pins, mélèzes et épicéas). Dans ce dernier cas, c'est dans l'aubier qu'elle est le plus fluide et qu'elle circule avec le plus d'abondance; elle se trouve généralement à l'état de résine concrète dans le bois parfait, et lui assure, sous cette forme, une durée considérable, une puissance calorifique élevée, supérieure à celle que la densité pourrait faire présumer.

Réservoirs résinifères.

Les procédés d'extraction de la térébenthine présentent, suivant les espèces, des différences importantes, qui reposent naturellement sur la répartition des réservoirs qui la contiennent. Il est donc utile d'entrer dans quelques détails au sujet de ces organes.

Ces réservoirs consistent toujours en cavités circonscrites par une couche simple ou multiple de petites cellules étroitement unies entre elles et sécrétant de la térébenthine, qu'elles versent dans la cavité centrale. Suivant qu'ils sont sous forme tubuleuse ou élargis à peu près dans tous les sens, ils prennent le nom de *canaux* ou de *vacuoles résinifères.*

Les *canaux résinifères* se distinguent, d'après leur direction, en *canaux longitudinaux* et en *canaux rayonnants.* On reconnaît leur présence, parce que, sur une section qui leur est perpendiculaire, on voit suinter de leur orifice une gouttelette de térébenthine. S'ils appartiennent à des organes âgés, au bois parfait, par exemple, il se distinguent aisément à la coloration brune que leur donne la résine qui s'y est amassée.

Les *canaux longitudinaux* se trouvent soit dans l'écorce seulement, soit dans l'écorce et dans le bois.

Les canaux longitudinaux de l'écorce, d'abord droits, deviennent légèrement flexueux avec l'âge; en se réunissant parfois les uns aux autres, au nombre de 2-4, ils produisent à leur jonction une cavité dont les parois se rompent tôt ou tard sous la pression de la térébenthine qui s'y accumule, de sorte qu'ils se transforment en une lacune irrégulière qui soulève au-dessus d'elle, sous l'apparence d'ampoule, le périderme superficiel (sapin). Ces canaux résinifères ne se trouvent jamais que dans le parenchyme vert, dont ils subissent le sort, se desséchant de très-bonne heure ou se maintenant actifs pendant un temps plus ou moins prolongé, suivant que la vitalité de cette zone corticale est fugitive ou persistante. En tous cas, ils s'y rencontrent toujours à l'origine et ils y sont disposés en un ou en plusieurs rangs concentriques.

Les canaux longitudinaux du bois sont épars dans chaque couche et apparaissent sur la section transversale sous forme de petits trous ou de ponctuations mates et blanchâtres dans l'aubier, de points rougeâtres dans le bois parfait, où ils sont obstrués par la résine. On les distingue aisément des vaisseaux des bois feuillus par l'ordre inverse suivant lequel il sont répartis : nuls dans le bois de printemps, ils deviennent de plus en plus nombreux de la zone médiane à la zone externe. De leur nombre et de leur grosseur dépend la quantité de térébenthine que le bois renferme ; ils manquent complétement dans certaines espèces (sapin); dans d'autres ils sont petits et rares (épicéa) ou nombreux et gros (pins et mélèze).

Les *canaux rayonnants* occupent le centre de certains rayons plus épais que les autres, et traversent le bois et la partie active du liber ; leur présence est subordonnée à celle des canaux longitudinaux de la région ligneuse. Le diamètre en est très-petit tant qu'ils sont compris dans le bois et rarement on peut les distinguer à l'œil nu ou même avec la loupe ; mais, parvenus dans le liber, ils se dilatent beaucoup et s'y accroissent, surtout en largeur, à mesure que l'arbre vieillit.

Les *vacuoles* enfin sont des cavités éparses, sans relation avec les canaux, qui s'organisent au bout de quelques années, d'abord dans le parenchyme vert cortical, puis de proche en proche jusque dans les couches internes du liber ; très-petites et globuleuses à l'origine, elles se développent avec l'âge et prennent une forme lenticulaire. On ne les observe que dans quelques écorces (mélèze, pins Weymouth, cembro, de montagne).

La térébenthine peut, par son extrême abondance, s'extravaser et s'infiltrer dans le tissu fibreux du bois, dont elle incruste les parois et obstrue les cavités. Un ralentissement d'accroissement, un état morbide, favorisent puissamment cette infiltration et concourent à rendre le bois plus résineux ; souvent elle est telle que celui-ci, complétement pénétré, devient dur et translucide comme de la corne et se nomme *bois gras*.

Influence du mode de végétation sur la qualité du bois.

L'activité de végétation des conifères se manifeste par une plus grande production du bois de printemps, dont la proportion s'accroît pendant que celle du bois d'automne reste à peu près constante; il résulte de là que les bois de cette famille qui ont crû rapidement sont en plus grande partie formés de tissus mous et légers, qui fréquemment représentent les $\frac{4}{5}$-$\frac{5}{6}$ de leur volume, tandis que ceux qui ont poussé avec lenteur offrent beaucoup de bois d'automne, parfois plus de la moitié. Si l'on remarque, en outre, que les canaux résinifères longitudinaux manquent dans le bois de printemps et deviennent abondants dans celui d'automne, que de leur nombre dépend la proportion de la térébenthine, qu'enfin l'infiltration de la résine dans les tissus s'augmente avec la faiblesse des accroissements, il deviendra évident que plus les résineux se développeront avec lenteur, peu importe que cela résulte des conditions sous lesquelles ils vivent, de leur âge avancé ou du résinage auquel on les soumet, plus leurs bois seront lourds, durs, résistants, moins ils seront sujets à la pourriture.

Il doit être entendu que cette règle n'a rien d'absolu, qu'elle ne saurait à elle seule permettre d'apprécier les qualités des bois, fussent-ils de même espèce, à plus forte raison d'espèces différentes.

Pour ceux de même espèce en effet, le climat, le sol, l'état de massif ou d'isolement des arbres exercent une large influence, qu'on ne saurait négliger. Le pin sylvestre des limites septentrionales de l'aire d'habitation, par exemple, est moins dense, malgré l'extrême minceur de ses accroissements, que celui de plus rapide végétation des climats moins septentrionaux. Le sapin isolé produit, à égalité d'épaisseur des couches annuelles, un bois plus lourd et mieux lignifié que celui qui provient d'un massif; sous cette même condition, la densité va s'accroissant à mesure que la latitude devient plus méridionale.

Appliquée à des bois d'espèces diverses, la règle perd à peu près toute valeur. Quoi qu'on fasse, le pin maritime, malgré l'épaisseur considérable de ses accroissements, sera toujours plus dense et plus résineux que le pin cembro, bien que la végétation de ce dernier soit très-lente.

Il faut enfin ajouter que si la densité, la résistance, la durée sont les qualités essentielles que l'on doive rechercher chez les résineux employés aux constructions, ce ne sont pas les seules que puissent offrir ces bois. La légèreté, la finesse et la rectitude de la fibre, l'égalité et la minceur des accroissements leur donnent aussi une grande valeur comme bois de travail, pour la menuiserie, la boissellerie, la fente, la fabrication des instruments de musique, des jouets, etc., etc.

Ces considérations amènent naturellement à cette conclusion : c'est que, comme il est pour le moins aussi important de se préoccuper de la bonté que de la quantité des produits, il faut se garder de cultiver les conifères en dehors de la région dans laquelle chaque espèce atteint toutes ses qualités, alors même qu'elle y prospère et s'y développe, parfois avec bien plus de vigueur que dans sa station naturelle. C'est ce qui est souvent arrivé pour l'épicéa introduit dans des régions trop basses, pour le cèdre et surtout le mélèze transportés de leurs hautes montagnes dans les plaines, les collines ou les montagnes peu élevées; pour le pin Weymouth qui, des climats rudes de l'Amérique du Nord, a été naturalisé dans les régions plus tempérées de l'Europe. Tous ces arbres, dans ces nouvelles conditions, se sont en général accrus avec une rapidité remarquable, mais l'abondance de leurs produits a été fort loin de compenser la perte de la plupart de leurs qualités.

Germination.

L'embryon est toujours placé au centre d'un albumen féculent-oléagineux, qui l'enveloppe comme un sac, avec la radicule tournée vers l'ouverture du micropile. Lorsqu'il germe, il pousse hors de terre cet albumen aminci et encore recouvert de l'épisperme de la graine ; mais ses cotylédons y restent enfermés et réunis par leurs extrémités comme dans une coiffe. Peu à peu, néanmoins, ceux-ci se dégagent et, devenus tout à fait libres, ils forment les premières feuilles, toujours opposées ou verticillées, du jeune plant.

Ramification. Les conifères n'ont que peu de propension à former des bourgeons et fréquemment ils n'en organisent d'axillaires qu'aux feuilles du dernier tour de spirale de chaque pousse, à la base du bourgeon terminal. De là résulte une ramification souvent régulière, composée de verticilles, dont le nombre donne le moyen d'évaluer rapidement l'âge des arbres.

Puisque la ramification verticillée est due au manque presque complet des bourgeons axillaires, il s'ensuit que les conifères qui la présentent n'ont point de bourgeons proventifs et que, impuissants à organiser les bourgeons normaux, ils peuvent bien moins encore en produire d'adventifs. Privés de bourgeons proventifs et adventifs, ils ne repoussent pas de souches.

Aiguilles. Les aiguilles des conifères sont souvent marquées de bandes blanches (sapins, genévriers) qui sont dues à des séries rectilignes de stomates, disposées en grand nombre les unes à côté des autres. Non-seulement ces feuilles sont persistantes (mélèze excepté), mais elles s'accroissent fréquemment pendant toute la durée de leur persistance, de sorte qu'elles sont d'autant plus longues qu'elles sont plus âgées.

Les aiguilles des conifères ont en général un pouvoir d'exhalation de beaucoup inférieur à celui des feuilles des angiospermes ; aussi ces végétaux absorbent-ils dans le sol moins d'eau et de substances minérales que les arbres feuillus et prospèrent-ils souvent là où ces derniers ne sauraient se maintenir.

ORDRE VIII. — CONIFÈRES.

		Familles.	Genres.
Inflorescence femelle réduite à une seule fleur et produisant un fruit axillaire, solitaire, enveloppé dans une cupule charnue.	Végétaux dioïques, à feuilles éparses, aciculaires, persistantes, à ramification diffuse, non verticillée ; peu ou point résineux.	LVIII. Taxinées. Page 442.	*If.*
Inflorescence femelle amentacée, produisant un fruit composé, galbule ou cône.	Fruit composé, globuleux, formé d'un petit nombre d'écailles (galbule), dont chacune supporte une ou plusieurs graines. Ovule dressé.	LIX. Cupressinées. Page 445.	*Genévrier.* *Cyprès.*
	Fruit composé, formé d'un grand nombre d'écailles (cône), dont chacune supporte deux graines. Ovule renversé.	LX. Abiétinées. Page 456.	*Sapin.* *Épicéa.* *Mélèze.* *Cèdre.* *Pin.*

FAMILLE LVIII.

TAXINÉES.

Floraison dioïque; inflorescences solitaires, axillaires, en chatons très-réduits; les mâles, accompagnées à la base de quelques écailles opposées-croisées, formant un involucre composé d'un axe central sur lequel sont insérées les étamines, dont chacune représente une fleur. Inflorescences femelles ayant l'aspect d'un très-petit bourgeon, également composées de quelques écailles étroitement imbriquées dont la dernière seule est fertile et produit une fleur unique, formée d'un ovule dressé, avec l'ouverture micropylaire bien apparente. Fruit réduit à une graine, à parois osseuses, extérieurement pourvue d'une enveloppe cupuliforme ou péricarpoïde, finalement charnue, représentant une arille produite par le développement du sommet de l'axe floral et donnant à ce fruit l'apparence d'un gland ou d'une fausse baie. — Arbres et arbrisseaux presque toujours verts, très-variables par le port, la nature et la forme des feuilles, toujours éparses; sucs propres peu ou point résineux.

GENRE UNIQUE. — IF. *TAXUS*. *Tournef.*

Chatons mâles globuleux, sortant du centre d'une rosette d'écailles et composés d'une colonne centrale qui supporte des étamines à filets courts, terminés, chacun, par un connectif pelté, en dessous duquel sont 5-8 loges anthériques. Fleurs femelles solitaires, consistant en un ovule unique, en apparence terminal, entouré de 6 bractées, qui ne participent point à la formation du fruit. Graine ovoïde, à paroi ligneuse, contenue dans une cupule d'abord mince, verte et n'en embrassant que la base, puis charnue, pulpeuse et la débordant à la maturité. Embryon germant avec 6-7 feuilles cotylédonaires. — Arbres à feuilles persistantes, planes, linéaires, solitaires, éparses, paraissant distiques par la torsion de la base de la plupart d'entre elles; à bourgeons axillaires irrégulièrement répartis; ramification irrégulière, non verticillée et à ramules anguleux.

Bois. — Tissu fibreux plus serré et plus compacte au bord externe de chaque couche; rayons très-minces; pas de canaux résinifères. (**Obs.** — Les fibres ponctuées-aréolées des ifs sont élégamment spiralées.) Bois lourds, durs, homogènes, colorés, peu ou point aromatiques, à aubier mince, nettement limité.

If commun. TAXUS BACCATA. LIN.

Feuilles semblables à celles du sapin pectiné, mais acuminées, plus molles, d'un vert-noir en dessus, d'un vert clair en dessous, sans raies blanches. Fleurs mâles en petits chatons globuleux, jaunâtres, à l'aisselle des feuilles des pousses de l'année précédente ; fleurs femelles très-petites, vertes et semblablement situées. Fruit formé d'une graine ovoïde, brune à la maturité, à paroi ligneuse, enfoncée dans une arille cupuliforme, pulpeuse, visqueuse, pellucide, d'un rouge-vermillon vif. — Arbre ou buisson, disséminé dans les bois montagneux : Moselle, Vosges, Jura, Cévennes, Sainte-Baume dans le Var, Pyrénées, Corse et Algérie. Flor., commencement d'avril. Fructif., fin d'août de la même année. Dissémin., octobre-décembre.

Obs. — La diœcie de l'if n'est point parfaite ; les pieds mâles sont assez souvent, mais faiblement fructifères.

L'if est un arbre de croissance excessivement lente, qui s'élève peu, 12-15 mètres au plus, reste généralement branchu vers la base, à moins qu'on ne l'élague, et peut atteindre, en raison de sa longévité, un diamètre considérable. L'if de Grasford, en Angleterre, mesurait, il y a quelques années, 15 mètres de circonférence en dessous des branches et l'on estimait son âge à 1,419 ans ; celui d'un autre if du Derbyshire est évalué à 2,096 ans. *Taille. Longévité.*

La tige est droite, profondément cannelée ou sillonnée ; les branches sont faibles, allongées-étalées ; les rameaux et ramules nombreux, grêles et pendants. La cime devient ovoïde-conique. Le feuillage est très-sombre, longtemps persistant, le couvert très-épais ; le tempérament est conséquemment délicat. L'if, en effet, réclame de l'abri dans sa jeunesse et résiste remarquablement bien au couvert, dont il s'accommode souvent pendant toute sa vie. *Port. Couvert. Tempérament.*

L'écorce, d'un gris-brun rougeâtre, reste mince et s'exfolie à peu près comme celle du platane. C'est la conséquence d'un périderme qui se développe dans l'épaisseur des feuilles du liber et qui les repousse au dehors sous forme de larges plaques dont le tissu cellulaire s'accroît en un faux liége fragile, analogue à celui de l'écorce des pins, mais moins abondant. Le périderme interposé a peu de résistance, se détruit rapidement, de *Écorce.*

sorte que les plaques qu'il réunissait deviennent libres et tombent. Cette écorce, même jeune, ne contient jamais de réservoirs ni de canaux résinifères, pas plus que les feuilles.

Aire d'habitation. L'aire d'habitation de l'if occupe la plus grande partie de l'Europe du Portugal au Caucase, de la Norwége moyenne (61°) et de l'Écosse jusqu'en Grèce et en Espagne méridionale ; on retrouve même ce végétal en Algérie. Préférant les stations montagneuses et s'élevant dans les Pyrénées jusqu'à 1,600 mètres, il se rencontre quelquefois en plaine ou peut s'en faut, dans la Moselle, par exemple. Les lieux escarpés, les éboulis rocheux, les terrains calcaires semblent lui convenir le mieux.

Cette essence ne forme point en France de massifs forestiers ; ailleurs elle n'en constitue que très-exceptionnellement. Toujours subordonnée et peu abondante, à stations très-disjointes, elle offre tous les caractères d'une espèce en décadence qui, autrefois assez répandue, a une tendance manifeste à disparaître.

Fructification. Germination. L'if fructifie régulièrement chaque année. La graine, semée immédiatement en automne, germe au printemps de la seconde année seulement ; conservée pendant l'hiver et semée au printemps, elle ne germe souvent qu'au bout de 3 ou 4 ans. Le jeune plant lève avec 6-7 feuilles cotylédonaires, exactement semblables à celles qui se produiront plus tard ; il est alors difficile de le distinguer de celui du sapin pectiné. Croissance. La croissance en est très-lente jusqu'à 6 ans environ et consiste en un allongement annuel de 2 ou 3 centimètres au plus ; passé cet âge, le développement devient plus rapide, mais il reste toujours au-dessous de celui des autres arbres verts. L'if, par sa rareté et la lenteur de sa végétation, est en un mot un arbre forestier plus curieux qu'important.

Bourgeons. Les bourgeons axillaires sont abondants. Beaucoup d'entre eux restent à l'état de bourgeons proventifs et, à un moment donné, peuvent prendre de l'accroissement. Cette propriété rend les ifs extrêmement dociles à la taille et leur permet de repousser de souche.

Le bois est l'un des plus compactes et des plus tenaces de nos forêts ; il se reconnaît très-facilement à l'aubier blanc-jaunâtre, peu épais (10-20 couches), nettement séparé du bois parfait, et à la couleur de celui-ci qui est d'un beau rouge-marron veiné de brun, en raison de la nuance plus foncée du bord externe de chaque couche ; il n'a pas d'odeur sensible. Sa densité à l'état de complète dessiccation à l'air va de 0,670 à 0,896 (*Coll. Éc. For.*). Bois.

Ce bois, l'un de ceux qui reçoivent le mieux et gardent le plus longtemps le poli, est très-recherché par les tourneurs, sculpteurs, fabricants d'instruments et de jouets ; il serait l'un des plus précieux de nos forêts sans sa rareté, qui lui enlève toute importance réelle. Coloré en noir et mis en œuvre, il se distingue à peine de l'ébène.

L'enveloppe rouge et charnue de la graine est mucilagineuse, fade, sucrée et peut être mangée sans inconvénient, si ce n'est en grande quantité. L'amande a la saveur de la noisette et renferme une huile grasse d'un goût agréable, mais disposée à rancir. Quant aux organes verts, jeunes pousses et feuilles, ils renferment un principe narcotique très-actif, et provoquent la mort prompte des animaux qui les broutent, quelle qu'en soit l'espèce. Propriétés.

FAMILLE LIX.

CUPRESSINÉES. L. C. RICH.

Floraison monoïque ou dioïque, amentacée pour les deux sexes. Chatons très-petits, formés d'un petit nombre de fleurs opposées-croisées, ternées-décussées ou verticillées en un seul rang sur un axe très-court et dépourvues de bractées. Fleur mâle consistant en une étamine à filet court et épais, dont le connectif, dilaté et prolongé en une écaille peltée, porte sous son bord 2-3-5 loges anthériques globuleuses, longitudinalement déhiscentes. Fleur femelle représentée par une écaille carpellaire, à la base interne de laquelle sont plusieurs ovules dressés, largement ouverts au sommet. Fruit composé, globuleux, formé d'un petit nombre d'écailles épaisses au sommet, ligneuses ou charnues, libres ou soudées entre elles, toujours persistantes sur l'axe (galbule). Graines ailées ou non, 2- rarement 3-9-cotylédonées, albuminées, parfois en assez grand nombre pour chaque écaille. — Arbres et arbrisseaux à feuilles persistantes, opposées-croisées ou verticillées, étroites et aciculaires ou squamiformes-imbriquées, à rameaux souvent anguleux, ramification irrégulière; sucs résineux.

Bois. — Tissu fibreux très-homogène, dont la zone d'automne est réduite à une ligne très-fine qui limite les accroissements annuels et permet de les distinguer; rayons très-minces, réduits à un seul plan de cellules; pas de canaux résinifères proprement dits, mais des cellules en tenant lieu, disséminées au milieu du tissu fibreux (non apparentes, même à la loupe) et rendant par leur contenu le bois aromatique. — Bois doux, homogène, n'offrant pas cette alternative de zones molles et dures qui caractérisent les bois des abiétinées et en déterminent la résistance et l'élasticité; peu résineux, quoique souvent doués d'odeurs vives et caractéristiques.

Le bois des cupressinées indigènes a des accroissements irréguliers, flexueux, souvent subdivisés, mais non d'une manière continue, par des lignes fines et plus foncées, semblables à celles qui limitent chacun d'eux extérieurement. Cette particularité tend à rendre confus et incertains la distinction et le comptage des couches annuelles, et conduirait, si l'on n'y prenait garde, à en exagérer le nombre.

A. Galbule bacciforme, formé par les écailles soudées entre elles, herbacées d'abord, puis charnues. Graines non ailées, floraison dioïque . . . . GENÉVRIER. . . 1

A'. Galbule à écailles ligneuses, non soudées, multispermes; graines ailées; floraison monoïque . CYPRÈS. 2

GENRE I. — GENÉVRIER. *JUNIPERUS. Lin.*

Floraison dioïque, accidentellement monoïque sur des rameaux différents. Chatons petits, solitaires, axillaires ou terminaux; les mâles, ovoïdes, jaunâtres, à anthères 3-6-loculaires, dont les connectifs sont écailleux et imbriqués; les femelles, verdâtres, à écailles apprimées, dont les inférieures sont stériles, dont les supérieures portent chacune à leur base un ovule dressé. Écailles devenant charnues et se soudant entre elles pour former une fausse baie ou galbule bacciforme, indéhiscent, globuleux, sur lequel se distinguent très-bien les sutures des 3 ou 6 écailles qui ont concouru à sa formation. 1-2, plus généralement 3 graines anguleuses, à épisperme coriace, accompagnées de glandes contenant une huile essentielle odorante; embryon dicotylédoné. — Arbrisseaux et arbres très-rameux, à feuilles aciculaires ou squamiformes, étroitement imbriquées, opposées-croisées ou verticillées-ternées, à maturation généralement bisannuelle; revêtus de bonne heure d'un rhytidome libérien longitudinalement gerçuré, membraneux-fibreux.

Bois. — Bois aromatiques, dont l'odeur varie beaucoup suivant les espèces, demi-lourds et même lourds, à grain très-doux, homogène. Aubier blanchâtre, nettement séparé du bois parfait, qui est parfois assez vivement coloré; croissance très-lente; couches anguleuses ou flexueuses difficiles à distinguer des zones en lesquelles elles se subdivisent souvent.

A. Feuilles toutes semblables, aciculaires et piquantes, articulées, non décurrentes à la base, verticillées-ternées et disposées sur six rangs, non glanduleuses en dessous.
  B. Fruit noir-bleuâtre, couvert d'une efflorescence glauque : bandes blanchâtres des feuilles réunies ou presque réunies en une seule.
    C. Arbrisseau dressé, à feuilles insensiblement atténuées en pointe. . . . . G. COMMUN. . . 1
    C'. Arbrisseau appliqué sur le sol, à feuilles brusquement rétrécies en pointe. . . . . G. NAIN. . . . 2
  B'. Fruit rouge; bandes blanchâtres des feuilles séparées . . . . G. OXYCÈDRE. . 3
A'. Feuilles de deux sortes; les unes, plus rares ou pouvant manquer, aciculaires et piquantes; les autres squamiformes, très-étroitement imbriquées, non articulées, décurrentes, opposées-croisées et disposées en 4 rangs, glanduleuses sur le dos.
  B. Fruit rouge et luisant; feuilles aciculaires rares ou nulles . . . . G. DE PHÉNICIE. 4
  B'. Fruit noir-bleuâtre, avec efflorescence glauque; feuilles squamiformes s'allongeant çà et là en feuilles aciculaires . . . . G. SABINE. . . 5

SECTION I. — ***Feuilles toutes semblables, articulées, non décurrentes à la base, aciculaires-piquantes, 3-nerviées et pourvues en dessus de deux bandes blanchâtres, 1-carénées et non glanduleuses en dessous. Chatons axillaires sur les rameaux de l'année précédente. Bourgeons écailleux.***

1. Genévrier commun. JUNIPERUS COMMUNIS. LIN. Ginèbré (en Provence).

Feuilles de 7-14 millimètres, ternées, étalées, insensiblement effilées en pointe très-aiguë, marquées en dessus de deux bandes glauques à peine séparées, le plus souvent confondues en une seule, obtusément carénées, sillonnées et vertes en dessous. Galbule bacciforme, noir-bleuâtre à la maturité, couvert d'une efflorescence glauque; beaucoup plus court que les feuilles. — Arbrisseau dioïque, diffus et accidentellement petit arbre; commun sur les sols sablonneux et pierreux, surtout calcaires, des plaines, des collines et même des régions montagneuses de toute la France; atteint dans les Alpes, au Mont-Ventoux, l'altitude de 1,800 mètres. Flor., avril-mai. Fructif., automne de l'année suivante. Dissémin., printemps, au bout de 2 ans.

Taille. Port. Le genévrier commun offre un port très-variable, suivant les circonstances sous lesquelles il végète : tantôt il forme un buisson touffu, étalé ; tantôt un petit arbre de 5-7 mètres de hauteur sur 0m,33 de diamètre. Il est vrai qu'en raison de sa lente végétation, on lui laisse rarement le temps de parvenir à ces dernières dimensions, si ce n'est dans les parcs et dans les jardins. Les jeunes rameaux restent triangulaires jusque vers 4 ans ; les feuilles persistent le même nombre d'années.

Écorce. L'écorce organise de bonne heure entre les feuillets fibreux du liber des zones minces, continues et concentriques, d'un périderme à cellules peu épaissies, qui se détruisent rapidement. Il résulte de là un rhytidome brun, composé des feuillets non modifiés du liber, lesquels se gerçurent, s'éraillent et s'enlèvent sous forme de lames minces et fibreuses.

Germination. La graine germe parfois au printemps quand elle a été semée en automne; l'année suivante, ou même au bout de 2 ans, si le semis s'est fait au printemps. Le jeune plant est grêle, faiblement enraciné.

Importance. Les faibles dimensions du genévrier commun, l'extrême lenteur de son accroissement, l'irrégularité de sa tige, qui est tortueuse et sillonnée, lui enlèvent toute importance. Malgré sa grande longévité, il ne peut servir à consolider les terres qui s'affouillent, en raison du temps qu'il met à germer et de la débilité de son jeune plant.

Le bois est blanc-jaunâtre, coloré au cœur de jaune-brunâtre ou rougeâtre; il est très-tenace, compacte, durable, légèrement aromatique. Complétement desséché à l'air, il pèse 0,550 (*Coll. Éc. For.*). Les usages en sont accidentels; il produit un bon combustible. Bois.

Les fruits contiennent une huile essentielle très-odorante, qui les fait employer à différents usages; on en fabrique une liqueur réputée antiscorbutique (le gin), dont il se fait une grande consommation dans la marine. Produits accessoires.

2. Genévrier nain. JUNIPERUS NANA. WILLD. *J. Alpina. Clus.* Genévrier des Alpes.

Très-voisin du précédent; se distingue aux feuilles appliquées contre les rameaux, plus courtes et plus trapues, brusquement terminées en une pointe courte et forte, avec la large bande de la face supérieure d'un blanc-argenté; aux fruits ovoïdes-globuleux, aussi longs que les feuilles. — Arbrisseau de $0^m,50$ à $1^m,30$, à tige et à rameaux couchés, à feuillage très-touffu, à feuilles arquées; hautes régions du Jura, du Dauphiné, de l'Ardèche, de l'Auvergne, des Pyrénées et de l'Algérie. Flor., juillet. Fructif., automne de la seconde année.

3. Genévrier Oxycèdre. JUNIPERUS OXYCEDRUS. LIN. Genévrier Cade.

Feuilles très-étalées, insensiblement atténuées en pointe épineuse très-aiguë ou légèrement arrondie au sommet, marquée en dessus de deux bandes blanchâtres séparées par la nervure médiane, qui est verte et légèrement saillante; aigûment carénées et non sillonnées en dessous. Fruits rouges ou rouge-brun, de taille variable, plus gros néanmoins que ceux des espèces précédentes, tantôt plus courts que les feuilles, luisants, sans efflorescence, si ce n'est près du sommet (*J. Oxycedrus. Lin.*), tantôt aussi longs ou plus longs que les feuilles, ombiliqués à la base, mats et couverts en entier d'une efflorescence glauque. (*J. macrocarpa. Tenor. J. umbilicata. Gren.* et *God.*). — Arbrisseau ou petit arbre dioïque, à tige dressée, à ramules obtusément triangulaires; répandu dans le bassin méditerranéen; la variété à gros fruits rare en France (près de Saint-Béat), commune en Algérie avec le type. Flor., mai. Fructif., automne de la seconde année.

Le genévrier oxycèdre atteint de plus grandes dimensions que le genévrier commun et s'élève assez souvent en arbre de 6 à 9 mètres de hauteur sur 2 mètres et plus de circonférence. Un pied de cette espèce, à Corbières Taille. Port.

en Provence, mesure 3m,35 de tour à 1m,50 du sol. Tantôt il reste rameux et branchu dès la base, tantôt il se dénude jusqu'à 4-5 mètres de hauteur. Il croît isolé ou en compagnie des lentisques, térébinthes, philarias, etc.

Bois.

Le bois est homogène, à grain très-fin, susceptible d'un fort beau poli; il est de couleur tendre, fauve ou jaune-brunâtre très-clair, offrant souvent de beaux reflets miroitants dus aux ondulations de ses faisceaux. Il dégage une odeur pénétrante et agréable, persistante, caractéristique, fournit du joli placage de menue ébénisterie pour coffrets, nécessaires, etc.; conjointement avec quelques autres espèces du même genre (*G. de Virginie* et *G. Sabine*), il sert, sous le nom de cèdre à crayons, à fabriquer l'enveloppe des crayons de plombagine. C'est un assez bon bois de chauffage, qui flambe vite, mais éclate en brûlant; le charbon en est de bonne qualité. Chacune de ses couches se termine par une ou plusieurs lignes fines et brunes, inégalement distantes, qui rendent difficile la distinction des accroissements annuels. Sa densité varie de 0,651 à 0,734 (*Coll. Éc. For.*).

Produits accessoires.

On extrait de l'oxycèdre, par la distillation, une huile empyreumatique, l'huile de Cade, d'une odeur très-pénétrante, que l'on emploie dans la médecine et dans l'art vétérinaire.

SECTION II. — ***Feuilles non articulées, disposées sur 4-6 rangs, adhérentes au rameau par la base, libres à l'extrémité, de deux formes : les unes petites, squamiformes, étroitement imbriquées, cachant entièrement le rameau d'insertion, très-généralement sillonnées et glanduleuses sur le dos, pouvant à elles seules constituer tout le feuillage après les premières années ; les autres aciculaires et piquantes, ne se produisant que dans la jeunesse ou résultant, sur les rameaux de plusieurs années, du développement des premières. Chatons terminant de courts rameaux latéraux ; bourgeons nus.***

4. Genévrier de Phénicie. JUNIPERUS PHŒNICEA. LIN.

Feuilles de deux sortes : les unes aciculaires et piquantes, étalées, ne se développant en général que dans le jeune âge; les autres restant squamiformes, très-petites, opposées-croisées, étroitement imbriquées, ovales, presque obtuses au sommet, très-bombées et sillonnées sur le dos. Fruits brièvement pédonculés, solitaires, dressés, globuleux, formés de 6-8 écailles, de la grosseur d'un pois à celle d'une petite cerise (*J. Lycia. Lin.*), rouges et luisants à la maturité. — Arbrisseau ou petit arbre touffu, pyramidal, pourvu de feuilles aciculaires dans la jeunesse, mais les perdant plus tard plus ou moins complétement, à floraison dioïque, accidentellement monoïque, recouvert d'une écorce d'un brun-rouge, longuement gerçurée; lamelleuse-fibreuse, assez épaisse. Rochers et collines de la France méditerranéenne : Alpes du Dauphiné; Alpes-Maritimes; Basses-Cévennes; Corbières; Pyrénées-Orientales; Algérie. Flor., mai. Fructif., automne de la seconde année.

Le genévrier de Phénicie atteint 5-7 mètres d'élévation sur 1 mètre et plus de circonférence, reste rameux dès la base et, par ses branches touffues, produit une cime allongée, conique. Il se plaît aux expositions chaudes, sur les versants pierreux et rocheux ; dans la Camargue, à l'embouchure du Rhône, il forme à lui seul des fourrés d'une grande étendue, touffus et presque impénétrables. Taille.

Le bois a le grain fin; il est tenace, susceptible d'un beau poli; l'aubier en est blanc, abondant, nettement distinct du bois parfait, qui est d'un brun-jaunâtre assez foncé; l'odeur en est désagréable et caractéristique. Il pèse, complétement desséché à l'air libre, 0,675-0,918 (*Coll. Éc. For.*). Bois.

Ce bois est bon combustible et fournit un charbon estimé.

5. Genévrier Sabine. JUNIPERUS SABINA. LIN. G. Fétide. Sabinier. Sabine mâle.

Feuilles très-variables, sur 4, plus rarement sur 6 rangs, celles des rameaux de l'année squamiformes, lâchement imbriquées, rhomboïdales-aiguës ou presque obtuses, convexes, avec une glande résinifère allongée, d'un jaune brillant sur le dos; celles des rameaux plus âgés subaciculaires, libres et étalées à l'extrémité, linéaires-lancéolées, piquantes. Fruit de la grosseur d'un pois à celle d'une petite cerise, ovoïde-globuleux, formé de 4-6 écailles, d'un noir-bleu, couvert d'une efflorescence glauque à la maturité, terminant des ramules latéraux écailleux, réfléchis et plus courts qu'eux. — Arbrisseau généralement monoïque, étalé et diffus, à longues branches très-touffues, procombantes, redressées au sommet; devenant parfois un petit arbre tortueux, à cime irrégulière, à écorce gris-brun, gerçurée, fibreuse, exhalant par toutes ses parties, quand on les froisse, une odeur forte et désagréable. Alpes et Pyrénées; fréquemment cultivé. Flor., mai-juin. Fructif., automne de la même année.

Taille. Port. La sabine reste le plus souvent à l'état d'arbrisseau dont le tronc, dressé et rameux dès la base, mesure 1-4 mètres d'élévation ; elle devient parfois un arbre de 8-12 mètres de hauteur et de 2-3 mètres de circonférence. Le feuillage en est très-touffu et d'un vert sombre uniformé.

Station. Ce genévrier se trouve dans les lieux arides et montagneux, particulièrement sur les sols calcaires, où il forme quelquefois à lui seul de petits massifs boisés, à Saint-Crépin, dans les Hautes-Alpes, par exemple. Il croît lentement, mais la longévité en est très-élevée.

Bois. Le bois, avec l'aubier blanc, peu abondant et parfaitement tranché, est, à l'état parfait, d'un joli rouge-cramoisi plus ou moins vif, qui passe rapidement sous l'action de la lumière ; il est léger, d'un grain très-doux et homogène et se coupe avec netteté dans tous les sens ; il possède une odeur agréable, vive et pénétrante, longtemps persistante, jouit d'une résistance remarquable, d'une durée très-prolongée. Il a pour densité 0,461-0,566 (*Coll. Éc. For.*).

Malgré ces qualités, la sabine n'est en France que d'un mince intérêt, en raison de sa rareté, de la lenteur de sa croissance et de ses faibles dimensions. Il en est tout autrement d'une espèce très-voisine, mais de grande taille, le genévrier de Virginie (*J. Virginiana. Lin.*), qui se trouve abondamment représentée dans l'Amérique du Nord. Le bois, tout semblable à celui du genévrier sabine, en est très-recherché pour les constructions, pour pieux, poteaux, conduites d'eau ; on en fait beaucoup d'articles de tour et de marqueterie ; l'on en exporte même pour l'Europe, où il est employé à confectionner les enveloppes de crayons.

La térébenthine contenue dans les feuilles et dans l'écorce de la sabine a une saveur âcre et amère ; elle possède des propriétés médicinales très-énergiques (1).

(1) **Genévrier thurifère.** JUNIPERUS THURIFERA. LIN. G. d'Espagne, G. à encens.

Voisin du genévrier sabine. Feuilles des rameaux et des ramules prin-

GENRE II. — CYPRÈS. *CUPRESSUS. Tournef.*

Floraison monoïque. Chatons mâles très-petits, cylindriques, terminaux sur les ramules. Chatons femelles égale-

---

cipaux subaciculaires, aiguës ou acuminées, piquantes et étalées à leur tiers supérieur; celles des ramules, grêles, squamiformes, lâchement imbriquées, convexes sur le dos, aiguës; les unes et les autres d'un vert un peu glauque, marquées d'une glande dorsale résinifère. Galbules gros (7-11 millimètres) de 4-6 écailles, d'un brun-bleu, couverts d'une efflorescence glauque. — Arbrisseau ou arbre de 4-5 mètres, à branches très-étalées, écorce brune. Algérie.

GENRE. — CALLITRIS. *CALLITRIS. Vent.*

Floraison monoïque sur des rameaux différents. Chatons mâles et femelles solitaires, terminant des ramules latéraux; les mâles, petits, ovoïdes, composés de 10-20 étamines opposées-croisées, dont le connectif forme une écaille peltée, sous les bords de laquelle sont 4-5 loges polliniques, longitudinalement déhiscentes; les femelles, composés de 4 écailles opposées en croix, étalées au moment de la floraison, devenant charnues, se rapprochant et se soudant entre elles plus tard; les deux externes plus grandes, biovulées, les deux internes plus petites, uniovulées. Galbule de 4 écailles ligneuses, épaisses, inégales 2 à 2, non peltées, se séparant à la maturité, les extérieures cordiformes, largement concaves au dehors, les intérieures plus petites, reployées sur elles-mêmes en gouttière vers le dehors, coupées carrément à l'extrémité; contenant 6 graines irrégulièrement coniques, bordées de chaque côté d'une aile membraneuse qui, du sommet, se prolonge en s'élargissant beaucoup au-dessous de la base. Embryon 3-5-cotylédoné; maturation annuelle. — Arbrisseaux ou arbres à rameaux articulés, verts, à feuilles soudées et confondues avec les ramules, libres seulement à l'extrême sommet sous forme d'une très-petite écaille triangulaire, glanduleuses ou non sur le dos, semblant verticillées par 4, mais opposées-croisées et inégales 2 à 2.

Bois analogue à celui des genévriers, mais beaucoup plus dense.

Callitris quadrivalve. CALLITRIS QUADRIVALVIS. VENT. *Thuya articulata. Vahl.* Thuya articulé.

Seule espèce du genre. — Arbres ou arbrisseaux à ramules abondants, grêles, presque dichotomes, verts, semblant nus, en réalité couverts de feuilles opposées-croisées, soudées avec eux si ce n'est par l'extrême pointe, qui est libre sous forme d'une petite écaille élargie, triangulaire; à galbules ovoïdes, quadrivalves, de la grosseur d'une petite cerise, brun-cannelle, couverts d'une efflorescence glauque-bleuâtre; à écorce brune, assez finement gerçurée-rugueuse, remplie d'un grand nombre de gros canaux résinifères longitudinaux. Flor., fin d'octobre. Fructif., juin-juillet de l'année suivante. Commun en Algérie.

ment terminaux, presque globuleux, composés de 6-12 écailles multiovulées, produisant un galbule de même forme et d'un égal nombre d'écailles opposées-croisées, ligneuses, épaisses,

---

Le callitris, plus connu sous le nom de thuya articulé, est un arbre de 5-6 mètres au plus d'élévation, dont la circonférence atteint 1 mètre, exceptionnellement 2 mètres; rameux dès la base, il se dénude en vieillissant et forme une cime pyramidale ou plus souvent étalée en parasol, en raison des dévastations auxquelles il est exposé dans les forêts de l'Algérie; la ramification en est diffuse et se termine par des ramules articulés, comprimés, presque dichotomes.

Le couvert est léger.

La graine du callitris perd assez promptement sa vitalité et ne peut guère se conserver que de l'automne au printemps; elle germe peu de temps après le semis.

Le jeune plant lève avec 3-6, habituellement 4 feuilles cotylédonaires; les feuilles primordiales sont étalées, sous forme d'aiguilles allongées, libres; mais celles qui se produisent par la suite s'imbriquent les unes sur les autres, se redressent, se soudent toujours davantage entre elles et avec le ramule, pour prendre enfin la disposition normale précédemment décrite.

Cet arbre occupe en Algérie de grandes étendues de pays et forme des massifs boisés importants, soit seul, soit mélangé avec le pin d'Alep, l'olivier, les philarias, etc.; il habite les pays de coteaux et les régions moyennes des grands massifs montagneux. Il vient à toutes les expositions et ne demande qu'un sol léger.

La végétation en est toujours très-lente.

Le callitris repousse abondamment de souche et forme des taillis serrés et complets.

Le bois a l'aubier blanc, peu abondant (15-40 couches), nettement tranché; il devient rouge-brun assez foncé à l'état parfait; les accroissements en sont minces et sont subdivisés, par des zones étroites de tissu plus coloré, en couches secondaires qui rendent difficile le comptage des années. Il est parfois abondamment imbibé de térébenthine et possède une odeur vive et caractéristique. Sa densité varie de 0,690 à 0,954 (*Coll. Éc. For.*).

Ce bois a le grain fin et homogène, se travaille et se polit fort bien; il est lourd et en quelque sorte indestructible, car dans les ruines romaines on le retrouve en parfait état de conservation, encore doué de toute son odeur. Très-propre à la menue charpente et à la menuiserie, il fournit de plus un excellent chauffage et un charbon de très-bonne qualité.

Les fréquents incendies que les Arabes ont la coutume d'allumer pour se procurer des pâturages, en détruisant à des reprises répétées toutes les parties superficielles du callitris, provoquent sur les souches la formation d'une multitude de bourgeons: il en résulte des broussins souterrains qui peuvent atteindre un volume considérable et fournissent à l'ébénisterie un bois de placage de nuances riches et variées, finement

terminées en bouclier tétra-hexagonal, mucronées vers le centre, persistantes et s'entr'ouvrant pour la dissémination. Graines attachées en grand nombre, sans adhérence complète, au support de chaque écaille; longues de 4-6 millimètres, d'un roux peu luisant, très-irrégulières, généralement ovoïdes-déprimées, amincies sur les bords en une aile peu développée. Maturation bisannuelle; embryon à 2-3 cotylédons. — Arbres à feuilles squamiformes, étroitement imbriquées sur quatre rangs, couvrant entièrement les rameaux et les ramules, qui sont grêles et extrêmement nombreux.

Bois. — Bois blanc, assez lourd, à accroissements assez épais, mais subdivisés, plus encore que ceux des genévriers, par des zones de tissu plus dense et plus coloré, qui rendent souvent impossible la distinction des couches annuelles. Odeur aromatique.

Cyprès pyramidal. CUPRESSUS FASTIGIATA. DC. Cyprès d'Italie, Cyprès toujours-vert, Cyprès femelle.

Feuilles triangulaires, glanduleuses sur le dos; branches et rameaux redressés contre la tige comme dans le peuplier d'Italie. Galbules de 2-3 centimètres de diamètre, d'un gris-brun un peu luisant, composés de 10 écailles ligneuses, renflées-peltées à leur extrémité, légèrement mucronées en leur centre. — Arbre élevé, à écorce très-mince, lisse ou très-superficiellement fendillée en long, d'un gris-rougeâtre; originaire de l'Asie, fréquemment planté dans le midi de la France et en Algérie. Flor., avril. Fructif., août de la seconde année. Disséminat., automne ou printemps suivant.

Le cyprès pyramidal atteint 25 mètres de hauteur sur 2 mètres de circonférence; la tige, droite, élancée, can- Taille. Port.

---

moucheté. Pour la fabrication des petits meubles de fantaisie, ce bois ne le cède en beauté à aucun bois exotique, même parmi les plus précieux. C'est lui que les Romains connaissaient sous le nom de Citre et dont ils faisaient des meubles qui étaient pour eux l'objet d'une véritable passion : une table de citre fut payée jusqu'à 1,400,000 sesterces (environ 350,000 fr.). La production de ces broussins n'est malheureusement qu'accidentelle et due à un système de dévastations qu'il est urgent de réprimer; le développement s'en fait d'ailleurs avec une lenteur excessive.

Tous les organes du callitris contiennent abondamment une térébenthine de saveur amère, un peu âcre, d'une odeur analogue à celle du camphre; on l'obtient au moyen d'incisions longitudinales que l'on pratique dans l'écorce jusqu'au bois. Lorsque l'évaporation a fait disparaître l'essence, il reste une résine dure, blanche qui n'est autre que la sandaraque.

nelée, est garnie, à partir d'environ 2 mètres du sol, de branches nombreuses, serrées et redressées, qui forment une cime étroite, allongée, pointue. Il croît en plaine, sur les coteaux et dans les régions montagneuses inférieures à toutes les expositions; se plaît dans les sols secs, légers et profonds.

Station et sol.

Bois.

Le bois de cyprès est blanc ou très-légèrement teinté de jaune-brunâtre, presque comme celui du sapin ; il est homogène, à grain fin et serré, se travaille facilement et a une odeur aromatique vive et agréable. Il pèse 0,616-0,646 (*Coll. Éc. For.*).

Il est employé et très-estimé comme bois de charpente et de menuiserie ; il a une durée presque illimitée sous l'eau et il fournit des échalas qui résistent bien plus longtemps, dit-on, que ceux en chêne.

FAMILLE LX.

ABIÉTINÉES. L. C. RICH.

Floraison monoïque, amentacée pour les 2 sexes. Chatons mâles composés d'un axe garni de quelques bractées à la base et d'étamines spiralées, écailleuses, prolongées en une lame diversement disposée, portant à sa face interne une anthère biloculaire, longitudinalement ou transversalement déhiscente. Chatons femelles dressés, composés de fleurs nombreuses, spiralées, étroitement imbriquées ; chacune d'elles formée d'une bractée accrescente ou qui s'atrophie plus tard et d'une écaille carpellaire, à la face interne ou supérieure de laquelle adhèrent 2 ovules renversés, c'est-à-dire dont le sommet ouvert (micropyle) est tourné vers la base de l'écaille. Cônes ou strobiles dressés, horizontaux ou pendants, à écailles ligneuses ou coriaces, persistantes ou caduques. Graines géminées pour chaque écaille et y adhérant par toute leur surface, à épisperme coriace ou ligneux, terminées par une aile persistante ou caduque. Graine albuminée; embryon 3-12-cotylédoné. — Arbres élevés, à tige élancée, droite, fréquemment ramifiée par verticilles, dont les feuilles sont toujours allongées, étroites et linéaires, éparses ; riches en essence de térébenthine et en résine.

Bois. — Tissu fibreux hétérogène, à parois minces et cavités grandes dans la zone de printemps, qui est lâche, molle et de couleur claire, à parois épaisses et cavités réduites dans celle d'automne, qui est serrée, dure, colorée; rayons très-minces, d'un seul plan de cellules ; canaux résinifères nombreux, assez rares ou nuls ; bois parfait tantôt distinct, tantôt confondu avec l'aubier. Bois à accroissements très-reconnaissables, circulaires; exhalant une odeur de térébenthine.

A. Chatons mâles solitaires et épars ; cônes oblongs-cylindriques ou ovoïdes, à écailles coriaces, minces et tranchantes sur les bords, à maturation annuelle (le cèdre excepté) ; feuilles solitaires, paraissant quelquefois fasciculées par l'atrophie des rameaux qui les supportent.

B. Feuilles toutes solitaires ; ramification verticillée.

C. Feuilles planes, distiques, non piquantes, à 2 raies blanches en dessous. Cône cylindrique, dressé, à bractées saillantes, à écailles caduques . . . . Sapin. . 1

C'. Feuilles tétragones, piquantes, entourant le rameau ; cône cylindrique, pendant, sans bractées et à écailles persistantes. . . . . Épicéa. 2

B'. Feuilles en partie solitaires, en partie fasciculées ; ramification non verticillée.

C. Feuilles persistantes, coriaces et piquantes; cône ovoïde, dressé, sans bractées, à écailles étroitement imbriquées, caduques; maturation presque bisannuelle . . . . Cèdre . 3

C'. Feuilles caduques, herbacées, non piquantes ; cône oblong, à bractées égalant les écailles ; celles-ci lâchement imbriquées, persistantes. . . . . . . Mélèze. 4

A'. Chatons mâles agglomérés à la base des pousses de l'année ; cônes généralement coniques, à écailles ligneuses, persistantes, épaissies à leur extrémité ; feuilles allongées, réunies par 2, 3 ou 5 dans une gaîne écailleuse. Pin . . 5

Tribu I. — Sapins. — *Chatons mâles solitaires et épars ; mâles et femelles insérés sur les pousses de l'année précédente. Cônes oblongs-cylindriques ou ovoïdes, à écailles coriaces, minces et tranchantes sur les bords, à maturation annuelle (le cèdre excepté). Feuilles solitaires, quelquefois fasciculées par l'atrophie des rameaux qui les supportent et restent tuberculeux.*

GENRE I. — SAPIN. *ABIES. Link.*

Feuilles persistantes, solitaires, en spirale, paraissant distiques par la torsion de la base de la plupart d'entre elles ;

planes, habituellement obtuses ou échancrées au sommet, pourvues en dessous de 2 raies blanches, produites par des stomates; anthères transversalement déhiscentes. Cônes toujours dressés, à bractées développées et généralement saillantes, quelquefois incluses; écailles caduques à la maturité, tombant avec les graines et laissant l'axe sur l'arbre; graines assez grosses, tronquées en forme de coin, terminées par une aile courte et large, triangulaire, persistante, contenant de la térébenthine. Ramification verticillée sur la tige principale, opposée dans un seul plan sur les branches. Bourgeons enduits de résine.

Bois. — Bois blanc, sans distinction d'aubier et de bois parfait; totalement dépourvu de canaux résinifères, que remplacent quelques cellules résinifères éparses, invisibles à l'œil nu et même à la loupe.

Sapin pectiné. ABIES PECTINATA. DC. *Pinus Picea. Lin.* (1). Sapin commun, argenté, des Vosges, de Normandie. (Ce dernier nom vient de ce que ce sapin est fréquemment planté en Normandie, sans y être cependant indigène.)

Chatons mâles axillaires, solitaires, oblongs, jaunâtres, disposés en dessous des rameaux de l'année précédente; chatons femelles apparents dès le mois d'août de l'année qui précède la floraison, placés sur les branches les plus élevées de la cime et naissant de l'extrémité de rameaux latéraux qui ne se sont pas allongés. Cône oblong-cylindrique, vert ou vert-brunâtre, mat, long de 8-10 centimètres, dressé, à écailles caduques, débordées par des bractées foliacées-membraneuses, qui sont brusquement rétrécies en pointe allongée, réfléchie. Graines obovées-cunéiformes, irrégulières, d'un jaune-brunâtre luisant, contenant un réservoir plein de térébenthine, à ailes larges, triangulaires, 1 fois et demie plus longues qu'elles, adhérentes, d'un rouge vif jusqu'à la maturité, puis d'un brun foncé. Embryon à 4, 5 et même 8 cotylédons. — Grand arbre verticillé, à rameaux et à ramules opposés, disposés dans un même plan, à écorce blanchâtre, longtemps lisse et vive. Forme, seul ou mélangé, des forêts considérables dans les contrées montagneuses de la France et de la Corse. Flor., fin d'avril, commencement de mai. Fructif., commencement d'octobre de la même année. Dissémination, courant du même mois (2).

---

(1) Linné s'est évidemment trompé en donnant au sapin la dénomination spécifique de *Picea* et à l'épicéa celle d'*Abies,* et c'est abuser de la loi d'antériorité et mal la comprendre, que de l'appliquer à la consécration d'une erreur qui met le langage scientifique en contradiction formelle avec le langage usuel. Les droits à la priorité sont d'ailleurs, en cette occasion, incontestablement acquis à ce dernier.

(2) **Sapin Pinsapo.** ABIES PINSAPO. BOISSIER.

Feuilles très-rapprochées, longtemps persistantes (10-12 ans), étalées

Le sapin est un arbre de première grandeur, qui peut, à 180-200 ans, parvenir à 40 mètres d'élévation sur 1m,50 à 2 mètres de diamètre. Sa longévité est très-considérable et l'on voyait encore au commencement de ce siècle, dans les Pyrénées françaises, quelques arbres de cette essence âgés de 800 ans (*Willkomm*). On cite un sapin d'une forêt primitive de la Bohême qui mesure 63 mètres de haut sur 3 mètres de diamètre (*Hochstetter*). Taille.

La tige, droite et élancée, se ramifie régulièrement par verticilles ; les branches, horizontales, se divisent en rameaux et ramules opposés, situés dans le même plan, et forment une cime pyramidale-aiguë. A un âge avancé cependant, l'axe principal cesse de s'allonger et la cime s'aplatit de plus en plus au sommet ; c'est alors l'époque de la pleine fructification. Ramification. Port.

à angle droit ou quelquefois réfléchies, hérissant le rameau de toutes parts, quelquefois subdistiques, courtes, très-rigides, presque planes, aiguës ou arrondies au sommet, obtuses sur les pieds âgés, élargies en un disque circulaire à la base, sans sillon médian en dessus, marquées sur les deux faces de lignes de stomates qui, en dessous, forment deux bandes blanchâtres à peine distinctes, surtout dans la vieillesse. Chatons mâles, ovoïdes-allongés, très-nombreux, d'un rouge-pourpre. Chatons femelles, situés comme ceux du sapin pectiné, dressés, cylindriques, verdâtres, à bractées débordant alors les écailles. Cône dressé, cylindrique, obtus, mat, d'un brun clair à la maturité, à écailles arrondies, débordant beaucoup et cachant les bractées. Graine semblable à celle du sapin, mais pourvue d'une aile plus longue, à bords presque parallèles, 6-8-, ordinairement 7-cotylédonée. — Arbre de 25 mètres d'élévation sur 1 mètre de diamètre, à branches verticillées, rameaux opposés-croisés ou ternés, formant une cime allongée, conique, très-touffue. Montagnes de la Kabylie, sur les monts Babor et Thabor. Flor., fin d'avril. Fructif., octobre de la même année.

Le Pinsapo, découvert dans le royaume de Grenade en 1838, a été retrouvé en Algérie dans les montagnes de la Kabylie orientale, où il croît en mélange avec le cèdre de l'Atlas, à l'altitude de 1,600-2,000 mètres. Il semble là différer du type espagnol par ses feuilles plus planes, presque distiques, obtuses au sommet, par les raies blanchâtres de la face inférieure à peine apparentes. Ces différences caractérisent la variété du sapin Pinsapo des Babors (*Abies Pinsapo, var. Baborensis. Cosson*), mais elles semblent peu constantes et dépendre en grande partie de l'âge des sujets observés. Le bois du sapin Pinsapo ressemble en tous points à celui du sapin pectiné; sa densité à l'état sec, relevée sur un échantillon unique, est de 0,497 (*Coll. Éc. For.*).

La différence entre la ramification de la tige et celle des branches rend la perte de la flèche ou pousse terminale principale plus grave pour le sapin que pour toute autre essence. Cette flèche ne peut souvent se reformer, surtout si l'arbre est âgé, et celui-ci reste couronné ; si elle se reconstitue, ce n'est, en tout cas, que par une pousse latérale qui, en se redressant pour continuer la tige, n'abandonne sa ramification opposée-distique qu'avec peine et au bout de plusieurs années seulement, pour former enfin des verticilles.

Enracinement. L'enracinement est profond et puissant ; il se compose d'un pivot qui s'enfonce à 1 mètre et plus et se ramifie en longues et fortes racines latérales. En exploitant rez-terre, le bois de souche et de racines est d'environ 16 p. 100 du volume total.

Feuillage. Couvert. Le feuillage du sapin est abondant et peut persister pendant 8-10 ans ; il produit un couvert épais. Les feuilles, spiralées, paraissent distiques par la torsion de la base de la plupart d'entre elles et sont étalées horizontalement de chaque côté des rameaux et ramules ; cependant dans les parties les plus élevées de la cime, elles se redressent toutes vers le ciel. Généralement obtuses ou échancrées au sommet, elles deviennent alors aiguës. Ces feuilles et leurs jeunes pousses sont broutées avidement par le bétail et par le gibier.

Écorce. L'écorce du sapin perd son épiderme dès la première année et présente à nu l'enveloppe subéreuse, qui constitue un périderme superficiel, mince, brillant, extensible et lisse, tantôt d'un jaune-brunâtre, le plus souvent d'un gris-argenté caractéristique. L'enveloppe herbacée sous-jacente conserve sa vitalité pendant longtemps ; elle est parsemée de canaux résinifères longitudinaux qui, en se réunissant par 2-4, produisent au point de jonction une sorte de glande creuse dans laquelle se déverse la térébenthine qu'ils élaborent. Les parois, distendues par l'accumulation de ce principe, ne tardent pas à se rompre et la glande se transforme en une lacune assez grande et irrégulière, au-dessus de laquelle le périderme est soulevé par le suc très-limpide, incolore et visqueux qui la gonfle; il en résulte une petite tumeur ou ampoule, qu'il suffit de presser avec l'ongle ou avec une pointe quelconque pour la crever et en faire écouler le contenu. Enfin le liber est composé de couches minces, d'un blanc-nacré, dont les plus superficielles, vers 6-8 ans, se transforment en un tissu cellulaire rougeâtre, épais et lignifié.

L'écorce reste telle, lisse et vive à la surface, jusqu'à un âge avancé, 40-100 ans, suivant les individus. Puis un périderme interne se développe à l'extérieur des couches actives du liber, fait dessécher tout ce qui est en dehors et constitue un rhytidome persistant, écailleux, de plus en plus gerçuré, dont l'épaisseur s'accroît avec l'âge, tout en ne dépassant que rarement 3-4 centimètres.

La production du périderme intérieur, en desséchant l'enveloppe verte, arrête naturellement la sécrétion de la térébenthine, dont l'essence s'évapore. La résine, devenue concrète, reste dans le rhytidome et contribue à faire de l'écorce du sapin l'un des meilleurs combustibles végétaux.

Greffes naturelles.

La propriété du sapin de conserver, à la surface, une écorce vive jusqu'à un âge assez avancé, permet aux tiges, branches et racines de s'entre-greffer facilement par approche avec celles des sapins voisins, lorsque les parties se trouvent en contact pendant un certain temps. De là résultent de nombreux phénomènes de végétation.

L'un de ces phénomènes, des plus fréquents et des plus curieux, est celui qu'offrent certaines souches qui, après l'exploitation de l'arbre et bien que privées d'organes verts, continuent leur accroissement en diamètre, produisent un bourrelet qui en envahit peu à peu la surface et finit par les recouvrir d'une calotte hémisphérique complète. Cette végétation, qui semble être, au premier aperçu, une dérogation aux lois physiologiques, est due à une soudure, contractée dès longtemps entre une ou plusieurs racines de l'arbre exploité et celles d'un sapin du voisinage qui n'a point été abattu. C'est ce dernier qui, par son feuillage, est devenu le nourricier de la souche en continuation d'accroissement, dont l'avenir est désormais solidaire du sien.

Fructification. La fructification est assez régulière et assez constante et ne présente point les intermittences et les inégalités que l'on observe à cet égard chez certaines essences, telles que les pins, les chênes, les hêtres. Graine. La graine se distingue aisément à sa forme irrégulière, tronquée, à sa couleur d'un jaune-brunâtre brillant, à ses dimensions plus fortes que celles des graines de la plupart des autres abiétinées. Elle contient beaucoup de térébenthine, qui lui donne une saveur âcre et brûlante; une aile brunâtre, large et opaque, dont elle conserve toujours des débris, même après le désailement, l'accompagne. Le kilogramme en renferme 22-23,000 lorsqu'elle est fraîche et ailée, 31,000 lorsqu'elle est désailée; le litre en contient 8,880. Elle supporte difficilement les emballages, les transports, et ne se conserve que de l'automne au printemps suivant.

Germination. La germination des graines semées au printemps se fait au bout de 3-4 semaines. Après que le jeune plant s'est décoiffé par la chute de l'albumen, il présente 4-8, généralement 5 feuilles cotylédonaires, du double plus longues et plus larges que les feuilles ordinaires, dont les raies blanches sont à la face supérieure et qui se maintiennent vertes durant plusieurs années. Jeune plant. Pendant 2-3 ans toute l'activité de la végétation se concentre sur la racine, qui s'enfonce profondément, et sur le grossissement de la tige, qui s'allonge à peine. Vers 3-4 ans, le jeune sapin commence à se ramifier par la production annuelle de 1-2 branches latérales, dirigées tantôt d'un côté, tantôt de l'autre; il s'étend en largeur, fort peu en hauteur et présente, en cet état, un port tout particulier qu'il faut bien se garder de prendre pour indice d'un état peu prospère. Enfin, vers 10 ans, la ramification se verticille normalement et, dès ce moment, la végétation prend un rapide essor, si l'action de la lumière est suffisamment ménagée.

Tempérament. Le sapin a le tempérament délicat et résiste mieux qu'aucune autre essence à l'action d'un couvert prolongé.

L'on voit fréquemment sous les massifs des sapineaux rabougris, de 1 mètre de hauteur sur 2-3 centimètres de diamètre, qui n'ont pas moins de 60 à 70 ans et peuvent, s'ils sont dégagés, se développer avec vigueur sans aucune transition et produire des arbres de la plus belle venue. La précocité de la végétation expose beaucoup le jeune sapin à l'action des gelées printanières, auxquelles il est très-sensible; il perd fréquemment par elles ses pousses latérales, les premières développées.

Le bois de sapin n'est formé que de fibres et de rayons et manque entièrement de canaux résinifères; à peine possède-t-il quelques cellules de cette nature. Il n'a par conséquent pas d'odeur prononcée, et la résine y est extrêmement disséminée, quoiqu'on n'en puisse nier absolument la présence, puisqu'on la voit imbiber les nœuds ou se concrétionner dans les fentes ou cavités accidentelles qui peuvent se produire au milieu de la masse ligneuse. Bois.

Ce bois est blanc, souvent teinté de brun-rougeâtre très-clair et ne se colore jamais au cœur; il n'offre pas de différence bien appréciable, surtout quand il est sec, entre les couches extérieures et celles du centre, entre l'aubier et le bois parfait, quoique le premier n'ait pas les qualités du second, qu'il soit plus sujet que lui à la vermoulure et qu'il s'injecte aisément de matières préservatrices, destinées à en prolonger la durée, tandis que le bois parfait s'en imprègne très-difficilement, semblable en cela du reste à celui des autres résineux, épicéas, mélèzes, cèdres et pins.

Les accroissements annuels sont circulaires et très-tranchés, en raison de la coloration et de la dureté très-inégales des tissus de printemps et de ceux d'automne. Le défaut d'homogénéité du sapin, ainsi formé d'une succession de zones cylindriques alternativement molles et résistantes, détermine un débit caractéristique quand on le façonne en bois de feu. Il a une tendance prononcée à se partager dans la direction circulaire, alors même qu'on cherche à le fendre dans le sens des rayons, qui, par leur petitesse, sont peu faits, il est vrai, pour diriger le débit. C'est à la même cause encore qu'il faut attribuer la fréquence des roulures sur le sapin et sur tous les bois de structure non homogène. Lorsque des alternatives de chaud et de froid, des températures extrêmes, un afflux considérable ou une brusque diminution de séve déterminent des dilatations et des contractions dans toute la masse ligneuse, il se produit, si celle-ci n'a point d'homogénéité, des solutions de continuité suivant la direction des tissus les moins résistants, solutions qui, au cas particulier, correspondent aux zones molles du printemps et deviennent conséquemment circulaires.

La faculté très-développée du sapin de résister fort longtemps à l'action du couvert et de reprendre immédiatement sa vigueur dès qu'il est dégagé, en rend souvent le bois de consistance inégale ; à une série d'accroissements très-minces succède parfois brusquement une suite de couches épaisses. C'est là évidemment un défaut qui diminue la résistance, l'élasticité et qui provoque la production de roulures. Il appartient à un traitement rationnel, en assurant aux bois des conditions de croissance uniformes, de le faire disparaître.

Densité. La densité du bois de sapin est extrêmement variable et semble s'accroître à mesure que la latitude devient plus méridionale ou que les arbres ont eu plus d'espace pour développer leurs organes verts; elle est, dans son ensemble, supérieure à celle du bois d'épicéa et va de 0,381 à 0,649 (*Coll. Éc. For.*).

La résistance horizontale et l'élasticité du sapin sont considérables et ont été constatées par des expériences nombreuses, entre autres par celles d'une commission composée d'ingénieurs civils, militaires et maritimes et d'agents forestiers qui, en 1846, a reconnu à cet égard la supériorité du sapin de l'Aude sur tous les autres bois résineux indigènes et même exotiques, à l'exception du pin des Florides (*Pinus australis. Mich.*). La structure du sapin, dont le bois d'automne est fortement lignifié tandis que celui du printemps l'est très-peu, en offrant une succession de lames résistantes lâchement unies entre elles, rappelle la disposition de ces ressorts si énergiques, formés de lames superposées, et justifie très-bien les résultats obtenus. Le sapin, par compensation, n'a pas une longue durée, s'il n'est employé à l'abri de l'humidité.

Usages.

Les grandes dimensions, les qualités, l'abondance du sapin en font l'un des bois les plus employés dans les constructions civiles; la marine marchande l'utilise même pour la mâture. Tout le monde connaît d'ailleurs les innombrables usages auxquels on l'applique; il se débite le plus souvent en planches, madriers, poutres, lattes, etc., qui se transportent fort loin du lieu de production. Il est d'une fente facile et fournit de bonne boissellerie, des bardeaux pour couvrir les maisons, etc.

Valeur calorifique.

D'après G.-L. Hartig, la puissance calorifique moyenne du sapin est à celle du hêtre, pour des volumes égaux, comme 69 : 100; elle est inférieure à celle de l'épicéa. C'est un médiocre combustible, qui brûle avec une flamme vive, mais qui pétille beaucoup et répand une abondante fumée.

Le manque de résine dans le bois de sapin justifie son infériorité sur le bois des autres abiétinées, à l'égard de la durée et de la puissance calorifique.

Aire d'habitation.

Le sapin pectiné ne franchit pas les limites de l'Europe, si ce n'est vers l'est, où il pénètre quelque peu au delà de la mer de Marmara, en Anatolie. Son aire, assez restreinte, a la forme d'une ellipse irrégulière dont le grand axe, orienté de l'ouest à l'est, se prolonge des Pyrénées occidentales, aux environs du golfe de Gascogne, jusqu'au delà de Constantinople, sur une longueur d'environ 32° de longitude; dont le petit axe va, dans la direction nord-sud, de Cologne à l'Etna, sur une étendue de 14° de latitude. L'Irlande, l'Angleterre, la Belgique, la Hollande, l'Allemagne du Nord, la Suède et la Norwége, toute la Russie enfin, sont en dehors des limites septentrionales et orientales de cette aire et ne produisent point le sapin à l'état spontané ; il en est de même des contrées du Sud : l'Espagne, non compris le versant pyrénéen, la Sardaigne, la Sicile méridionale et la Grèce. Peut-être cependant le sapin pectiné se retrouve-t-il dans la région du Caucase.

En ce qui concerne la France, il ne se rencontre qu'à l'est et au sud d'une ligne brisée qui, partant d'Épinal, passe successivement à Bourg, Clermont, Aurillac, Carcassonne, et aboutit, en suivant les Pyrénées, aux environs de Bayonne.

La distribution du sapin dans les limites de son aire d'habitation est très-irrégulière ; vers l'est il n'est qu'à l'état d'essence disséminée parmi les hêtres et les épicéas, mais à mesure qu'on progresse vers l'ouest, on le voit devenir de plus en plus abondant, de telle sorte qu'à ses limites occidentales il atteint son maximum de développement et constitue à lui seul ou en qualité d'essence dominante des régions forestières très-importantes. Parmi elles on peut citer pour la France : les Pyrénées, celles de l'Aude principalement, les Cévennes, les montagnes de l'Auvergne, du Forez et de la Loire, les Alpes dauphinoises, surtout le Jura et les Vosges ; pour l'Allemagne, le Schwartzwald et les montagnes de la Franconie.

Station. Le sapin, *frigoris comes et causa*, a dit Linné, est essentiellement l'essence des régions montagneuses, où il caractérise une zone de végétation bien définie, supérieure à celle de la vigne et du chêne, inférieure à celle de l'épicéa. Descendant presque jusqu'en plaine sous les latitudes septentrionales, cette zone s'élève assez régulièrement du nord au sud ; elle est comprise entre 400 et 1,300 mètres dans les Vosges, entre 600 et 1,500 mètres dans le Jura ; elle s'élève à 1,500 mètres dans les Monts-Dores, à 1,700 mètres en Corse, à 1,948 mètres dans le massif de l'Etna.

Sol. Cette essence recherche les sols profonds, frais, fertiles ; elle redoute ceux qui sont compactes, marécageux ou tourbeux. Peu lui importe d'ailleurs la nature minéralogique de ce sol, pourvu qu'elle y trouve la satisfaction de ses exigences physiques. Les terrains calcaires du Jura produisent des sapinières qui égalent, si elles ne les surpassent, les plus belles sapinières des sols siliceux ou granitiques des Vosges.

Conditions de végétation. Les conditions de sa végétation peuvent ainsi se résumer : Température moyenne d'août d'au moins 15°, avec un maximum ne dépassant pas 39°; température moyenne de janvier ne descendant pas au-dessous de 5°, avec un minimum qui ne s'abaisse pas au delà de 27°; un repos de végétation d'au moins 3 mois; enfin une atmosphère humide, à un moindre degré toutefois que celle qui convient à l'épicéa.

Chancre du sapin.

Le sapin est très-exposé à une maladie qui lui est propre et qui occasionne sur sa tige ou sur ses branches des tumeurs chancreuses presque toujours circulaires, très-rarement unilatérales, nommées Chaudrons dans les Vosges, Dorges dans le Jura. Cette maladie se manifeste sur la tige par un renflement qui en double parfois le diamètre sur une longueur de 0m,50 à 1 mètre; sur les branches, par une excroissance de la grosseur du poing ou même de la tête d'un enfant.

Le bois de la région malade est mou, spongieux; la fibre en est contournée, les accroissements annuels en sont notablement épaissis; il est sujet à s'altérer et à se pourrir. L'écorce qui le recouvre est épaisse, essentiellement parenchymateuse, crevassée, laissant à nu le corps ligneux en certaines places, d'où suinte un liquide séveux noirâtre ou de la térébenthine.

Un sapin chaudronné ou dorgé perd par cette difformité une partie notable de sa valeur; il est très-sujet à se rompre, dans la région avariée, sous l'effort des vents ou au moment de l'abatage; dans tous les cas, les billes ou tronces sur lesquelles le vice se rencontre ne produisent que des planches tarées et dépréciées.

Il est aisé de s'assurer que le chaudron est en quelque sorte originel ou que, tout au moins, il remonte à la première ou à la seconde année de la tige ou de la branche défectueuse.

Une section transversale ou longitudinale prouve, en effet, que tous les accroissements annuels sont atteints par la déformation jusqu'au centre. On ne saurait d'ailleurs attribuer ce vice à des avaries d'exploitation, pas plus qu'à l'action de causes locales, car on le retrouve sur les sapins de tous âges et de toutes conditions, sur tous les sols, à toutes les expositions et à toutes les altitudes.

Le chaudron de tige, le seul important, est ordinairement solitaire; rarement il se reproduit 2 ou 3 fois sur le même arbre, à diverses hauteurs; il est moins abondant que celui des branches, par la raison bien simple que l'arbre n'a qu'une tige unique et possède des branches nombreuses. Il devient parfois tellement commun qu'il affecte la majorité des arbres d'un massif.

Un champignon parasite, de la tribu des mucédinées, est la cause de cette déformation. Sans qu'on ait découvert le mode suivant lequel il envahit la jeune tige ou le jeune rameau, on s'assure (au microscope) que tout chaudron ou dorge est pénétré par un *mycelium* très-reconnaissable, dont les filaments se sont développés dans l'écorce et dans le bois, s'insinuant entre les organes élémentaires et même les perforant complétement.

Il semble que les gelées de printemps, qui atteignent et détruisent si souvent les précoces bourgeons latéraux du sapin, sont, par la petite plaie qui en résulte, l'une des causes déterminantes de cet envahissement. Tout au moins voit-on fréquemment des renflements, qui ne sont autres que des chaudrons naissants, se produire en ces points.

Le mycelium du jeune chaudron se continue dans le ramule feuillé le plus voisin, le déforme, l'hypertrophie, en provoque la ramification et le transforme en une touffe arrondie, serrée, dont les rameaux sont épais, souples, parenchymateux, dont les feuilles, charnues et jaunâtres, sont annuelles et très-caduques. Ces touffes, qui rappellent de loin celles du gui et sont connues sous le nom de *balai de sorcier,* se trouvent de la sorte implantées sur le chaudron, se maintiennent vivantes et se développent pendant un certain nombre d'années, puis se dessèchent et disparaissent, sans que pour cela la tumeur cesse de s'accroître tant que s'accroîtra la tige ou la branche sur laquelle elle s'est produite.

Tout chaudron est donc ou a été accompagné d'un balai de sorcier qui lui est consécutif! Cette relation, énoncée pour la première fois en 1858, dans cette *Flore forestière*, est actuellement parfaitement établie et admise;

c'est par l'intermédiaire de ce dernier, comme on va le voir, que le mycelium du chaudron fructifie et met au jour ses organes de reproduction.

On observe en effet sur la face inférieure des feuilles du balai, en juin, des disques orangés, disposés en deux séries longitudinales, qui sont des *sporanges*, d'où s'échappent de très-fines granulations, les *spores*, c'est-à-dire les fructifications d'une mucédinée connue sous le nom de *Æcidium elatinum* (*Alb.* et *Schw.*). Ces sporanges terminent les filaments mycéliens du balai et du chaudron et en représentent évidemment les organes reproducteurs.

On ne sait point encore si l'*Æcidium elatinum*, semblable à ses congénères, parcourt sous des formes nouvelles un cycle de générations sur d'autres espèces végétales avant de revenir au sapin, ou s'il se reproduit directement sur ce dernier ; en tout cas, on n'est pas parvenu à y faire germer et développer ses spores.

La pratique peut déduire de ces observations que tout sapin qui présente sur sa jeune tige un balai de sorcier est en même temps atteint, en ce point, d'une tumeur naissante qui prendra plus tard un grand développement ; elle doit s'attacher à faire disparaître, dans les premières éclaircies, ces jeunes arbres, qui seront infailliblement chaudronnés ou dorgés, afin de constituer, autant que possible, des massifs de sapins exempts de cette redoutable difformité.

Ravages du gui.

L'invasion de l'*Æcidium elatinum* n'est pas la seule qu'ait à redouter le sapin ; lorsqu'il est avancé en âge, il est aussi l'arbre préféré du gui, qui se développe parfois en extrême abondance dans sa cime et la fait apparaître de loin vigoureuse et touffue encore, alors que le feuillage en est très-amaigri. Outre l'épuisement qu'entraîne son parasitisme, le gui présente l'inconvénient d'émettre dans la région interne de l'écorce, surtout dans le sens longitudinal, de longues racines traçantes et drageonnantes, desquelles naissent d'autres racines qui pénètrent dans la zone ligneuse, encore molle, en voie de formation. S'allongeant pour ainsi dire à reculons, par la base et non par l'extrémité, ces dernières se trouvent successivement enveloppées par les accroissements ultérieurs, dont elles sont contemporaines et qu'elles n'ont point eu dès lors à perforer. Lorsque, plus tard, elles se sont desséchées et détruites, la place en est marquée par des trous semblables à des galeries d'insectes, trous alignés en nombreuses séries longitudinales et parallèles, que l'on suit souvent à travers vingt à trente couches de bois et même plus. Les cimeaux ainsi envahis ont perdu une partie notable de leur valeur et ne donnent que des planches de dernière qualité.

Insectes nuisibles.

Par compensation, le sapin est, entre toutes les abiétinées, privilégié du côté des insectes; peu d'espèces importantes vivent à ses dépens et rarement elles se multiplient assez pour compromettre son existence. Il n'a rien ou presque rien à redouter des chenilles ou autres insectes qui dévorent les parties vertes. Parmi les espèces lignivores, on peut citer :

Le *Bostriche curvidenté* (*Bostrichus curvidens*, Germ.), qui vit entre l'écorce et le bois, où il ouvre une galerie principale transversale, formée de deux branches en accolade, de laquelle partent les galeries des larves, qui sont longitudinales ; très-commun.

Le *Bostriche liseré* (*Bostrichus lineatus*, Gyll.), qui, en criblant le bois de petites galeries cylindriques, à parois noirâtres, produit la vermoulure noire, qui atteint surtout les sapins longtemps gisants, sans avoir été écorcés, et en déprécie beaucoup la valeur.

Le *Pissode du sapin* (*Pissodes piceæ*, Ill.), insecte coléoptère rhyncophore, dont la larve, apode, creuse au pied des vieux arbres, sous l'écorce, des galeries isolées, irrégulières, serpentantes et longitudinales.

Le *Sirex géant* (*Sirex gigas*, Lin.), grand insecte hyménoptère, ayant la livrée des guêpes, dont la larve, blanche et charnue, pourvue de 6 pattes et d'une corne abdominale, sillonne le bois de larges et profondes galeries irrégulières.

Le *Sirex spectre* (*Sirex spectrum*, Lin.), plus petit que

le précédent, ouvrant dans le bois des galeries analogues, reconnaissables à leurs moindres dimensions.

Les *Hannetons* enfin, dont les diverses espèces, à l'état de vers, rongent les radicelles des jeunes sapins comme celles de tous les autres végétaux.

Il a déjà été dit que l'écorce est un excellent combustible ; elle contient du tannin et pourrait servir à la préparation du cuir. Produits accessoires.

On résine le sapin, mais sans lui porter aucun préjudice ; on choisit pour cela les arbres d'âge moyen, sur lesquels les lacunes résinifères ont pris leur plus grande extension, ou, ce qui revient au même, les portions supérieures de la tige des vieux arbres.

L'opération consiste simplement à piquer, avec le bec d'un petit vase en fer-blanc, les ampoules résinifères de l'écorce vive, afin de recueillir les quelques gouttes de térébenthine qui s'en échappent. Cette pratique, peu productive et de plus en plus délaissée, fournissait la térébenthine dite de Strasbourg.

GENRE II. — ÉPICÉA. *PICEA. Link.*

Feuilles persistantes, solitaires, en spirale, entourant régulièrement les rameaux et ramules, tétragones, raides, pointues, piquantes, concolores et pourvues de fines lignes de stomates sur toutes les faces. Anthères longitudinalement déhiscentes. Cônes terminaux sur les rameaux, pendants, à écailles minces, coriaces et persistantes, à bractées atrophiées. Graines ovoïdes-aiguës, pourvues au sommet d'une longue aile arrondie, qui se sépare nettement et aisément ; oléagineuses et féculentes. Ramification verticillée sur la tige, confusément distique sur les branches. Bourgeons secs, non résineux.

***Bois.* — Bois blanc, sans distinction sensible d'aubier et de bois parfait, ressemblant à celui du sapin, mais pourvu de quelques canaux résinifères, apparents à la loupe et même à l'œil nu, sur une section transversale très-nette.**

Épicéa commun. PICEA EXCELSA. LINK. *Pinus abies. Lin.* Pesse. Sérenté (Alpes). Sapin blanc du Nord.

Chatons mâles ovoïdes, roses ou pourpres avant la floraison, axillaires ou terminaux sur les ramules de l'année précédente ; fleurs femelles en chatons cylindriques, d'un rouge violacé, dressés, terminaux sur les pousses d'un an des parties moyennes et élevées de la cime; les uns et les autres produits par des bourgeons reconnaissables dès la fin de l'été de l'année précédente. Cônes pendants, longs de 10-15 centimètres, oblongs-cylindriques, rouges ou verts, à écailles-rhomboïdales, tronquées et denticulées, ou légèrement échancrées, ou entières à leur sommet, minces, sèches et coriaces, d'un roux luisant à la maturité, non accompagnées de bractées. Graines petites, obovées, atténuées à la base, de la taille et de la forme de celles du pin sylvestre, toutes d'un rouge-brun mat uniforme, pourvues d'une aile 2-3 fois aussi longue qu'elles, dont les 2 bords sont arrondis, d'un roux clair. Embryon 6-10, plus souvent 9-cotylédoné. — Arbre de grande taille, à tige verticillée, à branches ordinairement arquées et plus ou moins déclinées, garnies de rameaux et de ramules nombreux, confusément distiques, pendants; écorce écailleuse, rougeâtre. Forme, seul ou mélangé, de vastes forêts dans les régions montagneuses : Jura, Vosges, Alpes; rare dans les Pyrénées. Flor., fin de mai, commencement de juin. Fructif., octobre de la même année. Dissémination, immédiatement après la fructification, ce qui est rare, ou au printemps suivant.

Var. α. ***Épicéa commun de Sibérie. Picea obovata, Ledebour.*** Cônes plus petits, plus effilés au sommet, à écailles plus épaisses, plus lignifiées et régulièrement arrondies sur les bords. — Arbre des hauts plateaux du Jura (Morteau, le Russey, Meiche, etc.), dont le cône diffère totalement de celui du type, mais s'y relie par une foule d'intermédiaires.

Taille. L'épicéa est un arbre de très-grande dimension, à tige droite, élancée, pouvant atteindre 40 mètres et plus d'élévation, mais dont le diamètre reste généralement inférieur à celui du sapin. Wessely affirme que dans les Carpathes il est des arbres de cette essence qui mesurent 68 mètres de hauteur sur 1^{m},10 de diamètre à hauteur d'homme. La longévité s'élève à 400-500 ans.

Ramification. L'épicéa, comme le sapin, a la ramification verticillée sur le fût, opposée-distique sur les branches et sur les rameaux; néanmoins le port de ces deux arbres est complétement différent. Chez l'épicéa les branches sont grêles, persistent longtemps, même entièrement desséchées, et forment une cime très-touffue, pyramidale, étroite, allongée, aiguë au sommet, et non tronquée, jusqu'à l'âge le plus avancé; elles sont tantôt ascendantes, tantôt réfléchies ou même pendantes et seulement un peu redressées à l'extrémité (*Picea excelsa, pendula*). Les rameaux et ramules, au lieu d'être étalés dans le même plan, sont retombants de chaque côté des branches, nombreux, chargés d'un feuillage abondant, déterminant un couvert très-épais.

De toutes les essences forestières, l'épicéa est probablement celle qui constitue les massifs les plus serrés et qui donne le plus grand rendement en matière.

Outre les bourgeons régulièrement disposés qui déterminent la ramification essentielle de l'épicéa, il en est beaucoup d'autres, de nature axillaire, qui, distribués sans ordre, en masquent la régularité par les rameaux qu'ils produisent et accroissent, dans une large part, l'épaisseur du couvert. Cette faculté d'organiser et de développer facilement des bourgeons axillaires, rend l'épicéa très-propre à la taille et permet de faire avec les plants de cette essence des haies très-serrées et impénétrables. C'est aussi la raison pour laquelle l'épicéa répare plus aisément que le sapin la perte de sa flèche.

Enracinement.

L'enracinement de l'épicéa est faible et consiste essentiellement en une souche dépourvue de pivot et garnie de racines traçantes assez grêles ; aussi cet arbre résiste-t-il mal à l'effort des vents. L'extraction de cette souche produit, en moyenne, 16,5 p. 100 du volume total, en exploitant rez de terre, savoir : 14,7 pour la souche proprement dite, 1,8 seulement pour les racines (*T. Hartig*).

Fructification.

La fructification est sujette à plus d'intermittences et d'irrégularités que celle du sapin, et, suivant les contrées, elle n'est abondante que tous les 2-6 et même 8 ans ; elle se produit normalement vers 50 ans. Si l'on voit quelquefois des cônes sur les arbres qui n'ont pas atteint cet âge, surtout dans les plantations, il faut se garder de les recueillir, car, presque toujours, ils n'ont que des graines vaines.

La moindre chaleur suffit pour faire entr'ouvrir les écailles et provoquer la dissémination ; aussi, dans quelques régions, celle-ci se fait-elle dès l'automne même de l'année de floraison. L'abondance de la graine et sa facile extraction expliquent son bas prix. Fraîche et désailée, il en faut 124,000 pour un kilogramme, 69,000 pour un litre.

Germination. La graine conserve assez longtemps, 3-4 ans, sa faculté germinative. Semée au printemps, elle germe au bout de 4-5 semaines. Elle contient une huile douce non siccative au lieu de térébenthine et a la saveur agréable.

Jeune plant. Le jeune plant, une fois dégagé de ses enveloppes, paraît avec des feuilles cotylédonaires, ordinairement au nombre de 9, exactement semblables à toutes les autres; puis, dans l'année même, il allonge sa plumule en une jeune pousse garnie de 1-3 très-petits rameaux latéraux, dont les feuilles sont finement dentées sur les angles. Au bout de l'année, les feuilles cotylédonaires sont déjà desséchées et la hauteur totale du plant est de 5-8 centimètres. Il prend la ramification verticillée dès les années suivantes; à 5 ans, il mesure, dans de bonnes conditions, 25-30 centimètres.

Tempérament. Avec son faible enracinement, le plant d'épicéa a besoin d'abri dans la jeunesse, afin que la surface de la terre dans laquelle il est implanté ne puisse se dessécher; mais il aime la lumière et n'a rien de la remarquable persistance du sapin sous le couvert; il disparaît rapidement quand celui-ci est complet et prolongé. Si, dans les forêts mélangées de ces deux essences, on voit souvent le sol se repeupler principalement en sapin sous les bouquets d'épicéas, il ne faut chercher de ce fait d'autre raison que l'aptitude du semis de sapin à résister à leur couvert sombre et très-serré, tandis que les plants de l'épicéa lui-même ont disparu depuis longtemps. C'est par une cause analogue que, sous le massif relativement moins serré des sapins, l'épicéa a tout autant de chances de se produire et de se maintenir que son compagnon, plus peut-être, puisque sa végétation des premières années est plus rapide; qu'enfin, l'épicéa, et non le sapin, se propage sur les vides et les terres vagues du voisinage et souvent les envahit. Il ne faut d'ailleurs pas perdre de vue qu'une sapinière pure se régénère d'elle-même en sapin, tout comme une futaie uniquement composée d'épicéas en plants de même espèce.

Le pivot de la racine s'arrête à la surface du sol dès la fin de la première année et produit de nombreuses radicelles très-déliées, qui s'étendent dans toutes les directions. Cette oblitération immédiate de l'axe principal influe sur l'enracinement de l'arbre pendant toute sa vie, mais elle rend les plantations très-faciles et d'une réussite certaine.

L'écorce de l'épicéa est intermédiaire entre celle du sapin et celle des pins. Après la chute de l'épiderme, elle présente : un tissu subéreux, rougeâtre et fragile, qui s'exfolie à la surface en fines membranes ; en dessous, l'enveloppe verte, où l'on remarque des glandes résinifères ; enfin le liber, qui est composé de fibres nacrées, dont les plus anciennes paraissent se transformer à l'extérieur en un tissu cellulaire rougeâtre, dur et compacte. Vers 20-30 ans, un périderme interne s'organise, dessèche et fait tomber tout ce qui le recouvre, y compris les canaux résinifères longitudinaux, et produit un rhytidome rougeâtre, subéreux, qui finit par se gerçurer et s'exfolier à la surface en petites écailles, couvertes de fines pellicules qui s'en détachent constamment. Le liber actif conserve toujours néanmoins une épaisseur notable et contient des canaux résinifères rayonnants de plus grandes dimensions que ceux de toute autre espèce, 7 fois plus larges que ceux du pin sylvestre par exemple (*Hugo Mohl*). Écorce.

L'épicéa occupe en Europe une aire un peu moins méridionale, beaucoup plus septentrionale et infiniment plus vaste que celle du sapin ; la figure, qui en est extrêmement irrégulière, présente son moindre développement vers le sud-ouest et, de là, va sans cesse s'élargissant à travers l'Europe centrale dans la direction du nord-est, depuis les environs de Pampelune et de Barcelone, sous le 43e degré de latitude d'une part, jusque près des rives de la mer Glaciale, non loin du cap Nord, sous le 69e degré, d'autre part. Toute la portion de la France, la plus grande, qui se trouve au nord-ouest d'une ligne tirée des Pyrénées centrales aux Vosges, la Belgique, la Hollande, la Basse-Allemagne du Nord, jusqu'à la Vistule, le Danemark et les îles Britanniques sont en dehors des limites occidentales de cette aire. Vers le sud, l'Espagne, moins le ver- Aire d'habitation.

sant pyrénéen jusqu'en Catalogne, la Corse, la Sardaigne, l'Italie, à l'exception des Alpes de la Lombardie et de la Vénétie, la Grèce et la plus grande partie de la Turquie en sont exclues. Il en est de même de toute la Russie méridionale et orientale, où l'épicéa ne dépasse pas, au delà de Moscou et d'Arkhangel, le 39ᵉ degré de longitude.

Ces limites sont celles de l'épicéa proprement dit, à l'exclusion de sa variété, l'épicéa de Sibérie, dont l'aire d'habitation, encore mal définie, se prolonge beaucoup au delà, vers le nord-est.

Station. Dans les régions septentrionales, en Norwége, l'épicéa descend jusqu'au bord de la mer, et, dans sa limite supérieure, ne s'élève guère au delà de 200 mètres; mais à mesure que la latitude devient plus méridionale, cette altitude s'accroît, en offrant néanmoins une dépression sensible vers l'ouest, où les conditions de végétation semblent être moins favorables à cette essence que du côté de l'est. Ainsi tandis que dans le Tyrol, l'épicéa parvient, sous le 46ᵉ degré 45', à 2,075 mètres, et dans les Alpes de l'Engadine, sous le 44ᵉ degré 40', à 2,111 mètres, il ne dépasse pas 1,720 mètres au Mont-Ventoux, qui se trouve sous le 44ᵉ degré, et 1,624 mètres dans le point le plus occidental et en même temps le plus méridional de son aire, dans les Pyrénées. En même temps que s'élève la limite supérieure de l'épicéa, cet arbre abandonne les plaines et le fond des vallées et présente une limite inférieure en dessous de laquelle il ne descend pas spontanément. Cette limite est d'environ 600 mètres dans les Vosges et le Jura, 800 mètres dans les Alpes maritimes. En France l'épicéa est donc franchement une essence montagneuse, qui s'élève jusqu'à la région alpestre et caractérise une zone de végétation supérieure à celle du sapin pectiné.

L'épicéa forme, à lui seul ou mélangé au pin sylvestre, au sapin et même au mélèze, de vastes forêts, surtout ds aanles prties orientales et septentrionales de son aire; il décroît en importance vers le sud et l'ouest et, dans les Pyrénées, il ne se rencontre plus qu'à l'état de pieds disséminés, qui n'offrent aucun intérêt forestier. A cet égard, l'épicéa se comporte tout à fait à l'inverse du sapin.

Sol.

Tous les sols, quelle qu'en soit la nature géologique et minéralogique, conviennent à l'épicéa, pourvu qu'ils ne soient ni trop compactes, ni trop imperméables, pourvu surtout qu'ils se maintiennent constamment frais ou même humides ; l'état tourbeux, sans être favorable à sa végétation, ne lui est même pas absolument contraire.

En terrain sec et aride, l'épicéa peut parfois se maintenir, mais entièrement dégénéré ; les teintes jaunâtres de son feuillage remplacent la couleur d'un vert sombre qui le caractérise généralement, les aiguilles en restent très-courtes ; les cônes, abondants et prématurés, sont d'une taille réduite au tiers ou au quart de celle qui est habituelle aux individus normalement développés.

Conditions de végétation.

Les conditions météorologiques de végétation de l'épicéa sont : une température moyenne de juillet d'au moins 10°, d'au plus 18°,75′ ; une moyenne de janvier ne s'abaissant pas au-dessous de 12°,5′ (*Willkomm*) ; mais avant toute autre chose une atmosphère humide, des pluies fréquentes, de fortes rosées, afin de maintenir jusqu'à la surface du sol la fraîcheur indispensable pour produire une essence à enracinement aussi faible que l'est celui de l'épicéa.

Bois.

Le bois de l'épicéa a beaucoup d'analogies avec celui du sapin, mais il s'en distingue nettement par les canaux résinifères longitudinaux et rayonnants qu'il contient, canaux que, malgré leur finesse, on peut apercevoir, sur une section transversale bien nette, à la vue simple ou tout au moins à la loupe, sous forme de points blanchâtres et opaques. Il se reconnaît en outre à sa légère odeur résineuse, à son éclat lustré, à ses tissus plus mous et plus légers, à la zone très-étroite de bois d'automne moins lignifié qui limite chacun de ses accroissements annuels. Quant à sa couleur, elle est généralement plus blanche que celle du sapin ; non pas toujours cependant, car chez certains épicéas provenant du nord de l'Europe elle est d'un rouge très-clair, qui rappelle celle du pin sylvestre et décèle un bois de qualité inférieure. Ce bois rougeâtre d'épicéa provient des arbres qui ont crû dans les sols marécageux, appartenant surtout à la variété de Sibérie. Semblable observation a été faite pour les épicéas des hauts plateaux jurassiques (*M. Brenot*).

On ne tient pas compte de l'aubier de l'épicéa, qu'on emploie au même titre que le bois parfait dans l'industrie ; par le fait il se distingue à peine lorsque le bois reste blanc ; il est, au contraire, nettement tranché quand celui-ci devient rougeâtre.

La planche d'épicéa présente généralement des nœuds plus petits, mais plus nombreux que celle du sapin. Ces nœuds, qui, le plus souvent, n'ont point d'adhérence avec le bois, sautent aisément et laissent autant de trous à leur place. Ils proviennent de ces branches, longtemps persistantes encore après leur mort, qui traversent tous les accroissements annuels successifs du fût, sans pouvoir naturellement se souder avec eux.

L'épicéa de croissance lente et égale des hautes régions montagneuses présente souvent une particularité de structure qui mérite d'être signalée. On y remarque sur la section transversale d'assez larges lignes rayonnantes, peu nombreuses, qui, par le débit longitudinal, produisent des maillures analogues à celles que déterminent les quelques larges et hauts rayons du bois de coudrier. Le nom d'épicéa-coudrier (*Haselfichte*), sous lequel on désigne cette variété, rappelle cette ressemblance. Ce n'est point à des rayons véritables qu'il faut rapporter ces lignes, mais à d'étroites inflexions rentrantes des accroissements ligneux, inflexions qui se correspondent, dans le sens des rayons, sur une assez grande succession de couches annuelles et qui sont dues à de gros et longs canaux résinifères longitudinaux, gorgés d'une résine solidifiée, et placés en saillie à la face interne du liber. Semblables à de petits cylindres résistants, ces canaux compriment le cambium et s'impriment en creux sur chacun des accroissements annuels que celui-ci constitue.

Le bois de résonnance, dont il sera question plus loin, appartient souvent à cette variété d'épicéa.

La densité varie beaucoup avec les conditions de la végétation et, pour le bois complétement desséché à l'air libre, va de 0,337-0,579 (*Coll. Éc. For.*).

Le bois d'épicéa, plus léger et moins nerveux que celui du sapin, s'emploie aux mêmes usages et, suivant sa provenance, se paie moins ou plus cher que ce dernier. Il est mou, spongieux, de qualité inférieure dans les stations basses, en raison de la rapidité de sa croissance; vers les limites supérieures de sa zone, au contraire, il acquiert d'excellentes qualités et sa valeur dépasse, du quart au cinquième, celle du bois de sapin. C'est en résumé un bois de construction et de travail de premier ordre, dont quelques emplois spéciaux seront simplement désignés. Usages.

La rectitude et la longueur du fût permettent d'obtenir de l'épicéa de belles mâtures, particulièrement employées par la marine militaire de l'Autriche; la régularité de la fibre en rend la fente très-facile et très-nette et le fait rechercher de préférence à tout autre pour la fabrication d'articles de boissellerie et pour bardeaux; la simplicité et l'homogénéité de sa structure élémentaire, l'égalité et la finesse de ses rayons médullaires le rendent éminemment propre à transmettre, en les augmentant, les vibrations sonores et à fournir à peu près exclusivement, sous le nom de bois de résonnance, les tables d'harmonie des instruments de musique, pianos, violons, contrebasses, etc.

Le bois de résonnance provient d'épicéas âgés des hautes régions, où la croissance est lente et uniforme chaque année, en raison de l'égalité de climat; il doit être à fibre très-droite, exempt de nœuds, parfaitement sain, avec des accroissements égaux, ne dépassant pas 1^{mm},5 à 2 millimètres d'épaisseur, dans lesquels la veine de bois d'automne ne compte au plus que pour un quart. Le débit, nécessairement sur maille, occasionne un déchet considérable, de telle sorte que cette circonstance jointe à la rareté du bois sonore en porte la valeur à un haut prix, 400 à 500 fr. le mètre cube. Bois de résonnance.

La fabrication des allumettes emploie aussi de notables quantités de ce bois; réduit en pâte molle à l'aide de machines, il fournit de plus, en raison de son homogénéité et de sa blancheur, la matière première de papiers et de cartons d'excellente qualité.

Valeur calorifique.

La valeur calorifique de l'épicéa est à celle du hêtre, en moyenne et pour des volumes égaux, comme 70 : 100 ; c'est néanmoins l'un des combustibles les plus avantageux à cultiver, qui rachète largement son infériorité par une végétation active et l'état serré dans lequel il croît ; en un mot, par une production en matière fort élevée.

Suivant T. Hartig, la puissance calorifique de l'épicéa, rapportée à celle d'autres essences, en tenant compte de la production sur des surfaces égales et dans des conditions identiques de végétation, serait exprimée par les chiffres suivants :

Épicéa . . .	Révolution de	120 ans.	Puissance calorifique.	5110
Pin sylvestre.	—	120 ans.	—	3600
Hêtre . . .	—	120 ans.	—	3500
Chêne . . .	—	120 ans.	—	3150
Bouleau. . .	—	60 ans.	—	2890
Aune. . . .	—	60 ans.	—	2200

Produits accessoires.

On résine l'épicéa en dénudant le corps ligneux par des entailles longitudinales, longues et étroites, faites dans toute l'épaisseur de l'écorce ; les larges canaux rayonnants du liber laissent suinter la térébenthine avec abondance. Il suffit d'élargir ces entailles de temps à autre, à travers les nouvelles couches libériennes qui s'organisent, pour obtenir ce produit jusqu'à l'âge le plus avancé. Cette opération est assez productive et se pratique dans le Nord sur une grande échelle ; mais elle affaiblit les arbres et réduit les dimensions qu'ils peuvent atteindre. Elle est, en France, d'autant plus préjudiciable qu'elle se pratique le plus souvent par délits, et qu'au lieu d'entailler simplement l'écorce, on incise profondément et inutilement le corps ligneux, sans aucun souci de l'arbre même. On fabrique, avec le produit du résinage, de l'essence de térébenthine, de la colophane, de la poix dite de Bourgogne, du noir de fumée.

L'écorce contient du tannin et sert, dans quelques contrées, à la préparation des cuirs ; on préfère pour cet usage celle de 60-80 ans. Les habitants pulvérisent le liber interne, dépouillé de son rhytidome, et en obtiennent une farine qui, seule ou mélangée à de la farine d'orge, sert à faire du pain.

La graine renferme 20-25 p. 100 d'huile grasse non siccative.

Après les pineraies, ce sont les forêts d'épicéas qui ont le plus à souffrir des ravages des insectes, tout particulièrement des xylophages qui vivent entre l'écorce et le bois. Les invasions de ces petits animaux s'étendent souvent sur des contrées entières, y frappent de mortalité des forêts de vaste étendue et deviennent de véritables calamités publiques. Ennemis.

I. Insectes vivant au dehors, rongeant les bourgeons, les feuilles et les jeunes pousses.

Insectes parfaits. Coléoptères.

Otiorhynque noir (*Otiorhynchus ater. Herbst.*). Charançon à large trompe, noir, à cuisses rouges. Ronge les bourgeons et coupe les jeunes pousses en voie de développement. Commun dans les perchis.

Hylobe du sapin (*Hylobius abietis. Sch.*). Charançon à large trompe, brun, avec bandes transversales de poils jaune d'ocre. Ronge les bourgeons, les pousses, l'écorce des jeunes plants, souvent circulairement, et les fait périr. Commun et très-nuisible.

Hylésine mineur (*Hylésinus cunicularius. Erichs.*). Petit xylophage cylindrique, tout noir, rongeant l'écorce au pied des plants de 2-5 ans, jusqu'au 1er ou 2e verticille, et les faisant périr.

Chenilles ou fausses-chenilles.

Pyrale des bourses d'épicéa (*Tortrix hercyniana. Ratz. Graptolitha comitana. Wien. Ver.*). Petite chenille à 16 pattes, enlaçant de soies 12-15 aiguilles, en formant un nid et rongeant du dehors le parenchyme intérieur des aiguilles par un trou qu'elle pratique dans l'épiderme. Entrave la croissance des jeunes plants et même des arbres de 40-50 ans.

Liparis disparate (*Liparis dispar. Lin.*). Chenille de grande taille, tuberculée, à tubercules en partie bleus, en partie rouges, à 16 pattes. Peu nuisible.

Liparis Moine (*Liparis Monacha. Lin.*). Chenille de grande taille, à 16 pattes, tuberculée, à tubercules tous rouges. Cette espèce, fréquemment signalée en Allemagne, n'a jamais été remarquée en France par ses dégâts.

Lyde sociale (*Lyda hypotrophica. Herbst.*). Fausses-chenilles à 6 pattes, vivant en société dans une bourse qu'elles filent dans les verticilles supérieurs des épicéas de 15-20 ans.

Némate des sapins (*Nematus abietum. Hartig.*). Fausse-chenille à 20 pattes, rongeant, sans les envelopper de soies, les bourgeons et les aiguilles des épicéas de 10-30 ans.

II. Insectes formant des galles.

Kermès vert et Kermès écarlate (*Chermes viridis* et *Chermes coccineus. Ratz.*). Pucerons produisant sur les rameaux des galles semblables à de petits cônes. Communs, mais peu nuisibles.

Cochenille de l'épicéa (*Coccus racemosus. Ratz.*). Galles en forme de verrues brunes, appliquées sur les rameaux de seconde année et formées par les corps mêmes des insectes.

III. Insectes vivant dans les cônes.

Pyrale des cônes (*Tortrix strobilella. Lin. Tortrix strobilana. Ratz.*). Chenille à 16 pattes, rongeant l'axe des cônes, puis les graines, déformant ces cônes, y produisant des écoulements de résine. Très-commune.

Pyrale du sapin (*Phycis abietella. Fab.*). Chenille à 16 pattes, rongeant la base des écailles du cône qu'elle déforme, puis les graines, mais respectant l'axe. Creuse aussi les jeunes pousses.

IV. Insectes vivant entre l'écorce et le bois.

Larves à 16 pattes, ouvrant sous l'écorce des galeries isolées.

Pyrale des écorces (*Tortrix dorsana. Ratz. T. pactolana. Kuhl et T. duplicana. Zett.*). Chenille creusant sous l'écorce, dans la région des verticilles, une large galerie et produisant un écoulement de résine sur les arbres de 10-25 ans ; desséchement des branches supérieures.

Insectes parfaits ouvrant des galeries de ponte, de chaque côté desquelles partent les galeries des larves, quisont apodes. Coléoptères xylophages.

Bostriche petit (*Bostrichus pusillus. Gyll.*). Très-petite espèce, dont les galeries, entièrement ouvertes dans le liber, sont embrouillées et indistinctes.

Hylésine brillant (*Hylesinus micans. Kug.*). L'une des plus grandes espèces de xylophages. Galerie de ponte horizontale, de laquelle partent les larves qui, au lieu de pratiquer des galeries distinctes, ouvrent une chambre unique de la grandeur de la main. Pied des arbres.

Hylésine polygraphe (*Hylésinus polygraphus. Lin.*). Galerie de ponte horizontale ou oblique, jamais verticale, formée de 2 branches partant d'une chambre centrale, en plus grande partie ouverte dans le liber. Commun et très-dangereux.

Bostriche chalcographe (*Bostrichus chalcographus. Lin.*). Petite espèce dont les galeries de ponte se composent de 4-7 branches rayonnantes à partir d'une chambre centrale. Perches et extrémité des vieux arbres. Très-commun et compagnon du typographe.

Bostriche pityographe (*Bostrichus pityographus. Ratz.*). Galerie de ponte simple, horizontale ou oblique ; galeries des larves espacées, régulières. Jeunes plants et perches.

Hylésine jaune-brun (*Hylesinus palliatus. Gyll.*). Galerie de ponte verticale, très-courte, alternativement élargie et rétrécie, de laquelle partent de longues galeries de larves, se croisant entre elles et se ramifiant. Très-commun.

Bostriche typographe (*Bostrichus typographus. Lin.*). Galerie de ponte verticale, avec quelques trous de ventilation, de laquelle partent perpendiculairement les galeries des larves, en grande partie horizontales. Extraordinairement commun parfois dans les forêts d'épicéas, dont il est le fléau.

Bostriche autographe (*Bostrichus autographus. Fab.*). Galerie de ponte verticale.

Bostriche du mélèze (*Bostrichus laricis. Fab.*). Galerie de ponte verticale.

V. Insectes vivant dans le bois.

Bostriche liseré (*Bostrichus lineatus. Gyll.*). Insecte parfait pénétrant dans le bois pour pondre et larves le criblant de petites galeries cylindriques, enduites de noir (vermoulure noire), qui le déprécient.

Sirex. Plusieurs espèces : *Sirex gigas. Lin.*; *Sirex spectrum. Lin.*, vivant dans le bois à l'état de larves hexapodes, pourvues d'une corne à l'extrémité de l'abdomen. Galeries solitaires, à section circulaire, allant en s'élargissant.

VI. Insectes rongeant les racines.

Intérieurement.

Hylobe du sapin (*Hylobius abietis. Sch.*). La larve, qui est apode, vit dans les souches et les racines et les perfore de ses galeries.

Hylésine mineur (*Hylesinus cunicularius. Erichs.*). Larves apodes, rongeant la face interne de l'écorce sans former de galeries.

Extérieurement.

Otiorhynque noir (*Otiorynchus ater. Herbst.*). Larve blafarde, apode, rongeant les racines des jeunes plants.

Des *Hannetons* d'espèces diverses, sous forme de vers blancs, arqués, hexapodes, et la *Courtilière commune* ou taupe-grillon, rongent aussi les racines des jeunes plants d'épicéas, comme celles de tous les autres végétaux.

GENRE III. — MÉLÈZE. *LARIX. Tournef.*

Feuilles molles et caduques, solitaires sur les pousses qui s'allongent, fasciculées sur celles qui ne se développent pas et restent tuberculiformes. Chatons mâles et femelles terminant de très-courts rameaux latéraux de 2-6 ans et provenant de bourgeons qui ne se distinguent pas à l'avance de ceux à feuilles; les mâles, globuleux, à anthères biloculaires, longitudinalement déhiscentes; les femelles, dressés, entourés à la base d'une rosette de feuilles et pourvus de bractées oblongues, brusquement prolongées en une pointe longue et étroite qui déborde les écailles. Cônes dressés, petits; écailles peu nombreuses, minces et ligneuses, lâchement imbriquées, persistantes, égalant ou débordant les bractées, qui ne se sont point accrues; maturation annuelle. Ramification éparse, non verticillée.

Bois. — Aubier blanc, bois parfait brun-rougeâtre; canaux résinifères abondants, visibles à l'œil nu.

Mélèze d'Europe. LARIX EUROPÆA. DC. *Pinus Larix. Lin.*

Feuilles molles, d'un vert gai, longues de 2-3 centimètres, solitaires et spiralées ou fasciculées, caduques. Chatons mâles globuleux, d'un jaune-verdâtre; chatons femelles, dressés, d'un rouge-violacé, offrant immédiatement plus de moitié de la taille que le cône atteindra, à écailles petites, bractées oblongues, échancrées et denticulées au sommet, prolongées en une pointe longue, étroite, verte. Cônes ovoïdes-oblongs, longs de 3-4 centimètres, solitaires, dressés ou horizontaux, d'un gris-brunâtre presque mat, formés d'un petit nombre d'écailles minces, rhomboïdales, tronquées ou échancrées au sommet, lâchement imbriquées, à bords souvent réfléchis au dehors, finement striées sur le dos, toujours glabres, égalant ou débordant les bractées, qui ne se sont point accrues. Graines petites, obovées, plus ou moins tronquées, d'un gris-jaunâtre très-clair, luisantes sur une face, mates sur l'autre, à ailes 2 fois aussi longues qu'elles, roussâtres; embryon 5-7-cotylédoné. — Arbre de grandes dimensions, formant des forêts dans les Alpes de la Savoie, du Dauphiné et de la Provence, à la limite supérieure de la région des arbres verts. Flor., juin (bien plus précoce, avril, lorsqu'il est cultivé dans la plaine). Fructif., automne de l'année de la floraison. Dissémination, printemps suivant.

Le mélèze est un grand arbre à tige droite, élancée, grêle, atteignant 30-35 mètres d'élévation et 0m,70 de diamètre. Cependant on cite des mélèzes de plus grandes dimensions; l'un d'eux, dans le Valais, a le tronc tellement gros que 7 hommes suffisent à peine pour en embrasser Taille.

la partie inférieure ; il est sans branches jusqu'à une hauteur de 17 mètres et dépasse 50 mètres de hauteur totale ; en Silésie, un mélèze mesure 54 mètres d'élévation et 3m,30 de circonférence à hauteur d'homme.

Port. La cime de cet arbre est étroitement et longuement pyramidale-aiguë, formée de branches grêles, étalées ou réfléchies, redressées à l'extrémité, non verticillées ; les rameaux en sont nombreux, effilés, minces, généralement pendants. Dans les mélèzes qui ont crû en massif, le volume des branches et des rameaux n'est que le sixième du volume total, souche comprise.

Enracinement. L'enracinement se fait par plusieurs racines principales obliquement et profondément enfoncées, desquelles partent un grand nombre d'autres petites racines plus ou moins traçantes ; le pivot véritable s'est oblitéré dès les premières années. Le volume réel du bois de souche et de racines est au volume total comme 10 ou 11 : 100.

Feuillage. Le premier feuillage du mélèze, au printemps, ne consiste guère qu'en feuilles fasciculées ; un mois après seulement se produisent les feuilles solitaires et les jeunes pousses qui déterminent l'accroissement en hauteur. Ce feuillage, se renouvelant et tombant en totalité chaque année, fournit au sol bien plus de détritus que celui d'aucun autre conifère, quoiqu'il ne forme qu'un couvert assez léger. Le tempérament est robuste.

Fructification. La fécondité du mélèze est précoce, surtout lorsqu'il est cultivé dans les régions tempérées ; mais les graines en sont alors vaines et ce n'est qu'à l'âge moyen qu'il fructifie régulièrement. Les cônes s'ouvrent quelquefois dès l'automne, plus constamment au printemps suivant, et persistent sur l'arbre plusieurs années après la dissémination. Il est facile de ne pas confondre les cônes vides avec ceux qui sont frais ; ils sont d'un brun-noir, ceux-ci d'un gris-roussâtre.

Graine. La graine de mélèze se dissémine en mars ; si le sol est alors couvert de neige durcie, il est aisé de la ramasser à l'aide d'un balai dans les plis de terrain où les vents l'ont réunie. On la récolte aussi en gaulant les branches en cette saison et en la recueillant sur des draps placés au pied de l'arbre. Cette graine est de qualité supérieure à celle qui a été extraite des cônes par une chaleur artificielle.

L'extraction de la graine offre certaines difficultés; si l'on dépasse quelque peu la température nécessaire (15°-17°), la résine que les cônes renferment devient fluide et en agglutine les écailles pour toujours.

La graine du commerce ne contient que 34-45 p. 100 de semences de bonne qualité et cette proportion est souvent bien moindre encore. On peut en faire l'épreuve en la mettant dans l'eau; les meilleures graines tombent au fond, presque toutes celles qui flottent sont vaines. Deux circonstances expliquent ce déchet: la première est l'épaisseur de l'épisperme, qui, en rendant les graines vaines presque aussi lourdes que celles qui sont pleines, ne permet pas de les séparer à l'aide du van; la seconde est la petitesse des cônes du mélèze, laquelle modifie singulièrement et dans un sens défavorable la proportion entre les semences de bonne qualité de la portion moyenne de tout fruit de ce genre et celles, mal conformées et généralement mauvaises, qui proviennent de la base et de l'extrémité. Lorsque la graine est fraîche, il en faut, suivant qualité, 128,000-193,000-205,000 pour 1 kilogramme; 62,000 pour 1 litre; elle germe alors rapidement, au bout de 3-4 semaines. Elle peut se conserver 3-4 ans, mais dans ce cas il lui faut d'autant plus de temps pour germer qu'elle est plus vieille; le plant ne lève alors qu'à la 2e et même à la 3e année. Il est bon, dans les régions inférieures où l'on cultive le mélèze, d'en faire macérer la graine pendant 10-15 jours dans de l'eau avant de la semer au printemps; l'imbibition et le ramollissement de l'épisperme facilitent et accélèrent beaucoup la germination.

Germination.

Le jeune plant lève avec 5-7 feuilles cotylédonaires, ordinairement 6, et produit immédiatement une pousse à feuilles solitaires non dentées (celles des plants d'épicéas et des pins le sont sur les bords). D'abord très-petit et grêle, il mesure à la fin de l'année, dans de bonnes conditions, 10-12 centimètres de hauteur; son pivot

Jeune plant.

s'est enfoncé de 10-25 centimètres, suivant les sols. Il atteint 0^m,60 à 1 mètre d'élévation dès l'âge de 2-3 ans.

Écorce.

L'écorce du mélèze a les plus grandes analogies avec celle des pins, tant par sa surface gerçurée-écailleuse que par la structure et le mode d'accroissement; elle présente cependant quelques particularités qui lui sont propres.

Dès la première année un périderme très-mince se produit dans la région moyenne de l'enveloppe herbacée, en dessous des canaux résinifères qui, tout superficiels qu'ils sont, périssent et disparaissent. Dans le parenchyme inférieur, qui a conservé sa vitalité, s'organisent alors de nombreuses vacuoles résinifères, dont l'accroissement en largeur est remarquable. L'écorce reste ainsi, à peu près lisse et grise, jusque vers 20 ans; mais, à cet âge, un périderme interne se développe, en lames souvent épaisses et d'un rouge-cramoisi, dans les feuillets du liber qui se transforme en une sorte de liége sec et brun d'un accroissement rapide. L'écorce se gerçure alors, devient écailleuse et atteint parfois au pied des arbres une épaisseur extraordinaire, qui, dans les stations élevées, va jusqu'à 0^m,30. Il n'y faut plus chercher d'autres organes résinifères actifs que les canaux rayonnants du liber, dont les dimensions sont d'ailleurs assez grandes.

Aire d'habitation.

L'aire d'habitation du mélèze coïncide avec la direction des hautes montagnes de l'Europe centrale; elle forme une bande étroite dirigée de l'O.-S.-O. à l'E.-N.-E., depuis les Alpes maritimes et du Dauphiné jusqu'aux Carpathes du Nord et du Sud, sur une longueur d'environ 20°, du 3e au 23e degré de longitude. Sa limite méridionale atteint, au-dessus de Nice, le 43e degré 50′; sa limite septentrionale ne dépasse pas dans les Carpathes le 50e degré de latitude, de sorte que cette essence reste confinée aux régions montagneuses élevées des latitudes moyennes sans s'étendre comme l'épicéa dans les plaines du Nord. Elle n'y trouverait sans doute pas la somme de température de 1672° au-dessus de zéro qui lui est nécessaire pendant la période de végétation. L'épicéa, sous ce rapport, est moins exigeant et se contente de 1450°.

Station.

Le mélèze ne se rencontre en France à l'état spontané

que dans les Alpes de la Savoie, du Dauphiné et de la Provence, où il apparaît vers 1,000 mètres dans le Nord, 1,200 mètres dans le Sud et parvient jusqu'à 2,300 mètres; il s'élève ainsi avec le pin cembro aux limites extrêmes de la végétation forestière, jusque dans la région des pâturages alpestres.

Les conditions de végétation sont: une somme de température de 1672°; une température moyenne annuelle d'au moins 1°, d'au plus 8°; un repos d'hiver de 4 mois au minimum. (*Willkomm.*)

Les situations abritées contre les vents âpres et secs des hautes régions sont recherchées par le mélèze, qui d'ailleurs se contente de tous les sols, calcaires, dolomitiques, schisteux, siliceux, pourvu qu'ils soient suffisamment frais, meubles et profonds. L'espace, la lumière lui sont indispensables; l'état de massif lui est contraire; aussi les forêts de cette essence sont-elles toujours très-claires, couvertes d'un beau gazon, régulièrement pâturé ou fauché.

On a cherché à répandre le mélèze en dehors de sa région naturelle, jusque dans les pays de plaines ou de coteaux. Il y végète avec une vigueur remarquable dans la jeunesse, mais il présente de bonne heure les indices d'une caducité prématurée; le bois en est, dans ce cas, de médiocre qualité.

Bois.

Le bois du mélèze a un aubier blanc-jaunâtre très-apparent, nettement limité, composé de 6-20 couches qui forment en général une zone très-mince, surtout chez les vieux arbres, en raison de l'excessive lenteur de leur végétation; le bois parfait est rouge-brun, veiné par les côtes de bois d'automne qui sont de couleur plus foncée. Il contient, comme celui des pins, de nombreux et gros canaux résinifères très-apparents; une abondante résine l'imprègne. Complétement desséché à l'air et d'origine spontanée, il pèse 0,557-0,668; cultivé dans les montagnes inférieures ou les régions de collines, il ne pèse plus que 0,456-0,531 (*Coll. Ec. For.*).

Usages.

Le mélèze est le chêne de la montagne; son bois est l'un des plus précieux que produisent nos forêts; sa complète lignification, sa grande richesse en résine lui assurent une durée très-prolongée, en même temps que la régularité et la minceur des accroissements, alternativement formés de zones molles et dures, lui communiquent une résistance et une souplesse remarquables. Il ne se gerçure pas, n'est point attaqué par les insectes et convient aux constructions civiles, hydrauliques et navales (mâture et bordage). En Russie, on l'emploie même à la membrure des vaisseaux, et un navire retiré de la mer du Nord, où il était submergé depuis plus de 1,000 ans, avait encore du bois de cette espèce parfaitement sain et tellement dur qu'il résistait aux outils les plus tranchants. On en fabrique des bardeaux, du merrain et des tonneaux qui ont l'avantage de laisser très-peu évaporer les liquides, des échalas d'une durée presque indéfinie, des tuyaux pour la conduite des eaux, etc.

Le bois de mélèze du Briançonnais a la fibre souvent entrelacée et noueuse; c'est la conséquence de l'émondage qu'on lui fait subir; de nombreux rameaux repoussent tout le long de sa tige et forment une cime très-étroite, qui rappelle celle du peuplier d'Italie.

Valeur calorifique.

Comme bois de chauffage, le mélèze a l'inconvénient de pétiller et de lancer beaucoup d'éclats, plus encore que les autres bois résineux; à cela près, il a une puissance calorifique assez élevée, qui est à celle du hêtre comme 80 : 100. Le charbon qu'on en obtient est de bonne qualité, préférable à celui du pin et de l'épicéa.

Résinage.

La térébenthine est assez abondante dans le liber du mélèze et cependant ce n'est pas de l'écorce qu'on la retire. On l'extrait de la région ligneuse moyenne, où une infiltration de la surface vers le centre l'accumule abondamment, surtout au pied des arbres.

On connaît des procédés divers d'extraction; le suivant est pratiqué, dans le Valais, par des Lombards qui en parcourent les forêts chaque année.

On ouvre, avec une tarière de 3 centimètres de diamètre, à 0m,60 du sol d'abord, en remontant ensuite jusqu'à une hauteur de 3-4 mètres, plusieurs trous légèrement inclinés de bas en haut et dirigés vers le cœur de l'arbre, mais sans l'atteindre. L'opération se fait pendant la belle saison; les trous se pratiquent de préférence du côté du midi, sur les chicots des anciennes branches. On munit leur orifice de gouttières en bois ou en écorce et l'on place au-dessous un auget. Un arbre peut rapporter en moyenne 85-100 grammes de térébenthine par an et cela pendant 40-50 années de suite, si l'on a soin de reboucher exactement les trous pour l'hiver; ce chiffre peut aller jusqu'à 2^k,500. (*Marchand.*)

Contrairement aux faits observés dans la pratique du résinage des pins, il paraît que les mélèzes ainsi traités perdent toute leur valeur comme bois de construction et ne conviennent plus qu'au chauffage. Cette anomalie apparente peut se justifier par la méthode usitée, qui consiste à soutirer du cœur de l'arbre la térébenthine qui s'y infiltre, en incruste et solidifie les tissus, sans produire de lésions superficielles capables de balancer ce résultat par une notable diminution d'accroissement ou par une certaine évaporation d'essence et un dépôt proportionnel de résine dans les tissus.

Dans le Tyrol méridional, on s'y prend différemment. Au printemps, on ouvre au pied des arbres déjà forts, et jusqu'à leur centre, un trou horizontal de 3 centimètres de diamètre; si l'arbre est sur une pente, on choisit le côté qui regarde le bas de la montagne. On bouche l'orifice avec un tampon de bois, enfoncé avec force. La térébenthine s'amasse dans la cavité pendant l'été et à l'automne on la retire avec une cuiller d'une forme particulière, après quoi on replace le bouchon. Au bout d'un an on extrait une nouvelle quantité de térébenthine et ainsi de suite chaque année. (*Hugo Mohl.*)

Ce procédé est infiniment moins productif que le précédent, mais il ménage bien plus les arbres et l'on n'a point remarqué qu'il nuisît à la qualité de leur bois. (*Wessely.*)

Le résinage n'est point pratiqué, au moins régulièrement, dans les forêts françaises des Alpes; il est à désirer qu'il n'y soit point introduit.

La térébenthine du mélèze est connue sous le nom de

térébenthine de Venise ; on en extrait de l'essence et différents autres produits. Elle est réputée plus pure et de meilleure qualité que celle que l'on retire des pins.

Produits accessoires.

Les feuilles du mélèze excrètent une substance résineuse particulière, qui se solidifie sous forme de petits grains blanchâtres et que la médecine utilise, comme purgatif, sous le nom de Manne de Briançon.

L'écorce jeune sert au tannage et dans quelques États de l'Allemagne la culture du mélèze a pris une certaine extension en raison de l'excellente qualité de ce produit ; elle est aussi employée à la teinture en brun.

Ennemis.

L'***Hylobe noté***, les ***Bostriches curvidenté, typographe, du mélèze et liseré***, l'***Hylésine jaune-brun*** (voir ÉPICÉA et SAPIN) vivent sur le mélèze, mais, sans s'y multiplier en grand nombre et y commettre de notables ravages ; ceux-ci sont presque entièrement dus à de petites larves de Pyrales, de Teignes et de Tenthrédines.

A. DÉGÂTS EXTÉRIEURS SUR LES BOURGEONS, LES FEUILLES ET LES JEUNES POUSSES.

Chenilles à 16 pattes.

Pyrale grise du mélèze (*Tortrix pinicolana. Zett.*). Petite chenille vivant au centre des jeunes faisceaux de feuilles, qui se dessèchent et rougissent.

Teigne du mélèze (*Tinea laricella. Hübn.*). Très-petite chenille mineuse, creusant, en y pénétrant ou du dehors, la moitié supérieure des aiguilles, laquelle se flétrit et se dessèche.

Fausses chenilles à 20 pattes.

Némate du mélèze (*Nematus laricis. Hartig.*) et *Némate d'Erichson* (*Nematus Erichsoni. Hartig.*). Les larves de ces tenthrédines vivent sur les jeunes pousses et en rongent les aiguilles complétement.

Pucerons piquant et suçant les aiguilles.

Kermès du mélèze (*Chermes laricis. Hartig.*). Puceron

couvert d'une abondante efflorescence laineuse et blanche, piquant et faisant couder les aiguilles vers leur milieu.

B. Dégâts intérieurs.

Teigne des pousses du mélèze (*Tinea lævigatella. H.*). Chenille à 16 pattes creusant les jeunes pousses.

Pyrale de l'écorce du mélèze (*Tortrix zebeana. Ratz.*). Chenille à 16 pattes vivant sous l'écorce et produisant sur les jeunes tiges ou les rameaux des tumeurs avec épanchement de résine.

GENRE IV. — CÈDRE. *CEDRUS. Link.*

Feuilles persistantes, coriaces, tétragones, piquantes, éparses et solitaires sur les pousses qui s'allongent, fasciculées sur celles qui restent tuberculiformes. Chatons terminant les rameaux de ce dernier genre et entourés à la base de feuilles fasciculées; les mâles assez gros, ovoïdes, jaunâtres, à anthères biloculaires, longitudinalement déhiscentes; les femelles dressés, à bractées courtes et non accrescentes. Cône gros, ellipsoïde ou ovoïde, dressé, à écailles nombreuses très-étroitement imbriquées, larges, minces et arrondies sur les bords, finalement mais difficilement caduques. Maturation bisannuelle. Graines irrégulièrement triangulaires, largement ailées, contenant de la térébenthine; embryon 9-cotylédoné. Ramification non verticillée.

Bois. — Bois brunâtre, avec l'aubier blanc nettement tranché, dépourvu de canaux résinifères, mais contenant des cellules disséminées qui les remplacent (non apparentes à la loupe) et lui donnent une odeur aromatique prononcée et très-persistante. Accroissements très-distincts, rappelant ceux du sapin.

Cèdre du Liban. Cedrus Libani. Barrel. *Pinus cedrus. Lin.*

Feuilles fasciculées, longues de 12-15 millimètres; feuilles solitaires, vertes, unicolores, de 25-40 millimètres. Chatons mâles longs d'environ 5 centimètres, ovoïdes, dressés, jaunâtres; chatons femelles, de même taille, naissant généralement vers le haut de la cime, d'abord pourpres, puis jaunâtres, à bractées obovales, très-courtes, érosées-denticulées; écailles suborbiculaires, irrégulièrement dentées sur les bords. Cônes ellipsoïdes ou cylindroïdes, déprimés au sommet, longs de 7-12 centimètres, larges de 5-7, plus ou moins courtement et fortement pédonculés, bruns et mats à la maturité; écailles se resserrant sous l'action de la chaleur, s'écartant et finissant par se désarticuler sous l'influence de l'humidité. Graines longues de 12-15 millimètres, ayant la forme de celles du sapin, et, comme elles, renfermant, sous l'épisperme, des vésicules remplies d'une térébenthine très-limpide; d'un testacé clair, un peu luisantes, accompagnées d'une aile mince, roussâtre, largement triangulaire, du double plus longue qu'elles.

Var. α. ***Argenté. Victor Renou.*** Feuilles plus courtes, généralement arquées et conniventes, de sorte que les faisceaux qu'elles forment sont presque globuleux; ayant une teinte glauque argentée en dessus, due à 2 raies blanches bien marquées. Cime en cône moins ouvert à la base que celle du type, à branches plus inclinées vers le sol.

Grand arbre à tige trapue, non verticillée, à longues branches horizontales, densément ramifiées dans un même plan; cultivé en France, spontané en Algérie. Flor., septembre-octobre. Fructif., juin-juillet de la 2e année, 20 mois après la floraison. Dissémination, automne-fin de l'hiver et même seulement printemps-été de la 3e année.

Taille. Port. Arbre de très-fortes dimensions, atteignant 40 mètres d'élévation, 9 mètres et même plus de circonférence à la base; dont la tige est trapue et puissamment ramifiée en branches robustes, très-longues, non verticillées, horizontales ou légèrement relevées, s'étalant en larges palmes très-planes densément feuillées sur la face supérieure et formant par leur ensemble une vaste cime conique à couvert épais, dont l'envergure dépasse quelquefois 100 mètres sur les arbres isolés. La perte de la flèche est souvent irrémédiable et arrête l'accroissement en hauteur.

La longévité est très-prolongée et s'élève au moins à 2,000 ans.

Enracinement. L'enracinement se fait par de robustes racines pivotantes et traçantes.

Écorce. L'écorce, d'abord lisse et d'un brun-grisâtre, se gerçure vers 20-30 ans et tombe par plaques; puis elle présente un rhytidome brun, gerçuré-écailleux, dû à de très-courtes et très-minces lames de périderme, d'un gris-roux clair, qui s'interposent dans les couches extérieures du liber, dont les tissus se sont transformés en une espèce de liége sec, d'un rouge-brun, constamment repoussé au dehors sous formes d'écailles peu étendues. On y observe de très-nombreuses vacuoles résinifères.

Fructification. Le cèdre (cultivé) commence à fructifier vers 40-50 ans, mais peu abondamment. Le cône contient, en moyenne, une centaine de graines.

Pendant longtemps on n'a su obtenir celles-ci qu'avec beaucoup de difficultés, en perforant et détruisant l'axe du cône avec une tarière. On sait maintenant qu'en plongeant ce cône dans l'eau froide pendant 24-36 heures, les écailles s'écartent et même se désarticulent sous le moindre effort, pourvu qu'il soit parfaitement mûr. Les graines ne souffrent pas de cette immersion si on a le soin de les exposer à un soleil modéré pour les faire sécher. Extraction de la graine.

Le jeune plant lève avec 8-10, généralement 9 feuilles cotylédonaires ; il développe un enracinement profond, mais il est d'une transplantation extrêmement difficile.

Le cèdre, que l'on croyait relégué sur le mont Liban et représenté par quelques vieux arbres seulement, forme de vastes forêts dans l'Asie-Mineure, sur le Taurus, et dans l'Afrique septentrionale, sur l'Atlas. Il est même très-répandu sur les hauts plateaux de l'Asie centrale, dans l'Hymalaya, où il a été décrit sous le nom de Cèdre Deodara (*Cedrus Deodara. Roxb.*), qui s'applique bien plutôt à une variété locale du cèdre du Liban qu'à une espèce franchement caractérisée. C'est en tout cas un arbre des régions montagneuses qui, en Algérie, se maintient dans une zone comprise entre 1,400 et 1,800 mètres, où la neige persiste généralement de décembre en mai. Patrie

Il fut introduit en France par B. de Jussieu en 1734 ou 1736, et bien que, comme la plupart des végétaux alpestres, il redoute les gelées, surtout dans sa jeunesse, il s'y est naturalisé et il y fructifie.

A la couleur près, le bois de cèdre ressemble assez à celui du sapin ; il est comme lui dépourvu de canaux à résine, mais il a une odeur aromatique vive et caractéristique, qu'il doit à des amas très-disséminés de cellules résinifères ; il est en outre brun ou brun-jaunâtre, avec l'aubier blanc bien tranché et assez abondant (25-50 couches). L'homogénéité en est plus grande, parce que le bois d'automne est moins lignifié, tandis que le bois de printemps l'est davantage ; la fibre en est plus courte, le grain plus fin et plus doux, susceptible d'un poli plus parfait. Si par ces motifs le cèdre est inférieur au sapin pour la Bois.

résistance, l'élasticité et, par suite, pour les constructions, il ne laisse pas que d'être un bois de premier ordre, dont les excellentes qualités ont été reconnues de tout temps par les anciens comme par les Arabes de nos jours, qui, le mettant en œuvre depuis longtemps, ont pu en constater la bonté. Mais pour mériter sa réputation, il doit avoir crû spontanément dans son aire et dans sa station. Aux hautes altitudes qu'il habite, la courte durée de la période de végétation, l'égalité des saisons, une énergique insolation pendant l'été déterminent la production de couches annuelles minces, égales, dont le bois d'automne, bien lignifié, représente environ le quart de l'épaisseur totale. Dans ces conditions, la densité s'élève et va, à l'état de complète dessiccation à l'air libre, de 0,606 à 0,808 (*Coll. Éc. For.*); le bois parfait, bien constitué, se distingue nettement de l'aubier par la coloration brun-jaunâtre qui lui est propre. A ces qualités incontestables le cèdre joint, sinon l'incorruptibilité, tout au moins une très-grande durée, qu'il doit à la térébenthine qui l'imprègne; celle-ci, en revanche, lui communique une odeur tellement vive et pénétrante, qu'elle devient souvent insupportable.

Tout autre est le bois du cèdre cultivé en dehors de sa région naturelle, dans les plaines et les coteaux de la France continentale. Sous un climat plus doux, mais plus variable, ce bois est formé d'accroissements très-larges, inégaux, dont la zone d'automne est mal lignifiée et ne représente qu'une faible portion de l'épaisseur totale, le $^1/_{18}$ seulement sur un échantillon provenant de Nancy; ce bois est mou, léger, 0,45 (*Coll. Éc. For.*), à peine coloré, sans odeur sensible; il ne présente plus aucune des qualités qui caractérisent l'espèce spontanée.

La rapidité de croissance du cèdre cultivé est telle, qu'un arbre de cette espèce, planté dans un parc de Seine-et-Marne, mesurait, à l'âge de 125 ans, 7 mètres de circonférence à 2 mètres du sol.

Valeur calorifique.

Le cèdre est un mauvais bois de chauffage, qui passe vite au feu et pétille beaucoup; dont le charbon noircit promptement.

Il peut fournir de la térébenthine et se trouve soumis au résinage, qui se pratique probablement comme celui de l'épicéa. Résinage.

Tribu II. — PINS. — ***Chatons mâles agglomérés à la base des pousses de l'année; anthères biloculaires, longitudinalement déhiscentes; chatons femelles, très-petits, axillaires, solitaires, opposés ou verticillés au sommet des mêmes pousses, immédiatement en dessous du bourgeon terminal; cônes à écailles persistantes, ligneuses, épaissies à l'extrémité en une sorte d'écusson souvent pyramidal, surmonté d'une protubérance mutique ou mucronée; à bractées toujours oblitérées. Graines assez régulièrement ovoïdes-déprimées, non tronquées comme le sont la plupart de celles des abiétinées de la première tribu, à aile caduque. Maturation 2-, rarement 3-annuelle. Feuilles allongées, réunies à la base par 2, 3 ou 5 dans une gaîne écailleuse.***

GENRE V. — PIN. *PINUS. Tournef.*

Mêmes caractères que ceux de la tribu.

Arbres à ramification verticillée sur la tige, sur les branches et sur les rameaux, à cime pyramidale-aiguë, s'étalant ou s'arrondissant plus tard.

Bois. —Canaux résinifères longitudinaux gros et nombreux, disposés dans la zone médiane et dans la zone externe de chaque couche, apparents à l'œil nu; canaux rayonnants, en relation avec les rayons médullaires, souvent aussi visibles. Aubier blanc, abondant; bois parfait allant du rouge tendre au rouge-brun, parfaitement tranché, veiné par les côtes du bois d'automne qui sont plus fortement colorées. Accroissements annuels très-distincts.

Les feuilles des pins sont de deux sortes. Les unes, *feuilles primordiales*, n'apparaissent généralement que dans la première jeunesse; elles sont solitaires, spiralées, raides, insensiblement effilées en pointe aiguë, planes et denticulées sur les bords. Mais dès la seconde année celles-ci cessent généralement de se produire, ou plutôt elles se réduisent à des écailles sèches, triangulaires-aiguës, à l'aisselle desquelles s'organisent et se développent immédiatement de prompts bourgeons dont les écailles Feuilles.

membraneuses, étroitement imbriquées, forment une gaîne persistante ou caduque et dont l'axe, très-réduit, s'arrête après avoir produit un nombre limité de feuilles, 2, 3 ou 5, qui sont entièrement différentes des primordiales et constituent les *feuilles définitives*.

Les feuilles engaînées des pins appartiennent en réalité à un très-court rameau axillaire qui rappelle les rameaux tuberculeux, surmontés de feuilles fasciculées, des cèdres et des mélèzes; seulement, chez ces derniers, les bourgeons qui produisent les faisceaux naissent à l'aisselle de feuilles normalement développées, ils sont irrégulièrement disséminés, n'ont point un développement immédiat et ils conservent leur extrémité active pendant plusieurs années, de sorte que le nombre de leurs feuilles n'est point rigoureusement limité.

Les aiguilles des pins forment, lorsqu'elles sont rapprochées, un cylindre complet et se touchent par des faces planes; chacune d'elles a donc la section transversale avec la face externe ou inférieure convexe et, suivant qu'elles sont engaînées par 2-3 ou 5, la forme de $\frac{1}{2}$, $\frac{1}{3}$ ou $\frac{1}{5}$ de segment de cylindre. Lorsque ces aiguilles sont détruites, par des chenilles ou par des hannetons par exemple, peu de temps après leur développement, elles sont fréquemment remplacées par d'autres semblables, qui sortent d'entre leurs tronçons, à la condition toutefois que le petit axe qui les a produites n'ait point été rongé par les insectes. Plus tard, cet axe perd toute vitalité et semblable remplacement devient impossible.

Quelques espèces de pins, le pin pinier et le pin d'Alep entre autres, présentent pendant assez longtemps et indifféremment sur un même rameau des aiguilles définitives, engaînées, ou, à leur place, des ramules allongés, couverts de feuilles primordiales solitaires, spiralées et denticulées, dont les aisselles sont généralement stériles.

Il n'est pas rare de voir chacun des rameaux raccourcis ou fasciculés des pins se transformer en une inflorescence femelle et produire autant de cônes, qui quelquefois garnissent les pousses sur toute leur longueur.

Couvert. La durée de persistance des feuilles des pins est loin d'être prolongée comme chez les sapins et les épicéas; elle décroît en outre à mesure que les arbres avancent en âge ou que la végétation est moins active; elle va de 2 à 5 ans. Le feuillage est, en conséquence, clair, le couvert léger, surtout chez les vieux arbres.

Les pins sont des arbres sociaux, de tempérament très-robuste, avides de lumière, qui ne comportent point l'état de massif serré; il leur faut de l'espace pour développer en largeur une cime qui ne peut rester feuillée sur une grande hauteur; aussi est-il indispensable de le leur ménager, sans quoi l'on s'expose à ne produire que des arbres grêles, qui ploient sous leur propre poids ou sous celui de la neige et du givre, et à voir chaque année les peuplements se clairiérer d'eux-mêmes par la mort d'arbres dont la cime est insuffisamment constituée. Tempérament.

Le plant se verticille de bonne heure, vers la seconde ou la troisième année. Chez les jeunes arbres, la cime est pyramidale-aiguë, régulièrement verticillée, parce qu'il ne se produit jamais chez les pins de ces bourgeons disséminés qui troublent parfois la ramification des sapins et surtout des épicéas; plus tard l'accroissement en hauteur se ralentit et s'arrête sur la tige principale, tandis qu'il se maintient actif sur les branches qui, dès lors, s'étalent en une ample cime arrondie, rappelant la forme d'un parasol. Ramification.

Le bois des pins est généralement supérieur à celui des sapins et des épicéas; il est plus dur, plus dense, plus nerveux et surtout plus durable; il doit ces qualités à une lignification plus complète et principalement à la résine qui en injecte les tissus, mais il ne les possède qu'à l'état parfait. Son aubier, malheureusement très-abondant, est loin de les partager; il est de la pire qualité, très-exposé à la pourriture et à la vermoulure. Cette relation d'ailleurs n'est point spéciale aux pins; elle s'observe chez la plupart des végétaux ligneux, où l'on constate que les espèces qui fournissent les bois parfaits les plus estimés sont aussi celles qui produisent l'aubier le plus mauvais, comme si la substance qui incruste les premiers et leur donne toutes leurs qualités se trouvait représentée dans le second sous forme fermentescible et assimilable. Bois.

Les pins ne sauraient supporter, sans succomber rapidement, le couvert auquel résiste si longtemps le sapin ; ils exigent dès l'origine une insolation directe et constante ; aussi leur végétation se poursuit-elle dans des conditions sensiblement égales et leur bois est-il d'une structure plus uniforme, quant à l'épaisseur des couches annuelles.

La térébenthine des pins est formée de proportions très-variables d'essence et de résine suivant les espèces. Lorsque l'essence abonde, on voit s'écouler de l'arbre exploité une térébenthine très-fluide, très-volatile, mais l'on retrouve à peine de la résine dans son bois desséché. Si l'inverse a lieu, la térébenthine est visqueuse et laisse après la dessiccation une résine abondante qui incruste et durcit les tissus, les protége contre les causes de destruction, leur assure une valeur calorifique supérieure. Le pin cembro, le pin de montagne et surtout le pin Weymouth sont dans le premier cas ; le pin sylvestre, le pin Laricio et le pin maritime, dans le second.

Fructification. La floraison des pins n'est pas suivie d'une fécondation immédiate ; les tubes polliniques ne parviennent à tout leur développement et ne l'opèrent qu'au mois de juin de l'année suivante. Jusque-là, les cônes sont restés très-petits, sans s'accroître ; mais, à partir de ce moment, ils grossissent rapidement et ils parviennent à toutes leurs dimensions dans le courant de l'année même ou de celle qui suit.

Ennemis. Les pins sont de toutes les essences celles qui nourrissent parmi les insectes le plus grand nombre d'ennemis ; dans toutes les périodes de leur vie, de leur naissance à leur dépérissement, ils ont à en redouter les atteintes. Ils ne sont point, il est vrai, attaqués par des xylophages qui, pour l'étendue des dégâts, puissent être comparés au bostriche typographe de l'épicéa, mais ils succombent souvent sous les ravages tout aussi funestes des chenilles et des fausses chenilles, qui les dépouillent parfois entièrement de leurs organes foliacés.

Les espèces qui vont être signalées, quoique plus spéciales au pin sylvestre, attaquent aussi ses congénères.

I. — Dégâts extérieurs.

Destruction des aiguilles.

* Larves à 16 ou 10 pattes. — Chenilles de lépidoptères.

Sphinx du pin (*Sphinx pinastri. Lin.*). Grosse chenille à 16 pattes, glabre, pourvue d'une corne sur le dernier segment de l'abdomen.

Noctuelle piniperde (*Noctua piniperda. Esp.*). Chenille à 16 pattes, glabre, dont les couleurs sont distribuées par bandes longitudinales, sans corne abdominale. L'une des trois espèces les plus redoutables aux pineraies.

Lasiocampe du pin (*Lasiocampa pini. Lin.*). Grosse chenille à 16 pattes, poilue, non tuberculeuse, dont les trois premiers segments sont réunis en dessus par une membrane bleu d'acier. Le plus dangereux ennemi des pineraies.

Liparis Moine (*Liparis monacha. Lin.*). Chenille à 16 pattes, à poils fasciculés sur des tubercules qui sont tous rouges. S'attaque à toutes les essences, feuillues ou résineuses, au pin de préférence.

Bombyce pinivore (*Bombyx pinivora. Kuhlw.*). Chenilles processionnaires à 16 pattes, à poils fasciculés sur des tubercules; vivant aux aisselles des branches dans un nid commun d'où elles sortent et où elles rentrent en observant un ordre régulier. Les poils dispersés dans l'air déterminent chez les hommes et les animaux des inflammations douloureuses.

Géomètre du pin (*Fidonia piniaria. Lin.*). Chenille glabre, à 10 pattes, ornée de bandes longitudinales. Compte parmi les trois espèces les plus dangereuses.

** Larves à 6 ou à 22 pattes. — Fausses chenilles d'hyménoptères.

Lyde bleue (*Lyda erythrocephala. Lin.*). Fausse chenille glabre, à 6 pattes, vivant en petites sociétés dans un fourreau très-lâche qui enlace les aiguilles d'un an.

Lyde champêtre (*Lyda campestris. Lin.*) Fausse chenille à 6 pattes, vivant solitaire dans un fourreau qui retient les excréments et enveloppe la pousse de l'année.

Lyde des prés (*Lyda pratensis. Ratz.*). Fausse chenille à 6 pattes, vivant solitaire dans un très-lâche fourreau qui ne retient pas les excréments et enveloppe la pousse de l'année précédente.

Lophyre du pin (*Lophyrus pini. Lin.*). Fausse chenille à 22 pattes, glabre, chagrinée, vivant à nu sur la cime des arbres, sans y produire de soies.

Quelques autres espèces de lophyres vivent aussi sur les pins.

Attaque des jeunes tiges et des rameaux.

Hylobe du sapin (*Hylobius abietis. Lin.*). Coléoptère à tête prolongée en bec, à l'extrémité duquel sont des antennes coudées, en massue ; rongeant les bourgeons, l'écorce des jeunes plants, y provoquant un épanchement de résine et les déformant.

Pissode noté (*Pissodes notatus. Fab.*). Coléoptère à tête prolongée en bec, supportant les antennes en son milieu ; commet les mêmes dégâts que l'hylobe. La larve, apode, vit au pied des jeunes pins et en perfore la tige de part en part.

II. — DÉGÂTS INTÉRIEURS.

* *Dans les bourgeons et les jeunes pousses.*

Hylésine piniperde (*Hylesinus piniperda. Lin.*). Petit coléoptère cylindrique, brun, qui creuse les jeunes pousses des pins de la base au sommet, en suivant le canal médullaire, et qui en provoque la chute. Extrêmement commun dans les perchis.

Pyrale des pousses (*Tortrix buoliana. Wien. Ver.*). Petite chenille à 16 pattes, creusant vers leur base les pousses en voie de développement des jeunes pins. Très-commune ; déforme les pins.

Pyrale des bourgeons (*Tortrix turionana. Hübn.*). Petite chenille à 16 pattes, creusant le bourgeon terminal des pins de 10-15 ans, avant qu'il se développe.

Pyrale double (*Tortrix duplana. Hübn.*). Se distingue

de la pyrale des pousses, parce que c'est dans l'extrémité de celles-ci que se tient la chenille.

Pyrale de la résine (*Tortrix resinana. Ratz.*). Chenille à 16 pattes, creusant les rameaux en dessous du dernier verticille et y produisant une galle de résine qu'elle habite.

***** Entre l'écorce et le bois. Larves apodes.***

(Système régulier des galeries de ponte et des galeries des larves qui en partent.)

Hylésine très-petit (*Hylesinus minimus. Fab.*). *Bostriche bidenté* (*Bostrichus bidens. Fab.*). *Bostriche acuminé* (*Bostrichus acuminatus. Gyll.*). Ces espèces ouvrent des galeries de ponte étoilées, à 3-7 branches, qui partent d'une chambre commune.

Hylésine petit (*Hylesinus minor. Hart.*). Galerie de ponte à 2 branches, en accolade régulière, horizontale.

Hylésine piniperde (*Hylesinus piniperda. Lin.*). Galerie de ponte verticale, allongée, sans chambre centrale; galeries des larves nombreuses, rapprochées.

Hylésine noir (*Hylesinus ater. Payk.*). Galerie de ponte verticale, courte, sans chambre centrale ; galeries des larves peu nombreuses, espacées.

Bostriche du mélèze (*Bostrichus laricis. Fab.*). Galeries de ponte verticales, dirigées de bas en haut et de haut en bas à partir d'une chambre centrale, de 15-20 mill. de long.

Bostriche sténographe (*Bostrichus stenographus. Dufts.*). Galeries semblables à celles du précédent, mais plus grandes du double. Le plus grand des bostriches indigènes et le plus commun dans les pineraies, où il est le représentant du bostriche typographe des forêts d'épicéas; infiniment moins nuisible.

****** Dégâts dans le bois.***

Bostriche liseré (*Bostrichus lineatus. Oliv.*). Ouvre, à l'état parfait comme à l'état de larve, de petites galeries cylindriques, enduites d'une couleur noire.

Sirex jouvenceau (*Sirex juvencus. Lin.*). Les larves, à 6 pattes, avec une corne abdominale, sillonnent le bois de galeries irrégulières, arrondies, qui vont en s'élargissant.

**** *Dégâts dans les racines.*

Hylobe du sapin (*Hylobius abietis. Sch.*). Creuse, à l'état de larve apode, des galeries isolées, irrégulières, au collet des jeunes plants.

A. Feuilles géminées, à gaînes persistantes ; écusson terminant les écailles des cônes à protubérance centrale ; écorce gerçurée-écailleuse, rouge-brunâtre ou brune.
  B. Cône conique, à maturation bisannuelle ; graine grandement ailée, à épisperme crustacé.
    C. Cône mat, gris-verdâtre ou brunâtre, de 3-6 cent. de long, à écussons plans ou prolongés, sur la partie supérieure du cône, en pyramides étalées ou légèrement réfléchies, grêles, à faces concaves. Feuilles glaucescentes, de 5-6 cent. de long. . . . . P. SYLVESTRE. . 1
    C' Cône luisant.
      D. Écussons de la partie supérieure du cône prolongés en pyramides réfléchies, épaisses, à faces convexes. Feuilles de 5-6 cent. de long, vertes, non glauques. P. DE MONTAGNE 2
      D'. Écussons non prolongés en pyramides réfléchies.
        E. Cônes de 5-8 cent. de long, d'un jaune-roussâtre, coniques-aigus et arqués, à écussons transversalement pyramidaux. Feuilles de 10-15 cent., épaisses, d'un vert foncé . . . . P. LARICIO. . . . 3
        E'. Cônes de 8-14 cent. de long, d'un roux vif.
          F. Écussons presque plans, transversalement et finement carénés. Feuilles de 6-17 cent., grêles . . . . P. D'ALEP. 4
          F'. Écussons pyramidaux, très-saillants, aigus, transversalement carénés. Feuilles de 10-25 cent. . . . . P. MARITIME. . . 5
  B'. Cône gros, ovoïde, obtus, à maturation trisannuelle. Graines grosses, à aile très-étroite et très-caduque, revêtues d'un épisperme épais et ligneux. Feuilles assez grêles, de 8-15 cent. P. PINIER. . . . 6

A'. Feuilles quinées, à gaînes caduques ; écussons à protubérance terminale ; écorce lisse et vive jusqu'à un âge avancé, d'un gris-brun verdâtre.
B. Cône ovoïde-obtus, gris-brun mat, à graines non ailées, revêtues d'un épisperme épais et ligneux. Feuilles de 6-12 cent., raides. . . . . P. CEMBRO . . . 7
B'. Cône grêle, cylindracé, arqué, brun mat, à graines longuement ailées, à épisperme crustacé. Feuilles de 6-8 cent., très-grêles. . . . P. WEYMOUTH. . 8

SECTION II. — *Pins à 2 feuilles.*

Feuilles géminées, à gaîne persistante ; écailles des cônes terminées par des écussons dont la protubérance est centrale. Écorce gerçurée-lamelleuse et rougeâtre dès la jeunesse.

1. Pin sylvestre. PINUS SYLVESTRIS. LIN. PINUS RUBRA. MILL. Pin de Haguenau ; pin de Genève, de Riga, de Russie, d'Écosse, de mâture. Sapin rouge du Nord ; pin blanc (*Autriche*).

Feuilles longues de 5-6 centimètres, étalées-dressées, glaucescentes, raides, aiguës et piquantes, un peu rudes sur les bords. Chatons mâles rosés ou jaunâtres, oblongs, de 6-8 millimètres ; chatons femelles à bractées plus courtes que les écailles. Cônes solitaires, géminés ou ternés, brièvement pédonculés, réfléchis dès la première année, longs de 3-6 centimètres, oblongs-coniques et aigus, d'un gris-verdâtre ou brunâtre mat ; écailles à écusson plan ou prolongé sur la face supérieure du cône en une pyramide étalée ou réfléchie, grêle, tronquée, à arêtes concaves. Graines petites, de 4 millimètres de long, elliptiques-aiguës, légèrement luisantes, les unes noires, les autres d'un gris-clair ; ailes 3 fois plus longues qu'elles, roussâtres, rayées de brunâtre. Embryon 5-6-cotylédoné. — Grand arbre, commun sur les sols sablonneux des plaines et des contreforts des montagnes du nord-est et de l'est, où il forme seul ou mélangé des forêts considérables ; abondant aussi dans le centre de la France et dans les Pyrénées ; introduit presque partout par la culture. Flor., mai-juin. Fructif., septembre-octobre de la seconde année. Dissém., printemps suivant, 22 mois après la floraison. Le cône persiste 1 an ou davantage après la chute des graines.

Taille. Le pin sylvestre est un arbre de grande taille, qui atteint 30 et même 40 mètres d'élévation, mais dépasse rarement 4 mètres de circonférence et reste, à cet égard, bien en arrière du sapin et de l'épicéa. Port. Élevé en massif, la tige en est élancée et complétement dénudée jusqu'à une grande hauteur, sans conserver de traces des anciens verticilles ; la cime, composée de branches et de rameaux verticillés, est d'abord pyramidale-aiguë ; puis à un certain âge, toujours élevé, elle cesse de s'accroître en hauteur, développe quelques-unes de ses branches latérales et devient courte, plane, étalée, irrégulièrement ramifiée. En liberté, le pin sylvestre s'élève peu et se maintient très-branchu à une faible distance du sol.

Races. Malgré la grande étendue de l'aire qu'il habite et la diversité des climats sous lesquels il se développe, le pin sylvestre ne s'est point autant modifié qu'on le dit communément. Les diverses races ou variétés qu'on a signalées dans cette espèce, telles que le pin rouge, le pin d'Écosse, le pin de Riga, le pin de Haguenau, le pin de Genève, le pin d'Auvergne, etc., sont plutôt nominales que réelles, plutôt établies sur la provenance que sur des caractères véritables. Dans chacune d'elles, en effet, on rencontre des arbres à tiges élancées ou trapues, droites ou flexueuses, dont les écorces sont, dans les portions médianes ou supérieures du fût, d'un rouge d'ocre plus ou moins vif, dont les cônes, plus petits ou plus gros, sont régulièrement conformés, avec tous les écussons plans ou à peu près plans, ou plus ou moins obliques avec les écussons, du côté éclairé par le soleil, prolongés en pyramides ou même en longues et grêles apophyses, étalées ou réfléchies. La longueur des aiguilles, la durée de leur persistance tiennent bien moins à la race qu'au sol sur lequel les arbres sont implantés ; relativement allongées et durant 3-4 ans sur les sols fertiles, elles se raccourcissent au point de dépasser à peine les feuilles de l'épicéa (quelques pins de la Drôme, à Luc) et ne persistent pas au delà de 2 ans et même moins, dans les sols maigres et arides. La couleur des chatons mâles n'est pas davantage caractéristique ; généralement jaunâtres, ils peuvent être rouges dans leur première jeunesse, non-seulement dans le pin rouge, mais aussi dans d'autres variétés. Quant aux qualités des bois, il est presque superflu d'ajouter qu'elles dépendent moins de la race que du climat ; que les pins de Riga introduits en France depuis plus d'un siècle n'y donnent pas de produits supérieurs à ceux de Haguenau, et, pas plus que ces derniers, n'y produisent ces belles mâtures qu'il faudra toujours aller demander aux climats septentrionaux.

On a cité souvent la rectitude ou la courbure de la tige comme inhérente à la race; rien n'est moins exact en bien des circonstances. Si la tige du pin de Haguenau est flexueuse, comme on le lui reproche souvent, il faut bien plutôt l'imputer aux conditions sous lesquelles elle se développe, qu'à un défaut qui lui serait spécial. Dans les climats tempérés, les pins qui croissent en plaine, sur les sols maigres, sont sans cesse ravagés par une foule d'insectes : pyrales, hylésines, hylobes, etc., qui en détruisent les pousses terminales. Des pousses latérales se redressent, il est vrai, pour reconstituer la flèche de l'arbre, mais non sans faire un coude ou une courbe plus ou moins prononcée que l'âge n'efface jamais complétement. Les vents violents peuvent aussi, dans ces sols meubles, produire un effet identique ; en ébranlant, sans les renverser, les tiges des pins, ils leur donnent à diverses reprises des directions obliques qui, combinées avec celle des pousses nouvelles extrêmes, toujours verticales, déterminent des courbes variées à grands rayons.

Les pins qui croissent en sol fertile, maintenu frais par un couvert subordonné d'essences protectrices, et ceux qui se trouvent dans des climats rudes, n'ont rien à redouter des insectes, que de semblables circonstances écartent toujours. Ils se distinguent dans ce cas à leurs tiges droites et élancées, surtout quand un sous-sol rocheux offre à leurs racines un point d'appui convenable pour résister à l'effort des vents.

Rien donc de plus instable que les races de pin sylvestre, rien de plus difficile à caractériser botaniquement; elles se rencontrent souvent pêle-mêle dans la même forêt; aussi ne chercherons-nous pas à les décrire et nous contenterons-nous, d'accord avec de Vilmorin (*L'École forestière des Barres*), de signaler les deux formes extrêmes qu'elles présentent.

1° *Pin sylvestre à branches redressées*. Dans cette forme, la tige est élancée, les branches sont plus ou moins dressées, l'écorce est d'un rouge d'ocre vif à peu de distance au-dessus du sol, les aiguilles sont allongées, glauques. Le pin de Riga à la tige droite, aux branches ascendantes, grêles et régulièrement verticillées, aux aiguilles droites et dressées, est le type le plus parfait de cette première forme ; le pin de Haguenau à tige plus trapue, moins droite, aux branches robustes moins régulièrement verticillées, aux feuilles plus longues, plus étalées, plus glauques et souvent contournées, vient aussi s'y placer, mais au dernier rang.

2° *Pin sylvestre à branches étalées.* Cette seconde forme, que des intermédiaires relient à la première, est, sans contredit, la moins recommandable ; la tige, rarement droite, n'atteint que de médiocres dimensions et se ramifie en longues branches flexueuses, étalées horizontalement ; l'écorce en est grise ou noirâtre, à peine rougeâtre vers le haut, les aiguilles en sont plus courtes, plus larges, disposées à l'extrémité des branches inférieures en petites touffes espacées ; les cônes sont plus petits, quelquefois un peu luisants dans les formes les plus chétives. Le pin sylvestre désigné sous le nom de pin de Genève, quoiqu'à Genève il n'y ait point de pineraies, est le représentant de cette seconde forme, que l'on rencontre associée à la première dans les Cévennes, dans les Alpes de la Drôme, du Briançonnais, etc.

Quelque amoindrie que soit la valeur des races chez le pin sylvestre, il ne faudrait point cependant la méconnaître entièrement et se désintéresser de la provenance des graines que l'on veut semer ; loin de là. Les graines des contrées où les pins sont renommés pour leur beauté et leurs qualités, devront, sans contredit, obtenir la préférence sur celles des pays où l'espèce est chétive et mal conformée. Si même les races locales méritent d'être propagées, on s'évitera bien des déceptions en récoltant sur elles, après les avoir convenablement choisies, les graines destinées aux travaux de reboisement.

Enracinement. L'enracinement est assez variable : en sol léger et profond, le pivot se développe beaucoup et forme la partie essentielle de la racine jusque vers 30-40 ans ; passé ce terme, les racines latérales s'accroissent avec vigueur, mais ont aussi une tendance à s'enfoncer. Dans les terrains liants, au contraire, le pivot s'arrête de très-bonne heure et des racines latérales peu profondément situées ne tardent pas à le remplacer.

Le volume du bois de souche est en moyenne à celui de l'arbre coupé rez de terre comme 12 : 100.

La feuille du pin persiste au moins 3-4 années dans la jeunesse, tout au plus 2-3 années à un âge avancé ; aussi le couvert diminue-t-il d'une manière sensible avec l'âge. D'abord assez complet, il devient très-léger, et son action, déjà si peu efficace pour protéger le sol, décroît encore rapidement en raison de la hauteur à laquelle la cime parvient. Couvert.

Les détritus sont plus abondants qu'on ne pourrait le croire tout d'abord ; ils produisent annuellement un poids de litière sensiblement égal à celui que donnent les forêts d'épicéas et de hêtres, c'est-à-dire un peu plus de 3,000 kil. de matière absolument sèche par hectare. Ils sont pour le sol de la forêt un excellent engrais, d'une décomposition lente cependant, en raison de la consistance coriace, de la structure fibreuse des aiguilles et souvent aussi du manque de fraîcheur superficielle qui se fait sentir dans les forêts de cette essence. Dans les grandes plaines sablonneuses de la région du pin, cette litière, d'une valeur égale et même supérieure à celle du bois, est, malheureusement pour la forêt, très fréquemment enlevée par les habitants des communes riveraines, dont les terres participent à la nature ingrate, au point de vue agricole, du sol des pineraies. On estime que le fumier de feuilles de pin sylvestre équivaut à moitié de son poids de fumier de paille. (*T. Hartig.*) Feuilles.

L'écorce de pin sylvestre peut servir de type à celle de tous les pins à 2 feuilles, pour la structure anatomique. Dans la première jeunesse elle est revêtue d'un périderme tout superficiel, qui, dès 5-6 ans, se sépare en écailles minces ; en dessous se trouvent le parenchyme vert et les canaux résinifères longitudinaux qui en dépendent, puis le liber, de nature entièrement cellulaire. Vers 8-10 ans, un périderme interne, gris-rougeâtre, s'organise d'a- Écorce.

bord à la surface des feuillets libériens, puis les envahit en plus grande partie et dessèche tout ce qui le recouvre, parenchyme et canaux. Ce périderme, composé de cellules à minces parois qui se déchirent aisément, forme des lames minces, nombreuses, mais peu étendues, extérieurement concaves, qui partagent le liber en plaques de forme correspondante. En même temps que le liber se fractionne, il se transforme et s'accroît en un parenchyme subéreux, sec et fragile, d'un rouge-brun assez foncé. De là résulte un rhytidome écailleux, gerçuré en tous sens, mais surtout longitudinalement, qui, au pied des arbres, atteint une épaisseur considérable et prend une teinte rougeâtre ou gris-brun, suivant que l'activité de la végétation est plus ou moins grande et qu'elle provoque un dépouillement superficiel plus ou moins rapide. La faible portion interne du liber qui a conservé de l'activité contient des canaux résinifères rayonnants, mais ils y sont peu développés.

A une dizaine de mètres au-dessus du sol, la formation de l'écorce se modifie grandement dans un vieil arbre. Le périderme s'y organise en couches continues concentriques très-minces et fait tomber le liber non modifié sous forme de feuillets membraneux, semblables à du papier. L'écorce alors ne s'épaissit pas ; elle reste mince, lisse, brillante, d'un roux clair, d'autant plus vif que la végétation est plus vigoureuse.

Fructification. La fécondité du pin est très-précoce et l'on voit des arbres isolés qui, à 15 ans, produisent déjà des cônes et de bonnes graines ; cependant, dans les massifs, ce n'est guère que vers 50 ans et même au delà qu'elle se prononce. En général, on trouve au moins quelques cônes chaque année, mais il n'y a abondance que tous les 3-5 ans.

Graine. L'extraction des graines se fait soit à l'aide du soleil, soit préférablement au moyen de la chaleur artificielle, dans des étuves que l'on peut chauffer jusqu'à 38°-44°, sans craindre d'altérer la vitalité des embryons. On arrose pour faciliter l'ouverture et l'on désaile au fléau plutôt qu'avec de l'eau, qui gonfle la graine et nuit à sa qualité.

Un hectolitre de cônes donne en moyenne 1k-1k,25 de graines ailées; on en sépare environ 28-35 p. 100 d'ailes et de graines vaines. Les graines ailées se conservent plus longtemps que les autres.

La graine désailée ressemble beaucoup à celle de l'épicéa par la grosseur et par la forme, bien qu'elle soit plus régulièrement arrondie et moins aiguë à la pointe; elle se distingue aisément par la couleur et l'éclat.

Considérée en masse, elle présente un mélange de graines blanchâtres et de graines d'un brun-noir; elle est en outre légèrement brillante, tandis que la graine d'épicéa est d'un roux-brunâtre uniforme et mat. Il est vrai que l'on teint quelquefois ces dernières en brun pour compléter leur ressemblance avec celles du pin, dont le prix est de 65-70 p. 100 plus élevé; dans ce cas, l'absence de graines blanchâtres fait aisément reconnaître la fraude.

Il ne faut pas rebuter la semence de pin en raison des graines de couleur claire qui s'y trouvent, car elles s'y rencontrent toujours et peuvent être d'aussi bonne qualité que les brunes.

Il entre environ 140,000-160,000 graines fraîches et désailées dans un kilogramme; 71,000 dans un litre. La conservation en est possible pendant 3-4 ans; néanmoins, quand elles sont vieilles, elles ont souvent l'inconvénient de ne lever que la seconde année.

Semée au printemps, la graine de bonne qualité germe au bout de 3-4 semaines et produit 5-6 feuilles cotylédonaires, rarement plus ou moins. A leur centre s'élève une pousse presque toujours simple, dont les feuilles sont solitaires, planes, aiguës, glauques et denticulées sur les bords. Le jeune plant ne dépasse pas 5-6 centimètres au bout de l'année, mais la végétation souterraine en a été plus active et le pivot s'est enfoncé d'environ 18-22 centimètres, quand le sol est convenablement meuble. A la seconde année, la pousse qui se développe présente encore à la base quelques feuilles solitaires bien conformées; mais peu à peu celles-ci se réduisent et, à une faible hauteur, elles n'apparaissent plus que sous forme d'écailles pointues, sèches et brunes. C'est alors que se pro-

Germination.

Jeune plant.

duisent, à l'aisselle de ces dernières, les feuilles géminées qui, désormais, seront les seules qui se développeront. Le pin se verticille de bonne heure, vers 3 ans, et prend immédiatement un accroissement rapide.

Tempérament. Le pin sylvestre est extrêmement robuste; il languit et succombe en peu de temps sous un couvert, même léger; il est rare qu'il reprenne sa vigueur une fois atteinte, quand on le dégage tardivement.

Aire d'habitation. Le pin sylvestre occupe en Europe et en Asie une aire très-vaste, formant de l'ouest à l'est une longue zone qui embrasse plus du tiers de l'hémisphère boréal, depuis Avila au nord-ouest de l'Espagne, sous le 7e degré de longitude occidentale, jusqu'au delà de la Léna, presque aux confins de la Sibérie d'Asie, sous le 130e degré de longitude orientale. La limite méridionale de cette aire atteint, vers le sud, la Sierra-Nevada, sous le 37e degré de latitude; la limite polaire passe à peu de distance du cap Nord, en Laponie, sous le 70e degré 20'. (*Willkomm.*)

Dans cette aire, le pin sylvestre est très-irrégulièrement distribué, diminuant du N.-E., où il constitue, seul ou mélangé, d'immenses forêts, au S.-O., où il ne se rencontre plus qu'à l'état de dissémination ou ne forme que des massifs de faible étendue.

En France, le pin sylvestre croît spontanément dans les Vosges, dans les Alpes de la Savoie, du Dauphiné et de la Provence jusque vers Menton, dans les montagnes de l'Auvergne, dans les Cévennes et dans les Pyrénées; il ne se rencontre ni dans les Ardennes, ni dans le Jura. Il est aujourd'hui à peu près partout cultivé, si ce n'est sur le littoral du S.-O., où le pin maritime le remplace.

Altitude. Dans les portions septentrionales de son aire, le pin sylvestre est un arbre de plaine qui, sous le 70e degré, ne dépasse pas 227 mètres d'altitude; mais à mesure qu'il s'avance vers le sud, il parvient à des hauteurs toujours plus considérables, 800-900 mètres dans les Vosges, 1,100 mètres dans l'Auvergne et les Cévennes, 1,600 mètres dans les Alpes du Dauphiné, 2,000 mètres dans les Alpes maritimes, 1,900-2,000 mètres dans les Pyrénées, 2,110 mètres dans la Sierra-Nevada. En même temps qu'il s'élève, il quitte les plaines et les coteaux pour ne plus descendre spontanément au-dessous d'une certaine limite inférieure, que l'on peut estimer à 400 mètres environ pour les Vosges et l'Auvergne, 1,200 mètres pour les Pyrénées, 1,600 mètres pour la limite la plus méridionale, en Espagne.

Station. Il est donc, pour une grande portion de son aire, pour toute la France en particulier, une essence des régions montagneuses ; il y recherche les situations abritées contre les vents violents et s'y remarque surtout aux expositions méridionales. C'est, sans contredit, l'arbre rustique par excellence, qui résiste dans le Nord à des froids de — 40° et s'y contente de trois mois de végétation ; qui vers le sud supporte des températures excessives de 35° avec un repos hivernal de 3-4 mois seulement. Contrairement à l'épicéa, qui aime les atmosphères brumeuses et humides, les ciels nuageux, le pin sylvestre recherche un ciel pur, la lumière, les expositions éclairées.

Sol. En plaine, les sols sablonneux mélangés d'argile, profonds, frais, sont ceux qui lui conviennent le mieux ; les terres compactes lui sont contraires. Il réussit même sur les sables purs, aux expositions les plus chaudes, là où aucune autre essence ne se maintiendrait, pourvu que le sous-sol contienne une humidité fondamentale qui, par les grandes sécheresses, remonte par capillarité et suffit à sa végétation ; il croît jusque dans les tourbières.

Les terrains calcaires des coteaux et des plaines lui conviennent peu, parce que, là, sol et sous-sol sont perméables et se dessèchent complétement en été ; mais, en montagnes, on le voit prospérer sur les grès, sur les granites, les basaltes, les schistes et les calcaires, manifestant une complète indifférence pour la composition minérale de la terre, dès qu'il y rencontre la fraîcheur qui lui est nécessaire.

C'est une essence extrêmement précieuse, à titre transitoire ou définitif, pour repeupler les terres vagues, les versants arides exposés au midi, pour reboiser les sols forestiers que d'imprudentes exploitations ont prématurément découverts et livrés à la bruyère qui les a envahis.

Bois. L'aubier et le bois parfait sont nettement tranchés dans le pin sylvestre. Le premier, blanc ou blanc-jaunâtre, de mauvaise qualité, est d'épaisseur très-variable suivant l'âge, le sol et les conditions de la végétation. Il abonde surtout dans les arbres qui croissent avec vigueur sur des sols gras, humides et compactes, et peut en constituer tout le corps ligneux jusqu'à un âge assez avancé; il est de moindre épaisseur chez les pins de végétation lente et d'âge élevé. On en compte 27 à 80 couches annuelles (*Coll. Éc. For.*). Quant au bois parfait, le seul utilisable, il est rouge-rosé, rougeâtre ou rouge-brunâtre. Les canaux résinifères sont nombreux, les longitudinaux bien apparents; la térébenthine qu'ils contiennent est fluide dans l'aubier et s'écoule assez abondamment des incisions qu'on y pratique; dans le bois parfait elle n'est plus représentée que par une résine brune qui s'est plus ou moins épanchée dans les tissus et leur assure une grande durée.

Le pin sylvestre fournit les meilleurs bois connus pour la mâture, parce que, à des dimensions considérables, il réunit une élasticité et une légèreté suffisantes, une grande résistance, une durée prolongée. Mais il s'en faut qu'il réalise toujours les qualités requises pour cet emploi; il ne les présente en effet qu'à la condition d'être droit, exempt de nœuds, formé d'accroissements annuels égaux, minces, parfaitement lignifiés dans leur zone d'automne, d'être résineux pour avoir de la durée, sans l'être trop néanmoins, parce qu'alors il devient trop lourd et cassant. Les climats du Nord, avec leur période de végétation très-courte, leurs jours très-longs, la constance remarquable de leurs saisons, paraissent seuls capables de fournir des bois pour cet usage. Les constructions civiles et navales font un grand emploi du pin sylvestre, dont la durée égale celle des meilleurs bois feuillus; on le débite en madriers, en planches très-employées en menuiserie; il est propre à la fente, fournit d'excellents poteaux pour les lignes télégraphiques, des étais et des boisages pour les mines, etc., etc.

La densité est extrêmement variable; relevée sur de

nombreux échantillons de toutes provenances, complétement desséchés à l'air libre, elle va de 0,405 à 0,828 (*Coll. Éc. For.*).

La diversité des qualités n'est pas moindre. Dans le Nord, aux limites de son aire, le pin végète avec une telle lenteur que les accroissements n'en peuvent être discernés à l'œil nu; le bois en est homogène, peu lignifié et peu résineux, très-doux à travailler; s'il manque de nerf et de dureté, il n'a point d'égal pour les travaux de menuiserie fine. Ainsi sous le 69e degré de latitude, le pin, même à l'âge de 250 ans, n'atteint pas plus de 0m,33 de diamètre sur 14 mètres de hauteur; ses couches annuelles, y compris celles des premières années, sont très-minces et ne mesurent en moyenne que 1mm,2 d'épaisseur. En s'éloignant des régions polaires, vers le 60e degré, il s'accroît avec moins de lenteur, il se lignifie davantage, se charge d'une résine plus abondante et devient par ses dimensions et ses qualités un bois de construction de premier ordre, un bois de mâture sans rival. Dans les portions méridionales de son aire, ces excellentes qualités se perdent peu à peu; si, là, il n'habite les grandes altitudes, il s'accroît dans la jeunesse avec une rapidité extrême; mais sa végétation se ralentit de bonne heure, sa longévité s'amoindrit considérablement, il reste surchargé d'aubier, comme c'est l'ordinaire chez les arbres d'un développement exubérant et, s'il convient encore à bien des emplois, il ne possède plus rien des qualités exceptionnelles du beau *sapin rouge* du Nord.

La valeur calorifique du pin, comparée à celle du hêtre, offre, pour des volumes égaux, les rapports suivants (*Th. Hartig*) :

Bois de tige de 120 ans. . . .	0,85 : 100
Bois de tige de 80 ans	0,75 : 100
Bois de souche de 120 ans. . .	1,15 : 100

C'est donc un combustible supérieur au sapin, à l'épicéa, au mélèze. Il produit une chaleur vive, élevée, mais peu durable; brûle avec une flamme claire et pétillante en dégageant surtout de la chaleur ascendante. Le charbon, autrefois employé dans les hauts-fourneaux pour la réduction des minerais, est en moyenne à celui du hêtre comme 0,75 ou 0,80 : 100.

Résinage.

On ne résine généralement pas le pin sylvestre, si ce n'est en délit. La résine s'accumule parfois en très-grande abondance dans quelques parties de la tige et en imprègne complétement le bois, qui devient dur, lourd, presque translucide comme la corne. Les délinquants enlèvent tout ce bois, le réduisent en menues bûchettes et le vendent sur les marchés, sous le nom de bois gras, pour l'allumage du feu.

Goudron.

On retire cependant quelques produits résineux des souches, où la résine est plus abondante que dans la tige. Il suffit pour cela de les carboniser en vase clos dans des fours en maçonnerie, d'une construction spéciale. La résine se liquéfie, se mélange aux produits empyreumatiques de la distillation et s'écoule sur la sole du fourneau, pour, de là, arriver par un conduit particulier dans des récipients disposés à l'extérieur. On recueille de la sorte un produit visqueux et brun que l'on nomme goudron.

Produits accessoires.

L'écorce du pin renferme de la fécule et sert, dans les contrées du Nord, à la nourriture des porcs et même, en temps de disette, à celle des hommes.

On obtient avec les faisceaux fibreux, allongés et tenaces des aiguilles une matière appelée laine de forêt, qui sert à faire des couchages, de l'ouate, que l'on peut même filer et dont on fabrique des tissus de toutes qualités, des plus grossiers aux plus fins, rappelant beaucoup les étoffes dites flanelles et finettes. On fait aussi avec ces aiguilles de la pâte à carton.

Les jeunes pousses sont quelquefois employées dans le Nord, en place de houblon, pour la fabrication de la bière; mais cet usage n'est pas spécial au pin sylvestre et beaucoup d'autres résineux y sont propres.

Les cônes vides sont très-recherchés dans l'économie domestique pour allumer le feu; dans le Wurtemberg, on les emploie avec succès au tannage des peaux.

Dégâts. Maladies.

La neige et le givre, retenus par les aiguilles sur la cime des arbres, occasionnent souvent dans les pineraies des dégâts considérables, en faisant fléchir les tiges et rompre les branches sous leur poids. Quelques champignons parasites envahissent et désorganisent les tissus des plants ou des arbres de cette essence, et en déterminent le dépérissement ou même la mort. La maladie des jeunes pins, connue sous le nom de rouille, est due à l'un d'eux, l'*Œcidium pini. Pers.*

Les plants de 2-5 ans, sans être infestés de parasites, sont fréquemment exposés à une affection que l'on nomme le *rouge* ou tout simplement la *maladie;* après un hiver bien rigoureux et par un beau soleil de mars, les aiguilles, jusque-là fraîches et vertes, se dessèchent et rougissent tout à coup, sans qu'en général le bourgeon central soit atteint. Cette maladie peut se renouveler plusieurs fois et, si rarement les plants succombent sous ses atteintes, ils en restent notablement débilités. Il suffit pour la déterminer de quelques journées chaudes qui portent l'air, même à l'ombre, à des températures de 15° et de 16° au-dessus de zéro, alors que le sol encore refroidi de l'hiver reste à une température inférieure à 5°. Dans ces conditions, la transpiration des feuilles devient active, l'absorption des racines est nulle, le plant est atteint du *rouge* (*Ebermayer*).

Les principaux insectes ennemis du pin sylvestre ont été signalés aux généralités du genre.

2. Pin de montagne. PINUS MONTANA. MILL. ***Pin à crochets ; pin suffin ; pin crin ; torche-pin ; suffis.***

Feuilles dressées, serrées entre elles, d'un vert foncé uniforme sur les deux faces, raides, droites ou courbées en faulx, accidentellement ternées dans la même gaîne, terminées en pointe courte et piquante, un peu moins longues que les feuilles normales du pin sylvestre. Chatons mâles très-nombreux et rapprochés, longs de 10-15 millimètres, jaunâtres; chatons femelles dressés, verticillés, opposés, plus rarement solitaires, violacés, à bractées légèrement saillantes. Cônes sessiles ou subsessiles, d'abord dressés, puis horizontaux, inclinés ou réfléchis à la maturité, variant du jaune-testacé au brun-noirâtre, toujours luisants, longs de 2-6 centimètres, très-différents quant à la forme générale et la structure des écussons, que termine un large ombilic. Graines semblables à celles du pin sylvestre, à ailes deux fois seulement aussi longues qu'elles. — Arbre ou arbrisseau des hautes régions montagneuses, à écorce de couleur sombre, gris-brun jusque dans la cime où rarement elle présente quelques teintes rougeâtres, à feuillage dru, persistant 5 ans, d'un vert foncé, à bourgeons enduits de résine ; les latéraux verticillés sur la tige, opposés, solitaires ou nuls sur les branches qui en naissent, toujours nuls sur les rameaux, qui sont réduits au bourgeon terminal et s'allongent sans se ramifier ; jeunes pousses épaisses et très-souples.

Var. α. *Pin de montagne à crochets. Pinus uncinata, Ramond.* Cônes grands ou assez grands, obliques sur leur base, à écussons prolongés, du côté éclairé, en épaisses pyramides obtuses et réfléchies, ayant la forme d'un capuchon, terminées par un ombilic excentrique. — Arbre de 16-25 mètres, à tige droite, unie, régulièrement verticillée, pyramidale-aiguë, dégénérant en un arbrisseau dont les branches inférieures s'allongent dès la base, s'étalent en se redressant vers l'extrémité. Alpes de la Savoie, du Dauphiné et de la Provence ; forme des forêts étendues dans les Pyrénées ; se retrouve dans les lieux tourbeux du Jura et des Vosges.

Var. β. *Pin de montagne chétif. Pinus pumilio. Hænke.* Cônes petits, assez réguliers et presque droits sur la base, à écussons semblables sur tout le pourtour, peu saillants, à ombilic le plus souvent un peu enfoncé et un peu excentrique. — Arbrisseau s'élevant à 2 mètres au plus, dont les branches basses, couchées et tortueuses, s'allongent beaucoup et se redressent vers l'extrémité ; prenant quelquefois la forme arborescente. Il est douteux que cette forme se rencontre en France, quoiqu'on l'ait citée dans le Jura et dans les Alpes, où probablement on a pris pour elle les pieds traînants de la variété précédente.

Var. γ. *Pin de montagne Mugho. Pinus Mughus. Scop.* Cônes petits, régulièrement ovoïdes-coniques, à écussons semblables sur le pourtour : ceux-ci marqués d'une carène transversale tranchante, à ombilic central, épineux. — Arbrisseau traînant et étalé des Alpes orientales de la Carinthie, du Tyrol, etc., qui probablement ne se trouve pas dans les limites de notre flore.

Port. Taille. Le pin de montagne à crochets, seule variété dont il va être question, présente dans son port la plus grande diversité. Tantôt il forme un arbre très-droit, dont la cime, étroite, allongée, toujours aiguë, est composée de branches verticillées, grêles, couvertes d'un feuillage serré, d'un vert sombre, produisant un épais couvert. Il peut, sous cette forme, arriver, vers 160-200 ans, à 25 mètres d'élévation sur $1^{m},40$ de circonférence ; mais le plus souvent il reste en dessous de ces dimensions. Tantôt les branches de sa base, celles qui sont près du sol, se recourbent verticalement et, semblables aux branches d'un candélabre, entourent la tige principale de tiges secondaires qui se verticillent comme elle et l'égalent souvent en hauteur. Il en résulte un buisson touffu, multicaule, qui reste vert dès le pied. Enfin dans d'autres circonstances la tige du pin de montagne à crochets reste très-courte, tandis que ses branches, devenues tortueuses, s'étalent au loin et, par leur entrelacement avec les voisines, forment de bas fourrés inextricables.

L'enracinement est composé de plusieurs maîtresses racines traçantes; on n'y remarque pas de pivot principal. Enracinement.

L'écorce est de même structure que celle du pin sylvestre, mais elle n'offre jamais dans les parties supérieures du fût ces minces feuillets d'un rouge d'ocre vif, qui se détachent constamment et caractérisent cette dernière essence; elle s'épaissit là comme à la base. Elle est en outre d'un gris-noirâtre uniforme et des vacuoles résinifères y sont abondamment disséminées. Écorce.

Le jeune plant lève généralement avec 7 feuilles cotylédonaires, 2 à 3 semaines après le semis de printemps. Jeune plant.

Le tempérament est robuste; néanmoins le pin de montagne résiste mieux que le pin sylvestre à l'action du couvert et peut reprendre une belle végétation une fois qu'il a été dégagé. Tempérament.

Bien que la longévité soit élevée, la fructification se produit de bonne heure, vers 10 ans, et se maintient abondante et continue. Fructification.

Le pin de montagne est répandu dans toute l'Europe moyenne, dont il ne quitte pas les hautes régions montagneuses; il y parvient, dans les Pyrénées, à l'altitude de 2,500 mètres. Il ne descend jamais dans les plaines des régions septentrionales. Il habite une zone qui succède à celle du pin sylvestre et se confond dans ses limites supérieures avec celle du mélèze et du pin cembro. Aire et station.

Il croît sur tous les sols, quelle qu'en soit la composition minérale, qu'ils soient secs, humides, marécageux ou même tourbeux. Bien que dans ces dernières conditions, la végétation en soit chétive et très-lente, la forme le plus souvent défectueuse, traînante, ce n'est que sur les sols de cette nature qu'on le rencontre dans le Jura et dans les Vosges. Dans les Alpes et dans les Pyrénées, au contraire, il vient sur les terrains de toute nature, même sur ceux qui sont secs ou seulement frais. Sol.

Conditions de végétation. Des pluies abondantes pendant la saison de végétation, une humidité atmosphérique capable de donner à des sols disposés à se dessécher la fraîcheur nécessaire, paraissent être les principales conditions de végétation du pin de montagne, qui résiste aux froids les plus rigoureux et n'a pas besoin d'une somme de température d'été fort élevée.

Importance. Cette essence est loin d'être dépourvue d'intérêt ; elle forme à elle seule dans les hautes régions des Pyrénées (Pyrénées-Orientales, Hautes-Pyrénées, Ariége et Haute-Garonne) des forêts étendues. Elle peut être utilement employée dans les reboisements aux grandes altitudes, servir à créer des rideaux d'abri, à relever le niveau de la végétation forestière qui, en beaucoup de points, tend sans cesse à s'abaisser.

Bois. Le bois du pin de montagne ressemble beaucoup à celui du pin sylvestre des régions du Nord ; il a comme lui l'aubier blanc, le cœur rougeâtre clair ; les accroissements en sont minces, limités par une zone étroite de bois d'automne peu lignifié ; il est peu lourd et peu dur, très-doux à travailler, apte à la fente, fort recherché comme bois de construction, de travail et de feu. Les charpentes des bâtiments militaires de Mont-Louis, qui remontent à Louis XIV, sont en pin de montagne et en parfait état de conservation. La densité varie de 0,441 à 0,605 (*Coll. Éc. For.*).

Produits accessoires. La médecine populaire utilise, surtout en Allemagne, sous le nom de Baume des Carpathes, une térébenthine qui provient du pin à crochets et qui ressemble à celle du pin sylvestre.

3. Pin Laricio. PINUS LARICIO. POIR. *P. maritima. Mill.*

Feuilles géminées, d'un vert foncé sur les deux faces, longues de 10-15 centimètres, plus ou moins robustes, aiguës, presque piquantes. Chatons mâles jaunâtres, oblongs-cylindriques, longs d'environ 25 millimètres ; chatons femelles ovoïdes, petits, rouges, sans bractées saillantes. Cônes presque sessiles, solitaires, géminés ou ternés, étalés presque horizontalement, longs de 5-8 centimètres, luisants, d'un jaune-testacé ou roussâtre clair, oblongs-coniques, aigus et presque toujours arqués ; écailles à écussons légèrement et également bombés, transversalement carénés, avec un large ombilic central, généralement mucroné. Graines de 6 millimètres, d'un gris-jaunâtre ou brunâtre clair et mat, très-légèrement marbrées; ailes 3-4 fois aussi longues qu'elles, d'un roux-brunâtre, droites sur un bord, régulièrement arrondies sur l'autre, de sorte que leur plus grande largeur, presque égale à la moitié de la longueur, correspond à leur milieu. — Arbre très-variable dans sa taille et dans son port, très-constant dans ses cônes et son rhytidome rouge-violacé, subdivisé par des lames minces de périderme d'un gris-argenté.

Var. α. *Pin Laricio de Corse. Pinus corsicana. Loud. P. poiretiana. Endl.* Arbre très-élevé, dont la cime, d'abord pyramidale, est à un âge avancé courte et formée de grosses branches étalées-dressées. Feuilles épaisses et fermes, étalées, comme frisées sur les jeunes pieds. Région montagneuse de la Corse.

Var. β. *Pin Laricio de Calabre. Pinus Laricio stricta. Carr.* Arbre très-élevé, à tige très-droite, très-soutenue, à verticilles espacés, formés de branches courtes, grêles, étalées ou réfléchies, mais redressées au sommet, formant une longue cime étroite et aiguë. Feuilles moins robustes que celles du Laricio de Corse. Originaire de la Calabre, commun dans les cultures.

Var. γ. *Pin Laricio d'Autriche. Pinus Austriaca. Host. P. nigricans Link. Pin noir.* Arbre élevé, trapu, à branches longues et fortes, nues, feuillées au sommet seulement, formant une cime ample et touffue. Feuilles serrées, robustes, raides, droites dès la jeunesse, d'un vert foncé. Originaire d'Autriche; fréquemment cultivé.

Var. δ. *Pin Laricio des Cévennes. Pinus Laricio cebennensis. Gr. et God. P. Salzmanni. Dunal. P. Monspeliensis. Salzm.* Arbre peu élevé, à tige irrégulière, cime diffuse, étalée, branches horizontales. Feuilles plus courtes et plus grêles que dans les variétés précédentes. Forêts des Cévennes, particulièrement à Saint-Guillem-le-Désert, près de Montpellier.

Var. ε. *Pin Laricio des Pyrénées. Pinus pyrenaica. La Peyr.* Arbre élevé, à tige droite, jeunes rameaux recouverts de larges écailles planes, imbriquées (feuilles primordiales), d'un jaune-roux vif et luisant; feuilles assez grêles, d'un vert clair, disposées en plumets sur les pousses. Pyrénées, versant espagnol; environs de Saint-Béat; col du Mercadan. Les cônes et l'écorce de cette variété ne diffèrent en rien de ceux des précédentes.

Aire et station.

Le pin Laricio, y compris toutes ses variétés, occupe une aire beaucoup plus allongée de l'ouest à l'est que du sud au nord. Dans la première de ces directions il s'étend d'Espagne, sous le 6e degré de longitude occidentale, jusqu'au Taurus, en Asie-Mineure, sous le 30e degré de longitude orientale; dans la seconde, il va de la Sicile jusqu'au Danube, aux environs de Vienne, du 37e degré au 48e degré de latitude (*Willkomm*). Il n'a pas de continuité dans cette aire et s'y trouve au contraire disséminé en îlots souvent très-distants les uns des autres, sans quitter les régions montagneuses où il forme au nord une zone comprise entre 400 et 1,000 mètres; en Corse, entre 500-700 et 1,600 mètres; en Calabre et sur l'Etna, entre 1,390 et 1,950 mètres.

LARICIO DE CORSE. Taille. Port. Le pin Laricio de Corse est un arbre de première grandeur, qui parvient quelquefois à une hauteur de 45 mètres et à une circonférence de $5^{m},50$. La tige, bien plutôt cylindrique que conique, se dépouille rapidement de ses branches inférieures et reste complétement nue jusqu'en dessous de la cime, qui, dès 80-100 ans, est courte, aplatie, peu développée, formée de quelques grosses branches irrégulièrement ramifiées. Les $\frac{5}{6}$ de la hauteur totale de l'arbre sont, à cet âge, propres à donner du bois de service. Le couvert est très-léger.

Couvert. Enracinement. L'enracinement est généralement faible et pivotant dans l'origine ; il n'est représenté, plus tard, que par quelques racines traçantes peu allongées, comparativement aux dimensions de l'arbre.

Écorce. L'écorce du pin Laricio est constituée comme celle du pin sylvestre et acquiert une grande épaisseur; elle se compose d'écailles peu étendues de liber, transformé en un liége sec et fragile, d'un rouge-violacé, que séparent de minces lames péridermiques d'un beau gris-argenté, auxquelles elle doit une couleur caractéristique.

Station et sol. Le pin de Corse se rencontre dans les régions montagneuses, où il occupe une zone supérieure à celle du pin maritime; il commence à apparaître à une altitude de 1,000 mètres, et s'élève jusque 1,700 mètres, hauteur à laquelle il n'est plus qu'à l'état de buisson rabougri. Il recherche les graviers argileux qui résultent de la désagrégation et de la décomposition des granites et atteint son plus beau développement sur ceux qui sont moyennement frais. Croissance. L'accroissement en diamètre est peu rapide; vers 140-150, il diminue et devient très-faible; la longévité est néanmoins fort élevée.

Bois. Le Laricio a l'aubier blanc, très-abondant (65-382 couches ! sur les échantillons examinés); le bois parfait est fortement lignifié et varie du rouge-rosé au rouge-brun, suivant la qualité; le tissu d'automne de chaque couche est nettement accusé et d'une épaisseur relativement grande. Les canaux résinifères y sont bien apparents et contiennent une térébenthine épaisse, qui, en s'infiltrant dans les tissus et les imprégnant d'une abondante résine, rend souvent le bois dur et translucide comme de la corne. Ce bois, d'un grain fin et serré, a pour densité 0,514-0,891 (*Coll. Éc. For.*).

Le pin Laricio est un excellent bois de construction et de travail, l'aubier à part qui se pourrit rapidement et n'est propre qu'au chauffage; la faiblesse et l'égalité de ses accroissements annuels, qui lui donnent une certaine analogie avec le pin sylvestre du Nord, jointes aux belles dimensions auxquelles il parvient, avaient fait naître l'espoir que, comme ce dernier, il fournirait des mâtures de premier ordre. L'expérience n'a pas justifié ces prévisions; le bois du Laricio est trop chargé de résine, trop lourd; la fibre en est courte, peu solidement agrégée, comme le prouvent les nombreuses petites gerces rayonnantes et concentriques que la dessiccation et le retrait y déterminent; il manque de souplesse, il est cassant. La marine française a, par ces motifs, renoncé à l'appliquer à la mâture, à laquelle l'utilise néanmoins encore la marine italienne.

Cet excès de résine, lorsqu'il existe, nuit aussi aux qualités de ce bois appliqué au travail; il en rend le débit et la mise en œuvre difficiles. Il fournit toutefois des bordages à l'arsenal de Toulon et l'on ne peut douter qu'il ne donnerait des traverses de chemins de fer de première qualité, d'une durée prolongée.

Les qualités du Laricio sont d'ailleurs très-variables et une étude attentive des circonstances, jusqu'alors peu connues, qui les déterminent, permettra sans doute d'en diriger la production de la manière la plus avantageuse à la consommation. Il semble toutefois permis d'affirmer que, en raison de la lenteur de sa végétation, l'exploitabilité en devra toujours être fort élevée et qu'il conviendra, pour la régler, de consulter bien moins les dimensions des arbres et l'épaisseur des dernières couches annuelles que le volume et le développement du bois parfait, qui seul est utilisable (1).

---

(1) L'étude des échantillons de pin Laricio de la collection de l'École forestière met en évidence, relativement à la quantité de l'aubier suivant l'âge et la vigueur de la végétation, quelques lois peu connues et qui méritent de l'être, car très-probablement elles s'appliquent, à des degrés divers, à toutes les essences. Le tableau qui suit, dans lequel les bois sont disposés d'après l'âge, a pour but de les faire ressortir.

Numéros d'ordre.	Age du bois.	RAYON du corps ligneux, de la moelle à l'écorce.	NOMBRE DES COUCHES d'aubier.	de bois parfait.	ÉPAISSEUR de la zone d'aubier.	ÉPAISSEUR moyenne de chaque couche d'aubier.	RELATION entre l'épaisseur de l'aubier et le rayon total.	PROPORTION entre le volume de l'aubier et le volume total.
	1	2	3	4	5	6	7	8
	ans.	mill.			mill.	mill	mill.	
1	77	240	65	12	195	3,00	0,81	0,96
2	90	235	73	17	185	2,53	0,78	0,96
3	134	264	81	53	180	2,22	0,68	0,90
4	178	130	122	56	50	0,41	0,38	0,63
5	182	135	111	71	45	0,40	0.33	0,56
6	188	345	98	90	115	1,17	0,33	0,56
7	223	375	129	94	140	1,08	0,37	6,61
8	250	360	100	150	85	0,85	0,23	0,42
9	260	300	118	142	50	0,42	0,16	0,31
10	271	165	180	91	55	0,30	0,33	0.56
11	284	250	164	120	85	0,51	0,34	0,57
12	306	259	156	150	49	0,31	0,19	0,35
13	364	192	164	200	42	0,25	0,21	0,39
14	375	380	190	185	80	0,42	0,21	0,38
15	390	280	230	160	116	0,50	0,41	0,66
16	396	355	174	222	60	0,34	0,16	0,31
17	554	366	382	172	46	0,12	0,12	0,24

A part quelques contradictions, inévitables en semblable matière, les chiffres qui précèdent établissent nettement que :

1° *Le nombre des couches d'aubier s'accroît avec l'âge.* Il est donc inexact d'affirmer qu'en même temps qu'il se forme une nouvelle couche d'aubier, la plus ancienne se transforme en bois parfait ; c'est une portion de la plus ancienne qu'il faudrait dire.

2° *L'épaisseur totale de l'aubier décroît avec l'âge.* Il faut en conclure que la portion de la couche interne qui devient bois parfait est plus épaisse encore que la couche d'aubier développée dans le même temps à l'extérieur.

Ces lois ne s'appliquent évidemment qu'à des arbres sur le retour, dont les accroissements deviennent de plus en plus minces.

Le Laricio est très-résineux et l'on a voulu, de 1860 à 1866, lui appliquer le gemmage auquel est soumis le pin maritime dans les Landes, sans considérer qu'il était bien loin de posséder la rapide croissance et la merveilleuse vigueur de ce dernier pour résister à semblable mutilation. Il a fourni des produits, essence de térébenthine, résine et goudron, de bonne qualité, mais insuffisants; le revenu moyen annuel par pied d'arbre ne s'est pas élevé au-dessus de 0f,06 et les concessionnaires ont sollicité et obtenu la résiliation de leur onéreux marché. Résinage.

Le résultat forestier a été plus fâcheux encore ; le bois des pins gemmés à mort avant leur abatage s'est, comme on pouvait le prévoir, imprégné de plus de résine encore que de coutume ; ses défauts se sont exagérés, il est devenu plus lourd, plus fragile, plus difficile à débiter. A ces inconvénients s'est ajouté, pour les arbres gemmés à vie, un amoindrissement considérable de leur végétation, de leur longévité, et l'impossibilité d'atteindre les belles dimensions qui donnent à cette essence la plus grande partie de sa valeur.

Le pin Laricio de Calabre est remarquable par la beauté de son port, l'exiguïté et la régularité de ses branches, la forme étroite, allongée, aiguë de sa cime. Il est originaire des montagnes de la Calabre et a été introduit en France vers 1820. Il est devenu commun dans les cultures, mais l'on ne sait rien sur sa valeur forestière. LARICIO DE CALABRE. Taille. Port.

Le pin Laricio d'Autriche ou pin noir a tous les caractères botaniques du pin Laricio proprement dit; il se distingue néanmoins par un tout autre port. C'est un grand arbre, pouvant atteindre 30-35 mètres de hauteur, sur 3-4 mètres de circonférence, mais qui reste souvent audessous de ces dimensions. La tige en est rarement droite; la cime, ample et touffue, ovoïde-pyramidale dans la jeunesse, étalée à un âge avancé, est composée de branches nombreuses, robustes, longues, nues, et fournit, relativement à la tige, une masse de bois bien plus considérable que celle du pin sylvestre ou de toute autre variété de Laricio : 8,24 p. 100 en moyenne. LARICIO D'AUTRICHE. Taille. Port.

L'enracinement est composé de racines latérales vigou- Enracinement.

reuses, allongées, qui, pénétrant entre les pierrailles et dans les fissures des roches, souvent à de très-grandes distances du pied des arbres, leur donnent une assiette très-solide et leur permettent de résister à l'effort des vents les plus violents. Quant au pivot, toujours grêle, il s'oblitère dès les premières années.

Couvert. Le feuillage très-touffu, d'un vert très-sombre, droit et rigide, persiste 5-6 ans; il produit, joint à la ramification serrée, un couvert épais et donne au sol beaucoup de détritus. Avec un tempérament robuste, le pin d'Autriche supporte cependant le couvert mieux qu'aucun de ses congénères; les massifs d'un certain âge ont néanmoins besoin d'être largement éclaircis, en raison de l'ampleur que doit prendre la cime des arbres; sinon ils s'interrompent et se clairièrent d'eux-mêmes. Le plant dominé peut reprendre une belle végétation s'il est découvert à temps.

Tempérament.

Écorce. L'écorce est d'un brun-noirâtre, profondément gerçurée-écailleuse et très-épaisse jusque dans les parties les plus élevées de l'arbre; son volume est à celui du bois de tige comme 17,6 : 100 (*Hœss.*).

Fructification. La fécondité du pin d'Autriche est précoce et survient à 30 ans; les années de semences se succèdent à des intervalles de 2-3 ans. Les cônes sont plus gros et plus longs que ceux des autres variétés du Laricio; les graines sont exactement semblables à celles de ces dernières et généralement de bonne qualité; le kilogramme en contient 48,000; le litre 25,000.

Germination. La germination est prompte et se produit au bout de 15 jours, lorsque les circonstances sont favorables. Le jeune plant a, dès l'origine, une végétation vigoureuse et se soustrait ainsi rapidement à l'action nuisible du gazonnement.

Station et sol. Le pin d'Autriche est originaire des parties montagneuses de la basse Autriche, de la Styrie, de la Carinthie, etc., d'où il descend dans la région des collines et même dans la plaine, occupant une zone qui s'étend de 280 mètres à 1,000 mètres d'altitude et en quelques points à 1,300 mètres. Très-rustique et très-frugal, il réussit dans les lieux les plus secs, pierreux et même rocheux, principalement sur les sols calcaires ou dolomitiques, pour lesquels il est mieux approprié que tout autre pin, en raison de son couvert épais et de ses détritus abondants. Il peut rendre et rend en France, où il est parfaitement naturalisé depuis 1834, de grands services pour le reboisement des sols de cette nature. Son emploi sur les terrains sablonneux n'y a jamais donné de bons résultats.

Le bois est semblable à celui du laricio de Corse, mais en raison de sa plus rapide végétation, il est formé d'accroissements plus larges et présente un tissu moins serré et moins fin. Il est plus dur, plus lourd, plus résineux que le pin sylvestre et conséquemment il est plus durable, d'une valeur calorifique supérieure ; la fibre en est par contre moins élastique et plus cassante. Les canaux résinifères rayonnants y sont très-petits, moitié moindres que ceux du pin sylvestre ; en revanche les longitudinaux sont plus nombreux et plus apparents. Bois.

Il pèse en moyenne : vert, 0,90 ; desséché à l'air, 0,738 ; complétement sec, 0,572 (*T. Hartig.*).

Il ne faut pas demander au pin d'Autriche des pièces de dimensions aussi considérables et de forme aussi régulière qu'au laricio de Corse ; il fournit néanmoins beaucoup de menues charpentes, du bois de travail et, en raison de sa rapide croissance et de sa puissante ramification, une forte proportion de bois de feu.

On résine le pin Laricio d'Autriche en quelques contrées, dans le Wienerwald, par exemple, aux environs de Vienne. On pratique pour cela, au pied de l'arbre à gemmer, une entaille qui embrasse à peu près les deux tiers de sa circonférence et entame l'écorce dans toute son épaisseur, sans pénétrer dans le corps ligneux, qui n'est que dénudé. La térébenthine qui suinte de cette large quarre est recueillie dans une cavité ouverte à la hache au milieu du bois, vers la base ; on a soin d'y verser de l'eau, qui recouvre la gemme et en arrête l'évaporation. La quarre est rafraîchie de temps à autre et, en conservant à peu près la même largeur, parvient en 18 à 20 ans à une hauteur de 7-8 mètres au-dessus du sol. Afin de diminuer l'évapo- Gemmage ration qui se produirait si la gemme s'écoulait librement sur toute la surface de la quarre, on la concentre dans un courant médian à l'aide de guides ou lattes fixées dans des entailles du bois et disposées en forme de V superposés dont les branches embrassent toute la largeur dénudée et sont ouvertes à la pointe inférieure.

La quarre ne se recouvre pas ou ne se recouvre que très-imparfaitement sur les bords; lorsqu'au bout d'une vingtaine d'années elle est parvenue aux branches principales, l'arbre, dont le feuillage s'est notablement amaigri, dont la production ligneuse s'est proportionnellement amoindrie, est abandonné à l'exploitation. Il a été gemmé d'une manière intensive, sans nul souci de le ménager; il a été gemmé à mort.

Un pin gemmé de 110 ans, cubant environ 1 mètre, subit par ce procédé une perte d'accroissement représentée en argent par 2 fr. 60; il a produit de la gemme pour 5 fr. 50, tous frais payés; l'opération a donc donné un bénéfice de 2 fr. 90 par arbre. Ce résultat est faible, comparé à ceux que fournissent les pins maritimes dans les Landes. La térébenthine du pin Laricio d'Autriche est analogue à celle du pin maritime, mais elle est beaucoup moins abondante; elle se compose de 77 parties de résine et 23 parties d'essence.

Usages accessoires.

L'abondance des détritus du pin Laricio d'Autriche, particulièrement dans la jeunesse, et la rapidité avec laquelle ils se transforment en terreau et en humus, en raison de leur consistance charnue et de la fraîcheur qu'un couvert épais maintient sur le sol, le rendent très-digne d'intérêt au point de vue agricole. Exploitée à courte révolution, 20 ans, non-seulement une pineraie de cette espèce rapporte un volume de bois de feu considérable, mais elle devient une source permanente d'un bon engrais, soit qu'on l'enlève pour l'appliquer directement aux terres arables, soit qu'on le laisse s'accumuler et fertiliser le sol, qui, au moyen de ce système d'assolement, devient pendant quelques années propre à la culture agricole, sans qu'il soit besoin d'engrais étrangers.

Le puissant enracinement, la cime ample et touffue du

pin Laricio d'Autriche le rendent enfin très-propre à la création de rideaux d'abri contre les vents.

LARICIO DES CÉVENNES. Taille Port.

Ce Laricio forme au pied des Cévennes, dans l'Hérault, le Gard et l'Ardèche, entre 200 et 550 mètres, quelques forêts d'une étendue totale de 900 hectares; il croît sur des sols généralement peu profonds du calcaiore crallien ou du grès houiller, y contracte une forme tortueuse, étalée, et n'y parvient qu'à 6-10 mètres de hauteur, en restant souvent branchu dès la base. Il s'élance néanmoins dès que le sol devient frais et profond; il reprend alors la cime pyramidale-aiguë du Laricio de Corse.

LARICIO DES PYRÉNÉES.

Le Laricio des Pyrénées est un grand arbre élancé, qui forme des massifs assez étendus sur le versant espagnol de la chaîne, qui est rare et dissiminé sur le versant français; il se distingue par ses feuilles peu épaisses, d'un vert assez clair, disposées en plumets le long et à l'extrémité des jeunes pousses. Sous tous les autres rapports, il ne s'écarte pas du pin Laricio, dont il a les cônes sessiles, testacés, luisants, le rhytidome avec les lames péridermiques d'un gris-argenté, le tempérament qui lui permet de végéter sous le climat de Nancy aussi vigoureusement que le pin Laricio d'Autriche.

On a décrit sous le nom de pin des Pyrénées (*Pinus pyrenaïca, Carr.*) et de pin d'Espagne (*Pinus hispanica, Cook*) un pin, différent du précédent, dont les cônes ont la plus grande analogie avec ceux du pin d'Alep, par la forme, la couleur, le gros et long pédoncule qui les supporte. Si ce pin n'est point le pin d'Alep lui-même, et s'il forme une espèce distincte, je crois pouvoir affirmer qu'il ne se rencontre à l'état spontané, ni dans les Pyrénées françaises, ni dans le département du Gers, où il a été indiqué abondant par Carrière. Il n'appartient point, en conséquence, à la flore forestière de France.

4. Pin d'Alep. PINUS HALEPENSIS. MILL. Pin de Jérusalem; Pin blanc (en Provence).

Feuilles géminées, longues de 5-10 centimètres, à gaîne courte; lâches ou dressées en pinceaux au sommet des rameaux; très-étroites, molles, aiguës, d'un vert clair. Chatons mâles roussâtres, oblongs, longs d'environ 6-7 millimètres, peu serrés; chatons femelles pédonculés, de 10 millimètres de long, violacés. Cônes solitaires ou verticillés, portés sur un pédoncule épais, constamment réfléchis, oblongs-coniques, aigus, d'un rouge-brun luisant, longs de 18-12 centimètres ; écailles à écusson rhomboïdal, presque plan, finement et faiblement caréné en travers, muni au centre d'un ombilic généralement obtus ; quelquefois mats et couverts de fines stries rayonnantes. Graines de 7 millimètres, grises d'un côté, d'un gris-noir mat, finement marbré de noir profond de l'autre ; ailes 4 fois aussi longues qu'elles, dilatées d'un côté, puis à bords droits, parallèles, 3 fois aussi longues que larges, roussâtres, légèrement rayées de brun. — Arbre de 15-20 mètres au plus, à tige souvent flexueuse et à cime arrondie ou comme écrasée au sommet, composée de branches étalées et de rameaux et ramules grêles, allongés, diffus ; bourgeons non visqueux. Plaines et collines calcaires de la région méditerranéenne : France et Algérie.

Port. Taille. Le pin d'Alep reste jusqu'à l'âge de 10 à 12 ans branchu et feuillé dès la base ; la cime en est alors conique, l'accroissement rapide ; vers 20 ans, il forme un arbre à tige grêle, flexueuse, dont la végétation se ralentit, la cime s'étale largement ; il prend alors le port caractéristique précédemment décrit. Il peut atteindre, en France, 20 mètres de hauteur sur 3m,50 de circonférence, mais ces dimensions sont exceptionnelles et généralement, à 50 ans, il ne dépasse pas 12 mètres de haut sur 1 mètre de tour.

Feuilles. Il n'est pas rare de rencontrer des aiguilles ternées, quaternées, ou même quinées dans la même gaîne. La feuille persiste 2 ans seulement, 3 ans au plus ; aussi le couvert est-il très-léger.

Écorce. L'écorce est d'un gris-argenté, lisse et brillante dans les premières années ; plus tard, elle forme un rhytidome épais, gerçuré, largement écailleux, d'un rouge-brun, dans lequel les lames du périderme sont étendues, minces et à peine plus foncées que les écailles libériennes, parmi lesquelles elles s'interposent. Elle contient une notable quantité de tannin. En Provence on l'enlève avec soin au moment de l'exploitation des arbres, on la réduit au moulin en une poudre d'un rouge-ocreux, qui vaut sur les lieux de production 7 fr. 50 les 100 kilogr. Cette poudre sert, mélangée au tan du chêne kermès, à la préparation des peaux ; elle sert de plus à produire à chaud une solution dans laquelle les pêcheurs trempent leurs filets tous les 15 jours pour en assurer la conservation.

Fructification.

La fructification est précoce et abondante, mais les graines sont vaines au début ; ce n'est que vers 18-20 ans qu'elles sont embryonnées et de bonne qualité. Les cônes se récoltent en mai de la troisième année et s'ouvrent par une simple exposition à la chaleur solaire pendant 4-5 jours. 100 kilogr. de cônes produisent 5 kilogr. de graines ailées.

Enracinement.

L'enracinement est pivotant et en même temps largement développé ; il reste parfois superficiel, au détriment de la bonne végétation de l'arbre.

Aire et station.

Le pin d'Alep est une essence exclusivement méditerranéenne, dont l'aire s'étend dans la direction ouest-est, du Portugal au Taurus, en Asie Mineure, et, dans celle nord-sud, de la Provence et de la Dalmatie septentrionale à l'Algérie et à l'Egypte, embrassant 50 degrés de longitude et 14 degrés de latitude. Il atteint vers l'est son maximum de concentration et de développement, y forme seul de vastes forêts et y devient un arbre de première grandeur ; il décroît en quantité et en dimensions vers l'ouest, où il n'est plus que disséminé, souvent réduit à l'état de buisson. Du littoral il s'élève sur les montagnes qui le bordent jusqu'à l'altitude de 1,000 mètres environ.

Tempérament. Sol.

Très-sobre et rustique, de tempérament très-robuste, le pin d'Alep vient en tous les sols, même de la pire qualité, sur les versants arides, pierreux, rocheux et presque dépourvus de terre végétale des calcaires jurassiques ou crétacés, à toutes les expositions, même à celles du plein midi, là où toute autre essence refuserait de croître. Il demande de la lumière, une chaleur élevée, soutenue et ne supporte pas le climat de la France septentrionale.

Bois.

Le bois est blanc, irrégulièrement fauve-clair au cœur, couleur qu'il doit moins à une lignification véritable et complète qu'à une infiltration de résine qui, en certains points, s'épanche en telle abondance qu'elle le transforme en *bois gras*, translucide, d'une dureté et d'une pesanteur remarquables. Ce défaut déprécie la valeur du pin d'Alep pour le sciage, mais il en augmente notablement la puissance calorifique. Les canaux résinifères en sont gros et bien apparents, assez espacés.

C'est en somme un bois de médiocre qualité, employé néanmoins dans la menue charpente, dans les constructions comme pilotis, traverses de chemins de fer, dans la menuiserie commune ; il sert aussi au bordage des bateaux ; mais son usage principal est la confection de caisses et de tonneaux destinés à l'expédition des marchandises solides. Il fournit un combustible qui flambe bien, recherché dans les usines. Sa densité va de 0,532-0,866 (*Coll. Éc. For.*).

Résinage. On résinait autrefois le pin d'Alep dans la Provence comme on résine le pin maritime sur le littoral du golfe de Gascogne, et on en obtenait des produits identiques, quoique moins abondants. Le résinage est de plus en plus tombé en désuétude et ne se pratique plus guère que dans quelques forêts des Bouches-du-Rhône, où l'on voit encore *surler* (gemmer) les pins.

5. Pin maritime. PINUS PINASTER. SOLAND. *P. maritima. Lam.* Pin de Bordeaux ; Pin des Landes ; Pin du Maine ; Pin de Corté ; Pin à trochets.

Feuilles longues de 10-20 centimètres, épaisses, charnues, d'un vert franc sur les deux faces, légèrement luisantes, souvent contournées sur elles-mêmes. Chatons mâles ovoïdes, jaunâtres, longs de 1 centimètre environ. Chatons femelles petits, à bractées non saillantes, d'un rouge-violet. Cônes presque sessiles, souvent verticillés, réfléchis, oblongs-coniques et aigus, longs de 12-18 centimètres, d'un roux vif et luisant ; écailles à écusson rhomboïdal, prolongé en pyramide étalée, transversalement carénée et presque tranchante, surmontée d'une protubérance centrale d'un gris mat. Graine assez grosse, longue de 8-10 millimètres, déprimée, d'un noir luisant uniforme sur une face, d'un gris mat finement marbré de noir sur l'autre ; aile 4 fois aussi longue qu'elle, dont un des bords est droit et l'autre assez régulièrement convexe, de sorte que la plus grande largeur, à peu près égale au tiers de la longueur, tombe vers le milieu ; d'un roux-brunâtre clair, longitudinalement rubanée de violacé. Embryon 8-cotylédoné. — Arbre élevé, de port variable suivant le traitement auquel il est soumis. Commun dans les landes et dans les dunes de l'Ouest, où il forme des forêts appelées Pignadas ; se retrouve en Provence, en Languedoc, en Corse et en Algérie. Flor., avril-mai. Fructif., automne de la seconde année. Dissém., printemps suivant.

Taille. Port. Le pin maritime est un arbre de grande taille et de végétation rapide, longtemps soutenue, qui peut à 100 ans atteindre 3^{m},80 de circonférence (Corse, sol granitique, altitude 720 mètres) ; il parvient à de plus grandes dimensions encore à la faveur de sa longévité plusieurs fois séculaire et arrive à 30 mètres de haut sur 4-5 mètres, et même plus, de tour. Il faut toutefois reconnaître que le résinage, auquel il est habituellement soumis, l'amoindrit le plus souvent dans ses dimensions, le déforme et en fait un arbre tortueux, grêle, à cime irrégulière, étalée.

L'écorce, analogue à celle du pin sylvestre, est plus épaisse, plus profondément gerçurée, plus largement écailleuse ; elle est d'un rouge-violacé sombre, composée de lames péridermiques très-étendues en périphérie comme en longueur, de couleur plus foncée que celles des zones en lesquelles elles subdivisent le liber. Écorce.

Les racines sont très-développées, pivotantes et traçantes à la fois. Cette disposition, jointe à une croissance très-rapide dans la jeunesse et au peu d'exigence de l'essence à l'égard du sol, a fait choisir avec succès le pin maritime pour fixer les sables mouvants des dunes, pour boiser ceux des Landes. Enracinement.

On a vu quelquefois des souches de pin maritime s'accroître après l'exploitation de l'arbre et l'on a constaté, comme pour le sapin, qu'elles se trouvaient soudées par les racines avec celles de pins réservés dans le voisinage.

La fructification est très-précoce ; dans les sables des dunes, elle apparaît quelquefois à 15 ans ; mais alors les graines sont souvent vaines. Elle devient très-abondante et presque continue à l'âge moyen. Fructification.

La transformation des bourgeons à feuilles en inflorescences femelles et plus tard en cônes, est plus fréquente chez le pin maritime que chez tout autre ; elle produit des agglomérations de fruits très-remarquables. On en compte quelquefois 40-100 sur une même pousse, dont la plupart parviennent à un entier développement, autant du moins que l'espace le leur permet.

La graine est très-généralement de bonne qualité, abondante chaque année ; elle conserve sa faculté germinative 3-4 ans, lève au bout de 15 jours environ après le semis de printemps et produit des plants robustes, pourvus de 8 feuilles cotylédonaires, qui s'accroissent rapidement en plein soleil, sans exiger d'abri. Le kilogramme de Graine.

graines désailées en contient 22,000; il en faut 13,300 pour un litre.

Aire et station. Le pin maritime occupe une aire à peu près semblable à celle du pin d'Alep, plus restreinte toutefois; elle s'étend de l'ouest à l'est, du Portugal à la Grèce, sur une distance de 30 degrés de longitude; du nord au sud elle va de la Dalmatie et des montagnes des Maures et de l'Esterel jusqu'en Sicile et même en Algérie, sur une longueur de 10 degrés de latitude.

Dans cet espace, le pin maritime occupe des stations essentiellement littorales ou insulaires, s'écartant peu des bords de la mer, s'élevant néanmoins assez haut dans les montagnes dont elle baigne le pied, à 1,000 mètres en Corse, à 1,300 mètres dans celles du royaume de Grenade. Le maximum de production est à l'ouest de l'aire d'habitation; de ce côté le pin maritime forme à lui seul des forêts étendues (Pignadas, en Gascogne) et y devient un arbre de première dimension; il décroît en taille et en nombre vers l'est où il n'est plus qu'à l'état de dissémination, subordonné à d'autres essences, et de proportions beaucoup plus faibles. C'est une distribution absolument inverse de celle du pin d'Alep.

Le pin maritime est à peine représenté en Algérie; il est commun en Corse; il se retrouve sur le littoral de la Méditerranée, dans les montagnes des Maures et de l'Esterel, dans les Albères, tout le long et au pied des Pyrénées; mais c'est dans le Sud-Ouest qu'il est le plus développé : dans les Landes, qu'il recouvre en plus grande partie, qu'il a enrichies et complétement transformées, puis dans les dunes du littoral depuis Bayonne jusqu'aux Sables-d'Olonne, qu'il a boisées et fixées. La culture a beaucoup agrandi son aire naturelle; on le rencontre maintenant jusqu'au 49e degré de latitude, en Bretagne, dans le Perche, jusqu'au Mans; il a été employé dans le Centre avec succès, concurremment avec le pin sylvestre, à la transformation de la Sologne.

Sol. C'est une essence essentiellement silicicole, que repoussent les terrains calcaires, sur lesquels elle reste chétive, avec un feuillage d'un vert-jaune, et succombe prématurément. Une trop forte absorption de chaux, une diminution proportionnelle de la potasse et du fer, dont le végétal ne peut se passer, donnent la clef de cette répulsion (*MM. Fliche et Grandeau*). A part cette exigence, ce pin croît sur tous les sols et, s'il préfère ceux qui sont meubles, profonds et frais, il réussit aussi sur ceux qui sont rocheux, granitiques, porphyriques, schisteux, gréseux, même sur les sables mobiles les plus arides, pourvu que le sous-sol, fût-ce à une grande profondeur, conserve en toutes saisons une certaine fraîcheur.

Il résiste à des froids rigoureux et supporte le climat de la Lorraine, où il fructifie (Lamarche, Vosges) ; mais il y croît lentement et ne devient lui-même que dans le Sud, là où la température annuelle moyenne est d'au moins 12 degrés, avec une moyenne d'hiver qui ne descend pas au-dessous de 6 degrés (*Willkomm*). Dans le climat qui lui convient, la croissance en est remarquablement active ; souvent, dans la jeunesse, il développe annuellement deux verticilles. Tempérament.

Le bois, à l'état d'aubier, est blanc ; à l'état parfait, il varie du rougeâtre clair au rouge-brunâtre plus ou moins foncé ; il a le grain grossier, les accroissements épais, très-apparents ; il est assez dur, lourd, sans souplesse, le plus résineux de toutes les abiétinées indigènes. Les nombreux et gros canaux résinifères, longitudinaux et rayonnants, qui apparaissent dans le bois parfait sous forme de traits colorés en rouge-brunâtre par la résine concrète qui s'y est amassée, le font reconnaître très-facilement. Il pèse, à l'état de complète dessiccation à l'air, 0,524-0,769 (*Coll. Éc. For.*)(1). Bois.

Le pin maritime sert aux constructions navales pour des usages secondaires ; il est employé à la charpente, fournit de bonnes traverses de chemins de fer, des poteaux télégraphiques, des pilotis de longue durée, des échalas (Carassous, Médoc) d'excellente qualité ; on le dé- Usages.

---

(1) L'observation, déjà faite à propos du pin Laricio, que le nombre des couches de l'aubier s'accroît avec l'âge, se vérifie de nouveau pour le pin maritime et avec une telle exactitude que, sans une affirmation

bite en madriers, en planches, en douelles pour doubles fûts, en feuilles pour caisses d'emballage, etc. Enfin il sert de combustible, donne en brûlant une flamme claire et brillante, dégage une chaleur vive, mais peu soutenue ; il a l'inconvénient d'éclater au feu et de projeter au loin des étincelles.

Le pin gemmé ou résiné est considéré, avec raison, dans les Landes, comme bien supérieur en durée et en résistance à celui qui ne l'a pas été. Si le résinage, en effet, épuise les arbres et en réduit les dimensions, il produit en revanche des bois d'accroissements plus faibles et relativement plus chargés de bois d'automne ; il détermine en outre, de l'intérieur à la surface, un courant actif de térébenthine, dont la portion la plus fluide s'épanche, en abandonnant dans les tissus de l'aubier qu'elle traverse une notable quantité de résine. Les bois gemmés ont donc moins d'aubier ou, ce qui revient au même, un aubier de meilleure qualité ; ils sont en outre plus lourds, plus durs et plus résineux, conséquemment plus résistants, plus durables et d'une puissance calorifique plus élevée.

Résinage. Le bois n'est pas toujours le produit essentiel des Pignadas et bien souvent la production en est sacrifiée à

---

très-nette du contraire, on pourrait croire que les échantillons examinés (*Coll. Éc. For.*) ont été choisis dans le but préconçu de la confirmer.

Pin de	28	ans,	Puy-de-Dôme. . .	18	couches d'aubier de	35	mill. d'ép. tot.
»	30	»	Dép^{t} des Landes. .	23	»	70	»
»	32	»	Lesparre (Gironde)	27	»	70	»
»	36	»	Dunes de la Teste (Gironde). . . .	28	»	70	»
»	40	»	Algérie	30	»	90	»
»	46	»	Estérel (Var) . . .	31	»	45	»
»	67	»	Landes de la Teste (Gironde) . . .	43	»	70	»
»	92	»	Maures (Var). . .	43	»	70	»
»	95	»	Corse.	65	»	90	»

Sans doute ici l'on ne voit pas l'épaisseur de la zone décroître à mesure que le nombre des couches augmente, comme cela se produit pour le pin Laricio, mais l'on peut en trouver aisément la raison dans la jeunesse relative des bois observés ; sans nul doute que dans un âge avancé le ralentissement très-marqué de la végétation y produirait un résultat du même genre.

celle de la térébenthine ou de la gemme, qui en forme le revenu principal. C'est surtout dans les Landes que l'on pratique le résinage sur une grande échelle. L'abondance et la grosseur des canaux résinifères, longitudinaux et rayonnants, l'active circulation de térébenthine à laquelle ils servent de conduits dans la région de l'aubier, justifient le procédé d'extraction que l'on suit généralement.

Procédé du résinage.

Un pin est propre au résinage ou au gemmage dès qu'il mesure $1^{m},20$ de circonférence à la base. Le résinier ou gemmier, pour le *mettre en œuvre ou le parer,* dégrossit l'écorce du côté qu'il veut attaquer, en l'amincissant à la cognée et en la rendant lisse et unie ; puis avec un instrument spécial, hache dont le tranchant est courbé pour faire des incisions concaves (abschotte ou hachot), il y pratique, vers le pied, une entaille rectangulaire, dite *quarre* ou *carre,* qui entame l'aubier sur 10 centimètres de large et 3 centimètres de haut. A la base de la quarre, il creuse un petit auget (clot) dans quelque portion saillante du pied de l'arbre ou même dans le sol, pour recueillir les produits.

Dans cette méthode, à mesure que la quarre s'élève, la gemme, qui ne suinte que de la partie supérieure, doit parcourir un trajet de plus en plus long ; aussi perd-elle par évaporation la plus grande partie de son principal élément, l'essence, se charge-t-elle d'une foule d'impuretés, débris d'écorce, aiguilles, insectes, et se perd-elle en notable quantité dans la terre où elle s'infiltre. On remédie à ces inconvénients par l'emploi de réservoirs mobiles, consistant en pots de terre vernissée, qui, au moyen d'un trou pratiqué près de leur bord supérieur, s'accrochent à un clou planté dans l'arbre et se remontent avec chaque quarre. Une lame rectangulaire en zinc se fixe transversalement dans la quarre par un de ses grands côtés, taillé dans ce but en biseau, et forme, immédiatement au-dessus du récipient, un plan incliné qui arrête la gemme et la dirige dans son intérieur. Par cette modification, on réalise une notable économie de main-d'œuvre, on recueille une gemme plus abondante, plus fluide, plus pure, qui se vend 20 p. 100 plus chèr que celle obtenue par l'ancien procédé. (M. L. Javal, *Concours général d'agriculture de 1860.*)

Toutes les semaines la quarre est rafraîchie par le *piquage,* c'est-à-dire par l'enlèvement d'un mince copeau à sa partie supérieure, de sorte qu'elle s'agrandit toujours en hauteur, en conservant une largeur constante ou, même mieux, décroissante et qu'elle parvient, en 5 ans, à une élévation de 3-4 mètres environ. On l'abandonne alors et l'on en commence une seconde que l'on conduit comme la première, dont elle est séparée par une bande d'écorce large de 5-6 centimètres tout au plus, nommée *ourle* ou *bourrelet.* On fait de la sorte tout le tour de l'arbre, en ayant soin de conduire chaque nouvelle quarre un peu plus haut que la précédente ; puis l'on attaque les ourles, qui se sont accrus et ont recouvert les anciennes plaies avec une facilité et une rapidité remarquables, et on les entaille, toujours d'après le même système. Un résinage bien conduit peut durer 150 ans et même plus, surtout si, dans les premiers temps, alors que le pin était encore faible, on a eu la précaution de lui donner une année de repos après chaque période d'extraction de 7-8 ans.

Parfois, lorsque l'arbre peut le comporter par sa vigueur, on y fait deux entailles à la fois, une quarre haute et une quarre basse ou basson. Enfin, au lieu d'ouvrir les quarres les unes à côté des autres, on peut les disposer opposées entre elles et entailler les nouvelles au milieu de l'intervalle qui sépare les plus anciennes.

Le gemmage, pratiqué de la sorte, en ménageant la santé des arbres, est appelé gemmage à vie. Si, au contraire, le pin doit être exploité dans un bref délai, on ne garde aucun de ces ménagements, on le taille sur toutes les faces à la fois, en conduisant les quarres en une seule année à une hauteur triple et l'on dit qu'on le gemme à mort ou à pin perdu.

Le résinier se sert, pour arriver à la hauteur à laquelle les quarres parviennent, d'une perche, dite crabe, changue, entaillée de larges crans ou encoches sur un côté ou sur deux côtés opposés, ou garnie de marches coniques, clouées alternativement sur deux de ses faces.

On procède au gemmage du 15 février au 15 novembre. La térébenthine qui s'écoule s'amasse dans les augets où on la recueille de temps à autre, à intervalles d'autant plus rapprochés que la température est plus élevée. Elle contient naturellement d'autant plus d'essence qu'elle est plus souvent recueillie. Un bon ouvrier taille 200-300 arbres par jour.

Un pin vigoureux et isolé peut produire annuellement jusqu'à 20-40 kilogr. de matière première ; en massif, ce chiffre ne s'élève pas à plus de 4-6 kilogr. Les pins des dunes de Gascogne sont, sous ce rapport, bien plus productifs que tous les autres. Cependant de récentes expériences entreprises aux environs de Fréjus permettent d'espérer que ceux de la Provence ne leur sont point inférieurs à cet égard.

Produits bruts du résinage.

Les produits bruts du gemmage sont de trois sortes : 1° la gemme ou résine molle, partie fluide qui s'est réunie dans les augets ; 2° le galipot, portion solidifiée le long des quarres et qui se détache aisément par grands morceaux, sans être mélangée de débris d'écorce ; 3° le barras, qu'il faut râcler fortement et qui n'est autre qu'un galipot impur, mêlé à des copeaux, à des fragments d'écorce, etc.

Tous ces produits sont formés d'essence de térébenthine et de résine ou colophane ; ils ne diffèrent que par la proportion des deux éléments. L'industrie les épure, les manipule, les mélange d'après des procédés très-variés et en fabrique une multitude de substances diverses, dont les principales sont :

Produits fabriqués.

1° Les pâtes de térébenthine, liquides visqueux, extraits des matières premières par une douce chaleur artificielle et un filtrage sur des claies en paille (pâte de térébenthine commune), ou par une exposition à la chaleur solaire sur des plans inclinés, formés de planches mal jointes (pâte de térébenthine fine ou au soleil).

2° L'essence ou huile de térébenthine, liquide incolore, de consistance légèrement oléagineuse, provenant de la distillation des matières premières et surtout de la résine molle ou des pâtes de térébenthine.

3° Le brai sec, colophane ou arcanson, résidu de la distillation qui a produit l'essence. C'est une résine d'un éclat vitreux, dont la couleur varie du jaune blond au brun. Fondu et brassé avec de l'eau chaude, le brai sec fournit la résine jaune ou poix-résine, substance très-voisine, opaque, d'un jaune clair, La poix blanche est un galipot filtré et blanchi par un mélange de 2 p. 100 d'eau.

4° La poix noire, matière visqueuse, d'un brun-roux, provenant de la carbonisation, dans un four en briques, des claies de filtrage et de tous les débris et résidus de la fabrication. Le brai gras est un mélange de poix noire et de goudron.

Après l'exploitation, les souches de pins sont débitées en menus morceaux et carbonisées dans des fours en terre ou en maçonnerie ; on en retire un dernier produit, le goudron, et un charbon de qualité médiocre.

Toutes ces matières sont d'une grande importance. La marine ne saurait se passer de goudron et de brai gras ; l'essence sert à des usages nombreux, particulièrement de dissolvant pour les vernis ; la colophane est appliquée directement à l'éclairage ; la résine d'huile et la résine jaune sont employées à l'extraction du gaz d'éclairage, à la fabrication des savons, à l'encollage des papiers, aux enduits, etc., etc. Le barras, traité par les alcalis, produit la graisse végétale, si employée aujourd'hui pour graisser les machines, les essieux, etc.

Produits accessoires.

Enfin une combustion incomplète des détritus résineux de la fabrication fournit le noir de fumée, qui s'attache à des toiles tapissant la chambre où se fait l'opération. Il suffit d'une secousse légère pour le faire tomber sur le sol, où on le recueille aisément.

Les cônes (Pignes, dans le Sud-Ouest) sont très-recherchés pour allumer le feu ; les racines, qui ont la fibre grosse, tenace, flexible et enduite de résine, servent à tresser des corbeilles, paniers et autres ustensiles de ménage.

On fabrique avec les aiguilles du pin maritime, comme avec celles du pin sylvestre, de la laine de forêt, de l'ouate et des tissus variés.

6. Pin Pinier. Pinus pinea. Lin. Pin bon ; Pin parasol ; Pin d'Italie ; Pin de pierre ; Pin franc (Gironde et Landes) ; Pignon.

Feuilles géminées, celles d'une même gaîne étalées, longues de 8-15 centimètres, moyennement épaisses, vertes, lâchement disposées sur les rameaux ; chatons mâles oblongs, jaunâtres, longs de 1 centimètre ; chatons femelles ovoïdes, verdâtres, penchés. Cônes solitaires, ordinairement géminés ou ternés, très-gros, ovoïdes-obtus ou presque globuleux, longs de 10-15 centimètres, larges de 8-10, presque sessiles, d'un brun-rougeâtre luisant, réfléchis ou étalés horizontalement. Écailles grandes, à écusson rhomboïdal, bombé ou légèrement pyramidal, relevé de 5-6 arêtes rayonnantes, muni au centre d'un ombilic obtus. Graines très-grosses, longues de 16-20 millimètres, obovées, comprimées, arrondies aux 2 extrémités, logées dans 2 cavités correspondantes de la face interne de chaque écaille, couvertes d'une efflorescence d'un noir-violacé, très-caduque, d'un rouge-brun mat quand elles l'ont perdue ; à enveloppe épaisse, dure et ligneuse, à aile très-courte et très-caduque, l'entourant comme d'un mince châssis. Amande féculente-huileuse ; graine 10-12-cotylédonée. Disséminé dans la région méditerranéenne. France, Algérie. Flor., avril-mai. Fructif., fin de la 3e année. Dissém., printemps suivant.

Le pin pinier est un grand arbre qui peut atteindre 30 mètres d'élévation, 5-6 mètres de circonférence et qui croît plus souvent isolé qu'en massif. La tige en est nue, cylindrique, élevée ; la cime, courte, très-étalée (30 mètres d'envergure quelquefois) et tout à fait plane à la partie supérieure, lui donne un port très-remarquable et lui a valu le nom de Pin parasol. Il est un des éléments caractéristiques des paysages des contrées méditerranéennes. Taille. Port.

L'enracinement est profond. Enracinement

L'écorce, semblable à celle du pin sylvestre, est gerçurée-écailleuse ; le périderme y forme des lames étendues, minces, blanchâtres, qui séparent, sous forme d'écailles, le tissu libérien transformé en un liége sec et dur, d'un rouge-ocreux clair. Écorce.

Le pinier fructifie à l'âge moyen et, seul entre tous les pins indigènes, il a la maturation trisannuelle. Les cônes ou pignons sont recherchés pour leurs graines, au nombre de 90-100, dont l'amande, comestible et d'un goût qui rappelle celui de la noisette, est fréquemment employée par les confiseurs. On peut en extraire une huile grasse Fructification.

alimentaire. L'enveloppe, dure et ligneuse, de ces graines est difficile à briser; mais on cultive une variété à coque mince et fragile (*P. pinea fragilis. Loisel.*).

Germination. Le jeune plant, au sortir de sa coiffe, est beaucoup plus grand et plus gros que celui des autres végétaux résineux indigènes. Il a 10-12 grandes feuilles cotylédonaires très-glauques, planes, pointues et dentées sur les bords. Des feuilles semblables, mais plus petites, se produisent pendant longtemps pêle-mêle avec les aiguilles géminées.

Aire et station. L'aire du pinier, à peu près pareille à celle du pin d'Alep, s'étend des îles Canaries et de Madère jusqu'en Asie Mineure, dans la direction de l'ouest à l'est; de la Provence à l'Algérie, dans celle du nord au sud, c'est-à-dire sur 40 degrés de longitude et 9 degrés de latitude. Son altitude maxima ne dépasse pas 1,000 mètres.

Il se rencontre dans toute la Provence, mais à l'état d'isolement, et il n'est pas certain qu'il y soit indigène; il y est bien plutôt considéré comme arbre fruitier que comme essence forestière. Il ne peut d'ailleurs croître en massif, en raison de l'ampleur de sa cime, et, en Algérie, où on le rencontre dans les forêts, il ne prend d'accroissement que du moment où il est parvenu à dominer les autres végétaux avec lesquels il se trouve en mélange, de manière à pouvoir développer au-dessus d'eux sa cime en parasol. Il recherche les terrains frais et profonds, à sous-sol frais ou humide, un climat chaud, littoral, une lumière vive.

Sol.

Bois. Le bois rappelle beaucoup par la structure et la couleur celui du pin maritime, avec lequel il est difficile de le distinguer; cependant les canaux résinifères y sont moins abondants et moins développés et les tissus n'en sont pas aussi imprégnés de résine. Il pèse, complétement desséché à l'air, 0,521-0,773 (*Coll. Éc. For.*). Il fournit des charpentes de première qualité, est employé en Turquie dans la marine pour bordages et même, dit-on, pour mâture; est très-propre à la menuiserie. C'est un bois de chauffage médiocre, qui brûle vite et éclate beaucoup (1).

Usages.

(1) L'examen des échantillons de la *collection de l'École forestière*

Section II. — *Pins à 5 feuilles.*

Feuilles quinées, à gaîne caduque; écailles des cônes terminées par des écussons plans, dont l'ombilic est terminal; écorce grise, lisse et vive superficiellement jusqu'à un âge avancé.

7. Pin Cembro. Pinus cembra. Lin. Ceinbrot; Alviès; Auvier; Tinier, Eouve; Héoux; Haiou, etc.

Feuilles quinées, dressées, rapprochées ou à peine étalées, longues de 6-12 centimètres, raides, aiguës, vertes en dessous et aux bords, glauques en dessus, rudes sur les angles vers le sommet, à gaînes allongées, et très-caduques. Chatons mâles oblongs, serrés, rouges, puis jaunes; chatons femelles et jeunes cônes d'un rouge-violacé. Cônes mûrs sessiles, dressés ou étalés-dressés, jamais pendants, ovales-obtus, longs de 8-10 centimètres, larges de 5-6, d'un brun-cannelle, violacé, terne et mat, couverts d'une efflorescence caduque, bleuâtre; écailles de consistance à peine ligneuse, peu serrées, à écusson ridé longitudinalement, à peine épaissi, terminé par un petit ombilic saillant. Graines grosses, obovées, longues de 8-12 millimètres, brunes et mates, à enveloppe ligneuse assez dure, privées d'ailes, parce que celles-ci, très-courtes, restent adhérentes à l'écaille. Embryon 9-10-cotylédoné. — Arbre de port variable suivant l'altitude à laquelle il croît, de végétation toujours lente. Hautes Alpes de la Savoie, du Dauphiné et de la Provence. Flor., juin. Fructif., automne de la seconde année. Dissém., printemps suivant.

Le pin cembro est un arbre de végétation extrêmement lente, qui parvient néanmoins, par une longévité très-prolongée, à de grandes dimensions: 15-25 mètres de hauteur sur 3-4 mètres de circonférence. Un arbre de cette espèce, de 23 mètres de haut, provenant du Briançonnais, à l'altitude de 2,300 mètres, a fourni une rondelle parfaitement saine de 2m,35 de tour, dont l'âge, calculé par le nombre des accroissements, est de 625 ans (*Coll. Éc. For.*). Taille. Port.

---

confirme une fois de plus cette observation du nombre des couches d'aubier croissant avec l'âge.

Pin pinier de Brignolles (Var) . .	25 ans,	20 couches d'aubier.	
» Landes	34 »	26	»
» Landes	36 »	26	»
» Estérel (Var) . . .	38 »	27	»
» Pyrénées-Orientales	38 »	29	»
» Maures (Var) . . .	50 »	38	»

La ramification est serrée, composée de verticilles étalés, courts, très-rapprochés, qui, dans la jeunesse, garnissent la tige dès la base et dont les branches ne produisent ordinairement que des bourgeons solitaires. La cime est alors longue, conique et aiguë; plus tard, le fût se dénude, et comme chez la plupart des arbres des hautes régions, tourmentés et souvent mutilés par la tempête, la ramification devient irrégulière, diffuse, formée de grosses branches horizontales redressées vers l'extrémité. Chez les vieux arbres même, la cime est le plus souvent multiple, composée de branches qui, partant des ramifications de la tige principale, sont dressées et verticillées comme elle.

Écorce. L'écorce d'un gris-verdâtre, lisse ou verruqueuse, offre des réservoirs à résine comme celle du sapin et ne forme de rhytidome qu'à un âge avancé; elle se gerçure alors largement, surtout en travers, devient finement écailleuse et prend une teinte gris-rougeâtre. Le périderme y forme des lames minces, grisâtres, à peine plus claires que le tissu subéreux du liber; des vacuoles résinifères très-nombreuses y sont disséminées. Les rameaux les plus jeunes sont recouverts de poils entremêlés, d'un jaune-rouge, tout à fait caractéristiques.

Enracinement. L'enracinement est largement développé; il se fait dans la jeunesse par un pivot et de fortes racines latérales; vers 15-20 ans, le premier s'atrophie et les secondes seules continuent à s'accroître avec vigueur en traçant au loin.

Couvert. Le feuillage est interrompu, aggloméré à l'extrémité des rameaux; il est néanmoins touffu et donne un couvert assez épais; il persiste 5 ans.

Fructification. La fructification ne commence que vers 50 ans et n'est abondante que tous les 4-6 ans. Les cônes, appelés Auves dans le Briançonnais, sont très-recherchés pour leurs graines, assez grosses, dont l'amande, comestible et savoureuse, rappelle celle du pin pinier; ils se vendent sur les marchés. Les casse-noix et les écureuils en font, d'un autre côté, une grande consommation. Aussi sont-ils généralement assez rares.

L'amande contient un tiers de son poids d'une huile grasse d'un goût agréable, mais sujette à rancir.

Pour obtenir la graine, on réunit les cônes sur une aire plane et on les bat avec des branchages. On les désarticule de la sorte et l'on plonge le tout dans un bassin rempli d'eau; les écailles, les graines vaines, les axes surnagent, les graines de bonne qualité vont au fond. On les étend sur des toiles pour les faire sécher. 100 kilogr. de cônes fournissent 17 à 20 kilogr. de graines.

La graine, semée avant l'hiver, germe dès le mois de février; semée au printemps, elle ne germe souvent qu'un an et même 2 ans après. Le jeune plant paraît avec 9-10 feuilles cotylédonaires et ne dépasse pas 3-4 centimètres la première année; toutes ses feuilles sont alors solitaires. Les accroissements des années suivantes sont encore plus faibles: 5-10 millimètres seulement; mais les feuilles sont dès lors engaînées, par 3-6, généralement par 5. Jusque vers 6-12 ans la ramification ne se fait que par des rameaux solitaires; passé cet âge, elle se verticille, les branches deviennent horizontales, se redressent au sommet; l'arbre, enfin, prend peu à peu son port définitif.

Germination.

Jeune plant.

Le pin cembro ne se rencontre que dans les Alpes et dans les Carpathes et n'y occupe que les régions les plus élevées, entre 1,400-1,500 mètres et 2,500 mètres. Mélangé dans ses limites inférieures avec les derniers sapins et épicéas, il traverse et dépasse la zone des pins de montagne, du mélèze lui-même, et devient dans ses limites supérieures, en société des aunes verts, des rhododendrons et des saules alpins, le dernier représentant de la végétation forestière. Il forme rarement des massifs complets, se rencontre le plus souvent à l'état de dissémination et, si l'on n'y prend garde, il disparaîtra sous les abus du paturâge, malgré l'utilité de sa conservation et de sa propagation, non pas précisément pour ses produits, mais pour l'abri qu'il procure aux versants qu'il domine.

Aire et station.

Les sols frais, profonds, meubles, sont ceux qu'il préfère; mais il s'accommode de terrains de moins bonne qualité, siliceux, argileux, calcaires, pourvu qu'ils ne soient ni trop compactes, ni trop humides.

Sol.

Croissance. La croissance du cembro, à l'altitude à laquelle on le trouve, est naturellement très-lente ; il est remarquable qu'elle reste la même lorsqu'on le cultive dans les régions basses ou peu élevées. Il est bien différent en cela du mélèze et du cèdre qui, dans de semblables circonstances, s'accroissent avec une rapidité extraordinaire.

Bois. Le bois est léger, blanc, peu veiné, d'un grain très-doux et assez homogène, en raison de la faible différence qu'il y a entre la zone de printemps et celle d'automne, qui est très-mince ; il est à peine teinté de rouge au cœur, de sorte que le bois parfait et l'aubier diffèrent peu l'un de l'autre. Ce dernier est peu abondant (21-34 couches sur les échantillons de la collection de l'École forestière, quoiqu'ils soient d'un âge élevé) ; les accroissements sont minces et égaux. La térébenthine en est très-fluide et laisse fort peu de résine dans les tissus après la dessiccation.

Usages. Ce bois est peu propre aux constructions, mais la finesse et l'homogénéité de son grain le rendent très-convenable pour la menuiserie, surtout pour la sculpture, et les montagnards tyroliens en fabriquent toutes sortes de jouets d'enfants. Il fournit d'excellents bardeaux, qui s'usent très-uniformément, au point qu'ils ne cessent pas d'être utiles alors qu'ils sont réduits à une très-faible épaisseur. C'est un médiocre combustible, qui occupe à peu près le même rang que le sapin et qui, comme lui, dégage en brûlant une fumée insupportable.

Sa densité varie de 0,418-0,525 (*Coll. Éc. For.*).

8. Pin Weymouth. PINUS STROBUS. LIN. Pin du Lord.

Feuilles longues de 6-8 centimètres, très-grêles, trigones, vertes et luisantes sur la face dorsale, glauques et mates sur les 2 autres, finement denticulées sur les bords vers l'extrémité et, par suite, rudes au toucher quand on les passe à rebours entre les doigts ; redressées en plumets ou légèrement étalées, à gaîne très-caduque. Chatons mâles ovoïdes, peu nombreux, longs de 1 centimètre ; chatons femelles plus courts, cylindriques, solitaires, opposés ou verticillés. Cônes grêles, cylindracés, atténués à l'extrémité, longs de 11-14 centimètres, de 25 millimètres de diamètre, légèrement arqués, pédonculés et pendants dès le commencement de la 2e année, ne se désarticulant pas, d'un brun-violacé à la maturité, tout à fait mats ; écailles à écusson ridé longitudinalement, peu épaissi, à ombilic terminal. Graine longue de 5-6 millimètres, de même forme et de même taille que celle du pin Laricio, mais luisante et d'un gris légèrement brunâtre, pourvue d'une aile aiguë qui est 2 fois et demie aussi longue qu'elle. Embryon 7-9-cotylédoné et même plus.— Arbre très-élevé, à tige droite, élancée, à cime allongée, conique-aiguë, très-régulièrement verticillée ; à écorce gris-verdâtre, lisse jusqu'à un âge avancé. Originaire de l'Amérique septentrionale et de l'Asie orientale, parfaitement naturalisé et souvent cultivé en France. Flor., fin de mai. Fructif. et dissém., automne de l'année qui suit celle de la floraison.

Taille. Port.

Le pin Weymouth est un très-grand arbre, qui, dans sa patrie, atteint 60 mètres d'élévation, 6-8 mètres de circonférence ; la croissance active et soutenue qu'il conserve en Europe donne à penser qu'avec le temps il y atteindra des dimensions semblables. Il a la tige très-droite, élancée, très-régulièrement verticillée ; la cime en est allongée et toujours aiguë, composée de branches relativement grêles. A l'état d'isolement, les branches inférieures ne périssent pas, gardent tout leur feuillage et s'allongent horizontalement, de sorte que l'arbre tout entier forme une large pyramide feuillée dès la base et du plus bel effet. En massif, les branches inférieures se dessèchent, mais persistent longtemps en cet état, à la manière de celles de l'épicéa.

Enracinement.

L'enracinement est très-puissant, plus developpé encore que celui du pin sylvestre. Il se compose d'un pivot fort et long, de grosses et longues racines latérales. Le volume réel de la souche et des racines est estimé à 20 p. 100 du volume superficiel (*T. Hartig*).

Couvert.

La feuille persiste peu de temps, 2 ans, et souvent même à la fin de l'hiver l'arbre ne possède plus que celles de l'année précédente. Néanmoins le couvert est assez complet, en raison du développement de la cime en longueur.

Écorce.

L'écorce a la plus grande analogie avec celle du sapin, mais elle est d'une consistance beaucoup plus molle, au point de céder sous la pression du doigt. On y observe un périderme externe, lisse et brillant, d'un gris-verdâtre satiné, soulevé çà et là en forme de petites ampoules par une térébenthine très-fluide, incolore et transparente, qui s'est accumulée dans les nombreux réservoirs de l'enveloppe herbacée sous-jacente. Ces réservoirs sont de deux sortes : de larges canaux résinifères, dont les plus gros sont disposés suivant une zone circulaire interne, en dehors de laquelle s'en trouvent beaucoup d'autres plus petits et épars ; puis des vacuoles sans relation avec les canaux, qui commencent à s'organiser dès 10 ans et se développent de plus en plus jusque dans le liber. Vers 15 à 30 et même 40 ans seulement, un périderme interne s'organise, par places, d'abord, dans les couches superficielles du liber, détruit toutes les parties parenchymateuses qui le recouvrent ; il s'étend ensuite de proche en proche, envahit toute l'écorce et provoque la formation d'un rhytidome gerçuré, écailleux, mais non lamelleux comme celui des pins à 2 feuilles. Le liber interne encore vivant se distingue nettement de celui des autres essences de cette famille par le grand nombre de cavités résinifères qu'il renferme ; on y trouve, de plus, des canaux rayonnants.

Fructification. La fructification a lieu de bonne heure, surtout pour les pins isolés ; en massif, ce n'est que vers 50 ans qu'elle devient abondante et régulière et que les graines sont de bonne qualité. Les années de semences se succèdent alors tous les 2-3 ans, sans qu'il y ait jamais disette absolue. Les cônes ont les écailles très-lâchement imbriquées et s'ouvrent sous la moindre chaleur ; aussi la dissémination se fait-elle dès l'automne. Il faut se garder, si on les récolte, d'employer pour les ouvrir une chaleur artificielle, d'ailleurs inutile, parce qu'alors ils laissent suinter une térébenthine qui agglutine les écailles et les graines.

Graine. Le kilogramme contient 61,000 graines désailées ; le litre 25,200.

Germination. Le jeune plant lève 3-4 semaines après le semis de printemps, avec 7-8 feuilles cotylédonaires, et, comme tous les pins, ne produit pendant la première année que

Jeune plant. des feuilles solitaires. Dans les années suivantes apparaissent les feuilles engaînées par 4-5 ; à 3 ans, le plant se verticille et il n'est pas rare qu'à 10 ans il développe déjà des pousses annuelles de $0^m,60$ de hauteur.

Croissance. Le pin Weymouth présente des exemples d'accroissements extraordinaires et l'on en voit qui, à 30 ans, mesurent 22 mètres de hauteur et $0^m,63$ de diamètre.

Le Weymouth habite, en Amérique, les régions de collines ou de montagnes peu élevées et particulièrement les grandes plaines à sol profond et frais ; il est commun le long des cours d'eau et réussit encore dans les lieux tourbeux. Il recherche en France des conditions identiques. Patrie.

Le bois est blanc, très-faiblement rougeâtre au cœur, léger, mou, homogène, à peine résineux ; la zone d'automne en est mince et peu différente de celle du printemps ; les canaux résinifères sont gros et rares ; la térébenthine qu'ils contiennent est presque entièrement composée d'essence volatile. Coupé vert, il pèse 15-20 p. 100 moins que le pin sylvestre, 10-15 p. 100 moins que le sapin et l'épicéa ; desséché à l'étuve, il perd presque moitié de son poids (*T. Hartig*). C'est donc un bois peu recommandable, qu'on prendrait aisément pour du peuplier, s'il présentait des vaisseaux au lieu de canaux résinifères ; qui, de plus, manque d'élasticité, se déjette fortement et manque de durée. C'est enfin un combustible inférieur même au sapin, surtout lorsque la dessiccation lui a fait perdre presque tous ses principes surhydrogénés. Bois.

Cette appréciation est bien différente de celle que plusieurs auteurs ont faite de ce bois en Amérique, où ils le représentent employé très-fréquemment à toutes sortes d'usages : charpente des édifices et des maisons privées, construction des ponts, menuiserie, tonnellerie, layetterie, etc. C'est, disent-ils, l'unique bois de mâture des États du Nord et du milieu de l'Union et il résiste mieux qu'aucun autre aux injures du temps.

Les conditions différentes de végétation que le pin Weymouth rencontre en Europe et en Amérique peuvent justifier une partie de cette divergence d'opinions, d'autant mieux que dans nos contrées on n'a pu soumettre à l'expérience que des bois jeunes encore, tandis que ceux que les Américains emploient sont sans doute d'un âge élevé ; mais elles ne sauraient l'expliquer entièrement. En effet, si la comparaison de bois jeunes, ayant crû en France, et de bois d'âge moyen, originaires de l'État de

Vermont (États-Unis), fait reconnaître que les premiers offrent des accroissements plus larges que les seconds et une moindre proportion de bois d'automne, elle établit néanmoins qu'ils sont les uns et les autres mous, légers et dépourvus de résine. Ceux de France pèsent, complétement desséchés à l'air, 0,320-0,488 ; ceux de l'État de Vermont pèsent, dans les mêmes conditions, 0,379-0,422 (*Coll. Éc. For.*).

Il faut donc admettre qu'en attribuant des qualités éminentes au bois du Weymouth, il y a eu de l'exagération. Qu'on ait employé ce bois, faute de mieux, à la mâture, c'est très-possible ; mais il est certain qu'il ne s'est distingué ni par la résistance, ni par la souplesse et la durée ; aussi la marine de l'État a-t-elle renoncé, en Amérique, à son usage.

Térébenthine. La térébenthine est abondante dans toutes les parties du Weymouth ; mais contenant très-peu de résine, elle se volatilise rapidement et ne donne lieu à aucune extraction importante.

CLEF ANALYTIQUE

POUR LA DÉTERMINATION

DES PRINCIPALES ESPÈCES DE VÉGÉTAUX LIGNEUX INDIGÈNES

PENDANT L'HIVER

CLEF ANALYTIQUE

POUR LA DÉTERMINATION

DES PRINCIPALES ESPÈCES DE VÉGÉTAUX LIGNEUX INDIGÈNES

PENDANT L'HIVER

OBSERVATION

La seule méthode certaine pour déterminer spécifiquement un végétal consiste à en examiner les organes essentiels, fleurs, fruits et feuilles ; or, à part certaines feuilles et quelques fruits qui persistent en hiver, ces organes manquent pendant la mauvaise saison, de sorte que la distinction des espèces, basée sur les caractères qu'ils fournissent, devient tout à fait impossible pendant une notable partie de l'année. Il est néanmoins important de pouvoir reconnaître en tout temps, dans les forêts, les végétaux qui les peuplent et il m'a semblé que ce but pouvait être atteint aisément au moyen de caractères d'une facile observation, tels que l'insertion des feuilles et celle des bourgeons et des rameaux qui en est la conséquence, l'absence ou la présence d'épines ou d'aiguillons, la caducité ou la persistance des feuilles, enfin la nature des rameaux, la direction, la forme et la structure des bourgeons qui les garnissent.

Afin de ne pas trop compliquer le tableau dichotomique qui, à l'aide de ces caractères, conduit à la détermination de l'espèce, je n'y ai admis que les végétaux ligneux les plus importants, soit par leurs dimensions ou leur utilité, soit par leur abondance générale ou au moins locale dans certaines régions de la France.

Il faut faire remarquer que les caractères empruntés aux bourgeons le sont en plein hiver, alors que ces organes, complétement formés, sont en repos et bien clos ; que ces caractères ne sauraient leur convenir plus tard, quand, gonflés par la première séve du printemps, ils modifient leur forme, leur taille et accroissent, en s'ouvrant et s'allongeant, le nombre de leurs écailles apparentes.

Végétaux	à feuilles, bourgeons et rameaux alternes.	Ire Division.	Feuilles caduques. .	inermes . . .	1re Section, page 555.
				épineux. . . .	2e Section, page 561.
			Feuilles persistantes	inermes . . .	3e Section, page 563.
				épineux . . .	4e Section, page 565.
	à feuilles, bourgeons et rameaux opposés (1).	IIe Division.	Feuilles caduques. .	inermes . . .	5e Section, page 566.
				épineux . . .	6e Section, page 569.
			Feuilles persistantes	inermes . . .	7e Section, page 569.

(1) Quelques espèces à feuilles opposées ou verticillées ne produisent que de rares bourgeons latéraux, irrégulièrement distribués, de sorte que la ramification en paraît alterne ; elles sont néanmoins comprises dans cette division.

Ire DIVISION

Feuilles, bourgeons et rameaux alternes.

1re SECTION

Végétaux inermes, à feuilles caduques.

1. Branches garnies de rameaux raccourcis, tuberculeux, offrant un bourgeon unique, terminal. — Arbre à cime allongée, aiguë, portant de petits cônes dressés, à écailles minces. **MÉLÈZE D'EUROPE.**
   Branches non garnies de rameaux raccourcis et tuberculeux. . . . 2

2. Rameaux et ramules arrondis ou obtusément anguleux, rarement anguleux chez quelques arbres, mais, dans ce cas, jamais verts. 3
   Rameaux et ramules anguleux, cannelés, verts. — Sous-arbrisseaux 66

3. Ramules ligneux, non jonciformes 4
   Ramules jonciformes, verts. — Arbuste. . . **SPARTIER D'ESPAGNE.**

4. Bourgeons n'étant point en partie cachés par la base persistante et stipulée des feuilles de l'année précédente. 5
   Bourgeons abrités à l'aisselle de la base de la feuille de l'été précédent, laquelle base est garnie de 2 stipules grêles et allongées et devient persistante 64

5. Bourgeons écailleux 6
   Bourgeons nus et petits 62

6. Bourgeons uniécailleux. 7
   Bourgeons pluri-multiécailleux. 16

7. Bourgeons alternes ou spiralés. 8
   Bourgeons le plus souvent opposés, appliqués. Ramules dressés, grêles, glabres, variant du jaune au jaune-verdâtre et au rouge-pourpre. . . . . **SAULE POURPRE.**

8. Rameaux toruleux. Arbrisseaux ou petits arbres; bourgeons ovoïdes, tranchants sur les bords, dressés, mais non appliqués, si ce n'est sur les pousses peu robustes des arbres déjà âgés. . . . 9
   Rameaux lisses, effilés, allongés et souples. 11

9. Arbre à tige et rameaux régulièrement arrondis; bourgeons glabres, ramules à peine velus. . . . . **SAULE MARCEAU.**
   Arbrisseau à tige et à rameaux irrégulièrement arrondis, comme ceux du charme. 10

10. Bourgeons et ramules densément gris-tomenteux. — Arbrisseau dressé, à pousses assez robustes . . . . **SAULE CENDRÉ.**
Bourgeons et ramules glabres. — Petits arbrisseaux diffus, à pousses grêles. . . . . **SAULE À OREILLETTES.**

11. Bourgeons appliqués, tranchants sur les bords 12
Bourgeons dressés, non exactement appliqués, arrondis sur les bords ; ramules très-luisants et glabres, d'un vert-jaune ou d'un brun clair ou rougeâtre. . . . . **SAULE A 5 ÉTAMINES.**

12. Rameaux de 1-3 ans, couverts d'une efflorescence glauque ; ramules pubérulents vers l'extrémité, pourprés. . **SAULE DAPHNÉ.**
Rameaux non couverts d'efflorescence glauque 13

13. Ramules complétement glabres, luisants, se cassant aisément à l'articulation, surtout au printemps. 14
Ramules plus ou moins velus à l'extrémité, n'ayant pas l'articulation très-fragile 15

14. Arbrisseau à écorce, de 8-10 ans, écailleuse, caduque, d'un roux clair ; bourgeons allongés, à bords parallèles, arrondis au sommet ; ramules olivâtres, plus ou moins pourprés, se cassant nettement un peu au-dessus de la base . . . . **SAULE AMANDIER.**
Arbrisseau et arbre à écorce longitudinalement gerçurée ; bourgeons triangulaires-aigus ; ramules variant du brun-verdâtre au pourpre, se cassant net à l'articulation . . . . **SAULE FRAGILE.**

15. Ramules plus ou moins couverts de poils appliqués, blancs-soyeux, de coloration très-variable, allant du jaune vif à l'olivâtre, au brun-rougeâtre et au pourpre-noirâtre. — Grand arbre dont l'écorce rappelle celle des vieux chênes . . . . **SAULE BLANC.**
Ramules tomenteux-pulvérulents, au moins à l'extrémité, verts, d'un vert-jaunâtre ou jaune-brun. . . . . . **SAULE VIMINAL.**

16. Bourgeons 2-3-écailleux, dressés-étalés 17
Bourgeons à plus de trois écailles 22

17. Bourgeons latéraux sessiles, distiques. 18
Bourgeons latéraux stipulés ; insertion $^1/_3$; ramules triangulaires ; inflorescence en chatons libres dès l'automne 21

18. Bourgeons ovoïdes, à écailles alternes, inégales, imbriquées. — Arbres à écorce lisse et grise d'abord, puis longitudinalement gerçurée, d'un brun-noir. 19
Bourgeons pyramidaux, revêtus de deux écailles égales, sèches, un peu poilues, presque juxtaposées. — Arbre à écorce gris-verdâtre, lisse et mince, s'écaillant annuellement par larges plaques. . . . . **PLATANE D'ORIENT.**

19. Ramules et bourgeons glabres, écailles presque herbacées, vertes ou rouges. 20
Ramules et bourgeons pubérulents ; écailles sèches. **CHÂTAIGNIER C**[n]**.**

20. Bourgeons bi-écailleux . . . . . . **TILLEUL A PETITES FEUILLES.**
Bourgeons tri-écailleux. . . . . . **TILLEUL A GRANDES FEUILLES.**

21. Ramules glabres. — Arbre à écorce écailleuse, puis gerçurée avec l'âge . . . . **AUNE GLUTINEUX.**
Ramules pubescents à l'extrémité. Écorce lisse et d'un gris-cendré jusqu'à un âge avancé . . . . **AUNE BLANC.**

22. Bourgeons plus ou moins régulièrement distiques sur les rameaux latéraux 23
Bourgeons spiralés, même sur les pousses latérales 32

23. Bourgeons ovoïdes ou pyramidaux 24
Bourgeons longuement fusiformes, très-aigus, étalés-dressés. — Arbre à tige arrondie, à écorce gris-clair, mince, toujours lisse; feuilles marcescentes. . . . . **HÊTRE COMMUN.**

24. Bourgeons obtus, presque globuleux. — Arbrisseau à écorce gris-argenté, lisse ou s'exfoliant en fines membranes, pourvu dès l'automne de chatons mâles, cylindriques, qui passent l'hiver à nu . . . . **COUDRIER NOISETIER.**
Bourgeons aigus 25

25. Bourgeons pyramidaux, revêtus d'écailles peu nombreuses. . 26
Bourgeons ovoïdes, revêtus d'écailles nombreuses 27

26. Ramules et bourgeons glabres; ceux-ci dressés, non appliqués. — Arbre à écorce gerçurée-subécailleuse. . . . . **MÛRIER BLANC.**
Ramules et bourgeons pubescents ; ceux-ci exactement appliqués. — Arbre à écorce mince, lisse et gris-cendré, comme celle du hêtre. . . . . **MICOCOULIER DE PROVENCE.**

27. Bourgeons placés obliquement au-dessus de la cicatrice de la feuille. — Grands arbres à écorce noir-brun, longitudinalement crevassée 28
Bourgeons insérés droits au-dessus de la cicatrice de la feuille. 30

28. Bourgeons plus ou moins poilus 29
Bourgeons glabres. — Arbre à tige relevée vers le pied de côtes saillantes; à écorce lisse, ensuite écailleuse, puis rugueuse gerçurée ; cime étalée, diffuse . . . . **ORME DIFFUS.**

29. Arbre à ramification serrée, ramules régulièrement distiques et dans un même plan ; écorce souvent rugueuse-subéreuse dans la jeunesse. . . . . **ORME CHAMPÊTRE.**
Arbre à ramification lâche, ramules souples et pendants; écorce jamais subéreuse. . . . . **ORME DE MONTAGNE.**

30. Pousses verruqueuses ou pubescentes, grêles et tombantes. — Arbre à écorce d'un blanc pur, s'exfoliant circulairement en minces membranes dès l'âge de 10-16 ans. Inflorescences mâles en chatons libres dès l'automne 31
Pousses lisses et glabres. — Arbre à tige cannelée, à écorce grise, mince, toujours lisse; feuilles marcescentes. **CHARME COMMUN.**

31. Pousses verruqueuses, presque glabres . . **BOULEAU VERRUQUEUX.**
Pousses non verruqueuses, pubescentes. . . **BOULEAU PUBESCENT.**

32. Derniers bourgeons de chaque rameau agglomérés. — Bourgeons ovoïdes, dressés-étalés, multi-écailleux ; ramules sillonnés, pentagonaux ; feuilles marcescentes. — Arbres à écorce, lisse et gris-argenté d'abord, puis gerçurée-rugueuse, épaisse, brune . 33
Bourgeons non ou à peine agglomérés à l'extrémité des rameaux, pluri écailleux. 36

33. Écailles des bourgeons prolongées en lanières lâches, grêles et longues. . . . . **Chêne chevelu.**
Écailles non prolongées en lanières. 34

34. Arbre très-drageonnant ; ramules et bourgeons garnis de poils gris, étoilés . . . . **Chêne Tauzin.**
Arbre non drageonnant. 35

35. Ramules et bourgeons glabres. . . . . **Chêne pédonculé.**
Ramules vers l'extrémité, ou au moins bourgeons plus ou moins pubescents. . . . . **Chêne Rouvre.**

36. 1re écaille inférieure des bourgeons axillaires antérieure, grande, embrassant et cachant parfois plus ou moins toutes les autres, en rappelant l'écaille unique du bourgeon des saules. — Arbres à pousses droites, allongées, effilées 37
1re écaille inférieure des bourgeons axillaires latérale . . . 41

37. Bourgeons et ramules luisants, glabres ; les premiers visqueux. 38
Bourgeons et ramules, surtout à l'extrémité, blancs ou gris-tomenteux, peu ou point luisants ; les premiers, dressés-étalés. — Arbres à écorce gris-verdâtre et lisse jusqu'à un âge avancé. 40

38. Bourgeons dressés-appliqués ; ramules d'un jaune-verdâtre. — Arbres à écorce épaisse, longitudinalement gerçurée-rugueuse, gris-brun. 39
Bourgeons dressés, non appliqués, très-aigus. — Arbre à écorce lisse et gris-verdâtre jusqu'à un âge avancé ; ramules d'un jaune-verdâtre ou rouge-brun . . . . **Peuplier Tremble.**

39. Ramules arrondis ; cime étalée ou pyramidale . . **Peuplier noir.**
Ramules supérieurs les plus vigoureux anguleux-carénés vers l'extrémité. . . . . **Peuplier de Canada.**

40. Duvet des ramules blanc et fortement feutré . . **Peuplier blanc.**
Duvet des ramules gris et faiblement feutré . **Peuplier grisaille.**

41. Petits arbrisseaux ou sous-arbrisseaux à bourgeons et ramules couverts à l'extrémité de glandes résinifères jaunes, d'une odeur aromatique prononcée 42
Ramules et bourgeons dépourvus de glandes résinifères, sans odeur aromatique. 43

42. Glandes nombreuses et apparentes. — Petit arbrisseau à ramules grêles, nombreux, dressés, pubescents, à bourgeons ovoïdes-aigus, étalés-dressé. . . . . **Myrica Galé.**
Glandes peu nombreuses et peu apparentes ; odeur de cassis prononcée. — Sous-arbrisseau à ramules assez épais, gris-jaunâtre, revêtus de débris membraneux du périderme, à bourgeons un peu stipités, dressés-étalés, à peine écailleux . **Groseillier noir.**

43. Écorce s'exfoliant en membranes sèches. — Sous-arbrisseaux. 44
Écorce ne s'exfoliant pas en membranes, après la chute de l'épiderme 47

44. Exfoliation de l'écorce prononcée, même sur les ramules ; ceux-ci et les bourgeons assez gros 45
Exfoliation marquée au pied seulement. — Sous-arbrisseau à ramules grêles, à bourgeons petits. . . . . **AIRELLE ULIGINEUSE.**

45. Bourgeons effilés, très-aigus, dressés, presque appliqués, à écailles herbacées d'un blanc-verdâtre . . . . **GROSEILLIER DES ALPES.**
Bourgeons ovoïdes, à écailles sèches et brunes 46

46. Ramules robustes, à périderme fortement exfolié en membranes minces. . . . . **GROSEILLIER DES ROCHERS.**
Ramules médiocres; périderme peu exfolié. . **GROSEILLIER ROUGE.**

47. Bourgeons latéraux dressés, exactement appliqués, coniques, plus ou moins déprimés et velus ; écailles sèches et brunes. . 48
Bourgeons latéraux non appliqués sur le rameau 50

48. Ramules gris-pubescents au moins à l'extrémité. — Arbre à tige irrégulière, peu élevée, à cime diffuse étalée ; écorce d'abord lisse, jaune ou rouge-brun, puis lamelleuse-écailleuse, gris-brun . . . . **POMMIER COMMUN.**
Ramules glabres, droits, arrondis 49

49. Arbrisseau émettant du pied de nombreux rameaux dressés, luisants, bruns ; bourgeons petits . . . . **AMÉLANCHIER COMMUN.**
Arbre à ramules assez robustes, à tige cylindrique, revêtue jusqu'à un âge avancé d'une écorce grise et lisse; bourgeons gros. Enveloppe herbacée exhalant une odeur forte quand on la froisse. . . . . **SORBIER DES OISELEURS.**

50. Écailles herbacées, vertes, étroitement bordées de brun. Bourgeons gros ou assez gros, luisants, à peu près glabres. 51
Écailles sèches et brunes. 53

51. Bourgeons ovoïdes ou coniques-aigus 52
Bourgeons subglobuleux, obtus. — Arbre à écorce gerçurée, gris-brun, finement écailleuse, à ramules rouge-brun, ponctués de grandes et nombreuses lenticelles . . . . . **ALISIER TORMINAL.**

52. Bourgeons non visqueux. — Arbre à écorce lisse, brun-olivâtre, devenant ensuite faiblement écailleuse ; ramules olivâtres, marqués de grandes et nombreuses lenticelles. . . **ALISIER BLANC.**
Bourgeons visqueux. — Arbre à écorce brun-noir, finement fendillée-rugueuse ; ramules brun-olivâtre, lisses et luisants, à lenticelles peu apparentes . . . . **SORBIER DOMESTIQUE.**

53. Écailles extérieures du bourgeon non rétrécies, ni prolongées en lanières 54
Écailles extérieures prolongées et amincies en lanières. — Arbrisseau à écorce gris-brun, dont l'enveloppe herbacée exhale une odeur de térébenthine . . . . **SUMAC FUSTET.**

54. Écailles étroitement imbriquées 55
Écailles lâchement imbriquées ; les deux externes entr'ouvertes, laissant apercevoir toutes les autres. — Sous-arbrisseau à ramules allongés, bruns, luisants, glabres, ordinairement réfléchis ; bourgeons pauci-écailleux, tranchants sur les bords, velus au sommet . . . . **COTONÉASTER COMMUN.**

55. Bourgeons latéraux plus ou moins dressés. 56
Bourgeons latéraux presque étalés. — Arbuste peu rameux, à rameaux gris, très-souples et très-tenaces ; enveloppe herbacée à odeur balsamique ; floraison presque vernale. **DAPHNÉ JOLI-BOIS.**

56. Écorce lisse et satinée-luisante, variant du gris clair au brun-rougeâtre, disposée à s'enlever circulairement. — Bourgeons ovoïdes, dressés-étalés 57
Écorce peu ou point luisante, sans disposition prononcée à se peler circulairement, lisse et d'un brun-noir, finalement gerçurée-rugueuse 59

57. Ramules glabres. — Arbres à ramification claire, subverticillée. 58
Ramules courtement velus. — Arbrisseau à ramification assez serrée, parfois subépineux. . . . . **CERISIER MAHALEB.**

58. Ramules ordinairement dressés, bourgeons aigus. **CERISIER MERISIER.**
Ramules grêles, ordinairement pendants ; bourgeons presque obtus.. . . . . **CERISIER À FRUITS ACIDES.**

59. Bourgeons ovoïdes-allongés 60
Bourgeons coniques ou courtement ovoïdes. — Petits arbres à tige revêtue d'une écorce d'abord brun-rougeâtre, lisse et un peu luisante, ayant une légère tendance à s'enlever circulairement ; finalement noirâtre, rugueuse-gerçurée 61

60. Bourgeons exactement dressés, presque appliqués, à écailles larges. — Petit arbre à écorce noir-brun et lisse pendant longtemps, marquée de larges et nombreuses lenticelles étendues en travers ; exhalant une odeur désagréable par toutes ses parties quand on les froisse . . . . **CERISIER À GRAPPES.**
Bourgeons dressés, légèrement étalés, à écailles allongées. — Arbrisseau à tige lisse et gris-brun, à ramules lisses, d'un brun-rouge ou violet, marqués de petites lenticelles. **NERPRUN DES ALPES.**

61. Ramules glabres ou à peu près, pourvus de lenticelles nombreuses. . . . . **PRUNIER DOMESTIQUE.**
Ramules finement tomenteux ; lenticelles rares. **PRUNIER ÉTRANGER.**

62. Arbrisseau à rameaux droits, dressés, effilés, presque simples, à écorce lisse, brune, piquetée de gris ; bourgeons effilés, aigus, couvert de poils brun-rougeâtre . . . . **BOURDAINE COMMUNE.**
Arbrisseau à tige dressée, se divisant en rameaux et ramules très-grêles, insensiblement atténués à l'extrémité et garnis de bourgeons très-nombreux à l'aisselle d'une très-petite feuille squamiforme terminée en lanière grêle. 63

63. Rameaux verruqueux, brunâtre, ligneux . . **TAMARIX DE FRANCE.**
Rameaux lisses, couverts d'efflorescence glauque, d'un gris-verdâtre clair, souvent compressibles. . **MYRICAIRE D'ALLEMAGNE.**

64. Rameaux recouverts d'une écorce fibreuse, grise et sèche. — Arbrisseau . . . . **BAGUENAUDIER COMMUN.**
Rameaux, branches et tige recouverts, jusqu'à un âge assez avancé, d'un périderme coriace, lisse et vert. 65

65. Ramules soyeux-pubescents. . . . . . . **CYTISE FAUX-ÉBÉNIER.**
Ramules verts et glabres . . . . **CYTISE DES ALPES.**

66. Bourgeons distiques, bi-écailleux, dressés-étalés; ramules flexueux, 4-angulaires. — Sous-arbrisseau social, dépassant rarement $0^m,30$ de hauteur . . . . **AIRELLE MYRTILLE.**
Bourgeons spiralés; ramules pentagonaux 67

67. Rameaux et ramules dressés, verts, à 5 arêtes prononcées; bourgeons extrêmement petits. . . . . . . **SAROTHAMNE A BALAIS.**
Rameaux et ramules étalés; port diffus; bourgeons abrités par un coussinet saillant, dû à la base persistante des feuilles . . 68

68. Ramules très-grêlés, velus-soyeux, souvent pourvus vers l'extrémité de quelques feuilles persistantes. . . . . **GENÊT POILU.**
Ramules moyennement grêles, allongés, flexueux, glabres, entièrement défeuillés. . . . . **CORONILLE ARBRISSEAU.**

2e SECTION

Végétaux épineux, à feuilles caduques.

1. Végétaux pourvus d'épines véritables, provenant d'organes transformés et adhérentes au corps ligneux 2
Végétaux pourvus d'aiguillons, productions corticales sans adhérence avec le corps ligneux. 12

2. Épines provenant de feuilles ou de parties de feuilles transformées, en relation avec les bourgeons 3
Épines provenant de rameaux transformés, sans relation avec les bourgeons 5

3. Épines géminées, placées à droite et à gauche des coussinets et des bourgeons (stipules transformées). 4
Épines non géminées, solitaires ou fasciculées, simples, tri-, multi-partites; souvent élargies à la base en un limbe sec, membraneux; disposées comme les feuilles dont elles proviennent. — Arbrisseau à écorce gris-jaunâtre, fibreuse, d'un jaune vif intérieurement. . . . . **ÉPINE-VINETTE COMMUNE.**

4. Épines égales, robustes, comprimées à la base; bourgeons inclus entre elles dans une cavité corticale. — Arbre dont la tige est revêtue d'une écorce gris- ou jaune-brun, épaisse, longuement et largement crevassée, rugueuse; ramules lisses et luisants, rouge-brun . . . . **ROBINIER FAUX-ACACIA.**
Épines inégales, l'une droite, dressée et allongée, l'autre crochue, réfléchie et plus courte. — Arbrisseau . . . **PALIURE ÉPINEUX.**

5. Ramules et bourgeons couverts d'écailles ferrugineuses; bourgeons lobés. — Arbrisseau diffus, à tige revêtue d'une écorce brun foncé, longuement gerçurée, écailleuse, à rameaux lisses et luisants, d'un brun-rougeâtre foncé. . . . **HIPPOPHAÉ RHAMNOIDE.**
Ramules glabres ou pubescents, mais non recouverts d'écailles ferrugineuses. 6

6. Bourgeons exactement appliqués. — Ramules glabres, si ce n'est vers l'extrémité; petit arbre dont la vieille écorce est écailleuse-membraneuse et caduque, l'écorce plus jeune lisse et olivâtre, la tige irrégulière, la cime étalée. . . . . **POMMIER ACERBE.**
Bourgeons dressés-étalés 7

7. Ramules robustes, velus et rugueux par suite des nombreuses et fortes lenticelles qui les recouvrent; bourgeons coniques-aigus, poilus sur le bord des écailles. — Arbrisseau ou petit arbre à peine épineux, à tige tortueuse, cime très-étalée, écorce écailleuse, d'un brun-gris . . . . **NÉFLIER D'ALLEMAGNE.**
Ramules effilés, glabres, pubescents ou veloutés, lisses et sans lenticelles ou peu s'en faut. 8

8. Bourgeons sub-globuleux, arrondis ou émoussés au sommet . 9
Bourgeons coniques-aigus. 11

9. Arbrisseau ou petit arbre dont l'écorce est lisse, gris clair ou olivâtre sur la tige et les branches et devient, à un âge avancé, brun-rougeâtre, densément et finement gerçurée-rugueuse . 10
Arbrisseau à écorce lisse et luisante, circulaire, rouge-brun. — Épines nombreuses, étalées à angle droit; ramules courtement pubescents. . . . . **PRUNIER ÉPINEUX.**

10. Ramules gris-tomenteux, robustes . . . . . **AUBÉPINE AZEROLIER.**
Ramules glabres ou à peine pubescents. . . **AUBÉPINE** { **ÉPINEUSE.** / **MONOGYNE.** }

11. Ramules veloutés; écailles arrondies. — Arbrisseau ou petit arbre à peine épineux ou ne l'étant pas, à écorce gris-rougeâtre, lisse, légèrement satinée et disposée à s'enlever circulairement; finalement brune, gerçurée-rugueuse. . . . . **PRUNIER ÉTRANGER.**
Ramules glabres, luisants; écailles très-aiguës. — Arbre à écorce d'abord lisse, gris-olivâtre, puis rugueuse-gerçurée, brune; tige droite, cime aiguë . . . . **POIRIER COMMUN.**

12. Aiguillons en relation avec les feuilles, ternés, dont deux latéraux et un médian, impair. — Sous-arbrisseau à écorce d'un gris clair . . . . **GROSEILLIER ÉPINEUX.**
Aiguillons épars, distribués sans ordre 13

13. Tige d'une durée illimitée, frutescente. . . . . **ROSIERS.**
Tige bisannuelle 14

14. Tiges dressées, frutescentes, arrondies, grises, à aiguillons droits, sétacés. . . . . **RONCE FRAMBOISIER.**
Tiges rampantes, décombantes ou grimpantes. 15

15. Tiges arrondies, rampantes. . . . . **RONCE BLEUÂTRE.**
Tiges anguleuses, cannelées. . . . . **RONCE ARBRISSEAU.**

3e SECTION

Végétaux inermes, à feuilles persistantes.

1. Feuilles à limbe plan, étalé 2
   Feuilles aciculaires ou squamiformes-imbriquées. 16

2. Feuilles simples 3
   Feuilles composées, oppositi-paripennées. — Arbres de petites dimensions 15

3. Tige très-longuement grimpante et rampante. — Arbrisseau à tige grêle et longue, s'enracinant sur tout son parcours dans la terre ou se fixant par des crampons quand elle s'élève; feuilles 3-5-lobées ou entières. . . . . **Lierre commun.**
   Tige frutescente, arborescente ou peu longuement rampante. . 4

4. Feuilles obovales-oblongues, entières. 5
   Feuilles elliptiques ou ovales. 7

5. Feuilles 5 fois aussi longues que larges, à bords plans. — Sous-arbrisseau peu rameux, à rameaux gris, souples et tenaces, terminés par des feuilles disposées en plumets. **Daphné Lauréole.**
   Feuilles 2-3 fois seulement aussi longues que larges, rappelant celles du buis. 6

6. Feuilles à bords enroulés en dessous. — Très-petit sous-arbrisseau social, de 1-2 décimètres, à tiges radicantes et à racines traçantes . . . . **Airelle Canche.**
   Feuilles à bords plans. — Sous-arbrisseau à tiges étalées, rampantes et radicantes. . . . . **Busserole officinal.**

7. Feuilles glabres et vertes en dessous 8
   Feuilles tomenteuses ou écailleuses en dessous. 12

8. Feuilles entières. — Arbuste ou arbre revêtu d'une écorce mince et lisse, non luisante, à cime presque pyramidale; odeur pénétrante, caractéristique. . . . . **Laurier commun.**
   Feuilles dentées 9

9. Feuilles dentées en scie. 10
   Feuilles dentées-épineuses, au moins en partie. 11

10. Feuilles lâchement et superficiellement dentées, apiculées au sommet. — Arbrisseau. . . . . **Nerprun Alaterne.**
    Feuilles densément dentées en scie, lancéolées au sommet. — Arbrisseau . . . . **Arbousier commun.**

11. Rameaux revêtus d'une écorce longtemps verte et lisse. — Arbrisseau à ramification lâche, dont les feuilles sont parfois entières. **Houx commun.**
    Rameaux revêtus d'une écorce grise ou brune. — Arbrisseau buissonnant. . . . . **Chêne Kermès.**

12. Feuilles grises ou blanches-tomenteuses en dessous. — Arbres. 13
    Feuilles écailleuses-ferrugineuses, à bords enroulés en dessous. — Petit arbuste . . . . **Rhododendron ferrugineux.**

13. Écorce non subéreuse. — Arbre à feuilles très-variables ; entières, dentées ou épineuses, dont l'écorce, lisse et grise d'abord, devient finement gerçurée-rugueuse, d'un brun-noir . . **CHÊNE YEUSE.**
Écorce subéreuse, produisant le liége du commerce. . . . 14

14. Glands annuels, tombés dès l'automne. . . . . . **CHÊNE LIÉGE.**
Glands bisannuels. — L'arbre porte en hiver de très-petits glands de première année. . . . . **CHÊNE OCCIDENTAL.**

15. Folioles étroites, elliptiques, mucronées ; pétioles étroitement ailés. . . . . **PISTACHIER LENTISQUE.**
Folioles larges, ovales, obtuses ou échancrées au sommet ; pétioles non ailés. . . . . **CAROUBIER COMMUN.**

16. Feuilles solitaires, spiralées. 17
Feuilles toutes ou presque toutes fasciculées. 19

17. Ramification irrégulière ; feuilles planes, acuminées, non piquantes, vertes en dessous. — Arbre revêtu d'une écorce lisse et mince, écailleuse-caduque, d'un roux-cannelle . . . . . **IF COMMUN.**
Ramification verticillée ; feuilles toujours aciculaires 18

18. Feuilles semblant distiques, planes, obtuses ou échancrées au sommet, marquées de deux raies blanches en dessous. — Arbre à écorce lisse et vive, d'un gris-argenté, ne devenant gerçurée-rugueuse et brun-noir qu'à un âge avancé ; branches verticillées sur la tige ; rameaux opposés et dans un même plan horizontal sur les branches. . . . . **SAPIN PECTINÉ.**
Feuilles spiralées, tétragones, pointues et piquantes. — Arbre à écorce membraneuse-écailleuse, rougeâtre ; à branches verticillées sur la tige, à rameaux et ramules nombreux, distiques, tombant de chaque côté des branches . . . . **EPICÉA COMMUN.**

19. Faisceaux composés d'un nombre illimité de feuilles. — Arbre à ramification diffuse, à feuilles piquantes, spiralées, espacées sur les quelques pousses qui s'allongent . . . . **CÈDRE DU LIBAN.**
Faisceaux limités à 2 ou à 5 feuilles allongées. — Arbres à ramification verticillée sur la tige, les branches et les rameaux ; cônes à écailles épaisses (écussonnées) à l'extrémité. 20

20. Feuilles géminées, à gaîne persistante. — Écorce gerçurée-écailleuse, persistante, variant du rouge-ocreux au rouge-violacé et au brun ; écusson des cônes à ombilic central. 21
Feuilles réunies par 5 dans une gaîne caduque. — Écorce lisse et vive, grise jusqu'à un âge assez avancé, finalement gerçurée-écailleuse ; écussons des cônes à ombilic terminal. . . . 26

21. Feuilles de 5-6 centimètres de longueur au plus. 22
Feuilles de 6-15 centimètres et plus. 23

22. Feuilles glaucescentes. — Cône mûr gris ou brun, mat ; écorce gerçurée-écailleuse, gris-brun vers le pied, membraneuse et d'un rouge d'ocre dans les parties supérieures. . . **PIN SYLVESTRE.**
Feuilles d'un vert sombre. — Cône mûr fauve ou gris-brun luisant ; écorce gerçurée-écailleuse et d'un brun sombre sur toute la longueur de la tige . . . . **PIN DE MONTAGNE.**

23. Feuilles robustes et épaisses. 24
Feuilles grêles, d'un vert clair. 25

24. Feuilles d'un vert sombre, de consistance sèche, de 10-15 centimètres. — Cône de 5-8 centimètres de long, à écussons transversalement carénés, gris-testacé, luisants; écorce alternativement formée de lames d'un gris-argenté et d'écailles rouge-brun . . . . **PIN LARICIO.**
Feuilles d'un vert pur, charnues, de 10-25 centimètres. — Cônes de 14-18 centimètres, d'un roux vif, luisant, à écussons élevés, transversalement carénés; écorce formée de lames d'un rouge-violacé et de larges écailles rouge-brun plus claires. **PIN MARITIME.**

25. Feuilles de 6-17 centimètres, très-grêles, dressées sur les rameaux en forme de plumets. — Cônes pédonculés, de 10-12 centimètres, d'un roux vif, luisants ou mats, à écussons presque plans, finement et transversalement carénés. . . . . . . **PIN D'ALEP.**
Feuilles de 8-15 centimètres de long, étalées, diffuses. — Cônes très-gros, ovoïdes-obtus, d'un rouge-brun vif et luisant, de trois âges sur le même arbre. . . . . **PIN PINIER.**

26. Feuilles assez robustes; ramules couverts de poils rougeâtres. — Cônes ovoïdes-globuleux, obtus, bruns, couverts d'une efflorescence bleuâtre, mats et lâchement imbriqués. . **PIN CEMBRO.**
Feuilles grêles; ramules glabres. — Cônes grêles, cylindracés, brun-violacé, déhiscents avant l'hiver. . . . . . **PIN WEYMOUTH.**

4e SECTION

Végétaux épineux, à feuilles persistantes.

1. Feuilles à limbe plan, elliptiques ou obovales, crénelées, luisantes. — Arbrisseau à rameaux bruns, couverts en hiver de petites pommes globuleuses d'un rouge-corail, qui sont disposées en corymbes. . . . . **BUISSON-ARDENT D'EUROPE.**
Feuilles aciculaires-épineuses; rameaux et ramules verts, striés. — Sous-arbrisseaux touffus, hérissés de toutes parts d'épines qui proviennent de feuilles et de rameaux transformés. . . 2

2. Épines robustes; teinte générale d'un vert-cendré. 3
Épines grêles, très-nombreuses; teinte générale d'un vert foncé luisant. **AJONC NAIN.**

3. Rameaux et ramules velus. . . . . **AJONC D'EUROPE.**
Rameaux et ramules glabres ou à peu près. **AJONC A PETITES FLEURS.**

IIe DIVISION

Feuilles et, le plus souvent, bourgeons et rameaux opposés ou verticillés.

5e SECTION

Végétaux inermes, à feuilles caduques.

1. { Tige frutescente ou arborescente. 2
   Tige grimpante 26

2. { Bourgeons nus. — Arbrisseau peu rameux, à pousses robustes, droites et flexibles, recouvertes, ainsi que les feuilles rudimentaires des bourgeons, d'une couche épaisse de poils gris, étoilés. . . . . **VIORNE FLEXIBLE.**
   Bourgeons écailleux, quoique parfois les écailles externes soient petites, restent entr'ouvertes, et laissent voir les parties herbacées centrales. 3

3. { Bourgeons uni-écailleux. — Arbrisseaux dont les rameaux se terminent souvent par 2 bourgeons, par suite de l'avortement du bourgeon extrême. 4
   Bourgeons pluri-multi-écailleux. 5

4. { Bourgeons latéraux appliqués, ovoïdes-aigus, rougeâtres. — Arbrisseau à écorce gris-jaunâtre, à rameaux jaunâtres ou rouge-brun, fragiles, légèrement hexagonaux . . . . **VIORNE OBIER.**
   Bourgeons latéraux dressés, non appliqués, verts, ovoïdes, comprimés et tranchants sur les côtés. — Arbrisseau à ramules cylindriques et verdâtres, dont l'écorce devient gris-foncé, finement striée de blanchâtre . . . . **STAPHYLIER PENNÉ.**

5. { Bourgeons 2-4-écailleux. 6
   Bourgeons multi-écailleux 11

6. { Bourgeons terminaux gros, pyramidaux, obtusément 4-angulaires, à écailles sèches et pulvérulentes. — Arbres d'une ramification claire, subverticillée, à ramules robustes, non effilés, dont l'écorce, d'abord lisse et gris-verdâtre ou jaunâtre, est ensuite densément gerçurée-rugueuse et brun-noir 7
   Bourgeons grêles (à part les florifères), effilés, aigus. — Arbrisseaux 9

7. { Bourgeons noirs, trapus. . . . . **FRÊNE COMMUN.**
   Bourgeons bruns ou gris 8

8. Bourgeons brun-jaunâtre, plus effilés que ceux du frêne commun . . . . **FRÊNE OXYPHYLLE.**
Bourgeons gris, saupoudrés de gris et de brun. . **FRÊNE A FLEURS.**

9. Bourgeons dressés, poilus, souvent stipités, de consistance herbacée. 10
Bourgeons étalés presque à angle droit, glabres, multiples en série longitudinale décroissante à chaque aisselle, sessiles et de consistance sèche, accompagnés des débris des feuilles de l'été précédent. — Sous-arbrisseau à ramules lisses, d'un rouge-brun luisant, dont l'écorce s'exfolie sous forme de lanières membraneuses. . . . . **CHÈVREFEUILLE BLEU.**

10. Ramules d'un pourpre-noirâtre, presque glabres, luisants, généralement cylindriques, exhalant une odeur fétide quand on les froisse. — Arbrisseau à écorce brune, finement gerçurée-rugueuse . . . . **CORNOUILLER SANGUIN.**
Ramules verts ou rougeâtres sur une face, couverts de poils appliqués; mats, obtusément tétragonaux, sans odeur quand on les froisse. — Arbrisseau ou petit arbre à écorce gris-jaunâtre, lamelleuse-caduque, offrant dès l'automne de gros bourgeons florifères globuleux. . . . . **CORNOUILLER MALE.**

11. Bourgeons non visqueux. 12
Bourgeons visqueux, très-gros, ovoïdes-aigus, brun-rougeâtre. — Arbre à ramules trapus, souvent terminés, quand ils ont fleuri, par 2 bourgeons latéraux. . . . . **MARRONNIER D'INDE.**

12. Bourgeons latéraux très-étalés ou verticillés par 3. — Sous-arbrisseaux revêtus d'une écorce sèche et lisse, sans lenticelles, membraneuse-fibreuse, dont les bourgeons sont multiples à chaque aisselle, en série longitudinale décroissante. . . . 13
Bourgeons latéraux dressés ou appliqués 16

13. Bourgeons gros, étalés-dressés, souvent verticillés par 3. — Ramules robustes, gris-clair. . . . . **CHÈVREFEUILLE DES ALPES.**
Bourgeons grêles, très-étalés; opposés. — Ramules effilés. . 14

14. Bourgeons poilus, surtout au sommet. — Rameaux et ramules d'un gris-clair . . . . **CHÈVREFEUILLE A BALAIS.**
Bourgeons glabres. 15

15. Rameaux et ramules bruns . . . . **CHÈVREFEUILLE NOIR.**
Rameaux et ramules d'un gris-clair. **CHÈVREFEUILLE DES PYRÉNÉES.**

16. Bourgeons ouverts par le sommet. — Arbrisseau à écorce gris-jaunâtre, finement gerçurée-rugueuse, produisant des rejets gros et fragiles, à large canal médullaire et à moelle blanche; à ramules gris, glabres, luisants, relevés de légères côtes longitudinales et dépourvus de gros bourgeons florifères . . . . **SUREAU NOIR.**
Bourgeons complétement fermés. 17

17. Ramules surmontés, pour le plus grand nombre, par 2 bourgeons latéraux, par suite de l'avortement du bourgeon terminal en un ramule grêle et stérile, allongé ou sub-épineux. 18
Rameaux habituellement surmontés d'un bourgeon terminal. 19

18. Bourgeons arrondis-globuleux, courtement acuminés. — Arbrisseau produisant des rejets assez gros, fragiles, creusés d'un large canal médullaire à moelle brunâtre ; ramules bruns, légèrement anguleux, dont les gros bourgeons, multiples à chaque aisselle, sont florifères et enveloppés d'écailles herbacées, d'un vert lavé de pourpre foncé. . . . . **SUREAU ROUGE.**
Bourgeons 4-angulaires, ovoïdes-aigus. — Arbrisseau à ramules ligneux, arrondis, gris, à bourgeons revêtus d'écailles carénées sur le dos, vertes, bordées de jaunâtre . . . . **LILAS COMMUN.**

19. Bourgeons latéraux nuls ou au nombre de 1-2 paires seulement sur chaque ramule. — Arbrisseau à ramification lâche, dont les ramules sont arrondis, luisants, verts, lavés de rouge-brun sur une face, et les bourgeons fusiformes, très-aigus, verts ou rougeâtres. . . . . **FUSAIN A LARGES FEUILLES.**
Bourgeons latéraux régulièrement développés. 20

20. Bourgeons globuleux-obtus, petits, 4-lobés sur le pourtour, herbacés. — Arbrisseau à rameaux et ramules d'un vert mat, souvent 4-angulaires par suite du développement de 4 côtes longitudinales de tissu subéreux brun. . . . . **FUSAIN D'EUROPE.**
Bourgeons ovoïdes-aigus. 21

21. Coussinets brusquement saillants à l'extrémité de chaque entrenœud. — Arbrisseau à rameaux et ramules droits, effilés, arrondis, à écorce grise et lisse, à bourgeons exactement appliqués, dont les feuilles persistent souvent jusqu'à la fin de l'hiver . . . . **TROËNE COMMUN.**
Coussinets peu saillants, se raccordant insensiblement avec l'entrenœud, qu'ils terminent 22

22. Bourgeons terminaux 4-angulaires 23
Bourgeons terminaux arrondis sur le pourtour. 25

23. Bourgeons gros, à écailles herbacées, glabres. 24
Bourgeons petits, dressés, à écailles herbacées, vertes ou rouges, largement sèches et brunes au sommet, un peu poilues. — Arbre dont les rameaux vigoureux et les jeunes rejets sont presque toujours recouverts d'un liége jaune-brun fragile, largement et profondément crevassé. . . . . **ÉRABLE CHAMPÊTRE.**

24. Bourgeons dressés-étalés, à écailles vertes, bordées de brun. — Grand arbre dont l'écorce, d'abord lisse et gris-jaunâtre, s'écaille ensuite comme celle du platane. . . . . . **ÉRABLE SYCOMORE.**
Bourgeons appliqués, à écailles rouges ou vertes, terminées de brun. — Grand arbre à écorce lisse et grise, devenant avec l'âge finement gerçurée-rugueuse, mais non écailleuse comme la précédente. . . . . **ÉRABLE PLANE.**

25. Bourgeons moyens, fusiformes-aigus, les latéraux dressés; écailles sèches et brunes, grises-tomenteuses, avec les bords glabres et luisants. . . . . **ÉRABLE A FEUILLES D'OBIER.**
Bourgeons petits, ovoïdes, dressés-étalés, à écailles sèches et brunes, à peu près glabres. . . . . . **ÉRABLE DE MONTPELLIER.**

26. Tige irrégulièrement sarmenteuse, cannelée, revêtue d'une écorce grise, fibreuse, portant des débris des feuilles et des inflorescences axillaires de l'été. Bourgeons très-petits. 27
Tige régulièrement volubile, grêle, arrondie, lisse, d'un gris-blanchâtre. — Bourgeons étalés, effilés, aigus, 4-angulaires, herbacés . . . . . . **CHÈVREFEUILLE DES BOIS, COMMUN, D'ÉTRURIE.**

27. Sarments marqués vers l'extrémité de 6 sillons, séparés par des côtes arrondies qui les rendent hexagonaux. **CLÉMATITE DES HAIES.**
Sarments arrondis, relevés de côtes nombreuses, alternativement plus saillantes . . . . **CLÉMATITE ODORANTE.**

6e SECTION

Végétaux épineux, à feuilles caduques.

(Arbrisseaux épineux par avortement des bourgeons terminaux, se ramifiant par dichotomie et revêtus sur la tige et les branches d'une écorce d'un brun luisant, qui se pèle circulairement. — Bourgeons pluri-écailleux, dressés, à écailles sèches, brunes et glabres.)

1. Arbrisseaux dressés 2
Sous-arbrisseau diffus, formant un buisson bas, épineux, dépassant rarement 1 mètre de hauteur. . . . . **NERPRUN DES ROCHERS.**

2. Bourgeons assez gros, ovoïdes-aigus, arrondis. — Arbrisseau d'assez grande taille ou même petit arbre. . . **NERPRUN PURGATIF.**
Bourgeons petits, ovoïdes-comprimés. — Arbrisseau à ramification très-serrée, plus petit que le précédent. **NERPRUN DES TEINTURIERS.**

7e SECTION

Végétaux inermes, à feuilles persistantes.

1. Limbe des feuilles bien développé. 2
Feuilles petites, étroitement imbriquées-squamiformes ou aciculaires. 10

2. Tige volubile. . . . . **CHÈVREFEUILLE DES BALÉARES.**
Tige frutescente ou arborescente. 3

3. Feuilles pétiolées, luisantes, entières, poilues sur les bords et sur les nervures en dessous ; celles-ci rameuses et anastomosées. — Arbrisseau revêtu d'une écorce mince, caduque, d'un brun-cannelle. . . . . **VIORNE TIN.**
Feuilles sessiles ou courtement pétiolées, glabres. 4

4. Feuilles uni- ou subuni-nerviées, au moins en apparence. . . 5
Feuilles évidemment penninerviées 9

5. Feuilles d'un vert-grisâtre mat, ovales-oblongues, aiguës, entières, à bords enroulés. — Petit arbre ou arbrisseau, parfois subépineux, dont l'écorce devient finement rugueuse-écailleuse, jaune-brunâtre. . . . . **OLIVIER D'EUROPE.**
Feuilles vertes et luisantes. 6

6. Feuilles pointues. — Arbrisseaux. 7
Feuilles obtuses ou échancrées au sommet. — Arbuste à écorce mince, finement rugueuse-gerçurée, gris-jaunâtre, à feuilles petites, très-rapprochées, exhalant par toutes ses parties, surtout quand on les froisse, une odeur fétide. . . **BUIS COMMUN.**

7. Feuilles, au moins les inférieures, cordiformes à la base, toujours dentées-épineuses . . . . **PHILARIA A LARGES FEUILLES.**
Feuilles jamais cordiformes à la base. 8

8. Feuilles ovales, entières ou dentées . . . **PHILARIA INTERMÉDIAIRE.**
Feuilles étroitement elliptiques, entières ou à peine denticulées au sommet. . . . . **PHILARIA A FEUILLES ÉTROITES.**

9. Feuilles ponctuées-transparentes, entières, légèrement enroulées sur les bords, acuminées, luisantes, à nervures secondaires rapprochées. — Arbrisseau exhalant une odeur de girofle, à écorce mince, écailleuse-caduque, roux-brun. . . . **MYRTE COMMUN.**
Feuilles non ponctuées-transparentes, entières et à bords plans, longuement elliptiques-aiguës, mates, souvent ternées, pourvues d'un très-grand nombre de nervures secondaires entières et parallèles. — Arbrisseau . . . . **NÉRION LAURIER-ROSE.**

10. Sous-arbrisseaux non aromatiques. 11
Arbrisseaux et petits arbres aromatiques. 22

11. Feuilles étroitement imbriquées sur 4 rangs, prolongées à la base en 2 appendices. — Sous-arbrisseau social. **CALLUNE BRUYÈRE.**
Feuilles non imbriquées et non appendiculées à la base, verticillées par 3-5. 12

12. Feuilles ovales ou elliptiques-oblongues, ciliées sur les bords 13
Feuilles aciculaires, non ciliées, entières ou faiblement denticulées sur les bords. 14

13. Feuilles ovales-aiguës, bordées de cils raides, espacés et non glanduleux, à bords enroulés en dessous, y limitant un large espace triangulaire au milieu duquel la nervure médiane forme une légère saillie . . . . **BRUYÈRE CILIÉE.**
Feuilles elliptiques-oblongues, bordées de cils glanduleux ; à bords enroulés en dessous, y circonscrivant un espace triangulaire étroit . . . . **BRUYÈRE QUATERNÉE.**

14. Ramules droits, simples, dressés et nombreux, courtement pubérulents; feuilles largement sillonnées en dessous, à sillon décroissant de la base au sommet, faiblement convexes en dessous. . . . . **BRUYÈRE DRESSÉE.**
Ramules plus ou moins diffus 15

15. Feuilles étroitement blanches-scarieuses sur les bords, pourvues à leur aisselle de faisceaux de feuilles plus jeunes; planes en dessus, très-finement et uniformément uni-sillonnées en dessous . . . . **Bruyère cendrée.**
Feuilles n'étant pas blanches-scarieuses sur les bords et sans faisceaux à leur aisselle. 16

16. Ramules velus 17
Ramules glabres ou à peine pubérulents. 18

17. Ramules couverts de poils simples; feuilles presque capillaires, finement et également 1-sillonnées en dessous. **Bruyère de Portugal.**
Ramules couverts de poils rameux; feuilles moins étroites que les précédentes, sillonnées de même. . . . . **Bruyère en arbre.**

18. Feuilles bi-sillonnées en dessous. . . . . . **Bruyère a balais.**
Feuilles uni-sillonnées en dessous; sillon fin, égal. 19

19. Feuilles planes en dessus, aiguës. 20
Feuilles convexes en dessus, émoussées à la pointe 21

20. Port dressé; feuilles courtement aiguës, plus longues (10 mill.) mais particulièrement plus larges que celles de l'espèce suivante. . . . . **Bruyère multiflore.**
Port étalé; feuilles en pointe plus aiguë, moins longues (5 mill.) et plus grêles que dans l'espèce précédente . **Bruyère carnée.**

21. Fruit (capsule entourée de la corolle marcescente) porté par un pédicelle plus court que lui. . . . **Bruyère de la Méditerranée.**
Fruit (capsule comme la précédente) porté par un pédicelle 3-4 fois aussi long que lui . . . . **Bruyère vagabonde.**

22. Toutes les feuilles aciculaires 23
Feuilles de deux sortes : les unes squamiformes, les autres, plus rares ou nulles, surtout sur les pieds âgés, aciculaires. . 24

23. Feuilles obtusément carénées en dessous; fruits petits, noir-bleu, efflorescents. . . . . **Genévrier commun.**
Feuilles aigûment carénées en dessous; fruits gros, rouges, efflorescents ou luisants . . . . **Genévrier Oxycèdre.**

24. Feuilles sillonnées sur le dos; fruits rouges. **Genévrier de Phénicie.**
Feuilles glanduleuses sur le dos; fruits bleus . **Genévrier Sabine.**

TABLE RÉCAPITULATIVE

DES

DENSITÉS DES BOIS DES VÉGÉTAUX FORESTIERS INDIGÈNES

CLASSÉS PAR ORDRE ALPHABÉTIQUE

Le bois est formé d'une substance de densité sensiblement constante pour toutes les essences, égale en moyenne à 1,49, suivant Rumford. Mais cette substance ne le constitue pas seule ; elle en forme seulement la charpente, c'est-à-dire les parois de ses organes élémentaires, et circonscrit une multitude de petites cavités, de pores remplis de séve, d'eau ou d'air, dont les dimensions et le nombre varient beaucoup.

La densité des bois résulte de la proportion des pleins et des vides qui entrent dans leur composition ; elle est toujours forcément inférieure à celle de la substance ligneuse elle-même ; rarement elle atteint ou dépasse le chiffre 1.

Cette densité est l'un des principaux éléments de l'appréciation des bois, puisqu'elle en règle, pour des volumes égaux, la puissance calorifique absolue, qu'elle en détermine la compacité, la dureté et, dans de certaines limites, la résistance. Il ne faudrait pas toutefois, sans risquer de se tromper, s'en exagérer l'importance et croire que la qualité et la valeur des bois lui soient toujours proportionnelles ; beaucoup d'autres propriétés, sans aucune relation avec la densité, telles que l'élasticité, la durée, etc., sont aussi des éléments essentiels de la question. D'ailleurs en bien des cas la pesanteur peut être un défaut, la légèreté un avantage.

La densité des bois dépend avant tout de l'essence à laquelle ils appartiennent. Il s'en faut bien cependant que cette circonstance la détermine seule ; elle se montre très-variable, parfois du simple au double, chez des bois de même espèce, suivant les sols et les climats d'origine, surtout suivant l'état d'isolement ou de massif dans lequel les arbres ont été élevés.

L'on sait même que ces variations se retrouvent dans le bois d'un seul arbre, suivant la région de laquelle il a été tiré.

Les bois des diverses essences ne peuvent donc être caractérisés d'une manière précise par leur densité; il n'est pas possible d'exprimer cette dernière par un chiffre unique, moins encore de la représenter par un terme moyen, sans utilité et surtout sans exactitude, puisqu'il resterait subordonné au nombre et à la qualité des échantillons qui l'auraient fourni.

Ces considérations sur l'importance et sur l'instabilité de la densité m'ont engagé, d'une part, à réunir sous forme de table récapitulative les principaux résultats que j'ai pu relever sur la riche collection de l'École forestière; d'autre part, à renoncer à toute tentative de classification des bois par ordre de densité. Je les ai distribués simplement en deux groupes, feuillus et résineux, pour chacun desquels j'ai adopté l'ordre alphabétique et j'en ai représenté la densité par les chiffres minima et maxima entre lesquels elle oscille pour chaque essence, sans me dissimuler que ces termes, pris sur une collection, quelque complète qu'elle soit, ne correspondent sans doute pas complétement à ceux de la nature; mais en me disant que, en raison du grand nombre des échantillons de toute provenance et de tout âge qui ont été examinés pour chacune des essences forestières véritablement importantes, je croyais pouvoir affirmer qu'ils s'en rapprochent avec toute l'exactitude que comporte la matière.

Je dois ajouter que les densités ont été calculées sur des bois débités et conservés depuis plusieurs années dans la même salle, dont le poids presque invariable n'était plus soumis qu'aux vicissitudes de l'état hygrométrique de l'air, sur des bois conséquemment parvenus à l'état de dessiccation complète à l'air libre.

BOIS FEUILLUS.

Abricotier commun	0,945
Ajonc d'Europe.	0,905-0,972
Aliboufier officinal.	0,862-0,883
Alisier blanc.	0,734-0,938
— de Scandinavie	0,799
— torminal.	0,659-0,989
Amandier commun	0,933-1,141
Amélanchier commun	0,914-0,976
Arbousier commun	0,721-1,002

Aubépine Azerolier	0,694-0,807
— épineuse	0,745-0,891
— monogyne	0,746-0,776
Aune blanc	0,468-0,510
— commun	0,444-0,662
— cordiforme	0,627-0,650
— vert	0,705-0,732
Bouleau verruqueux	0,517-0,771
— pubescent	0,601-0,629
Bourdaine commune	0,550-0,704
Bruyère arborescente	0,889-1,009
Buis commun	0,907-1,162
Caroubier commun	0,827-0,908
Cerisier à grappes	0,637-0,693
— Amandier	0,801
— Mahaleb	0,836-0,842
— Merisier	0,579-0,785
Charme commun	0,759-0,902
Châtaignier commun	0,551-0,742
Chêne à feuilles de châtaignier	0,853-1,024
— chevelu	0,853-0,998
— de Fontanes	0,780-0,920
— Liége	0,803-1,022
— occidental	0,768-0,947
— pédonculé	0,633-0,900
— Rouvre	0,572-1,020
— Tauzin	0,785-0,952
— Yeuse	0,903-1,182
— Zeen	0,622-0,943
Clématite des haies	0,382-0,581
Coignassier commun	1,062
Cornouiller mâle	0,943-1,014
— sanguin	0,872-0,900
Coudrier commun	0,620-0,729
Cytise à trois fleurs	0,775-1,000
— des Alpes	0,732-0,940
— faux-Ebénier	0,699-0,816
Éleagne des jardins	0,591-0,664
Épine-vinette commune	0,964
Érable à feuilles d'Obier	0,618-0,795
— champêtre	0,590-0,810
— de Montpellier	0,854-1,005
— plane	0,563-0,842
— Sycomore	0,572-0,737
Figuier commun	0,547-0,716
Frêne commun	0,626-1,002
— oxyphylle	0,756-0,869
Fusain d'Europe	0,574-0,797
Gainier Arbre-de-Judée	0,626-0,663

Gatilier commun	0,758-0,792
Genêt à balais	0,793-0,798
— épine fleurie	0,854
Grenadier commun	0,844-1,003
Hêtre commun	0,686-0,907
Hippophaé rhamnoïde	0,610-0,868
Houx commun	0,764-0,952
Jujubier commun	0,948-1,122
— des Lotophages	0,848-0,891
Laurier commun	0,688-0,750
Lierre grimpant	0,442-0,579
Lilas commun	0,991
Marronnier d'Inde	0,536
Mélia Azedarach	0,572-0,589
Micocoulier d'Orient	0,605-0,788
Mûrier blanc	0,583-0,772
— noir	0,672
Myrte commun	0,927-1,003
Nérion Laurier-rose	0,574-0,613
Nerprun Alaterne	0,807-1,152
— d'Avignon	0,869
— des Alpes	0,775
— purgatif	0,667-0,756
Noyer commun	0,579-0,800
Olivier d'Europe	0,836-1,117
Oranger commun	0,764-0,817
Orme champêtre	0,603-0,854
— de montagne	0,609-0,659
— diffus	0,554-0,676
Peuplier blanc	0,453-0,702
— de Canada	0,382-0,473
— Grisaille	0,445-0,531
— noir	0,408-0,585
— noir pyramidal	0,349
— Tremble	0,452-0,612
Philaria à feuilles étroites	0,936-1,027
— à larges feuilles	0,746-1,051
— intermédiaire	0,963-1,113
Pistachier commun	0,752
— de l'Atlas	0,981-1,032
— Lentisque	0,757-0,876
— Térébinthe	0,864-1,097
Platane d'Orient	0,642-0,782
Poirier sauvage	0,707-0,839
Pommier acerbe	0,803-0,865
Prunier de Briançon	0,922
— domestique	0,777-0,886
— épineux	0,709-0,944
Robinier faux-Acacia	0,661-0,772

Rosier des chiens	0,958
Saule à trois étamines	0,555
— blanc	0,381-0,516
— cendré	0,686-0,802
— Daphné	0,524
— drapé	0,582
— fragile	0,666-0,726
— Marceau	0,428-0,725
— pédicellé	0,445-0,601
— viminal	0,600
Sorbier domestique	0,813-0,939
— hybride	0,624-0,680
— des oiseleurs	0,688-0,734
Spartier jonciforme	0,912-0,923
Sumac des corroyeurs	0,700
— Thézéra	1,054-1,184
Sureau à grappes	0,505-0,627
— noir	0,565-0,693
Tamarix d'Afrique	0,627-0,693
— de France	0,646-0,766
Tilleul à grandes feuilles	0,486-0,525
— à petites feuilles	0,504-0,581
Vigne commune	0,689
Viorne Obier	0,892
— Tin	0,873-0,909

BOIS RÉSINEUX.

Callitris quadrivalve	0,690-0,954
Cèdre du Liban	0,450-0,808
Cyprès pyramidal	0,616-0,646
Épicéa commun	0,337-0,579
Genévrier commun	0,550
— Oxycèdre	0,651-0,734
— de Phénicie	0,675-0,918
— Sabine	0,461-0,566
If commun	0,670-0,896
Mélèze d'Europe	0,448-0,668
Pin Cembro	0,418-0,525
— d'Alep	0,532-0,866
— de montagne	0,441-0,605
— Laricio	0,514-0,891
— maritime	0,523-0,769
— Pinier	0,521-0,773
— sylvestre	0,405-0,828
— Weymouth	0,320-0,488
Sapin pectiné	0,380-0,649
— Pinsapo	0,497

NOTIONS GÉNÉRALES

SUR LA

STRUCTURE DES BOIS OBSERVÉE A LA VUE SIMPLE

ET

MÉTHODE POUR DÉTERMINER

CEUX DES VÉGÉTAUX FORESTIERS

LES PLUS IMPORTANTS.

CHAPITRE PREMIER.

Généralités.

Les propriétés des bois dépendent de deux circonstances principales : la **composition** et la **structure**.

Composition chimique.

La **composition chimique élémentaire** est très-sensiblement la même pour toutes les essences ; elle est représentée, en moyenne, par 50,70 de carbone, 42,40 d'oxygène, 6 d'hydrogène, 0,9 d'azote (*Chevandier*), puis par certaines substances minérales en quantité variable, mais toujours faible, qui se retrouvent dans les cendres après la combustion. Cette constance permet de conclure que la composition élémentaire influe à peine sur la valeur relative des bois.

La **composition immédiate** paraît aussi être assez uniforme au début, essentiellement représentée par un principe de composition constante dans tout le règne végétal, la *cellulose* de Payen. Mais bientôt un corps nouveau, mal défini et probablement aussi variable dans sa composition et ses propriétés que le sont les essences chez lesquelles on l'étudie, ne tarde pas à apparaître. Ce corps est la *lignine*, qui, pour les uns, résulte d'une transformation de la cellulose, tandis que, pour d'autres, il en serait la substance incrustante. Quoi qu'il en soit, la lignine est plus riche en carbone et en hydrogène que la cellulose.

Outre ces principes immédiats, les bois, suivant l'âge et l'essence, peuvent renfermer des sucres, de la dextrine, de la fécule, du tannin, des principes azotés albuminoïdes, des gommes, des résines, des huiles grasses et des matières colorantes. Leurs propriétés dépendent, pour une large part, de cette composition immédiate.

Structure. La **structure** exerce aussi sur les propriétés des bois une action prononcée; elle permet en outre de déterminer les genres et souvent les espèces auxquels ils appartiennent. C'est principalement à ce titre que j'entrerai dans quelques détails à son égard.

Si l'on observe les bois à l'aide du microscope, on y remarque une grande diversité d'organes élémentaires; sans méconnaître l'attrait et l'intérêt scientifique de cette étude, je la laisserai de côté néanmoins, parce qu'elle n'a point d'applications dans la pratique. Je ne parlerai dans ce qui va suivre que de la structure que l'on distingue à la vue simple ou tout au plus armée de la loupe, soit sur des sections très-minces observées par transparence, telles que les belles sections transversales publiées par Nördlinger, soit sur des morceaux quelconques, pourvu que les surfaces en soient fraîches et nettement tranchées.

Pour bien juger un bois, il est nécessaire de l'examiner sur trois faces différentes : 1° sur la *section transversale*, d'abord, parce qu'elle fournit les caractères distinctifs les plus nombreux et les plus importants; 2° sur la *section radiale*, obtenue par le débit longitudinal dans la direction des rayons; 3° sur la *section tangente*, longitudinale comme la précédente, mais lui étant perpendiculaire.

Dans les pays tels que la France et l'Algérie, où la végétation est intermittente, le corps ligneux est composé d'une succession de couches plus ou moins distinctes, dont chacune s'est développée dans le courant d'une saison à l'extérieur des couches précédemment formées. Le nombre des *couches annuelles* est conséquemment égal à l'âge du végétal et permet de le calculer avec précision.

On a l'habitude d'appeler *bois de printemps*, la portion interne de chaque couche annuelle, *bois d'automne* la portion externe; il ne faudrait pas conclure de ces dénominations que le bois ne s'organise qu'en ces deux saisons, et qu'il ne s'en produit pas en été. La couche annuelle se développe sans interruption pendant toute la durée de la végétation.

En général, les tissus élémentaires ne sont pas de même

nature, ni uniformément répartis dans l'épaisseur d'une même couche; ils diffèrent presque toujours de l'un à l'autre bord et, dans ce cas, c'est dans le bois de printemps qu'ils sont le plus mous, le plus poreux, le moins colorés. Plus cette différence est accusée, mieux se distinguent les accroissements annuels (chênes, pins). En quelques cas cependant, le bois de printemps et le bois d'automne sont de tous points semblables, tous les accroissements successifs se confondent, et il devient parfois difficile ou impossible de les reconnaître; le bois est alors d'une homogénéité parfaite (olivier, chêne yeuse et même buis et charme).

Toutes les couches d'un même arbre, toutes celles d'une même essence ont une structure générale identique; elles ne diffèrent entre elles que par la proportion du bois de printemps et du bois d'automne, proportion qui varie dans des limites étendues suivant les conditions de la végétation et l'épaisseur des accroissements annuels. Il suffit, en conséquence, de décrire et d'étudier l'une d'elles pour connaître toutes les autres.

Cette constance toutefois n'est pas absolue; le bois d'un même arbre est sujet à quelques variations suivant qu'il provient, d'une part : de la tige, des branches et des rameaux, ou, d'autre part : de la souche et des racines. Généralement dans ces dernières les tissus sont plus gros, moins serrés, les vaisseaux sont plus abondants, les rayons médullaires plus épais, les couches annuelles moins distinctes; ce bois est par conséquent plus mou et plus léger. Dans tout ce qui va suivre il ne sera question que du bois de tige, de branches et de rameaux; mais, en tenant compte des différences qui viennent d'être signalées, on y rapportera facilement le bois des souches et des racines.

Les **éléments anatomiques** des bois sont **essentiels** ou **accessoires**.

ÉLÉMENTS ESSENTIELS.

Les premiers ne manquent jamais; ce sont les *fibres* et les *rayons médullaires*, qui, à eux seuls, constituent parfois tout le bois (conifères). Les seconds, qui peuvent faire défaut, sont les *vaisseaux* et les *canaux résinifères*.

Tissu fibreux.

Le *tissu fibreux* est en réalité formé d'organes différents et très-variés, parmi lesquels le microscope permet de distinguer des *fibres parenchymateuses*, des *fibres libriformes*, les unes et les autres *simples* ou *cloisonnées*, et des *trachéides*; mais cette distinction est impossible à l'œil nu et même à la loupe, sauf en quelques cas pour le parenchyme ligneux, dont il sera parlé plus loin. Tous ces éléments seront donc réunis dans cette étude sous le nom de *tissu fibreux;* ils représentent le *tissu fondamental* des bois, en constituent la partie la plus compacte, celle que l'on dirait pleine à l'œil nu chez beaucoup d'essences.

Les fibres, toujours parallèles entre elles et disposées longitudinalement, sont, suivant les essences, plus ou moins allongées, plus ou moins grêles, à parois épaisses et à cavités très-réduites ou à parois minces et à cavités relativement grandes. Ces circonstances influent beaucoup sur les qualités du bois.

Il ne faudrait pas toutefois attribuer à leur longueur les différences que constatent les ouvriers qui travaillent les bois, lorsqu'ils disent de certains, comme le chêne, le frêne, le robinier, qu'ils ont la fibre longue, lorsqu'ils en qualifient d'autres, tels que le hêtre, le pommier, de bois à fibre courte. Ce n'est point la longueur des fibres élémentaires qu'ils désignent ici, mais bien celle des *faisceaux,* que ces fibres constituent par leur association.

La grosseur des fibres, l'épaisseur de leurs parois, leur mode d'union plus ou moins intime, peuvent ne pas varier dans toute l'épaisseur de la couche annuelle, dont le tissu fondamental devient alors homogène. Il en est ainsi dans la majorité des bois feuillus, et si, chez certains d'entre eux, les accroissements sont néanmoins très-reconnaissables, c'est à la grosseur et à la distribution des vaisseaux qu'il faut l'attribuer bien plutôt qu'aux fibres elles-mêmes. Toutefois, malgré cette homogénéité du tissu fondamental, on remarque souvent à la limite extrême de chaque couche, une ligne mate et fine, à l'aide de laquelle on peut encore discerner les accroissements des bois homogènes, tels que le charme, à la condition d'y regarder de près. Cette ligne est formée d'une zone étroite de un ou plusieurs rangs de fibres très-comprimées et à parois très-épaisses, parmi lesquelles il ne s'est pas développé de vaisseaux.

Les fibres d'une même couche peuvent, au contraire, se modifier ; mais, dans ce cas, c'est toujours dans un ordre constant. Leur diamètre radial décroît en même temps que leurs parois s'épaississent et que leurs cavités s'amoindrissent, en allant du bois de printemps, qui est plus mou et plus pâle, au bois d'automne, qui est plus dur et plus coloré. C'est cette modification d'un même élément qui rend la succession des différentes couches annuelles si apparente chez les conifères, particulièrement chez les pins, sapins et autres abiétinées; c'est elle aussi qui détermine les veines caractéristiques de ces bois.

Parenchyme ligneux.

Il est quelquefois possible de distinguer à l'œil nu dans le tissu fondamental deux sortes de tissus fibreux. L'un, plus dur et plus coloré, est le tissu fibreux proprement dit; l'autre, plus mou et de couleur plus claire, est généralement formé de fibres obtuses ou tronquées, à parois plus minces et à cavités plus grandes, qui servent le plus souvent à emmagasiner, pour la mauvaise saison, la réserve alimentaire, concurremment avec les rayons médullaires. Ce tissu, qui correspond en général aux fibres parenchymateuses des anatomistes, sera désigné sous le nom de *parenchyme ligneux*.

Le parenchyme ligneux existe dans la plupart des bois feuillus, quoi qu'on ne le distingue aisément que dans un petit nombre d'espèces; il manque chez les conifères. Tantôt il est disséminé au milieu du tissu fibreux proprement dit, sans aucune relation avec les vaisseaux, tantôt au contraire il est en rapport direct avec ces derniers. Dans le premier cas, il peut être épars et à peu près invisible, ou disposé en lames ondulées, concentriques, qui subdivisent une même couche annuelle en un certain nombre de zones, souvent bien distinctes (chênes, surtout chêne Kermès). Dans le second cas, le parenchyme peut envelopper chaque vaisseau ou chaque groupe de vaisseaux et produire autour d'eux, sur la section transversale, un petit cercle nuageux semblable à une auréole, ou bien il peut réunir ces vaisseaux entre eux et concourir à former, principalement dans le bois d'automne, des groupements très-apparents et très-caractéristiques, dont il sera parlé plus loin.

Rayons médullaires.

Les *rayons médullaires* ne manquent dans aucun bois; contrairement à tous les autres tissus ligneux, dont la direction est longitudinale, ils affectent une disposition transversale rayonnante, sous la forme de lames verticales qui vont de la moelle et des diverses couches dans lesquelles elles prennent successivement naissance, jusqu'à l'enveloppe herbacée de l'écorce. Ils sont composés de cellules très-comprimées et allongées dans le sens radial, appelées *cellules muriformes*, qui constituent un tissu sec et cassant dans lequel, tant qu'il est jeune, s'accumule la réserve alimentaire. Ce tissu est souvent plus dur, parfois plus mou que les fibres qui l'environnent; dans le premier cas, il reste en saillie à la surface des bois soumis à une usure prolongée (chênes); il est en outre nacré et miroitant, plus clair ou plus foncé que le reste du bois, suivant la direction du débit et l'incidence de la lumière.

Les rayons présentent trois dimensions : *longueur*, *épaisseur* et *hauteur*.

Longueur des rayons.

La *longueur* se mesure sur la section transversale. On y distingue des *rayons complets*, qui partent de la moelle, et des *rayons incomplets*, les plus nombreux, qui prennent naissance dans les diverses couches annuelles qui l'entourent. Une fois formés, les rayons se prolongent à travers tous les accroissements subséquents et si, sur beaucoup de sections transversales, ils semblent s'effiler et disparaître au lieu de former des lignes continues, il faut l'attribuer à l'obliquité de la section et à la faible hauteur du rayon qui a été tranché.

Sur une section transversale les rayons traversent normalement les couches annuelles ; ils sont droits par conséquent si celles-ci sont régulièrement circulaires et concentriques ; ils deviennent flexueux si les accroissements sont ondulés ou excentriques.

Épaisseur des rayons.

L'*épaisseur* des rayons est constante dans les bois de même espèce, mais non d'une manière absolue ; ils s'élargissent souvent du centre à l'extérieur, comme on le constate aisément chez la plupart des chênes. Les plus épais atteignent rarement 2 millimètres ; les plus minces, formés d'un rang simple de cellules, ont à peine 2 centièmes de millimètre.

On peut, quant à l'épaisseur, répartir les rayons en six catégories, comme il suit :

1° *Rayons très-épais*. Chêne liége ; chêne yeuse.

2° *Rayons épais*. Chêne rouvre ; chêne pédonculé ; aune blanc ; aune commun ; noisetier.

3° *Rayons assez épais*. Hêtre ; platane.

4° *Rayons médiocrement épais*. Érable sycomore, houx commun ; cerisier merisier.

5° *Rayons minces*. Érable plane ; ormes ; frêne commun ; bouleau.

6° *Rayons très-minces*. Érable champêtre ; châtaignier ; pommier ; poirier ; saules ; tous les conifères.

Dans les aunes, charmes et noisetiers, les rayons épais sont très-espacés et de beaucoup les moins nombreux. Ils ne sont pas même des rayons véritables, uniquement composés de parenchyme médullaire ; ils représentent bien plutôt des groupes de rayons très-minces, réunis par des lames de tissu fibreux dépourvues de vaisseaux. Il serait mieux de les appeler *faux-rayons.*

Hauteur des rayons.

La *hauteur* des rayons est leur dimension dans le sens longitudinal ; elle s'apprécie sur une section tangente et peut varier de 30 centimètres et au delà à 2 décimillimètres ; elle est assez ordinairement proportionnelle à leur largeur. Sous ce rapport on distingue les catégories suivantes :

1° *Rayons très-hauts.* Clématite des haies.

2° *Rayons hauts.* Chênes (0^m,05 à 0^m,10).

3° *Rayons assez hauts.* Hêtre commun (0^m,005).

4° *Rayons courts.* Prunier domestique (0^m,002).

5° *Rayons très-courts.* Abiétinées ; frêne commun (0^m,0005) ; buis (0^m,0002).

Égalité ou inégalité des rayons.

Les rayons d'un même bois ne sont pas toujours semblables entre eux ; il est à cet égard des essences à *rayons inégaux* et d'autres à *rayons égaux.* Les premières sont généralement celles qui possèdent des rayons très-épais, épais ou assez épais (chênes, hêtre), auxquels se trouvent associés un très-grand nombre d'autres rayons, minces ou très-minces, souvent à peine apparents à l'œil nu. Les autres, au contraire, n'ont que des rayons médiocrement épais, minces ou très-minces, assez uniformes pour être considérés comme égaux ou sub-égaux (érables, cerisiers, alisiers, saules, abiétinées).

Nombre des rayons.

Les rayons sont serrés ou espacés, en général d'autant plus nombreux qu'ils sont plus minces. Ils entrent pour une proportion variable dans la constitution du bois, parfois pour moitié ; dans la plupart des espèces cependant leur importance est en dessous de ce chiffre.

Maillures.

Suivant la direction du débit, les rayons produisent des dessins très-variés. Dans le sens tangent ils apparaissent sous forme de traits longitudinaux, parallèles aux fibres, effilés à leurs deux extrémités, plus ou moins larges et longs suivant l'essence ; ils n'ont pas d'éclat et généralement ils sont de couleur plus foncée que le tissu fondamental. Dans le sens radial, ils forment des plaques moirées, miroitantes, plus claires ou plus sombres que le tissu fibreux, plus ou moins serrées et étendues, suivant le nombre et les dimensions en hauteur et en largeur des rayons qui les produisent. Ces taches, d'un bel effet sur les bois travaillés, sont appelées des *mailles,* des *maillures* ou des *miroirs;* elles font dire des bois débités dans le sens radial qu'ils sont *débités sur mailles;* dans le sens tangent, qu'ils sont *débités contre mailles.*

Puisque tous les bois ont des rayons, ils peuvent tous, par

un débit convenable, être maillés. Seulement la maille est en quelque sorte invisible chez ceux dont les rayons sont très-minces et très-courts et l'on n'en tient pas compte; elle est au contraire très-développée et apparente dans les bois à larges et hauts rayons, tels que les chênes.

ÉLÉMENTS ACCESSOIRES. Vaisseaux.

Les vaisseaux sont formés de tubes allongés, continus ou imparfaitement cloisonnés, qui se trouvent disposés au milieu du tissu fibreux seulement, dont ils suivent la direction longitudinale. Comparés aux fibres, ils sont de plus fort calibre, à paroi plus mince, à cavité centrale plus grande. Ils se reconnaissent aisément sur la section transversale par les trous ou *pores*, visibles à l'œil nu ou tout au moins à la loupe, qu'ils déterminent au milieu du tissu fondamental, en apparence plein et compacte; sur la section longitudinale, ils produisent par leur coupe de longs et étroits sillons. Ils ne sont point essentiels à la constitution du bois et manquent toujours chez les *gymnospermes conifères;* ils ne font au contraire jamais défaut chez les *angiospermes* ou les *feuillus*, fournissant par leur absence ou leur présence une caractéristique infaillible pour distinguer les bois de ces deux grandes divisions du règne végétal.

Grosseur des vaisseaux.

Les *vaisseaux* par leur *égalité* ou leur *inégalité*, par leur *grosseur*, leur *répartition*, leur *groupement* et leur *nombre*, fournissent des caractères précieux pour distinguer entre eux les bois des principales essences feuillues.

Dans une même couche annuelle les vaisseaux qui s'y trouvent répartis, du bois de printemps au bois d'automne, peuvent être sensiblement égaux ou évidemment inégaux entre eux. Dans ce dernier cas, les vaisseaux les plus gros appartiennent toujours, au moins chez les essences indigènes, au bois de printemps, qu'ils rendent plus mou et plus poreux, les vaisseaux les plus petits au bois d'automne, que la prédominance du tissu fibreux rend plus dur et plus compacte. Tantôt le passage des uns aux autres est brusque, tantôt, au contraire, il est gradué. Les bois à vaisseaux inégaux ont par cette cause même et indépendamment de la nature de leur tissu fibreux, des couches d'accroissement très-distinctes (chênes à feuilles caduques, châtaigniers, ormes, frênes, robinier, mûrier, micocoulier, etc).

Que les vaisseaux soient égaux ou inégaux, ils conservent les mêmes dimensions, ou peu s'en faut, dans tous les bois de même essence; leur grosseur est par conséquent caractéristique. On peut sous ce rapport grouper les principaux bois comme il suit:

1° *Vaisseaux très-gros.* Chênes à feuilles caduques ; châtaignier.

2° *Vaisseaux gros.* Orme, frêne, robinier, mûrier, micocoulier, noyer.

3° *Vaisseaux assez gros.* Bouleau, peupliers.

4° *Vaisseaux fins.* Érables, aunes, charme, coudrier, hêtre, platane, cerisiers, pruniers, tilleuls, marronnier, saules.

5° *Vaisseaux très-fins.* Pommiers, poiriers, alisiers, sorbiers.

Dans le cas d'inégalité des vaisseaux, les plus gros seuls ont été pris en considération pour l'établissement des catégories qui précèdent ; ce cas ne se rencontre d'ailleurs que chez les essences des deux premières d'entre elles, à l'exception du noyer, dont les vaisseaux sont en même temps gros et égaux.

Nombre des vaisseaux.

Le *nombre* des vaisseaux est sujet à varier suivant les espèces ; leur proportion peut être inférieure, égale ou supérieure à celle du tissu fibreux. Puisqu'ils ont les parois plus minces, les cavités plus grandes, ils contribuent par leur abondance à diminuer la dureté et la densité des bois, à les accroître par leur rareté. Ils dominent dans les bois des saules et des peupliers, ils sont en minorité dans le buis. Il ne faut pas oublier toutefois qu'ils ne déterminent pas à eux seuls les propriétés qui viennent d'être nommées et que la nature du tissu fibreux a sur elles une action très-prononcée. Tel bois peut être plus dur et plus lourd qu'un autre, quoique plus riche que lui en vaisseaux.

Distribution des vaisseaux.

La *distribution* des vaisseaux au milieu du tissu fibreux d'une même couche présente, suivant les essences, la plus grande diversité et fournit d'excellents caractères distinctifs. A ce point de vue, on distingue des *vaisseaux épars* et des *vaisseaux groupés*.

Vaisseaux épars. — On range dans cette catégorie non-seulement les vaisseaux solitaires, disseminés au milieu du tissu fibreux, mais aussi ceux qui sont réunis directement les uns à côté des autres au nombre de 2-10 et même davantage, de manière à former sur la section transversale des groupes ou des séries simples rayonnantes, dans lesquelles ils restent cylindriques ou deviennent prismatiques en se comprimant et s'aplatissant plus ou moins entre eux. Ces groupes, petits, peu apparents, ne se relient pas les uns aux autres et, semblables en cela aux vaisseaux solitaires, restent disséminés dans le tissu fondamental. Les vaisseaux épars sont sensiblement égaux, rarement gros (noyer), ordinairement moyens, fins ou très-fins ; leur répartition peut être la même dans toute l'épaisseur de la couche annuelle, de telle sorte que cette disposition, jointe à l'homogénéité du tissu fondamental, rend le bois de printemps semblable à celui d'automne, et que la distinction des accroissements annuels devient difficile (noyer, tilleul, bouleau, marronnier). Cependant, même dans ce cas, il arrive souvent, comme la remarque en a déjà été faite, qu'à l'extrême limite du bois d'automne les vaisseaux manquent absolument, tandis que le tissu fibreux, devenu très-serré et compacte, y produit une zone étroite et mate qui sépare assez visiblement les accroissements successifs.

Bien qu'épars, il peut se faire que les vaisseaux ne soient point distribués en même nombre dans toute l'épaisseur de la couche annuelle ; dans ce cas, ils sont toujours plus nombreux et plus serrés dans le bois de printemps, qu'ils rendent moins compacte, moins dur et moins coloré que le bois d'automne, où leur espacement est plus grand (cerisier, prunier, hêtre, aune).

Les vaisseaux solitaires ou les petits groupes simples et rayonnants qu'ils constituent sont rarement distribués d'une manière absolument uniforme, c'est-à-dire placés à des distances sensiblement égales les uns des autres. Cette disposition s'observe néanmoins dans le noyer, les saules ; mais habituellement ils s'alignent, sans s'unir, dans certaines directions et déterminent des zones alternativement plus poreuses et plus fibreuses (cerisier), ou des lignes rameuses, dendritiques, ployées en chevrons (bouleaux, peupliers), trop vaguement indiquées d'ailleurs pour qu'on ne considère pas, dans la pratique, des vaisseaux semblablement distribués comme épars et uniformément répartis.

Vaisseaux groupés. — Dans cette catégorie les vaisseaux, au lieu d'être à peu près uniformément répartis, n'occupent au milieu du tissu fibreux que certains points où ils sont très-nombreux, très-rapprochés et se réunissent en groupes, soit directement, soit le plus souvent par l'intermédiaire d'un parenchyme ligneux aisément reconnaissable. Ces groupes, très-visibles sur une section transversale bien nette, y forment des dessins très-variés, de couleur plus claire et mate.

Le groupement des vaisseaux peut être le même dans toute l'épaisseur de la couche annuelle (ajonc, philaria), ou bien il peut ne devenir apparent que dans la région externe, comme cela s'observe dans les bois à vaisseaux inégaux (chênes, châtaigniers, ormes, frênes, etc.). Dans ce cas, la zone de printemps est occupée par les gros vaisseaux qui y dominent, si ce n'est par leur nombre, au moins par la place qu'ils y tiennent; elle est très-poreuse, tandis que la zone d'automne est compacte, en raison du tissu fibreux qui s'y trouve en majorité. De semblables bois ont les couches annuelles très-distinctes; ils sont souples, élastiques et nerveux, comme tous ceux qui sont formés de zones alternativement tendres et dures.

Les groupes apparaissent sur la tranche sous forme de lignes rayonnantes flexueuses et rameuses chez les chênes et le châtaignier; d'arcs concentriques courts ou très-courts, rien qu'à la limite extrême de chaque couche, chez le frêne, le robinier, le mûrier; de lignes concentriques très-ondulées, plus ou moins allongées, chez les ormes et les micocouliers.

Le bois de l'ajonc, des philarias, des nerpruns, présente, par suite du groupement des vaisseaux, sensiblement égaux et ne formant point de zone poreuse de printemps, un élégant réseau en dentelle qui occupe uniformément toute la section transversale d'une couche et se continue de l'une à l'autre.

Canaux résinifères.

Il se trouve dans le bois de beaucoup de conifères, mais non dans tous, des cellules de nature spéciale, très-petites et à parois très-délicates, qui sécrètent de la térébenthine (dissolution de térébenthine dans de l'essence). Ces cellules sont parfois éparses et invisibles à l'œil nu (sapin pectiné); quelquefois aussi elles se groupent en petits amas qui représentent des glandes solides (cèdre); le plus souvent elles circonscrivent une longue et grêle cavité dans laquelle elles déversent le produit de leur sécrétion. Elles donnent naissance de la sorte aux *canaux résinifères*, qui ne sont autres que des glandes creuses très-allongées.

Les canaux résinifères sont disposés comme les vaisseaux parmi le tissu fibreux; il en est aussi qui accompagnent dans le sens radial les rayons médullaires; ces derniers sont plus petits que les autres, rarement apparents.

A l'œil nu ou à la loupe, les canaux résinifères longitudinaux, de beaucoup les plus importants, apparaissent sur la section transversale, sous la forme de trous ou de pores rappelant ceux qui résultent de la coupe de vaisseaux de moyenne dimension; sur la section longitudinale, comme de très-fins sillons. Quand le bois est vert et à l'état d'aubier il en sort, lorsqu'on les tranche, de la térébenthine; quand il est parvenu à l'état parfait, la cavité en est remplie d'une résine concrète, jaunâtre ou brunâtre, qui produit des points de même couleur sur la section transversale, des traits allongés sur les sections radiales et tangentes.

Il est très-facile de distinguer les canaux résinifères des vaisseaux, dont la présence n'est jamais simultanée dans le même bois. Les vaisseaux, lorsqu'ils existent, sont nombreux, souvent inégaux; ils occupent toute l'épaisseur de la couche annuelle, dans laquelle ils sont uniformément ou inégalement répartis; dans ce dernier cas, leur abondance décroît du bois de printemps au bois d'automne. Les canaux résinifères sont toujours rares, espacés, de même dimension, ***inversement répartis***; ils font défaut dans le bois de printemps, n'apparaissent que vers la région moyenne de la couche, pour, de là, se continuer jusqu'au bord externe.

Ils manquent dans les sapins, sont petits, rares, peu apparents chez les épicéas, nombreux, assez gros ou gros et très-visibles chez les mélèzes et les pins.

CHAPITRE II.

Suite des généralités.

Outre les caractères anatomiques qui viennent d'être décrits, les bois en présentent quelques autres que l'on peut utilement employer à leur détermination. Tels sont ceux que l'on emprunte à la ***moelle*** et à son ***canal,*** aux ***taches médullaires,*** à l'***aubier*** et au ***bois parfait***, à la ***forme*** et à ***l'épaisseur des accroissements annuels.***

Moelle et canal médullaire.

On sait que le canal médullaire conserve à tous les âges les dimensions et la forme qu'il avait au début, qu'il varie sous ce rapport suivant les espèces et qu'il peut servir à les caractériser. Il est gros chez celles qui produisent des pousses robustes comme le marronnier d'Inde, le noyer; petit, au contraire, chez celles dont les pousses sont grêles, telles que le charme, le bouleau. Il est le plus souvent circulaire ou elliptique sur la section transversale, mais il affecte aussi d'autres formes. Il est triangulaire chez les aunes, pentagonal chez les peupliers, en étoile à 5 branches, autour de laquelle se moulent les premiers accroissements ligneux, chez les chênes. Cette forme est en général en relation avec l'ordre d'insertion des feuilles. Quant à la moelle, elle peut être dure (hêtre) ou molle; remplir, même desséchée, tout le canal, ou se contracter de bonne heure en disques superposés qui alternent avec autant de cavités (noyer, laurier).

En somme, les caractères de cet ordre ont peu de valeur, parce qu'ils ne présentent qu'un petit nombre de variations et qu'on a rarement l'occasion de les observer sur les bois mis en œuvre.

Taches médullaires.

On appelle ainsi des lames minces, étroites, allongées en lanières, de tissu parenchymateux généralement rougeâtre ou brunâtre, plus rarement blanchâtre, qui se trouvent disposées dans la zone moyenne et dans la zone externe des accroissements annuels. Sur la section transversale, elles apparaissent sous forme d'arcs minces, peu étendus, concentriques aux accroissements; sur la section radiale, comme des lignes étroites qui suivent le fil du bois; sur la section tangente, comme de longues bandes qui parfois se bifurquent et se ramifient dans leur trajet. Ces taches médullaires ne se remarquent que chez les bois feuillus, et seulement dans un petit nombre d'entre eux; elles sont plus nombreuses vers le centre de la tige des grands arbres que dans les régions extérieures. On les rencontre chez les aunes, dans certains peupliers et saules; on peut surtout recourir à elles pour distinguer, dans la famille des pomacées, les bois des alisiers, sorbiers, aubépines, qui en sont pourvus, de ceux des pommiers et poiriers, qui n'en contiennent presque jamais.

Aubier et bois parfait.

Les noms d'*aubier* et de *bois parfait* ont été empruntés au langage des ouvriers qui mettent les bois en œuvre; ils ont été introduits dans la science, qui a voulu les généraliser, préciser et caractériser nettement les régions de l'arbre auxquelles les praticiens les appliquent. Ces tentatives sont restées infructueuses, si l'on en juge à la diversité des définitions données par les auteurs qui se sont occupés de la question.

Tout bois nouvellement formé est ordinairement blanc ou blanchâtre, gorgé de séve, chargé de principes sucrés, amylacés, azotés, en proportions diverses. Mais, au bout d'un temps variable avec l'espèce et les conditions de la végétation, ce bois se modifie dans ses caractères et dans ses propriétés. Dans le cas le plus complet, il perd sa vitalité, cesse d'élaborer, ne contient plus que des traces de matières fermentescibles, neutres ou azotées; il devient imperméable ou n'est plus le siége que d'une circulation purement aqueuse. Sa substance s'est en même temps transformée ou incrustée de lignine; des matières variées, gommes et résines, se sont déposées dans ses cavités, un principe colorant s'est développé dans ses tissus. Le bois de la plupart des grandes essences, des chênes, du châtaignier, des pins et du mélèze, se comporte de la sorte; il offre deux régions nettement tranchées, l'une externe et vivante, c'est l'*aubier;* l'autre, centrale, caractérisée par une coloration spéciale, c'est le *bois parfait* ou *cœur,* expressions synonymes, malgré les tentatives faites pour leur attribuer une signification différente.

Ainsi nettement caractérisé, l'*aubier* est sujet à la pourriture et à la vermoulure; il est de peu de durée, tandis que le *bois parfait*, qui ne contient plus que des traces de matières fermentescibles ou assimilables, échappe en partie à ces inconvénients et peut se conserver longtemps sans altération. Les chênes, les pins, offrent de bons exemples de bois formés d'aubier et de cœur ainsi constitués.

Mais la question ne se présente pas toujours avec cette simplicité; il s'en faut de beaucoup que les modifications qui viennent d'être décrites s'opèrent toutes et au même degré dans la généralité des essences.

Chez certaines d'entre elles, le charme, les érables, le peuplier tremble, le bouleau, les aunes, le tissu ligneux n'éprouve aucune modification sensible; il reste tel qu'il s'est constitué dès le début, on n'y distingue qu'une substance uniforme, *du bois,* qu'il paraît assez inutile de vouloir qualifier autrement. La dénomination d'aubier, qui implique toujours une idée de comparaison et d'infériorité de qualité, n'a raison d'être en effet qu'en regard de celle de bois parfait; elle ne se justifie plus dès que ce dernier n'existe pas. Au lieu donc de dire des bois de charme et d'érable qu'ils sont totalement formés d'aubier, il semble préférable de les décrire comme bois n'ayant ni aubier ni bois parfait distincts.

Chez d'autres essences, le peuplier blanc et le saule blanc, par exemple, on distingue déjà deux régions dans le corps ligneux; l'externe, blanche comme d'habitude, qui représente l'aubier; l'interne, rougeâtre-clair, qui ne mérite le nom de bois parfait que par sa coloration, nullement par ses qualités. Enfin une modification plus réelle, quoiqu'à peine apparente, se présente chez quelques autres essences, telles que le sapin et l'épicéa. Bien que chez elles aucune coloration ne se prononce avec l'âge, bien que la séve s'élève par tout le corps ligneux tant que l'arbre reste sur pied, il existe cependant dans leur bois deux régions différentes, dont l'intérieure, une fois desséchée, a perdu toute perméabilité et résiste énergiquement à l'injection.

Il y a donc en résumé des bois dans lesquels on ne reconnaît ni aubier ni cœur ; d'autres où ces deux régions sont plus ou moins différenciées, non-seulement par leur caractère, mais aussi et surtout par leurs qualités.

Dans ce dernier cas, on constate que, pour une essence, l'aubier est d'autant plus mauvais que le bois parfait est meilleur ; que l'aubier des chênes, des pins, dont le bois parfait a de si excellentes qualités, est détestable comme bois de travail et doit être impitoyablement rejeté ; que celui du sapin, de l'épicéa, des peupliers, équivaut à peu près au bois parfait et peut s'employer indistinctement aux mêmes usages ; qu'enfin, sous le rapport de la durée au moins, l'aubier de ces dernières espèces l'emporte de beaucoup sur celui des chênes et des pins.

Conclusion : ***la valeur de l'aubier,*** comme bois d'œuvre, est en ***raison inverse de celle du bois parfait.***

Le bois, dans ses transformations, ne suit pas seulement la phase ascendante qui lui fait acquérir le maximum de ses qualités ; après avoir conservé celles-ci pendant un temps plus ou moins prolongé, il finit toujours par entrer dans une phase inverse, descendante, qui aboutit à la pourriture. Une coloration spéciale, de plus en plus intense, rarement plus claire, marque parfois les différentes étapes qu'il parcourt, mais il n'est pas toujours possible de préciser la limite à laquelle il a acquis toute sa valeur, au delà de laquelle il s'altère ; ce serait se tromper gravement que de croire les qualités proportionnelles à l'intensité de la coloration. Certains bois, restés blancs, ne se colorent, l'épicéa et le tremble ne deviennent rouges que lorsqu'ils pourrissent.

Une définition précise de l'aubier et du bois parfait, généralisée pour toutes les essences, est, d'après ce qui précède, difficile, sinon impossible ; aussi ne sera-t-elle pas tentée ici. Dans ce qui va suivre, la question sera resserrée, restreinte aux espèces dont il est utile, dans la pratique, de distinguer l'aubier et le bois parfait, en raison de leurs qualités différentes, c'est-à-dire aux végétaux forestiers indigènes les plus importants.

Sous cette restriction, le bois parfait se reconnaît de l'aubier à une coloration spéciale, généralement uniforme, variable avec les espèces ou les genres, constante ou à peu près pour les bois de même espèce, conséquemment caractéristique ; souvent aussi il est plus complétement lignifié, il a acquis une densité plus élevée.

Dans la plupart des cas, la limite entre l'aubier et le bois parfait est nettement tranchée, régulière, à peu près concentrique aux accroissements annuels ; cependant cette dernière condition n'est pas absolue et très-souvent on peut constater, sur la section transversale de la tige d'un arbre, que le nombre des couches d'aubier varie d'un point à l'autre de la circonférence. Quelquefois la transformation de l'aubier, au lieu d'être brusque, comme c'est l'habitude, est graduelle et insensible, de sorte que l'un se fond peu à peu dans l'autre (chêne yeuse et chêne liége).

Une fois constitué, le bois parfait possède toutes les qualités inhérentes à l'espèce à laquelle il appartient ; le *temps n'y ajoutera rien,* il ne le perfectionnera pas. Il n'y a donc pas lieu de différer l'exploitation d'un arbre sous le prétexte d'améliorer la qualité de son bois parfait. Tout ce que l'on peut espérer, c'est que celui-ci se conserve tel qu'il s'est produit, sans se modifier, car toute modification subie par lui ne peut être qu'un commencement d'altération.

Transformation de l'aubier. La transformation de l'aubier en bois parfait s'effectue annuellement, mais il est inexact de dire, comme on le fait souvent, qu'elle a lieu couche par couche ; que, tandis qu'il se forme extérieurement une nouvelle couche d'aubier, la couche la plus ancienne et la plus profonde de celui-ci passe à l'état de bois parfait. S'il en était ainsi, le nombre des couches de l'aubier d'un arbre serait constant, égal au nombre des années écoulées jusqu'à la production du premier bois parfait. Or, l'observation prouve que chez les arbres âgés, sur le retour, le nombre des couches d'aubier s'accroît souvent d'une manière remarquable, bien que l'épaisseur de la zone totale qu'elles constituent aille en s'amoindrissant. (Voir pin Laricio et pin maritime, p. 524 et 535.)

Il faut conclure de là que l'épaisseur de l'aubier qui se transforme en un an ne se règle pas sur la subdivision du bois en couches ; qu'elle dépend bien plutôt de la vigueur de la végétation, c'est-à-dire de l'épaisseur du nouvel aubier formé dans le même espace de temps. Rien de plus naturel, dès lors, que chez l'arbre âgé, dont les nouveaux accroissements sont de plus en plus minces, il ne se transforme chaque année qu'une portion seulement des couches relativement plus épaisses de l'aubier le plus ancien, et que plusieurs années soient nécessaires pour faire complétement passer l'une d'elles à l'état parfait.

Proportion de l'aubier.

Bien avant les conditions d'âge, de sol et de climat, la nature de l'espèce à laquelle l'arbre appartient règle la quantité d'aubier qu'il présente. Cette circonstance est importante à connaître et sert à différencier quelques bois qui se ressemblent à d'autres égards. Ainsi le mélèze se reconnaît des pins parce que, chez lui, l'aubier est rare, tandis qu'il abonde chez ces derniers ; le châtaignier se distingue aisément des chênes par le même moyen.

Si quelques essences fournissent, dès leur jeunesse, des bois de bonne qualité, cela tient à la rapidité avec laquelle leur aubier se transforme en bois parfait, conséquemment à la faible proportion de ce dernier; tel est le cas du châtaignier, du robinier, que l'on emploie sous des dimensions auxquelles les chênes ne pourraient être utilisés.

Si, chez les arbres en retour, l'épaisseur totale de l'aubier s'amoindrit en même temps que le nombre des couches qui le composent s'élève, il n'en est plus ainsi chez ceux qui sont en pleine croissance et dont la végétation est soutenue. Dans ces conditions, on constate que, sans être absolument fixe, le nombre des couches d'aubier est assez constant pour une même essence, mais non l'épaisseur totale, qui augmente ou diminue avec celle des couches annuelles.

Les *chênes nerveux,* qui sont ceux de rapide végétation, sont généralement caractérisés par un *aubier abondant,* tandis que les *chênes gras* (poreux), dont les couches sont étroites, ont, par le même motif, *peu d'aubier.* Les pins de qualité inférieure, formés de couches d'une grande épaisseur, présentent au contraire beaucoup d'aubier ; les belles qualités du Nord en contiennent beaucoup moins.

Dans les essences les plus importantes, on a dit que la coloration est le signe le plus certain de la lignification de l'aubier et de sa transformation en bois parfait. Il ne faudrait pas croire cependant que toute coloration du bois soit l'indice d'un accroissement de qualités ; elle annonce souvent, au contraire, un commencement d'altération, une perte de substance, qui n'est sans doute qu'une carbonisation lente, un amoindrissement de la densité ; certains bois ne se colorent même que lorsqu'ils pourrissent. Il est fort difficile, pour ne pas dire impossible, de donner, en dehors de l'observation directe de chaque espèce, une règle qui permette de distinguer entre les deux cas. Cependant, en général, on peut considérer comme indice d'altération toute coloration qui se superpose à celle du bois parfait, qui, au lieu d'être uniforme comme celle de ce dernier, est inégale, veinée, marbrée, flambée, qui envahit le corps ligneux de l'intérieur à l'extérieur, en s'étendant comme une tache irrégulière, souvent bordée d'un liseré plus sombre qu'elle pousse devant elle. Cette coloration n'est point régulièrement limitée ; sur une section transversale, elle ne forme au centre de la tige ni un cercle, ni une ellipse, mais une figure à contours inégaux, marquée d'angles rentrants ou saillants, souvent très-excentriques aux accroissements annuels. Sur une section longitudinale, au lieu d'être arrêtée par deux lignes droites à peu près parallèles, elle affecte dans sa direction la plus grande irrégularité.

D'après ces considérations, les portions d'un brun-chocolat du cœur des vieux chênes yeuses résultent d'une altération naissante du bois parfait de cette espèce ; la coloration rouge ou brune du cœur de la plupart des pomacées, les marbrures brunes et rougeâtres de celui des vieux hêtres, les teintes brunes qui se développent dans le centre des frênes n'auraient pas d'autre origine.

Distinction des couches.

Les couches annuelles dont le bois se compose se distinguent plus ou moins aisément, suivant que dans chacune d'elles le bois de printemps diffère de celui d'automne ou lui ressemble davantage. Dans les bois feuillus, la distinction est particulièrement apparente quand le bois de printemps est formé d'une zone poreuse de gros vaisseaux, comme chez les chênes à feuilles caduques, le châtaignier, les ormes, etc. Elle s'efface si les vaisseaux sont égaux et uniformément répartis dans toute l'épaisseur de chaque couche, parce que de l'homogénéité de celles-ci résulte nécessairement l'homogénéité de l'ensemble. Les accroissements annuels peuvent, par ce motif, devenir très-difficiles à reconnaître (chêne yeuse), parfois même ils se confondent tellement qu'il est le plus souvent impossible de les distinguer (olivier).

Subdivisions d'une même couche.

Il arrive quelquefois qu'une couche annuelle se trouve subdivisée en deux ou en plusieurs autres par d'étroites zones de tissu plus serré et plus compacte, semblables à celle qui la limite extérieurement. Ce fait, qui se remarque fréquemment chez les cupressinées, telles que cyprès et genévriers, qui s'observe aussi dans les pins jeunes, de végétation très-vigoureuse, tels que le pin maritime, et dans d'autres essences encore, est généralement subordonné aux phases de la végétation, particulièrement à la production de deux pousses dans l'année. On évite toute erreur dans le comptage des couches, malgré cette circonstance, si l'on y apporte quelque attention. Ces subdivisions sont moins nettement accusées que ne le sont les couches véritables, et généralement elles n'ont pas la continuité de ces dernières ; en les suivant sur un certain trajet, on les voit s'amoindrir peu à peu, puis disparaître entièrement.

Forme des accroissements.

La forme des accroissements ligneux peut être utilement consultée pour distinguer certains bois. Elle s'observe sur une section transversale et se trouve nécessairement en relation directe avec celle de la tige elle-même : circulaire quand la tige est régulièrement arrondie, flexueuse ou anguleuse si celle-ci est relevée de côtes saillantes ou longitudinalement cannelée et sillonnée. Le bois des alisiers et des sorbiers se distingue de celui des poiriers et des pommiers par ses accroissements circulaires et non flexueux; celui du coudrier se reconnaît par le même moyen de celui du charme, dont les accroissements sont tout aussi irréguliers que l'est extérieurement la tige de cette essence.

Influence de l'écorce.

On sait que l'écorce comprime la zone génératrice du bois et en entrave jusqu'à un certain degré le libre développement ; on sait aussi que si l'on y pratique une incision longitudinale, celle-ci ne tarde pas à s'élargir et à provoquer en dessous d'elle, en débridant les tissus, un plus rapide accroissement ; la couche ligneuse forme en ce point une saillie prononcée. Les gerçures de l'écorce produisent un effet absolument semblable ; elles déterminent dans les couches en voie de formation des renflements saillants qui leur correspondent exactement quant au nombre et à la position. Les écorces qui se maintiennent lisses, comprimant uniformément le corps ligneux, en rendent les accroissements plus régulièrement circulaires. Le bois de l'érable sycomore, dont l'écorce tombe par larges plaques sans se gerçurer, offre à tout âge des couches de ce genre, tandis que l'érable plane, provenant de vieux arbres à rhytidome gerçuré, présente de distance en distance, sur le pourtour de ses couches, des saillies prononcées.

Action des rayons.

Circulaires ou flexueux, les accroissements sont souvent, en outre, rentrants et crénelés au passage des larges rayons qui les traversent, ou, si l'on veut, bombés et saillants dans leurs intervalles. Cette disposition s'observe très-bien sur le hêtre ; elle se retrouve chez le chêne, le platane, etc. Plus rarement, la ligne limitative de chaque accroissement semble suivre le rayon et produit en dehors une petite saillie anguleuse, comme dans la clématite.

Épaisseur des accroissements.

Il est des espèces ligneuses qui végètent toujours avec lenteur et dont les accroissements sont constamment minces ; il en est d'autres de végétation rapide, dont les couches annuelles atteignent une grande épaisseur. Il est prudent toutefois de ne point trop se fier aux caractères de cet ordre, car, parmi ces dernières, des conditions défavorables peuvent parfois singulièrement ralentir la végétation et produire des bois à accroissements minces ou très-minces. L'écart, dans l'épaisseur des couches annuelles d'un bois de même essence, peut atteindre le rapport de 1 à 50 (Nördlinger).

En somme, l'examen de l'épaisseur des couches ne donne pour la distinction des bois que des caractères de faible valeur, mais il fournit sur leurs qualités des renseignements très-importants ; si à lui seul il ne suffit pas pour une appréciation complète, il en est certainement l'un des principaux éléments. Pour bien se rendre compte de l'influence de l'épaisseur des accroissements sur la qualité des bois, il est indispensable d'examiner séparément les trois groupes en lesquels il est possible de les répartir d'après la structure.

1° *Bois de conifères.* — Dans ces bois, chaque couche présente deux zones très-distinctes : l'interne, composée de tissu fibreux mou, léger, blanchâtre, dépourvu de résine ; l'externe, formée d'un tissu fibreux serré et compacte, lourd, dur et coloré, parsemé de canaux résinifères si l'essence le comporte. La plus légère observation prouve que dans ce groupe le tissu mou est l'élément variable de la couche annuelle, qu'il diminue ou augmente avec elle, tandis que le tissu corné en est l'élément à peu près stable, quelle que soit la végétation. Aussi les bois des conifères sont-ils d'autant plus mous, plus légers, moins résineux, qu'ils sont formés d'accroissements plus épais ; d'autant plus durs, plus lourds, plus imprégnés de résine, au contraire, que les couches annuelles en sont plus minces.

Comme conséquence de cette loi, il résulte que le bois des branches chez les conifères, par cela même qu'il pousse lentement, est plus dense et plus résineux que celui des tiges, et qu'il est de beaucoup supérieur à ce dernier comme combustible.

2° *Bois feuillus à vaisseaux inégaux.* — Le chêne est la meilleure expression de ce groupe, dont les bois ont au bord interne de chaque couche une zone poreuse de gros vaisseaux, tandis qu'au bord externe ils sont essentiellement formés de tissu fibreux très-compacte. Or ici, contrairement à ce que l'on observe chez les conifères, l'élément variable de chaque accroissement annuel est le tissu compacte et serré de la zone d'automne : c'est lui qui se développe et domine très-largement quand la végétation est vigoureuse, qui s'amoindrit et s'annule presque entièrement si elle est languissante et très-faible. L'élément stable est la zone poreuse du printemps, qui ne fait jamais défaut et conserve à peu près la même épaisseur, quelle que soit la végétation rapide ou lente du végétal. Aussi, dans ce groupe, la densité et les qualités qui en dérivent sont-elles directement proportionnelles à l'épaisseur des accroissements, sauf, bien entendu, le correctif qu'y peut apporter la diversité des sols et des climats des lieux de provenance. Comme corollaire, le bois des branches est plus poreux et plus léger que celui de la tige, d'une moindre puissance calorifique par conséquent.

3° ***Bois feuillus homogènes, à vaisseaux égaux.*** — On n'a pas constaté dans les bois de ce groupe de relation quelconque entre les qualités et l'épaisseur des couches annuelles. Dans le hêtre, qui en est l'un des principaux représentants, les limites supérieures et inférieures de densité et de caloricité se rencontrent indifféremment chez des bois composés d'accroissements minces ou épais. Les sols, les climats, le régime sous lequel les arbres ont crû, paraissent seuls ici déterminer ces qualités. (Voir p. 281.)

CHAPITRE III.

Classification générique des bois les plus importants ou les plus remarquables.

Les considérations qui précèdent sur les caractères anatomiques de la matière ligneuse, sur ceux du moins que l'on peut apprécier à l'aide d'une bonne vue, ou tout au plus avec le concours de la loupe, ont servi de guide dans les descriptions des bois des végétaux cités dans la ***Flore forestière.*** Mais ces descriptions sont éparses, sans aucun lien méthodique qui les réunisse, de sorte qu'elles ne permettent pas d'arriver sûrement et rapidement à la détermination de l'essence d'un bois, s'il est isolé des organes, feuilles, fleurs et fruits, auxquels les classifications botaniques empruntent les caractères essentiels qui leur servent de base.

Les tableaux synoptiques qui suivent, où se trouvent coordonnés par la méthode dichotomique les caractères distinctifs des bois, sont destinés à combler cette lacune. Pour en rendre l'emploi plus facile, je n'y ai admis que les espèces principales, celles qui se recommandent par leurs dimensions, leur abondance, leur utilité; j'ai cru devoir cependant en ajouter quelques autres d'une moindre importance, en raison de leur structure exceptionnelle et remarquable.

Ces tableaux ne conduisent qu'au *genre* auquel appartient le bois à déterminer; on en connaîtra l'espèce, lorsque cela est possible, en se reportant aux descriptions données de chacune d'elles dans le corps de l'ouvrage.

Ire DIVISION.

Bois feuillus.

Cette division, qui correspond exactement à celle des angiospermes, comprend les bois formés de tissu fibreux, souvent de parenchyme ligneux plus ou moins apparent, de vaisseaux et de rayons de toutes dimensions; ces bois sont parfois marqués de taches médullaires.

Vaisseaux	groupés,	évidemment inégaux	1re section.
		sensiblement égaux	2e section.
	épars,	évidemment inégaux.	3e section.
		sensiblement égaux.	4e section.

1re SECTION.

Bois feuillus à vaisseaux inégaux, groupés.

Vaisseaux évidemment inégaux, très-gros — assez gros au bord interne, où ils forment une zone poreuse apparente, moyens — très-fins vers le bord externe, où ils sont groupés entre eux et avec du parenchyme ligneux, et produisent sur la section transversale des dessins caractéristiques. Couches annuelles très-distinctes.

Groupement des vaisseaux			
en lignes rayonnantes flexueuses et rameuses.		Rayons inégaux, très-épais et très-minces; bois largement maillé; aubier abondant. . . .	**Chêne.**
		Rayons égaux, très-minces; bois non maillé; aubier peu épais.	**Châtaignier.**
en lignes concentriques.		Bois rouge-brun; aubier distinct, assez épais, quelquefois blanchâtre, taché ou veiné de brun.	**Orme.**
		Bois blanc-grisâtre, terne, sans distinction d'aubier et de bois parfait.	**Micocoulier.**
en arcs courts concentriques.		Bois blanc, satiné, sans distinction d'aubier et de bois parfait; groupement des vaisseaux très-faible	**Frêne.**
	Bois jaune, nacré; aubier peu abondant.	Bois jaune-brunâtre, devenant brun; vaisseaux externes fins, en groupes bien visibles	**Mûrier.**
		Bois jaune-paille; vaisseaux externes assez gros, à peine groupés	**Robinier.**
en lignes obliques qui, par leur croisement, forment un réseau incomplet. Bois brun foncé; aubier distinct, peu abondant.			**Cytise.**

Observations. — Le genre chêne offre dans la structure du bois de ses nombreuses espèces une anomalie remarquable; quelques-unes d'entre elles, le chêne yeuse par exemple, n'ont pas de zone poreuse dans le bois de printemps, de sorte que les accroissements annuels sont peu distincts ou sont même entièrement confondus.

Les bois des genres clématite, vigne, pistachier et gaînier appartiennent à cette section.

2e SECTION.

Bois feuillus à vaisseaux égaux, groupés.

Vaisseaux sensiblement égaux, ne formant pas de zone poreuse bien caractérisée, groupés en grand nombre et dessinant sur la section transversale des lignes concentriques ondulées ou rayonnantes dendritiques, qui présentent dans leur ensemble l'apparence d'un réseau plus ou moins complet.

Groupement		
en lignes obliques ou concentriques; rayons assez épais.	Groupement en lignes étroites; bois brun, aubier blanchâtre, distinct	**Sarothamme.**
	Groupement en lignes larges; bois entièrement blanchâtre.	**Ajonc.**
en lignes rayonnantes; rayons minces — très-minces.	Bois rougeâtre ou rouge-marron; aubier distinct; couches aisément reconnaissables .	**Nerprun.**
	Bois brun; aubier blanchâtre, abondant; couches seulement séparées par une ligne mate très-fine..	**Philaria.**

Observation. — Le bois du lierre appartient à cette section.

3e SECTION.

Bois feuillus à vaisseaux inégaux, épars.

Vaisseaux inégaux; ceux du bord interne assez gros — assez fins, formant une zone poreuse plus ou moins distincte; ceux du bord externe fins — très-fins, isolés ou réunis en petit nombre, épars, sans groupement proprement dit. Les bois de cette section sont généralement colorés et ont très-peu d'aubier.

Rayons	épais — assez épais; bois maillés.	Bois d'un beau jaune clair, uniforme.		ÉPINE-VINETTE.
		Bois rouge ou brun.	Rayons épais; bois rouge assez vif, demi-dur	TAMARIX.
			Rayons assez épais; bois brun-marron, dur.	AMANDIER.
	minces — très-minces; bois à peine maillés.	Vaisseaux assez gros	formant dans chaque couche des zones alternativement plus poreuses et plus fibreuses; bois brun . . .	HIPPOPHAÉ.
			à peu près uniformément répartis; bois jaune — ou brun-verdâtre. .	SUMAC.
		Vaisseaux assez fins; bois tendre, d'un rougeâtre clair, uniforme.		BOURDAINE.

4e SECTION.

Bois feuillus à vaisseaux égaux, épars.

Vaisseaux sensiblement égaux, isolés ou réunis en petits amas, souvent en séries radiales, sans présenter de groupement proprement dit; uniformément distribués ou quelquefois plus rapprochés dans le bois de printemps et le rendant plus poreux que celui d'automne. Bois généralement homogènes, dont les accroissements annuels sont tantôt assez distincts, parfois indiscernables.

Pour faciliter la détermination des nombreux genres de la 4e section, on peut les répartir en six sous-sections, qui sont purement artificielles, comme il suit :

Bois à	rayons épais — assez épais, en totalité ou en partie.			Sous-section 1.
	rayons sensiblement égaux, moyens, minces, ou très-minces	Bois durs ou demi-durs	d'un blanc uniforme.	Sous-section 2.
			blanc-grisâtre, devenant bruns au cœur.	Sous-section 3.
			rougeâtres, rouges. rouge-brun. . . .	Sous-section 4.
			jaunes ou fauves . .	Sous-section 5.
		Bois tendres.		Sous-section 6.

1re SOUS-SECTION.

Maillures apparentes, nombreuses ou rares, suivant que les larges rayons qui les produisent sont des rayons vrais, toujours abondants, ou de faux-rayons, très-espacés. Ces derniers manquent même parfois dans le bois de branches.

Rayons	vrais, épais — assez épais; maillures nombreuses.	Rayons égaux; bois brunâtre. .		**PLATANE.**
		Rayons inégaux; bois rougeâtre .		**HÊTRE.**
	faux, épais et rares; maillures hautes et larges peu nombreuses.	Bois demi-dur, rougeâtre		**AUNE.**
		Bois dur, entièrem^{t} blanc;	accroiss^{ts} flexueux. .	**CHARME.**
			accroiss^{ts} circulaires.	**COUDRIER.**

Observation. — Avec une bonne loupe, bien que les vaisseaux du charme et du coudrier ne forment pas de vrais groupements, on reconnaît qu'ils sont disposés en lignes ou en bandes radiales évidentes; on peut aussi distinguer, parmi leur tissu fibreux, des arcs concentriques, très-fins et blanchâtres, de parenchyme ligneux.

2e SOUS-SECTION.

Bois restant toujours blancs, à moins qu'ils ne s'altèrent; à vaisseaux moyens — fins — très-fins, uniformément répartis dans l'ensemble, diversement disposés dans les détails, sans zone poreuse de printemps; point visiblement ou très-finement maillés.

Vaisseaux	en séries radiales,	très-fins, nombreux, disposés en bandes irrégulières rayonnantes; rayons médiocrement épais; bois compacte, dur, très-homogène	**HOUX.**
		assez fins, peu nombreux, en séries radiales simples de 2-8; rayons très-minces; bois demi-dur, à couches peu distinctes	**NÉRION.**
	le plus souvent isolés,	fins — très-fins, solitaires, très-également espacés entre eux dans tous les sens; rayons moyennement épais — très-minces	**ÉRABLE.**
		moyens, isolés ou réunis 2-5, affectant entre eux une disposition dendritique; quelques taches médullaires brunes.	**BOULEAU.**

3e SOUS-SECTION.

Bois blanc-grisâtre, devenant brun ou rouge-brunâtre au cœur; vaisseaux gros — assez fins, isolés ou étroitement réunis par petits groupes de 2-4, épars, uniformément répartis, sans produire de zone poreuse dans le bois de printemps.

- **Bois à**
  - vaisseaux gros — assez gros; parenchyme ligneux en zones concentriques très-minces, subdivisant le tissu fibreux; bois parfait brun, veiné de brun-noirâtre. . . . . **NOYER.**
  - vaisseaux assez fins, cerclés d'une auréole de parenchyme ligneux; bois satiné, odorant, demi-dur, se colorant en rouge-brun à un âge avancé. **LAURIER.**

Observation. — Dans ces deux genres, la moelle, en se désséchant, se contracte en disques transversaux superposés.

4e SOUS-SECTION.

Bois colorés ou le devenant, dont la coloration procède du rouge ou du rouge-brun, clair ou foncé; lourds, durs, généralement très-compactes et homogènes.

- **Vaisseaux**
  - fins, plus serrés et même un peu plus gros au bord interne et y formant une zone poreuse; bois durs, veinés; aubier distinct, peu épais.
    - Rayons minces, maillures moins prononcées; bois rougeâtre. **CERISIER.**
    - Rayons médiocrement épais, maillures plus prononcées; bois marron. . . . **PRUNIER.**
  - très-fins, pas ou à peine plus serrés au bord interne et n'y formant pas de zone véritablement poreuse.
    - Aubier blanchâtre; rayons très-minces. Bois durs, homogènes, rougeâtres, souvent flambés de rouge ou de rouge-brun.
      - Pas de taches médullaires; accroissements irréguliers.
        - Vaisseaux plus gros, plus uniformément répartis; couches peu distinctes. **POMMIER.**
        - Vaisseaux moins gros, plus serrés au bord interne, couches assez distinctes . **POIRIER.**
      - Des taches médullaires.
        - Accroiss^ts irréguliers; bois noueux, de couleur claire. **AUBÉPINE.**
        - Accroissements réguliers, circulaires. **ALISIERS ET SORBIERS.**
    - Aubier peu distinct, rougeâtre, presque aussi coloré que le cœur. Bois tr.-compactes et très-homogènes.
      - Rayons très-minces.
        - Vaisseaux réunis en petits groupes épars; bois rouge uniforme. **ARBOUSIER.**
        - Vaisseaux isolés, uniformément répartis; bois rouge-violacé. **MYRTE.**
      - Rayons moyennement épais; bois rouge uniforme, visiblement et très-finement maillé . . . . **BRUYÈRE.**

Obs. — Les bois du troëne et des viornes sont de cette sous-section.

5e SOUS-SECTION.

Bois de coloration procèdant du jaune, même dans l'aubier, peu nettement tranché ; à vaisseaux et à rayons égaux, les premiers assez fins — très-fins, les seconds assez épais — très-minces.

- **Bois**
  - très-durs et très-compactes.
    - Bois fauve, veiné et marbré de brun au cœur ; rayons minces ; vaisseaux fins, isolés ou réunis 2-5 en groupes uniformément ou circulairement distribués ; couches annuelles peu ou point distinctes. **OLIVIER.**
    - Bois jaune, rayons minces ; vaisseaux très-fins, solitaires, uniformément distribués, cerclés d'une auréole de parenchyme ligneux ; couches généralement distinctes . . . . **BUIS.**
  - demi-durs, d'un jaune très-clair.
    - Parenchyme ligneux très-visiblement disposé en lames minces, subdivisant les couches annuelles en zones et en rendant la distinction difficile ; rayons et vaisseaux moyens. Bois d'un jaune grisâtre . . **FIGUIER.**
    - Pas de parenchyme ligneux apparent.
      - Vaisseaux fins, isolés ou réunis 2-7 en petits groupes épars ou disposés en arcs rameux concentriques ; rayons assez épais. Bois d'un jaune sale, à couches distinctes . . . . **SUREAU.**
      - Vaisseaux très-fins, isolés, uniformément répartis ; rayons très-minces. Bois très-homogène, d'un jaune de soufre, à couches peu distinctes . . . **FUSAIN.**

6e SOUS-SECTION.

Bois légers et mous, de couleur claire, uniforme, ou présentant un bois parfait rougeâtre ou brunâtre distinct de l'aubier par la couleur, sinon par la qualité ; vaisseaux moyens — très-fins ; rayons moyennement épais — très-minces.

- **Rayons**
  - sensiblement inégaux, moyennement épais — minces ; maillures apparentes. Bois de couleur uniforme, rougeâtre très-clair, sans aubier ni bois parfait distincts . . . . **TILLEUL.**
  - très-minces ;
    - vaisseaux assez fins — fins ; bois entièrement blanc ou blanc avec cœur rougeâtre, brunâtre ; parfois des taches médullaires.
      - Vaisseaux isolés ou par petits groupes, assez fins, produisant, par leur distribution, des lignes dendritiques concentriques. . . . **PEUPLIER.**
      - Vaisseaux isolés, fins, très-uniformément espacés entre eux. . . . . **SAULE.**
    - Vaisseaux très-fins ; bois entièrement blanc-jaunâtre, sans distinction d'aubier et de cœur . . . . . **MARRONNIER.**

Observation. — Le peuplier tremble a les vaisseaux également distribués, absolument comme ceux des saules.

IIe DIVISION.

Bois résineux.

La deuxième division comprend tous les végétaux gymnospermes, moins les gnétacées ; les bois qui en font partie ne sont formés que de tissu fibreux (trachéïdes), de rayons médullaires, égaux et très-minces, quelquefois de canaux résinifères ; ils ne contiennent jamais de vaisseaux ni de parenchyme ligneux, et n'offrent pas de taches médullaires. Les couches annuelles sont rendues très-distinctes par les modifications du tissu fibreux : lâche et mou, de couleur claire dans le bois de printemps, serré, dur et coloré dans celui d'automne.

Observations. — Les bois dépourvus de canaux résinifères ne sont pas pour cela toujours privés de térébenthine. Ils contiennent souvent ce principe dans des cellules spéciales, disséminées ou groupées en petites glandes éparses, et possèdent alors une odeur vive et caractéristique.

Bois	sans canaux résinifères.	Accroissements irréguliers, flexueux.	Pas d'odeur. Bois lourd, dur, marron ; aubier peu épais.	IF.
			Odeur vive. Bois doux, coloré ; aubier assez épais.	GENÉVRIER.
		Accroissements régulièrement circulaires.	Odeur vive. Bois brun ; aubier assez épais.	CÈDRE.
			Odeur insensible ; aubier et bois parfait à peine distincts. . . .	SAPIN.
	avec canaux résinifères,	rares et peu apparents.	Aubier et bois parfait blancs, à peine distincts	ÉPICÉA.
		abondants et apparents. Bois rougeâtre ou rouge-brun ;	aubier mince.	MÉLÈZE.
			aubier épais . .	PIN.

TABLE MÉTHODIQUE DES MATIÈRES.

TABLE ALPHABÉTIQUE

ESPÈCES DÉCRITES DANS LA *FLORE FORESTIÈRE*

1er décembre 48

Nancy, impr. Berger-Levrault et Cie.

www.ingramcontent.com/pod-product-compliance
Ingram Content Group UK Ltd.
Pitfield, Milton Keynes, MK11 3LW, UK
UKHW020304200726
13857UKWH00001B/83